Illustrator 2024 实用教程

王依洪 编著

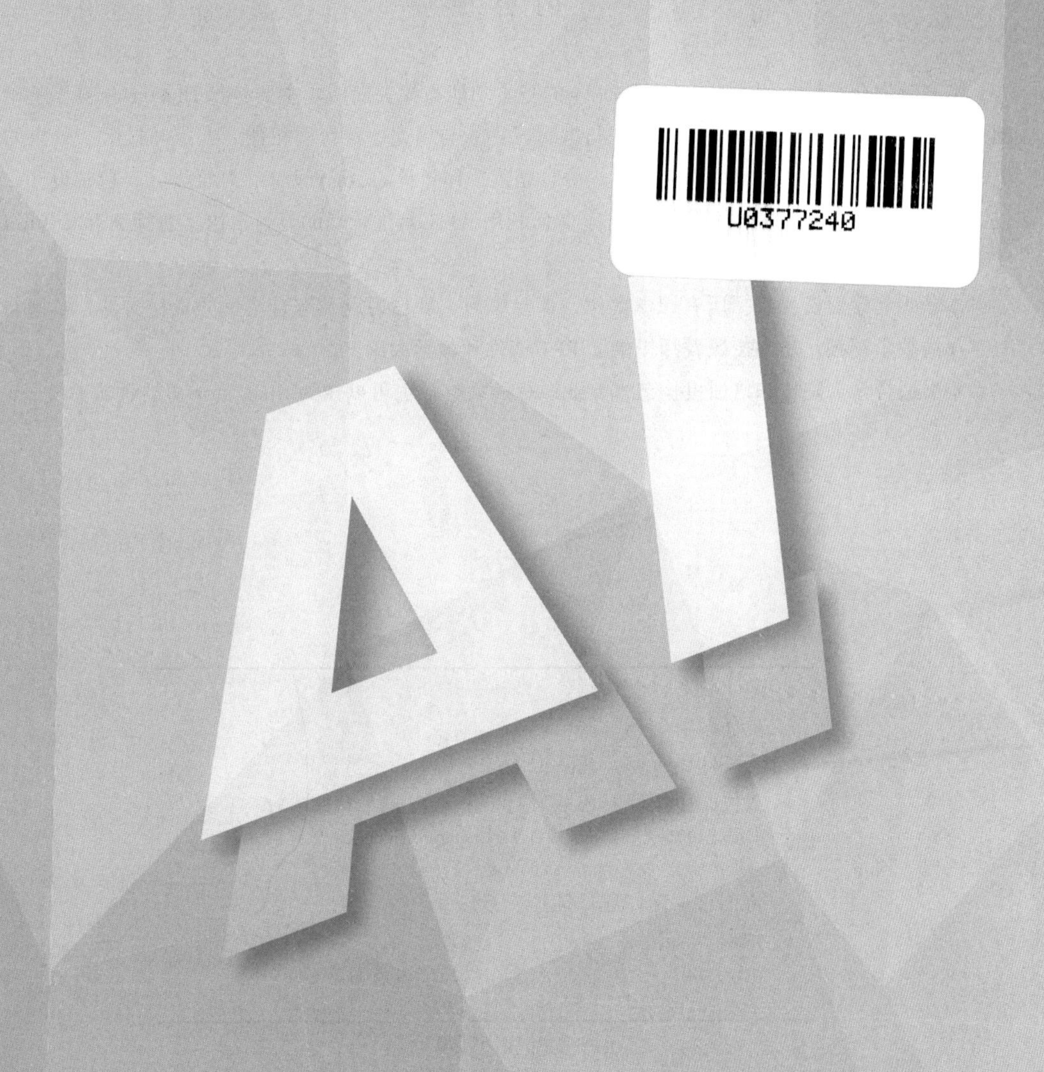

人民邮电出版社
北京

图书在版编目（CIP）数据

Illustrator 2024 实用教程 / 王依洪编著. -- 北京 : 人民邮电出版社, 2024. -- ISBN 978-7-115-64854-9

Ⅰ. TP391.412

中国国家版本馆 CIP 数据核字第 2024055NQ9 号

内 容 提 要

本书较为全面地介绍了 Illustrator 2024 的基本功能与相关应用，主要包括 Illustrator 操作基础、基础图形与复杂图形的绘制、对象的管理与编辑、色彩与填充、混合与扭曲、文字与排版、效果的运用等，并对典型的综合案例进行深度讲解，内容涵盖字体设计、Logo 设计、海报设计、包装设计、电商设计、UI 设计和插画设计。书中还讲解了如何利用 AI 工具进行辅助设计，内容包括 Adobe Firefly 和文心一格的主要功能和操作方法。

本书配套学习资源包括所有课堂案例、课堂练习、课后习题及综合案例的素材文件、实例文件和有声在线教学视频，还为授课教师提供了 PPT 课件和教学大纲。

本书适合作为院校和培训机构艺术专业课程的教材，也可以作为 Illustrator 初学者的参考书。

◆ 编　　著　王依洪
责任编辑　杨　璐
责任印制　陈　犇

◆ 人民邮电出版社出版发行　　北京市丰台区成寿寺路 11 号
邮编　100164　　电子邮件　315@ptpress.com.cn
网址　https://www.ptpress.com.cn
涿州市京南印刷厂印刷

◆ 开本：787×1092　1/16　　彩插：2
印张：14　　2024 年 12 月第 1 版
字数：411 千字　　2024 年 12 月河北第 1 次印刷

定价：59.90 元

读者服务热线：(010)81055410　印装质量热线：(010)81055316
反盗版热线：(010)81055315
广告经营许可证：京东市监广登字 20170147 号

本书案例展示

课堂案例・课堂练习・课后习题・综合案例

课堂案例：制作登录页面
所在页码：45页
学习目标：掌握使用形状类工具绘制图形的方法

课后习题：制作闪屏页
所在页码：54页
学习目标：掌握制作闪屏页的方法

课堂案例：绘制帆船
所在页码：56页
学习目标：掌握使用钢笔类工具绘图的方法

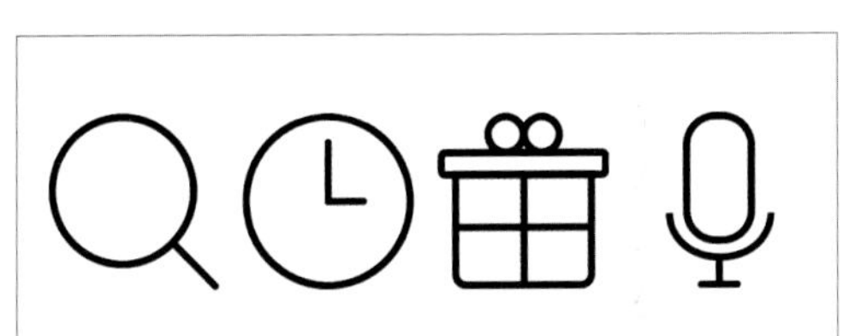

课堂案例：制作一组线性图标
所在页码：50页
学习目标：掌握制作线性图标的方法

课堂案例：制作读书海报
所在页码：77页
学习目标：掌握图像描摹的方法

课堂练习：制作动物Logo
所在页码：79页
学习目标：掌握图像描摹的方法

课堂案例：制作图形Logo
所在页码：89页
学习目标：掌握使用套索类工具抠图的方法

课堂案例：制作几何海报
所在页码：102页
学习目标：掌握变换对象的方法

课堂案例：绘制帽子
所在页码：93页
学习目标：掌握画笔类工具的使用方法，以及管理对象的方法

课堂练习：绘制卡通头像
所在页码：96页
学习目标：掌握画笔类工具的使用方法，以及管理对象的方法

课堂案例：制作年会展板
所在页码：119页
学习目标：掌握“网格工具”的使用方法

课后习题：绘制低多边形风格标志
所在页码：132页
学习目标：掌握填充颜色的方法

课后习题：绘制一组渐变图标
所在页码：132页
学习目标：掌握为对象添加渐变的方法

课堂案例：制作3D立体字
所在页码：142页
学习目标：掌握封套扭曲的使用方法

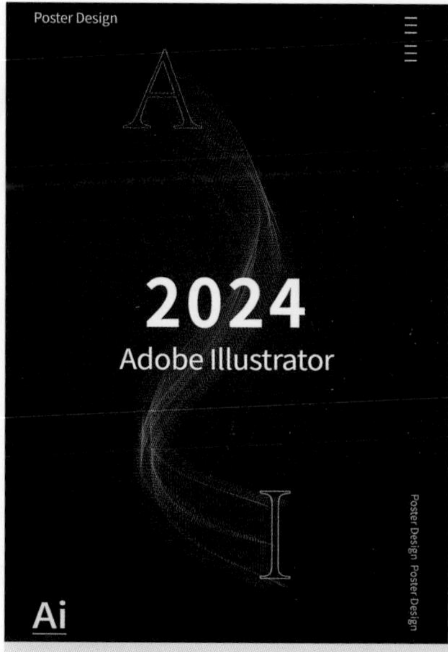

课后习题：制作炫彩线条字
所在页码：150页
学习目标：掌握混合对象的方法

课堂练习：制作创意字体
所在页码：143页
学习目标：掌握封套扭曲的使用方法

课堂案例：制作毛绒花朵
所在页码：147页
学习目标：“变换”效果的应用

课后习题：制作点状螺旋图
所在页码：150页
学习目标：掌握混合对象的方法

课堂案例：制作春夏新风尚Banner
所在页码：158页
学习目标：掌握文字类工具的使用方法

课堂练习：制作杂志封面
所在页码：162页
学习目标：掌握创建文字轮廓的方法

课堂案例：制作膨胀风手机壁纸
所在页码：175页
学习目标：掌握“膨胀”效果的使用方法

课堂练习：制作膨胀风字体效果
所在页码：177页
学习目标：掌握“膨胀”效果的使用方法

课堂案例：绘制立体插画
所在页码：179页
学习目标：掌握立体效果的制作方法

课堂案例：制作环绕文字效果
所在页码：178页
学习目标：掌握立体文字的制作方法

课后习题：制作剪纸效果
所在页码：184页
学习目标：掌握“投影”效果的使用方法

课堂案例：制作美食Banner
所在页码：196页
学习目标：掌握使用AI辅助设计Banner的方法

课后习题：制作日签海报
所在页码：202页
学习目标：掌握使用AI辅助设计海报的方法

课堂案例：制作抽象艺术海报
所在页码：199页
学习目标：掌握使用AI辅助设计海报的方法

课堂练习：制作新年海报
所在页码：201页
学习目标：掌握使用AI辅助设计海报的方法

课后习题：制作艺术展海报
所在页码：202页
学习目标：掌握使用AI辅助设计海报的方法

10.1 字体设计：制作书法字体
所在页码：204页
学习目标：掌握使用笔画拼接法制作书法字体

10.2 Logo设计：制作宠物品牌Logo
所在页码：205页
学习目标：掌握使用AI辅助设计Logo的方法

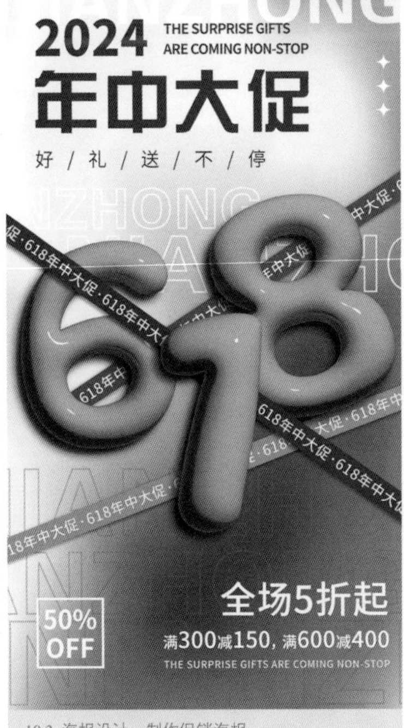

10.3 海报设计：制作促销海报
所在页码：209页
学习目标：掌握海报的制作方法

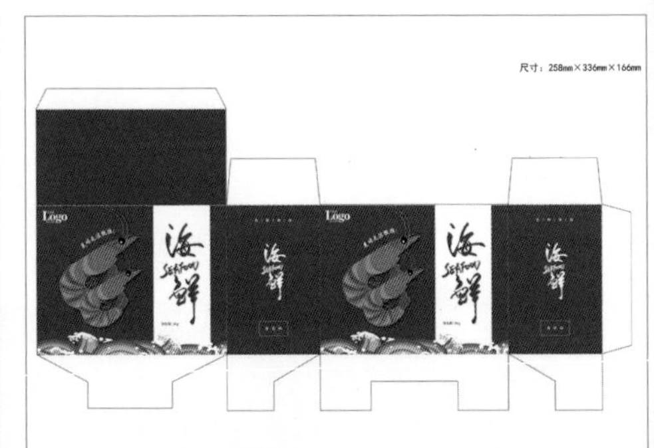

10.4 包装设计：制作海鲜礼盒包装
所在页码：212页
学习目标：掌握包装的制作方法

10.5 电商设计：制作秋冬新品Banner
所在页码：216页
学习目标：掌握Banner的制作方法

10.6 UI设计：制作毛玻璃质感图标
所在页码：218页
学习目标：掌握毛玻璃质感图标的制作方法

10.7 插画设计：绘制2.5D插画
所在页码：220页
学习目标：掌握2.5D插画的绘制方法

PREFACE 前言

Illustrator是Adobe公司旗下的矢量图形制作软件，主要用来创建高质量的图形和图像，满足了多个领域的设计需求，如字体设计、Logo设计、海报设计、包装设计、电商设计、UI设计和插画设计等。

为了使读者更快地掌握Illustrator的功能与应用，我们精心编写了本书。本书的体系按照“功能介绍→重要参数介绍→课堂案例→课堂练习→课后习题→综合案例”这一思路进行编排，力求通过功能介绍和重要参数介绍使读者快速掌握软件功能；通过课堂案例和课堂练习使读者快速上手并具备一定的动手能力，巩固重要知识点；通过课后习题提升读者的实际操作能力，并巩固所学内容；通过综合案例提高读者的实战水平。此外，还特别录制了教学视频，直观展现重要功能的使用方法。本书将理论知识和商业实战案例相结合，帮助读者建立系统的知识体系，提升设计水平。

本书配套学习资源包含书中所有案例的素材文件和实例文件，以及有声教学视频。这些视频详细记录了每一个操作步骤，便于读者学习。此外，为了便于教师教学，本书还配备了PPT课件等丰富的教学资源，任课教师可直接使用。

本书参考学时为64课时，其中教师讲授环节为34课时，实训环节为30课时，各章的参考学时如下表所示。

章	课程内容	学时分配	
		讲授	实训
第1章	Illustrator操作基础	4	0
第2章	基础图形的绘制	2	2
第3章	复杂图形的绘制	4	4
第4章	对象的管理与编辑	4	4
第5章	色彩与填充	4	4
第6章	混合与扭曲	2	2
第7章	文字与排版	4	4
第8章	效果的运用	4	4
第9章	AI辅助设计	2	2
第10章	综合案例	4	4
学时总计		34	30

由于编写水平有限，书中难免出现疏漏和不足之处，请广大读者包涵并指正。

编者

2024年4月

目录 CONTENTS

ILLUSTRATOR 2024

第1章

Illustrator操作基础

本章主要介绍Illustrator的应用领域和相关操作。在正式使用Illustrator做设计之前，需要认识Illustrator的工作界面，掌握文件和画板的基本操作，以及学会查看图稿的方法等。熟练地掌握这些基础知识，才能更加高效地使用Illustrator。

课堂学习目标

◇ 了解Illustrator的应用领域
◇ 了解位图和矢量图
◇ 认识Illustrator的工作界面
◇ 掌握文件和画板的基本操作
◇ 掌握查看图稿的方法
◇ 掌握使用辅助工具的方法
◇ 了解Illustrator的首选项设置

1.1 初识Illustrator

Illustrator是Adobe公司旗下的一款矢量图形设计软件，被广泛应用于多个行业，可以帮助设计师创建高质量的图形和图像，提高设计效率和品质。

1.1.1 Illustrator的应用领域

Illustrator是一款功能强大且专业的矢量图形设计软件，被广泛应用于平面设计领域，如海报设计、插画设计、Logo设计、字体设计和UI设计等，如图1-1~图1-5所示。

图1-1

图1-2

图1-3

图1-4

图1-5

1.1.2 位图与矢量图

位图和矢量图是两种常见的图像类型。用Illustrator设计图像时，这两种类型的图像是可以同时使用的。

1.位图

位图，又称点阵图像或栅格图像，是由像素组合而成的。由于每个像素都可以分配颜色和位置，因此能够形成连续色调的图像。位图可以更好地表现出画面中的细节，颜色过渡自然，而矢量图的颜色过渡则较为生硬，如图1-6所示。

图1-6

在做设计时，一般使用Photoshop来处理位图图像。电子设备的屏幕截图、数码相机拍摄的照片，以及使用扫描仪扫描出的图稿都属于位图。位图的图像质量与分辨率有关，放大后图像会失真，如图1-7所示。

图1-7

2.矢量图

矢量图是由数学公式定义的一系列点线面，它具有颜色、形状、轮廓、大小和位置等属性。矢量图只能靠软件生成，如Illustrator和CorelDRAW等，其文件占用的存储空间较小。矢量图以几何图形居多，被无限放大后不会变色，也不会模糊，即不受分辨率的影响。将矢量图放大，其边缘依然很清晰，如图1-8所示。

图1-8

技巧与提示

基于自身特点，矢量图常被用于图案、Logo、字体和UI等设计。在印刷时，可以任意放大或缩小矢量图的尺寸而不会影响输出图像的清晰度，图像可以按最高分辨率显示到输出设备上。

1.2 认识工作界面

Illustrator提供了多种工作界面布局（即工作区），如“Web”“上色”“传统基本功能”“基本功能”等。图1-9所示为“传统基本功能”工作区，该工作区主要包括菜单栏、控制栏、工具栏、文档窗口、状态栏及多个面板。

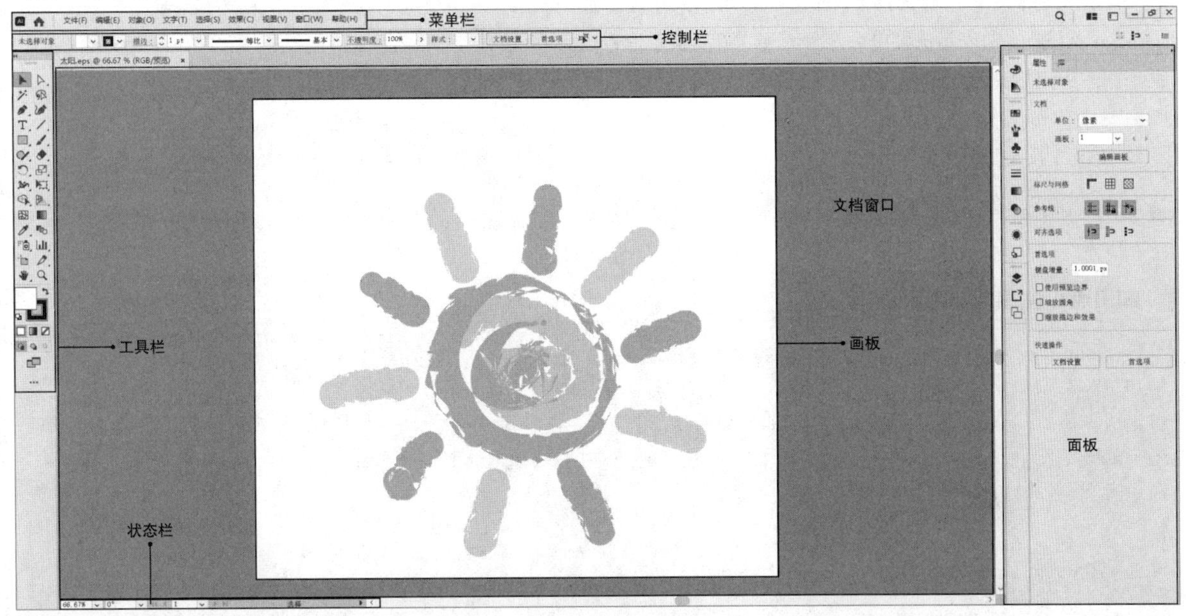

图1-9

技巧与提示

在默认状态下，打开Illustrator时显示的是“基本功能”工作区，如图1-10所示。执行“窗口>工作区”子菜单中的命令，即可修改工作区。此外，还可以通过执行“窗口>工作区>新建工作区”菜单命令自定义工作区。

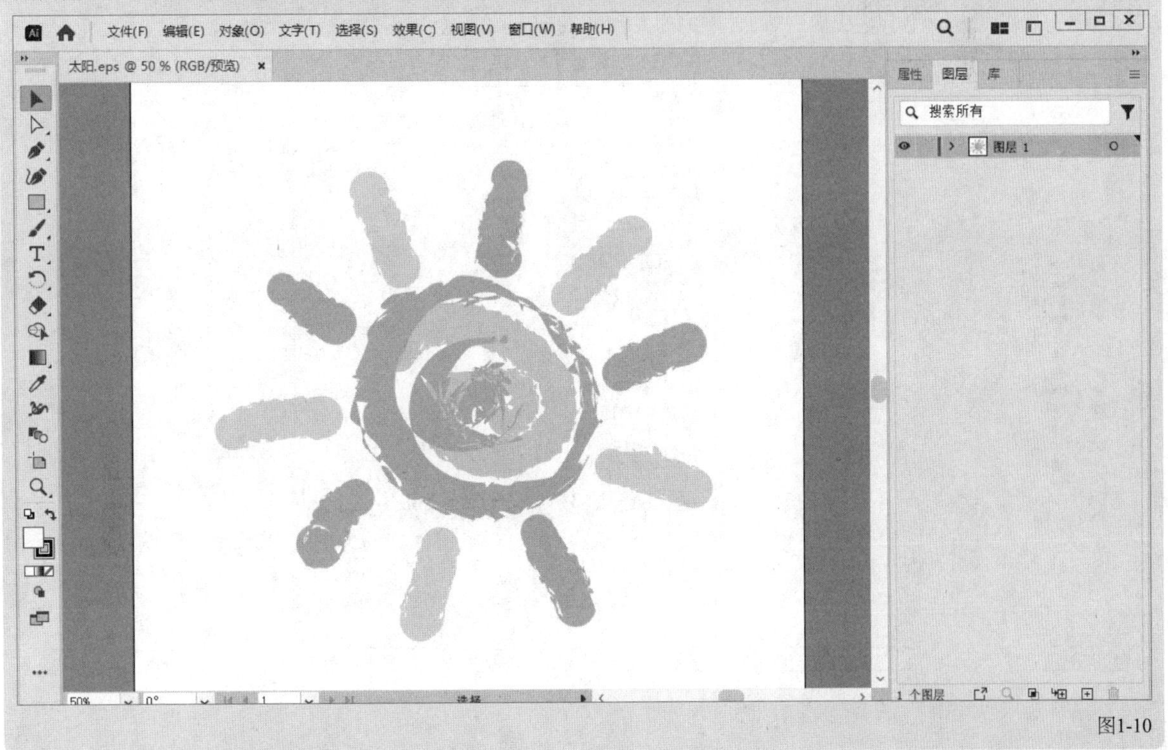

图1-10

1.2.1 菜单栏

Illustrator 2024的菜单栏包含9组菜单，分别是文件、编辑、对象、文字、选择、效果、视图、窗口和帮助，如图1-11所示。

单击相应的菜单，即可打开下拉菜单。如果菜单命令后面带有 > 状图标，则表示该菜单命令含有子菜单，菜单命令后面的按键表示该命令的快捷键，如图1-12所示。

文件(F) 编辑(E) 对象(O) 文字(T) 选择(S) 效果(C) 视图(V) 窗口(W) 帮助(H)

图1-11

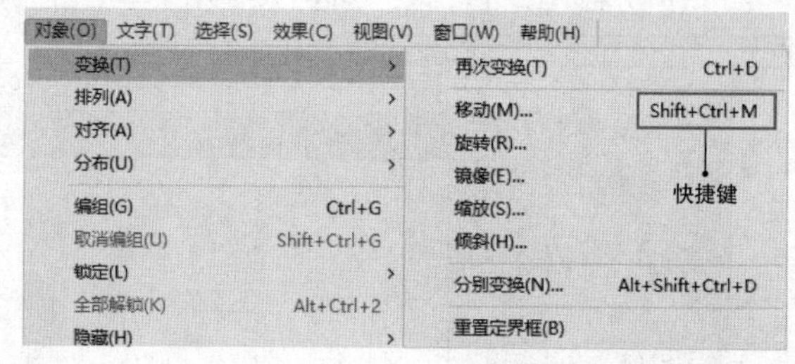

图1-12

知识点：快捷键的使用与自定义

Illustrator中的快捷键有很多。工具的快捷键基本上是单键。例如，“选择工具” 的快捷键为V，只需要按一下V键便可切换到该工具。命令的快捷键一般由两个或两个以上的键组成。例如，存储文件的快捷键为Ctrl+S，如图1-13所示，使用时先按住Ctrl键，然后按一下S键（S表示save），便可执行这一命令。需要注意的是，在按快捷键选取工具或者执行命令时，需要将输入法切换为英文模式。

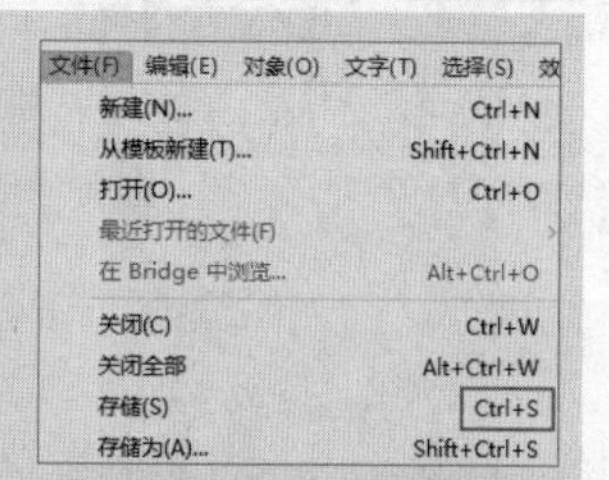

图1-13

在实际操作时，可根据需求更改默认的快捷键或者为没有配置快捷键的命令和工具设置快捷键，这样可以提高工作效率。执行“编辑>键盘快捷键”菜单命令，打开“键盘快捷键”对话框，如图1-14所示。在“键集”下方的下拉列表框中可以选择“工具”选项或“菜单命令”选项，在对话框中部的列表框中找到需要修改快捷键的工具或菜单命令，即可对其进行修改。

例如，为“扩展”命令配置快捷键。先在“键盘快捷键”对话框中选择“菜单命令”选项，然后在“对象”菜单组下选择“扩展”命令，此时会出现一个用于输入快捷键的文本框，单击文本框，同时按Alt键、Ctrl键和4键即可为“对象>扩展”菜单命令配置快捷键，操作完成后单击“确定”按钮，如图1-15所示。此时会弹出“存储键集文件”对话框，在其中设置新键集的名称，如图1-16所示。设置完成后，按快捷键Alt+Ctrl+4即可执行“扩展”命令。

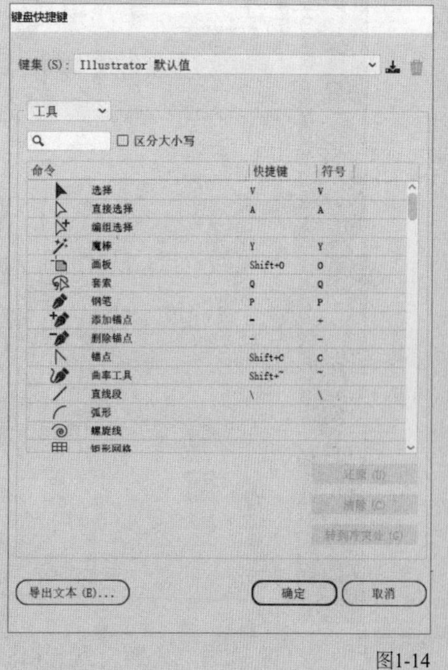

图1-14

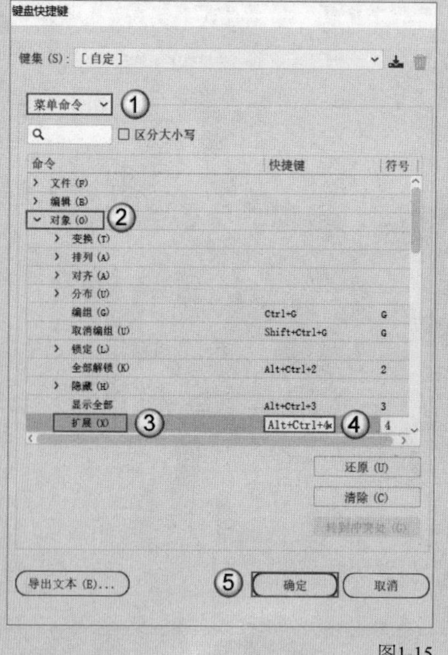

图1-15

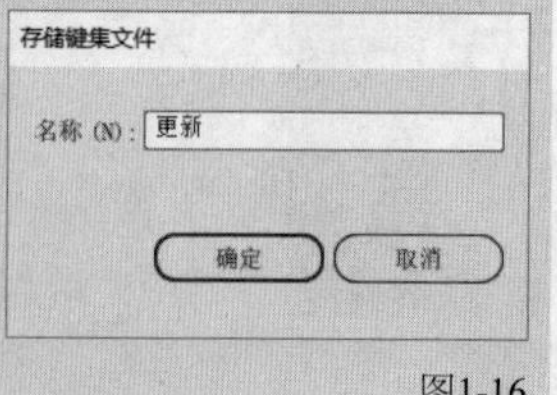

存储键集文件

名称(N): 更新

确定 取消

图1-16

1.2.2 工具栏

Illustrator的工具栏集合了大部分工具。单击工具栏顶部的«按钮，即可将其折叠为单栏显示，同时«按钮会变成»按钮，单击该按钮可以将工具栏还原为双栏显示。在默认状态下，工具栏位于工作界面的左侧，拖曳它的顶部，即可将其移至工作界面的任意位置。

单击工具按钮，即可选择该工具。如果工具按钮的右下角带有◢图标，则表示这是一个工具组。在按钮上单击鼠标右键或者长按鼠标左键，即可展开隐藏的工具，如图1-17所示，单击工具组中的工具按钮即可切换为相应工具。按住Alt键并单击工具组的工具按钮，该工具组中的工具会依次切换。

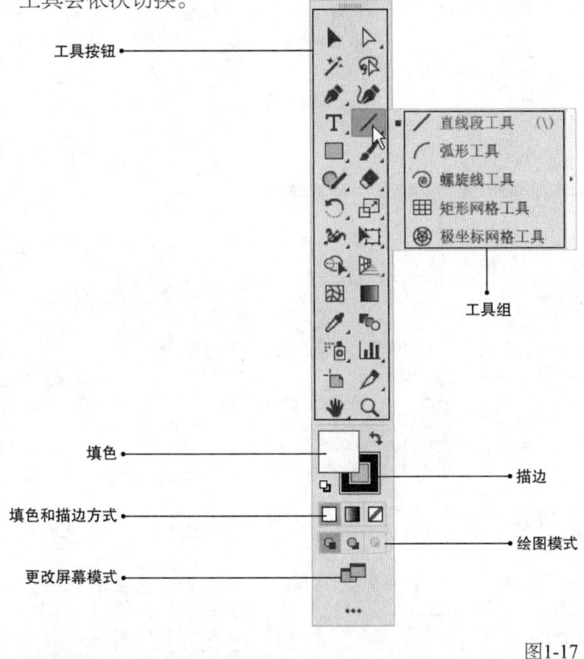

图1-17

技巧与提示

将鼠标指针移动到工具按钮上，即可显示该工具的名称、快捷键、功能，以及使用方法的演示动画，如图1-18所示。

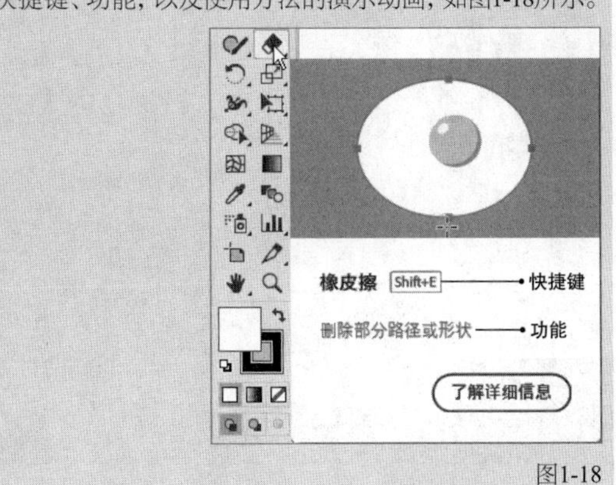

图1-18

有一些工具是允许调整属性的。双击工具按钮，可以打开工具选项对话框。例如，想要设置"画笔工具"的选项，可以双击按钮，在打开的"画笔工具选项"对话框中进行设置，如图1-19所示。

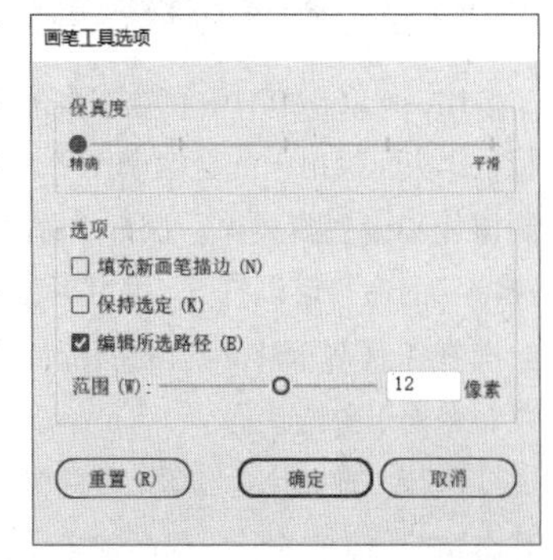

图1-19

1.2.3 控制栏

控制栏位于菜单栏的下方，默认状态下是没有显示的，执行"窗口>控制"菜单命令可以将其显示出来。控制栏中的选项会随着所选对象或工具而发生改变，可以将其看作面板的一个快捷操作集合。例如，在选择一个文本对象时，控制栏会显示和文字设计相关的选项，包括字体系列、字体样式、字体大小和段落等，如图1-20所示。

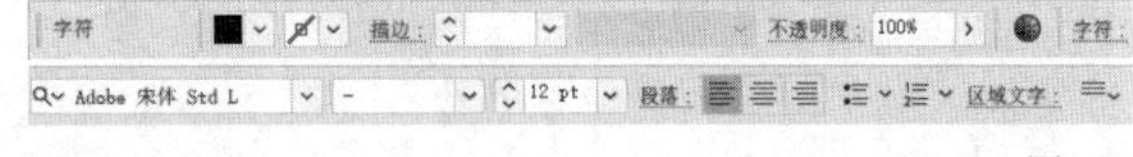

图1-20

知识点：上下文任务栏

当选择一个对象时，上下文任务栏会显示在对象附近，并根据潜在的下一步需求显示多个选项，这对于操作过程来说是十分便利的。例如，选择了一个文字对象，其下方就会出现上下文任务栏，在其中可以快速改变字体系列、字体大小或者为文字创建轮廓等，如图1-21所示。拖曳上下文任务栏即可改变其位置，单击"更多选项"按钮···可以在打开的面板中进行更多设置，如图1-22所示。

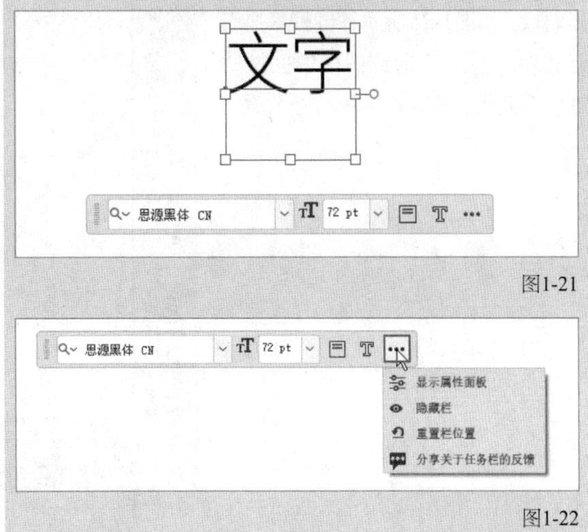

图1-21

图1-22

1.2.4 面板

Illustrator 2024中有非常多的面板，这些面板用于配合编辑图稿、控制操作和设置参数等。执行“窗口”菜单下的命令可以打开不同的面板，当前在工作界面中显示的面板的菜单命令处于勾选状态。

执行“窗口>工作区>重置传统基本功能”菜单命令，界面中显示的面板被分成了几组，并停靠在工作界面的右侧，如图1-23所示。

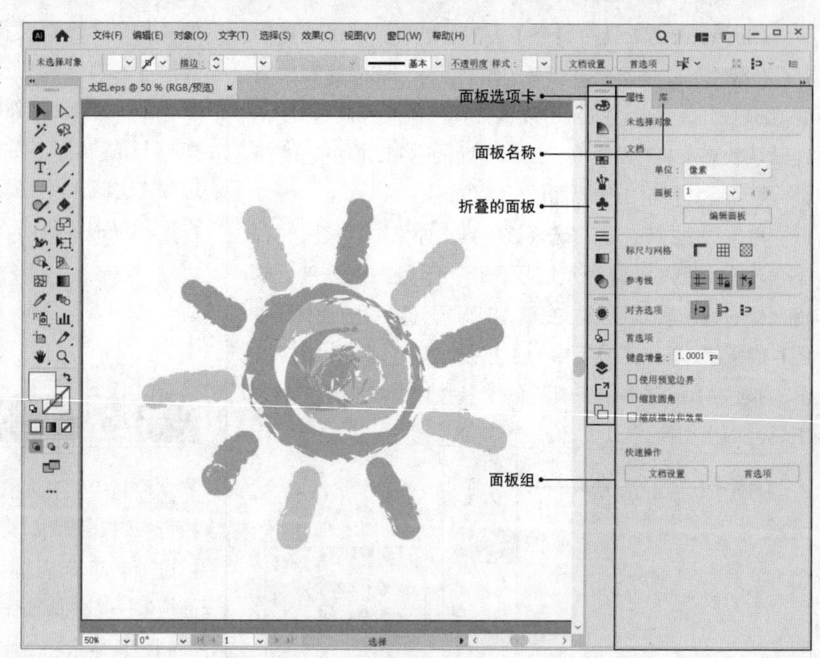

图1-23

技巧与提示

面板区域的上方有展开/折叠按钮。单击«按钮，可将图标展开为面板组；单击»按钮，可将面板组折叠为图标，如图1-24所示。

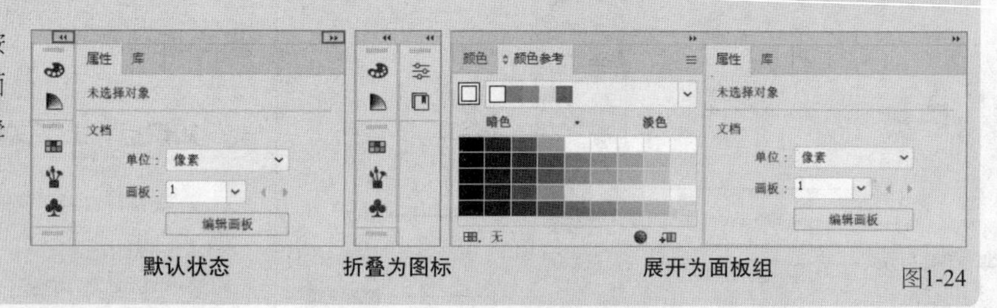

图1-24

面板是可以拆分和组合的。在面板名称处按住鼠标左键，将其拖曳至工作界面的空白处释放即可拆分面板，如图1-25所示；再将其拖曳至其他面板选项卡或图标的区域即可组合面板，如图1-26所示。

图1-25

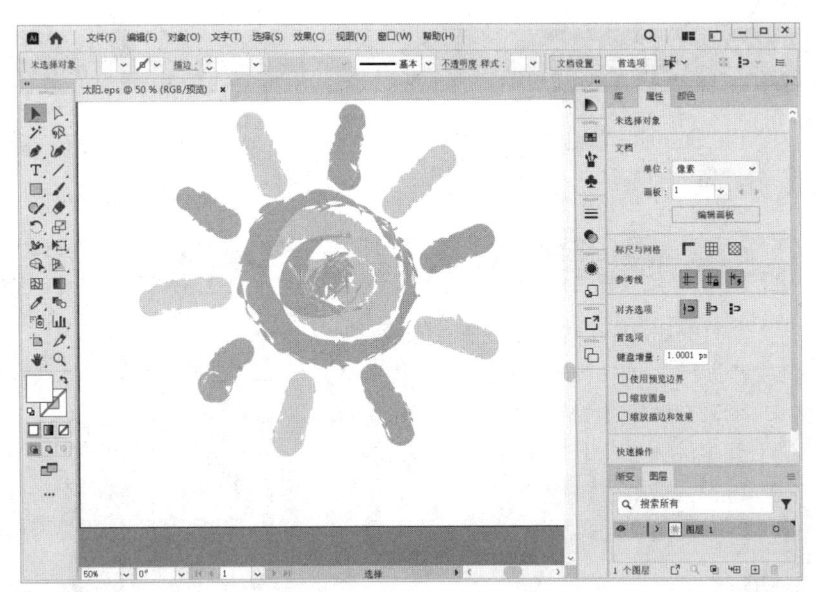

图1-26

1.2.5 文档窗口

文档窗口是显示和处理对象的区域。打开文件以后，Illustrator会自动创建一个文档窗口，并且默认停靠在工作界面中。处于浮动状态的文档窗口的标题栏上会显示文档的名称、格式、视图缩放比例和颜色模式，如图1-27所示。如果是处于停靠状态的文档窗口，这些信息会显示在文档选项卡上；如果同时打开多个文件，文档选项卡会排列在一起，如图1-28所示。单击文档选项卡，可以将该文档窗口切换为当前工作窗口。

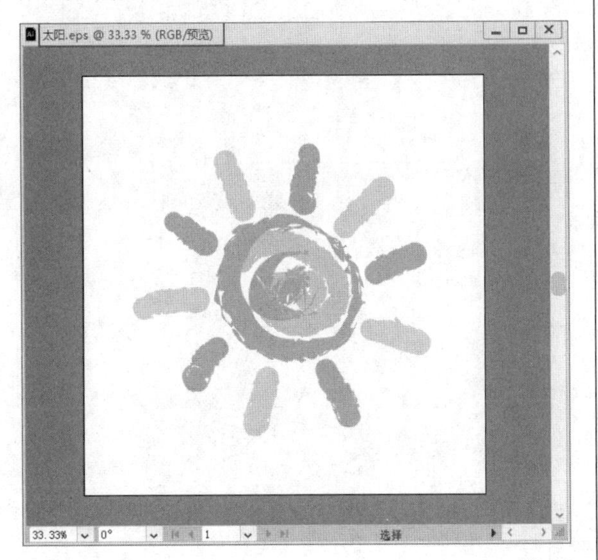

图1-27

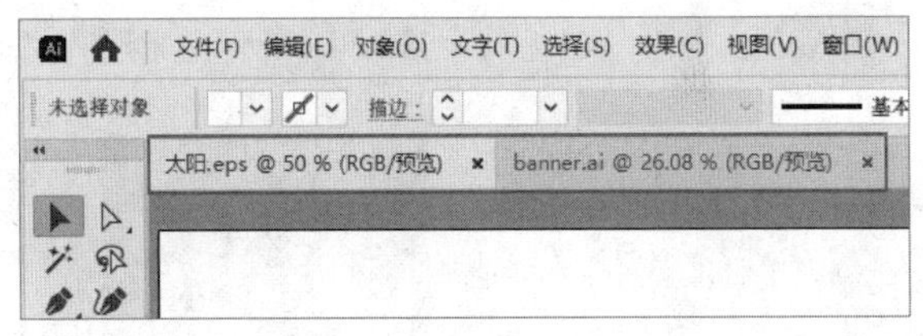

图1-28

拖曳文档选项卡，即可将该文档窗口设置为浮动状态。在此状态下，可以通过拖曳文档窗口的边框调整其大小。

1.2.6 状态栏

状态栏位于文档窗口的左下方，可以显示当前文档的相关信息；单击状态栏中的▶按钮，在下拉菜单中可以设置状态栏显示的具体内容，如图1-29所示。

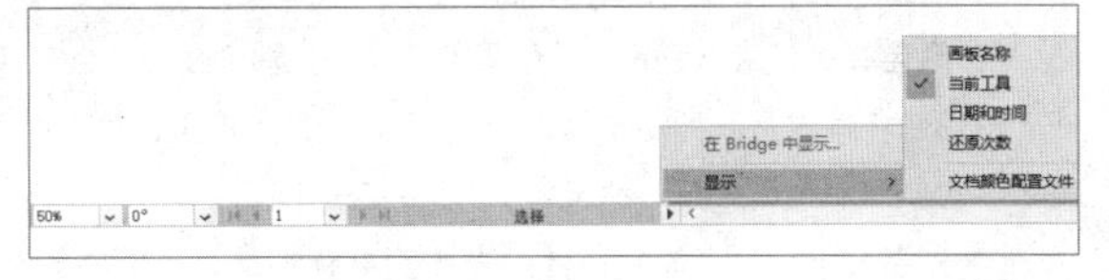

图1-29

1.3 文件操作

使用Illustrator可以创建新的文档，也可以打开已有文档。在制作完成后，需要存储文档或者导出文件等。本节将对相关操作进行讲解。

1.3.1 新建文件

运行Illustrator，单击界面左侧的“新文件”按钮或者执行“文件>新建”菜单命令（快捷键为Ctrl+N），打开“新建文档”对话框，如图1-30所示。在对话框的右侧可以设置新建文件的尺寸、出血、颜色模式和光栅效果分辨率等。

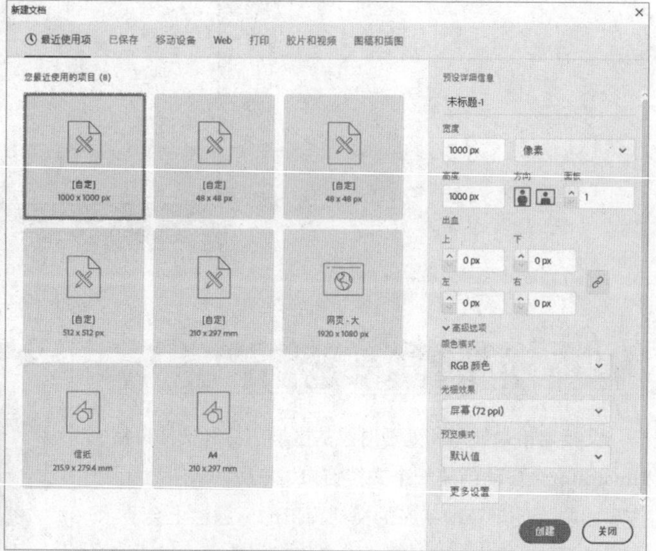

图1-30

重要参数介绍

◇ **预设详细信息：** 在该选项中可以输入文件的名称，创建完成后名称会显示在文档选项卡中。

◇ **宽度/高度：** 用于设置画板的宽度和高度。在“宽度”文本框右侧可以选择画板的长度单位，包括“像素”“点”“英尺”“毫米”“厘米”“米”等，其中常用的是“像素”“厘米”“毫米”。

◇ **方向：** 单击或按钮，可以设置文件为纵向或横向。

◇ **画板：** 用于设置画板数量，默认数量为1。

◇ **出血：** 用于设置画板的出血。

◇ **颜色模式：** 用于设置文件的颜色模式，包含RGB和CMYK两种颜色模式。RGB颜色模式是一种发光模式，只能在发光体上显示，如手机屏幕和显示器等。CMYK颜色模式是一种印刷模式，适用于印刷品。

◇ **光栅效果：** 用于设置文件的光栅效果分辨率。此选项的默认设置为“高（300ppi）”。300ppi适用于印刷和打印，72ppi适用于电子屏显示。在导出为需要的位图时可以再次选择分辨率。

◇ **预览模式：** 用于设置文档的预览模式。除了保持默认状态，还可以选择“像素”“叠印”。

◇ **更多设置：** 单击该按钮，可以在打开的“更多设置”对话框中对画板的排列方式和间距等选项进行设置，如图1-31所示。

技巧与提示

出血是印刷术语。为了保留画面的有效内容，需要预留出便于裁切的部位，这个部位就是“出血”。对于一些有底色或图像的印刷制品，如果没有预留出血位，裁切后可能会产生白边，因此制作时的尺寸都会大于成品尺寸。大多数印刷制品的出血尺寸为3mm，名片为2mm。

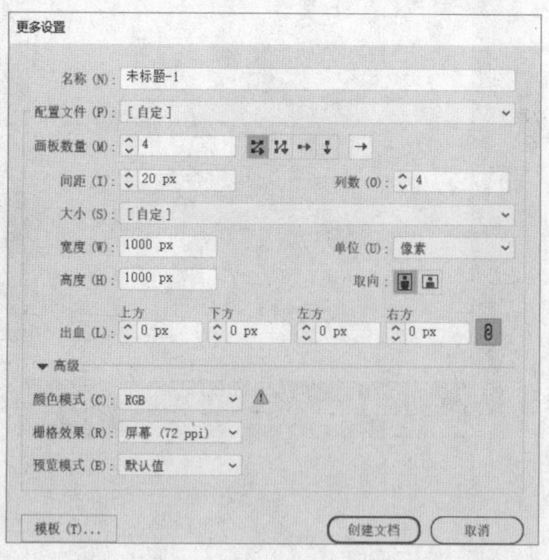

图1-31

知识点：分辨率和颜色模式的选择

在设计图标、UI、网页、Banner和详情页等电子屏显示图像时，新建文档采用的单位是像素（px），颜色模式为RGB，分辨率为72ppi。

在设计海报、传单、图书和名片等印刷制品时，新建文档采用的单位是厘米（cm）或毫米（mm），颜色模式为CMYK，分辨率一般为300ppi。印刷是有尺寸限制的，当印刷无法满足广告宣传需求时，可采用喷绘形式。其中，易拉宝和X展架的分辨率一般为150ppi~200ppi，户外喷绘（如地铁广告、围挡和擎天柱等）的分辨率一般为20ppi~60ppi。

此外，对话框中有软件自带的常用预设，可以根据需求进行选择。例如，如果想制作一个A4大小的文件，可以选择“打印”选项卡，然后选择“A4”预设，再单击“创建”按钮，如图1-32所示。

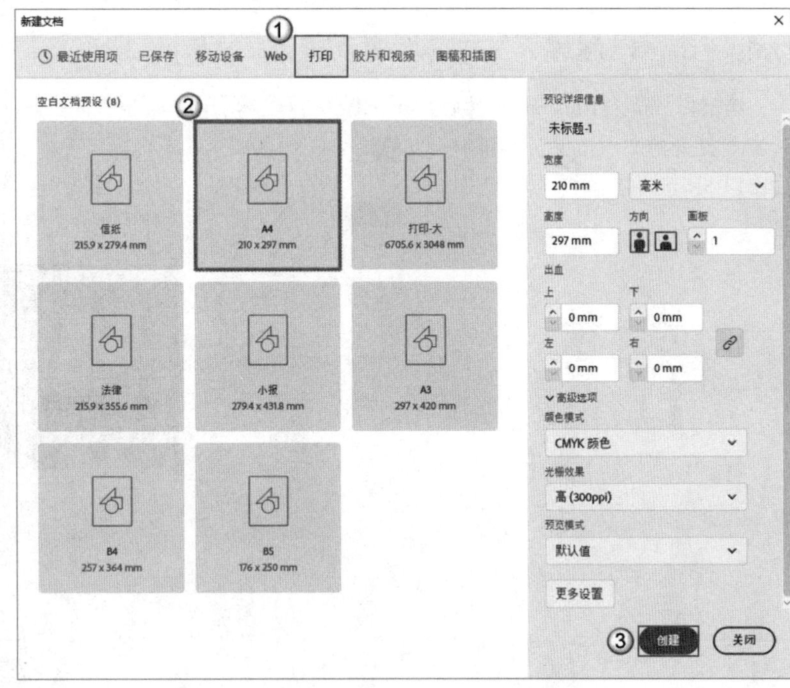

图1-32

技巧与提示

进入Illustrator后，其主页界面下方也提供了一些常用预设，设计时可以直接按照需求进行选择，如图1-33所示。

图1-33

1.3.2 打开文件

使用Illustrator打开文件的方法有很多种，除了双击AI格式的文件，还有以下3种。

第1种：选择需要打开的文件，然后将其拖曳至Illustrator的快捷方式图标上，如图1-34所示。

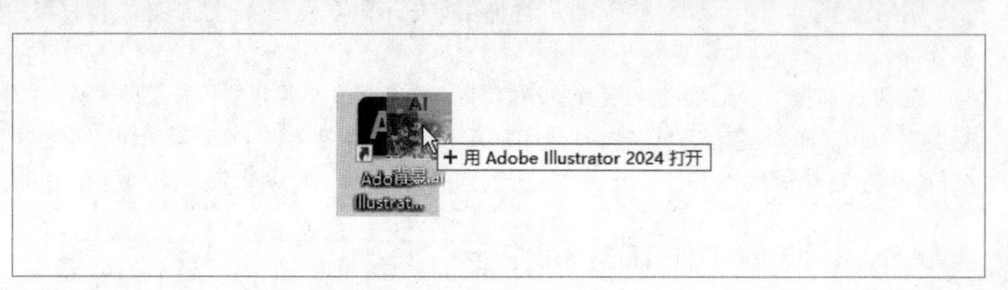

图1-34

第2种：先运行Illustrator，然后将需要打开的文件拖曳至界面中，如图1-35所示。

图1-35

第3种：先运行Illustrator，然后在主页界面中单击“打开”按钮或者执行“文件>打开”菜单命令（快捷键为Ctrl+O），在弹出的“打开”对话框中选择需要打开的文件，并单击“打开”按钮，如图1-36所示。

图1-36

技巧与提示

Illustrator支持打开多种文件类型，如JPEG格式、PNG格式、PSD格式和PDF格式等。如果文件夹中的文件数量多且有多种文件格式，那么可以在“打开”对话框中指定文件格式来缩小查找范围，如图1-37所示。

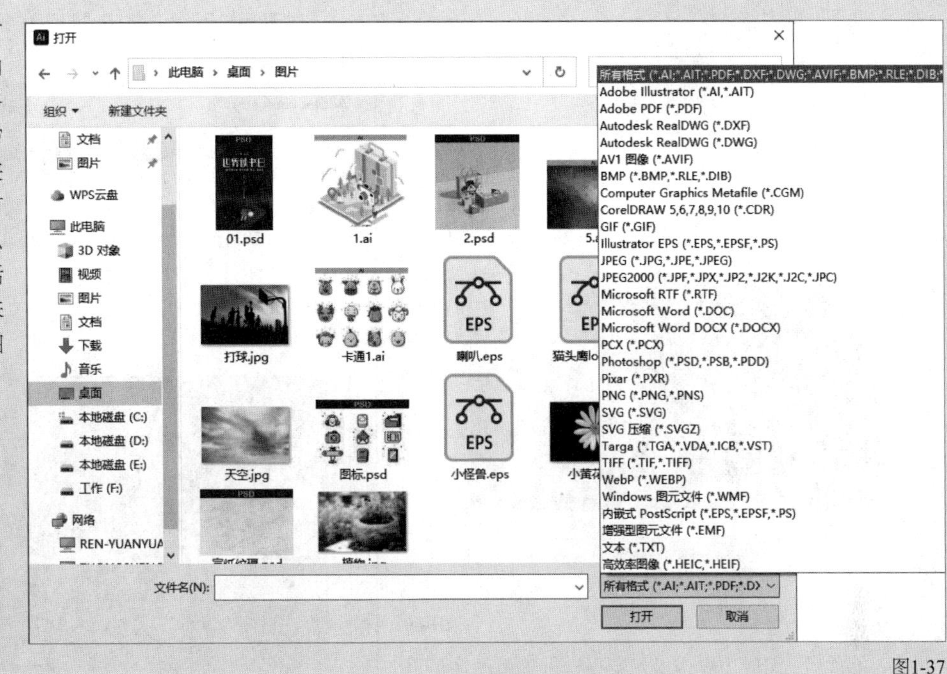

图1-37

1.3.3 置入文件

置入文件指的是，将Illustrator支持格式的文件以“链接”或“嵌入”的方式置入Illustrator文档中。

1.链接文件

以“链接”方式置入的文件不包含在当前文档中，属于独立于文档之外的文件，因此可以减少文档占用的存储空间。执行“文件>置入”菜单命令（快捷键为Shift+Ctrl+P），打开“置入”对话框，在其中可以选择需要置入的文件，然后勾选“链接”选项，并单击“置入”按钮，如图1-38所示。此时鼠标指针会变为状，如图1-39所示，在画板上单击或者拖曳即可将文件链接到文档中，如图1-40所示。

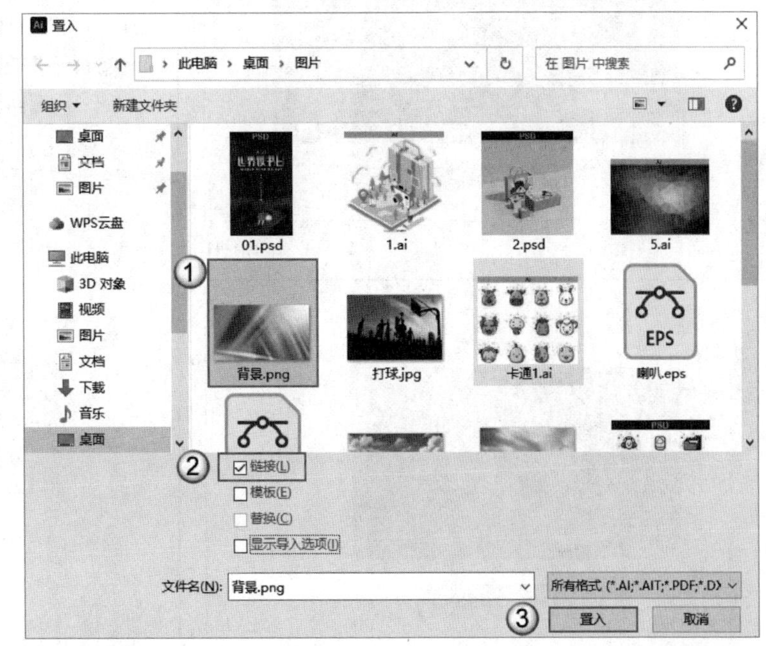

图1-38

图1-39

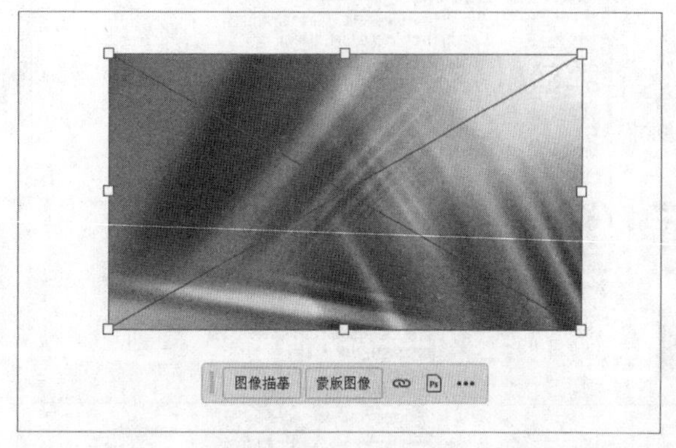

图1-40

置入文件后，图像边界会显示定界框。拖曳图像可以移动其位置。拖曳定界框的控制点可以改变其大小，如图1-41所示；按住Shift键拖曳可以等比改变图像的大小，如图1-42所示。

图1-41

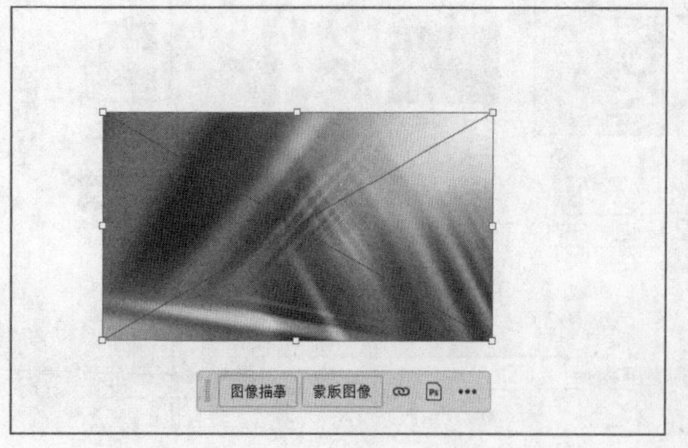

图1-42

如果修改了链接的图像，会弹出是否需要更新的提示框，如图1-43所示。单击“是”按钮即可进行更新，如图1-44所示。

图1-43

图1-44

如果不小心删除或者改变了链接文件的存储路径，那么文档中会显示文件缺失，导致图像无法正常显示。因此，这种置入方式会增加文件管理的难度。制作完成后养成打包文件的习惯，可以有效避免出现上述问题。执行“文件>打包”菜单命令（快捷键为Alt+Shift+Ctrl+P），就可以对文件及链接文件进行打包了，如图1-45所示。打包完成后，所有链接文件会出现在一个文件夹中。

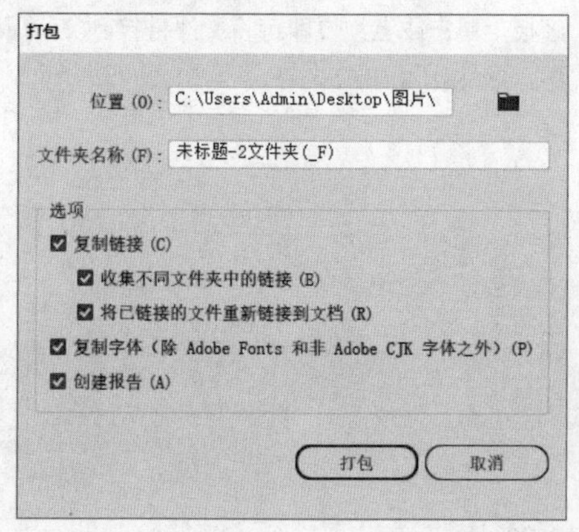

图1-45

2.嵌入文件

以“嵌入”方式置入的文件包含在当前文档中，因此会占用较大的存储空间，但是不会出现丢失链接的情况。

执行“文件>置入”菜单命令（快捷键为Shift+Ctrl+P），打开“置入”对话框，在其中可以选择需要置入的文件，然后取消勾选“链接”选项，单击“置入”按钮，如图1-46所示。此时鼠标指针会变为状，如图1-47所示，在画板上单击或者拖曳即可将文件嵌入文档，如图1-48所示。置入文件后，依旧可以通过拖曳定界框的控制点来改变图像的大小。

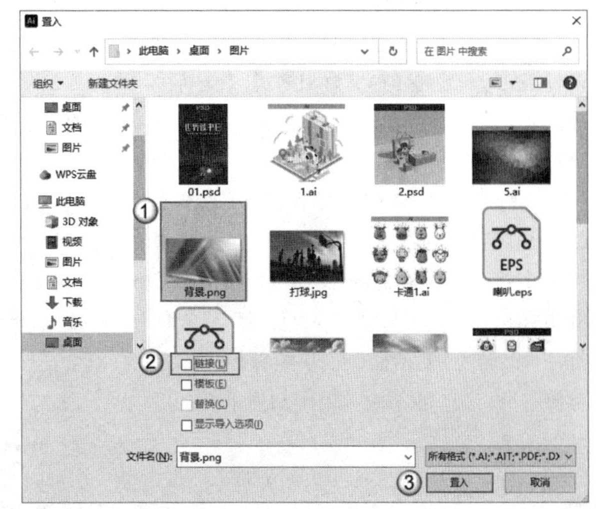

图1-46

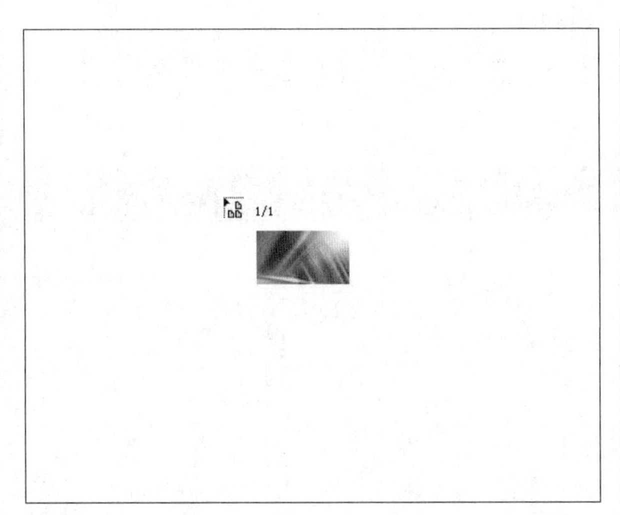

图1-47

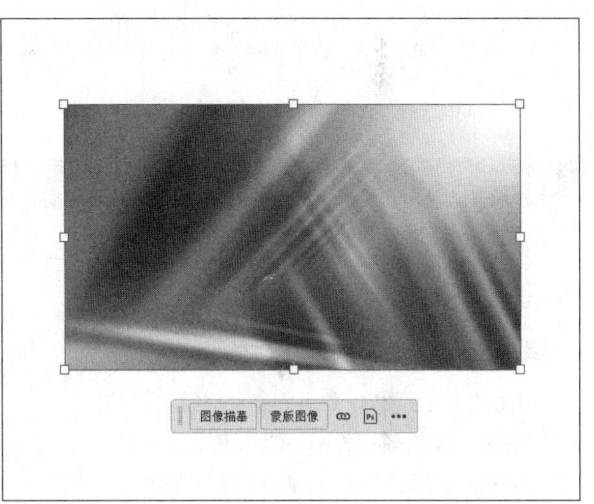

图1-48

如果想将链接的文件嵌入文档，可以先在画板上选择文件，然后单击工具控制栏中的“嵌入”按钮。如果想将“嵌入”方式更改为“链接”方式，可以先在画板上选择嵌入的对象，然后单击控制栏中的“取消嵌入”按钮，在弹出的“取消嵌入”对话框中选择文件的保存路径并对其进行保存，如图1-49所示，之后所选对象就会以链接状态存在，如图1-50所示。

图1-49

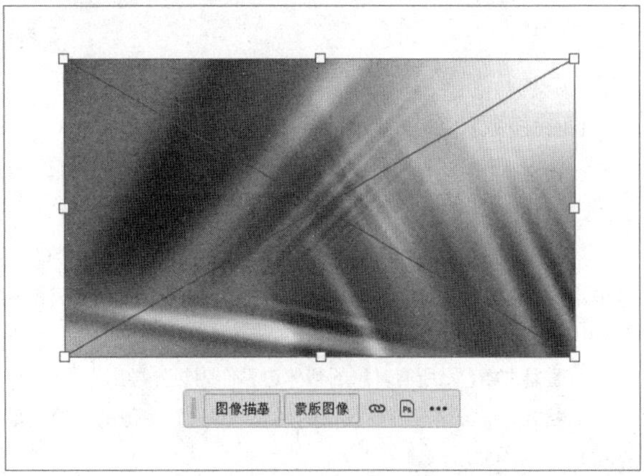

图1-50

1.3.4 存储文件

Illustrator可将文件存储为AI、PDF和EPS等多种格式，一般选择存储为AI格式，便于后续修改。如果要打印或印刷文件，可以将文件存储为PDF格式。

执行“文件>存储”菜单命令（快捷键为Ctrl+S）可以保存文件。如果想另存一份文件，可以执行“文件>存储为”菜单命令（快捷键为Shift+Ctrl+S）。执行“文件>存储为”菜单命令，打开“存储为”对话框，在其中可以修改文件的存储路径、名称和格式，如图1-51所示。

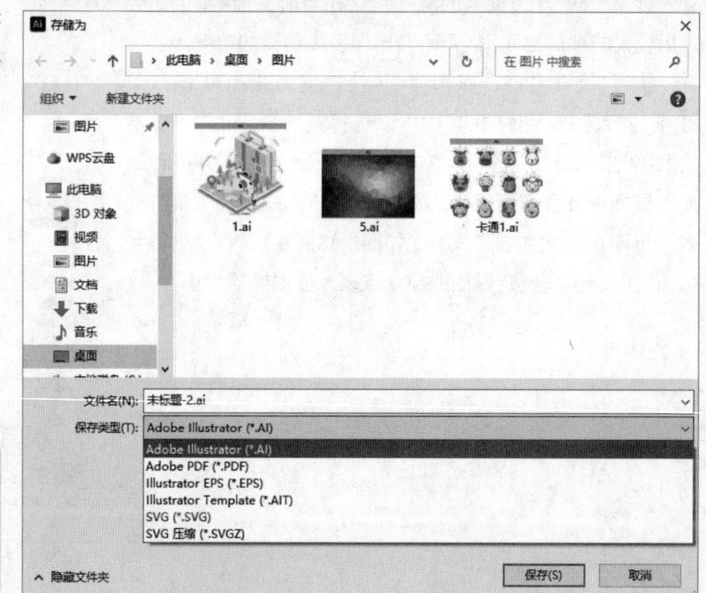

图1-51

> **技巧与提示**
>
> 当计算机或Illustrator出现程序错误，以及发生断电等情况时，所有的操作可能都会丢失，所以在操作时要养成经常存储文件的习惯。

1.3.5 导出文件

执行“文件>导出”子菜单中的命令，可以将编辑好的文件导出为多种格式文件。

1.导出为多种屏幕所用格式

执行“文件>导出>导出为多种屏幕所用格式”菜单命令（快捷键为Alt+Ctrl+E），打开“导出为多种屏幕所用格式”对话框，默认显示“画板”选项卡，如图1-52所示。

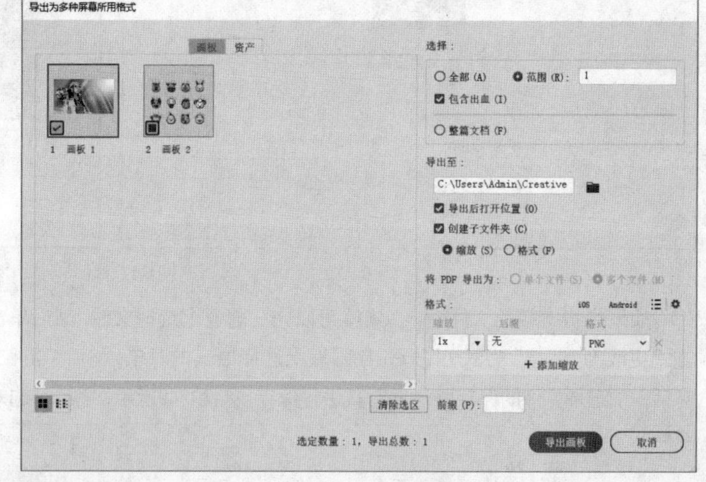

图1-52

重要参数介绍

◇ **选择：** 用于选择导出文档的范围，包括“全部”“范围”“整篇文档”3种。

» **全部：** 选择该选项，可以导出文档中所有的画板。

» **范围：** 用于设置导出画板的范围。例如，一个文档中含有10个画板，如果想导出前5个画板，那么可在文本框中输入“1-5”；如果想导出第1个画板和第5个画板，那么可在文本框中输入“1,5”。

» **整篇文档：** 以所有对象的整体边界作为边界导出一张图像。

◇ **格式：** 根据需求选择设备的系统，并设置图像的缩放倍数、文件名后缀和图像的格式，如图1-53所示。

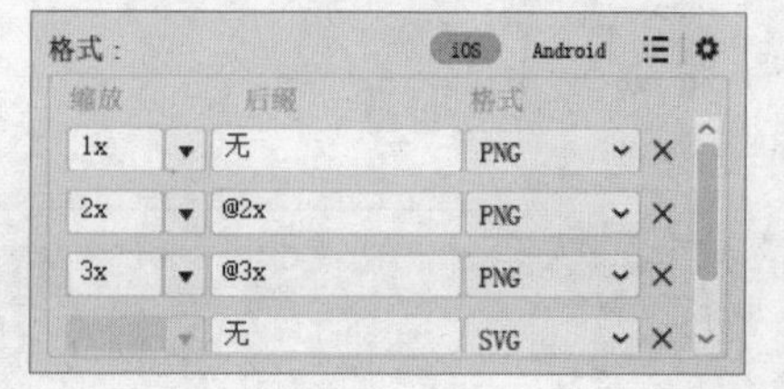

图1-53

选择“资产”选项卡，如图1-54所示。资产指的是将自定义对象作为导出的对象，需要在“资源导出”面板中提前保存好资源。由于之前没有在“资源导出”面板中保存资产，此时“导出为多种屏幕所用格式”对话框中是没有资产内容的。

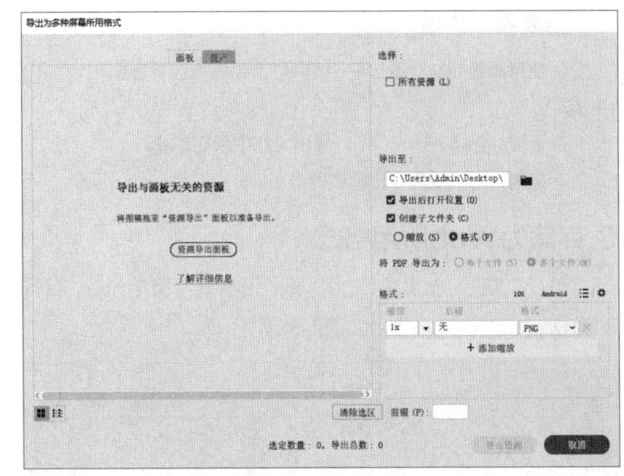

图1-54

先单击“资源导出面板”按钮，打开“资源导出”面板，将要导出的对象拖曳至这个面板中，如图1-55所示。这样就可以在这个面板或者“导出为多种屏幕所用格式”对话框中进行导出了，如图1-56所示。使用这种方式能够快速导出指定对象，在UI设计工作中使用得非常频繁。

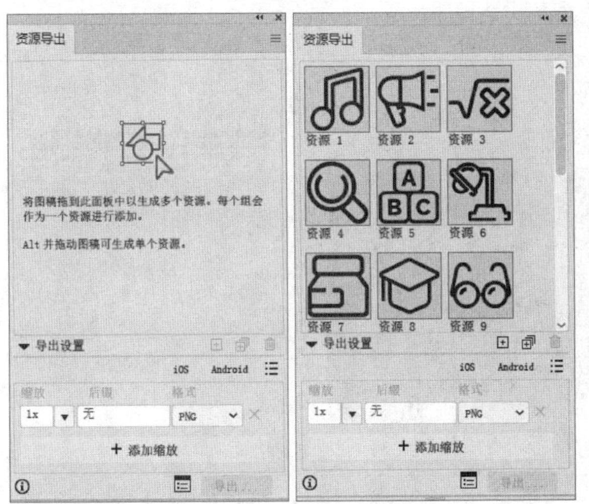

图1-55

图1-56

2.导出为

执行“文件>导出>导出为”菜单命令，在打开的“导出”对话框中可以设置导出文件的路径、名称和格式等，如图1-57所示。

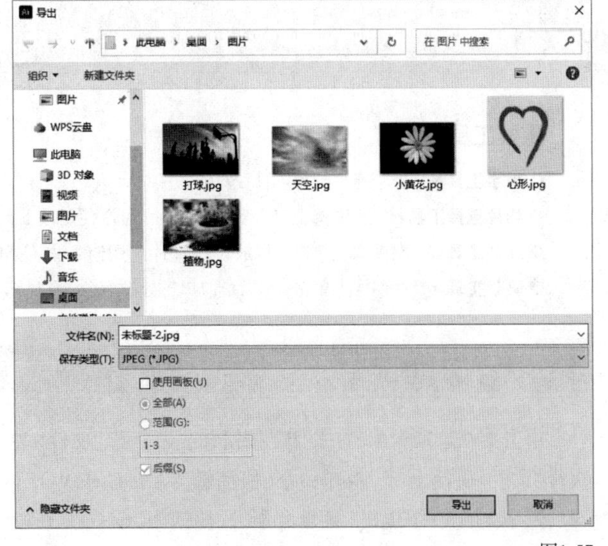

图1-57

重要参数介绍

◇ **使用画板：** 勾选该选项，将以每个画板为边界导出内容，不在画板中的内容将不被导出；取消勾选该选项，会导出文档内的所有内容。

◇ **全部：** 选择该选项，可以导出文档中所有的画板。

◇ **范围：** 用于设置导出画板的范围。

3.存储为Web所用格式

执行"文件>导出>存储为Web所用格式"菜单命令，在打开的"存储为Web所用格式"对话框中可以设置各个选项（如图像格式和图像大小等），如图1-58所示。

图1-58

重要工具介绍

◇ **抓手工具** ：用于拖曳画布以查看对象。

◇ **切片选择工具** ：当图像上包含多个切片时，可以使用该工具选择相应的切片进行优化。

◇ **缩放工具** ：在图像上单击可以放大图像的显示比例，按住Alt键并单击可缩小图像的显示比例。

◇ **吸管工具** ：在图像上单击，可以拾取单击处的颜色，并显示在其下方的色块中。

1.3.6 关闭文件

单击文档选项卡中的"关闭"按钮 或者执行"文件>关闭"菜单命令（快捷键为Ctrl+W），可以关闭当前文档窗口。执行"文件>关闭全部"菜单命令（快捷键为Alt+Ctrl+W），可以关闭所有文档窗口。单击工作界面右上方的"关闭"按钮 或者执行"文件>退出"菜单命令（快捷键为Ctrl+Q），可以退出Illustrator。

1.4 画板操作

画板在Illustrator中的使用是非常频繁的，使用画板可以界定设计区域。在一个文档中可以添加多个画板，在导出文件时可以根据需求选择是否按画板边界进行导出。

1.4.1 创建画板

创建画板的方式主要有两种，一种是在“新建文档”对话框中进行创建，前面已讲过。另一种是使用“画板工具”进行创建，下面主要介绍这个工具的使用方法。

1.新增画板

在文件中已经存在画板的情况下，选择“画板工具”（快捷键为Shift+O）并单击控制栏中的“新建画板”按钮，即可创建与原有画板同样大小的画板，如图1-59所示。

图1-59

2.创建任意大小画板

选择“画板工具”，然后在画布上拖曳，即可创建任意大小的画板，如图1-60所示。此外，选择画板后，可以通过在控制栏中选择不同的预设来改变画板的大小。选择画板后，还可以通过拖曳画板的控制框改变其大小，如图1-61所示。拖曳鼠标时按住Shift键可以等比缩放画板。

图1-60

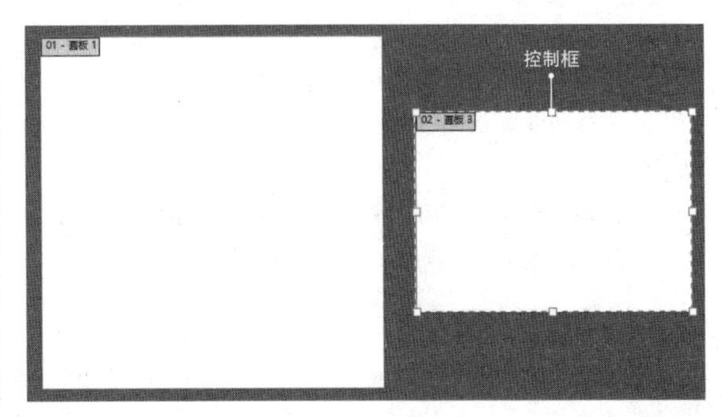

图1-61

1.4.2 管理画板

在创建了多个画板以后，可能就需要对其进行移动、复制、对齐和修改尺寸等操作。下面讲解一些管理画板的相关技巧。

1.“画板”面板

在“画板”面板中可以进行新建、删除，以及改变画板名称和位置等操作。执行“窗口>画板”菜单命令，打开“画板”面板，如图1-62所示。

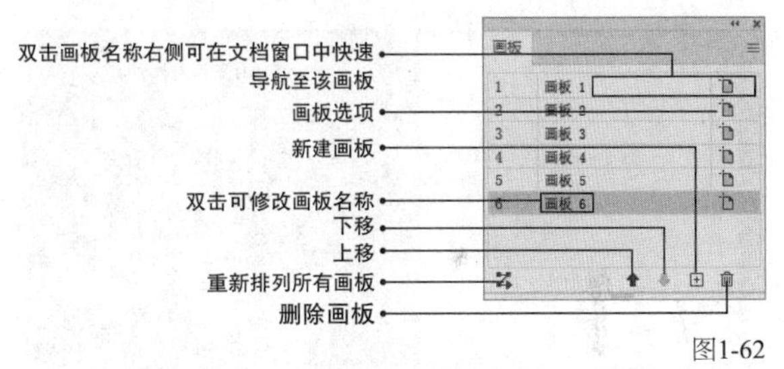

图1-62

◇ **画板选项**：单击该按钮，可以在打开的“画板选项”对话框中设置画板的尺寸和方向等参数，还可以根据需求决定是否显示中心标记和十字线等参考标记，如图1-63所示。

◇ **重新排列所有画板**：单击该按钮，可以在打开的“重新排列所有画板”对话框中修改画板的排列顺序、列数和间距等参数，如图1-64所示。

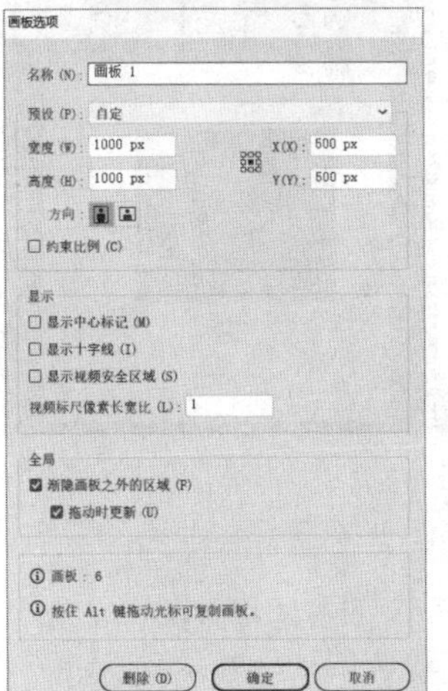

图1-63

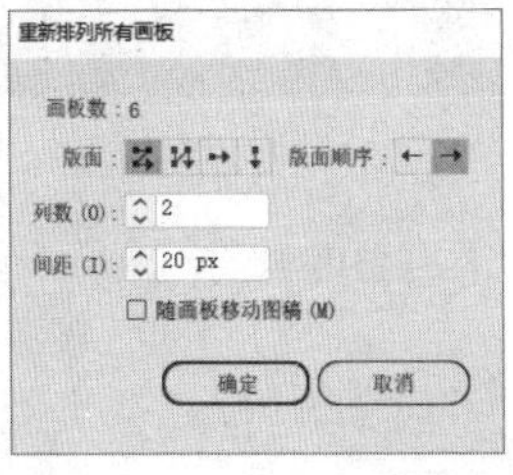

图1-64

◇ **上移**：单击该按钮，可以在画板中上移画板。

◇ **下移**：单击该按钮，可以在画板中下移画板。

◇ **新建画板**：单击该按钮，可以创建与所选画板同样大小的画板。

◇ **删除画板**：单击该按钮，可以删除所选画板。此外，按Delete键也可以删除所选画板。

2.移动和复制画板

选择"画板工具"，拖曳画板可以移动其位置，如图1-65所示。拖曳画板时按住Shift键能够沿水平、垂直或45°倍数方向进行移动，如图1-66所示。

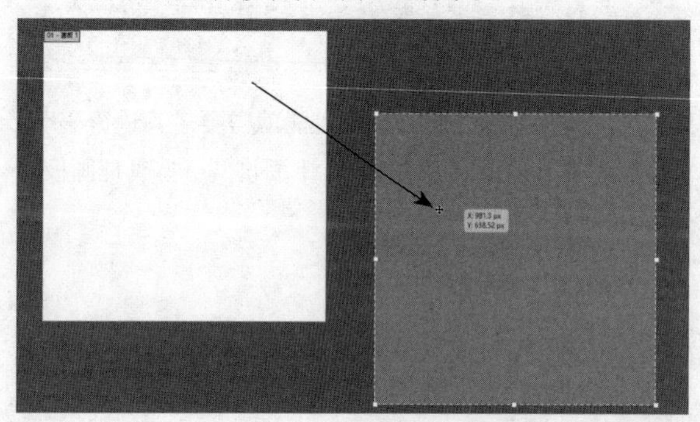

图1-65

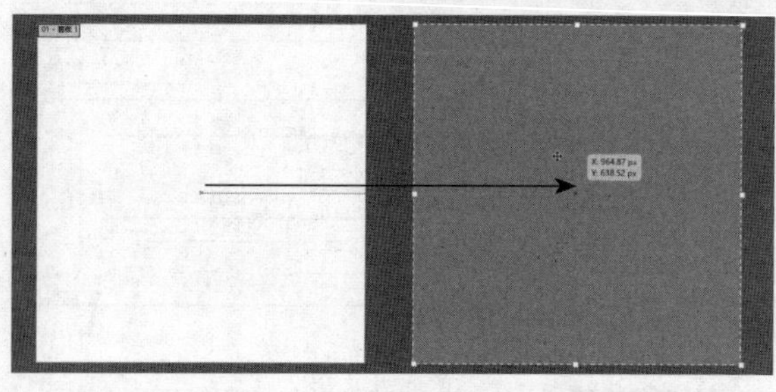

图1-66

拖曳画板时按住Alt键能够复制画板。如果画板中已有图稿，那么将连同图稿一起复制，如图1-67所示。

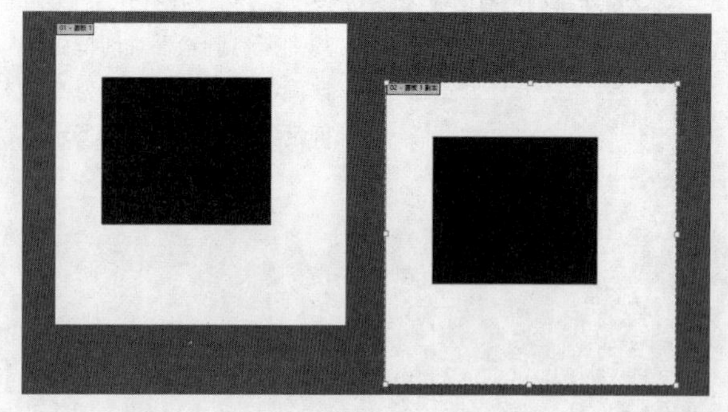

图1-67

技巧与提示

如果画板中的内容被锁定或隐藏了，那么这些内容在移动或复制画板时将不会被移动或复制。需要先将其解锁或显示，再进行移动或复制。

1.5 查看图稿

在使用Illustrator时，通过工具或快捷键能平移图稿、缩放视图，以便更好地处理图稿。

1.5.1 平移图稿

在工具栏中选择"抓手工具"（快捷键为H），此时鼠标指针会变为状，拖曳鼠标可以移动画布以查看图稿的相应部分，如图1-68所示。

图1-68

技巧与提示

在工作界面中使用其他工具进行操作时，按住Space键（空格键），鼠标指针会临时变为状，即临时切换为"抓手工具"。

1.5.2 缩放视图

缩放视图指的是改变图稿在文档窗口的显示大小，图稿本身的尺寸并未被改变。常用的缩放视图的方法有4种，其中比较方便的方法是使用快捷键，不过读者可以选择自己习惯的方式进行缩放。

1.修改状态栏数值

文档窗口左下方显示的百分数为当前的视图比例，在视图比例文本框中直接输入数值即可进行缩放。例如，在视图比例文本框中输入40%或40，图稿将以40%的视图比例进行显示，如图1-69所示。

图1-69

2.缩放工具

在工具栏中选择“缩放工具”（快捷键为Z），在文档窗口中鼠标指针会变为状，单击可以放大视图，如图1-70所示。按住Alt键，鼠标指针会变为状，单击可以缩小视图，如图1-71所示。

图1-70

图1-71

3.使用菜单命令或其快捷键

“视图”菜单中包括4个用于调整视图大小的命令，并且均有快捷键，如图1-72所示。例如，需要放大视图时可以按住Ctrl键，之后连续按+键，视图会逐级放大，其效果和使用“缩放工具”多次单击是一样的；按快捷键Ctrl+0可以将画板调整到适合窗口的大小进行显示，按快捷键Alt+Ctrl+0可以将全部内容调整到适合窗口的大小进行显示。

视图(V) 窗口(W) 帮助(H)

轮廓(O)	Ctrl+Y
在 CPU 上预览(P)	Ctrl+E
叠印预览(V)	Alt+Shift+Ctrl+Y
像素预览(X)	Alt+Ctrl+Y
裁切视图(M)	
显示文稿模式(S)	
屏幕模式	›
校样设置(F)	›
校样颜色(C)	
放大(Z)	Ctrl++
缩小(M)	Ctrl+-
画板适合窗口大小(W)	Ctrl+0
全部适合窗口大小(L)	Alt+Ctrl+0

图1-72

技巧与提示

缩放视图的快捷键除了有Ctrl++与Ctrl+-，还有Alt+鼠标滚轮，用后种方式可以以平滑的方式快速缩放视图。具体的操作方法是按住Alt键并滚动鼠标滚轮。

4. “导航器”面板

执行“窗口>导航器”菜单命令，打开“导航器”面板。“导航器”面板左下角显示的百分数为当前文档窗口的视图比例，在视图比例文本框中直接输入数值可以缩放视图，单击▲按钮与▲按钮也可以缩放视图，如图1-73所示。

图1-73

“导航器”面板中红框的区域为当前视图显示的图稿区域，如图1-74所示。拖曳红框，可以查看图稿的不同区域。单击红框外面的区域，可以快速地将画面切换为这一区域。

图1-74

图1-75

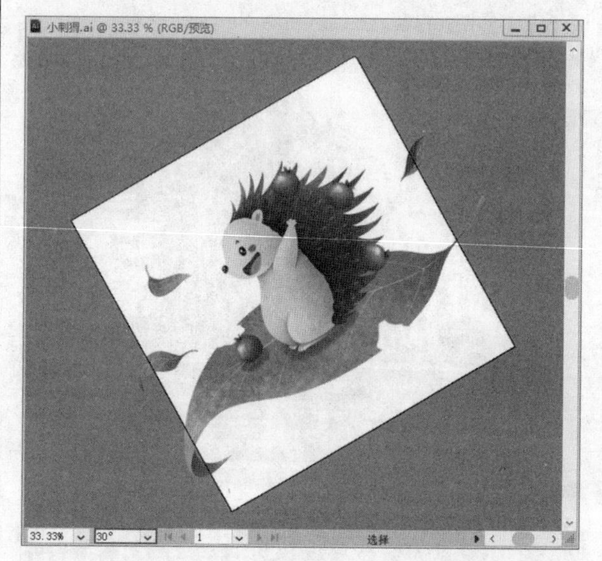

图1-76

1.5.3 旋转视图

在绘制图稿时，可能需要旋转画板。在工具栏中选择“旋转视图工具”（快捷键为Shift+H），然后拖曳画板即可进行旋转，如图1-75所示。按住Shift键并拖曳画板，即可以15°角为增量进行旋转。此外，在状态栏的“旋转视图”文本框中输入数值也可以快速旋转视图，如图1-76所示。

> **技巧与提示**
>
> 在使用其他工具时，按住快捷键Shift+Space可以临时调用“旋转视图工具”。

执行“视图>旋转视图”子菜单中的命令，可以按特定度数旋转视图；执行“视图>重置旋转视图”菜单命令（快捷键为Shift+Ctrl+1）或者按Esc键，可以将已旋转的视图恢复为初始状态，如图1-77所示。

图1-77

1.6 辅助工具

Illustrator中有一些辅助工具，主要包括标尺、参考线和网格。使用这些辅助工具能够帮助我们精准定位，以提升工作效率与准确性。

1.6.1 使用标尺

标尺显示于文档窗口的顶部与左侧，可精准定位和度量文档和画板中的对象。标尺原点显示的数值为(0,0)，标尺原点是可以改变的，拖曳原点即可进行修改，如图1-78所示。如果想要恢复标尺原点的默认设置，那么可以双击水平标尺和垂直标尺的交会处，如图1-79所示。

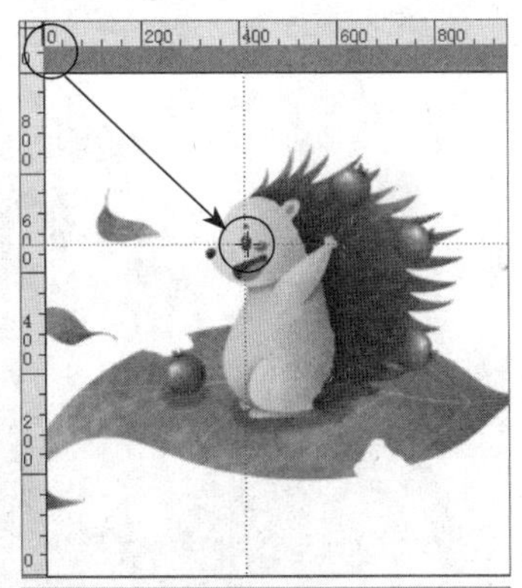

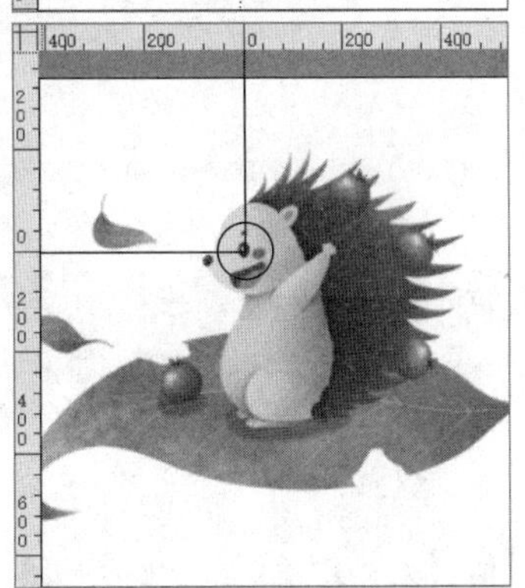

图1-78

图1-79

1.显示与隐藏标尺

执行“视图>标尺>显示标尺(或隐藏标尺)”菜单命令(快捷键为Ctrl+R)，可以控制标尺的显示或隐藏，显示标尺的效果如图1-80所示。

图1-80

2.设置标尺单位

单击控制栏中的“文档设置”按钮，在弹出的“文档设置”对话框中可以修改标尺的单位，如图1-81所示。在标尺的任意位置单击鼠标右键，在弹出的菜单中也可以修改标尺的单位，如图1-82所示。

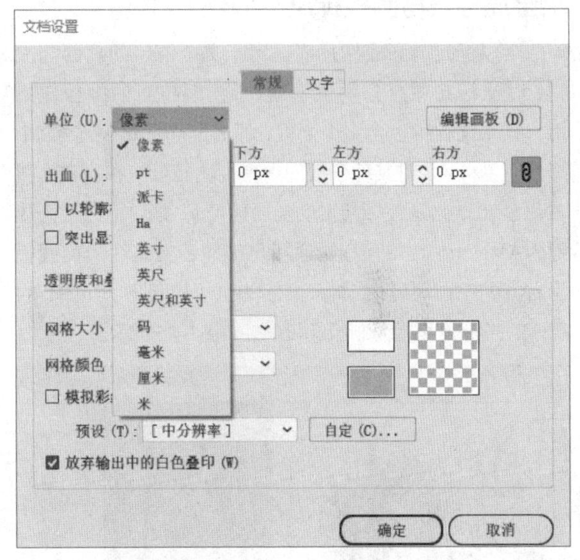

图1-81

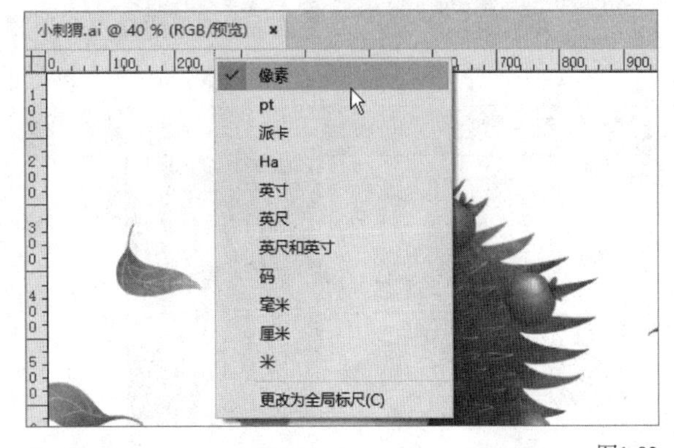

图1-82

技巧与提示

执行“编辑>首选项>单位”菜单命令，在弹出的“首选项”对话框中也能修改标尺的单位，如图1-83所示。不过，用这种方式修改会改变Illustrator中单位的设置，是对全局起作用的。如果仅想改变当前文档中标尺的单位，可以使用另外两种方法。

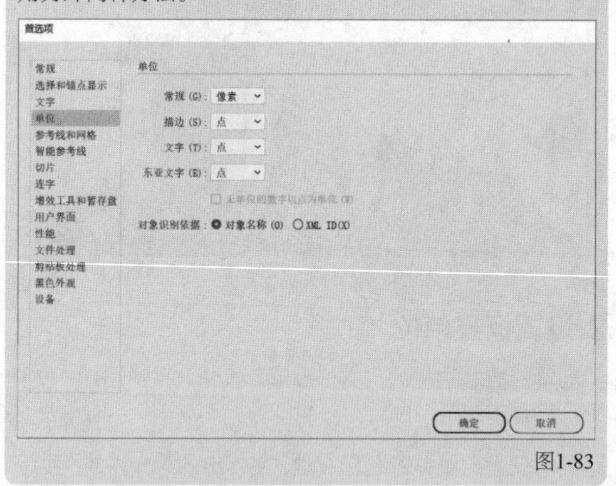

图1-83

3.全局标尺与画板标尺

全局标尺与画板标尺都显示于文档窗口的顶部与左侧，默认标尺原点分别位于第1个画板与当前画板左上角。如果文档中包含多个画板，那么全局标尺仅对第1个画板有参考性，对其他画板的参考性比较低。执行“视图>标尺>更改为画板标尺（或全局标尺）”菜单命令（快捷键为Alt+Ctrl+R），可以更改标尺的显示方式。当前画板为右方的空白画板，当标尺显示为全局标尺时，如图1-84所示；当标尺显示为画板标尺时，如图1-85所示。

图1-84

图1-85

1.6.2 使用参考线

参考线以浮动的状态显示在图稿上方，并且在输出和打印图像时不会显示出来。从水平标尺的任意位置向下拖曳鼠标，可以拖曳出水平参考线；从垂直标尺的任意位置向右拖曳鼠标，可以拖曳出垂直参考线，如图1-86所示。按住Shift键并拖曳，参考线会自动“吸附”到标尺刻度上。

图1-86

技巧与提示

在拖曳出参考线之后，如果想更改参考线的位置，可以使用“选择工具”▸拖曳参考线，也可以使用“选择工具”▸选择参考线，然后在“变换”面板中修改参考线的位置，如图1-87所示。

图1-87

执行“视图>参考线”子菜单中的命令可以隐藏（或显示）、锁定（或解锁）、建立、释放和清除参考线，如图1-88所示。

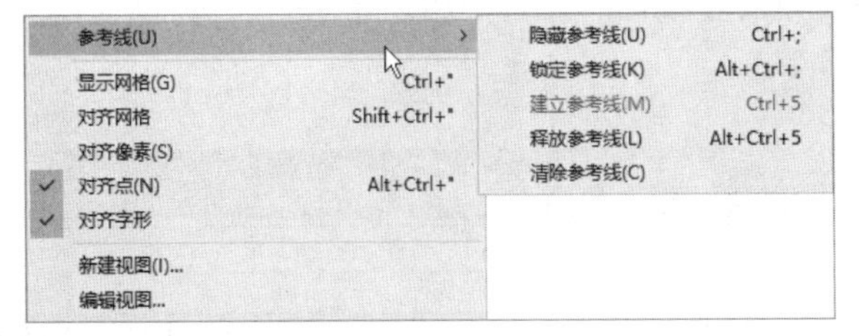

图1-88

重要命令介绍

◇ **隐藏（或显示）参考线：**执行该命令（快捷键为Ctrl+;），可以控制参考线的隐藏或显示。

◇ **锁定（或解锁）参考线：**执行该命令（快捷键为Alt+Ctrl+;），可以锁定或解锁参考线。锁定参考线可以有效避免制作过程中的误操作。

◇ **建立参考线：**当画布中有路径时，选择该路径并执行该命令（快捷键为Ctrl+5），可以将该路径转换为参考线，如图1-89所示。

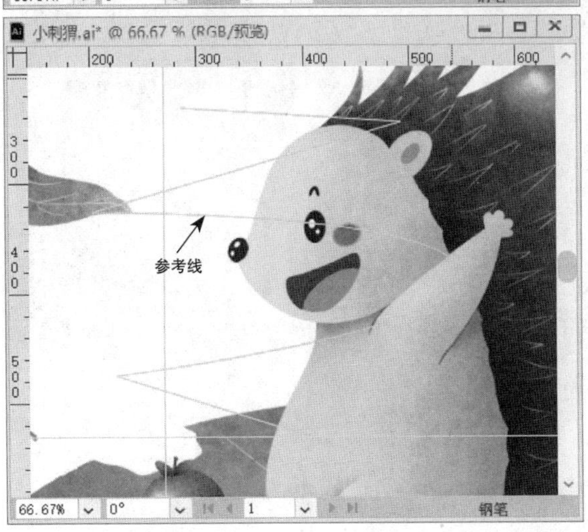

图1-89

◇ **释放参考线：**先选择参考线，然后执行该命令（快捷键为Alt+Ctrl+5），可以将参考线转换为路径。

◇ **清除参考线：**执行该命令，可以删除所有参考线。如果想删除某一根或几根参考线，可以先选中参考线，然后按Delete键进行删除。

知识点：智能参考线

智能参考线是随着操作自动实时测量而产生的临时参考线，用以提示移动某一对象时该对象和其他对象间的对齐关系，操作结束后会自行消失。执行“视图>智能参考线”菜单命令（快捷键为Ctrl+U），可以启用智能参考线。启用后，拖曳对象时智能参考线会自动出现，用以提示对象的相对位置，如图1-90所示。

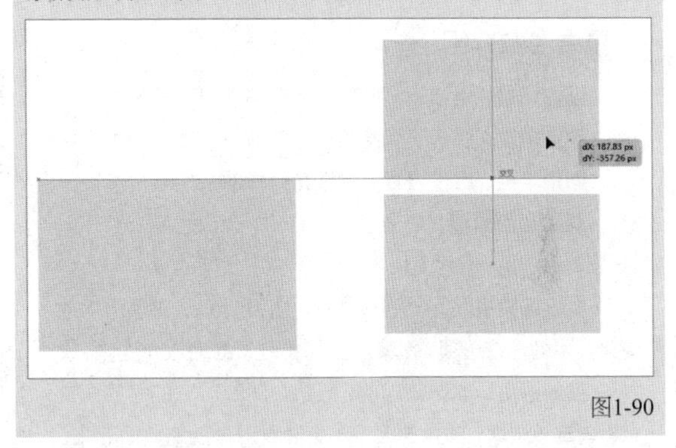

图1-90

1.6.3 使用网格

在默认状态下，网格显示为线条，这些线条和参考线一样，也不会显示在输出和打印的图像中。执行“视图>显示网格（或隐藏网格）”菜单命令（快捷键为Ctrl+"），可在画布中显示或隐藏网格，如图1-91所示。执行“视图>对齐网格”菜单命令（快捷键为Shift+Ctrl+"），启用“对齐网格”，拖曳对象时对象边缘会自动“吸附”在网格线上。

图1-91

1.7 首选项设置

Illustrator的首选项设置包括常规、选择和锚点显示、文字、单位、参考线和网格、增效工具和暂存盘、用户界面等内容的设置。合理地进行首选项设置，能够在一定程度上提高工作效率。

1.7.1 常规

执行“编辑>首选项>常规”菜单命令（快捷键为Ctrl+K），在弹出的对话框中可以修改一些常规的设置，如键盘增量、约束角度和圆角半径等，如图1-92所示。

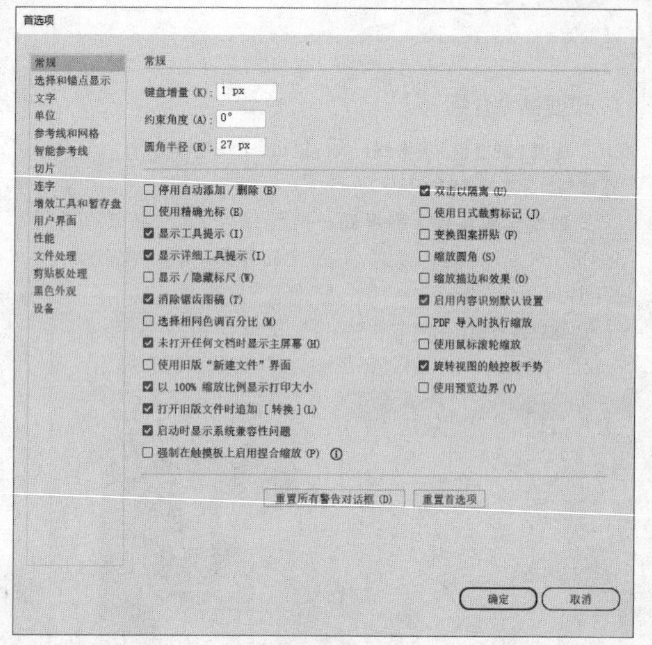

图1-92

重要参数介绍

◇ **键盘增量：** 用于设置使用方向键移动对象的幅度。

◇ **约束角度：** 用于设置绘制矩形等对象时的初始角度。

◇ **圆角半径：** 用于设置绘制圆角矩形的初始圆角半径。

◇ **消除锯齿图稿：** 取消勾选该选项，会通过降低显示效果以使软件的运行速度变快。

◇ **变换图案拼贴：** 勾选该选项，图案会随着对象的缩放而变化；不勾选该选项，图案不会随着对象的缩放而变化。

◇ **缩放圆角：** 勾选该选项，圆角会随着对象的缩放而变化；不勾选该选项，圆角的大小不会随着对象的缩放而变化。

◇ **缩放描边和效果：** 勾选该选项，描边会随着对象的缩放而变化；不勾选该选项，描边会一直保持同样粗细，不会随着对象的缩放而变化。

1.7.2 选择和锚点显示

执行“编辑>首选项>选择和锚点显示”菜单命令，在弹出的对话框中可以修改选择对象的容差和对齐点等，还可以修改锚点、手柄和定界框的显示，如图1-93所示。读者可以根据个人偏好进行设置。

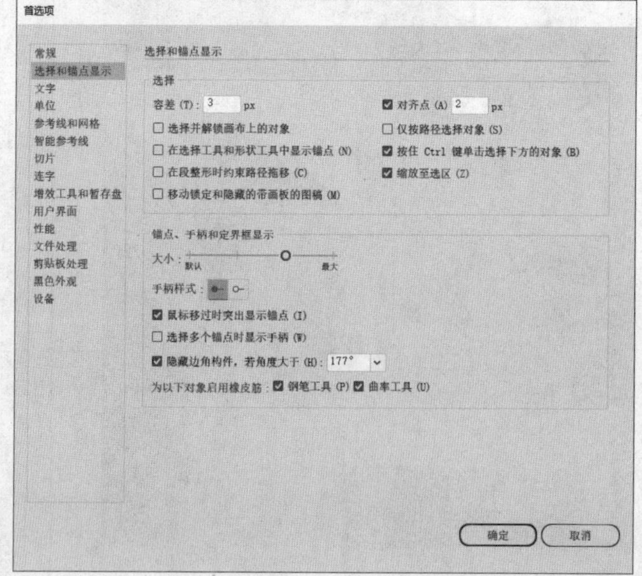

图1-93

1.7.3 文字

执行“编辑>首选项>文字”菜单命令，在弹出的对话框中可以修改与文字相关的设置，如“大小/行距”“字距调整”“基线偏移”等，如图1-94所示。如果想快速找到最近使用过的字体，可以将“最近使用的字体数目”的数值调大一些，这样最近使用过的字体会显示在字体下拉列表的上方，以便快速查找或更换字体。

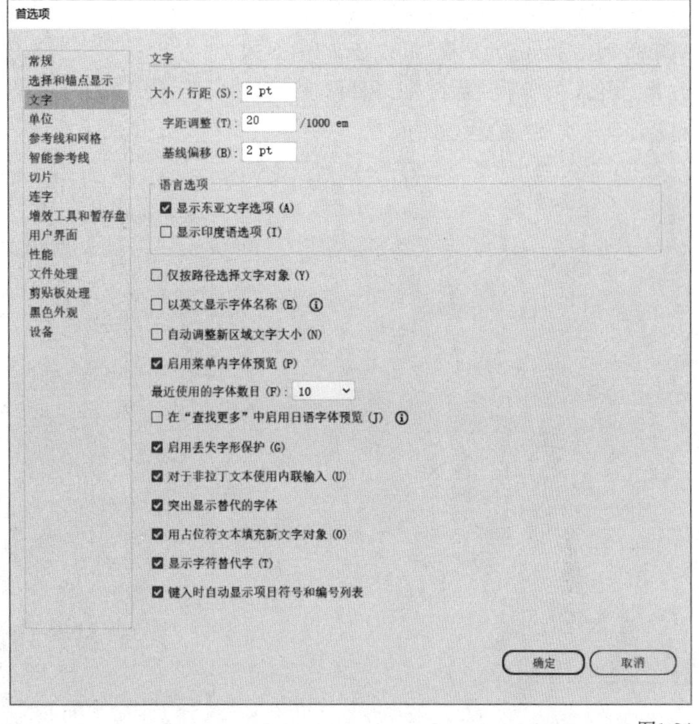

图1-94

1.7.4 参考线和网格

执行“编辑>首选项>参考线和网格”菜单命令，在弹出的对话框中可以修改参考线和网格的颜色、样式，还可以修改网格的间隔及次分隔线的数量等，如图1-95所示。

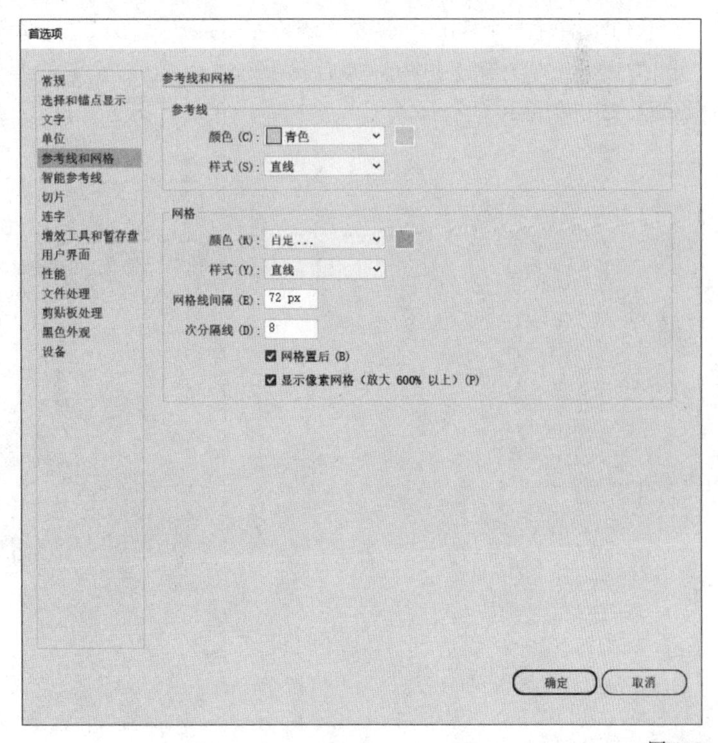

图1-95

1.7.5 增效工具和暂存盘

执行“编辑>首选项>增效工具和暂存盘”菜单命令，在弹出的对话框中可以修改暂存盘的位置，如图1-96所示。为了防止软件崩溃，可以将暂存盘修改为系统盘之外的硬盘。

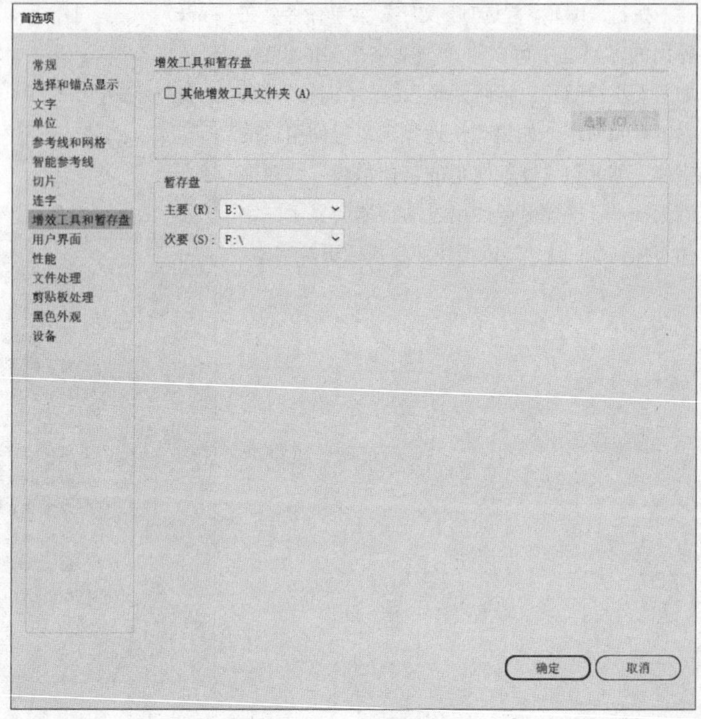

图1-96

1.7.6 用户界面

执行“编辑>首选项>用户界面”菜单命令，在弹出的对话框中可以修改用户界面的颜色及缩放比例等，如图1-97所示。

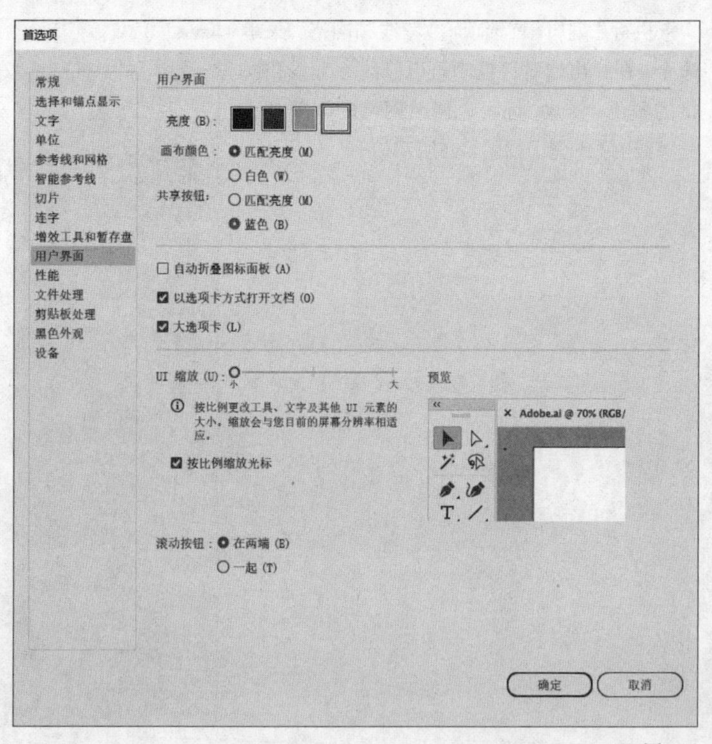

图1-97

ILLUSTRATOR 2024

第2章

基础图形的绘制

本章主要介绍基础图形的绘制方法，包括形状类工具和线段类工具的使用方法、填色与描边的方法等。掌握基础图形的绘制，对Logo设计和图标设计等是至关重要的。

课堂学习目标

- ◇ 了解绘图的基础知识
- ◇ 掌握绘图模式的使用技巧
- ◇ 掌握使用形状类工具的方法
- ◇ 掌握使用线段类工具的方法

2.1 绘图基础

在正式学习如何使用Illustrator绘制图形之前，需要了解一下绘制图形的基础知识。其中包括什么是路径和锚点，为对象填色和描边的方法，以及绘图模式的选择。

2.1.1 路径和锚点

路径指的是使用绘图工具绘制的任意形状，由一条或多条直线或曲线路径段组成，每个路径段的起点和终点由锚点标记，每两个路径段之间由一个锚点连接，它们可以勾勒出物体的轮廓，如图2-1所示。锚点显示为空心状态表示未被选中，显示为实心状态则表示当前被选中。使用“直接选择工具”选择曲线路径上的锚点，会显示一条或两条方向线，方向线的末端是手柄，如图2-2所示。拖曳锚点或手柄会改变路径的形状，如图2-3所示。

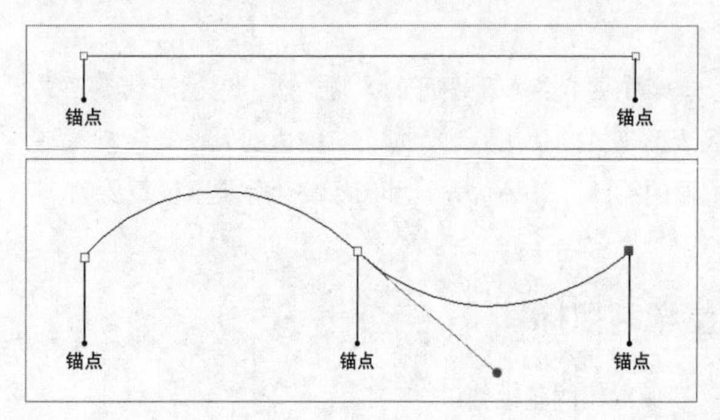

图2-1

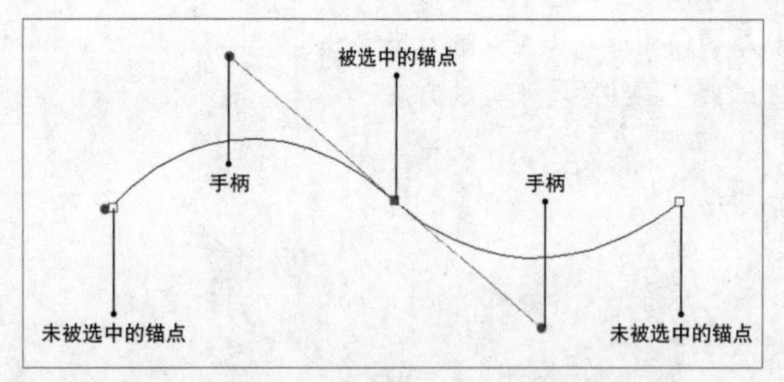

图2-2

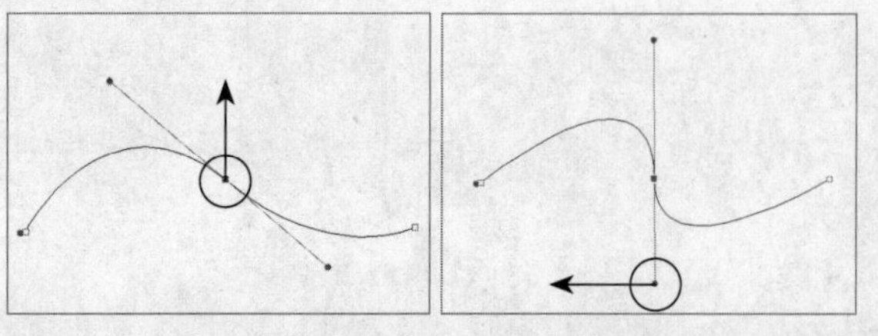

图2-3

技巧与提示

路径是矢量对象，它本身的颜色是无法被打印出来的，只有填色或描边后才能将其打印出来。

路径可以是开放的或闭合的。锚点有角点和平滑点两种类型，使用“锚点工具”即可进行相互转换；锚点不仅连接着路径段，还可以作为开放式路径的起点和终点，如图2-4所示。

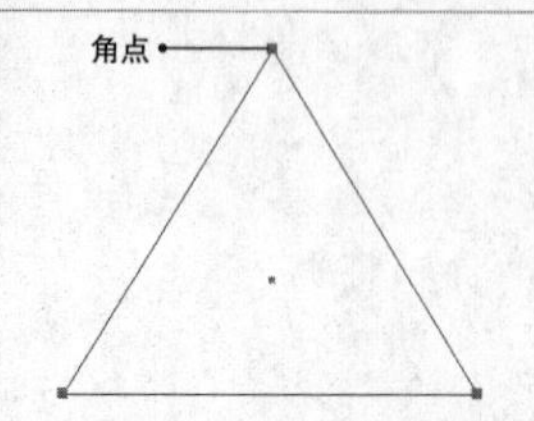

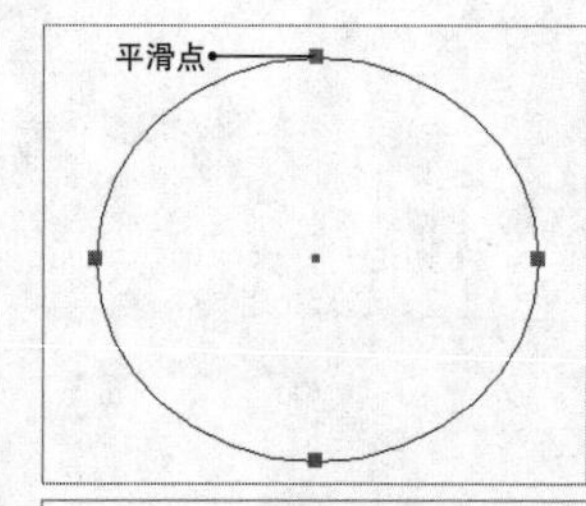

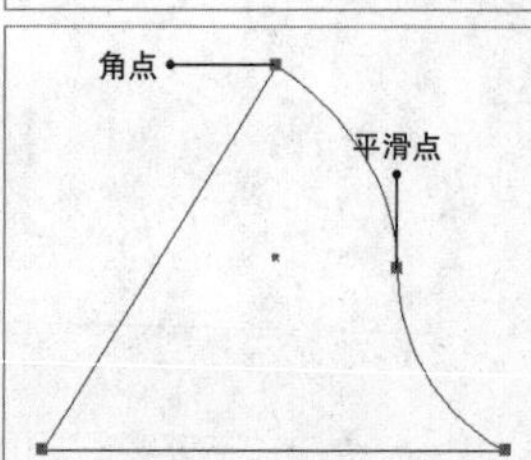

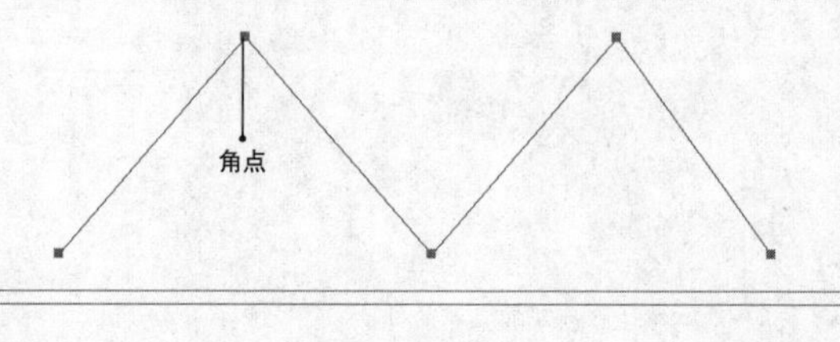

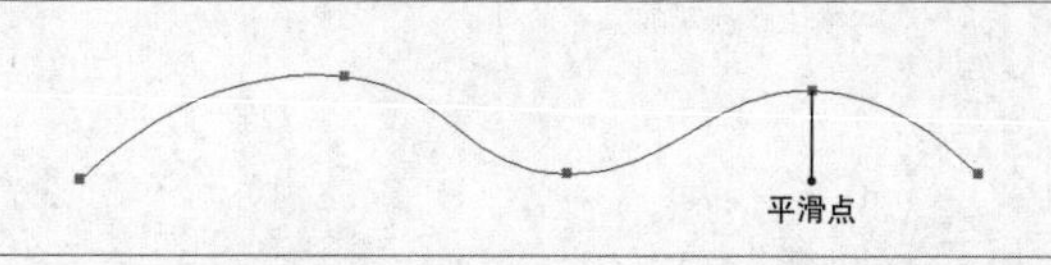

图2-4

技巧与提示

使用“选择工具”单击对象，可以选择整个对象。此外，使用该工具还可以对选中的对象进行移动、复制、旋转和缩放等操作。

大多复杂的图形和插画都是由很多路径构成的，如图2-5所示，每个路径的形状都是由众多锚点及其方向线控制的。虽然越多的锚点可以创造出的图形越复杂，但并不是越多越好，合适数量的锚点才能创造出平滑的曲线。

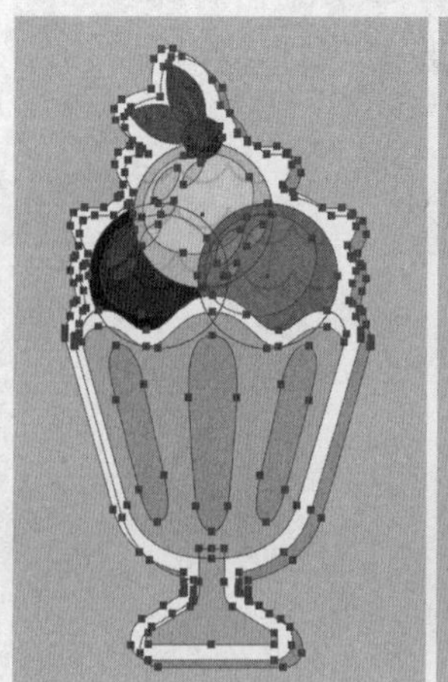

图2-5

2.1.2 填色与描边

在Illustrator中，填色和描边是对象的基本属性，可以使用纯色、渐变和图案来填充或描边对象。本节主要介绍使用纯色进行填充和描边的方法，而渐变和图案的应用方法将在后续章节进行介绍。

1.填充颜色与描边

工具栏下方有一组用于设置填色与描边的按钮，如图2-6所示。设置对象的填色和描边可以丰富图形的效果。

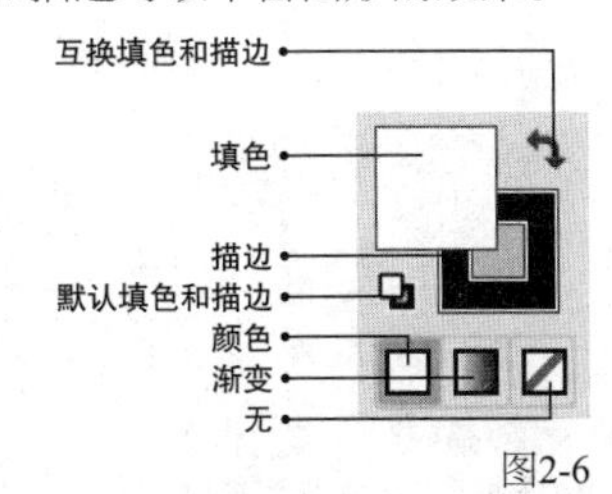

图2-6

重要参数介绍

◇ **填色**：双击该色块，可以在打开的“拾色器”对话框中选取填充颜色。

◇ **描边**：双击该色块，可以在打开的“拾色器”对话框中选取描边颜色。按X键，可以改变“填色”和“描边”色块的前后顺序。

◇ **互换填色和描边**：单击该按钮或者按快捷键Shift + X，可以交换填色和描边的颜色。

◇ **默认填色和描边**：单击该按钮或者按D键，可以恢复默认的白色填色和黑色描边。

◇ **颜色**：单击该按钮，可以用上一次选择的颜色来填充或描边对象。

◇ **渐变**：单击该按钮，可以用上一次选择的渐变来填充或描边对象。“填色”色块在前，则为对象填充渐变，如图2-7所示；“描边”色块在前，则将渐变应用为描边，如图2-8所示。

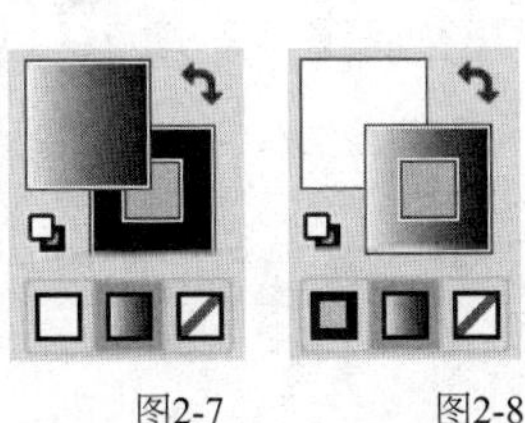

图2-7　图2-8

◇ **无**：单击该按钮，可以删除选定对象的填色或描边，如图2-9所示。

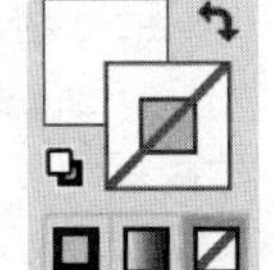

图2-9

> **技巧与提示**
>
> 当设置对象的填色和描边为“无”且未选中对象时，对象是不可见的。因为处于不可见的状态，所以经常会被忽略，做设计时要及时清除这类多余路径。执行“对象>路径>清理”菜单命令，可在弹出的对话框中清除未上色对象。

2.描边属性

在为对象添加描边后，可以使用“描边”面板改变描边的属性。执行“窗口>描边”菜单命令，打开“描边”面板，如图2-10所示。

图2-10

重要参数介绍

◇ **粗细**：调整描边的粗细，可以选择预设的描边粗细，也可以手动调整。数值越大，描边越粗，如图2-11所示。

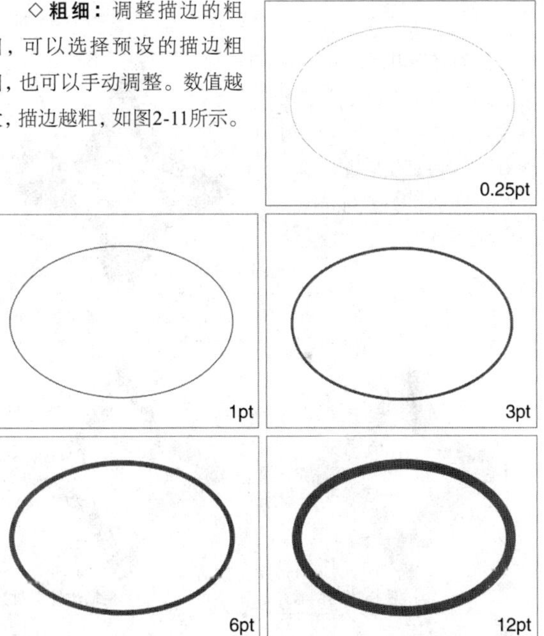

图2-11

◇ **端点**：调整开放式路径端点的描边样式，有“平头端点”、“圆头端点”和“方头端点”3种样式，如图2-12所示。

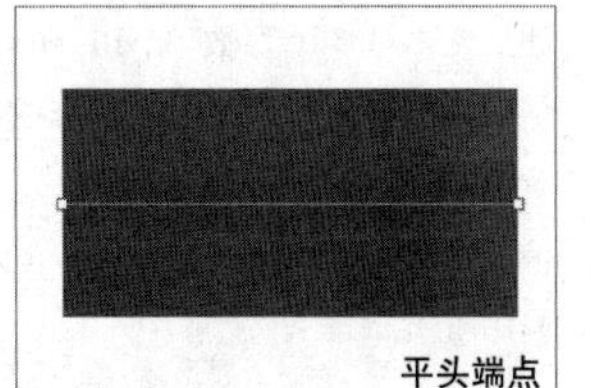

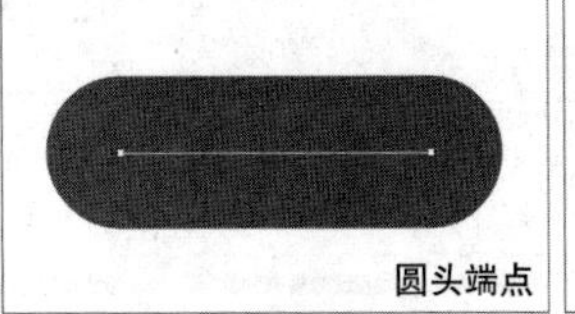

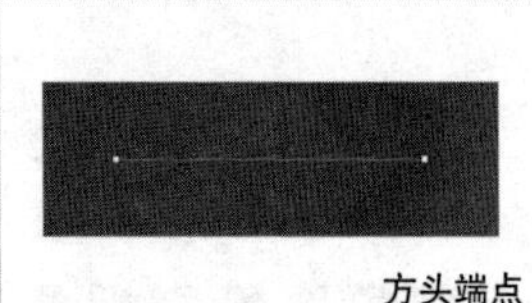

图2-12

◇ **边角**：调整描边转折处的连接形式，有“斜接连接”、“圆角连接”和“斜角连接”3种形式，如图2-13所示。

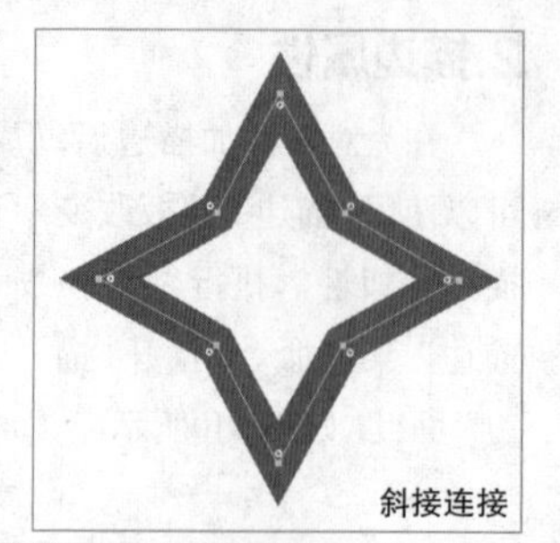

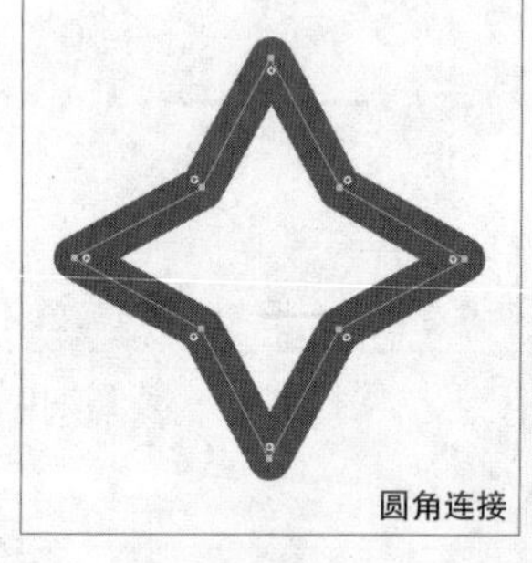

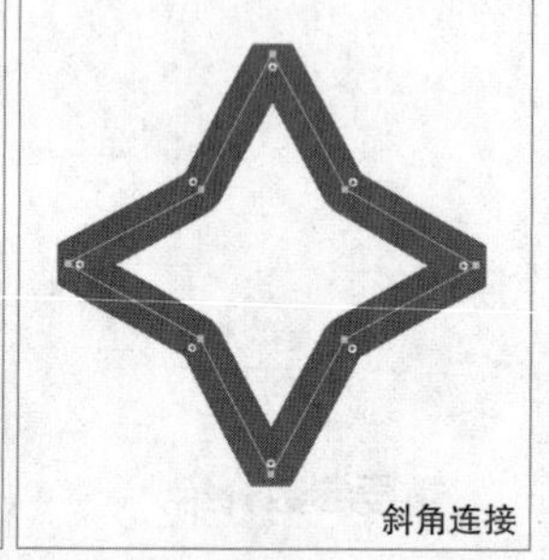

图2-13

◇ **对齐描边**：调整描边相对于路径的对齐方式，有“使描边居中对齐”、“使描边内侧对齐”和“使描边外侧对齐”3种方式，如图2-14所示。

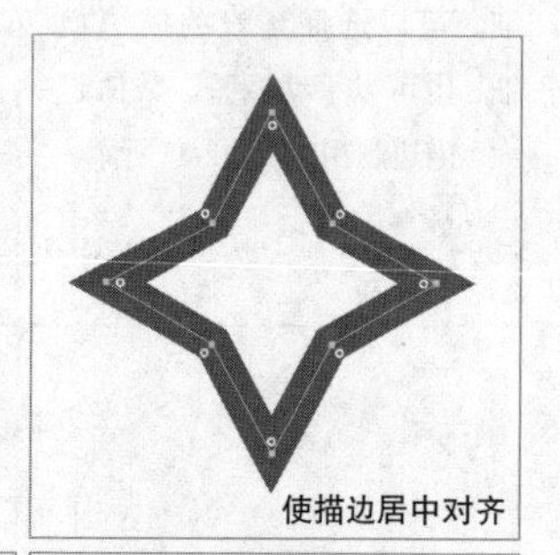

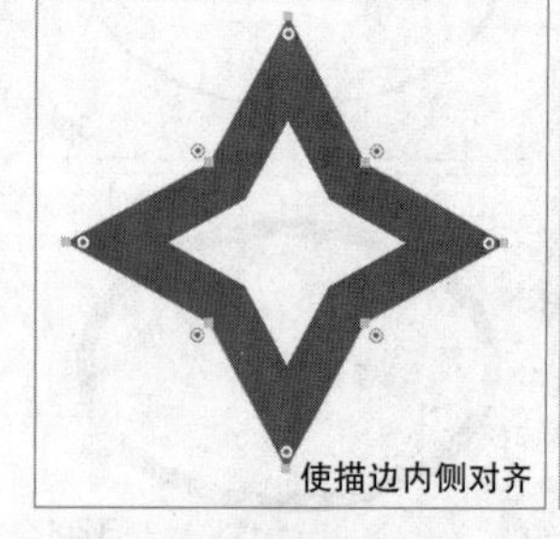

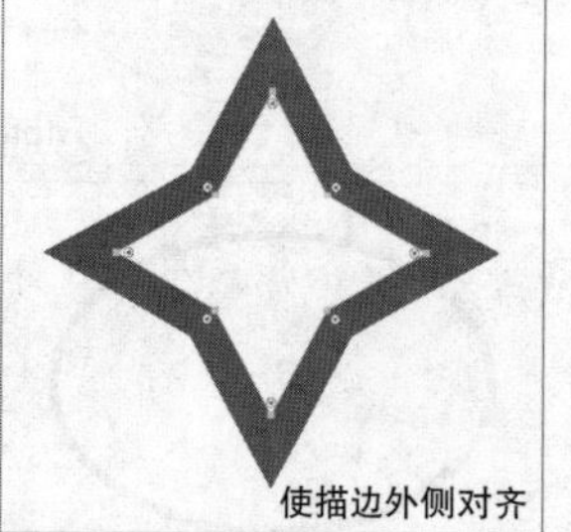

图2-14

◇ **虚线**：勾选该选项，可以使描边变为虚线。在第1个“虚线”文本框中填写数值，Illustrator将默认“虚线”和“间隙”的值一致，创造出等距离不相连的虚线，如图2-15所示。也可以设置不同的“虚线”和“间隙”值，以得到不同的效果，如图2-16所示。

图2-15

图2-16

技巧与提示

“虚线”选项的右侧有两个按钮，单击按钮，将保留虚线和间隙的精确长度，这样可能造成路径未全被虚线描边的情况，如图2-17所示。单击按钮，将使虚线与边角和路径终端对齐，并调整到合适的长度，如图2-18所示。设置“端点”为圆头端点，勾选“虚线”选项并设置“虚线”为0pt，这样就可以得到圆点虚线，如图2-19所示。

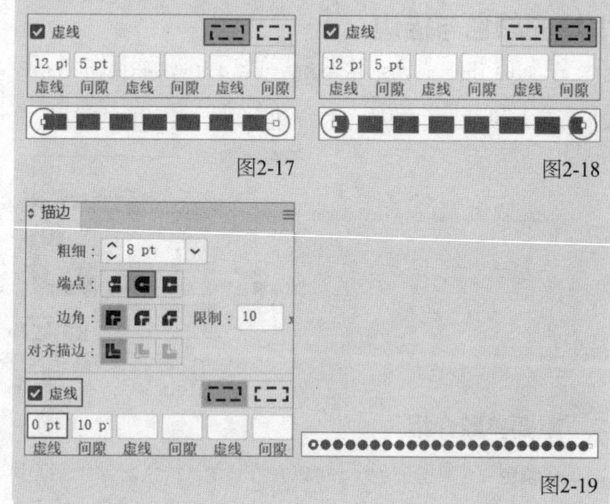

图2-17 图2-18 图2-19

◇ **箭头**：选择预设的效果可以给路径添加箭头，如图2-20所示。左右两个下拉列表框可以分别设置路径起点和终点的箭头样式，默认均为“无”。选择箭头样式后，“缩放”和“对齐”选项将被激活。“缩放”可以设置箭头的缩放比例，“对齐”可以设置箭头的对齐类型，如图2-21所示。

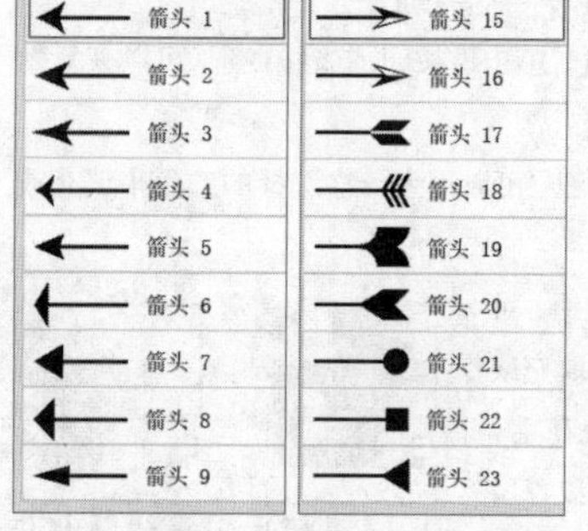

图2-20

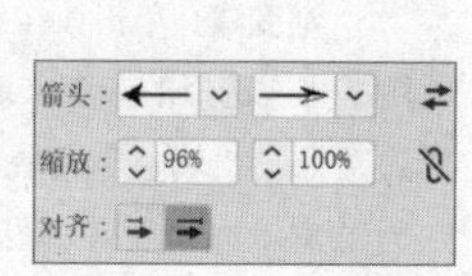

图2-21

◇ **配置文件**：调整描边的宽度，默认为“等比”效果，下拉列表如图2-22所示。除了可以在“配置文件”下拉列表框中选择预设的描边宽度，还可以使用工具栏中的“宽度工具”（快捷键为Shift+W）自定义描边宽度。

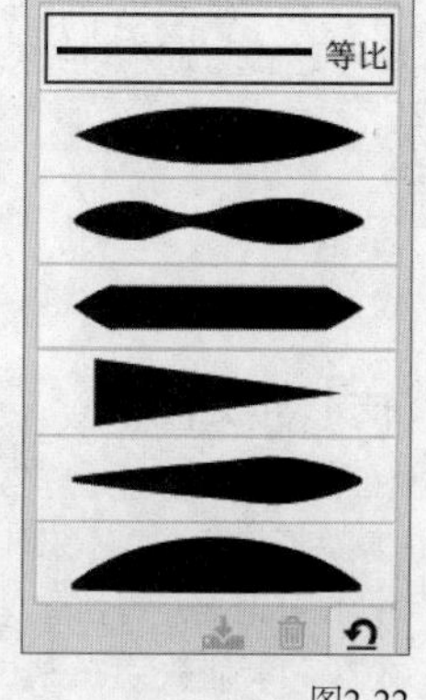

图2-22

知识点：不规则描边

在“描边”面板中调整描边的粗细，只能使其同时变粗或变细，而使用“宽度工具” 则可以形成不规则的描边。需要注意的是，该工具只对描边起作用，无法对无描边的路径使用。

选择一条路径，如图2-23所示，然后使用“宽度工具” 拖曳该线段上任意需要调整粗细的点，描边的粗细会随着拖曳的距离变化，松开鼠标左键后自动填充为黑色，如图2-24所示。若要继续调整，则拖曳第2个需要调整粗细的点，如图2-25所示。还可以添加多个点并调整描边的粗细，形成不规则的边缘变化。

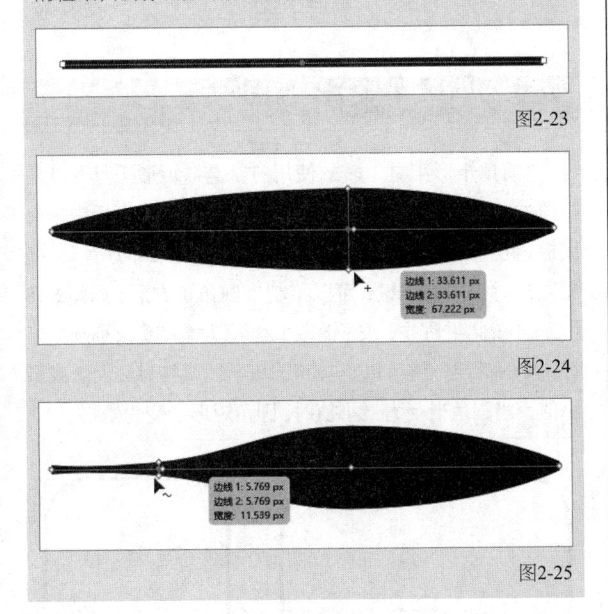

图2-23

图2-24

图2-25

2.1.3 绘图模式

在工具栏底部可以设置绘图模式，单击对应按钮或者按快捷键Shift＋D即可进行切换，如图2-26所示。

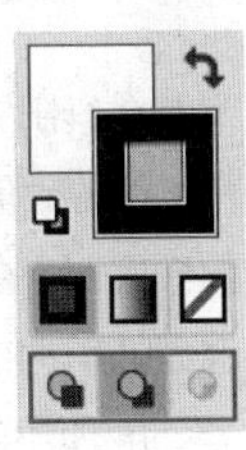

图2-26

绘图模式介绍

◇ **正常绘图** ：默认绘图模式。先绘制的对象在下，后绘制的对象在上，如图2-27所示。

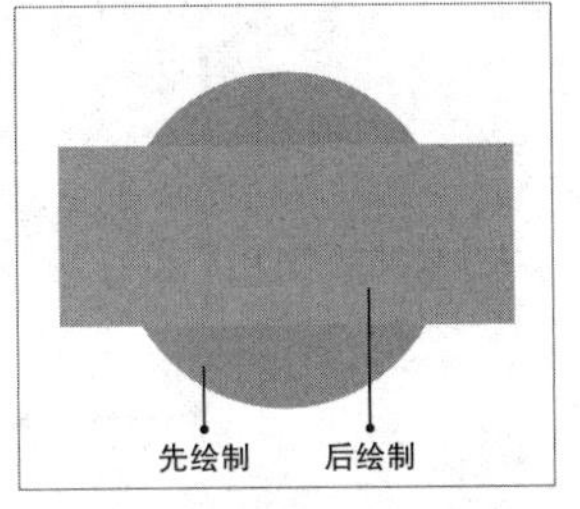

图2-27

◇ **背面绘图** ：先绘制的对象在上，后绘制的对象在下，如图2-28所示。

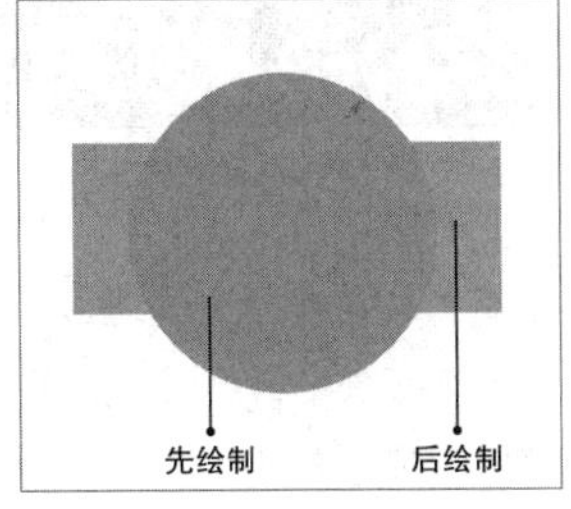

图2-28

◇ **内部绘图** ：绘制前需要先选中对象。新绘制的对象将仅出现在其内部，如图2-29所示。它们会在“图层”面板中生成一个剪切组，新绘制对象处于下层，是被剪切对象。

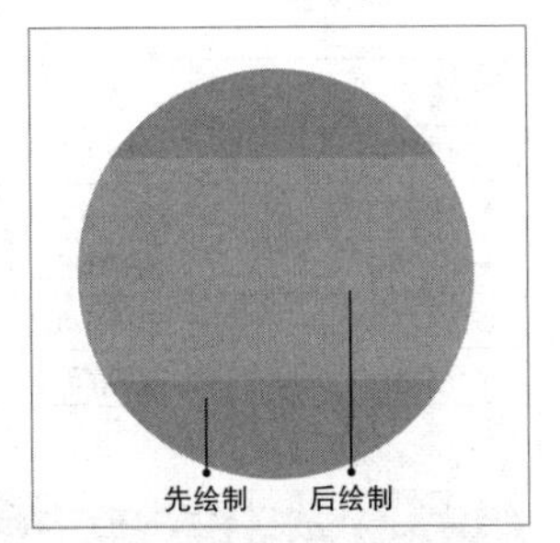

图2-29

知识点：用剪切蒙版编辑对象

剪切蒙版与“内部绘图”模式的作用几乎一样，通过某个对象剪切它下方的所有对象，使这些对象的不同区域显示或隐藏。如果想要创建剪切蒙版，那么需要将剪切图形放置在被剪切图形的上层，将其同时选中，然后执行“对象>剪切蒙版>建立”菜单命令（快捷键为Ctrl+7），如图2-30所示。不论之前属性如何，剪切图形成为蒙版后都会变成一个无填色、无描边的对象，而使用“内部绘图”模式则可以保留蒙版的填色和描边。

图2-30

虽然创建剪切蒙版和“内部绘图”模式的剪切对象只能是矢量对象，但是被剪切的对象可以是矢量图形或位图图像。

如果要给蒙版添加描边或颜色，可以使用“直接选择工具” 选择蒙版的路径后进行添加，如图2-31所示。

如果要释放剪切蒙版，选择蒙版后单击鼠标右键，在弹出的菜单中选择“释放剪切蒙版”命令即可。

图2-31

2.2 形状工具组

使用形状工具组中的工具可以绘制出多种几何图形，如矩形、椭圆形和多边形等。将这些图形进行组合、变形，就可以得到更为复杂的图形。UI设计中图标的设计基本上离不开形状工具组中的工具。

本节重点内容

名称	作用
矩形工具	绘制长方形和正方形
圆角矩形工具	绘制圆角矩形
椭圆工具	绘制椭圆形和圆形
多边形工具	绘制多边形
星形工具	绘制星形

2.2.1 矩形工具

使用“矩形工具”▢（快捷键为M）可以绘制长方形和正方形。在画板中拖曳鼠标，可以绘制任意大小的矩形，如图2-32所示。拖曳鼠标时按住Shift键，可以绘制出正方形，如图2-33所示。

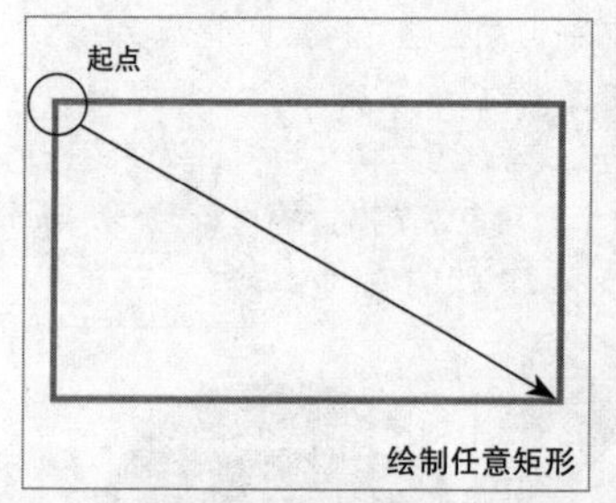

图2-32

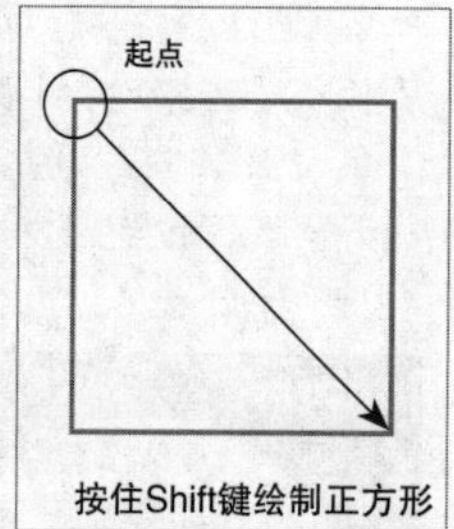

图2-33

技巧与提示

在绘制图形的过程中，按住Space键并拖曳鼠标可以改变该图形的位置。

选择“矩形工具”▢并在画板任意位置单击，会弹出“矩形”对话框，如图2-34所示。在其中可以设置矩形的“宽度”和“高度”，单击⛓按钮可以约束矩形宽度和高度的比例。

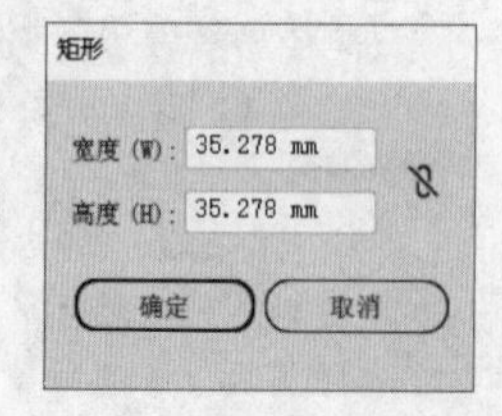

图2-34

知识点：以起点为中心绘制图形

选择“矩形工具”▢，拖曳鼠标时按住Alt键，将以起点为中心绘制矩形，如图2-35所示。拖曳鼠标时按住Shift+Alt键，将以起点为中心绘制正方形，如图2-36所示。这两种操作不仅适用于“矩形工具”▢，还适用于其他形状类工具。

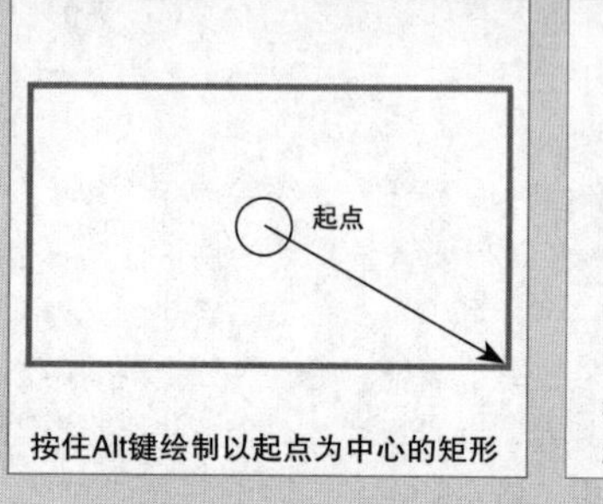

图2-35

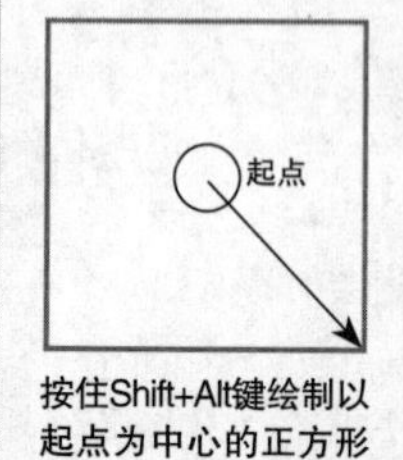

图2-36

2.2.2 圆角矩形工具

“圆角矩形工具”▢的使用方法与“矩形工具”▢是相似的，唯一不同的是需要设置圆角半径。在画板中拖曳鼠标，可以绘制任意大小的圆角矩形，如图2-37所示。拖曳鼠标时按住Shift键，可以绘制出圆角正方形，如图2-38所示。在此过程中，按↑键或↓键可以增大或减小圆角半径，按←键或→键可以直接将圆角半径调整为最大值或最小值。当圆角半径为最小值时，圆角矩形会变为矩形。

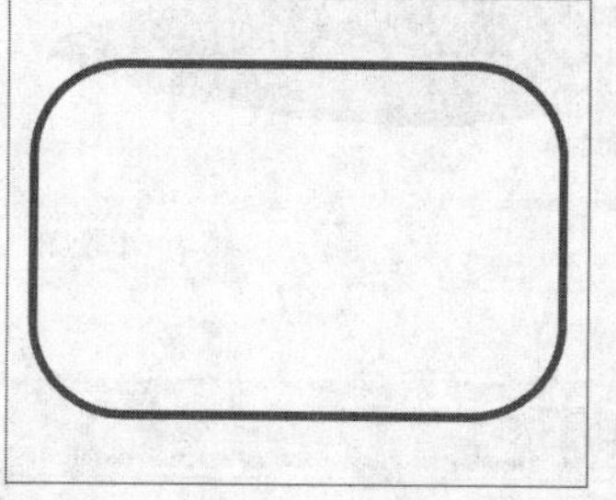
图2-37

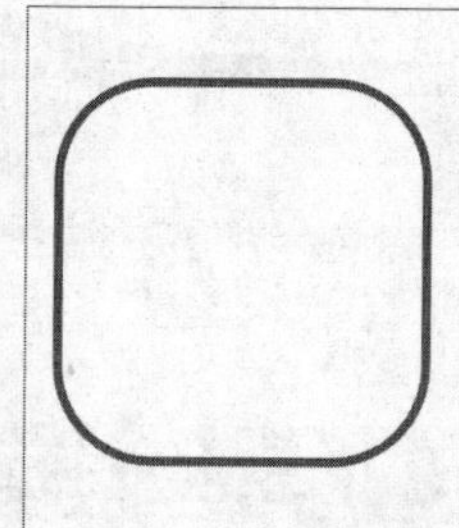
图2-38

在绘制完成后，可以在控制栏或“变换”面板中设置圆角半径的数值。在控制栏中设置圆角半径后，将改变4个角的数值，如图2-39所示。执行“窗口>变换”菜单命令（快捷键为Shift+F8），打开“变换”面板，在其中可以分别设置每一个角的圆角半径，如图2-40所示。

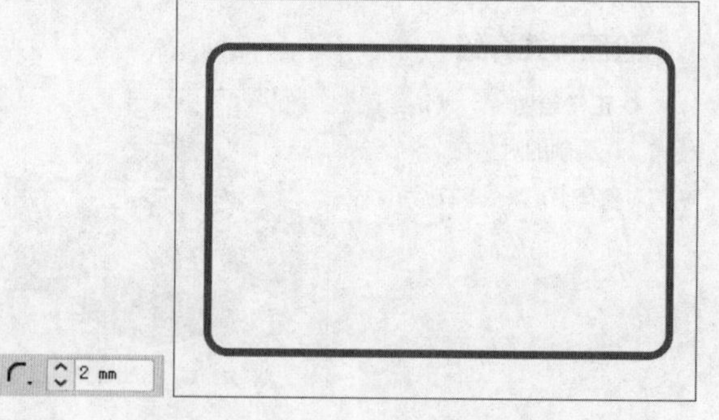

图2-39

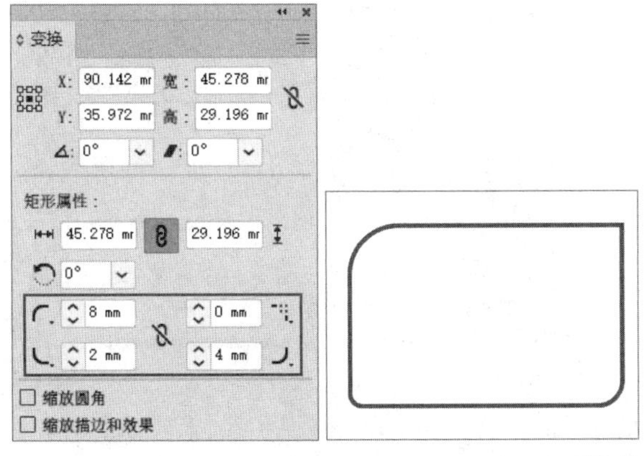

图2-40

此外，拖曳圆角矩形内部的圆角控制点也可以改变圆角半径，向内拖曳会增大圆角半径，向外拖曳会减小圆角半径，如图2-41所示。使用“直接选择工具”选择圆角矩形的任意一个锚点，可以只针对该锚点对应的圆角进行调整，如图2-42所示。用这个方法可以直接将直角转换为圆角。

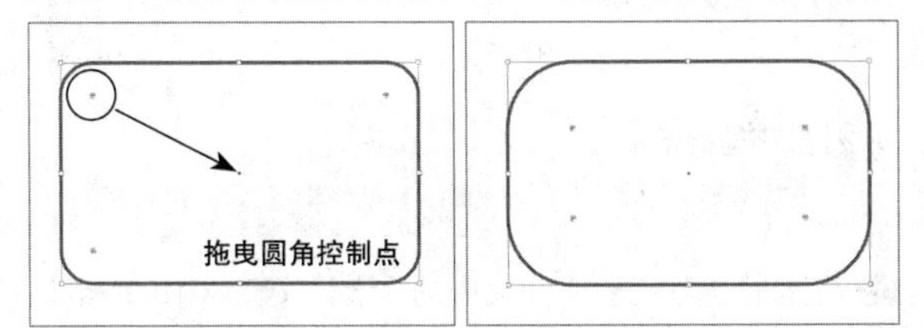

图2-41

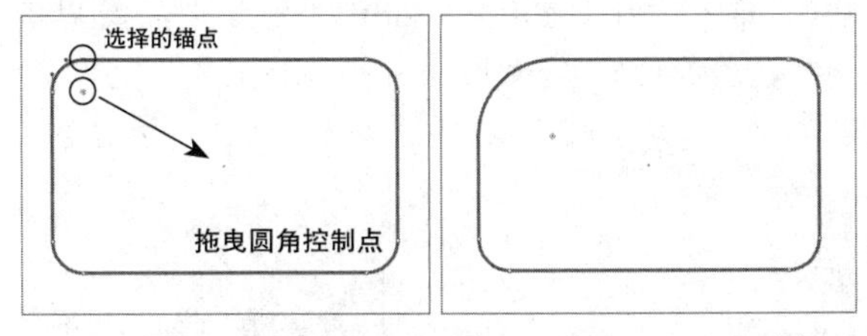

图2-42

2.2.3 椭圆工具

使用“椭圆工具”（快捷键为L）可以绘制椭圆形和圆形。在画板中拖曳鼠标，可以绘制任意大小的椭圆形，如图2-43所示。拖曳鼠标时按住Shift键，可以绘制出圆形，如图2-44所示。

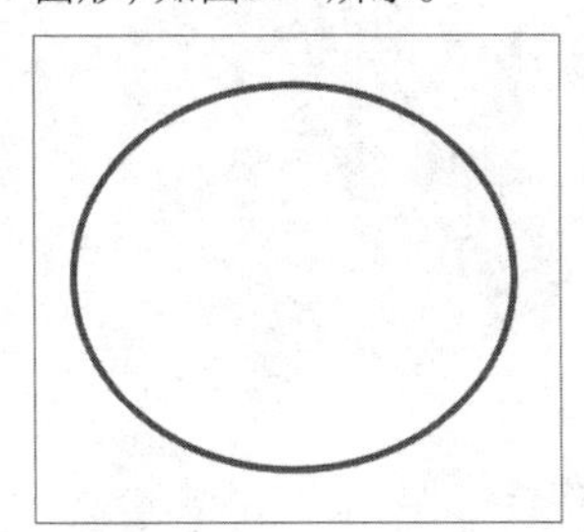

图2-43

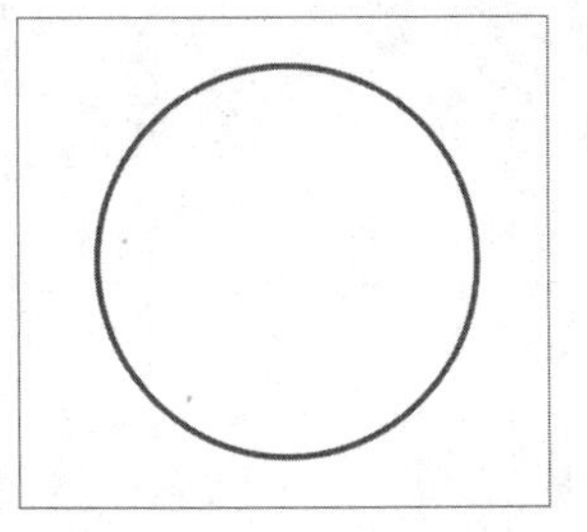

图2-44

在绘制完成后，椭圆形控制框的右侧会出现一个控制点，如图2-45所示。向上或向下拖曳这个控制点，可以生成饼图，如图2-46所示。在“变换”面板中，可以输入饼图的起始角度和终止角度，由此可以非常便捷地获得半圆，如图2-47所示。

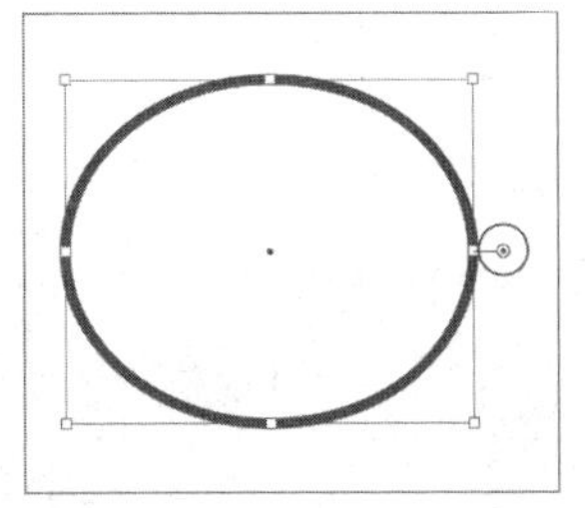

图2-45

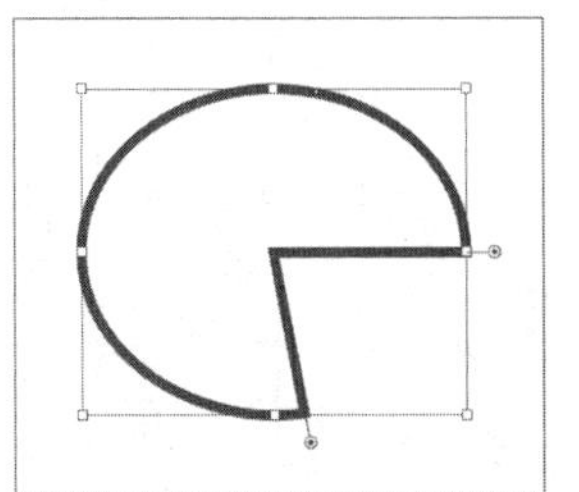

图2-46

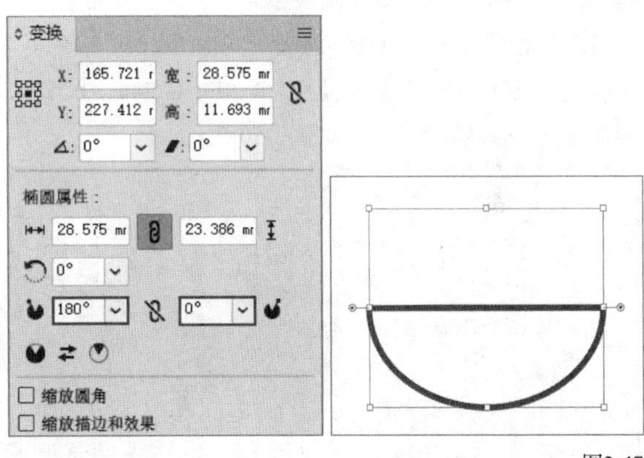

图2-47

课堂案例

制作登录页面

素材文件	素材文件>CH02>素材01.png
实例文件	实例文件>CH02>制作登录页面.ai
视频名称	制作登录页面.mp4
学习目标	掌握使用形状类工具绘制图形的方法

本案例将使用形状类工具制作登录页面，效果如图2-48所示。

图2-48

01 按快捷键Ctrl+N打开“新建文档”对话框，选择“Web”选项卡中的“网页-大”选项，单击“创建”按钮，如图2-49所示。

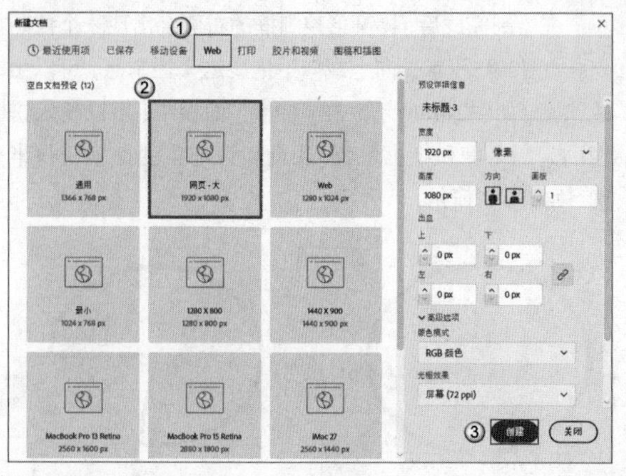

图2-49

02 使用“矩形工具”■在画板中绘制一个大矩形，然后双击工具栏底部的“填色”色块□，在打开的“拾色器”对话框中设置“填色”为浅蓝色（R:207，G:244，B:255），接着设置“描边”为“无”，如图2-50所示。

图2-50

技巧与提示

当操作失误时，执行“编辑>还原”菜单命令（快捷键为Ctrl+Z）可撤销一步或多步操作。如果想要恢复被撤销的操作，可以执行“编辑>重做”菜单命令（快捷键为Shift+Ctrl+Z）。如果想要恢复文件到上一次的保存状态，可以执行“文件>恢复”菜单命令。

03 分别使用“矩形工具”■和“椭圆工具”●在画板中画一个小矩形和一个椭圆形作为背景装饰，如图2-51所示。设置椭圆形的“填色”为蓝色（R:151，G:233，B:252），小矩形的“填色”为青色（R:161，G:255，B:255），如图2-52所示。

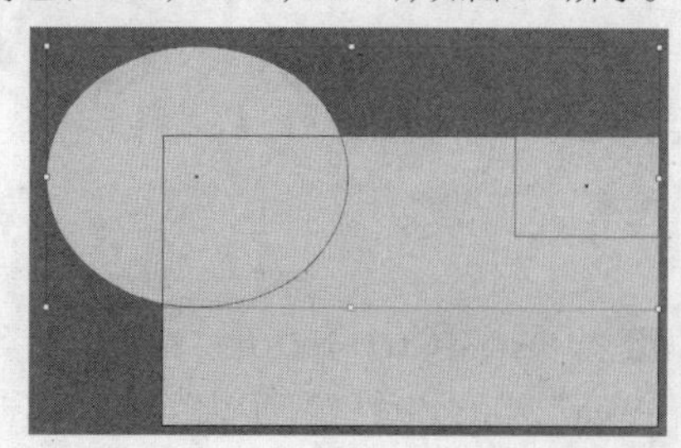

图2-51

图2-52

04 使用“矩形工具”■在画板中心绘制一个白色的比大矩形稍小的矩形，如图2-53所示。然后在白色矩形的左上角和右下角绘制3个不同颜色的矩形作为装饰，如图2-54所示。

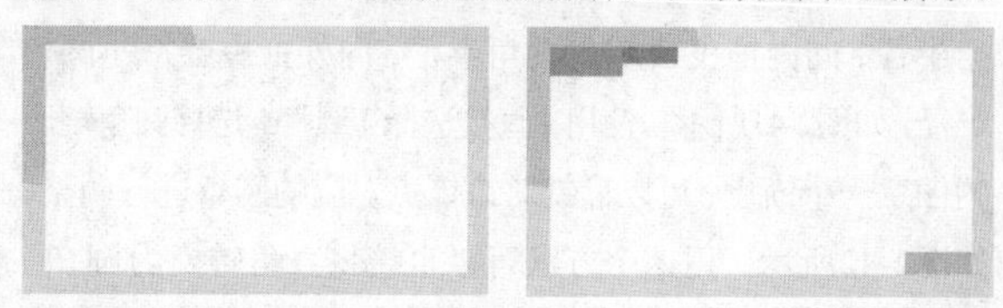

图2-53　　图2-54

技巧与提示

本案例中图形的颜色仅为参考，读者可以自己进行设计。

05 将本书学习资源文件夹中的“素材文件>CH02>素材01.png”文件拖曳至画板中，如图2-55所示。单击控制栏中的“嵌入”按钮，然后按住Shift键并拖曳图像的定界框将其等比缩小，并置于如图2-56所示的位置。

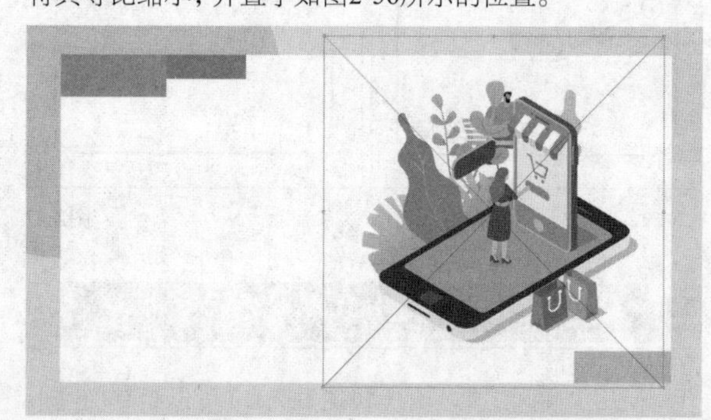

图2-55

图2-56

06 使用“圆角矩形工具”绘制一个尺寸为470px×90px，圆角半径为45px的圆角矩形，然后设置“填色”为“无”，“描边”为灰色（R:153，G:153，B:153），“粗细”为1pt，如图2-57所示。

图2-57

07 按住Alt键并拖曳圆角矩形，依次向下复制出两个圆角矩形，并设置最下方圆角矩形的“填色”为深蓝色（R:48，G:110，B:249），“描边”为“无”，如图2-58所示。

图2-58

08 选择“文字工具”T，然后输入“Welcome!”，接着在“属性”面板中设置“填色”为灰色（R:77，G:77，B:77），“描边”为“无”，字体系列为“思源黑体 CN”，字体样式为Bold，字体大小为58pt，如图2-59所示。再输入其他文字并对其属性进行设置，可参考图2-60进行设置。

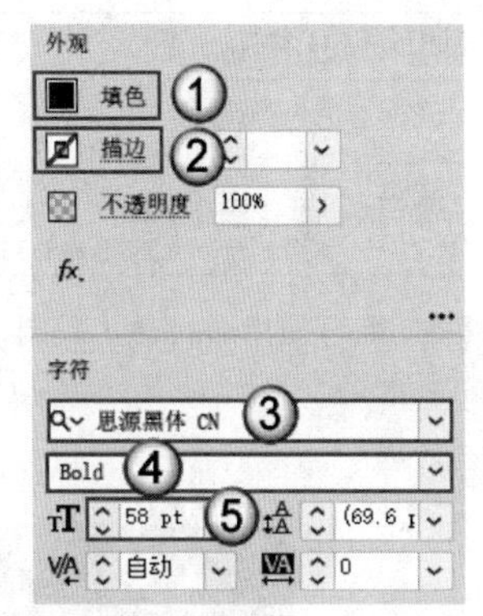

图2-59

图2-60

09 使用“椭圆工具”在画面中随意画几个圆形作为装饰，颜色可以吸取画面中已有的颜色，还可以适当降低圆形的“不透明度”（30%左右）以丰富画面，最终效果如图2-61所示。

图2-61

课堂练习

制作日历图标

素材文件	无
实例文件	实例文件>CH02>制作日历图标.ai
视频名称	制作日历图标.mp4
学习目标	掌握使用形状类工具绘制图标的方法

练习使用形状类工具制作日历图标，效果如图2-62所示。

图2-62

2.2.4 多边形工具

使用“多边形工具”可以绘制边数为3及以上的正多边形，边数越多，图形越接近圆形。在画板中拖曳鼠标，可以绘制任意大小的正多边形，如图2-63所示。在此过程中，按↑键或↓键可以增加或减少边数。

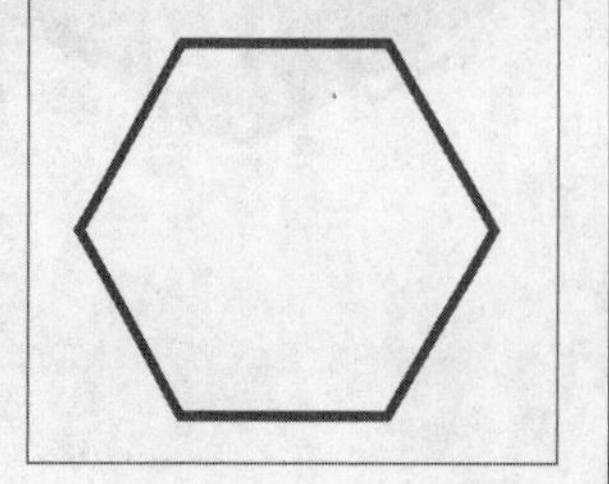

图2-63

在绘制完成后，多边形控制框的右侧会出现一个控制点，如图2-64所示。向上拖曳这个控制点，会减少边数，如图2-65所示；向下拖曳这个控制点，会增加边数，如图2-66所示。

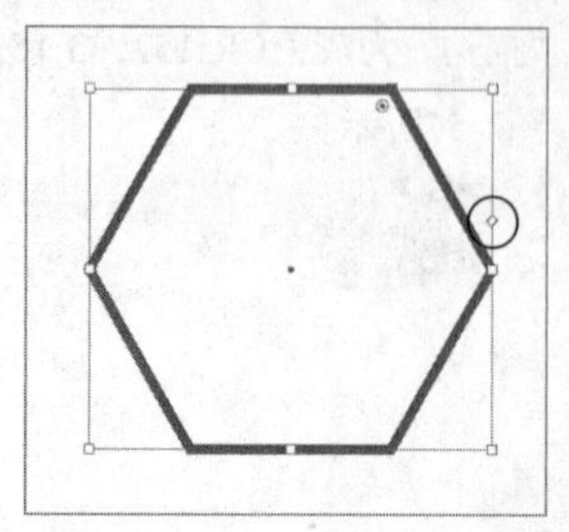

图2-64

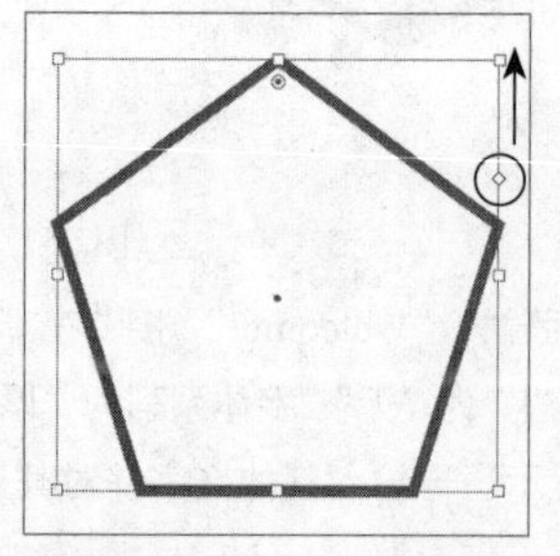

图2-65

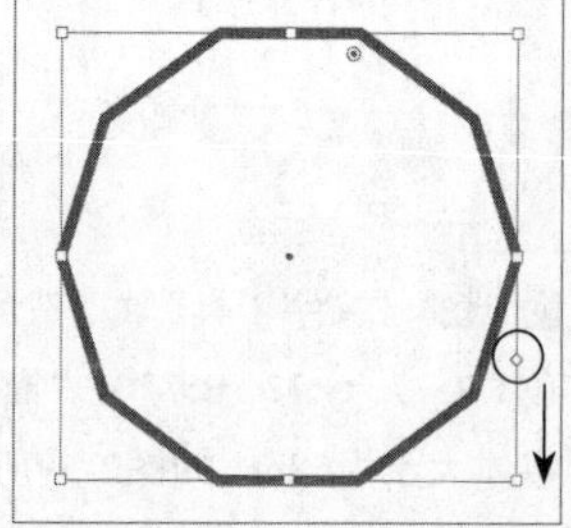

图2-66

技巧与提示

选择“多边形工具”并在画板任意位置单击，会弹出“多边形”对话框，在其中可以设置多边形的“半径”和“边数”，如图2-67所示。

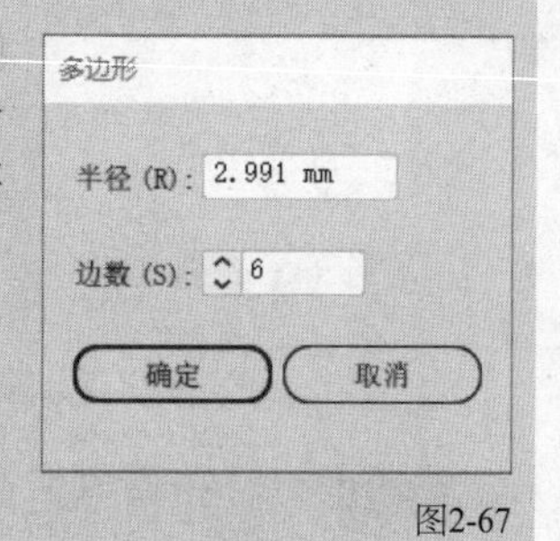

图2-67

2.2.5 星形工具

使用“星形工具”可以绘制各种形状的星形，默认为五角星形。在画板中拖曳鼠标，可以绘制任意大小的星形，如图2-68所示。在此过程中，按↑键或↓键可以增加或减少星形角数。

使用“直接选择工具”选择星形，会出现圆角控制点，如图2-69所示。拖曳星形内部或外部的圆角控制点，可以将尖角变为圆角，如图2-70所示。

图2-68

图2-69

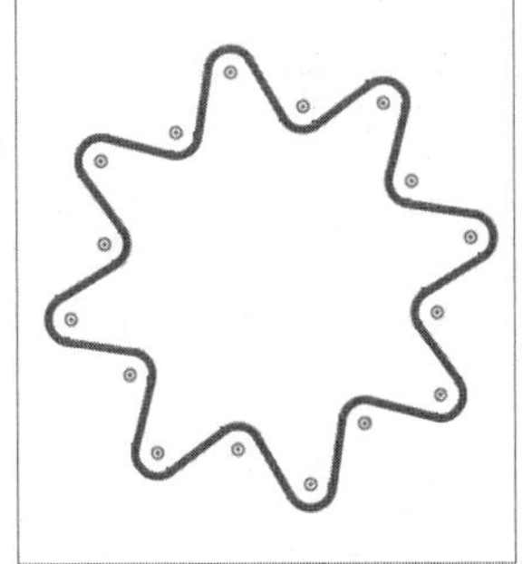

图2-70

技巧与提示

除了上面讲解的常用形状类工具，形状工具组中还有一个“光晕工具”，使用这个工具可以绘制出梦幻的光晕效果，如图2-71所示。该工具在实际设计中运用得比较少，读者了解即可。

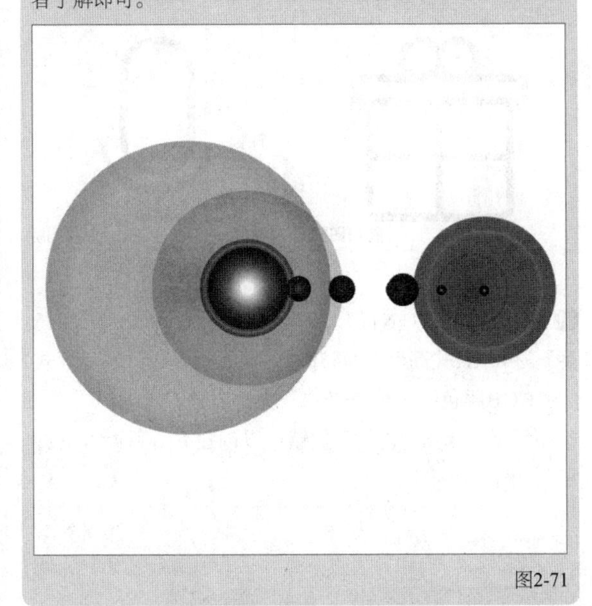

图2-71

2.3 直线段工具组

使用直线段工具组中的工具可以绘制出多种类型的线段，如直线、弧线和螺旋线。此外，还可以创建矩形网格和极坐标网格作为绘图时的参考网格。

本节重点内容

名称	作用
直线段工具	绘制直线段
弧形工具	绘制弧线
螺旋线工具	绘制螺旋线
矩形网格工具	绘制矩形网格
极坐标网格工具	绘制极坐标网格

2.3.1 直线段工具

使用“直线段工具”（快捷键为\）可以绘制直线段。在画板中拖曳鼠标，可以确定直线段的起点和终点；拖曳鼠标时按住Shift键，可以绘制水平、垂直或45°倍数方向的直线段，如图2-72所示。如果想绘制指定长度和倾斜角度的直线段，可以使用“直线段工具”在画板任意位置单击，在打开的“直线段工具选项”对话框中进行设置，如图2-73所示。

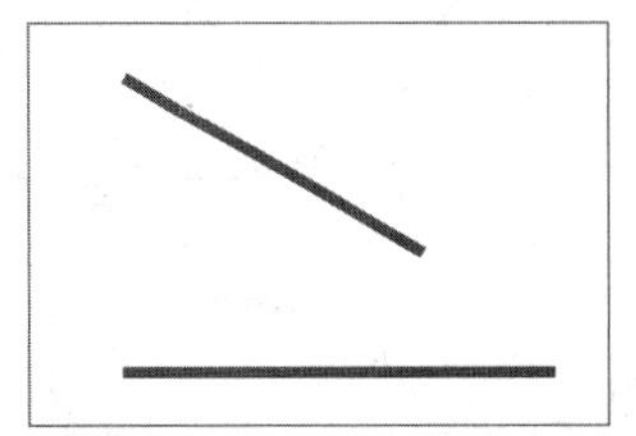

图2-72

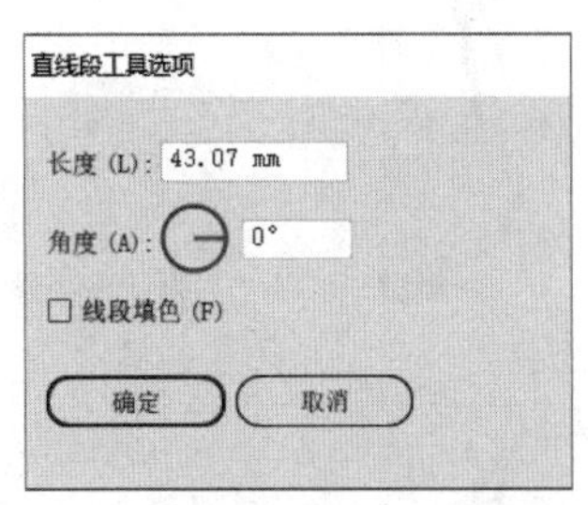

图2-73

2.3.2 弧形工具

使用“弧形工具”可以绘制弧线。在画板中拖曳鼠标，可以确定弧线的起点和终点；拖曳鼠标时按住Shift键，可以绘制1/4圆弧（“斜率”为50），如图2-74所示。在此过程中，按↑键或↓键可以增大或减小弧线的弯曲程度。如果想绘制精准的弧线，可以使用“弧形工具”在画板任意位置单击，在打开的“弧线段工具选项”对话框中设置弧线的相关参数，如图2-75所示。

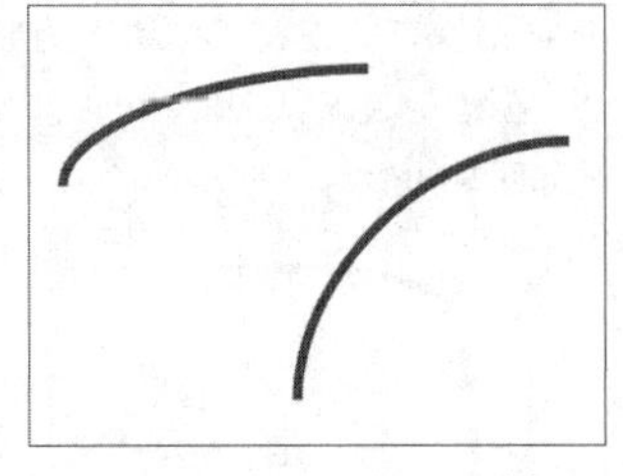

图2-74

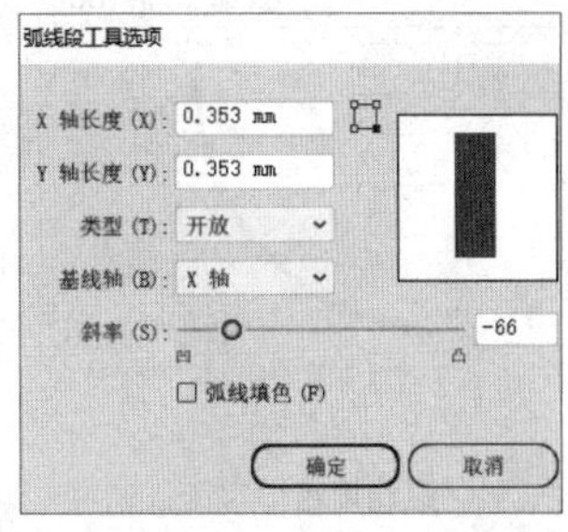

图2-75

重要参数介绍

◇ **X轴长度：** 用于设置弧线的宽度。

◇ **Y轴长度：** 用于设置弧线的高度。

◇ **参考点定位器** ：用于设置弧线起点的相对位置，如图2-76所示。

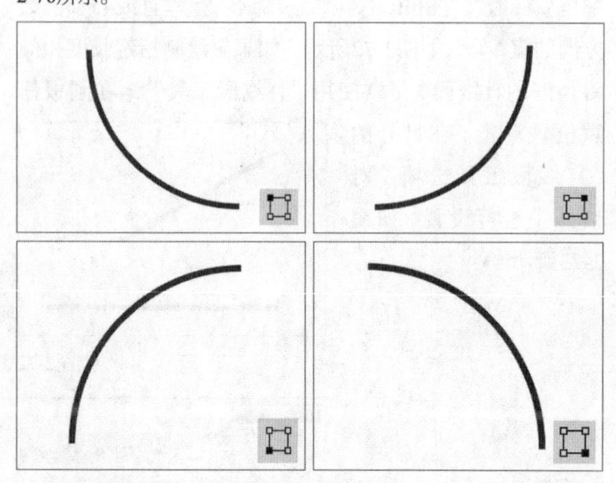

图2-76

◇ **类型：** 可以设置弧线路径是开放的还是闭合的，如图2-77所示。

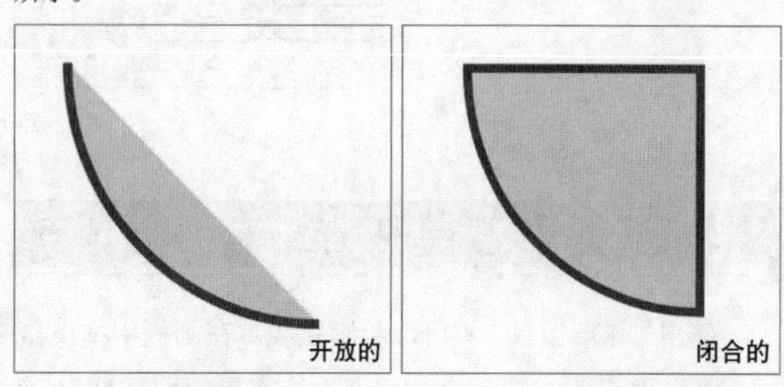

图2-77

◇ **基线轴：** 用于设置弧线的斜率基于“X轴”或“Y轴”。

◇ **斜率：** 指定弧线斜率的方向，内凹的“斜率”为负数，外凸的“斜率”为正数。“斜率”为0时将创建直线，“斜率”为50时将创建1/4圆弧。“基线轴”为“Y轴”，不同“斜率”弧线的样式如图2-78所示。

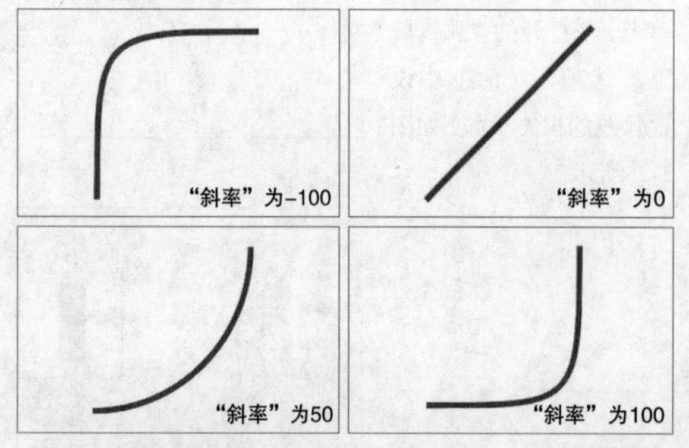

图2-78

◇ **弧线填色：** 勾选该选项，将以当前工具栏底部的“填色”和“描边”颜色为绘制的弧线上色。

课堂案例

制作一组线性图标

素材文件	无
实例文件	实例文件>CH02>制作一组线性图标.ai
视频名称	制作一组线性图标.mp4
学习目标	掌握制作线性图标的方法

功能图标在App中是必不可少的，本案例将使用形状类工具绘制一组线性功能图标，效果如图2-79所示。

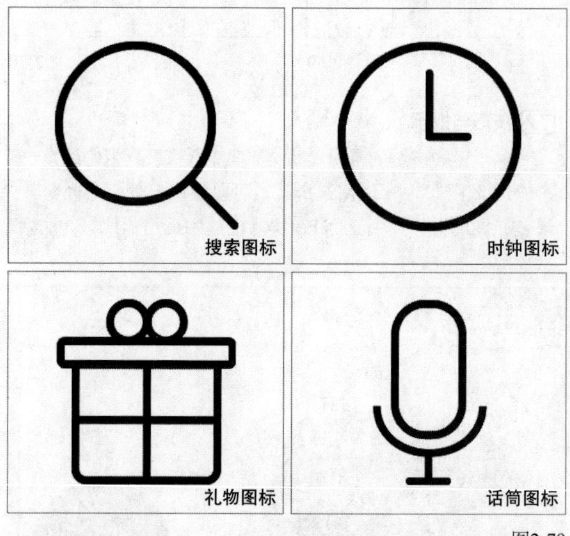

图2-79

01 按快捷键Ctrl+N打开“新建文档”对话框，设置“宽度”为48px，“高度”为48px，“画板”为4，“颜色模式”为“RGB颜色”，“光栅效果”为“屏幕（72ppi）”，如图2-80所示。单击“创建”按钮可以创建4个同样大小的画板，如图2-81所示。

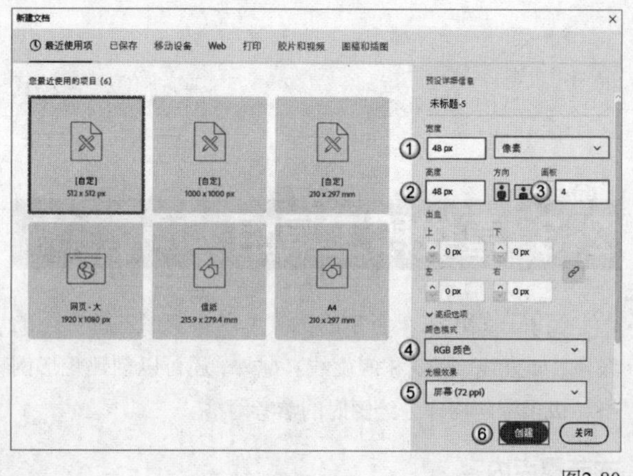

图2-80

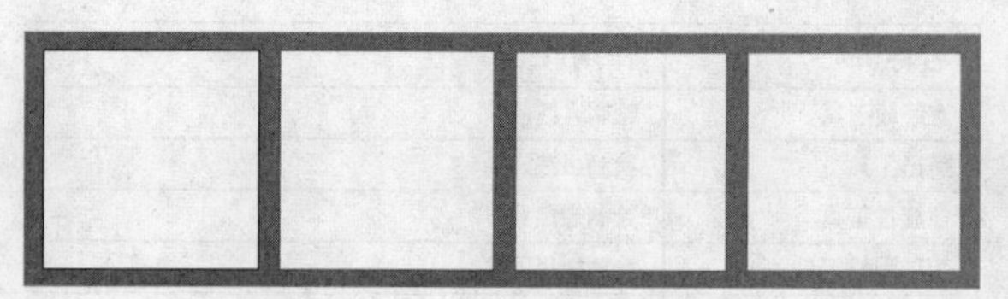

图2-81

02 制作搜索图标。选择“椭圆工具” 并在画板任意位置单击，在弹出的“椭圆”对话框中设置“宽度”和“高度”均为42px，然后单击“确定”按钮，如图2-82所示。接着执行“窗口>描边”菜单命令打开“描边”面板，设置“粗细”为2pt，“对齐描边”为内侧对齐，如图2-83所示。再设置描边颜色为黑色，并将圆形置于画板的左上角，如图2-84所示。

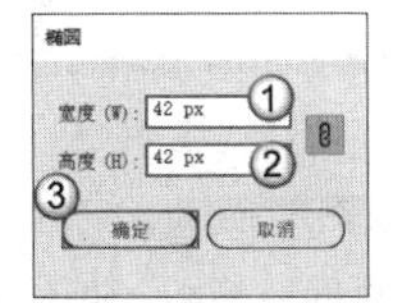

图2-82

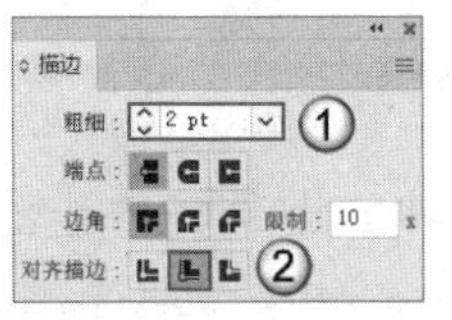

图2-83

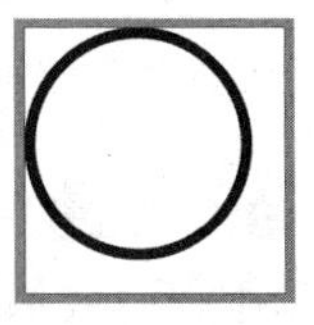
图2-84

技巧与提示

无特别说明时，本案例中绘制的其他图形均使用以上描边参数。

03 选择“直线段工具” ，然后按住Shift键在画板右下角绘制一条以135°角倾斜的直线段，如图2-85所示。选择绘制的直线段，在“描边”面板中设置“端点”为圆头端点，如图2-86所示，并使用“直接选择工具” 调整下方端点的位置，使其边缘位于画板的右下角。这样一个搜索图标就绘制完成了，最终效果如图2-87所示。

图2-85

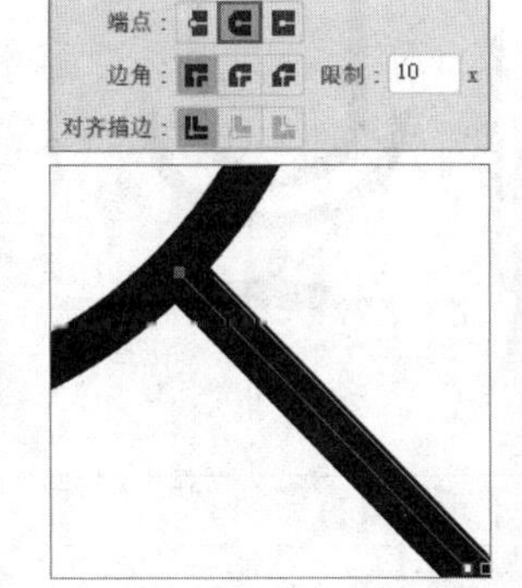

图2-86

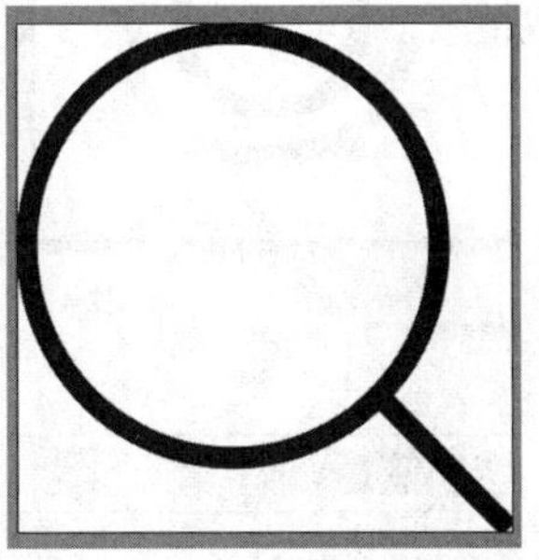
图2-87

04 制作时钟图标。在第2个画板中使用“椭圆工具” 绘制一个尺寸为48px×48px的圆形，如图2-88所示。

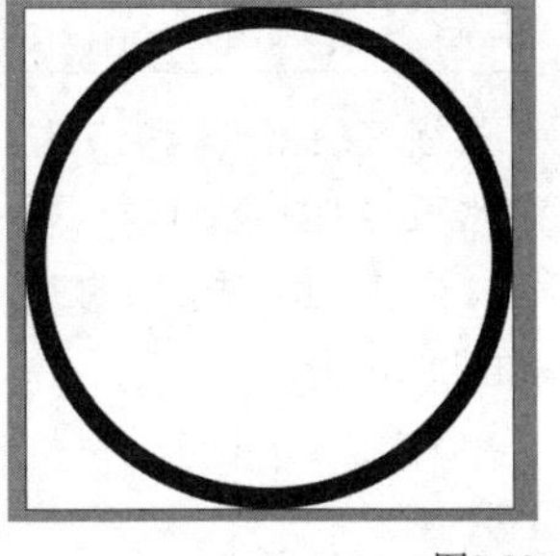
图2-88

05 选择“直线段工具” ，然后按住Shift键在垂直方向上绘制一条长为16px的直线段，在“描边”面板中设置“端点”为圆头端点，并使用“选择工具” 将其拖曳至圆形中的合适位置作为时钟的分针，如图2-89所示。用同样的方法在水平方向上绘制一条长为10px的直线段，并将其拖曳至圆形中的合适位置作为时钟的时针，最终效果如图2-90所示。

图2-89

图2-90

技巧与提示

在拖曳直线段的过程中，会出现洋红色的智能参考线提示中心点的位置，如图2-91和图2-92所示。

图2-91 图2-92

06 制作礼物图标。在第3个画板的下方使用“圆角矩形工具” 绘制一个尺寸为40px×32px，圆角半径为4px的圆角矩形，如图2-93所示。执行“窗口>变换”菜单命令打开“变换”面板，设置圆角矩形上方两个角的圆角半径为0px，如图2-94所示。

图2-93

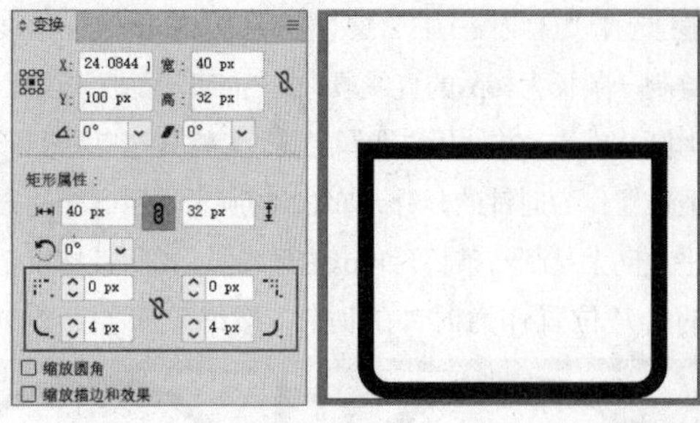

图2-94

07 使用“圆角矩形工具”绘制一个尺寸为48px × 8px，圆角半径为2px的圆角矩形，然后将其拖曳至上一步绘制的圆角矩形的上方，使其底边与上一步绘制的圆角矩形的顶边重合，如图2-95所示。

图2-95

08 使用“直线段工具”分别绘制两条直线段作为盒身的缎带，如图2-96所示。使用“椭圆工具”绘制两个圆形，并将其置于礼物盒的上方，最终效果如图2-97所示。

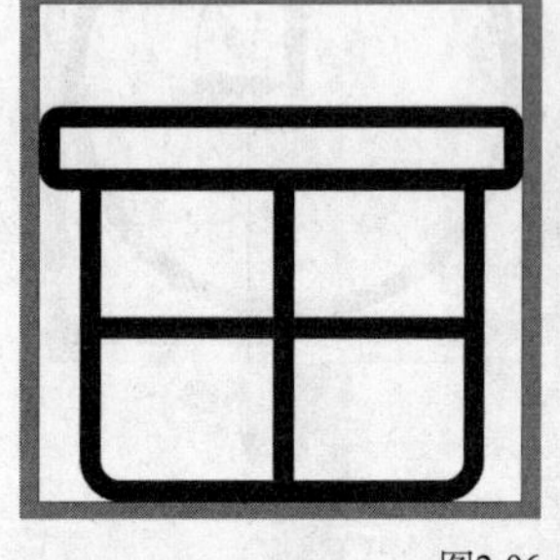
图2-96

图2-97

09 制作话筒图标。在第4个画板的上方使用“圆角矩形工具”绘制一个尺寸为20px×36px，圆角半径为9px的圆角矩形，如图2-98所示。

10 使用“椭圆工具”在圆角矩形的下方绘制一个椭圆，如图2-99所示，然后使用“直接选择工具”选择椭圆上方的锚点，如图2-100所示，按Delete键将其删除，如图2-101所示。

图2-98

图2-99

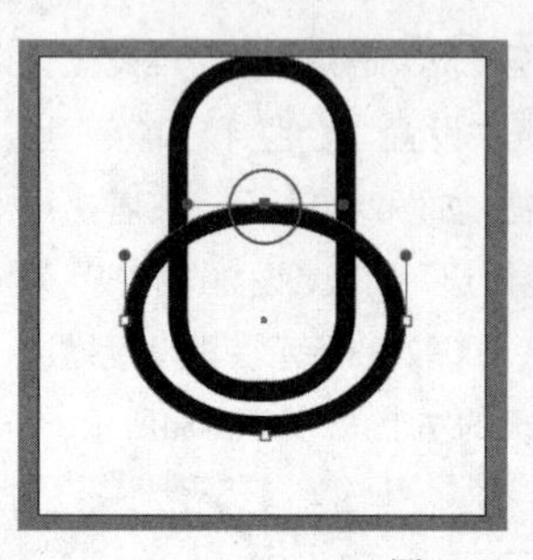
图2-100

图2-101

11 用“直接选择工具”选择圆弧左侧的锚点，如图2-102所示，然后按一次→键将这个锚点向右移动，如图2-103所示。用同样的方法向左移动右侧的锚点，如图2-104所示。

12 使用“直线段工具”分别绘制两条直线段作为话筒的支架，最终效果如图2-105所示。

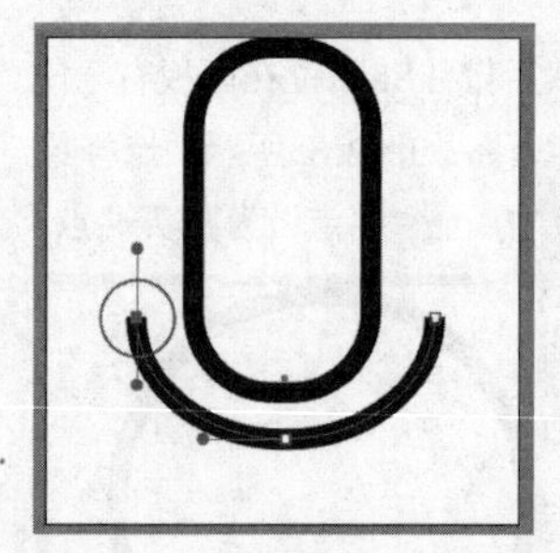
图2-102

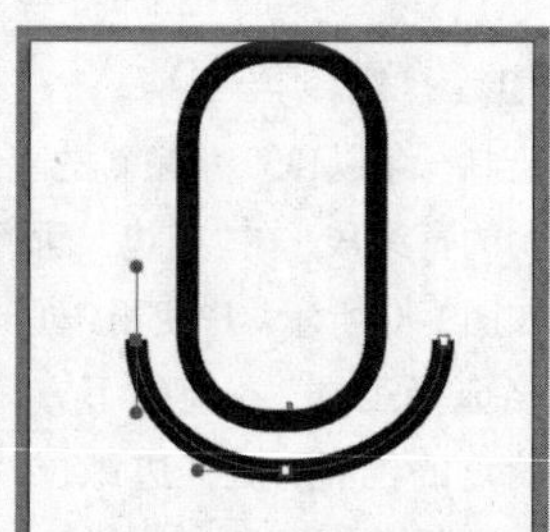
图2-103

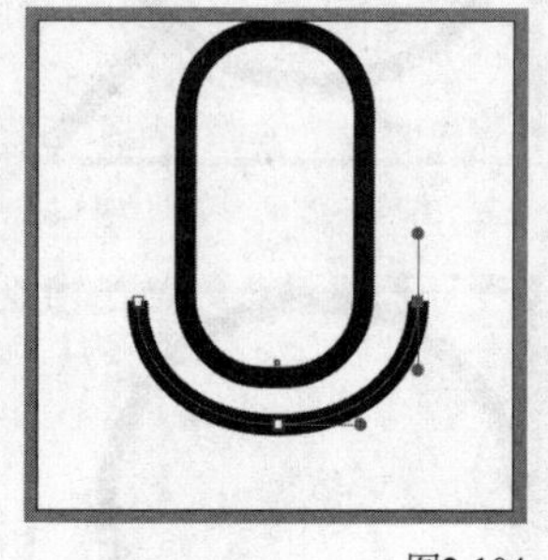
图2-104

图2-105

课堂练习

绘制篮球

素材文件	无
实例文件	实例文件>CH02>绘制篮球.ai
视频名称	绘制篮球.mp4
学习目标	掌握使用形状类工具和线段类工具绘制图形的方法

练习使用形状类工具和线段类工具绘制篮球，采用“内部绘图”模式，效果如图2-106所示。

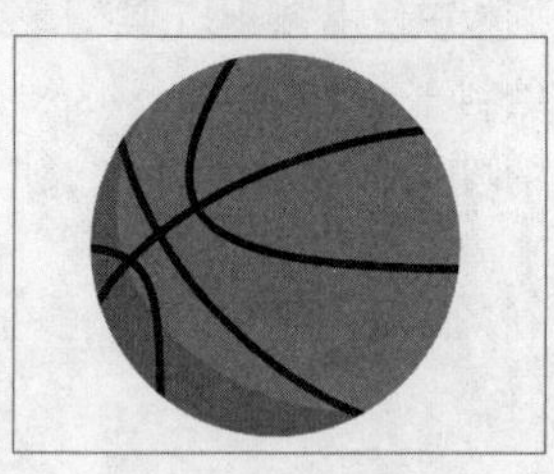
图2-106

2.3.3 螺旋线工具

使用“螺旋线工具”在画板中拖曳鼠标，可以绘制螺旋线，如图2-107所示。在此过程中，按↑键或↓键可以在起点处增加或减少一段弧线段。如果想绘制精准的螺旋线，可以使用“螺旋线工具”在画板任意位置单击，在打开的“螺旋线”对话框中设置螺旋线的相关参数，如图2-108所示。

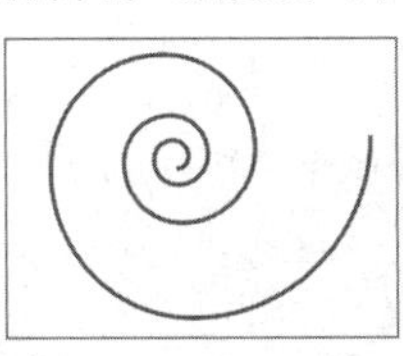

图2-107

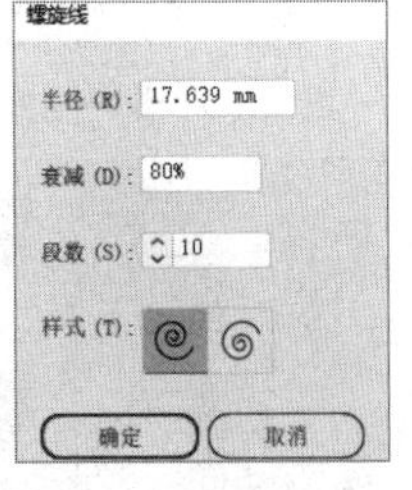

图2-108

重要参数介绍

◇ **半径：** 用于设置从中心到螺旋线最外点的距离。

◇ **衰减：** 用于设置螺旋线上由外向内的相邻锚点处的螺旋半径缩减量。

◇ **段数：** 用于设置螺旋线的段数。每一圈螺旋由4条线段组成，线段数越多圈数越多。

◇ **样式：** 用于设置螺旋线的旋转方向。

2.3.4 矩形网格工具

使用“矩形网格工具”可以绘制矩形网格。在画板中拖曳鼠标，可以确定网格的起点和终点，如图2-109所示。拖曳鼠标时按住Shift键，可以绘制正方形网格。在此过程中，按↑键或↓键可以增加或减少网格的行数，按→键或←键可以增加或减少网格的列数。如果想绘制精准的矩形网格，可以使用“矩形网格工具”在画板任意位置单击，在打开的“矩形网格工具选项”对话框中设置网格的相关参数，如图2-110所示。

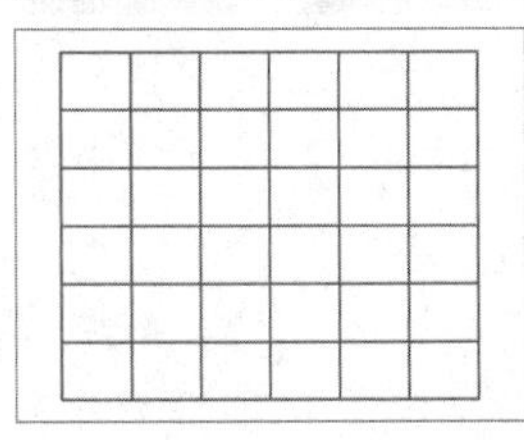

图2-109

图2-110

重要参数介绍

◇ **默认大小：** 用于设置网格的高度和宽度。参考点定位器用于设置网格起始点的相对位置。

◇ **水平分隔线：** “数量”用于设置网格中的水平分隔线的数量。“倾斜”用于设置水平分隔线倾向网格顶部或底部的程度，0%为均分。

◇ **垂直分隔线：** “数量”用于设置网格中的垂直分隔线的数量。“倾斜”用于设置垂直分隔线倾向于左侧或右侧的程度，0%为均分。

◇ **使用外部矩形作为框架：** 勾选该选项，网格外部是一个闭合矩形路径；不勾选该选项，网格外部是4条直线段。

◇ **填色网格：** 勾选该选项，则以当前“填色”给网格上色。

2.3.5 极坐标网格工具

使用“极坐标网格工具”在画板中拖曳鼠标，可以绘制极坐标网格。拖曳鼠标时按住Shift键，可以绘制圆形极坐标网格，如图2-111所示。在此过程中，按↑键或↓键可以增加或减少网格的圈数。如果想绘制精准的极坐标网格，可以使用“极坐标网格工具”在画板任意位置单击，在打开的“极坐标网格工具选项”对话框中设置网格的相关参数，如图2-112所示。

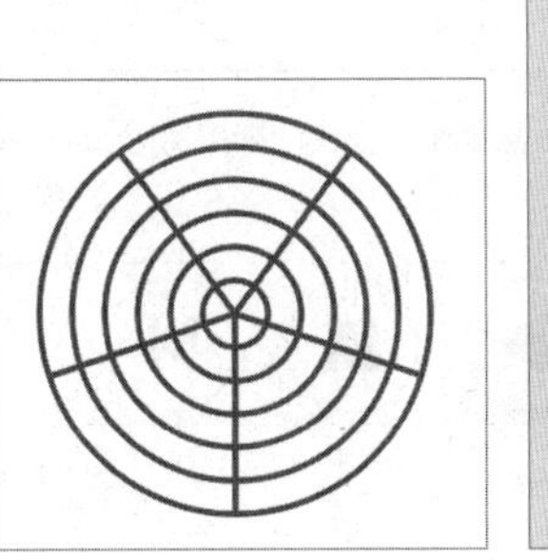

图2-111

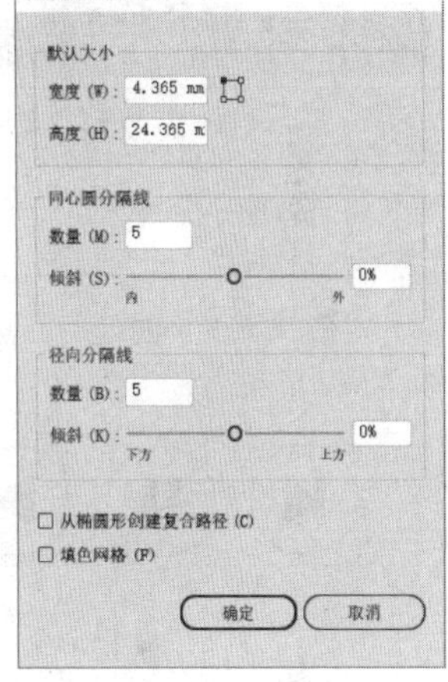

图2-112

重要参数介绍

◇ **默认大小：** 用于设置网格的高度和宽度。参考点定位器用于设置网格起点的相对位置。

◇ **同心圆分隔线：** “数量”用于设置同心圆的数量。“倾斜”用于设置分隔线倾向于内侧或外侧圆的程度，0%为均分。

◇ **径向分隔线：** “数量”用于设置分隔线的数量。“倾斜”用于设置分隔线倾向于上方或下方的程度，0%为均分。

◇ **从椭圆形创建复合路径：** 勾选该选项，填色时会将同心圆转换为独立复合路径并每隔一个圆填色；不勾选该选项，填色时会进行整体填色，如图2-113所示。

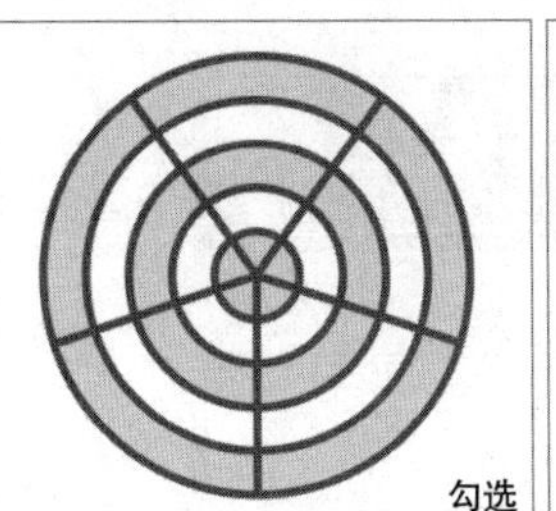

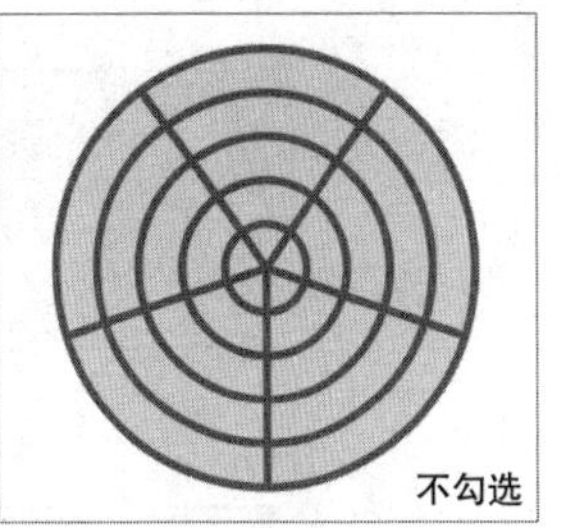

图2-113

◇ **填色网格：** 勾选该选项，则以当前“填色”给网格填色。

2.4 本章小结

本章主要讲解了绘制图形的基础知识，以及形状类工具和线段类工具的使用方法。掌握这些工具对UI设计等工作来说是至关重要的。通过本章的学习，读者应该熟练掌握基础图形的绘制方法。

2.5 课后习题

根据本章的内容，本节共安排了3个课后习题供读者练习，以带领读者对本章的知识进行综合运用。

课后习题：制作播放器图标

素材文件	无
实例文件	实例文件>CH02>制作播放器图标.ai
视频名称	制作播放器图标.mp4
学习目标	掌握制作扁平化图标的方法

对形状类工具的使用方法进行练习，效果如图2-114所示。

图2-114

课后习题：制作标题框

素材文件	无
实例文件	实例文件>CH02>制作标题框.ai
视频名称	制作标题框.mp4
学习目标	掌握制作标题框的方法

对形状类工具的使用方法，以及描边与填色的操作方法进行练习，效果如图2-115所示。

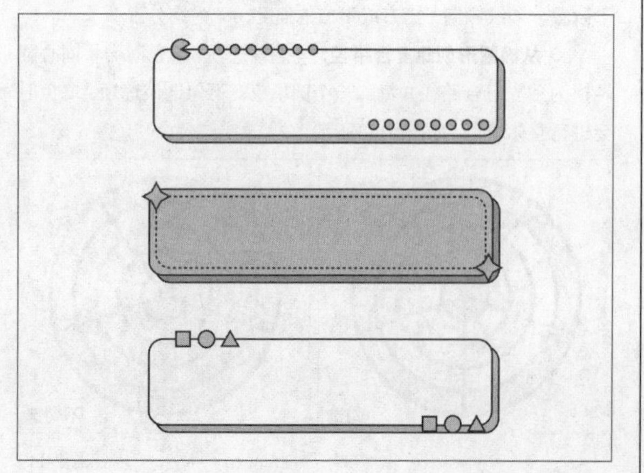

图2-115

课后习题：制作闪屏页

素材文件	素材文件>CH02>素材02-1.jpg 素材02-2.png
实例文件	实例文件>CH02>制作闪屏页文件夹(_F)
视频名称	制作闪屏页.mp4
学习目标	掌握制作闪屏页的方法

对形状类工具的使用方法，以及闪屏页的制作方法进行练习，效果如图2-116所示。

图2-116

第 3 章

复杂图形的绘制

本章主要介绍使用钢笔类工具和画笔类工具绘制路径、编辑路径的方法，以及路径的运算方法。复杂图形的绘制、路径的编辑和路径的运算都是非常重要的，由此可以产生多种多样的形状变化。

课堂学习目标

◇ 掌握绘图工具的使用方法
◇ 掌握绘制路径的方法
◇ 掌握编辑路径的方法
◇ 掌握和并与分割路径的方法

3.1 绘制路径

使用钢笔类工具和画笔类工具可以绘制更为复杂的图形，本节将介绍这两大类绘图工具的使用方法与相关设置。

本节重点内容

名称	作用
钢笔工具	绘制任意形状的直线或曲线路径
曲率工具	根据绘制锚点的位置自动生成平滑的曲线路径
画笔工具	模拟自然的绘画方式，并含有多种笔触效果
斑点画笔工具	绘制具有填色的闭合路径
铅笔工具	模拟自然的绘画方式，主要用于绘制轮廓和线条

3.1.1 钢笔工具

“钢笔工具”（快捷键为P）是常用的绘图工具之一，可以绘制任意形状的直线或曲线路径。在使用该工具绘制路径的过程中及绘制完成后，还可以使用相关工具调整路径。

1.直线路径的绘制

选择“钢笔工具”，当鼠标指针变为状时，在画板中单击即可确定路径的起点，继续在另一处单击可创建一段直线路径，如图3-1所示。按住Shift键并单击，将锁定为沿水平、垂直或45°倍数方向来绘制，如图3-2所示。如果要闭合路径，可以将鼠标指针置于路径的起点，当鼠标指针变为状时单击即可，如图3-3所示。如果要创建一段开放式路径，可以按Esc键或者单击其他工具，还可以按住Ctrl键（将临时切换为“直接选择工具”）并单击画板空白处。

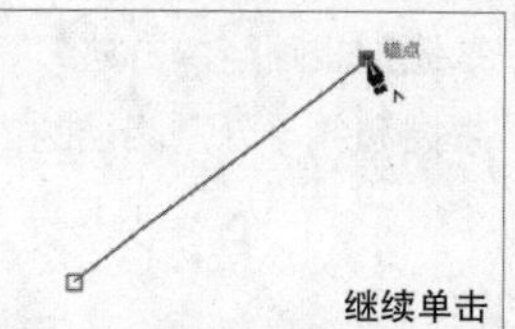

图3-1

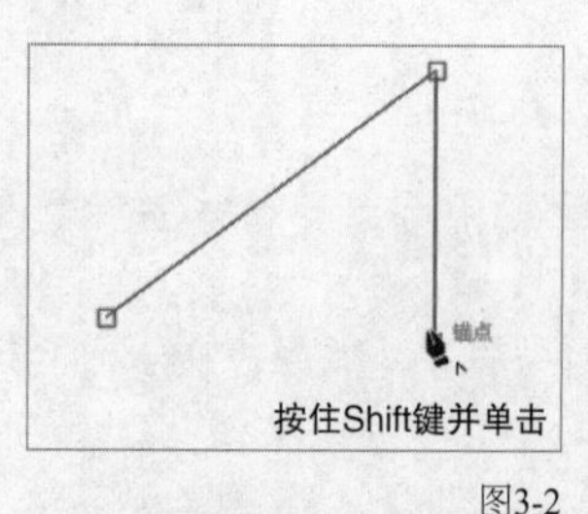

图3-2

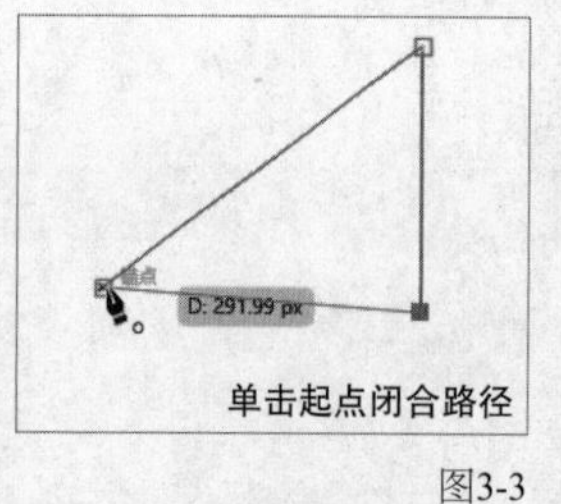

图3-3

技巧与提示

在绘制路径的过程中，将鼠标指针置于路径上时会变为状，单击可添加锚点；将鼠标指针置于锚点上会变为状，单击可删除该锚点，添加或删除锚点后可继续绘制路径。

2.曲线路径的绘制

选择“钢笔工具”，在画板中单击，在另外一个位置拖曳鼠标即可创建一个平滑点（平滑点的两端有控制手柄），如图3-4所示。接着在下一个位置单击，即可绘制一条光滑的曲线，如图3-5所示。

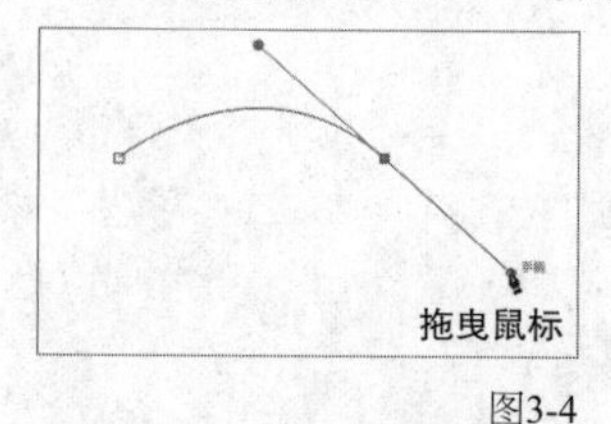

图3-4

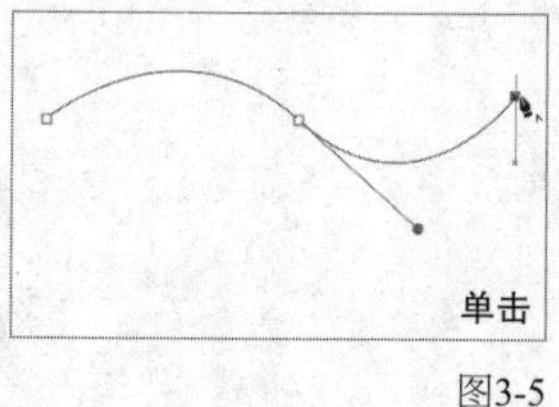

图3-5

课堂案例

绘制帆船

素材文件	素材文件>CH03>素材01.jpg
实例文件	实例文件>CH03>绘制帆船.ai
视频名称	绘制帆船.mp4
学习目标	掌握使用钢笔类工具绘图的方法

本案例将使用“钢笔工具”绘制帆船，效果如图3-6所示。

图3-6

01 新建一个尺寸为1000px×1000px的画板，然后将本书学习资源文件夹中的“素材文件>CH03>素材01.jpg”文件置入画板中，接着按快捷键Ctrl+2将其锁定，如图3-7所示。

图3-7

02 在工具栏中选择"钢笔工具"，设置"填色"为"无"，"描边"保持默认即可。将鼠标指针放到桅杆边缘，当其变为状时，单击桅杆的一个顶点以确定起点，然后单击另一个点，将生成一条直线路径，如图3-8所示。

图3-8

03 按快捷键Ctrl++放大图像，在桅杆下方拖曳鼠标，创建一条平滑曲线，如图3-9所示。由于之后需要继续绘制直线，因此需要将鼠标指针置于刚才绘制的锚点上，当其变为状时单击即可将该锚点改变为角点，如图3-10所示。此时就可以继续绘制了，如图3-11所示。

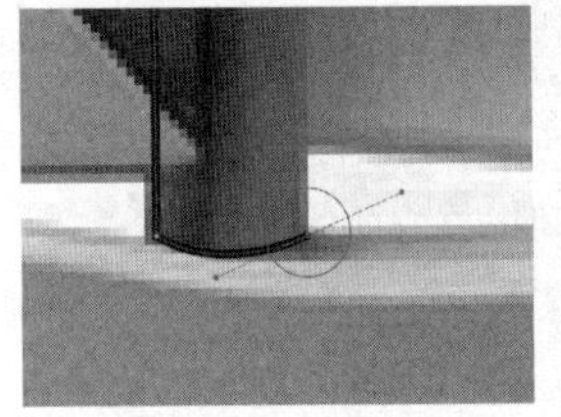
图3-9

图3-10

图3-11

04 将鼠标指针置于路径起点，当其变为状时单击即可闭合路径，如图3-12所示。这样，一个桅杆的基本形状就绘制完成了，如图3-13所示。用同样的方法绘制出其他的桅杆，如图3-14所示。需要按照桅杆的走向绘制出被遮挡的部分，但不需要十分精确。

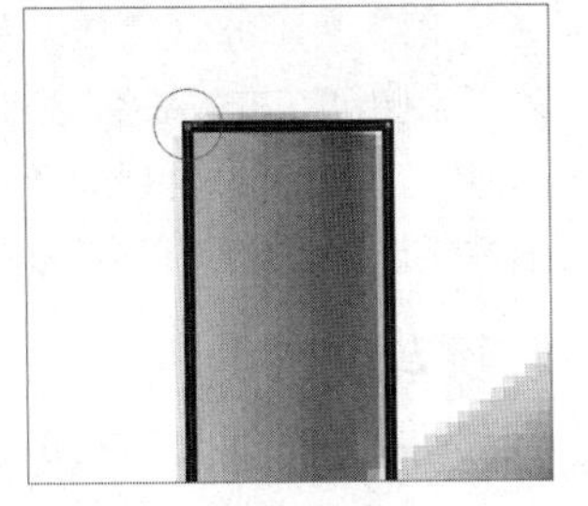
图3-12

图3-13

图3-14

05 用同样的方法绘制出船体和船帆的轮廓，如图3-15所示。绘制时注意各个形状的前后顺序，以及它们的遮挡关系。

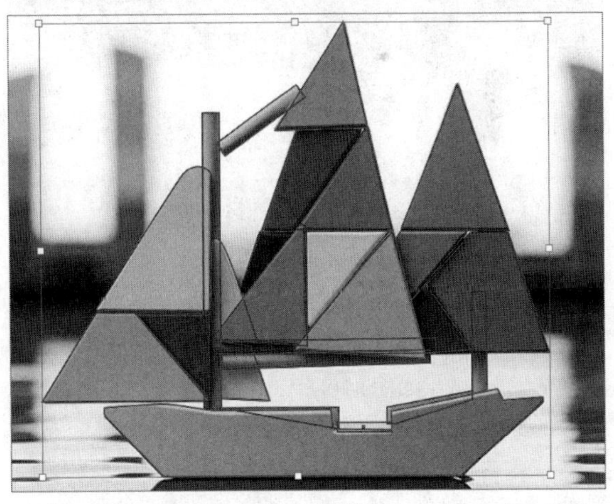
图3-15

技巧与提示

在绘制有弧度的曲线时，拖曳鼠标即可，无须将平滑点转换为角点，如图3-16所示。如果需要调整手柄或锚点的位置，可以按住Ctrl键将"钢笔工具"临时切换为"直接选择工具"进行操作。

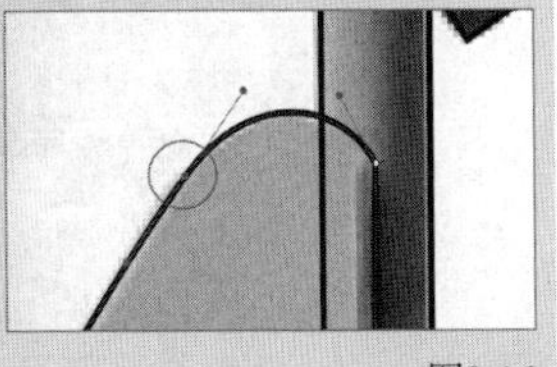
图3-16

06 选择船体，设置“描边”为“无”，“填色”为黄色（读者可自行搭配颜色），如图3-17所示。用同样的方法将其他区域也进行填色，如图3-18所示。

图3-17

图3-18

07 按快捷键Alt+Ctrl+2将背景图解除锁定，并将其删除，如图3-19所示。然后用“直接选择工具”微调色块之间的细节，最终效果如图3-20所示。

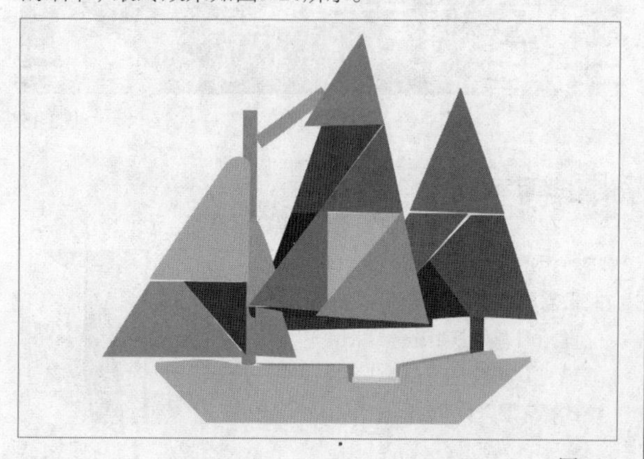

图3-19

图3-20

3.1.2 曲率工具

“曲率工具”（快捷键为Shift+~）适用于绘制曲线路径，并且在绘制过程中可直接编辑路径。使用“钢笔工具”绘制路径时需通过拖曳鼠标的方式才能绘制曲线，而使用“曲率工具”绘制路径时会根据绘制锚点的位置自动生成平滑的曲线。

下面分别使用“钢笔工具”和“曲率工具”绘制3个点（无须拖曳鼠标），如图3-21所示。在使用“曲率工具”绘制路径的过程中，拖曳锚点可以改变曲线的位置，如图3-22所示。按Esc键可以结束绘制。如果在使用“曲率工具”时想绘制直线，可以通过双击或按住Alt键并单击来确定下一个锚点的位置。

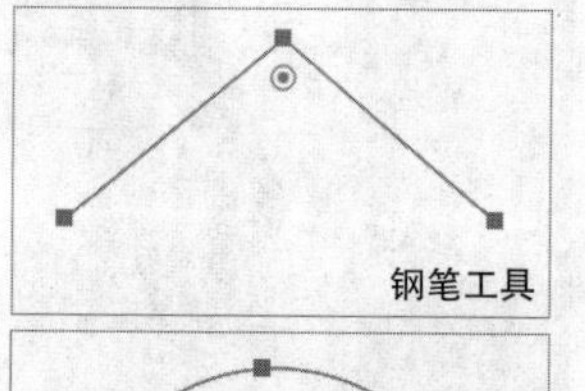

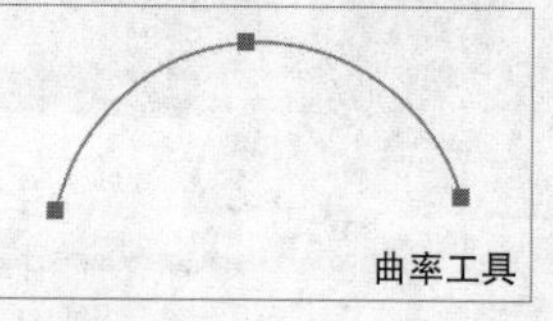

图3-21

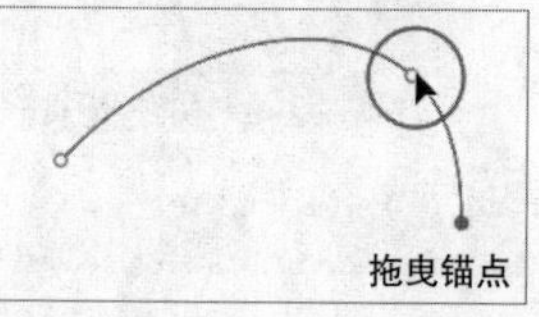

图3-22

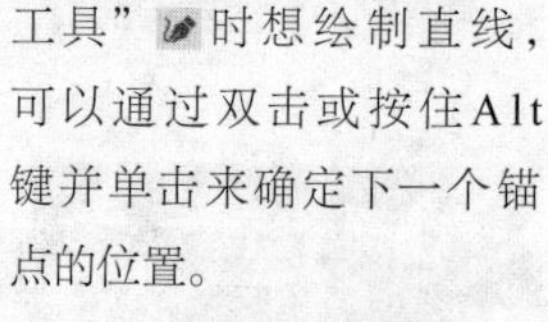

3.1.3 画笔工具

“画笔工具”（快捷键为B）可以模拟自然的绘画方式，绘制出更多变的路径，还可以使用不同类型的画笔模拟出类似于粉笔、毛笔和炭笔等多种画笔的笔触效果。此外，通过自定义画笔还可以绘制出带有图案或纹理的效果。

1.画笔的使用

选择“画笔工具”，然后在控制栏或“画笔”面板中选择一种画笔，接着在画板中拖曳鼠标即可进行绘制，画笔的颜色为“描边”的颜色，如图3-23所示。使用“直接选择工具”可以选择或调整路径上的锚点，如图3-24所示。

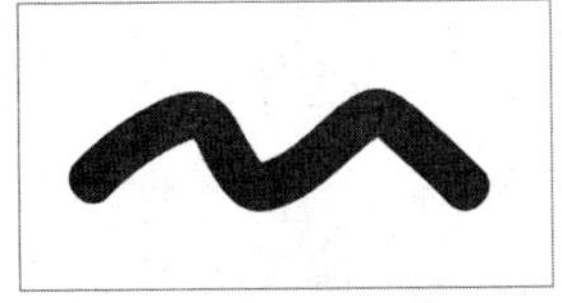

图3-23

图3-24

技巧与提示

按住Shift键并拖曳鼠标，可以绘制水平线、垂直线或45°倍数方向的直线。在绘制时，按住Alt键并松开鼠标左键，可以自动闭合路径。分别按[键和]键可以缩小、放大画笔。

双击工具栏中的“画笔工具”打开“画笔工具选项”对话框，如图3-25所示。在其中可以对“画笔工具”进行设置，以绘制更加精准的路径。

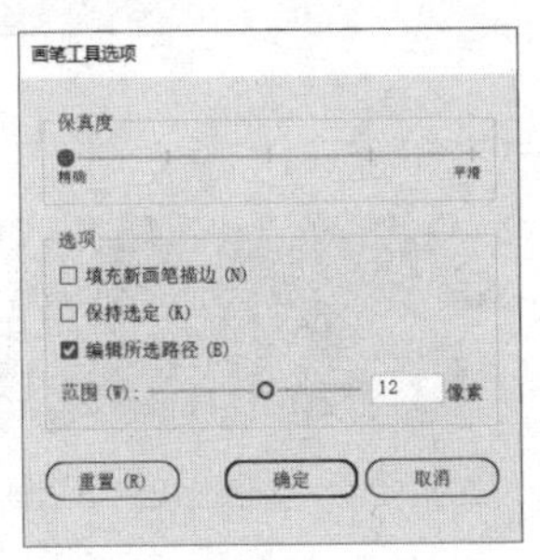

图3-25

重要参数介绍

◇ **保真度：** 用于控制所绘制路径的平滑度。越精确，绘制出的路径越是接近鼠标拖曳的轨迹，锚点数量也越多；越平滑，则线条越优化，优化后的路径越光滑、锚点数量越少。

◇ **填充新画笔描边：** 勾选该选项，绘制完成时将使用“填色”中的颜色为所绘制的路径进行填色。

◇ **保持选定：** 勾选该选项，绘制完成后会自动选择该路径。

◇ **编辑所选路径：** 勾选该选项，在绘制完成并选择路径时，可用“画笔工具”编辑该路径。

◇ **范围：** 用于控制被编辑的路径与鼠标指针之间的最大距离。

2. “画笔”面板

执行“窗口>画笔”菜单命令可以显示或隐藏“画笔”面板，如图3-26所示。在其中不仅可以选择画笔，还可以新建、复制、存储和导入画笔等。

画笔
基本
6.00
移去画笔描边
库面板
画笔库菜单
所选对象的选项
新建画笔
删除画笔

图3-26

重要参数介绍

◇ **画笔库菜单：** 单击该按钮，可以在弹出的菜单中选择多种预设的画笔。除此之外，还可以进行画笔的存储和导入。执行“保存画笔”命令，可以将“画笔”面板中的全部画笔保存为自定义的画笔集合。再次使用这些画笔时，在“用户定义”子菜单中选择保存的名称即可快速调出；执行“其他库”命令，可以将已有的画笔进行导入，如图3-27所示。

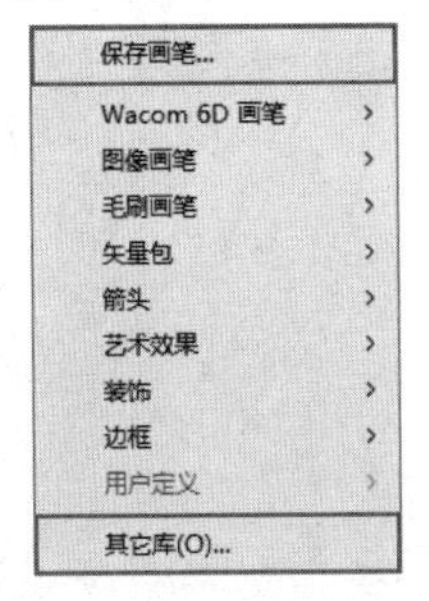

图3-27

◇ **移去画笔描边：** 单击该按钮，可以移除所选路径的画笔描边。

◇ **所选对象的选项：** 单击该按钮，可以打开所选路径的“描边选项”对话框。

3.新建画笔

单击“画笔”面板中的“新建画笔”按钮，会弹出“新建画笔”对话框，如图3-28所示，其中新画笔的类型一共有5种，根据需要进行选择即可。

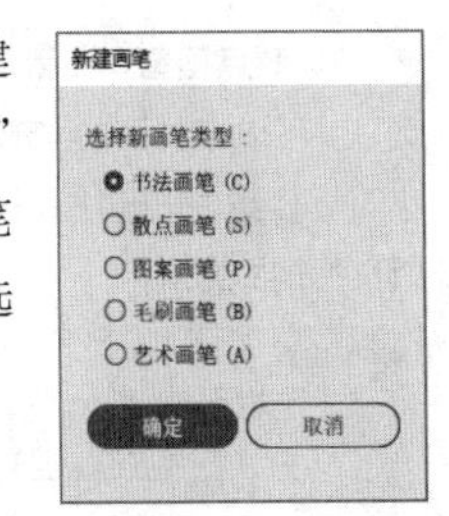

图3-28

重要参数介绍

◇ **书法画笔：** 选择该选项，可以在打开的“书法画笔选项”对话框中设置画笔的“角度”“圆度”“大小”等参数，如图3-29所示。分别绘制7笔的效果如图3-30所示。

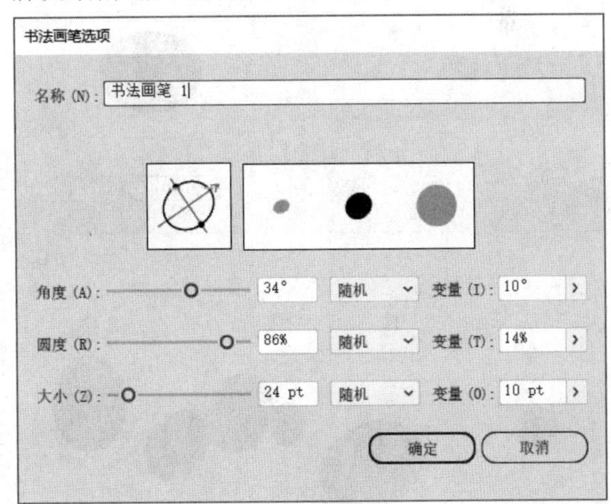

图3-29

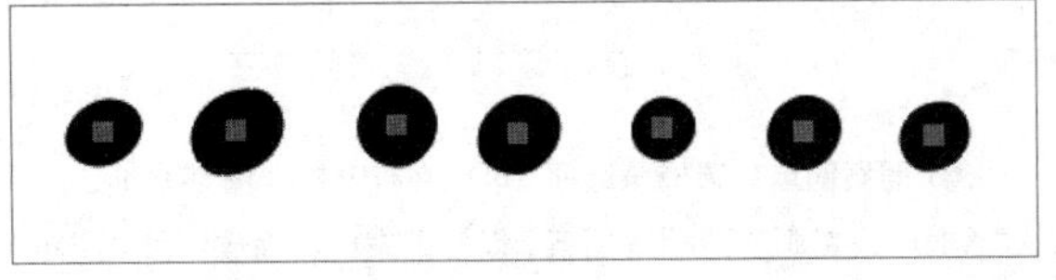

图3-30

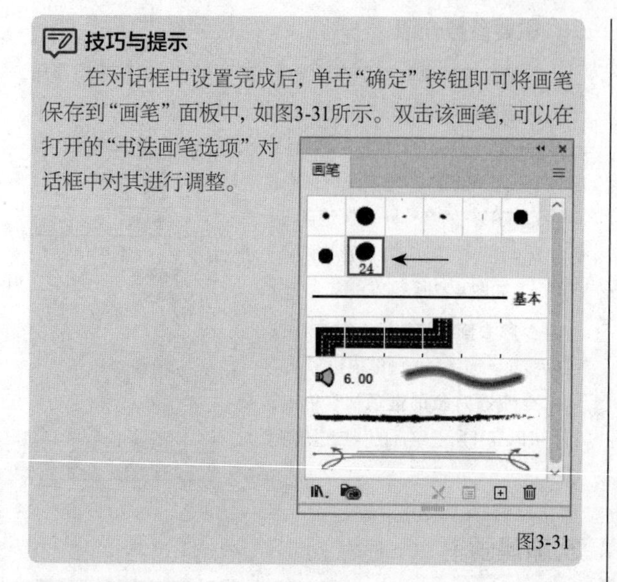

技巧与提示

在对话框中设置完成后，单击“确定”按钮即可将画笔保存到“画笔”面板中，如图3-31所示。双击该画笔，可以在打开的“书法画笔选项”对话框中对其进行调整。

图3-31

◇ **散点画笔：** 在新建画笔前，需要先选择一个路径。选择该选项，可以在打开的“散点画笔选项”对话框中设置画笔的“大小”“间距”“分布”“旋转”等参数，如图3-32所示。绘制一笔的效果如图3-33所示。

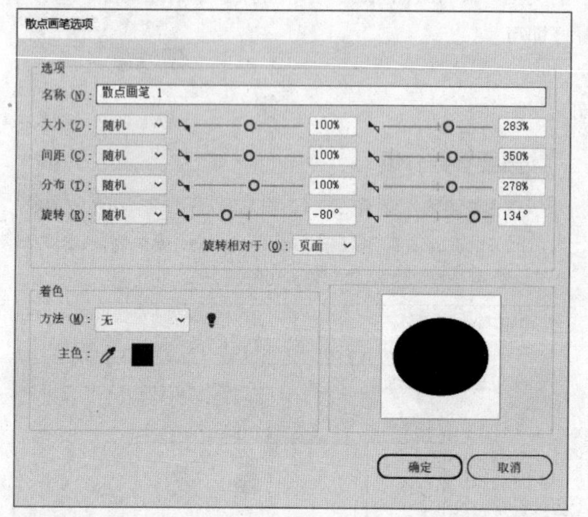

图3-32

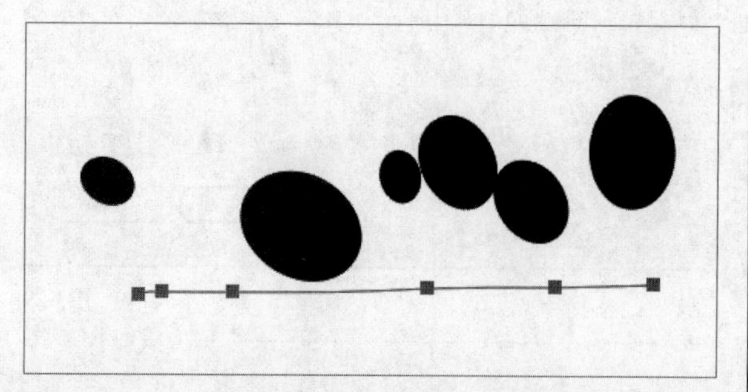

图3-33

◇ **图案画笔：** 选择该选项，可以在打开的“图案画笔选项”对话框中设置画笔应用的图案，以及图案的“缩放”和“间距”等参数，如图3-34所示。绘制一笔的效果如图3-35所示。

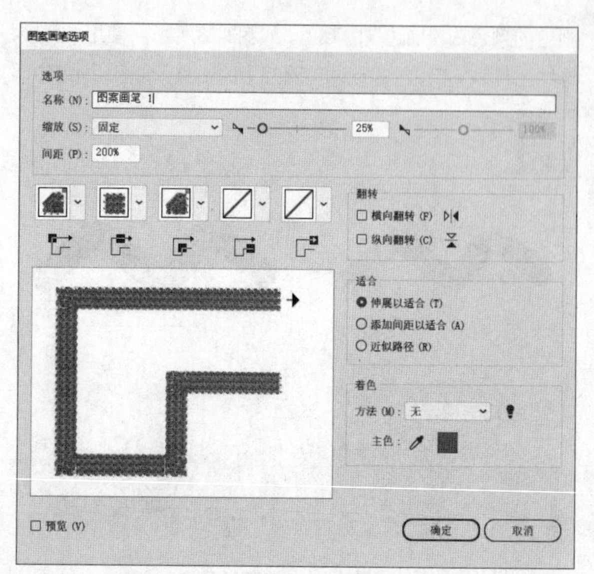

图3-34

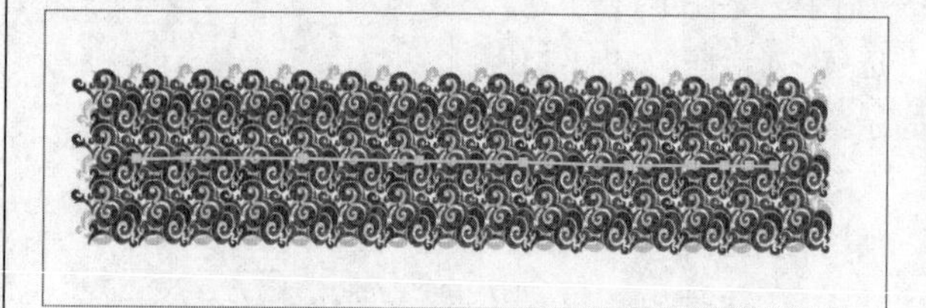

图3-35

◇ **毛刷画笔：** 选择该选项，可以在打开的“毛刷画笔选项”对话框中设置画笔的形状，以及画笔的“大小”“毛刷长度”“毛刷密度”等参数，如图3-36所示。绘制一笔的效果如图3-37所示。

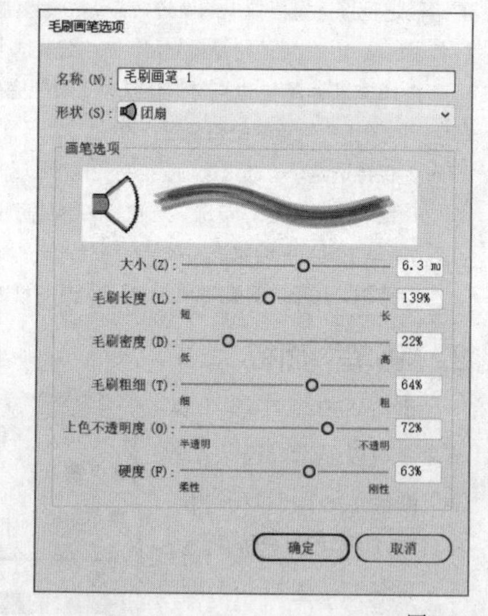

图3-36

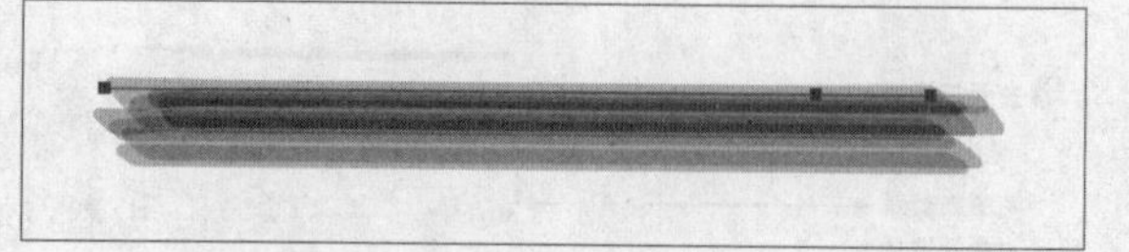

图3-37

◇ **艺术画笔：** 在新建画笔前，需要先选择一个路径。选择该选项，可以在打开的“艺术画笔选项”对话框中设置画笔的“宽度”和“方向”等参数，如图3-38所示。绘制3笔的效果如图3-39所示。

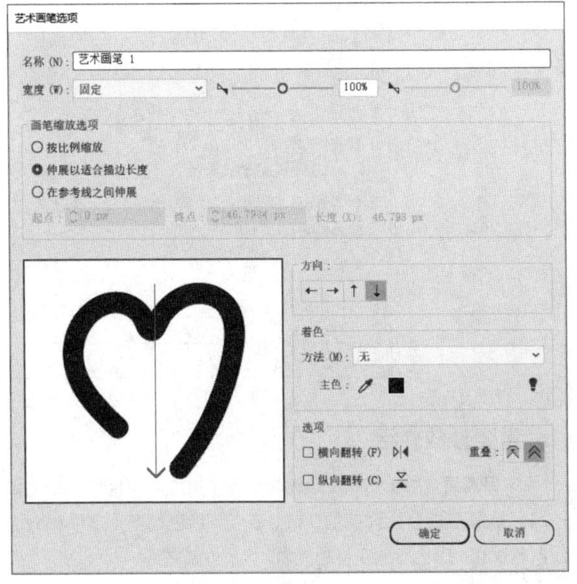

图3-38

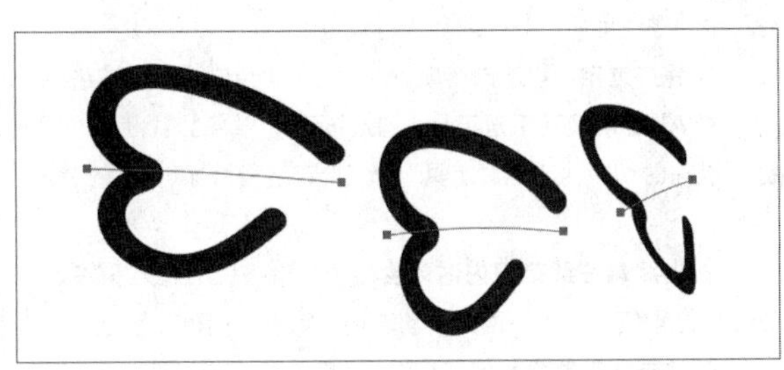

图3-39

知识点：为已有路径添加或改变画笔描边效果

对于已有路径，如图3-40所示，可以为其添加或改变画笔描边效果。先选择该路径，然后在“画笔”面板中选择对应的画笔，即可将画笔的描边效果应用到该路径上，如图3-41所示。

图3-40

图3-41

3.1.4 斑点画笔工具

“斑点画笔工具”（快捷键为Shift+B）可以将绘制出的笔迹生成闭合路径，填充的颜色为“填色”中的颜色，如图3-42所示。分别按[键和]键可以缩小、放大画笔。继续使用“斑点画笔工具”进行绘制，相同颜色的重叠区域会自动识别并合并成一个闭合路径，不同颜色的重叠区域或者相同颜色但没有重叠的区域将形成单独的闭合路径，如图3-43所示。

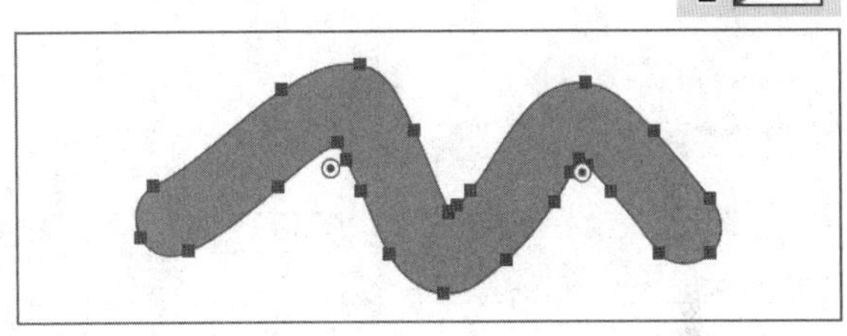

图3-42

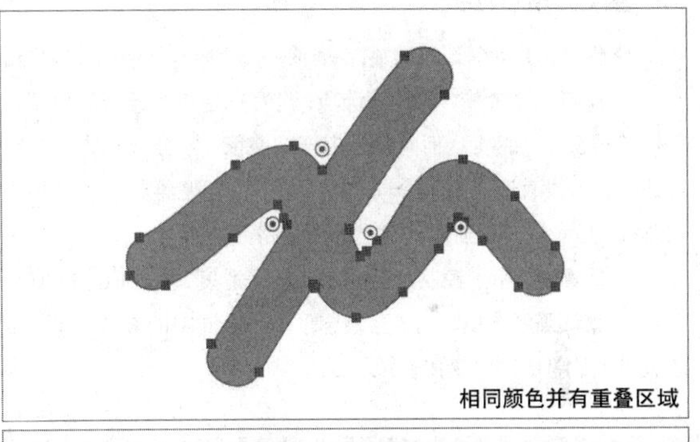

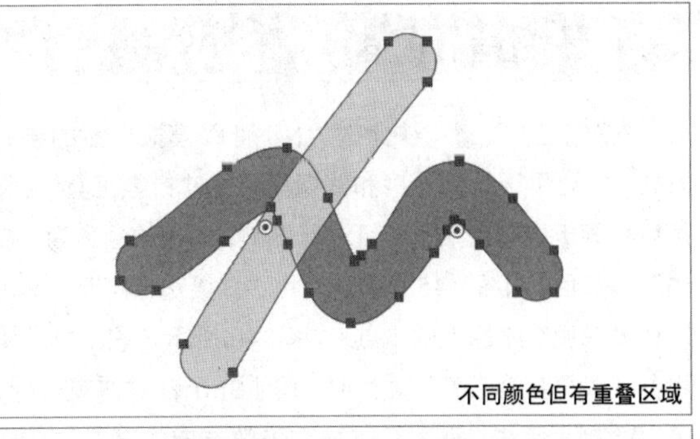

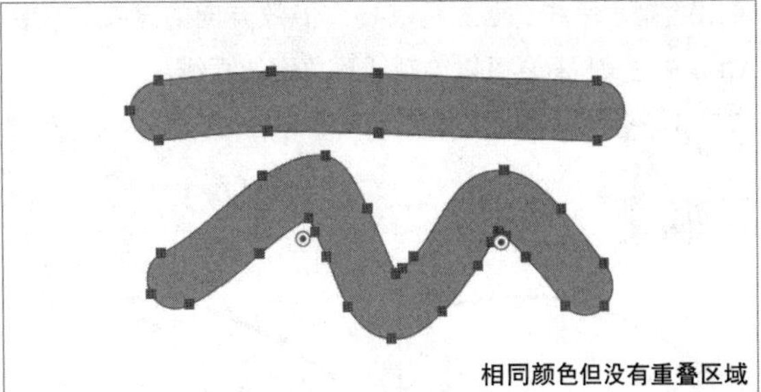

图3-43

双击工具栏中的"斑点画笔工具"，可以在打开的"斑点画笔工具选项"对话框中设置相关参数，如图3-44所示。

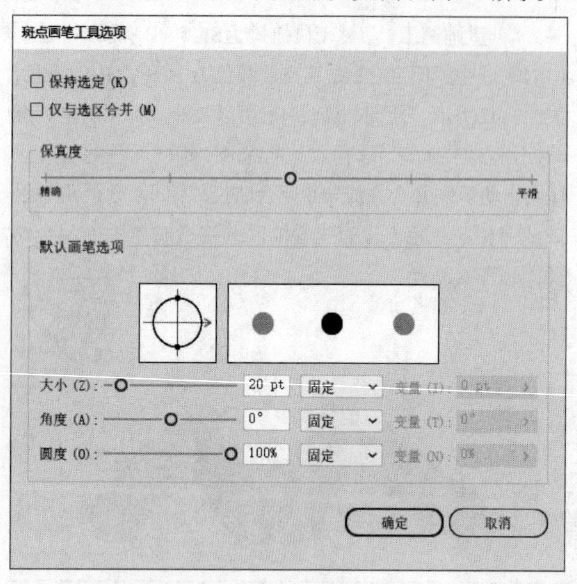

图3-44

重要参数介绍

◇ **保持选定：** 勾选该选项，在绘制完成后会自动选中该对象。

◇ **仅与选区合并：** 勾选该选项，只有在选中上一个同色闭合路径的情况下，继续绘制同色且相连的路径，才会合并成一个闭合路径；若没有选择上一个同色闭合路径，即使绘制同色且相连的路径，后者也会单独形成自己的闭合路径。

◇ **保真度：** 用于控制所绘制路径的平滑度，默认取中间值。

◇ **默认画笔选项：** 与"画笔选项"对话框中的参数类似，可通过设置让笔触产生变化。

3.1.5 铅笔工具

"铅笔工具"（快捷键为N）可以模拟自然的绘画方式，主要用于绘制轮廓和线条。选择"铅笔工具"，然后在画板中拖曳鼠标即可进行绘制，画笔的颜色为"描边"的颜色，如图3-45所示。使用"直接选择工具"可以选择或调整路径上的锚点，如图3-46所示。该工具的使用方法和"画笔工具"类似，按住Shift键并拖曳鼠标，可以绘制水平线、垂直线或45° 倍数方向的直线。按住Alt键并拖曳鼠标，可以绘制任意角度的直线。

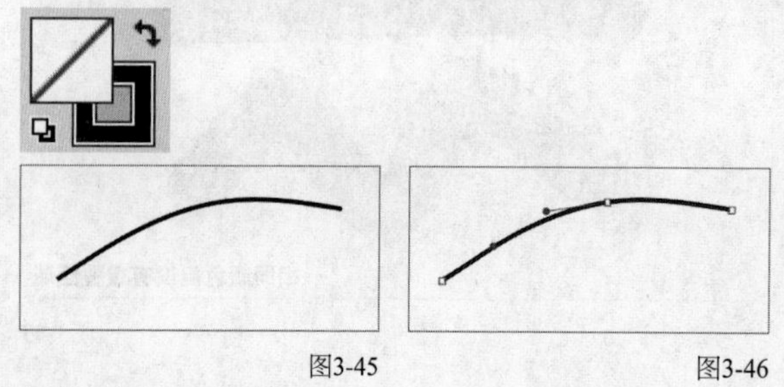

图3-45　　图3-46

双击工具栏中的"铅笔工具"，可以在打开的"铅笔工具选项"对话框中设置相关参数，如图3-47所示。

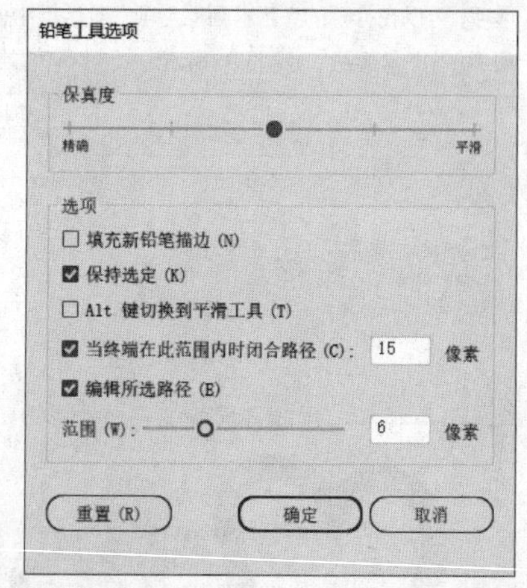

图3-47

重要参数介绍

◇ **保真度：** 用于控制所绘制路径的平滑度。越精确，绘制出的路径越是接近鼠标拖曳的轨迹，锚点数量也越多；越平滑，则线条越优化，优化后的路径越光滑、锚点数量越少。

◇ **填充新铅笔描边：** 勾选该选项，绘制完成时将使用"填色"中的颜色为所绘制的路径进行填色。

◇ **保持选定：** 勾选该选项，绘制完成后会自动选择该路径。

◇ **Alt键切换到平滑工具：** 勾选该选项，绘制路径后按住Alt键可以临时切换为"平滑工具"，沿着路径涂抹可以使路径变得平滑。

◇ **当终端在此范围内时闭合路径：** 指路径的起点和终点位置在该像素值范围内时两点自动连接，形成一个闭合路径。

◇ **编辑所选路径：** 勾选该选项，在绘制完成并选择路径时，可用"铅笔工具"编辑该路径。

◇ **范围：** 用于控制被编辑的路径与鼠标指针之间的最大距离。

3.2 编辑路径

因为使用钢笔类工具和画笔类工具绘制的路径可能达不到我们的预期，所以需要对锚点和路径进行编辑，以满足不同的需求。

本节重点内容

名称	作用
添加锚点工具	在路径中添加锚点
删除锚点工具	删除路径中的锚点
锚点工具	转换锚点的类型
平滑工具	使路径变得平滑
路径橡皮擦工具	擦除路径
橡皮擦工具	擦除图稿
剪刀工具	分割路径
美工刀工具	分割图稿
连接工具	连接开放路径

3.2.1 添加和删除锚点

选择“添加锚点工具”（快捷键为+），在路径上单击即可添加锚点，如图3-48所示。

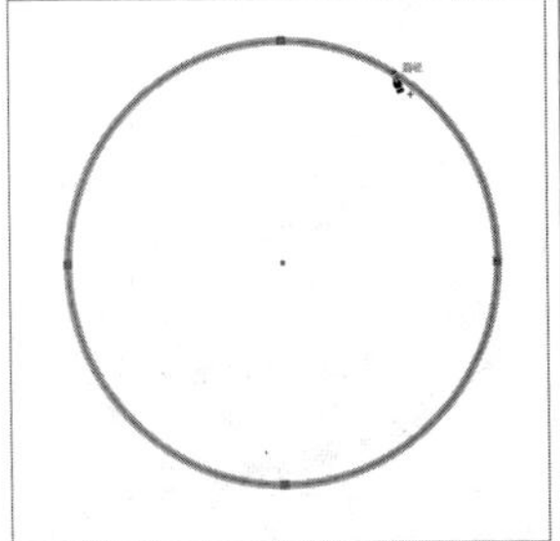
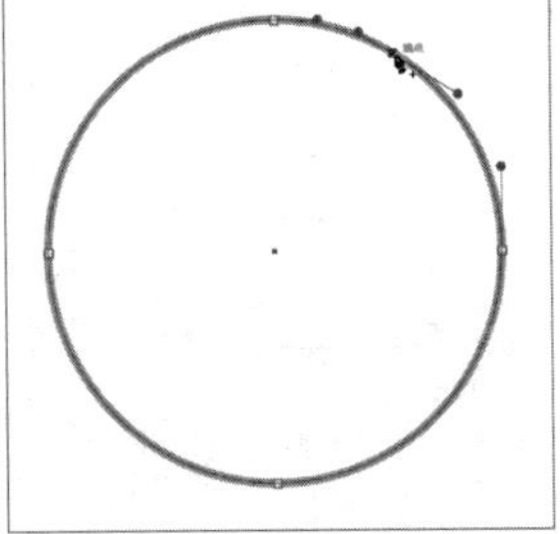

图3-48

选择“删除锚点工具”（快捷键为－），在锚点上单击即可将其删除，如图3-49所示。

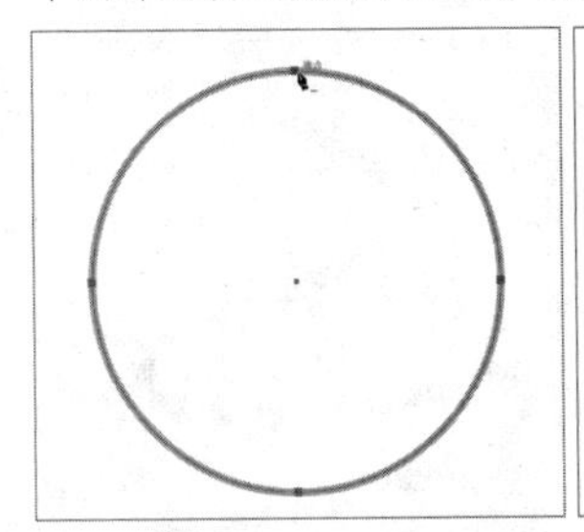
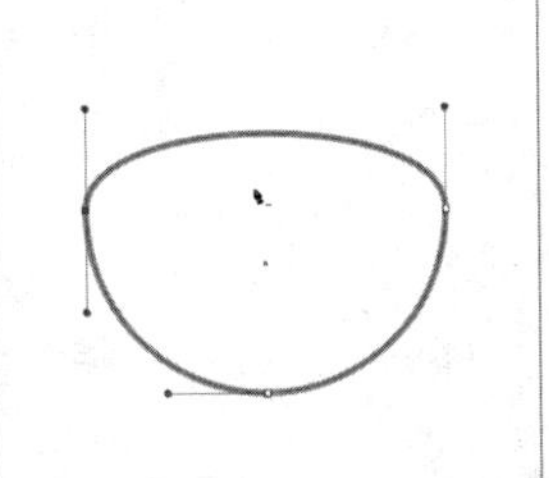

图3-49

技巧与提示

在使用添加或删除锚点的工具时，按住Alt键可临时将这两个工具进行互换。按住Ctrl键可临时切换为“直接选择工具”，拖曳锚点即可改变锚点位置，如图3-50所示。使用“直接选择工具”选择锚点后，按Delete键也可删除锚点，此时闭合路径将变为开放路径，如图3-51所示。

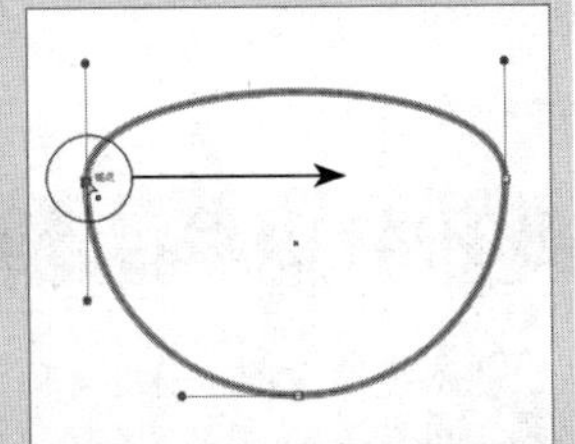

图3-50

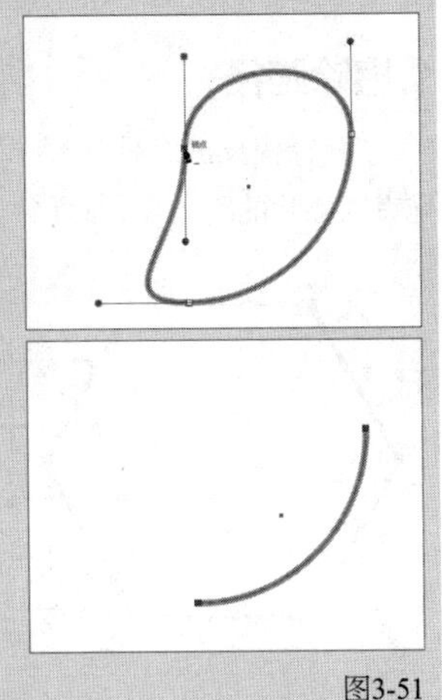

图3-51

3.2.2 转换锚点类型

锚点可分为平滑点和角点两种类型，使用“锚点工具”（快捷键为Shift+C）可以转换锚点的类型。单击平滑点，可以将其转换为角点，如图3-52所示。拖曳角点，可以将其转换为平滑点，如图3-53所示。

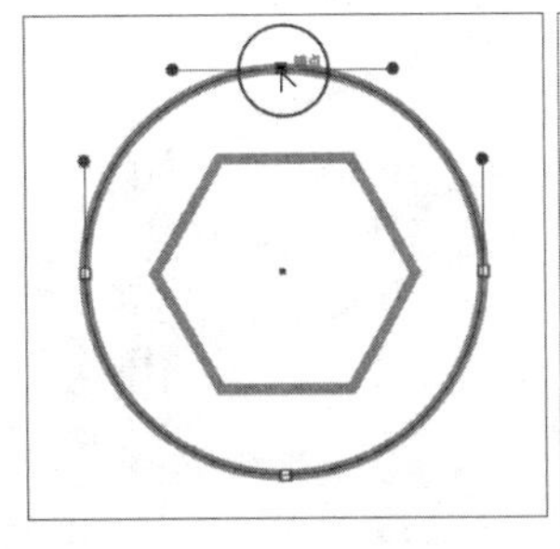
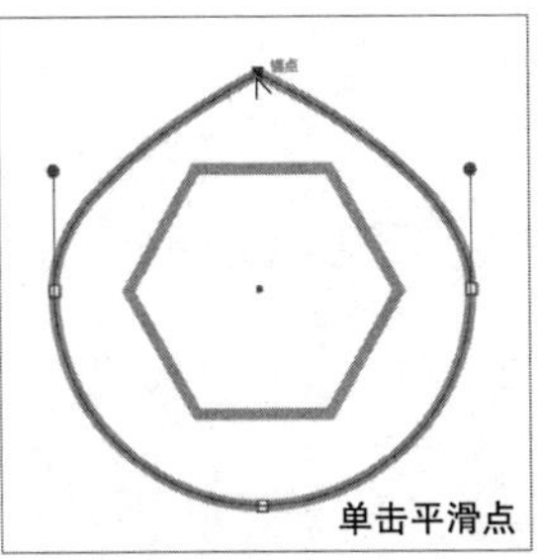

图3-52

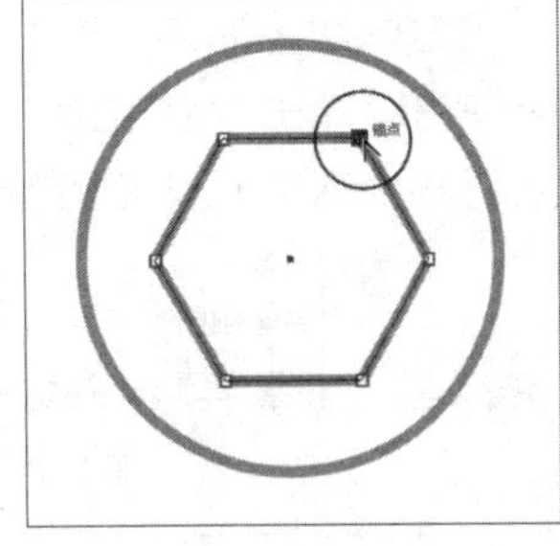
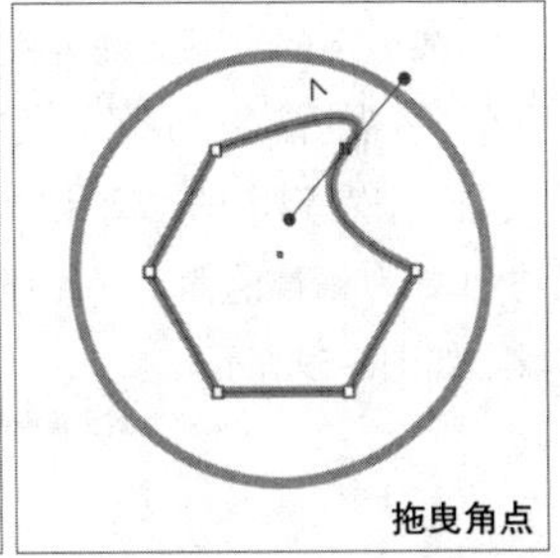

图3-53

拖曳手柄，可以单独调整一条方向线的方向和长度，如图3-54所示。按住Ctrl键并拖曳手柄，可以同时调整两条方向线的方向，如图3-55所示。

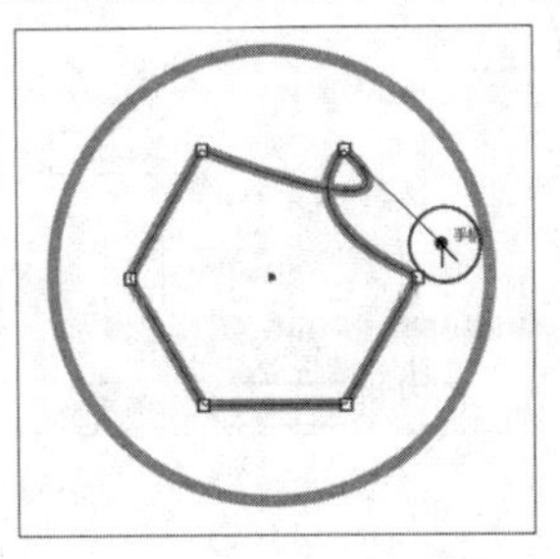

图3-54

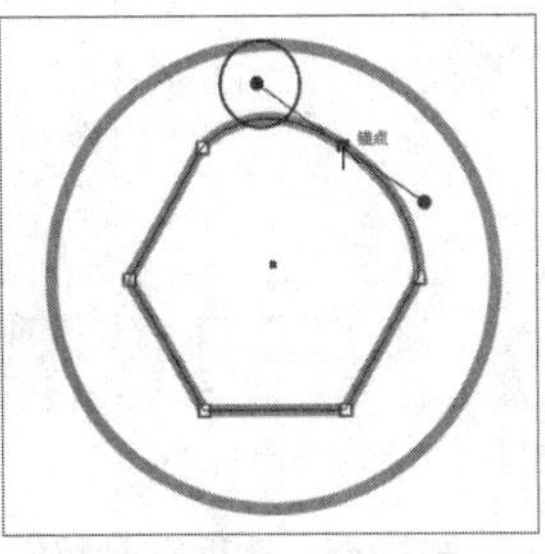

图3-55

技巧与提示

在使用“钢笔工具”绘制路径时，按住Alt键可将该工具临时切换为“锚点工具”。

3.2.3 简化与平滑路径

使用画笔类工具绘制路径时，可能会产生过多的锚点，使路径不够平滑。通过“简化”命令和“平滑工具”可以使路径变得更平滑。

1.简化路径

图3-56所示为使用“画笔工具” 绘制的路径，可以看到它的锚点过多，所以整体不够平滑。执行“对象>路径>简化”菜单命令，将进行自动简化，效果如图3-57所示。

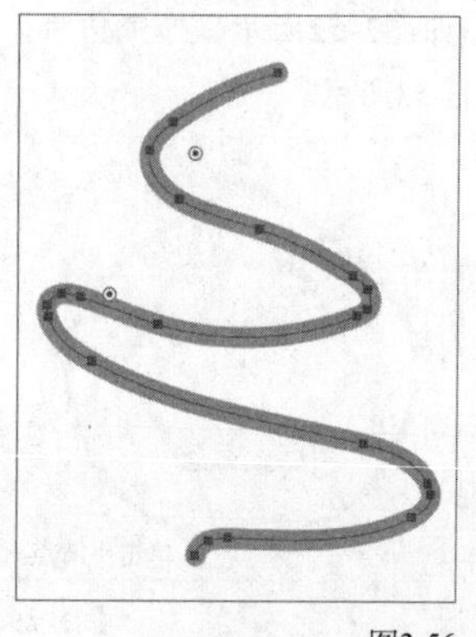

图3-56

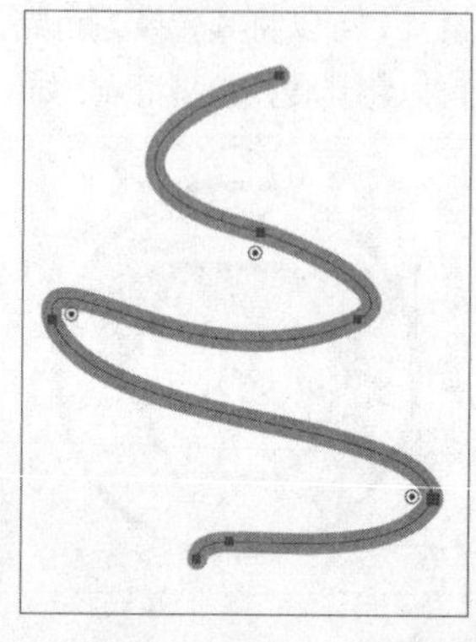

图3-57

在出现的上下文任务栏中可以通过拖曳滑块调整简化后路径的锚点数量，如图3-58所示。单击“更多选项”按钮 ，在弹出的“简化”对话框中可以通过设置参数进行更为精准的简化，如图3-59所示。

最大锚点数
自动简化
最少锚点数
更多选项

图3-58

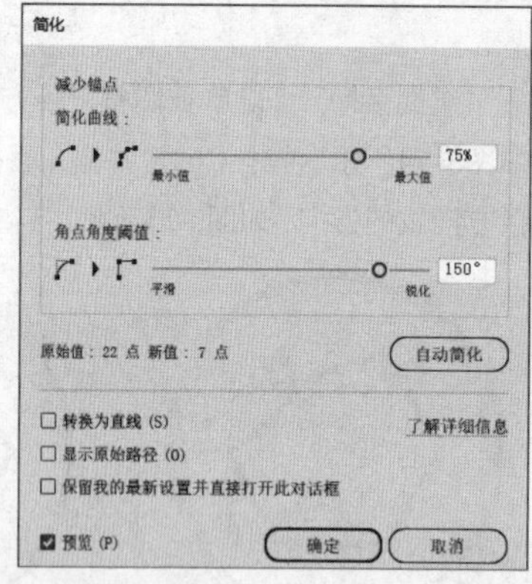

图3-59

知识点：清理多余路径

在制作一个较为复杂的作品时，图稿中很可能产生游离点、未上色对象和空文本路径。执行“对象>路径>清理”菜单命令，在弹出的“清理”对话框中可以选择需清除的干扰对象，如图3-60所示。

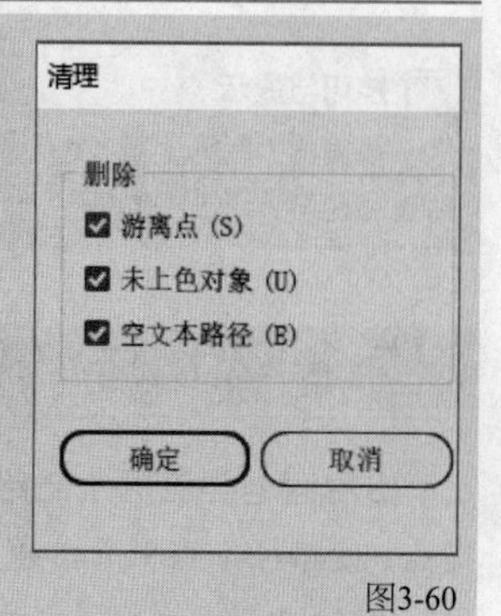

图3-60

2.平滑路径

先选择需要平滑的路径，然后使用“平滑工具” 在路径上拖曳，如图3-61所示，这样就可以使路径变得平滑。通过多次拖曳，才能达到比较好的效果，如图3-62所示。

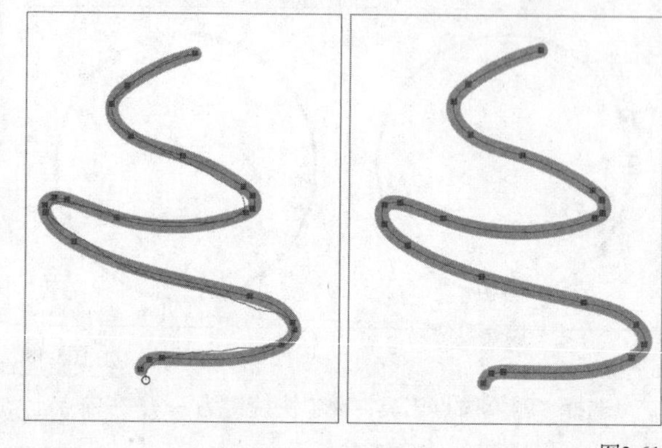

图3-61

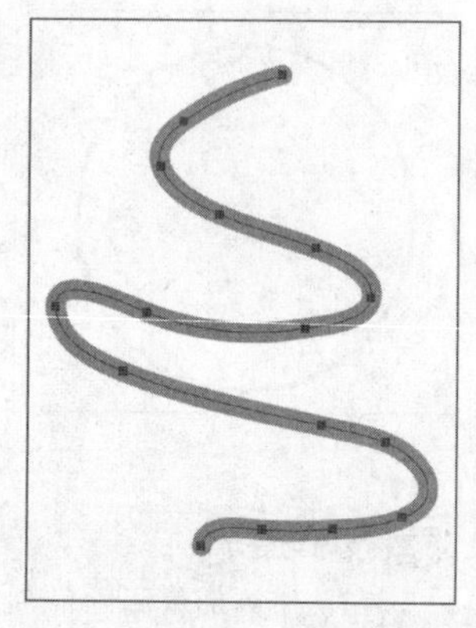

图3-62

3.2.4 擦除与分割路径

“路径橡皮擦工具” 和“橡皮擦工具” 分别主要用于擦除路径和路径闭合区域的内容。“剪刀工具” 和“美工刀工具” 分别主要用于分割路径和路径闭合区域的内容。

1.擦除路径

“路径橡皮擦工具” 可以用于擦除路径。选中对象，拖曳需擦除的路径段，该路径段将被删除，如图3-63所示。

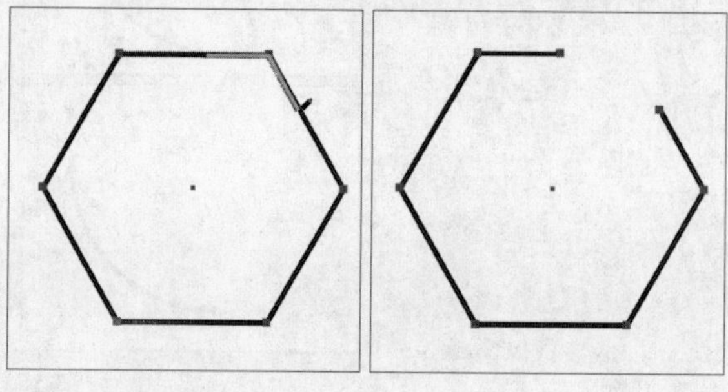

图3-63

“橡皮擦工具”◆（快捷键为Shift+E）可以擦去填色区域中的任何部分，该工具的使用方法与“画笔工具”✎类似。如果擦除后将原本的路径区域切开，则会自动形成两个独立的闭合路径，如图3-64所示。此时，可以分别调整这两个闭合路径，如图3-65所示。

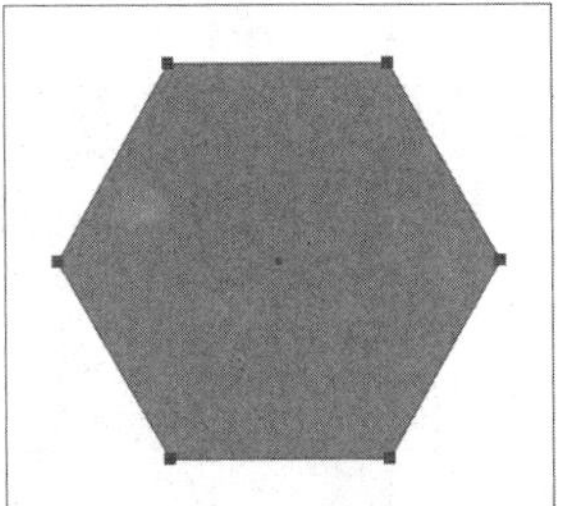

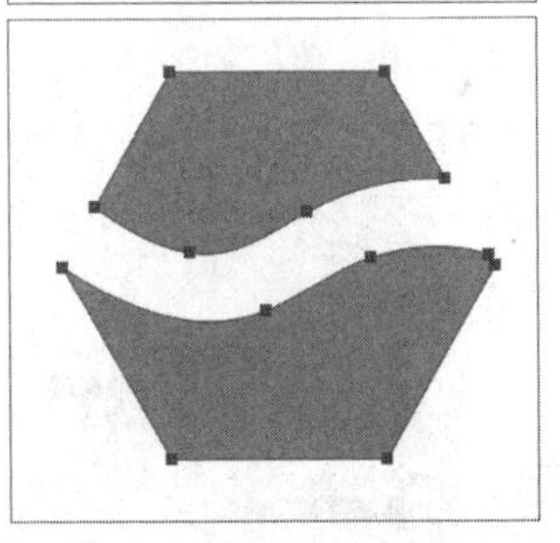

图3-64

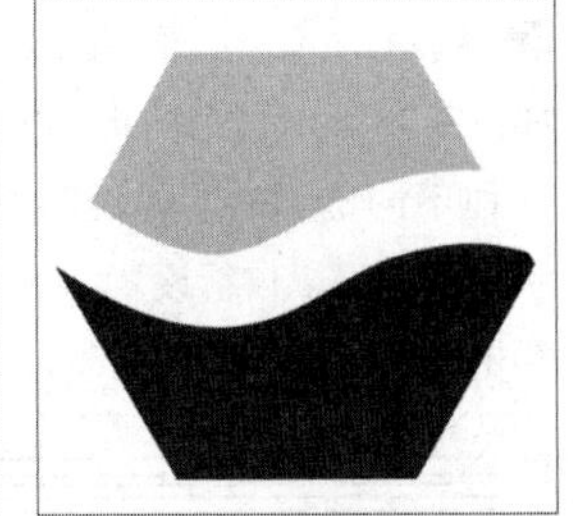

图3-65

2.分割路径

“剪刀工具”✂（快捷键为C）可以分割路径。使用该工具在需要处理路径的前后两端单击即可，如图3-66所示。在开放路径上的任意位置单击，即可将其分割为两段路径，如图3-67所示。

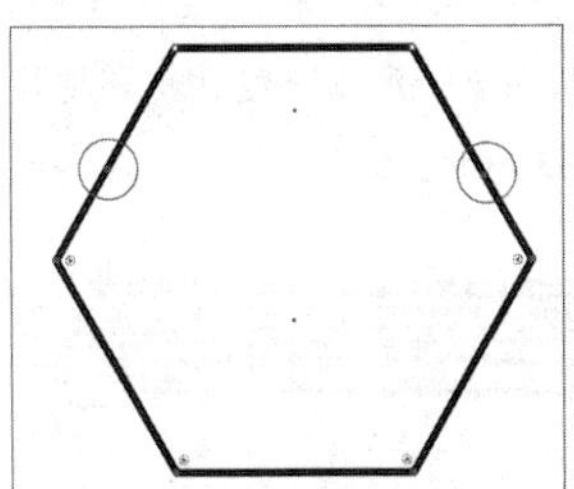

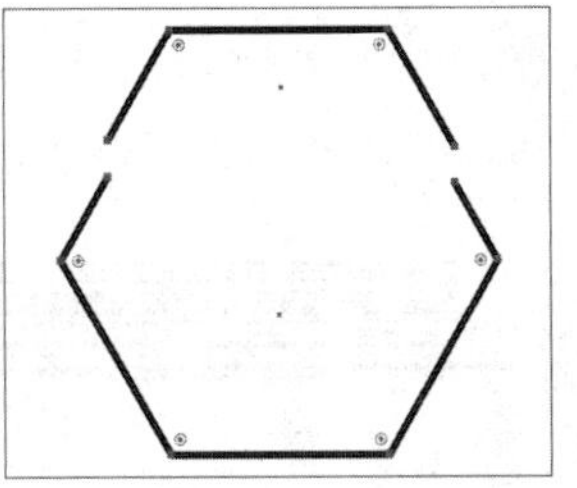

图3-66

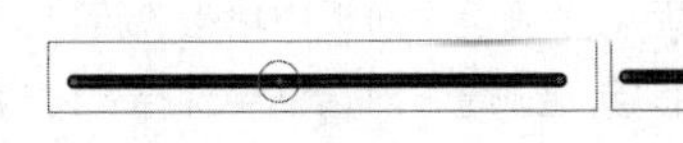

图3-67

使用“美工刀工具”✐拖曳划过图形，即可将路径切开，成为两个单独的闭合路径，如图3-68所示。分割后可以分别设置图形的描边或填色，如图3-69所示。

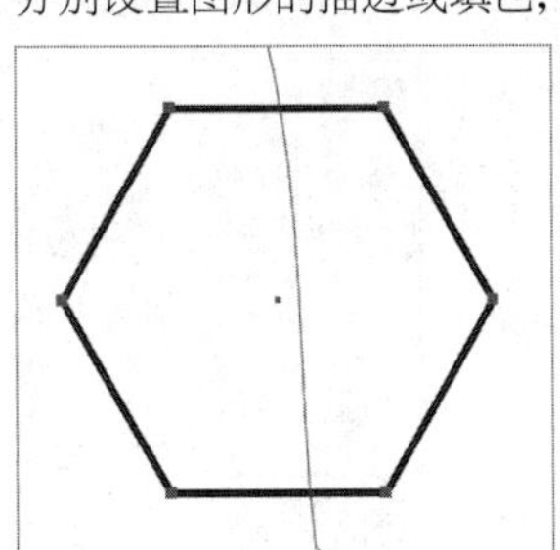

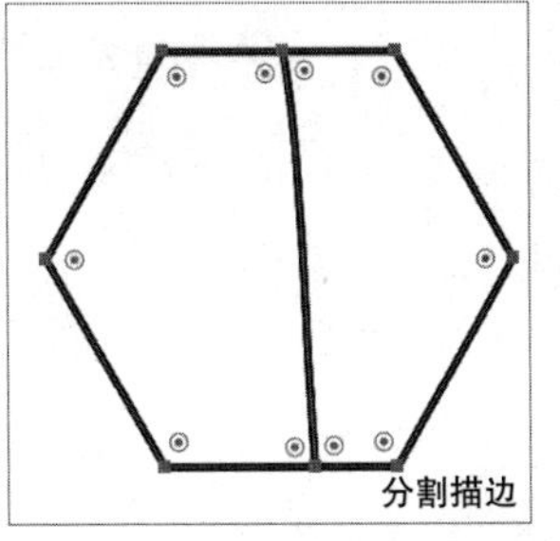

图3-68

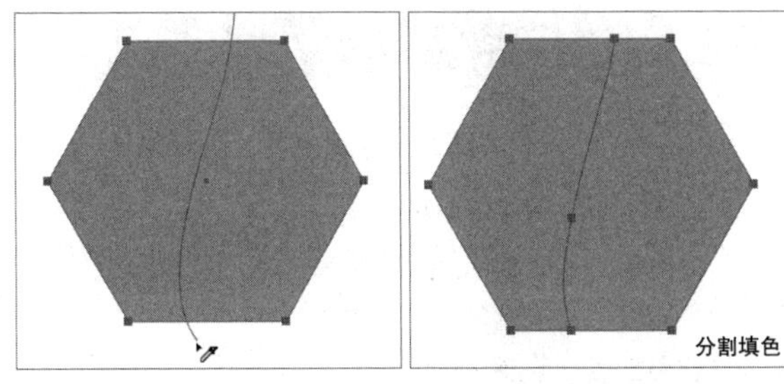

图3-68（续）

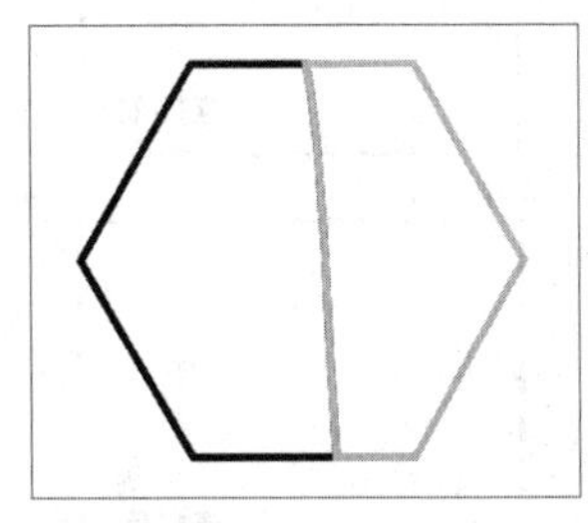

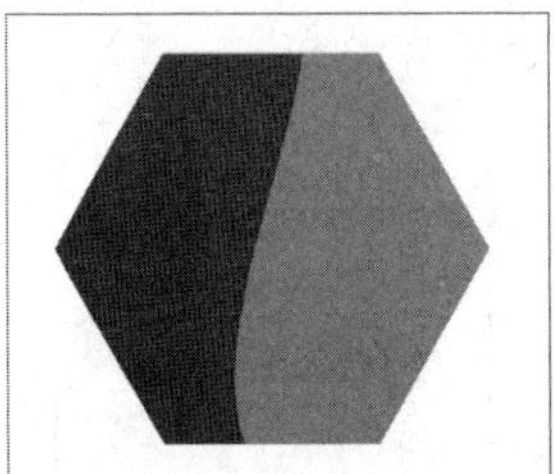

图3-69

知识点：通过分割快速制作表格

先绘制一个表格的外轮廓，如图3-70所示，然后执行“对象>路径>分割为网格”菜单命令，在弹出的“分割为网格”对话框中设置行、列的数量和高度等，如图3-71所示，这样就可以快速制作表格，如图3-72所示。制作完成后还可以根据需求调整表格的大小和颜色等。

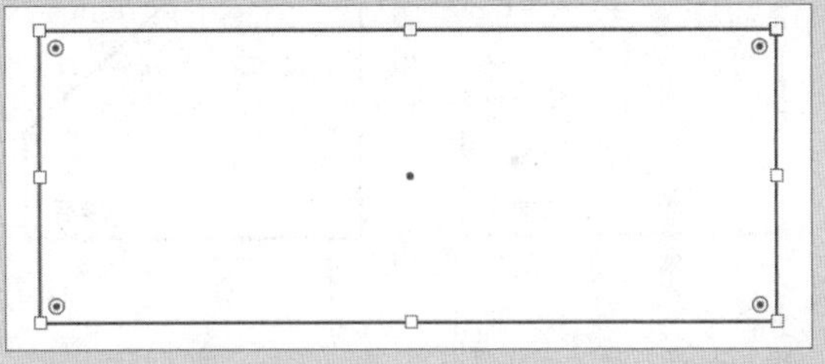

图3-70

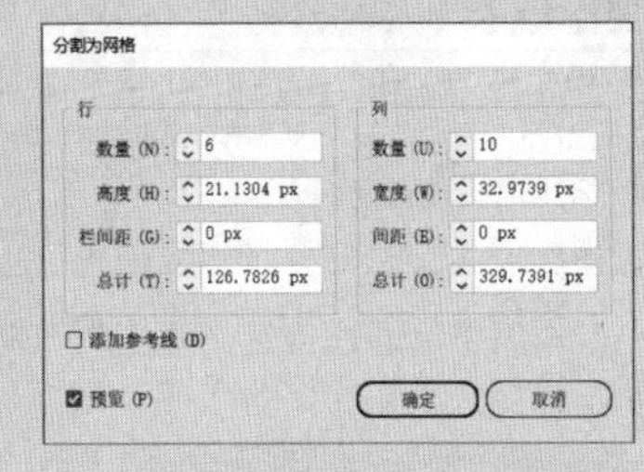

图3-71

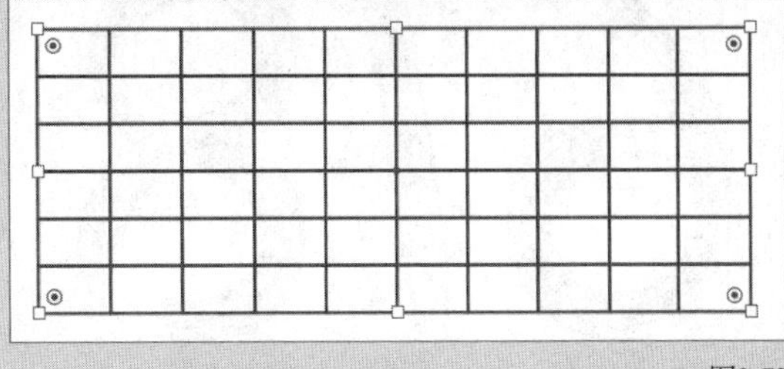

图3-72

3.2.5 连接路径

如果想连接开放式路径，可以使用“连接工具”或“连接”命令。

“连接工具”可以根据当前路径的走向进行智能连接，在需要连接的两个锚点间进行绘制，连接后的线条会根据图形而变化，如图3-73所示。

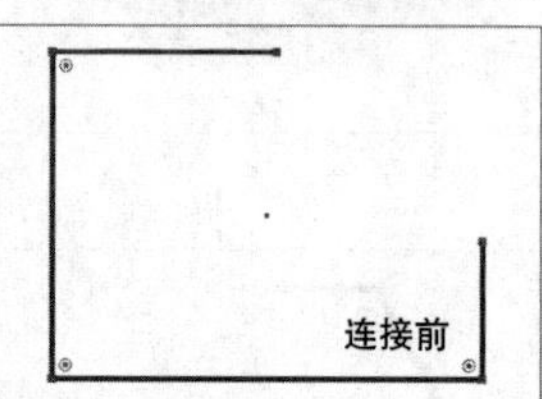

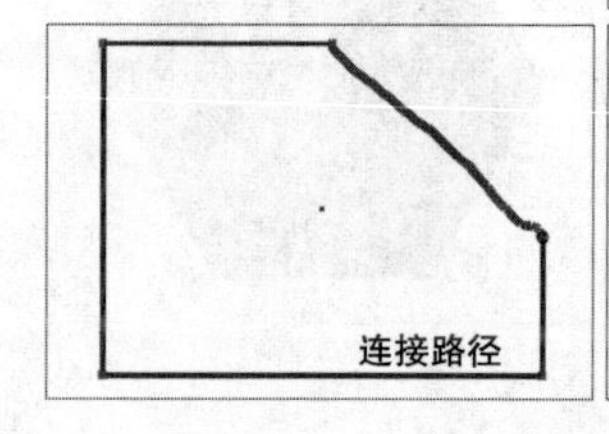

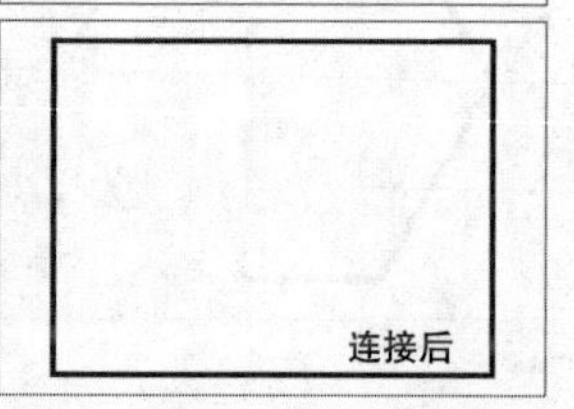

图3-73

使用“连接”命令连接开放路径，会用最短的线段进行连接。先选择需要连接的两个端点，然后执行“对象>路径>连接”菜单命令（快捷键为Ctrl+J）即可进行连接，如图3-74所示。

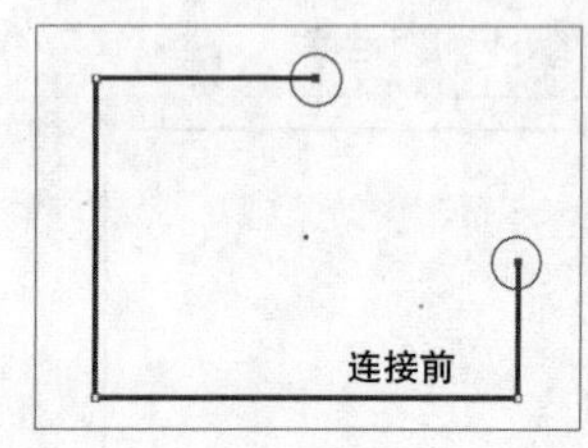

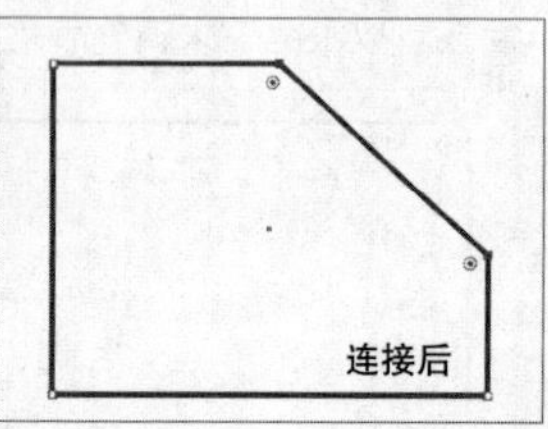

图3-74

课堂案例

制作炫彩字

素材文件	无
实例文件	实例文件>CH03>制作炫彩字.ai
视频名称	制作炫彩字.mp4
学习目标	掌握自定义画笔与编辑路径的方法

本案例将通过自定义画笔制作炫彩字，效果如图3-75所示。

图3-75

01 新建一个尺寸为1000px×1000px的画板，然后使用“直线段工具”绘制多条直线段，如图3-76所示。执行“窗口>色板库>默认色板>基本RGB”菜单命令，打开“基本RGB”面板，如图3-77所示。

图3-76　图3-77

02 选择已绘制的一条直线段，然后单击色板的一种颜色，如图3-78所示。用同样的方式将已绘制的直线段调整为各种不同的颜色，如图3-79所示。读者可以自行设置，使颜色鲜艳且对比度较强即可。

图3-78

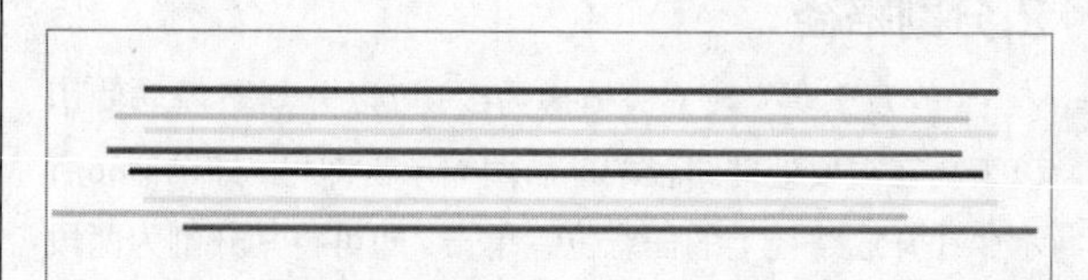

图3-79

03 选中所有直线段，然后按住Alt键并拖曳，多复制几组，使它们叠加在一起，如图3-80所示。

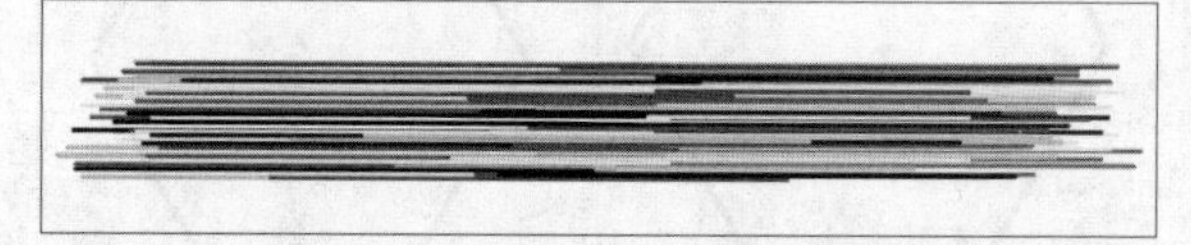

图3-80

04 选中所有直线段，然后在“画笔”面板中单击“新建画笔”按钮，在弹出的“新建画笔”对话框中选择“艺术画笔”选项，并单击“确定”按钮，如图3-81所示，接着在弹出的“艺术画笔选项”对话框中设置画笔的“名称”为“炫彩”，并单击“确定”按钮，如图3-82所示。这样，这个画笔就保存在“画笔”面板中了，如图3-83所示。

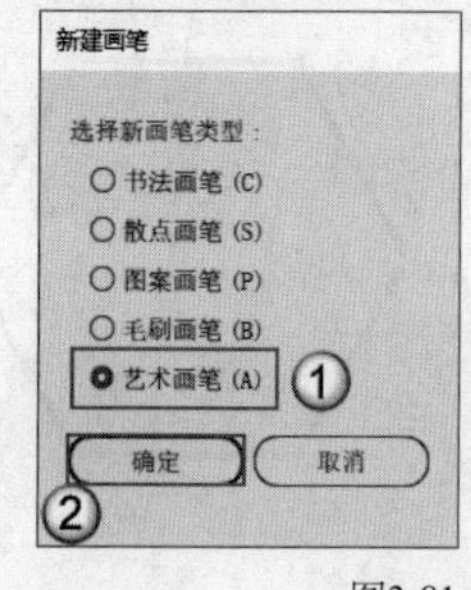

图3-81

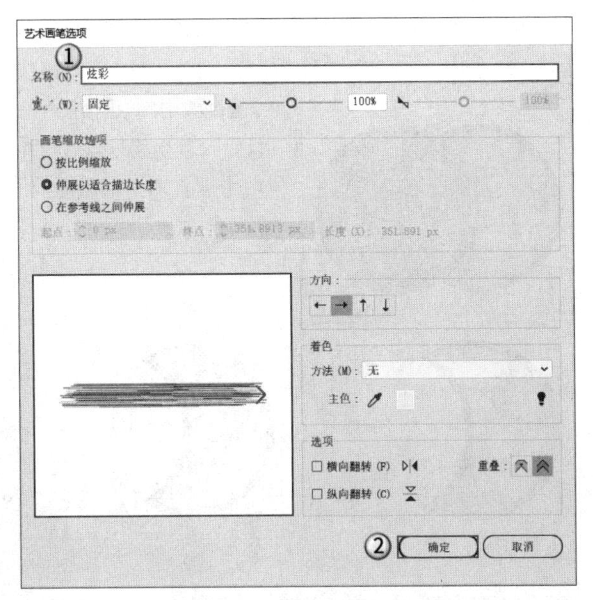

图3-82

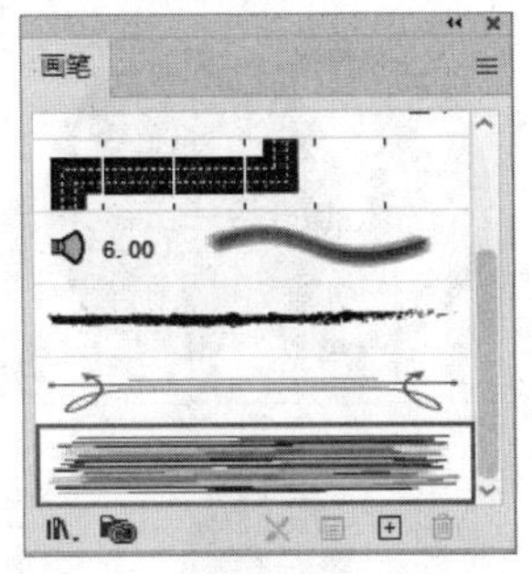

图3-83

05 选择“画笔工具”，在控制栏中设置“填色”为“无”，“描边”为黑色，“粗细”为1pt，“画笔定义”为“5点圆形”，如图3-84所示。在画板中写出数字“618”，如图3-85所示。

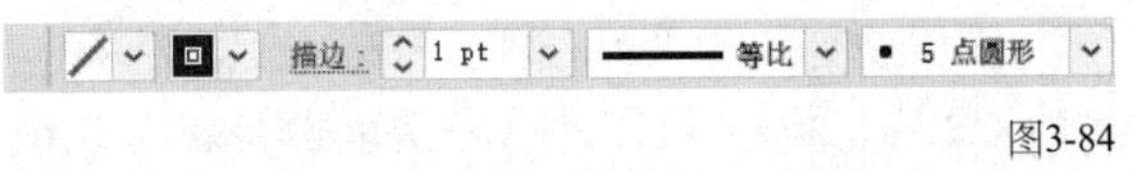

图3-84

图3-85

06 使用“直接选择工具”略微调整一下数字的路径，并使用“连接工具”将数字8的两个端点连接起来，如图3-86所示。用“平滑工具”在路径上拖曳，使所有数字的路径变得平滑一些，如图3-87所示。

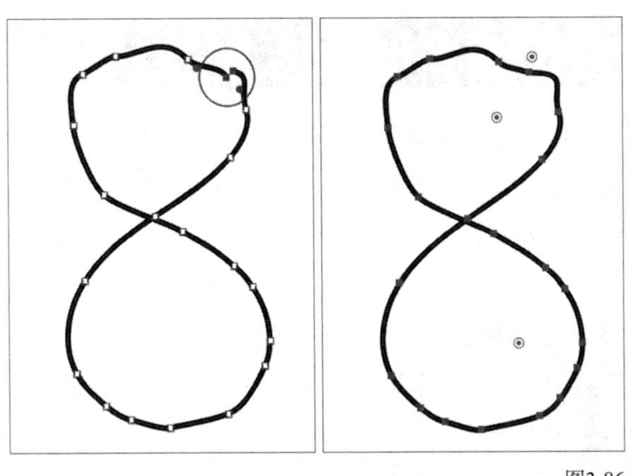

图3-86

图3-87

07 选中所有路径，然后单击“画笔”面板中的“炫彩”画笔，然后设置“粗细”为1pt，效果如图3-88所示。对数字的大小和位置进行微调，最终效果如图3-89所示。

图3-88

图3-89

3.3 复合形状

在基本几何图形的基础之上，通过对两个或两个以上的图形进行联集、交集、差集和合并等运算，可以生成更为复杂的复合形状。在实际工作中，通常用“路径查找器”面板、“形状生成器工具”和“Shaper工具”进行操作。

本节重点内容

名称	作用
形状生成器工具	合并或减去形状
Shaper工具	绘制形状，并将形状合并或减去

3.3.1 “路径查找器”面板

执行“窗口>路径查找器”菜单命令打开“路径查找器”面板，利用该面板可以对两个或两个以上的重叠图形进行运算，分为“形状模式”和“路径查找器”两大类运算方式，如图3-90所示。

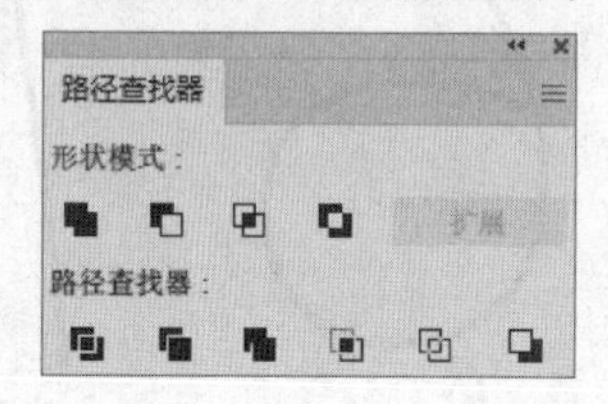

图3-90

1.形状模式

“形状模式”中共有“联集”、“减去顶层”、“交集”和“差集”4种运算方式，通过这些运算可以创建复合形状。下面通过两个圆形来演示一下使用不同运算方式的结果。

选中相交图形，单击“联集”按钮，可以将所选图形进行联合，如图3-91所示。按住Alt键并单击“联集”按钮，可以生成复合形状并将形状进行联合，如图3-92所示。

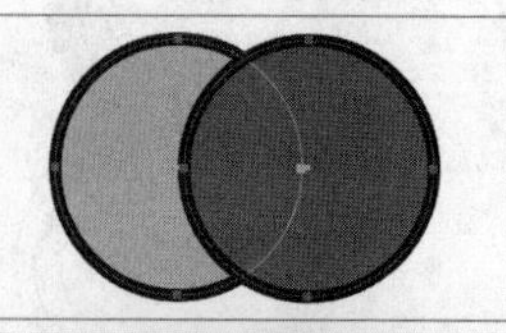

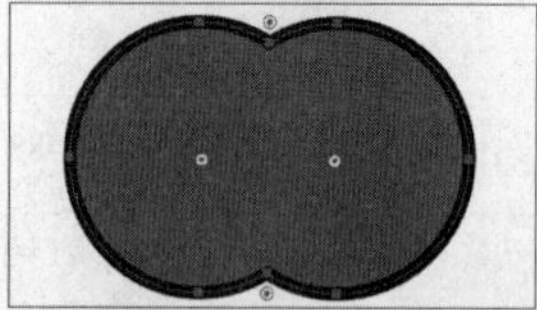

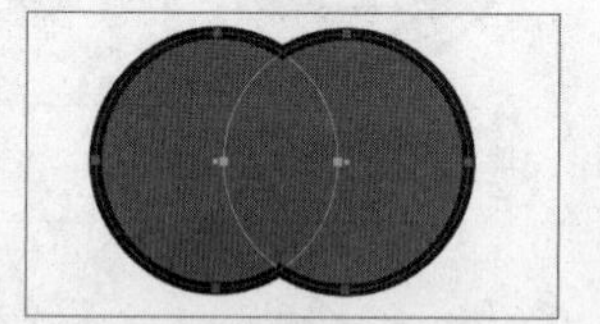

图3-91 图3-92

技巧与提示

按住Alt键并单击“形状模式”中的“联集”按钮生成的复合形状会保留两个初始形状的路径，这样就可以使用“直接选择工具”对两个形状分别进行调整，如图3-93所示。

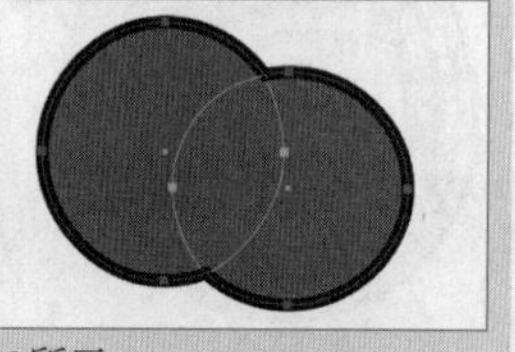

图3-93

选中相交图形，单击“减去顶层”按钮，可以在底层的图形上将其上层的所有图形减去，如图3-94所示。按住Alt键并单击“减去顶层”按钮，可以生成复合形状并将上层的所有图形减去，如图3-95所示。

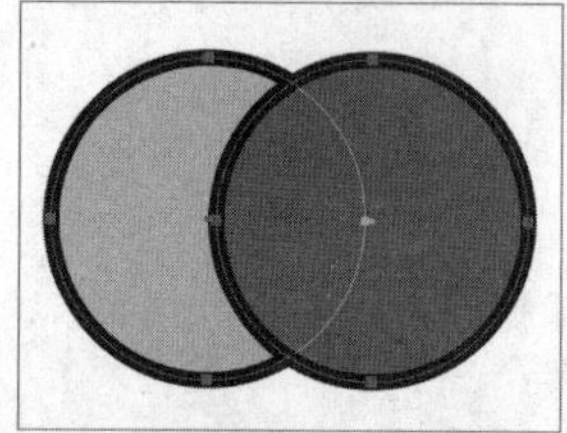

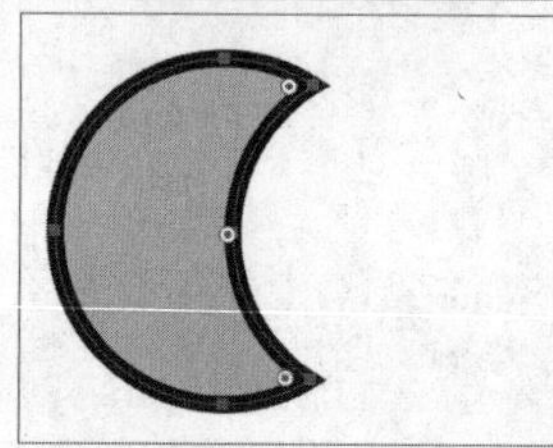

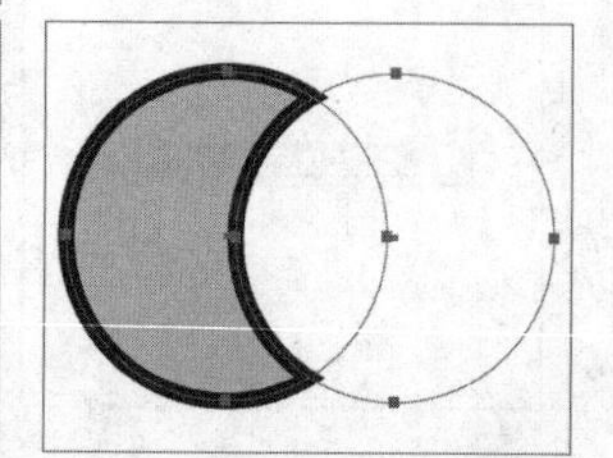

图3-94 图3-95

选中相交图形，单击“交集”按钮，可以只保留形状重叠的区域，如图3-96所示。按住Alt键并单击“交集”按钮，可以生成复合形状并保留形状重叠的区域，如图3-97所示。

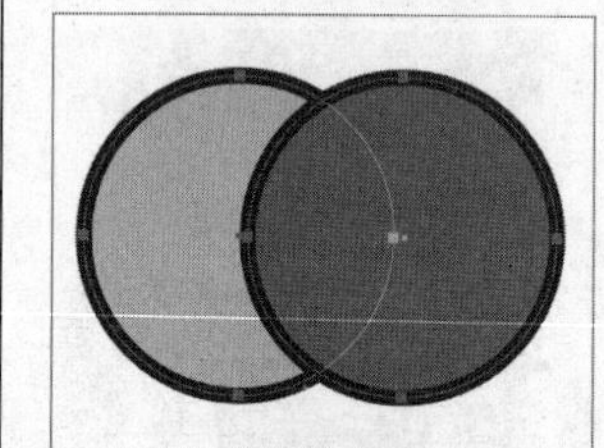

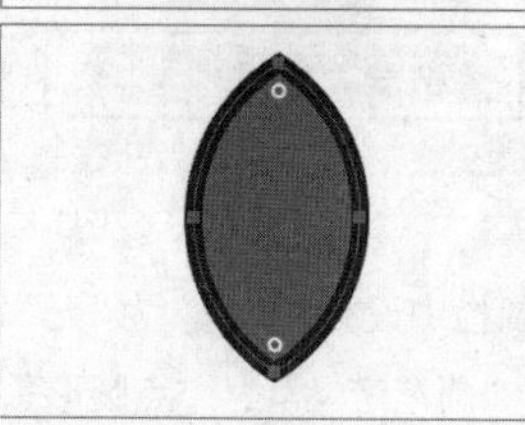

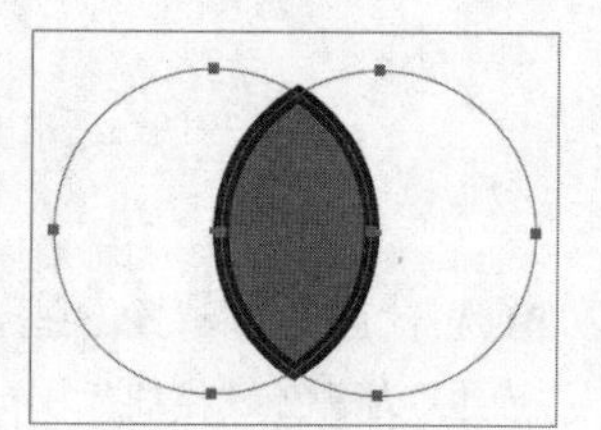

图3-96 图3-97

选中相交图形，单击“差集”按钮，可以减去形状重叠的区域，如图3-98所示。按住Alt键并单击“差集”按钮，可以生成复合形状并减去形状重叠的区域，如图3-99所示。需要注意的是，如果是3、5、7等奇数层重叠，则重叠的部分不会被减去，如图3-100所示。

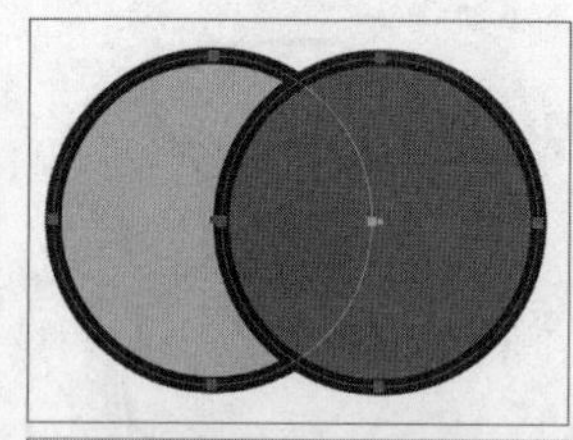

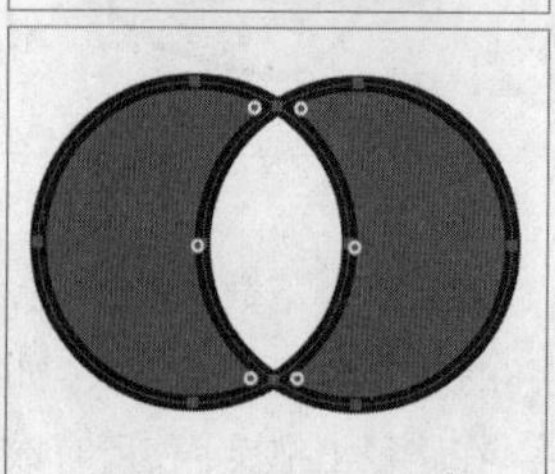

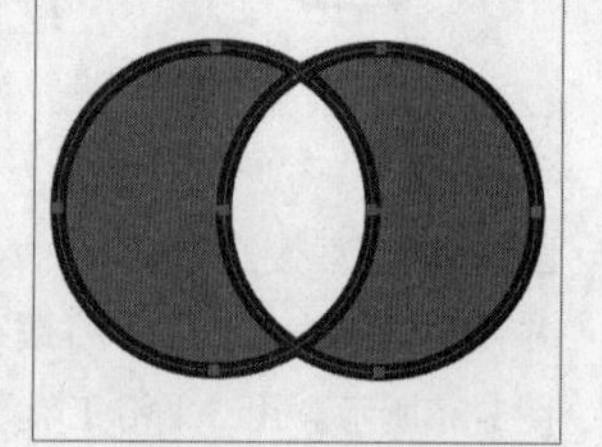

图3-98 图3-99

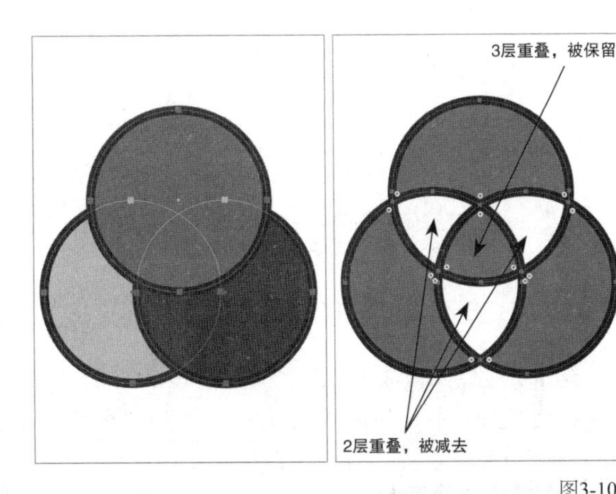

图3-100

知识点：复合形状的扩展与释放

扩展复合形状可将复合形状进行合并，并形成一个与当前外观一致的图形，如图3-101所示。选中要扩展的复合形状，然后在“路径查找器”面板中单击“扩展”按钮或在面板菜单中执行“扩展复合形状”命令即可完成扩展，如图3-102所示。

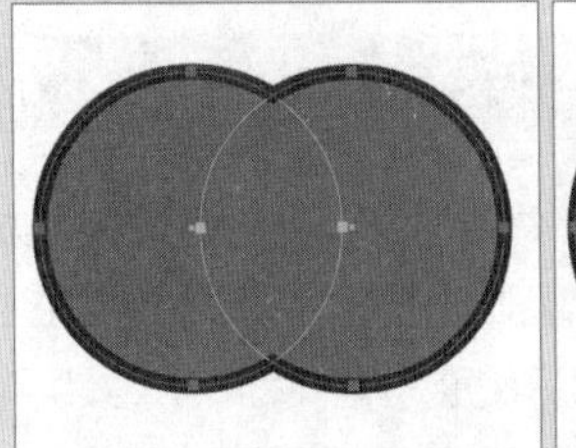

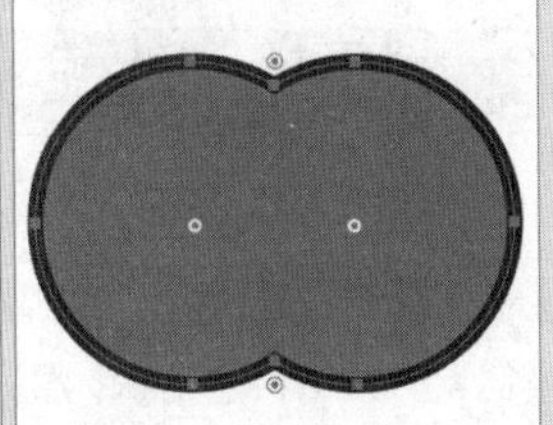

图3-101

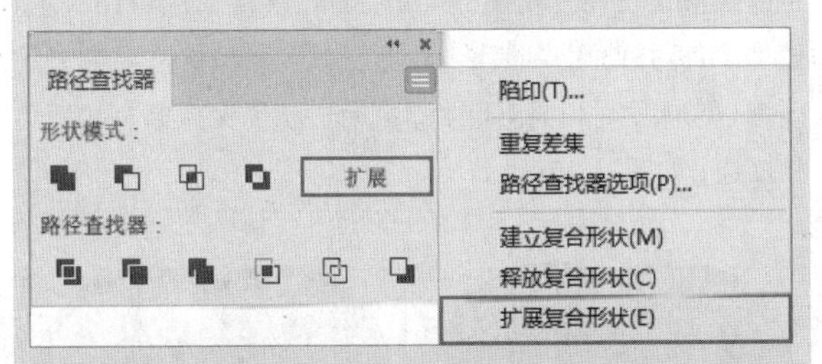

图3-102

释放复合形状可将复合形状还原为原有的图形，如图3-103所示。选中要释放的复合形状，然后在“路径查找器”面板菜单中执行“释放复合形状”命令即可完成释放，如图3-104所示。

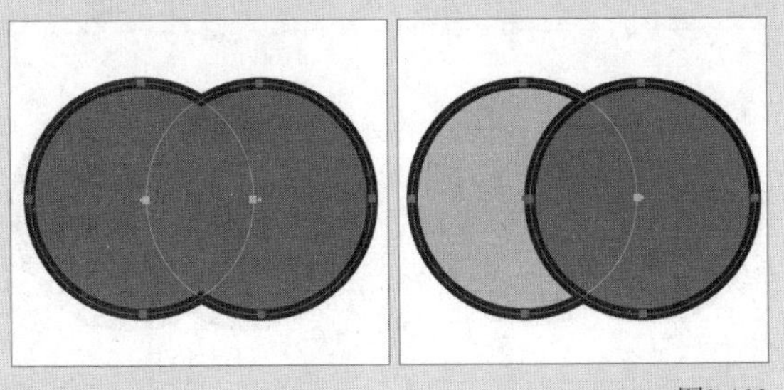

图3-103

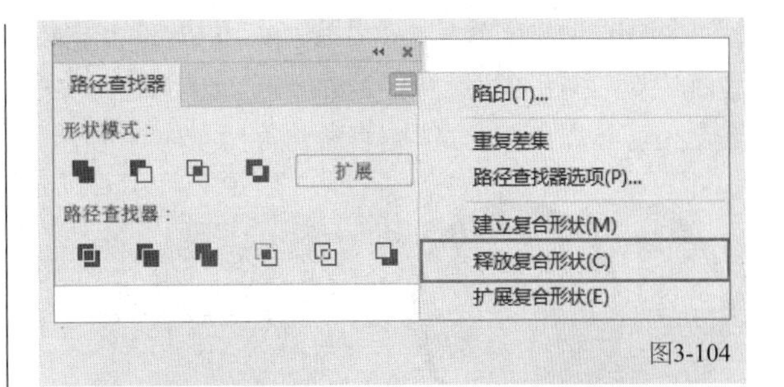

图3-104

2.路径查找器

“路径查找器”中共有“分割”、“修边”、“合并”、“裁剪”、“轮廓”和“减去后方对象”6种运算方式。

选中相交图形，单击“分割”按钮，可以将所选图形进行分割，使它们成为独立的形状，如图3-105所示。使用“直接选择工具”可以分别编辑分割后的形状，如图3-106所示。

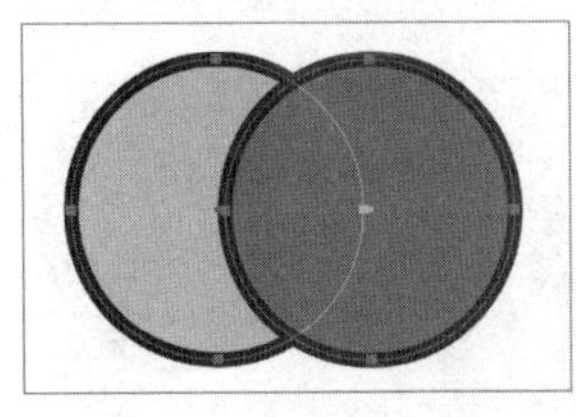

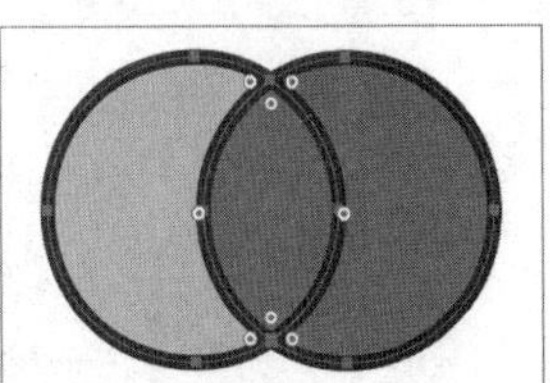

图3-105

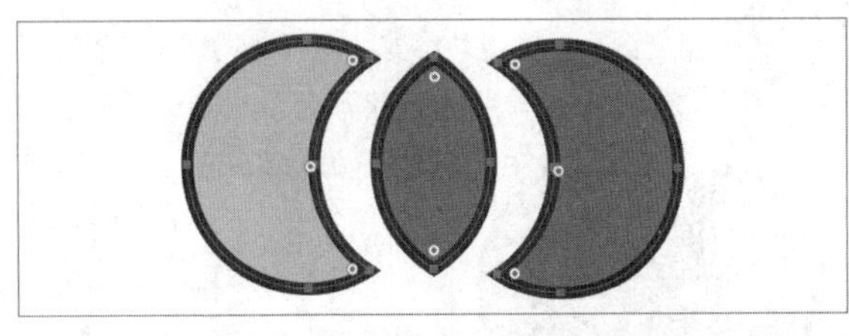

图3-106

选中相交图形，单击“修边”按钮，可以减去被遮挡的路径并去除所有描边，如图3-107所示。使用“直接选择工具”可以分别编辑修边后的形状，如图3-108所示。

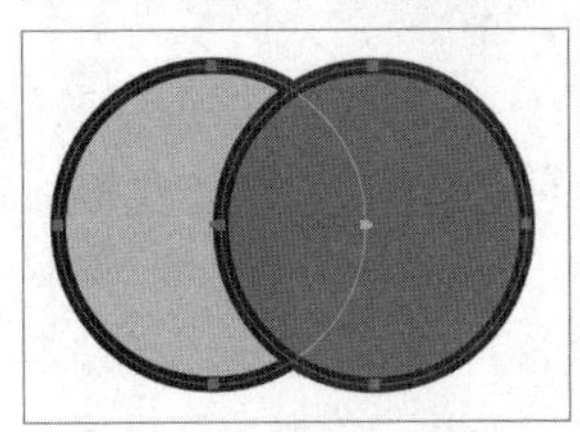

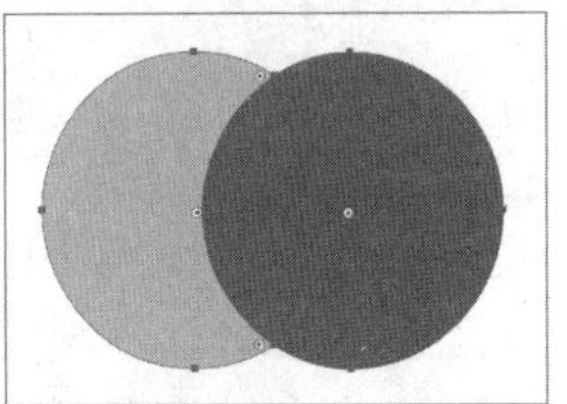

图3-107

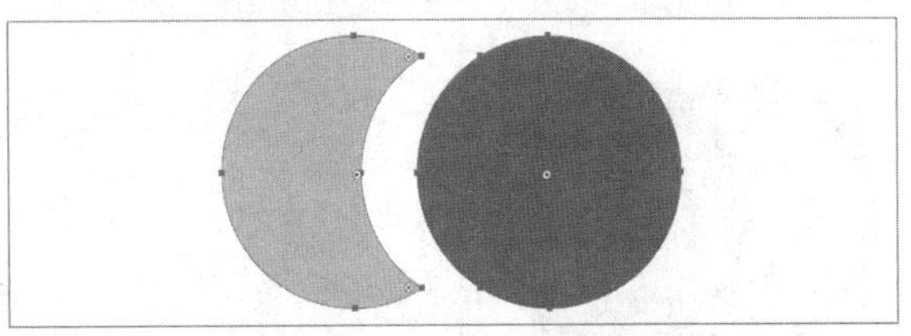

图3-108

选中相交图形，单击“合并”按钮，可以合并相同颜色的形状并去除所有描边，如图3-109所示。如果所选的形状颜色不同，将产生和“修边”同样的效果，如图3-110所示。

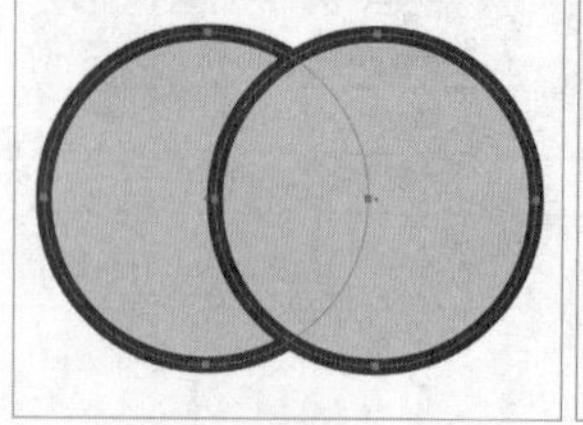
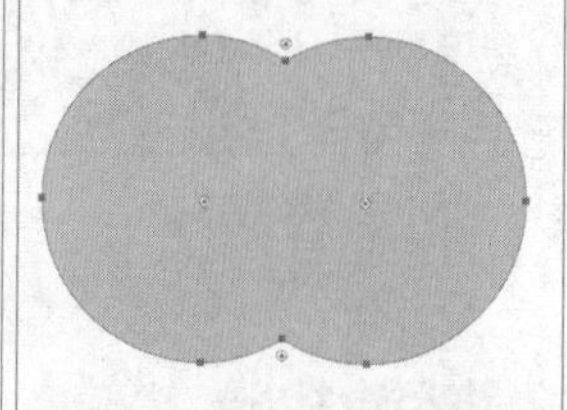

图3-109

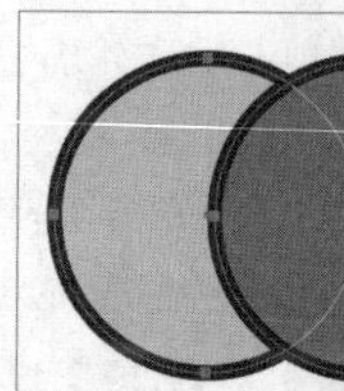
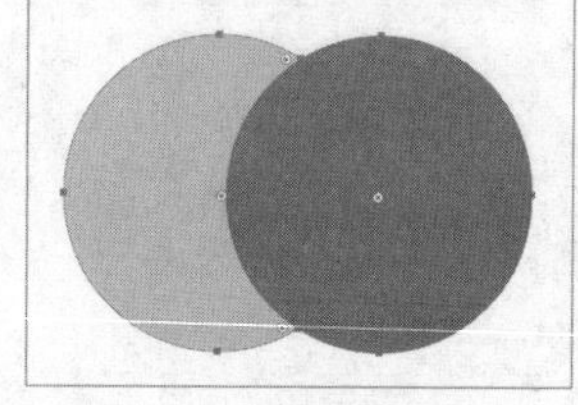
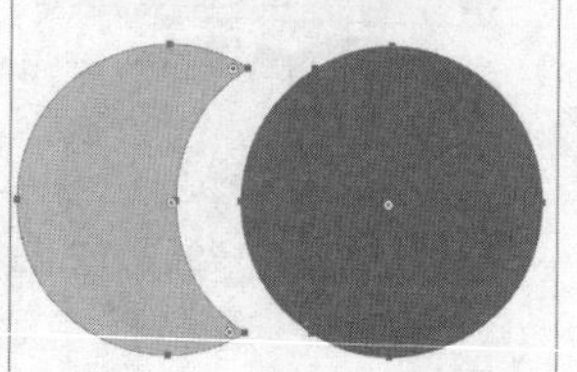

图3-110

选中相交图形，单击“裁剪”按钮，可以用下方形状分割上方形状，裁剪后的形状不保留描边，只保留重叠区域的填色，如图3-111所示。使用“直接选择工具”可以分别编辑裁剪后的形状，如图3-112所示。

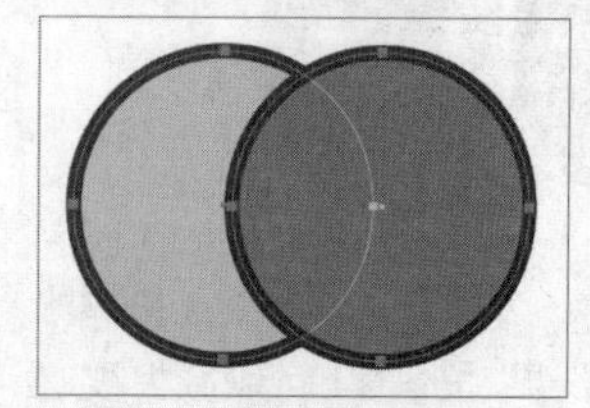
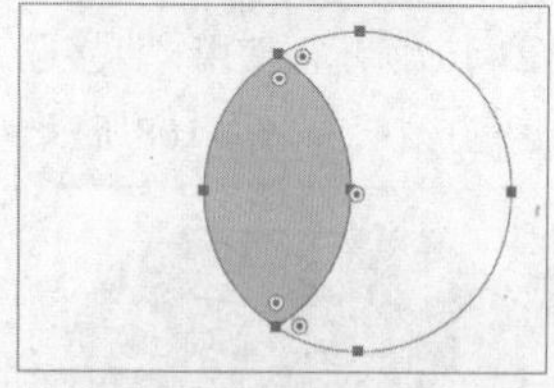

图3-111

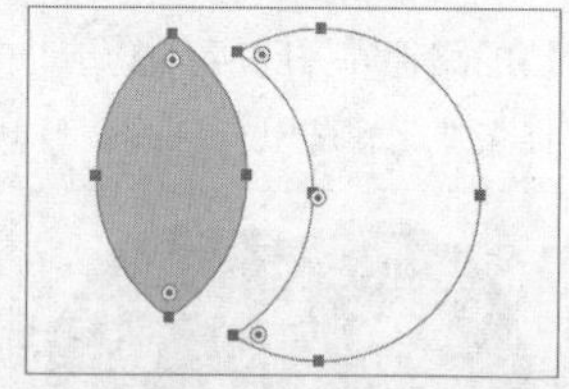

图3-112

选中相交图形，单击“轮廓”按钮，可以分割路径并删除填色或描边，如图3-113所示。使用“直接选择工具”可以分别编辑轮廓后的路径，如图3-114所示。

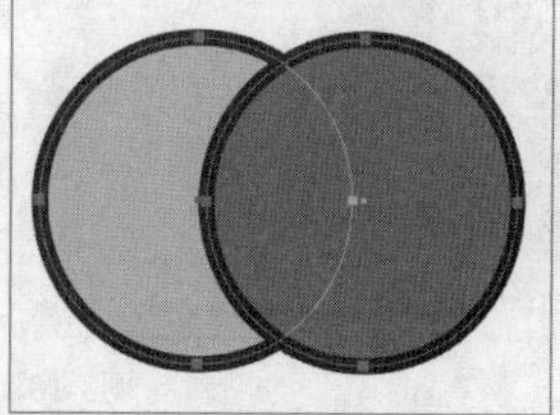
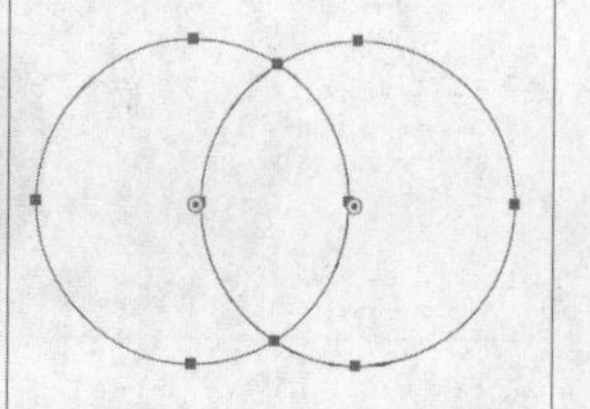

图3-113

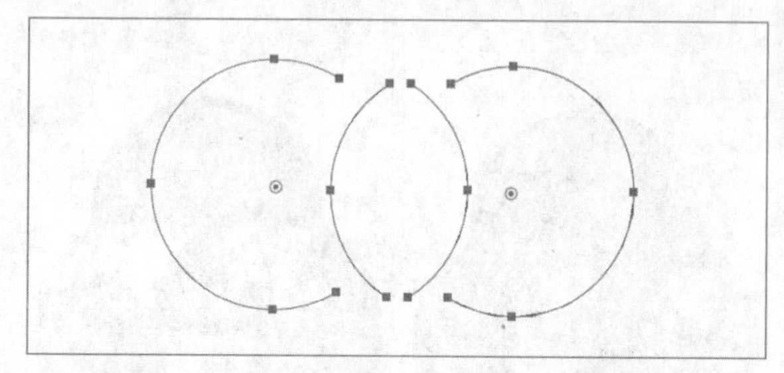

图3-114

选中相交图形，单击“减去后方对象”按钮，可以在顶层的图形上将其下层的所有图形减去，如图3-115所示。

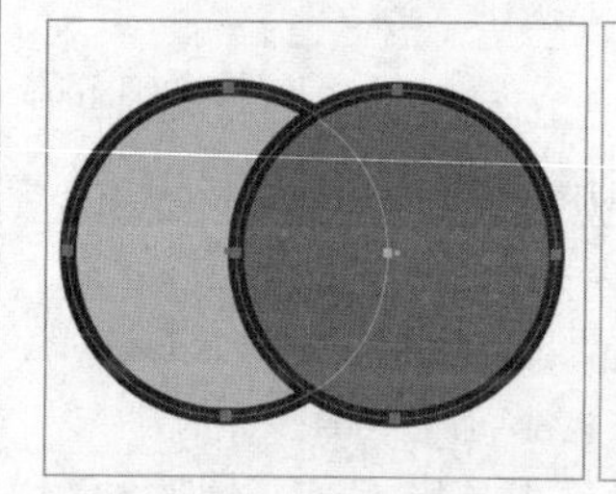
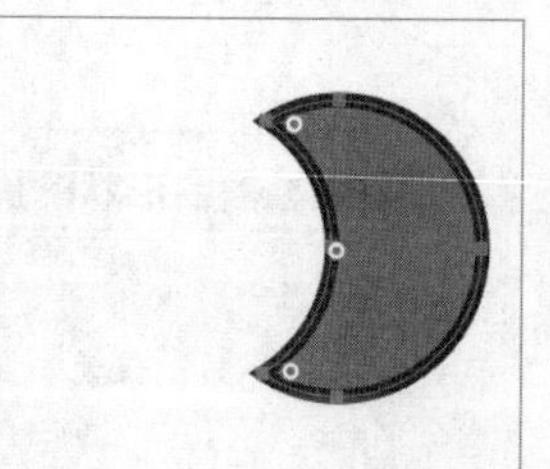

图3-115

3.3.2 形状生成器工具

“形状生成器工具”（快捷键为Shift+M）的使用方法非常简单，通过涂抹的方式即可合并或减去形状。先选择需要合并的两个形状，然后使用“形状生成器工具”涂抹需要合并的区域，这样就可以合并这两个形状，会生成类似于使用“联集”产生的效果，如图3-116所示。按住Alt键并使用“形状生成器工具”涂抹需要减去的区域，这样就可以将其删除，剩余形状仍保持原有的填色和描边，如图3-117所示。

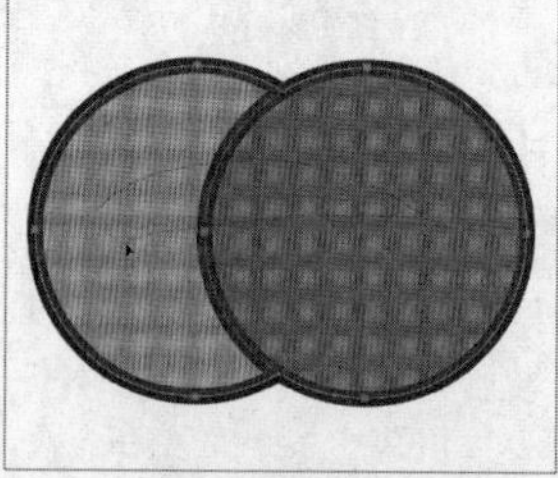
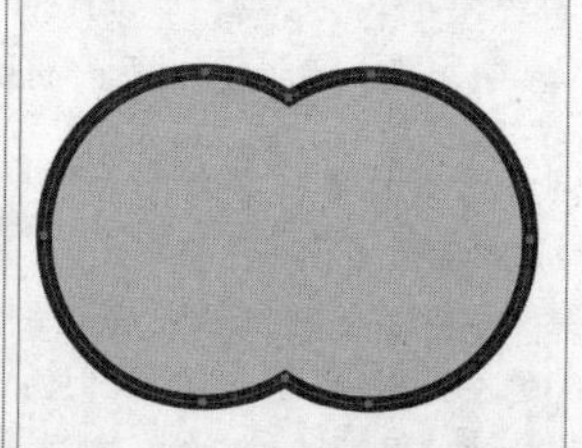

图3-116

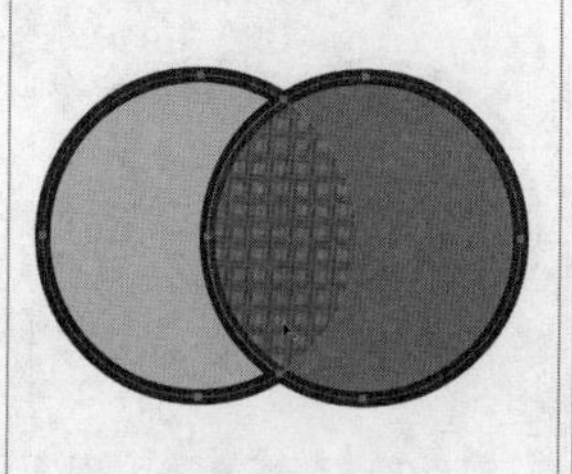
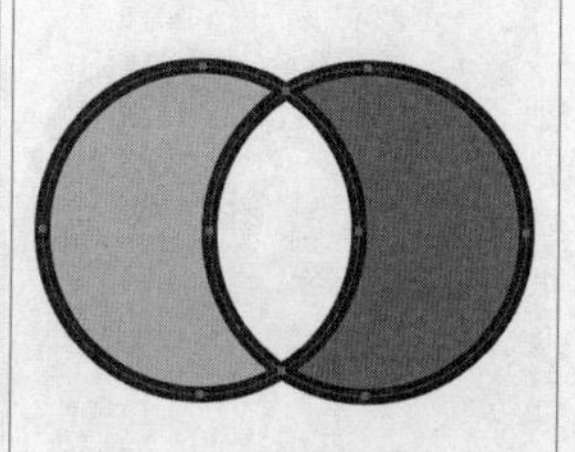

图3-117

课堂案例

"时尚"字体设计

素材文件	无
实例文件	实例文件>CH03>"时尚"字体设计.ai
视频名称	"时尚"字体设计.mp4
学习目标	掌握"路径查找器"面板和"形状生成器工具"的使用方法

本案例将使用"路径查找器"面板和"形状生成器工具"进行字体设计，效果如图3-118所示。

图3-118

01 新建一个尺寸为1000px×1000px的画板，然后使用"矩形网格工具"在画板中单击，在弹出的"矩形网格工具选项"对话框中设置"宽度"和"高度"均为600px，水平分隔线和垂直分隔线的"数量"均为20，如图3-119所示，单击"确定"按钮，画板上会生成网格，如图3-120所示。

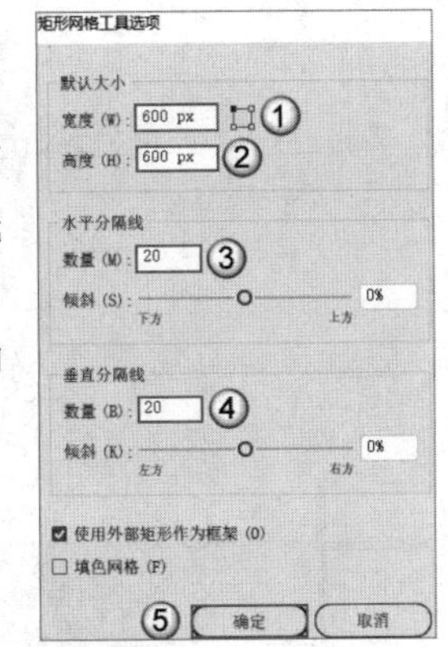

图3-119

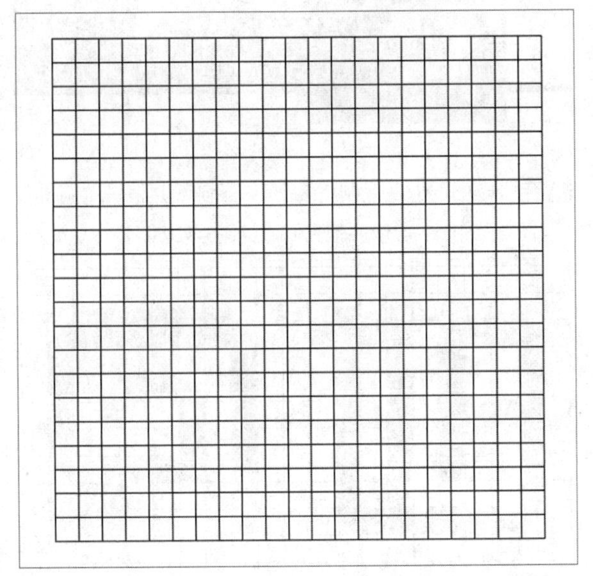

图3-120

02 使用"矩形工具"在网格中绘制出"时尚"两个字的基本形状，如图3-121所示。可以任意设置一种填色，以和网格的颜色进行区分。对"时尚"两个字的笔画进行调整，使其更加具有设计感，如图3-122所示。

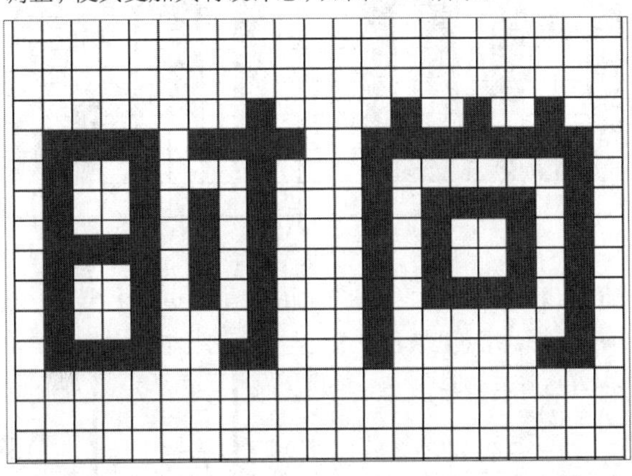

图3-121

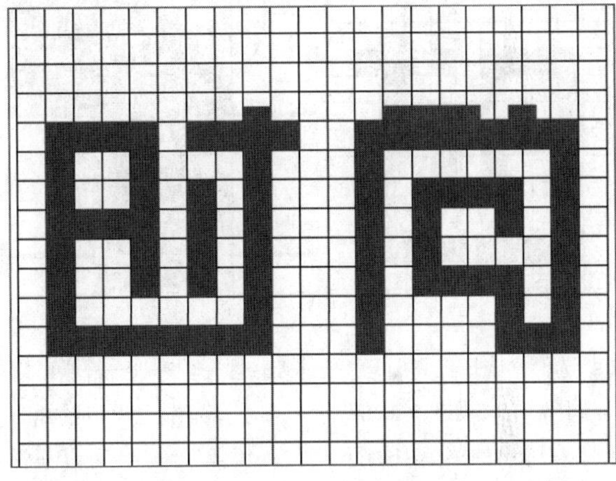

图3-122

> **技巧与提示**
>
> 绘制时可能会不小心移动网格，为防止出现这种情况，先选择网格，然后按快捷键Ctrl+2可以将其锁定。按快捷键Alt+Ctrl+2可以将全部对象解锁。

03 使用"直接选择工具"将两个字全选，如图3-123所示，然后单击"路径查找器"面板中的"联集"按钮将路径进行合并，如图3-124所示。

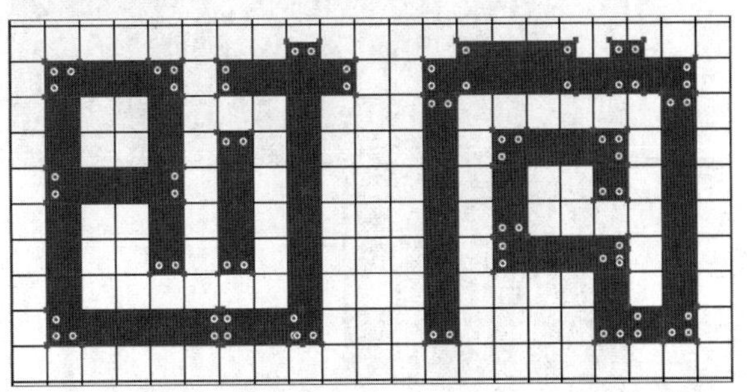

图3-123

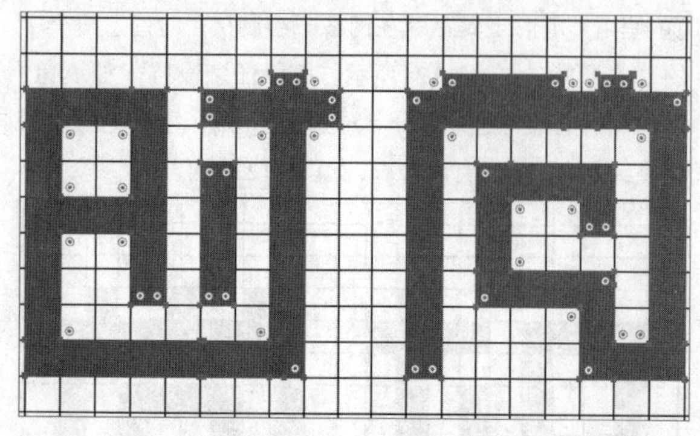

图3-124

04 使用“钢笔工具”在笔画的左上方边角上绘制一个小三角形，并将其填色设置为与笔画对比较大的颜色，如图3-125所示。

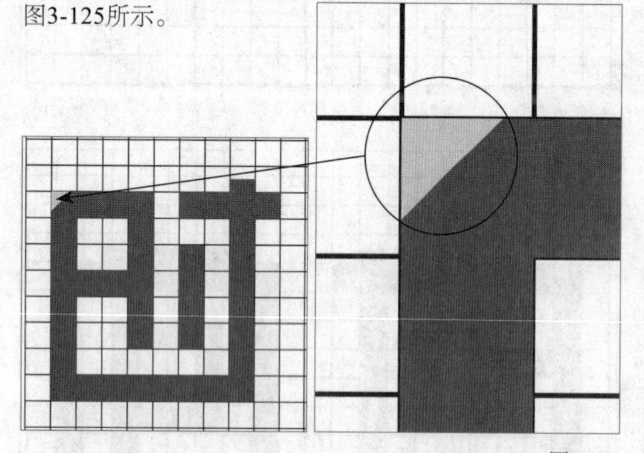

图3-125

05 选择“选择工具”，按住Alt键并拖曳小三角形可以复制出一个，如图3-126所示。在小三角形上单击鼠标右键，在弹出的菜单中执行“变换>镜像”命令，可以在弹出的“镜像”对话框中选择“水平”或“垂直”翻转，如图3-127所示。当选择“垂直”选项时，可以得到图3-128所示的小三角形。

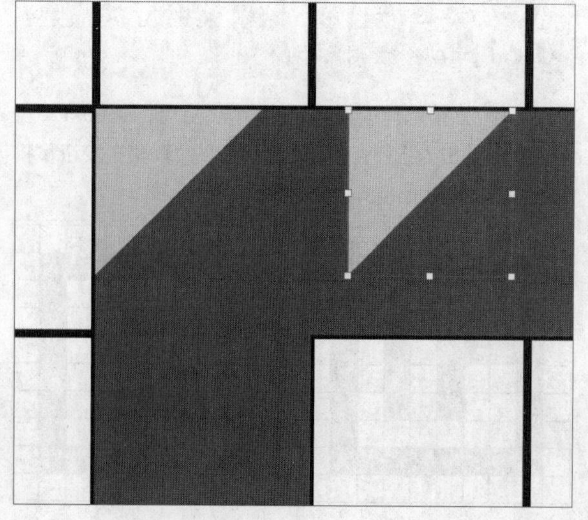

图3-126

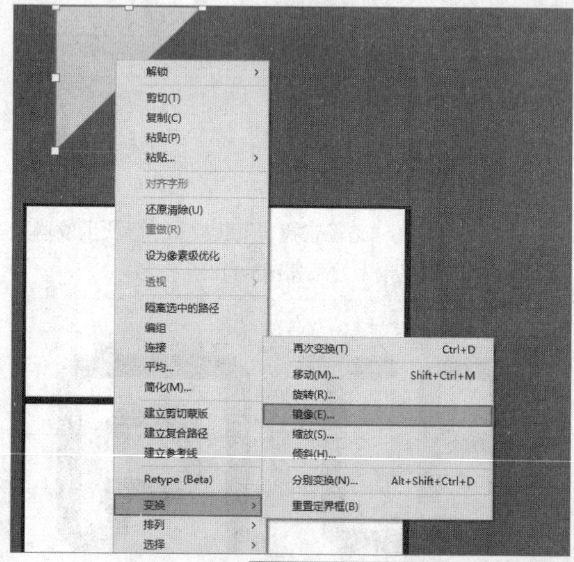

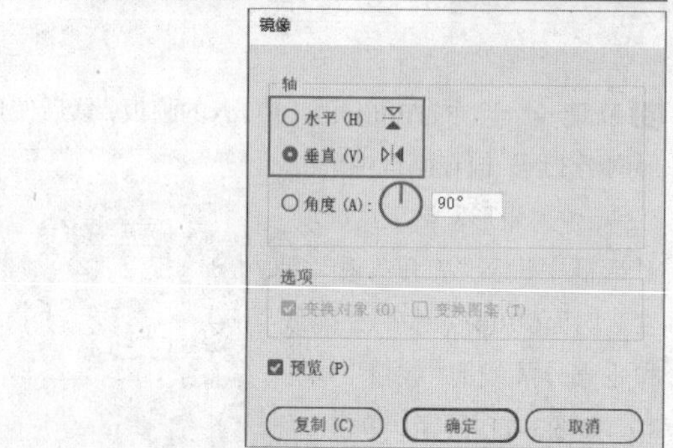

图3-127

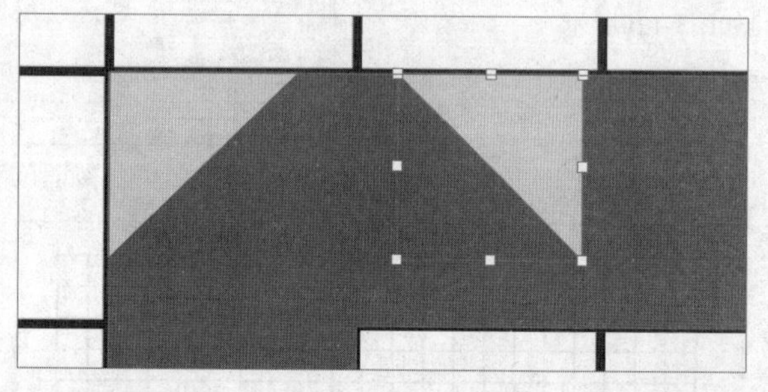

图3-128

06 用步骤05的方法复制出多个小三角形，并根据笔画进行“镜像”操作，然后依次把它们放到图3-129所示的位置。

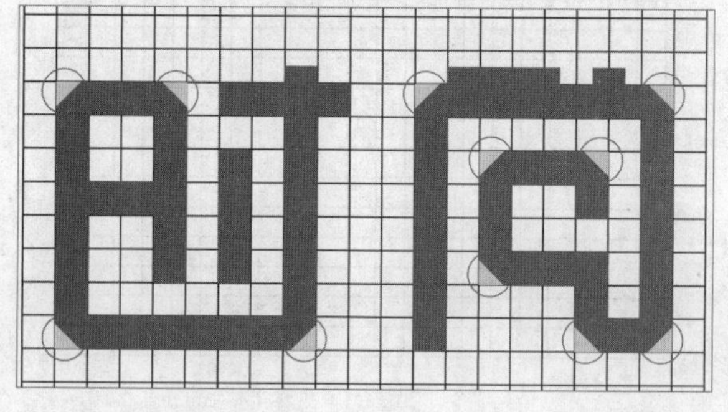

图3-129

07 使用“选择工具”选中小三角形和文字，如图3-130所示，然后按住Alt键并使用“形状生成器工具”涂抹小三角形所在的位置，将其减去，如图3-131所示。

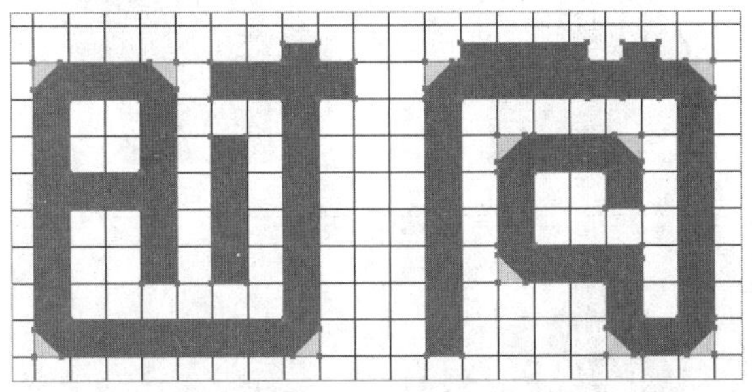
图3-130

图3-131

08 继续用“形状生成器工具”减去其他小三角形所在的区域，如图3-132所示。按快捷键Alt+Ctrl+2解锁网格，并将其删除，如图3-133所示。

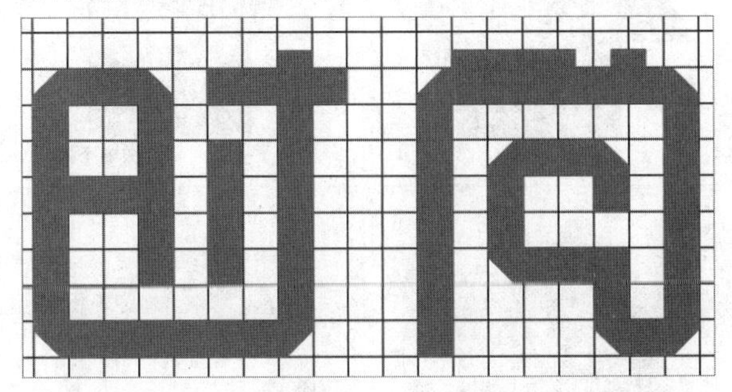
图3-132

图3-133

技巧与提示

放置小三角形时一定要注意边缘的对齐，否则可能会出现边缘删除不全的情况，如图3-134所示。此时需要使用“删除锚点工具”在锚点上单击将其删除，如图3-135所示。

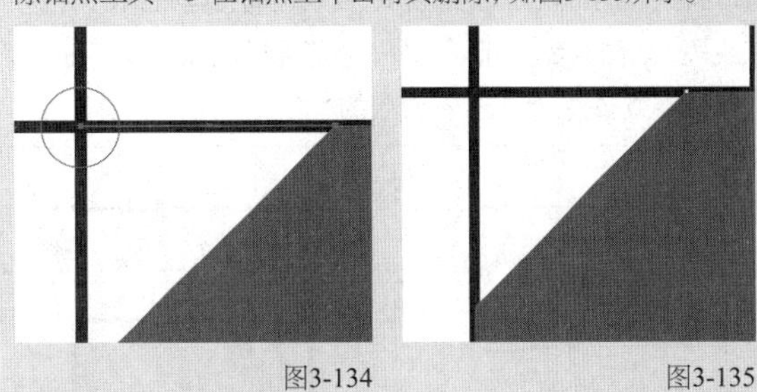
图3-134　图3-135

09 根据设计效果，使用“剪刀工具”将“尚”字的笔画进行分割，如图3-136所示。然后将“时尚”两字的部分笔画修改为其他颜色，图3-137所示为颜色色值的参考，读者可以自行设置。最终效果如图3-138所示。

图3-136

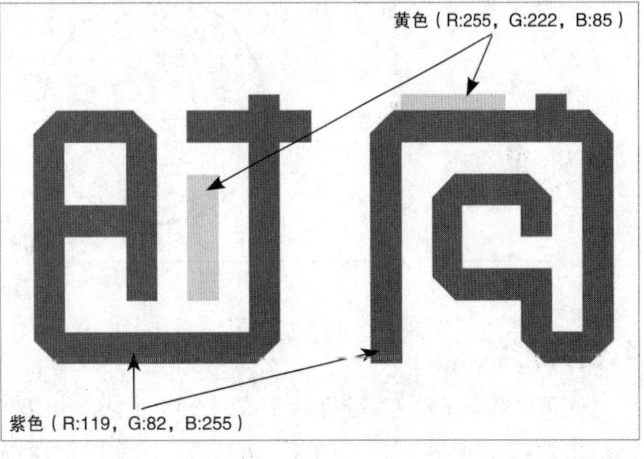

图3-137

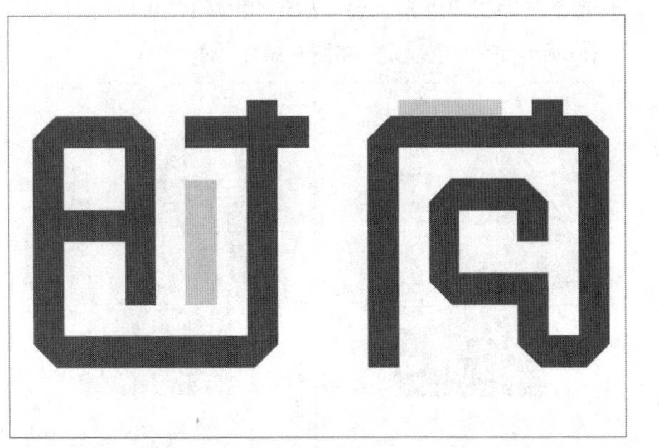
图3-138

3.3.3 Shaper工具

使用"Shaper工具"（快捷键为Shift+N）进行拖曳，可以将绘制的不规则的图形和线自动地简化为规则的图形和直线段，如图3-139所示。此外，还能通过涂抹的方式对形状进行合并或减去，类似于升级版的"形状生成器工具"。

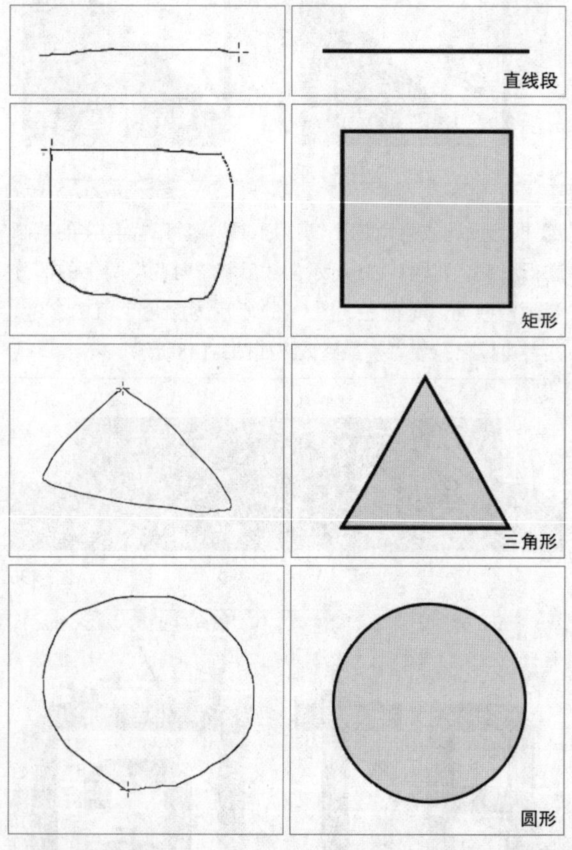

图3-139

1.合并形状

使用"Shaper工具"在两个或两个以上的形状中涂抹可以将形状进行合并，如图3-140所示。涂抹时需注意不要超过形状的边界。合并后形状的颜色由涂抹开始时所在的形状的颜色决定，如图3-141所示。

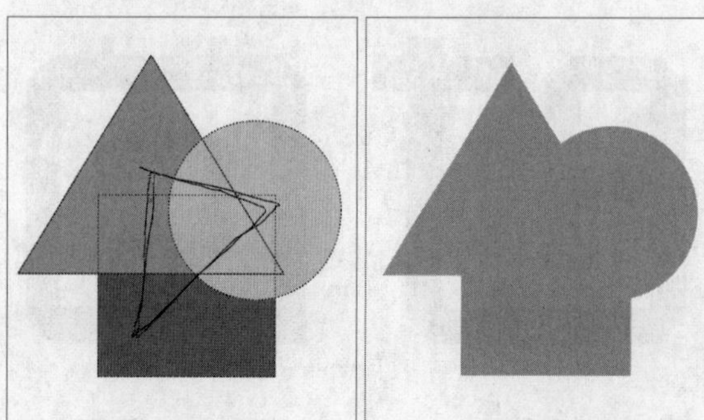

图3-140

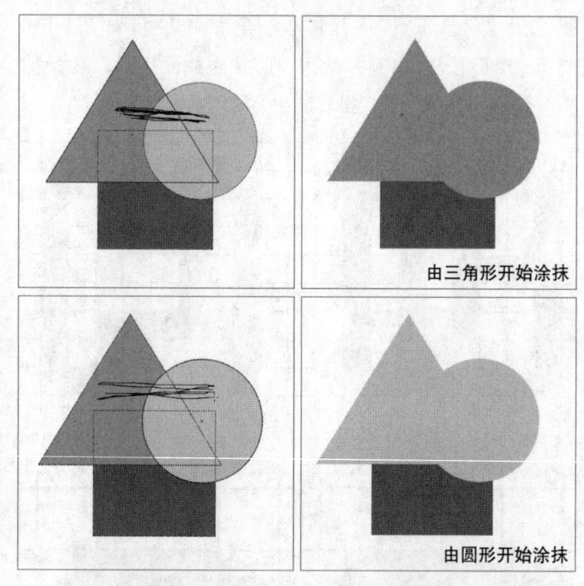

图3-141

2.减去形状

当形状有相交区域时，使用"Shaper工具"涂抹单个形状、涂抹相交区域，以及涂抹多个图形并超过形状的边界时，都可以将涂抹的区域减去，如图3-142所示。

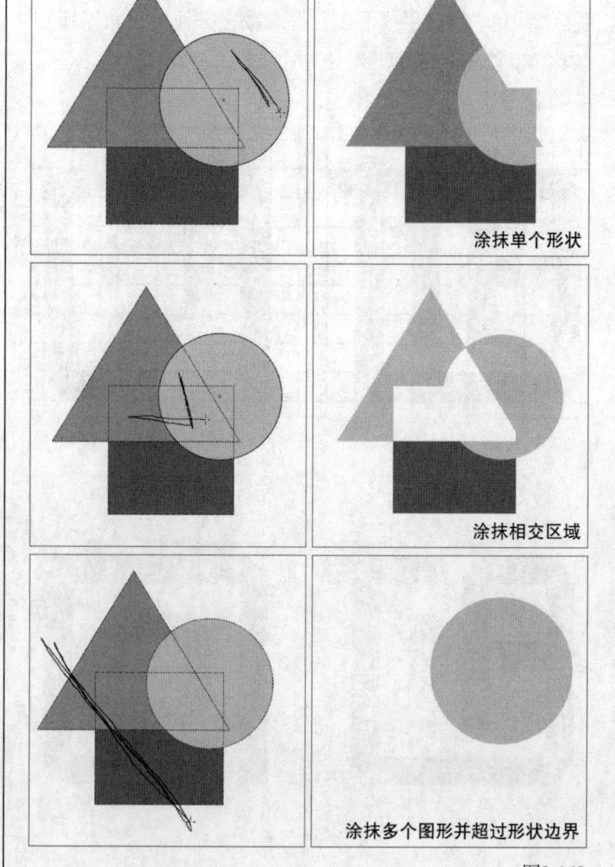

图3-142

3.编辑形状

使用“Shaper工具”合并或减去形状后，会自动生成一个形状组。此时使用“Shaper工具”单击合并或减去之后的形状，形状周围会出现一个变换框，如图3-143所示。再次单击该形状可以选中合并或减去之后的形状，这时可以单独更改选中形状的颜色，如图3-144所示。

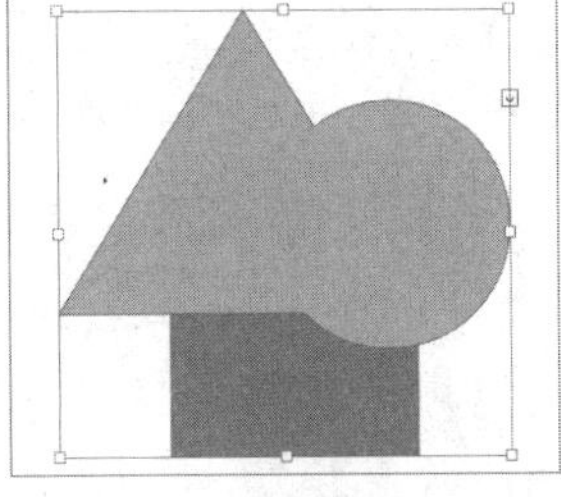

图3-143

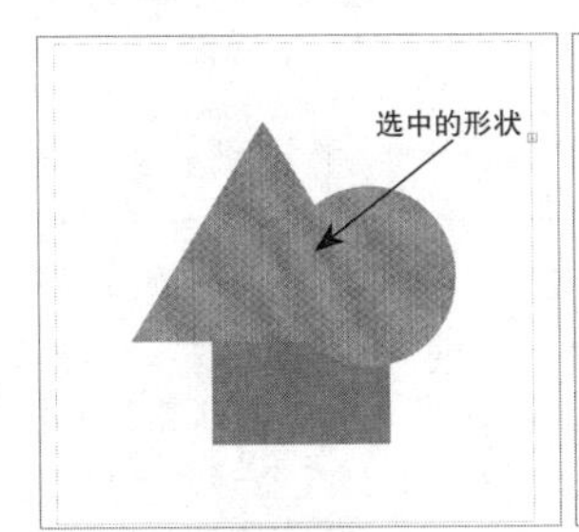

图3-144

使用“Shaper工具”双击合并或减去之后的形状，这样就可以选中一个或多个形状，然后对其进行移动或变换等操作，如图3-145所示。

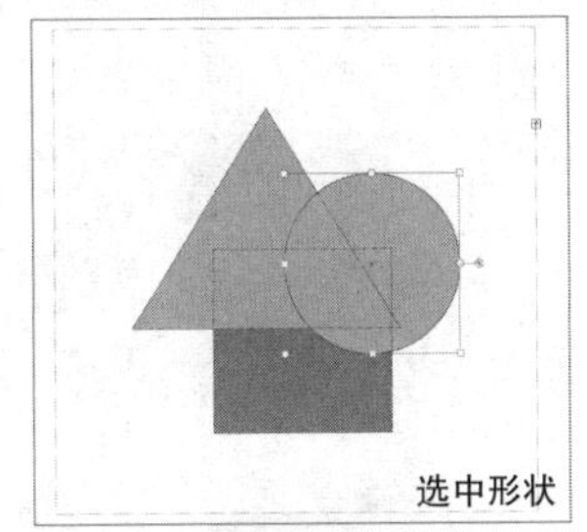

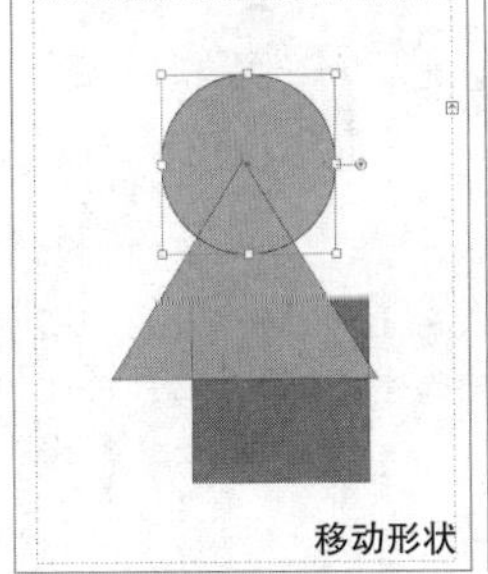

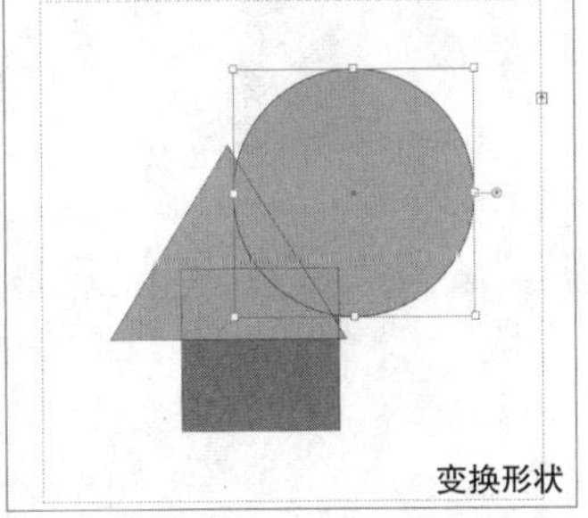

图3-145

技巧与提示

如果将某一个形状拖曳出变换框，会将该形状从这个形状组中删除，如图3-146所示。

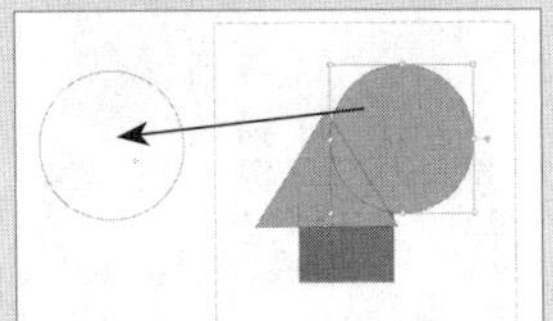

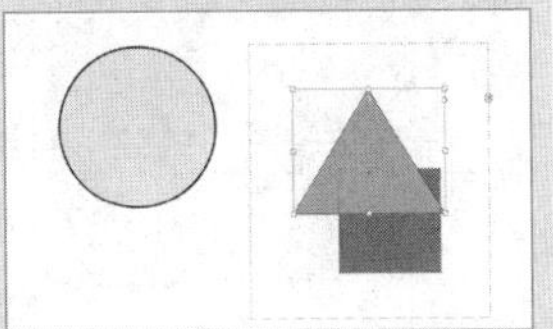

图3-146

3.4 图像描摹

在Illustrator中，通过使用“图像描摹”功能和“扩展”功能可以将位图图像（JPEG、PNG和PSD等格式）转换为可编辑的矢量图形，以方便进行后续的设计和编辑。

3.4.1 描摹预设

执行“文件>置入”菜单命令置入图像或者将图像拖曳至文档中，文件将以“链接”方式置入当前文档中。选中图像，单击控制栏中“图像描摹”按钮右侧的按钮，可以看到12种预设的描摹方式，如图3-147所示。选择不同的描摹方式会产生不一样的效果，如图3-148所示。需要注意的是，置入图像的分辨率越大，描摹的速度越慢。

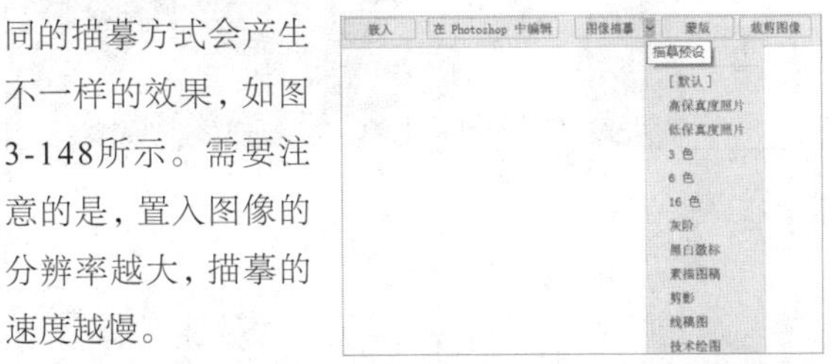

图3-147

图3-148

图3-148（续）

技巧与提示

在置入图像后，图像的上方或下方会出现上下文任务栏，如图3-149所示。单击“图像描摹”按钮，将以“默认”方式描摹图像；单击“蒙版图像”按钮，将以图像的大小创建剪切蒙版；单击“链接图像”按钮，将打开“链接”面板；单击“在Photoshop中编辑图像”按钮，将在Photoshop中打开图像。

图3-149

描摹完成后，可以单击“扩展”按钮将描摹结果转换为路径，如图3-150所示。扩展后就可以通过各种工具进行二次创作和加工了，如调整颜色和路径等。

图3-150

知识点：裁剪置入图像

将图像置入Illustrator后可以根据需求裁剪图像，裁切图像主要有以下两种方式。

第1种：置入图像后，执行“对象>裁剪图像”菜单命令或者单击控制栏中的“裁剪图像”按钮，会出现裁剪框，如图3-151所示。通过拖曳边框进行裁剪，然后单击控制栏中的“应用”按钮或者按Enter键完成操作，如图3-152所示。

图3-151

图3-152

第2种：置入图像后，单击控制栏中的“蒙版”按钮或者上下文任务栏中的“蒙版图像”按钮，会自动创建一个与图像大小相同的剪切蒙版，如图3-153所示。调整蒙版的大小即会调整置入的图像的大小，使用这种方式裁剪形状会更加自由，如图3-154所示。

图3-153

图3-154

3.4.2 自定义设置

如果想得到更为精准的描摹效果，可以进行自定义设置。先将图像进行描摹，然后执行"窗口>图像描摹"菜单命令，在打开的"图像描摹"面板中可以对描摹的结果进行设置，如图3-155所示。

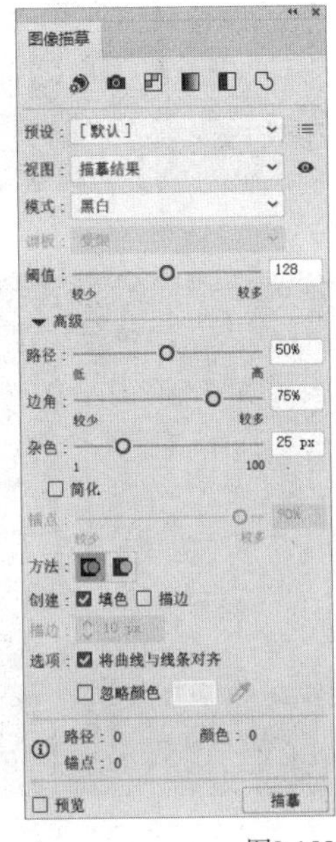

图3-155

重要参数介绍

◇ **预设：** 提供12种预设描摹方式。

◇ **视图：** 用于设置描摹结果的显示方式。

◇ **模式：** 用于设置描摹结果的颜色模式，包含"彩色""灰度""黑白"3种。

◇ **路径：** 用于设置描摹出的路径与原始图像之间的拟合程度，数值越大，拟合程度越高。

◇ **边角：** 用于设置边角上锚点为角点的可能性，数值越大，角点越多。

◇ **杂色：** 用于设置描摹时忽略的区域，数值越大，杂色越少。

◇ **方法：** 用于设置描摹的方法。选择"邻接"模式可以创建木刻路径，选择"重叠"模式可以创建堆积路径。

◇ **创建：** 分为"填色"和"描边"两种创建方式。"描边"是将图像转为描边路径，"填色"是将图像转为各个填色的闭合路径。

◇ **将曲线与线条对齐：** 勾选该选项，可以将稍微有些弯曲的曲线改为直线。

◇ **忽略颜色：** 勾选该选项，可以将源图像中的指定颜色部分替换为无填色。

课堂案例

制作读书海报

素材文件	素材文件>CH03>素材02-1.ai、素材02-2.jpg
实例文件	实例文件>CH03>制作读书海报.ai
视频名称	制作读书海报.mp4
学习目标	掌握图像描摹的方法

本案例将使用"图像描摹"功能制作海报，效果如图3-156所示。

图3-156

01 按快捷键Ctrl+N打开"新建文档"对话框，选择"打印"选项卡中的A4选项，然后设置"出血"均为3mm，接着单击"创建"按钮，如图3-157所示。

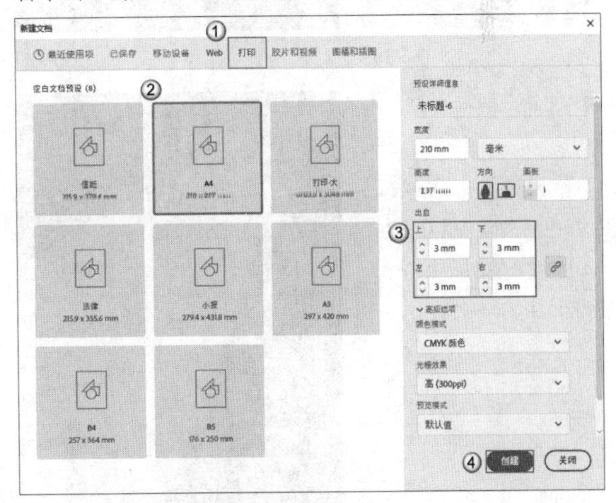

图3-157

技巧与提示

海报印刷的常用尺寸为420mm×570mm、500mm×700mm、570mm×840mm、600mm×900mm、700mm×1000mm和900mm×1200mm，本案例中的海报尺寸为A4大小，该尺寸用于打印十分方便。

02 使用“矩形工具” 沿出血边框绘制一个矩形，然后设置“填色”为深灰色（C:81%，M:76%，Y:96%，K:66%），“描边”为“无”，如图3-158所示。

图3-158

03 打开本书学习资源文件夹中的“素材文件>CH03>素材02-1.ai”文件，然后将其中的Logo拖曳至画板中，如图3-159所示。将其调整为深黄色（C:27%，M:28%，Y:81%，K:0%），缩小并拖曳到图3-160所示的位置。

图3-159

图3-160

04 使用“钢笔工具” 在Logo后方绘制出类似于光照的形状，并设置“填色”为黄色（C:8%，M:13%，Y:88%，K:0%），如图3-161所示。

图3-161

05 将“素材文件>CH03>素材02-2.jpg”文件拖曳至画板中，并适当缩小，如图3-162所示。单击控制栏中“图像描摹”按钮右侧的按钮，选择“3色”选项，生成的描摹效果如图3-163所示。

图3-162

图3-163

06 单击“扩展”按钮将描摹结果转换为路径，如图3-164所示，然后使用“直接选择工具” 将背景删除，如图3-165所示。

图3-164

图3-165

07 将这个图像调整为深灰色（C:81%，M:76%，Y:96%，K:66%），并将其拖曳至画板的右下角，如图3-166所示。

图3-166

08 再复制一个Logo置于画板的右上角，然后使用“文字工具” T 在左下角加入文案，这些内容使用的颜色均为黄色（C:8%，M:13%，Y:88%，K:0%），如图3-167所示。

图3-167

09 用“直线段工具” ／ 和“星形工具” ☆ 画一条直线段和一些星星作为点缀，这些内容使用的颜色均为黄色（C:8%，M:13%，Y:88%，K:0%），最终效果如图3-168所示。

图3-168

课堂练习

制作动物Logo

素材文件	素材文件>CH03>素材03.png
实例文件	实例文件>CH03>制作动物Logo.ai
视频名称	制作动物Logo.mp4
学习目标	掌握图像描摹的方法

练习使用“图像描摹”功能快速制作动物Logo，效果如图3-169所示。

图3-169

3.5 本章小结

本章主要讲解了使用钢笔类工具和画笔类工具绘制路径的方法、编辑锚点和路径的方法、路径的运算方法，以及图像描摹的方法。通过本章的学习，读者应该熟练掌握多种绘图工具的使用方法，综合使用这些工具可以制作出各种有趣、多变的形状，为海报设计、UI设计和Logo设计等打下基础。

3.6 课后习题

根据本章的内容，本节共安排了3个课后习题供读者练习，以带领读者对本章的知识进行综合运用。

课后习题：“书里”字体设计

素材文件	无
实例文件	实例文件>CH03>“书里”字体设计.ai
视频名称	“书里”字体设计.mp4
学习目标	掌握“路径查找器”面板的使用方法

对“路径查找器”面板的使用方法进行练习，效果如图3-170所示。

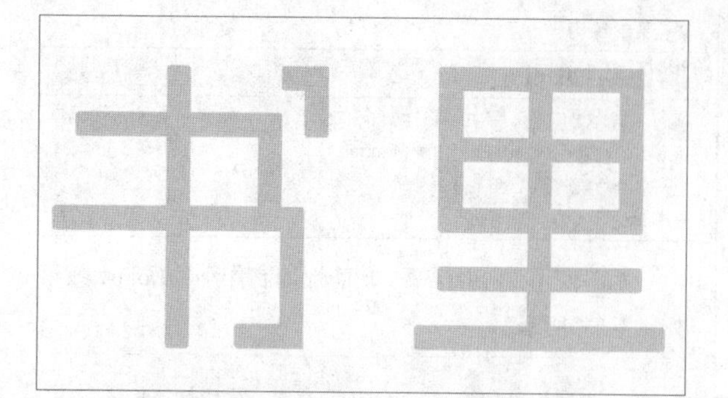

图3-170

课后习题：制作手机海报

素材文件	素材文件>CH03>素材04-1.jpg、素材04-2.png
实例文件	实例文件>CH03>制作手机海报.ai
视频名称	制作手机海报.mp4
学习目标	掌握图像描摹的方法

对“图像描摹”功能的操作方法进行练习，效果如图3-171所示。

图3-171

课后习题：制作花环字

素材文件	素材文件>CH03>素材05.png
实例文件	实例文件>CH03>制作花环字.ai
视频名称	制作花环字.mp4
学习目标	掌握图像描摹和自定义画笔的方法

对“图像描摹”功能和自定义画笔的方法进行练习，效果如图3-172所示。

图3-172

第 4 章

对象的管理与编辑

本章主要介绍对象的管理与编辑的相关操作，内容包括对象的选择、对象的隐藏与显示、对象的锁定与编组、对象的图层顺序与管理、对象的对齐与分布，以及对象的变换等内容。

课堂学习目标

◇ 掌握对象的选择
◇ 掌握对象的管理
◇ 掌握对象的对齐与分布
◇ 掌握对象的变换

4.1 选择对象

在Illustrator中，对象是对图稿中创建的元素（如形状、文本、符号等）的统称。在编辑对象时，常常需要先精准选择需要编辑的对象。

本节重点内容

名称	作用
选择工具	选择整个对象
直接选择工具	选择并调整锚点或路径段以改变路径的外形
编组选择工具	在组中选择对象或组
魔棒工具	选择外观属性相似的对象
套索工具	通过手绘形状来选择点、路径段和对象
"选择"菜单命令	实现多项选择操作

4.1.1 选择工具

"选择工具"（快捷键为V）主要用于选择对象。使用"选择工具"单击或拖曳可以选择单个或多个对象，然后可以根据需求进行移动、缩放和旋转等操作。

1.选择一个对象

在工具栏中选择"选择工具"，然后单击要选择的对象，此时被选中的对象会显示定界框和路径，如图4-1所示。

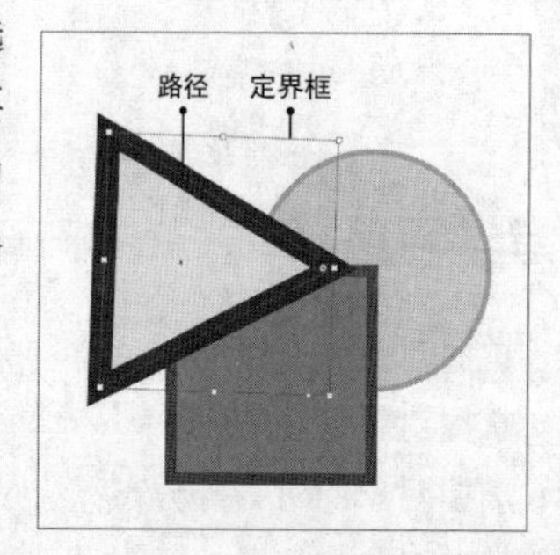

图4-1

技巧与提示

在选择对象后，会出现上下文任务栏，在其中可以快速地编辑路径、将对象进行重复操作、复制对象和锁定对象，如图4-2所示。

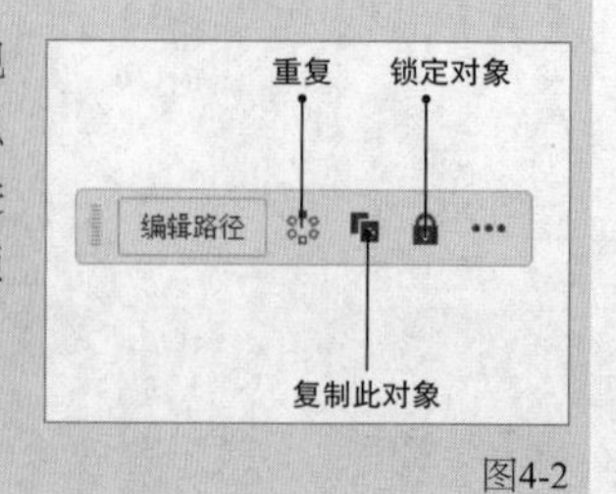

图4-2

2.选择多个对象

选择"选择工具"，然后按住Shift键并单击需要选择的对象，可以选择多个对象，如图4-3所示。此外，使用"选择工具"拖曳鼠标可以框选需要选择的对象，快速地将它们选中，如图4-4所示。

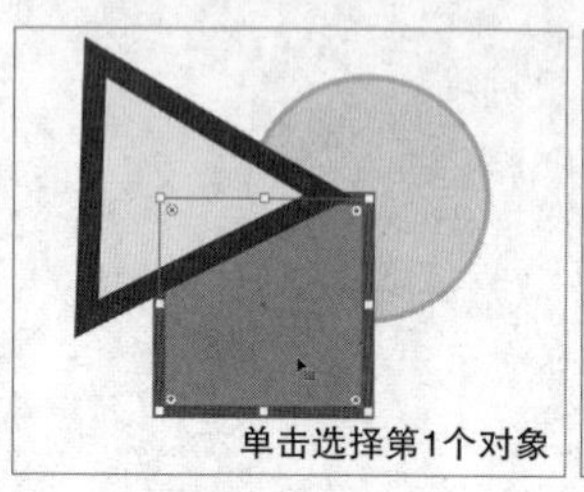

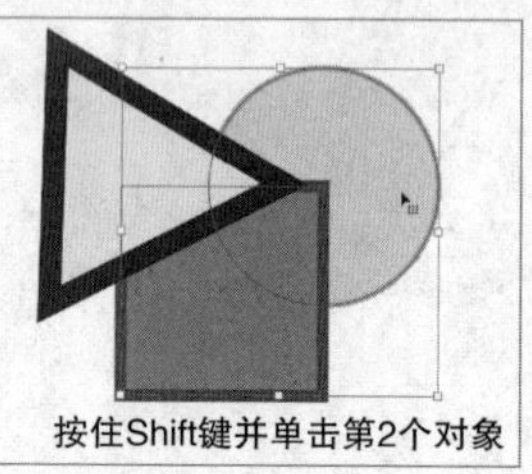

图4-3

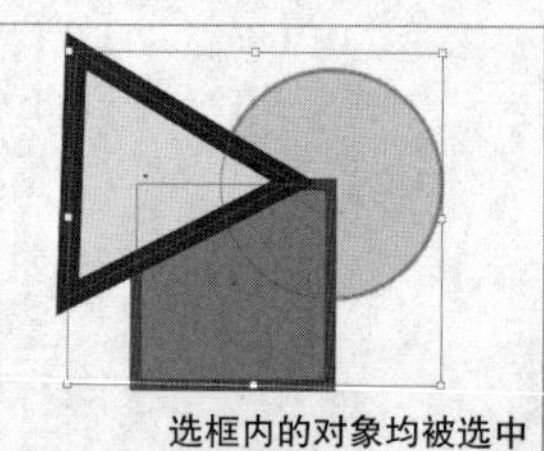

图4-4

技巧与提示

在选择的过程中，按住Shift键并单击或框选对象，即可将对象加选；按住Shift键并再次单击被选中的对象，可以取消选择对象。此操作适用于大部分对象、组和锚点的加选或减选。

3.选择并删除对象

使用"选择工具"选择需要删除的对象，然后按Delete键即可将其删除，如图4-5所示。

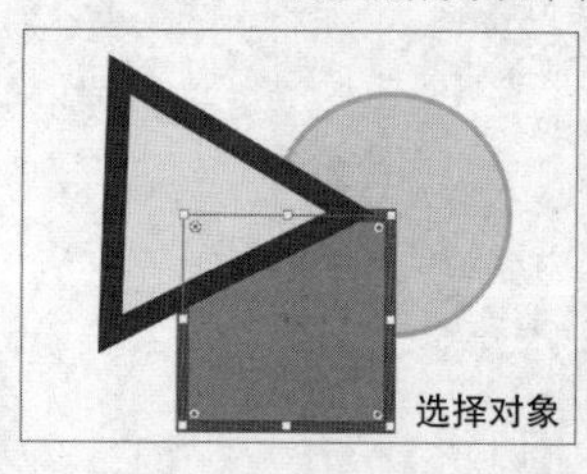

图4-5

知识点：选择被遮挡的对象

如果由于对象被遮挡导致无法使用"选择工具"进行精确选择，那么可以按住Ctrl键并使用"选择工具"在对象上单击，这样将依次由上至下选择对象，如图4-6所示。

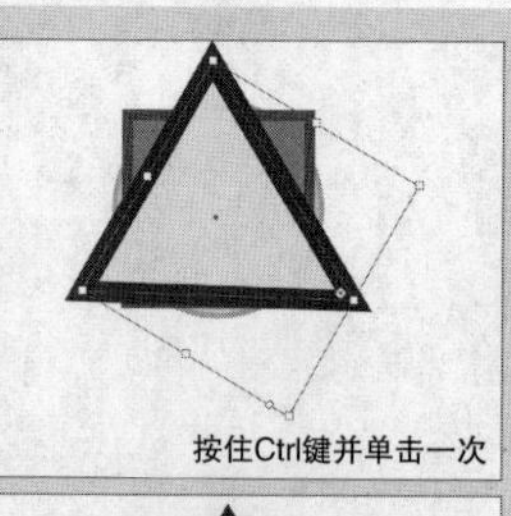

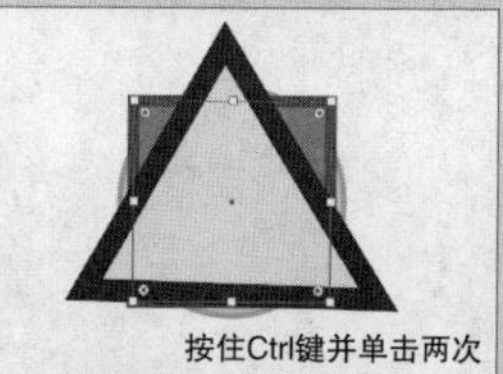

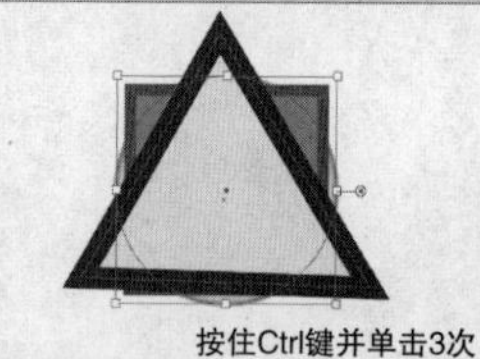

图4-6

4.1.2 直接选择工具

“直接选择工具”（快捷键为A）主要用于选择锚点和路径段。使用“直接选择工具”单击路径，可以选择路径段并显示其两端锚点，如图4-7所示；单击锚点，可以选择锚点并显示其方向线，被选中的锚点为实心方块，未被选中的锚点为空心方块，如图4-8所示。此时，拖曳路径段或锚点，可以将其移动，如图4-9所示。

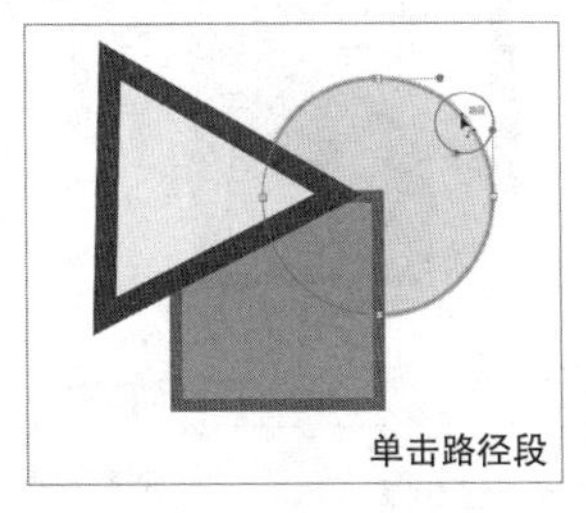

图4-7

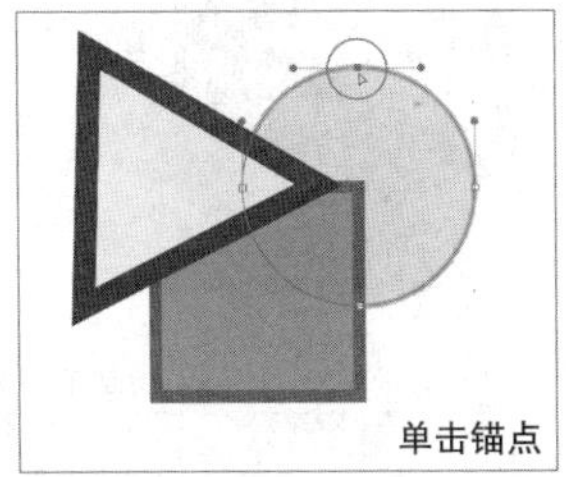

图4-8

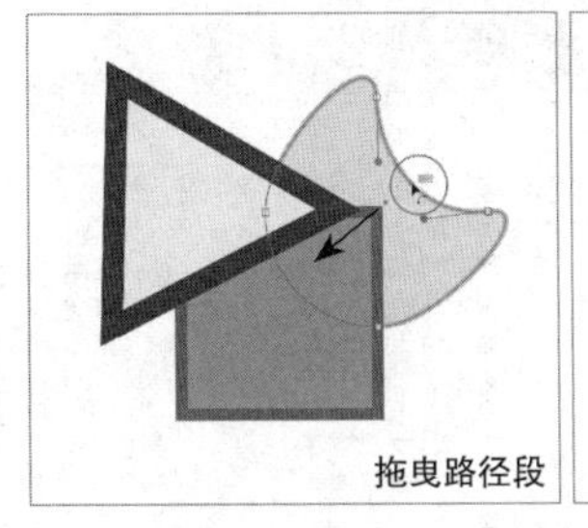

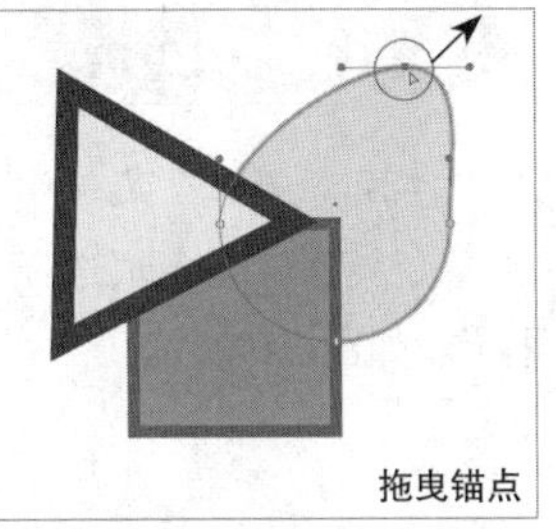

图4-9

技巧与提示

使用“直接选择工具”单击对象中心区域，将选择整个对象，如图4-10所示。拖曳圆角控制点，可以将对象的尖角调整为圆角，如图4-11所示。

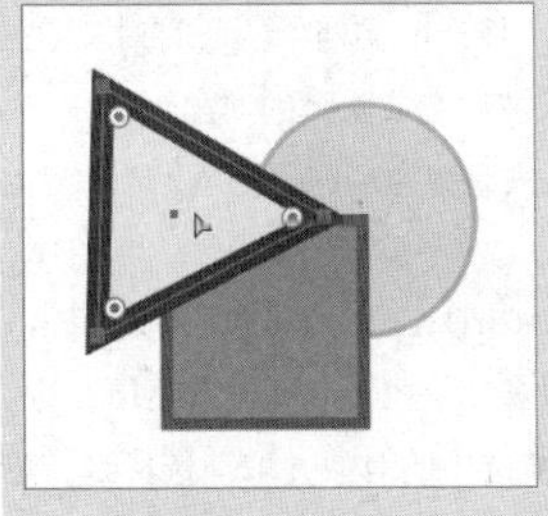

图4-10

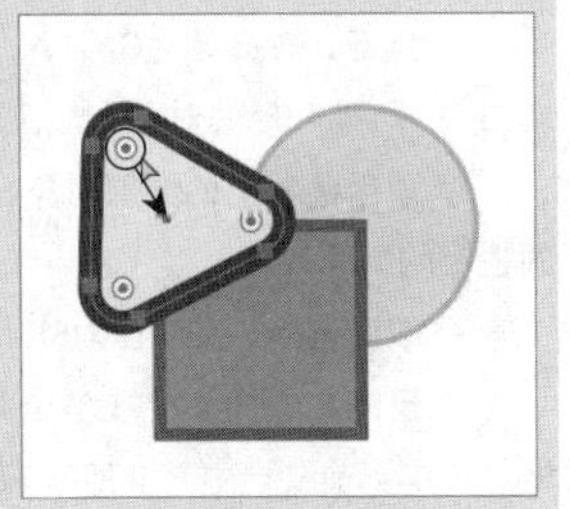

图4-11

按住Shift键并单击其他路径段或锚点，即可一同选中，如图4-12所示。拖曳出一个选框，即可选中选框范围内的所有路径段和锚点，如图4-13所示。

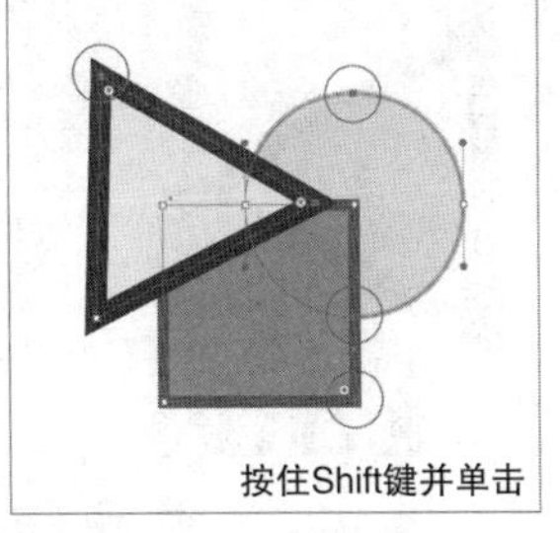

图4-12

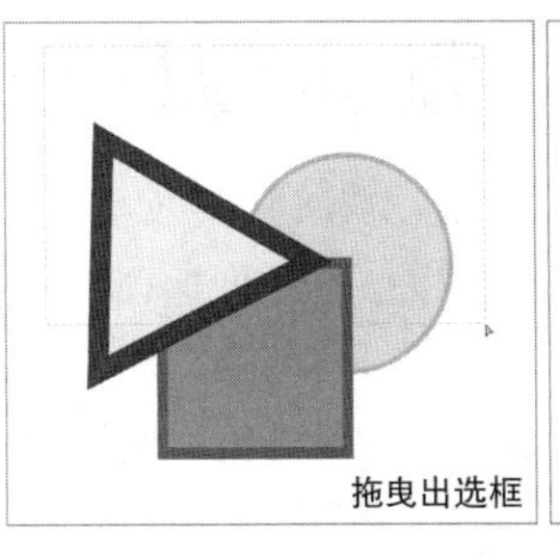

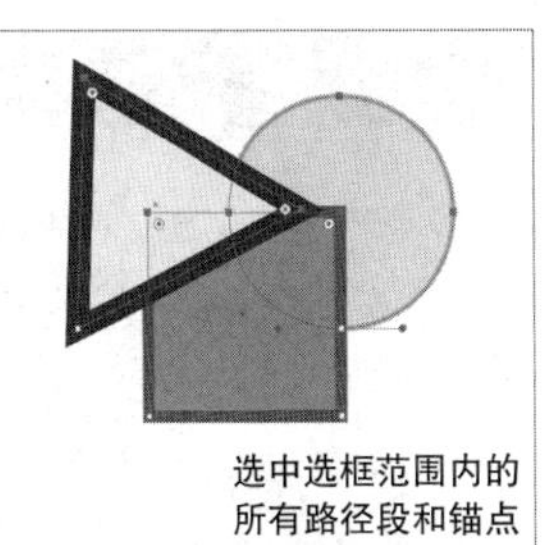

图4-13

4.1.3 编组选择工具

“编组选择工具”主要用于选择编组中的对象。当使用“选择工具”选择编组对象时，只能选择整个组或者双击组进入隔离模式才能选择编组中的单个对象。当使用“编组选择工具”时，可以直接选择编组中的对象，如图4-14所示。按住Shift键并单击，可以选择多个对象；拖曳出一个选框，可以选中选框范围内的所有对象。

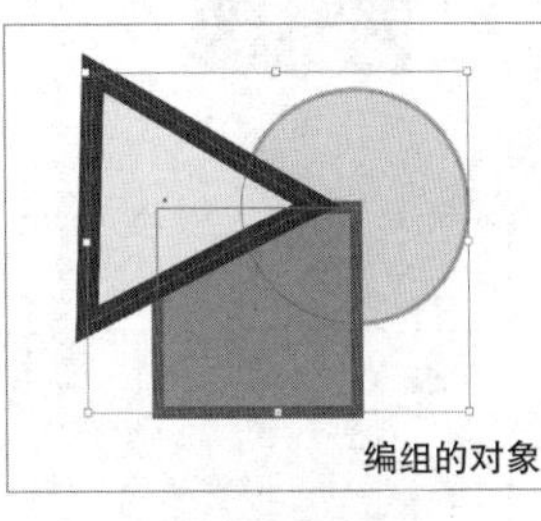

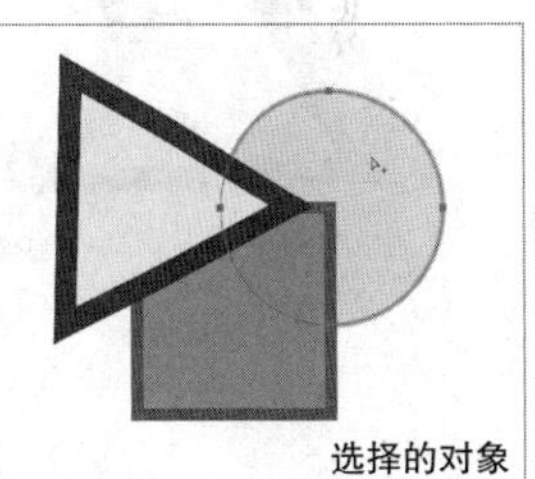

图4-14

知识点：隔离模式

在Illustrator中，隔离模式是一种特殊的编辑模式。在隔离模式中，可以只对被隔离的对象进行编辑，而其他对象将自动锁定，无法被编辑。使用“选择工具”双击圆形进入隔离模式，文档窗口的左上方会显示隔离模式的导航栏，被隔离的对象会保持原有的颜色，而其他对象将显示为更浅的颜色，如图4-15所示。

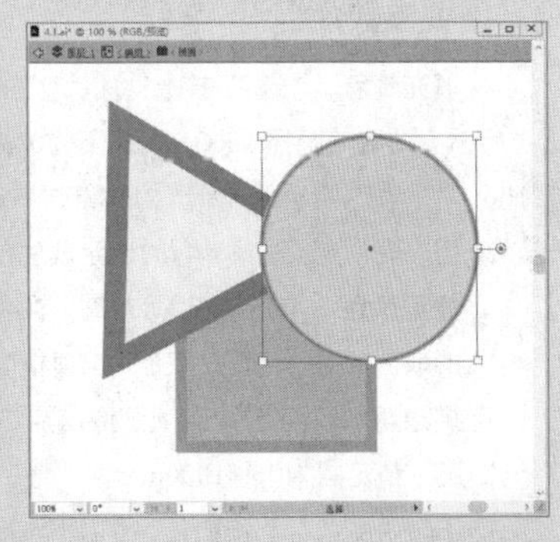

图4-15

除了可以使用“选择工具”双击目标对象进入隔离模式，还可以选择目标对象，然后单击控制栏中的“隔离选中的对象”按钮进入隔离模式。此外，在选中的目标对象上单击鼠标右键并执行“隔离选中的路径”命令或“隔离选定的组”命令，也可以隔离选中的路径或组。按Esc键依次返回上一级、使用“选择工具”双击被隔离对象的外部区域，或者单击鼠标右键并执行“退出隔离模式”命令，均可以退出隔离模式。

4.1.4 魔棒工具

“魔棒工具”（快捷键为Y）可以快速选中文档中属性（填充颜色、描边颜色、描边粗细、不透明度、混合模式）相似的对象。在默认情况下，使用“魔棒工具”单击任意一个对象，可以选择所有和此对象填充颜色相似的对象，如图4-16所示。双击“魔棒工具”或者执行“窗口>魔棒”菜单命令，打开“魔棒”面板，在其中可以设置选择对象的全部属性和容差，如图4-17所示。

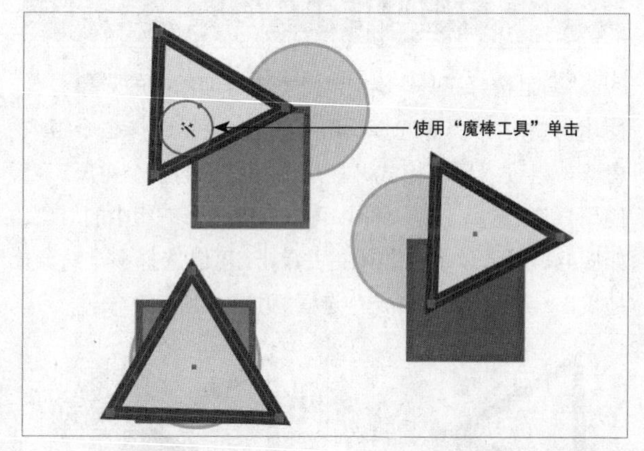

图4-16

魔棒
- ☑ 填充颜色　容差：32
- ☐ 描边颜色　容差：32
- ☐ 描边粗细　容差：5 pt
- ☐ 不透明度　容差：5%
- ☐ 混合模式

图4-17

重要参数介绍

◇ **填充颜色：** 勾选该选项，将以填充的颜色来选择对象。关于“容差”的取值范围，RGB模式下为0~255，CMYK模式下为0~100。“容差”值越低，所选的对象与单击处的对象就越相似；“容差”值越高，所选对象具有的选定属性范围就越广。

◇ **描边颜色：** 勾选该选项，将以描边的颜色来选择对象。“容差”的取值范围与“填充颜色”选项相同。

◇ **描边粗细：** 勾选该选项，将以描边的粗细来选择对象。“容差”的取值范围为0pt~1000pt。

◇ **不透明度：** 勾选该选项，将以不透明度来选择对象。“容差”的取值范围为0%~100%。

◇ **混合模式：** 勾选该选项，将以混合模式来选择对象。

技巧与提示

按住Shift键并使用“魔棒工具”单击对象，可以增加选择的范围；按住Alt键并使用“魔棒工具”单击对象，可以减小所选对象的范围。

4.1.5 套索工具

“套索工具”（快捷键为Q）可以自由地选择对象、锚点或路径段。使用“套索工具”绘制一个区域，即可选中区域内的所有锚点及其连接的路径，如图4-18所示。

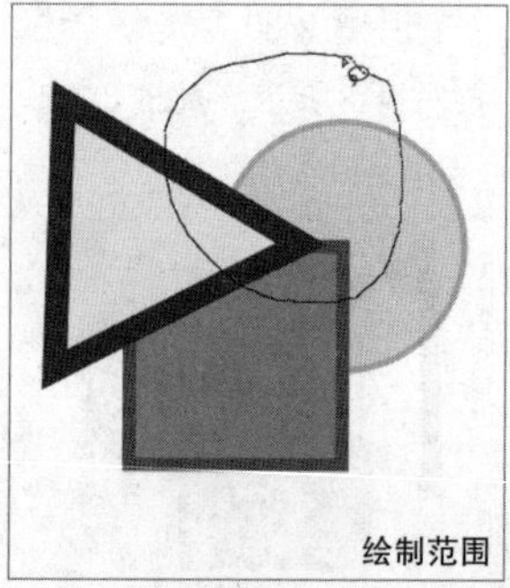

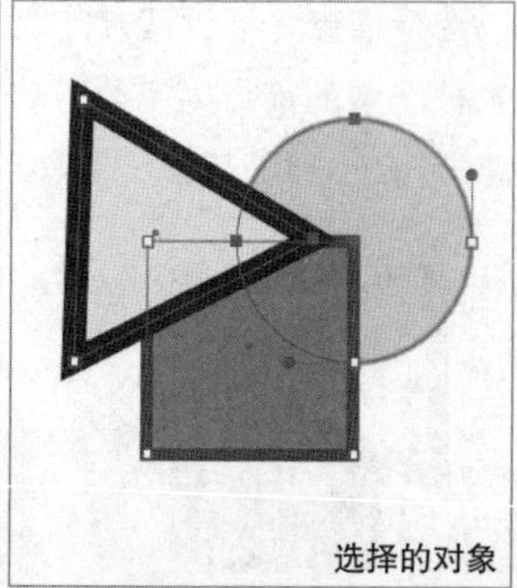

图4-18

4.1.6 “选择”菜单

使用“选择”菜单中的命令能够实现多项选择操作，如图4-19所示。

选择(S) 效果(C) 视图(V) 窗口(W) 帮助(H)	
全部(A)	Ctrl+A
现用画板上的全部对象(L)	Alt+Ctrl+A
取消选择(D)	Shift+Ctrl+A
重新选择(R)	Ctrl+6
反向(I)	
上方的下一个对象(V)	Alt+Ctrl+]
下方的下一个对象(B)	Alt+Ctrl+[
相同(M)	›
对象(O)	›
启动全局编辑	
存储所选对象(S)...	
编辑所选对象(E)...	
更新选区(U)	

图4-19

重要命令介绍

◇ **全部：** 快捷键为Ctrl+A，选择当前文档中的所有对象（在本书中，可被选择的对象，均指未被锁定或隐藏的对象）。

◇ **现用画板上的全部对象：** 快捷键为Alt+Ctrl+A，选择当前画板中的所有对象。

◇ **取消选择：** 快捷键为Shift+Ctrl+A，取消当前所有选择。

◇ **反向：** 选择某个或多个对象后，执行“反向”菜单命令，即可选中当前文档中其他所有未被选中的对象并取消选择当前选中的对象，如图4-20所示。

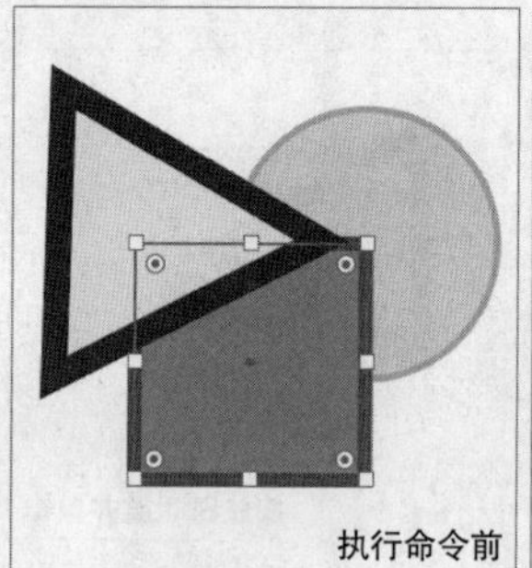

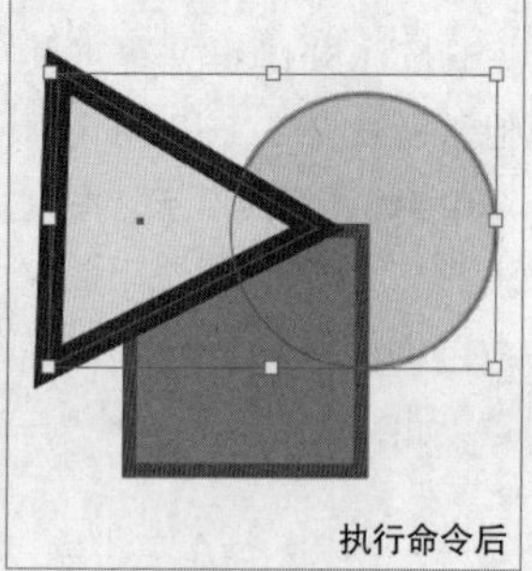

图4-20

◇ **上方的下一个对象：**快捷键为Alt+Ctrl+]，选中所选对象或组的上一层对象或组，如图4-21所示。

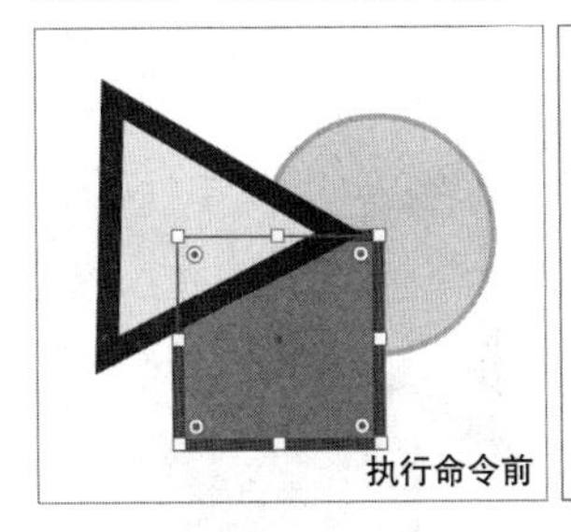

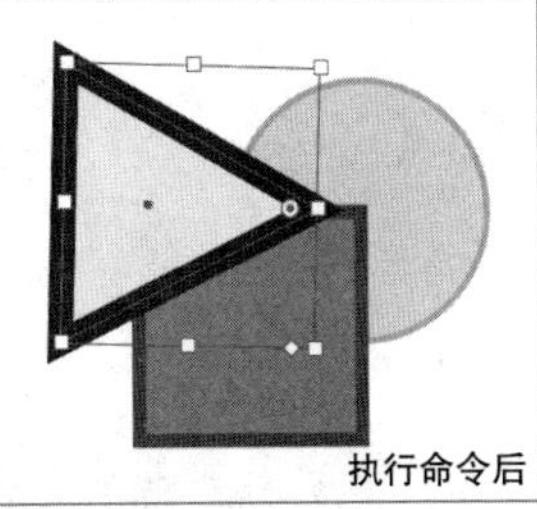

图4-21

◇ **下方的下一个对象：**快捷键为Alt+Ctrl+[，选中所选对象或组的下一层对象或组，如图4-22所示。

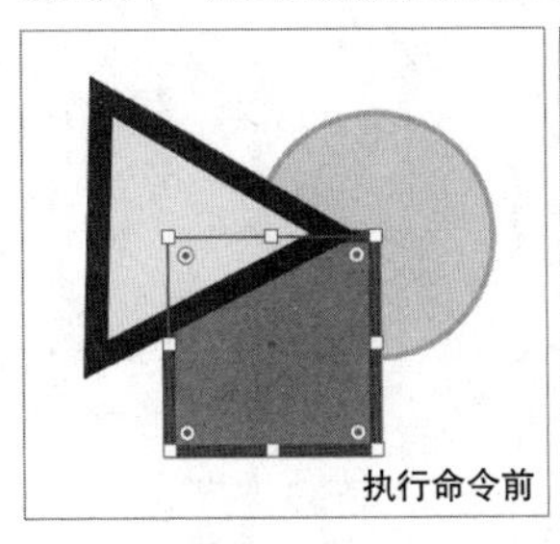

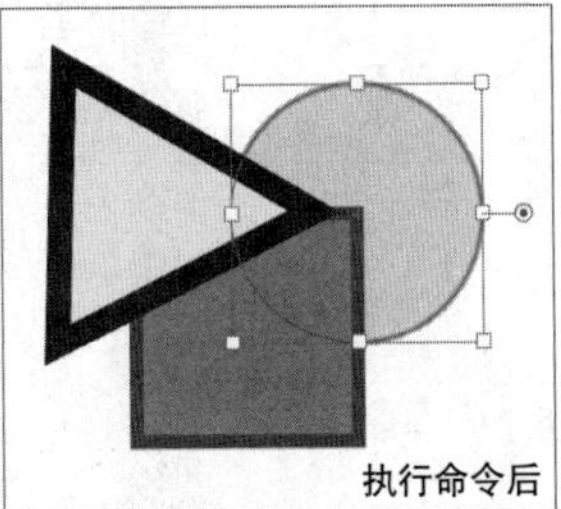

图4-22

◇ **相同：**先选择一个对象，然后执行“相同”子菜单中的命令，即可选择当前文档中具有相同外观属性的对象，如图4-23所示。

形状和文本(S)
外观(A)
外观属性(B)
混合模式(B)
填色和描边(R)
填充颜色(F)
不透明度(O)
描边颜色(S)
描边粗细(W)
图形样式(T)
形状(P)
符号实例(I)
链接块系列(L)

文本(T)
字体系列(N)
字体系列和样式(T)
字体系列、样式和大小(M)
字体大小(Z)
文本填充颜色(E)
文本描边颜色(X)
文本填充和描边颜色(K)

图4-23

◇ **对象：**执行“对象”子菜单中的命令，即可选择当前文档中的特定对象，如图4-24所示。

同一图层上的所有对象(A)
方向手柄(D)

毛刷画笔描边
画笔描边(B)
剪切蒙版(C)
游离点(S)

所有文本对象(A)
点状文字对象(P)
区域文字对象(A)

图4-24

4.2 管理图层与对象

当图稿中包含多个对象时，如果没有进行适当的管理，可能会导致混乱。做好管理图层与对象，可以提高工作效率。

本节重点内容

名称	作用
贴在前面/后面	将对象粘贴到所选对象的前面/后面
扩展	将原有对象的填色和描边进行拆解等
扩展外观	应用原有对象的某种效果，使其变为位图
隐藏>所选对象	将所选对象隐藏
显示全部	显示全部隐藏对象
锁定>所选对象	将所选对象锁定
全部解锁	解锁全部锁定对象
编组	将所选对象编组
取消编组	将编组中的对象取消编组

4.2.1 管理图层

一个图层上可以包含多个对象，在“图层”面板中能够进行复制、隐藏、锁定和编组等操作。执行“窗口>图层”菜单命令，打开“图层”面板，如图4-25所示。

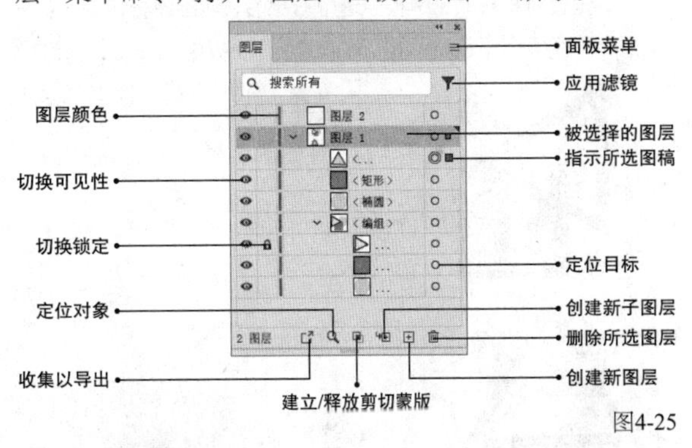

图4-25

重要参数介绍

◇ **面板菜单**：单击该按钮，可以打开“图层”面板菜单。

◇ **应用滤镜**：当有较多对象时，可以在单击该按钮后弹出的下拉列表中选择一种对象（或图层）类型，包括“路径”“形状”“文本”“图像”等，如图4-26所示，使“图层”面板中只显示此类对象（或图层）。

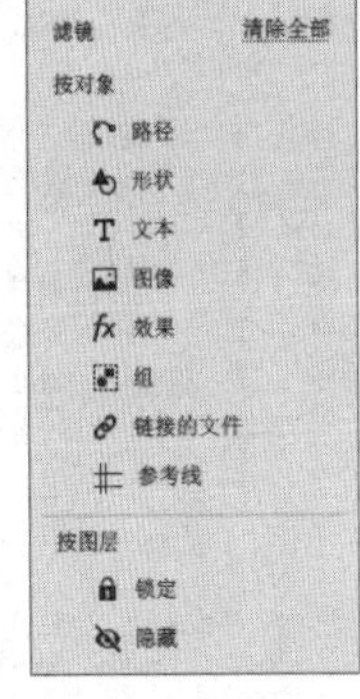

图4-26

◇ **图层颜色：** 用于指示对象所属图层。一般情况下，不同的图层具有不同的颜色，双击图层即可打开“图层选项”对话框，在其中可以修改图层的名称、颜色等，如图4-27所示。

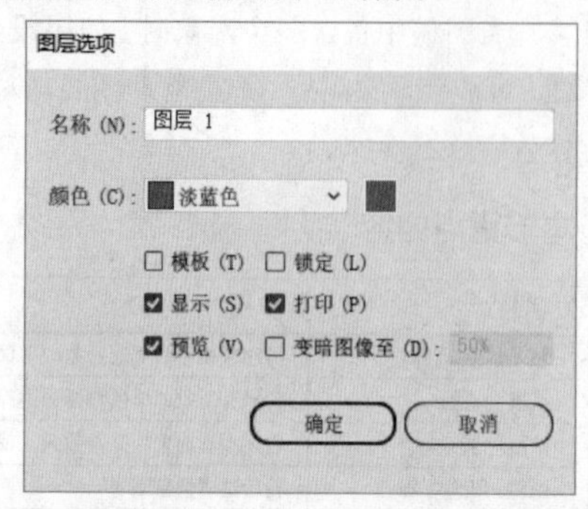

图4-27

◇ **切换可见性：** 单击可切换图层或对象的可见性。当显示为图标时，表示图层或对象是可见的；当显示为图标时，表示图层或对象是不可见的。

◇ **切换锁定：** 单击可切换对象或图层是否被锁定。当显示为图标时，表示图层或对象是被锁定的，因而不可被编辑；当显示为图标时，表示图层或对象是没有被锁定的，是可被编辑的。

◇ **定位目标：** 单击该图标，可以快速选中相应对象。

◇ **收集以导出：** 用于将当前选中的对象或图层收集到“资源导出”面板中进行导出。

◇ **定位对象：** 在画板中选中对象后，单击该按钮，可以在“图层”面板中快速定位被选中对象，如图4-28和图4-29所示。

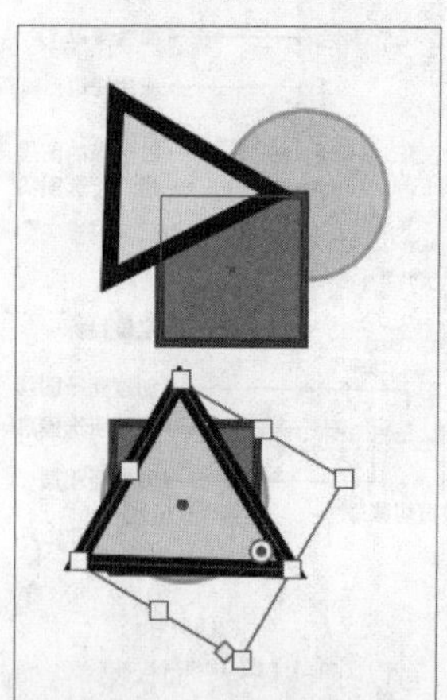

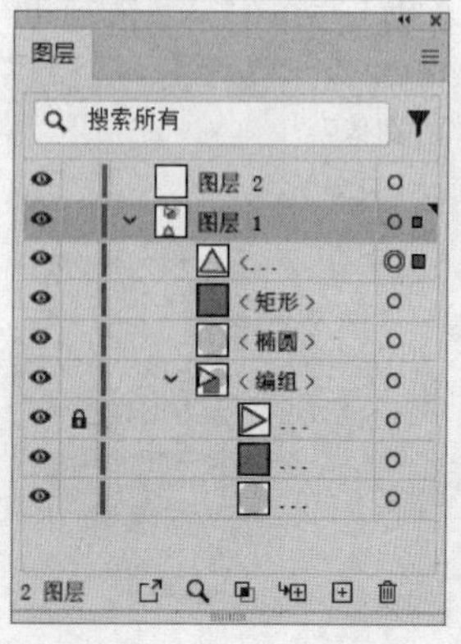

图4-28 图4-29

◇ **建立/释放剪切蒙版：** 选择一个具有多个对象的图层，如图4-30所示，单击该按钮，将建立剪切蒙版，如图4-31所示。再次单击该按钮，将释放剪切蒙版。

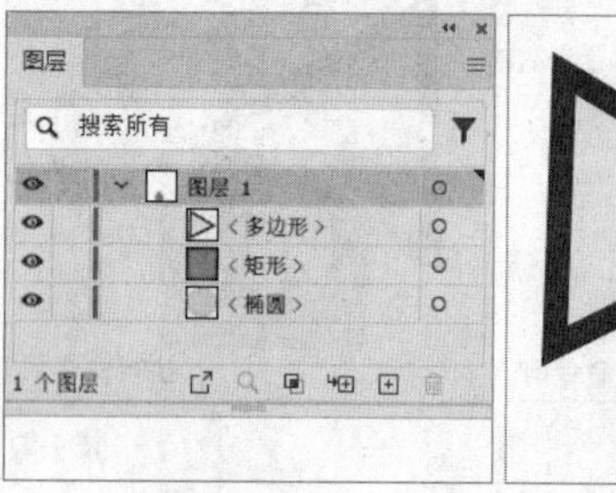

图4-30

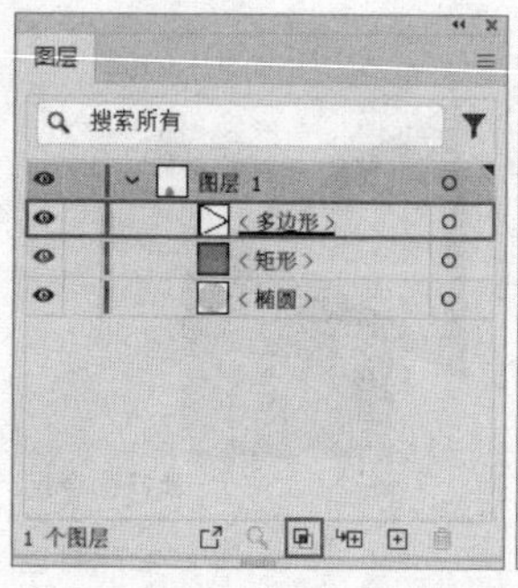

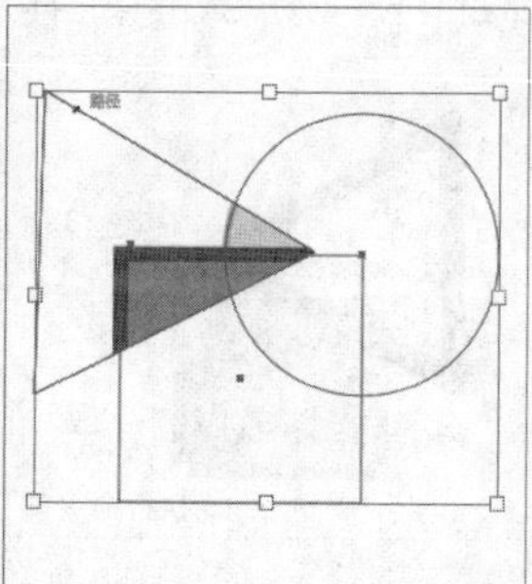

图4-31

◇ **创建新子图层：** 单击该按钮，可以在当前父级图层下创建一个子级图层，如图4-32所示。

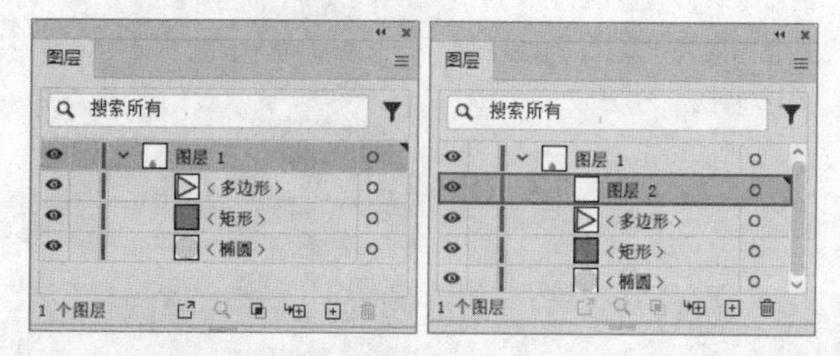

图4-32

◇ **创建新图层：** 单击该按钮，可以创建新的图层，如图4-33所示。

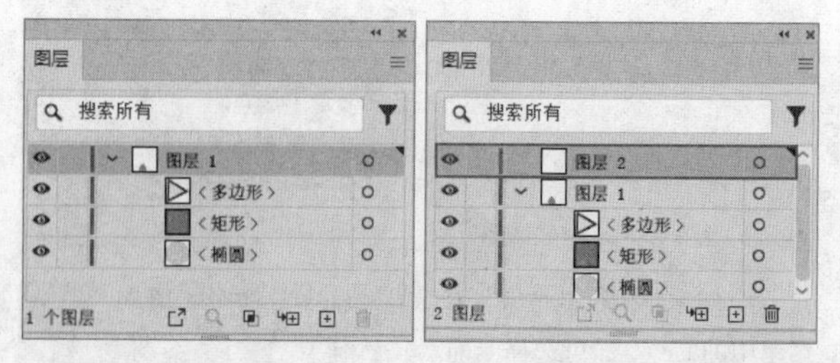

图4-33

◇ **删除所选图层：** 单击该按钮，可以删除所选图层或对象。

技巧与提示

在Illustrator中，使用图层便于有效管理文档中的内容，不过图层并非重中之重，因为任何工具和特效都可以直接作用于对象而非图层。

1.复制图层

在“图层”面板中选中想要复制的图层或对象，将其拖曳到“创建新图层”按钮⊞上即可完成复制，如图4-34所示。此外，按住Alt键并拖曳图层或对象，待鼠标指针变成⊕状时松开鼠标左键，同样可以复制图层或对象，如图4-35所示。使用后种方式复制对象可以调整其堆叠顺序。

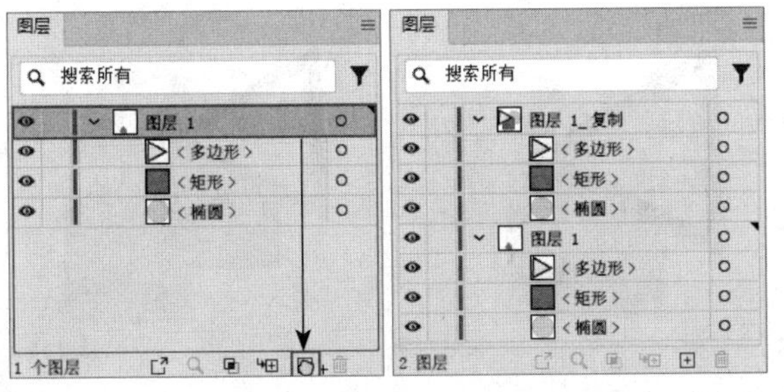

图4-34

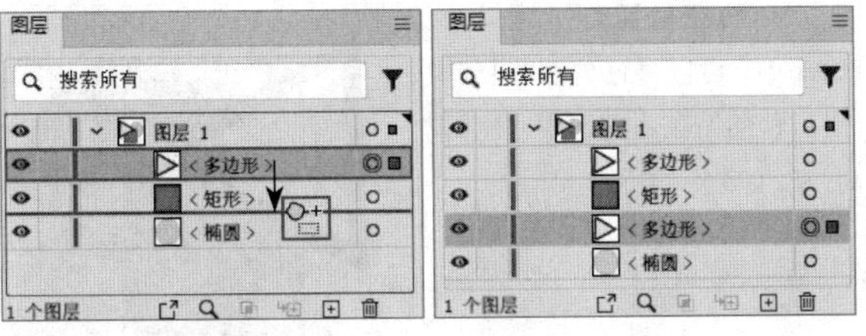

图4-35

2.合并图层

当图层较多时，可以通过合并图层进行简化。合并图层有“合并所选图层”和“拼合图稿”两种方式，它们的作用相似。在“图层”面板中选中想要合并的图层，然后在面板菜单中执行“合并所选图层”命令，可以将选中的多个图层上的对象合并到一个图层上，如图4-36所示。执行“图层”面板菜单中的“拼合图稿”命令，可以将文档中的所有对象合并到一个图层上，如图4-37所示。

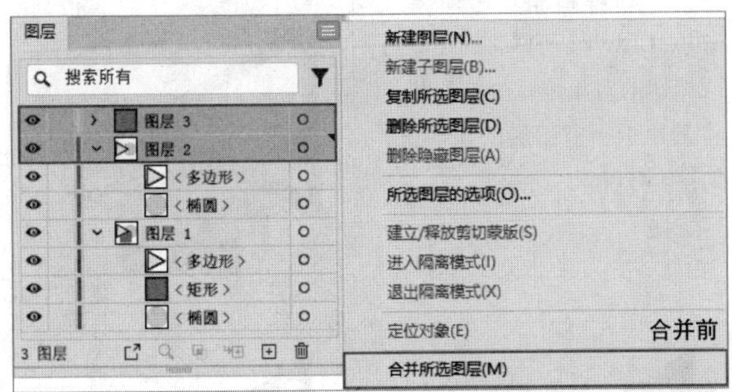

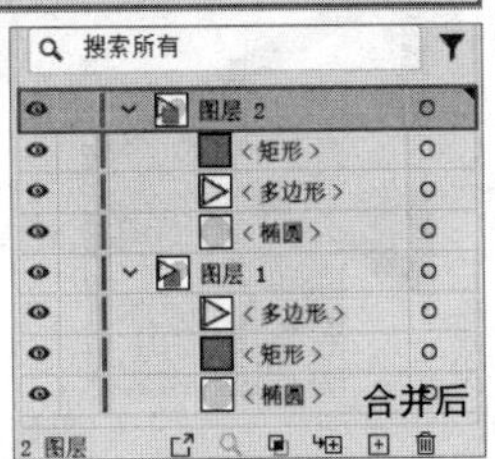

图4-36

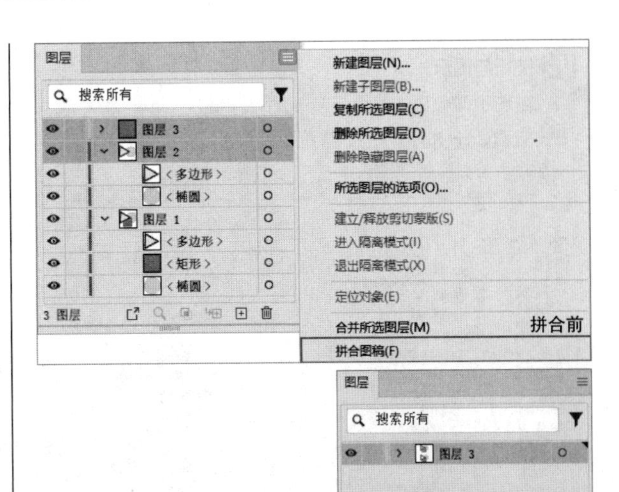

图4-37

4.2.2 复制与粘贴对象

使用“选择工具”▶拖曳对象即可将其进行移动，如图4-38所示。按住Alt键并拖曳对象即可复制并移动对象，如图4-39所示。

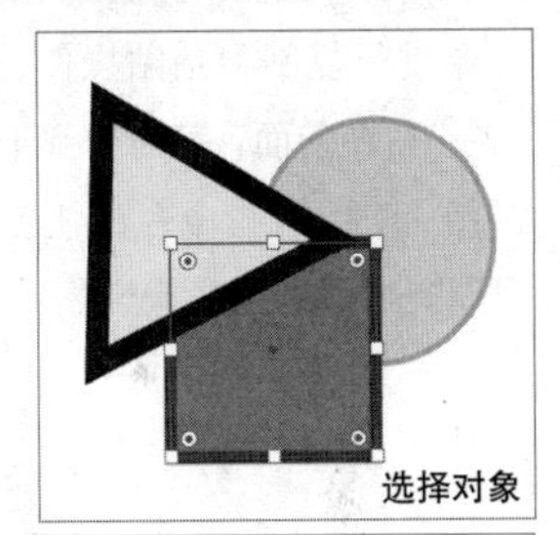

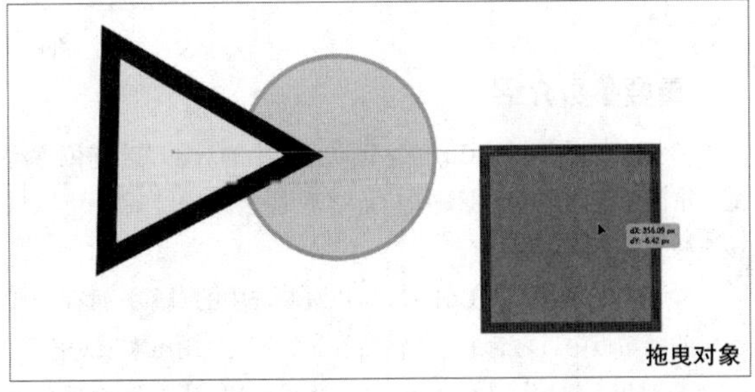

图4-38

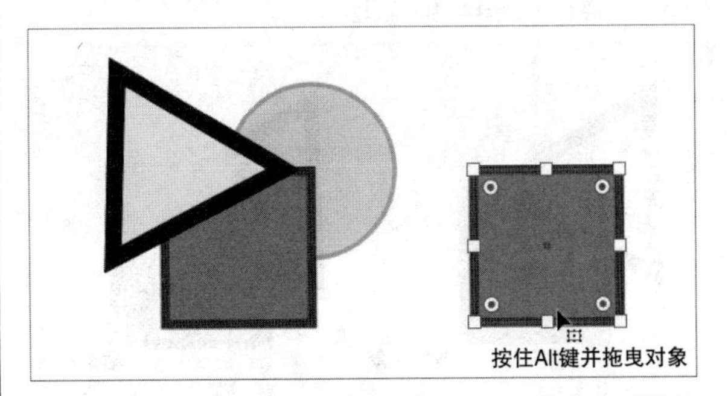

图4-39

技巧与提示

在选中对象后，使用键盘上的方向键也可以移动对象。按快捷键Ctrl+K打开“首选项”对话框，在其中的“常规”选项卡中可以设置“键盘增量”，如图4-40所示。

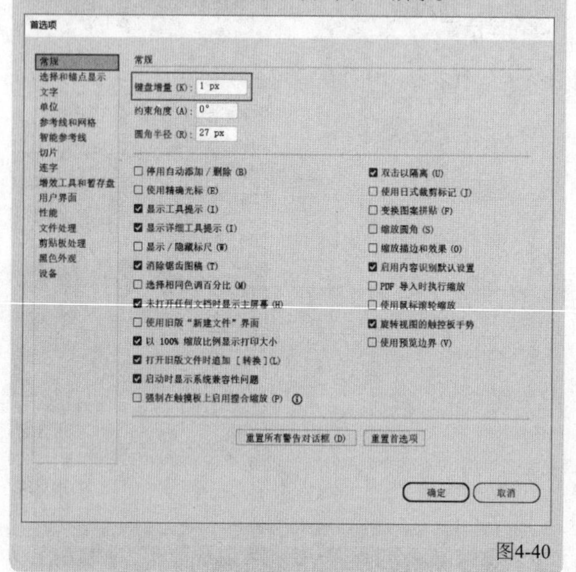

图4-40

此外，在选中对象后，还可以通过“编辑”菜单中的命令进行复制和粘贴操作，如图4-41所示。“复制”“粘贴”“贴在前面”等命令都十分常用，使用这些命令的快捷键可以更快速地完成操作。

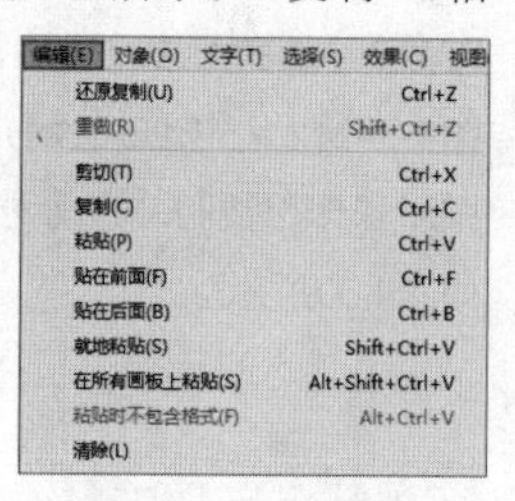

图4-41

重要参数介绍

◇ **剪切：** 快捷键为Ctrl+X，可以把选中的对象从当前位置清除，并暂存于计算机的剪贴板中。之后通过“粘贴”命令可以将该对象复制出来。

◇ **复制：** 快捷键为Ctrl+C，可以复制选中的对象并暂存于计算机的剪贴板中。之后通过“粘贴”命令可以复制出来该对象。

◇ **粘贴：** 快捷键为Ctrl+V，可以将已剪切或复制的对象复制出来，一般会出现偏移，如图4-42所示。

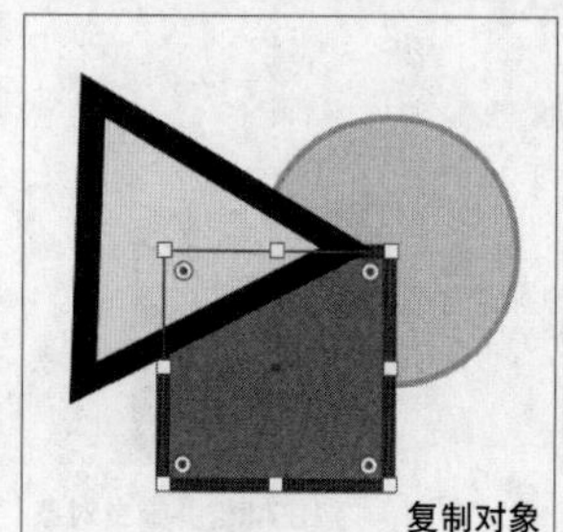

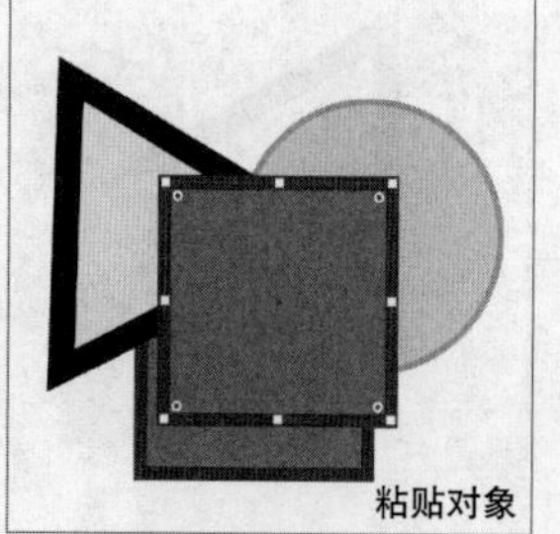

图4-42

◇ **贴在前面：** 快捷键为Ctrl+F，可以将已剪切或复制的对象粘贴在当前选中对象的前方，如图4-43所示。

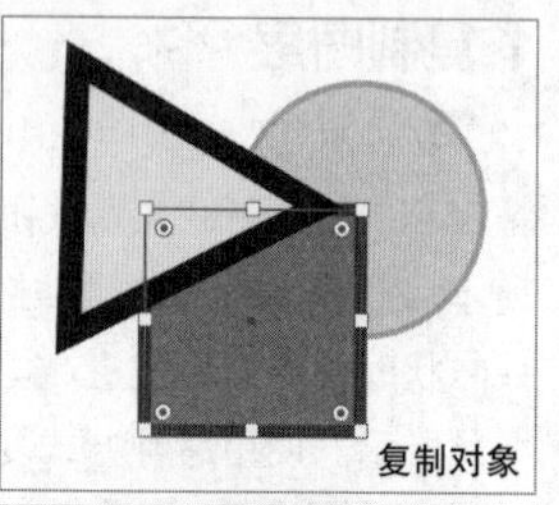

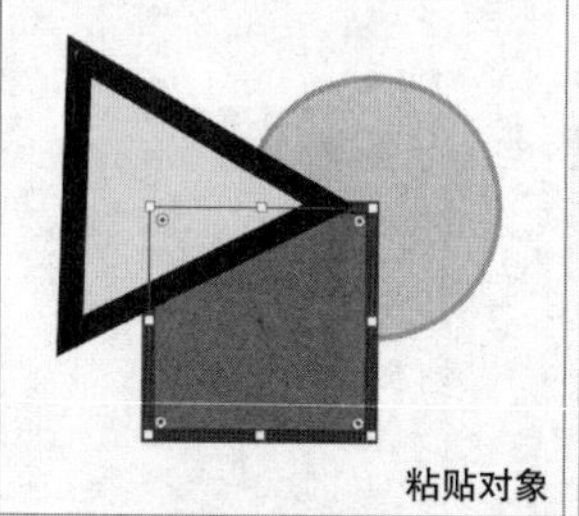

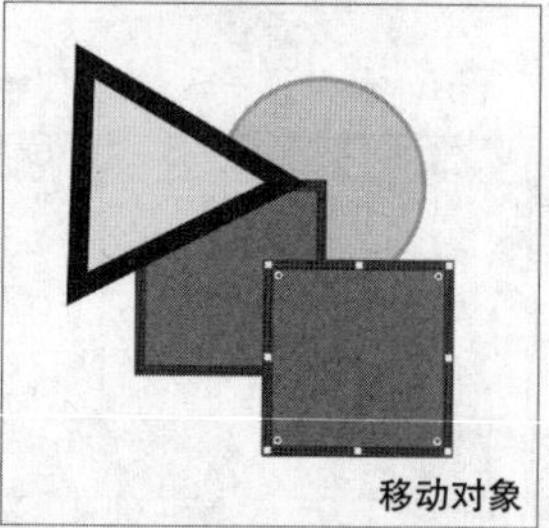

图4-43

◇ **贴在后面：** 快捷键为Ctrl+B，可以将已剪切或复制的对象粘贴在当前选中对象的后方，如图4-44所示。

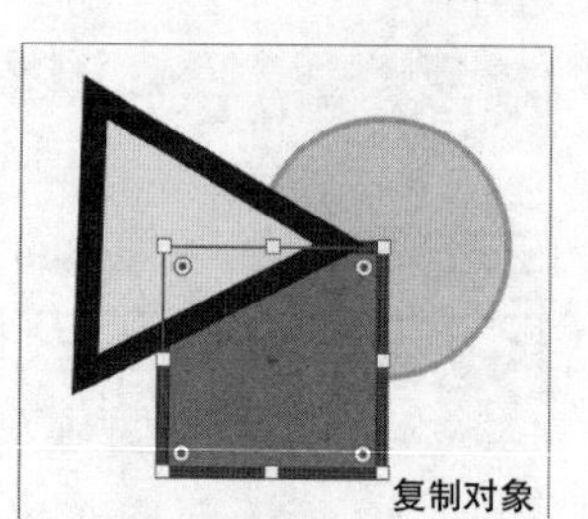

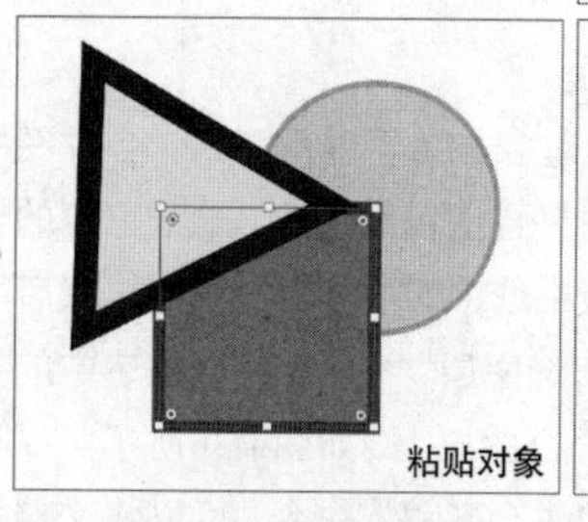

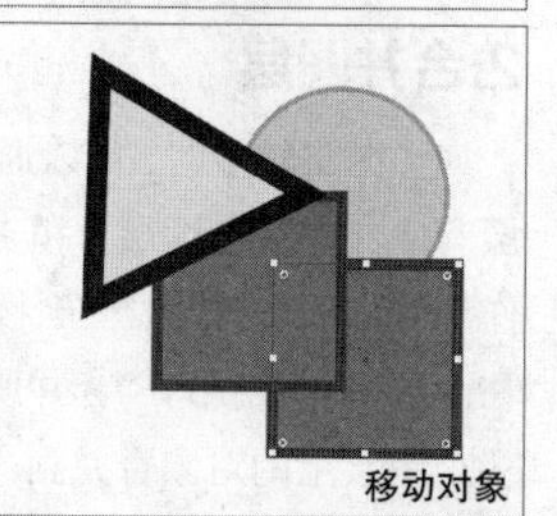

图4-44

◇ **就地粘贴：** 快捷键为Shift+Ctrl+V，可以将已经复制或剪切的对象进行等位粘贴并将其置于当前图层的最前方，如图4-45所示。

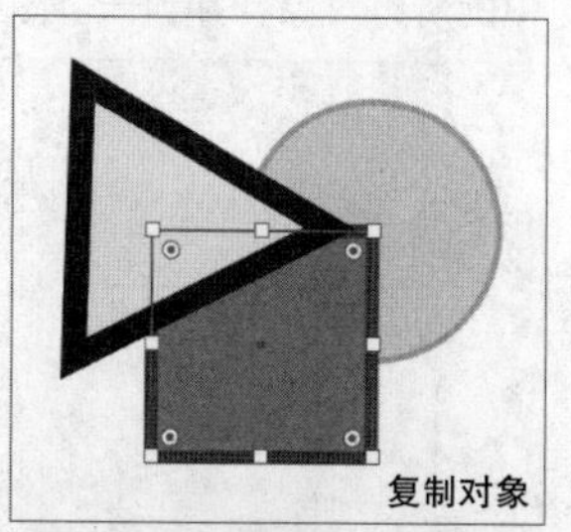

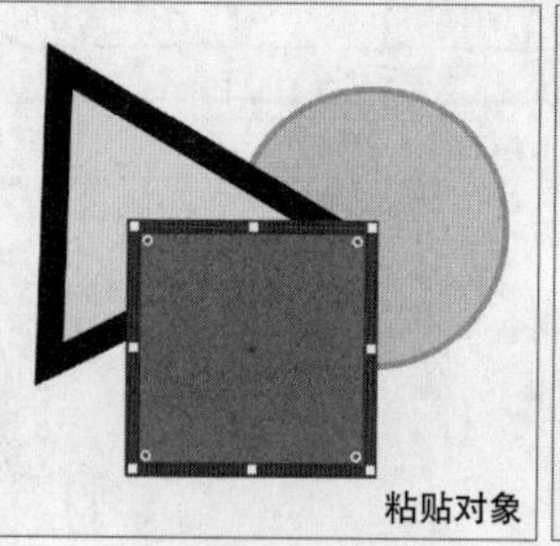

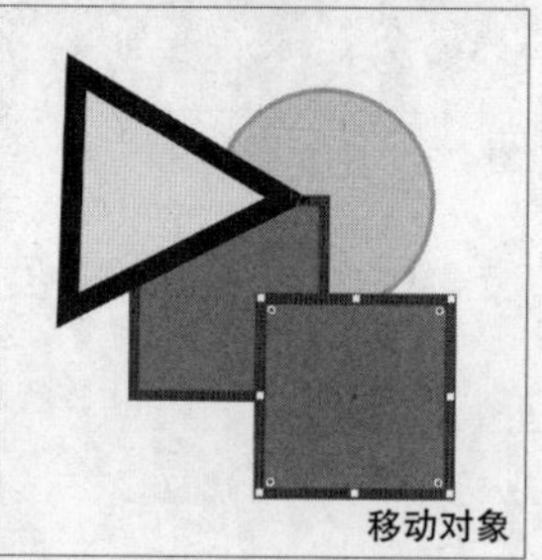

图4-45

◇ **在所有画板上粘贴：** 快捷键为Alt+Shift+Ctrl+V，可以将已经复制或剪切的对象在当前文档中的所有画板上都进行等位粘贴，如图4-46所示。

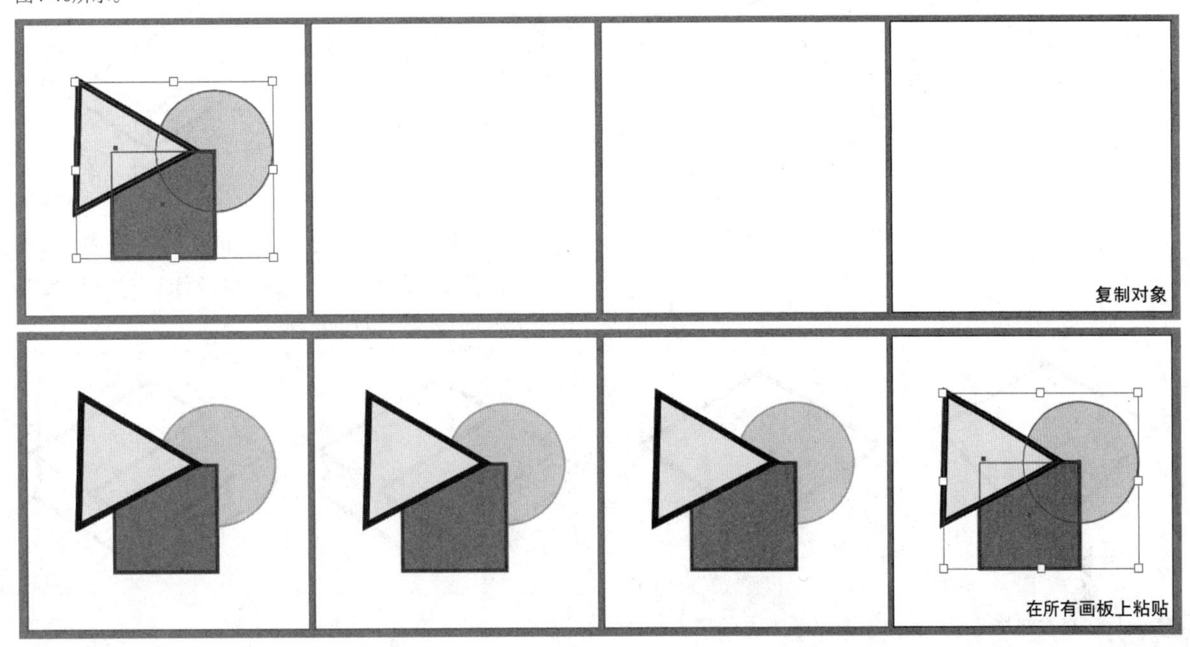

图4-46

技巧与提示

在通常情况下，“复制”和“粘贴”、“剪切”和“粘贴”的操作会搭配使用，且适用的范围不仅限于当前文档，还可以将对象粘贴到其他文档中使用。

课堂案例

制作图形Logo

素材文件	无
实例文件	实例文件>CH04>制作图形Logo.ai
视频名称	制作图形Logo.mp4
学习目标	掌握使用套索类工具抠图的方法

本案例将通过编辑路径进行Logo设计，效果如图4-47所示。

图4-47

01 新建一个尺寸为1000px×1000px的画板，然后使用“矩形工具”绘制一个任意大小的正方形，设置“描边”为黑色，“粗细”为1pt，如图4-48所示。将鼠标指针置于正方形外面距离锚点不远处，待其变为↷状时按住Shift键并拖曳，将正方形旋转45°，如图4-49所示。

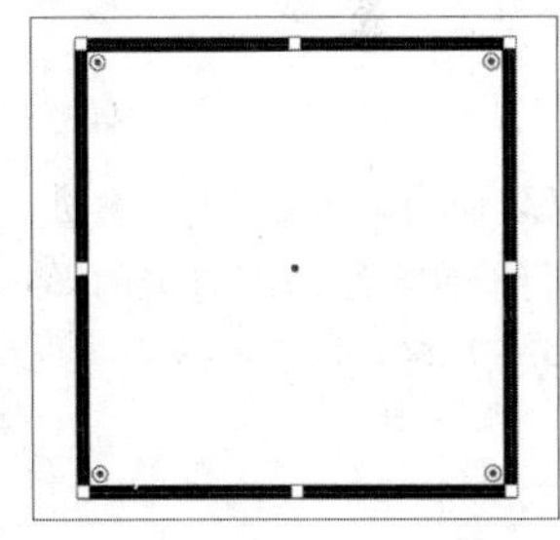

图4-48

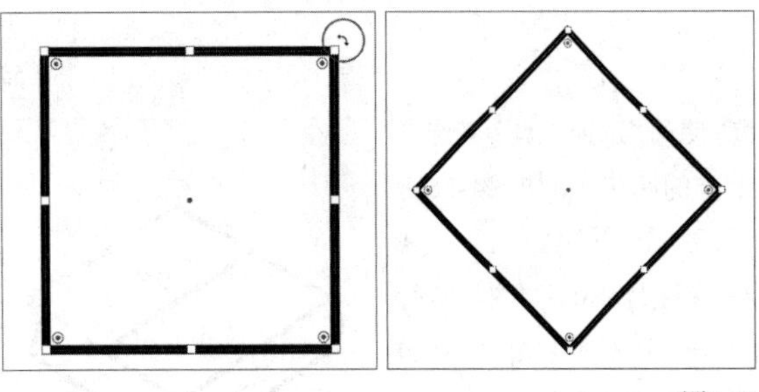

图4-49

02 使用“直接选择工具”选择正方形上方的顶点，如图4-50所示，然后按住Shift键并按一次↓键，正方形变形为普通四边形，如图4-51所示。再用“直接选择工具”选择四边形下方的顶点，然后按8次↑键，如图4-52所示。

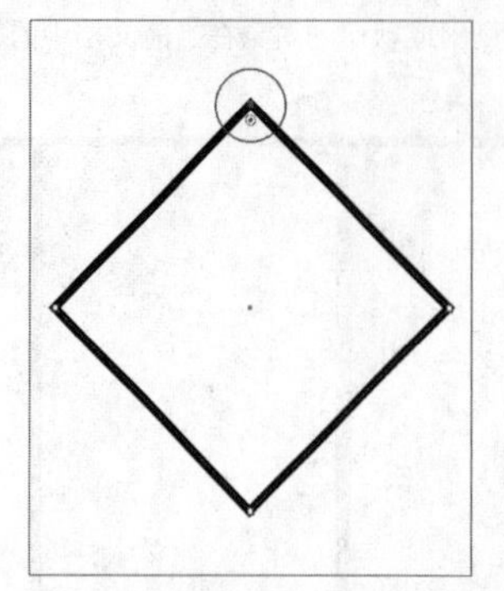
图4-50

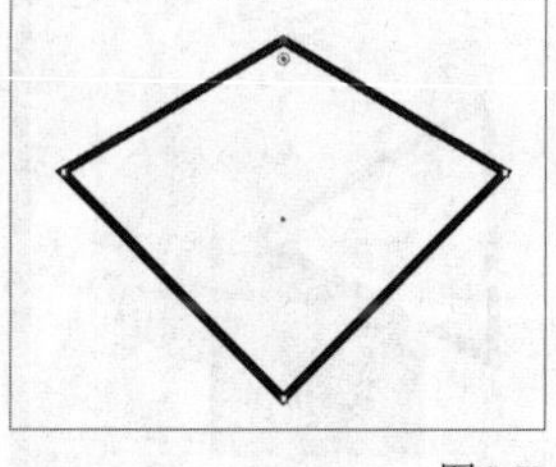
图4-51

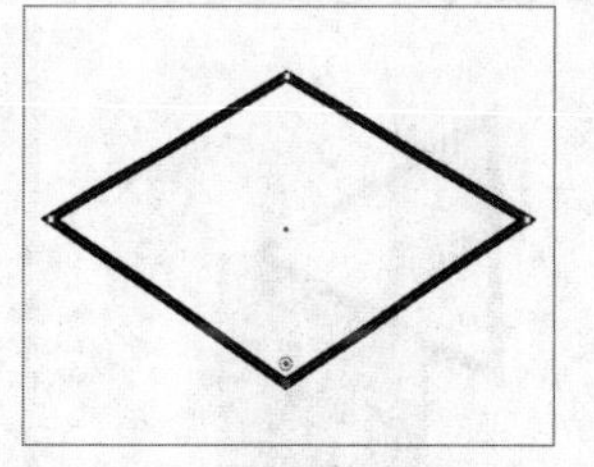
图4-52

03 使用“直接选择工具”选中四边形下方的顶点，如图4-53所示，按快捷键Ctrl+C复制，按快捷键Ctrl+F贴在前方。粘贴后按8次↓键，如图4-54所示。

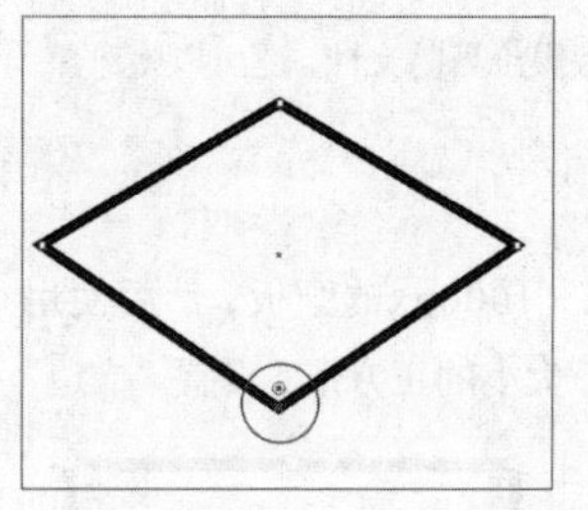
图4-53

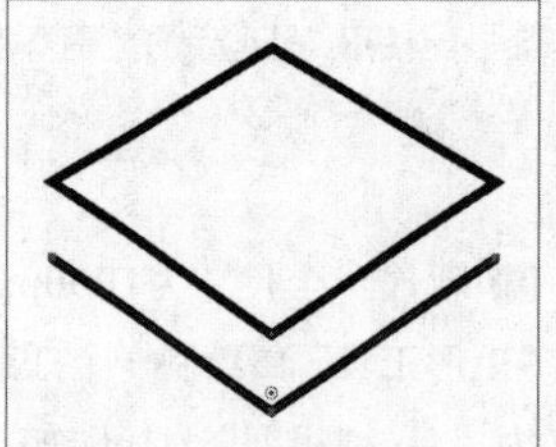
图4-54

04 使用“钢笔工具”进行绘制，绘制出书本的形状，如图4-55所示。

图4-55

05 使用“选择工具”选中上方的四边形，如图4-56所示，然后使用“剪刀工具”在路径上单击，如图4-57所示。删除3段线条，使书的表面最终呈现出字母S形和L形，如图4-58所示。

图4-56

图4-57

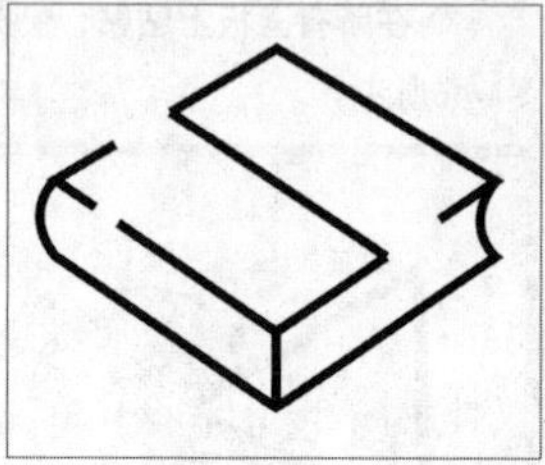
图4-58

06 字母S形转角处的两个点没有连接在一起，如图4-59所示。使用“直接选择工具”分别将它们选中并按快捷键Ctrl+J进行连接，如图4-60所示。

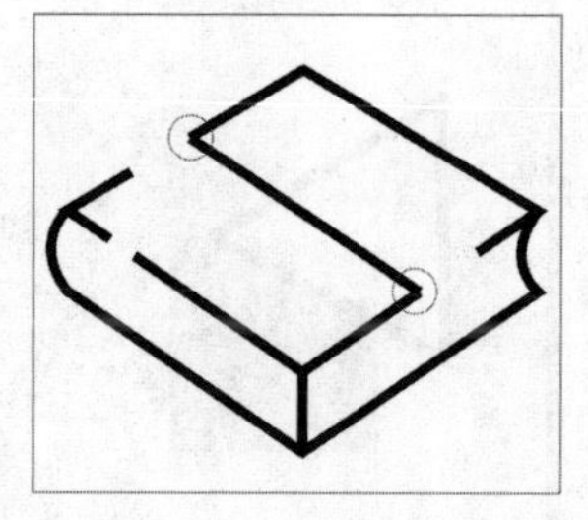
图4-59

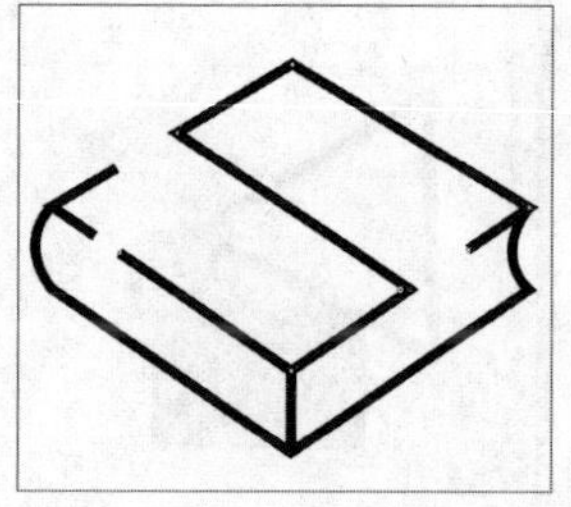
图4-60

07 按快捷键Ctrl+A将图形全选，然后按住Shift键并向外拖曳边框的右上角，如图4-61所示，将其等比放大到合适的大小，如图4-62所示（为排版需要将画板显示比例缩小了，可以看出图形描边变细了）。

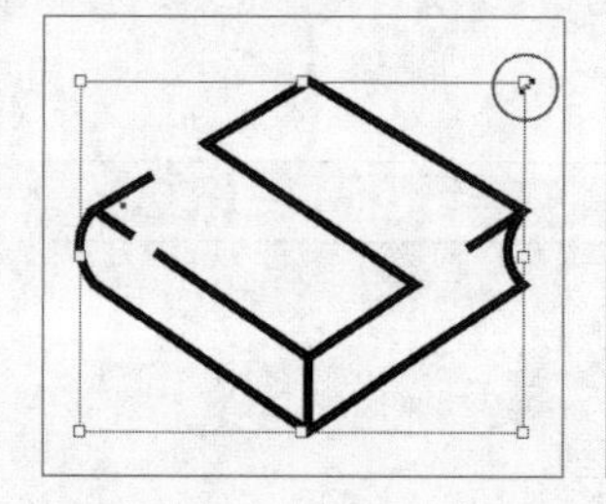
图4-61

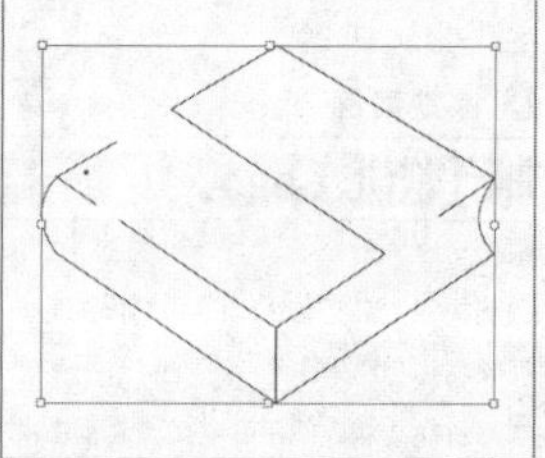
图4-62

08 设置“粗细”为40pt（调整描边粗细后整体看起来协调即可），如图4-63所示。全选路径，执行“对象>扩展”菜单命令，在弹出的“扩展”对话框中勾选“填充”和“描边”选项，然后单击“确定”按钮，如图4-64所示。

图4-63

图4-64

09 先将整体的“填色”调整为红色(R:206，G:2，B:36)，如图4-65所示。然后选中字母L形的色块，将其“填色”调整为黄色(R:255，G:216，B:26)，如图4-66所示。接着按快捷键Ctrl+]将其置于顶层，如图4-67所示。

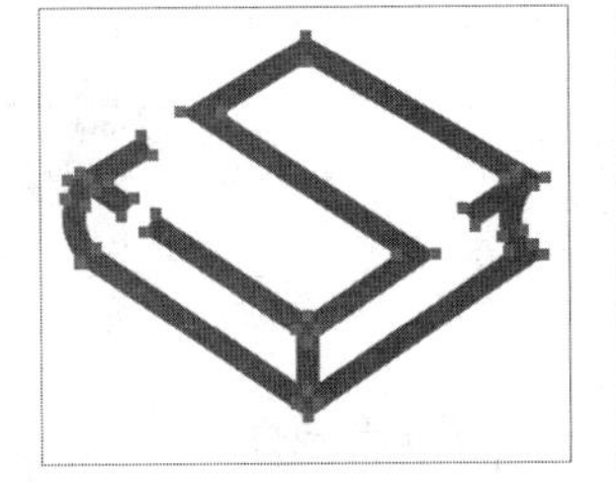

图4-65

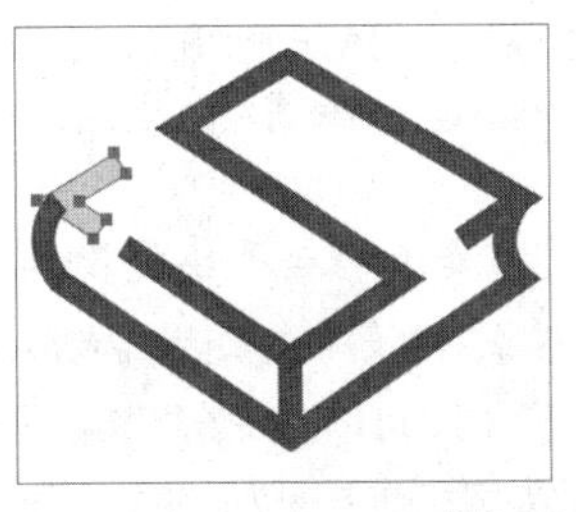

图4-66

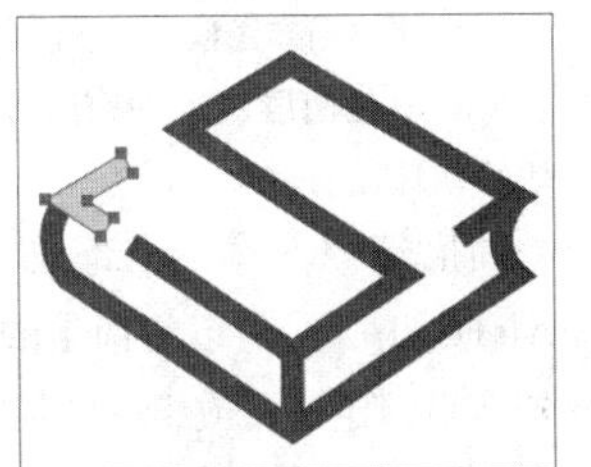

图4-67

10 使用“直接选择工具” 调整一下锚点的边角细节，如图4-68所示。

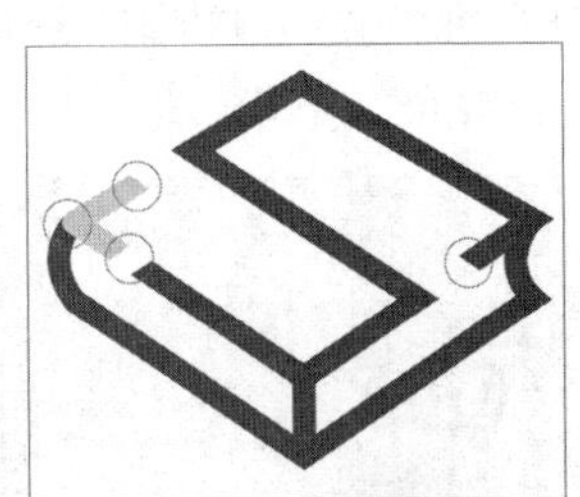

图4-68

11 将上一章课后习题要求制作的“书里”两字放到图形Logo的下方，并将“书”字的“、”笔画调整为红色(R:206，G:2，B:36)，最终效果如图4-69所示。

图4-69

知识点：扩展对象

执行“对象>扩展”或“对象>扩展外观”菜单命令均可对对象进行扩展。

“扩展”主要针对的是一个或一组矢量对象。如果对一个具有填色和描边的对象执行“扩展”命令，可以在弹出的“扩展”对话框中设置相关选项，如图4-70所示，将原有对象的填色和描边两部分拆解开，这样可以分别对其进行编辑，如图4-71所示。

图4-70

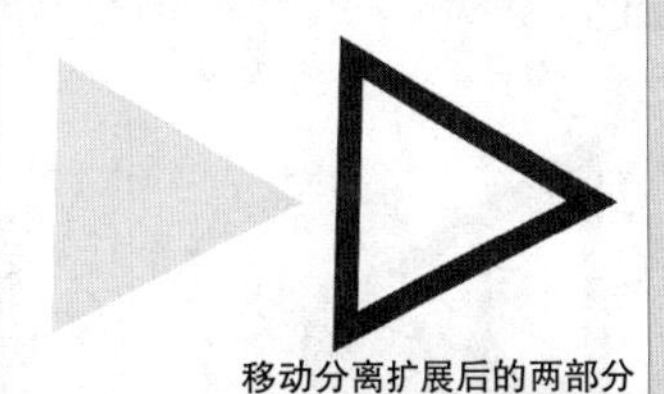

图4-71

“扩展外观”主要针对的是对象的某种效果，如3D效果、变形效果、风格化效果、像素化效果、模糊效果等。例如，如果对一个具有填充颜色的圆形应用了高斯模糊，此时你可以对它进行扩展外观，那么它就会变成一张位图，可编辑性会大大降低，如图4-72所示。

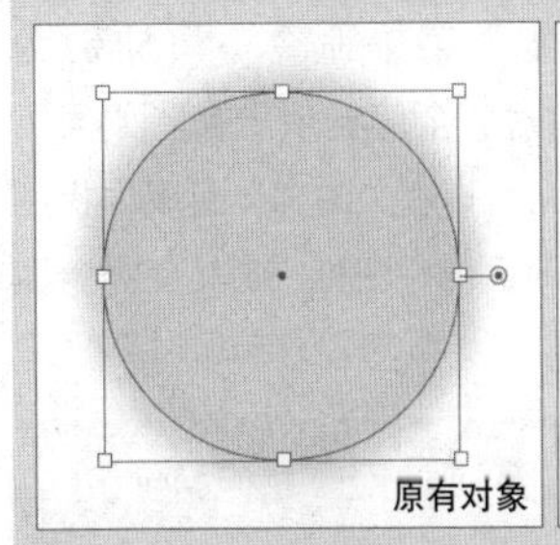

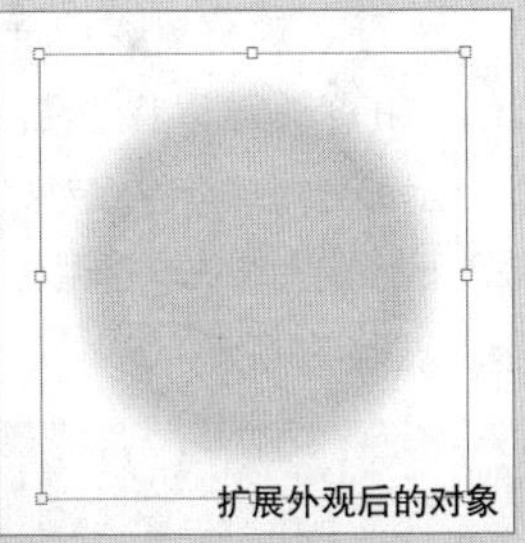

图4-72

4.2.3 隐藏与显示对象

执行“对象>隐藏”子菜单中的命令，可以隐藏对象，如图4-73所示。

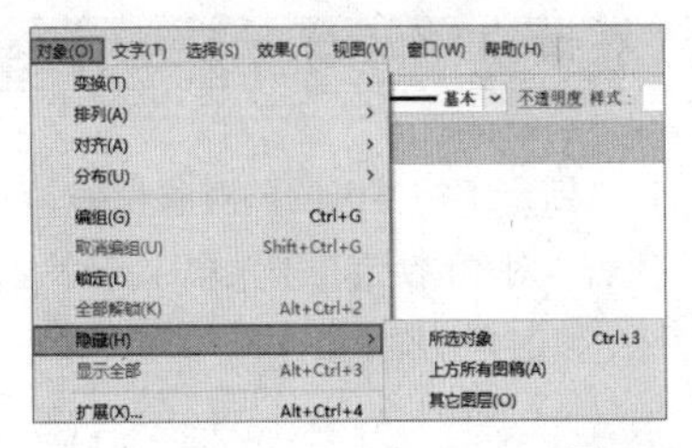

图4-73

重要命令介绍

◇ **所选对象：** 快捷键为Ctrl+3，可以隐藏当前选中对象，如图4-74所示。

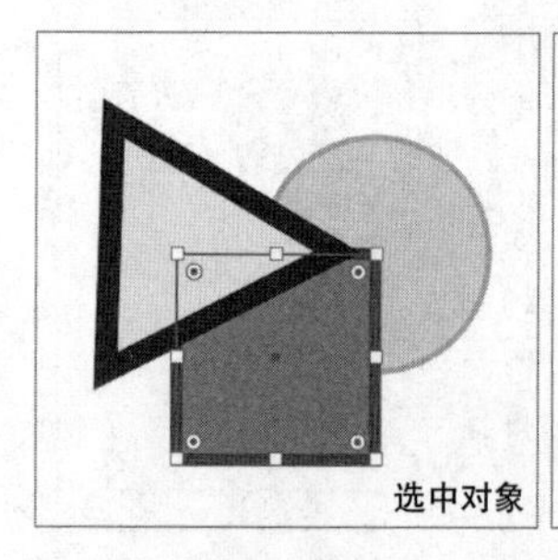

图4-74

◇ **上方所有图稿：** 可以隐藏当前选中对象上方的所有对象，如图4-75所示。

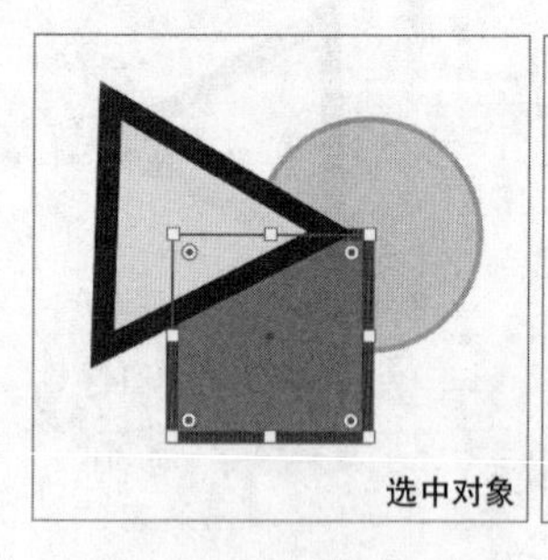

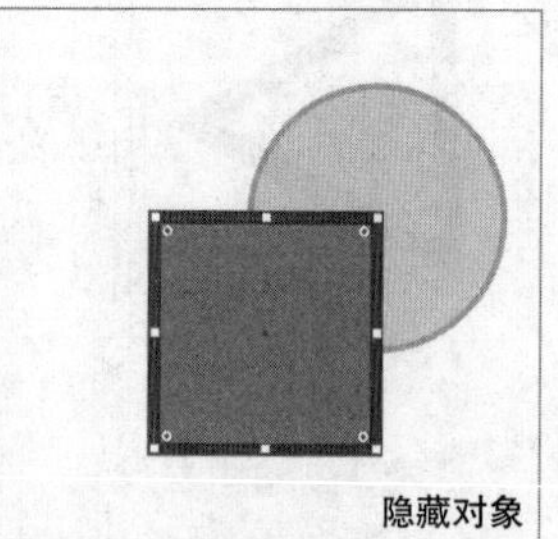

图4-75

◇ **其他图层：** 可以隐藏除了当前选中对象所在图层外的其他所有图层。

执行“对象>显示全部”菜单命令（快捷键为Ctrl+Alt+3），可以将隐藏的对象全部显示出来。如果需要显示部分或某个特定对象，可以在“图层”面板中找到需要显示的对象，单击图层前面的图标，使其变为图标，如图4-76所示。

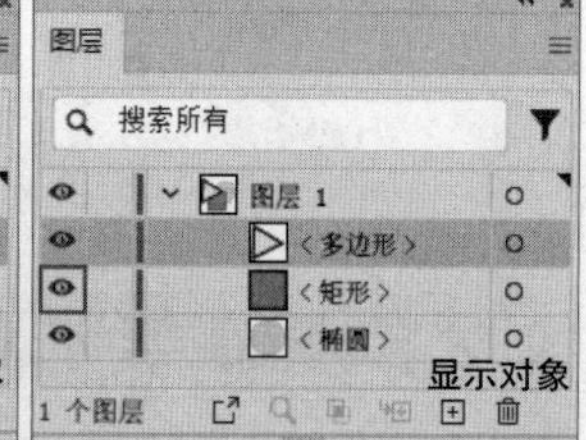

图4-76

4.2.4 锁定与解锁对象

锁定不需要修改的对象和组，可以有效防止误操作。执行“对象>锁定”子菜单中的命令，可以锁定不同的对象，如图4-77所示。

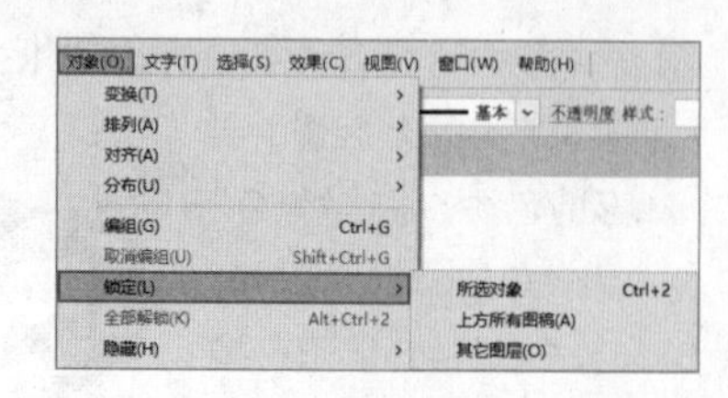

图4-77

重要参数介绍

◇ **所选对象：** 快捷键为Ctrl+2，可以锁定当前选中的对象。

◇ **上方所有图稿：** 可以锁定当前选中对象上方的所有对象。

◇ **其他图层：** 可以锁定除了当前选中对象所在图层外的其他所有图层。

执行“对象>全部解锁”菜单命令（快捷键为Alt+Ctrl+2），可以将锁定的对象全部解锁。如果需要解锁多个锁定对象或组中的某一个组，可以在“图层”面板找到该对象或组，单击前面的图标使其变为图标，如图4-78所示。在解锁时，无法越过编组结构直接解锁被锁定组内的某个对象。

图4-78

4.2.5 编组与解组对象

当图稿中有多个对象时，为了便于管理和选择，可以将对象进行编组。先选择想要编组的对象，然后执行“对象>编组”菜单命令（快捷键为Ctrl+G），即可将这些对象进行编组，如图4-79所示。也可以在选择要编组的对象后单击鼠标右键，在弹出的菜单中执行“编组”命令进行编组。

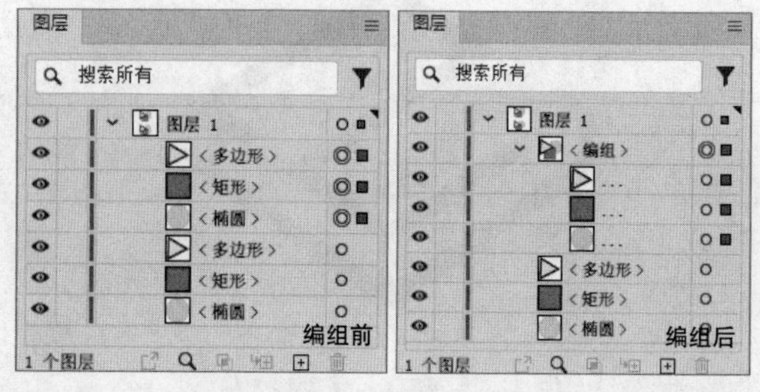

图4-79

技巧与提示

编组后使用“选择工具”选择对象时只能选中该组，而使用“编组选择工具”则能够选中组中的某个对象。

当想要取消编组时，可以先选中组，然后执行“对象>取消编组”菜单命令（快捷键为Ctrl+Shift+G）。此外，在“图层”面板中，可以将编组中的对象收集或释放到不同的图层上，如图4-80所示。

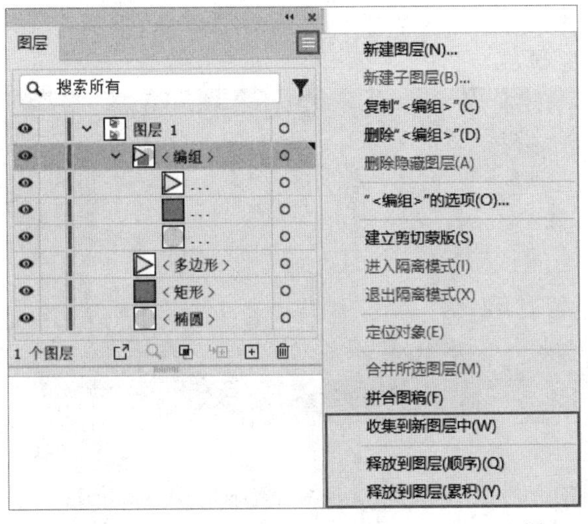

图4-80

4.2.6 对象的堆叠顺序

在“正常绘图”模式中，默认先绘制的对象在后方，后绘制的对象在前方。如果想要调整对象的堆叠顺序，可以在选中对象后执行“对象>排列”子菜单中的命令，如图4-81所示。“置于顶层”“前移一层”“后移一层”“置于底层”这些命令的快捷键都是比较常用的。此外，在选中对象后单击鼠标右键，在弹出的菜单中执行“排列”子菜单中的命令，也可以调整对象顺序。

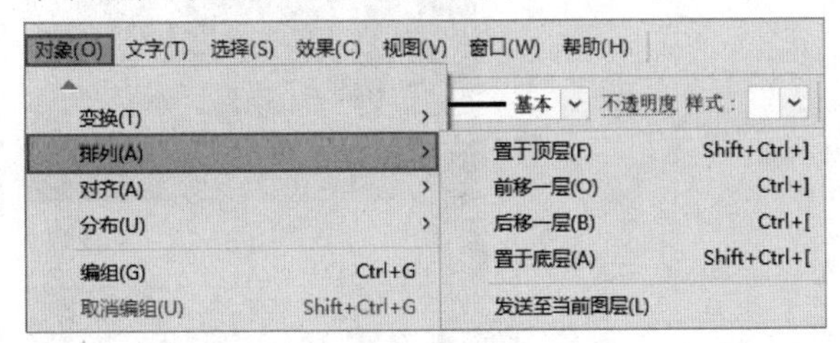

图4-81

课堂案例

绘制帽子

素材文件	素材文件>CH04>素材01.jpg
实例文件	实例文件>CH04>绘制帽子.ai
视频名称	绘制帽子.mp4
学习目标	掌握画笔类工具的使用方法，以及管理对象的方法

本案例将使用画笔类工具绘制帽子，然后使用“直接选择工具”和“平滑工具”对绘制好的路径进行微调和平滑处理，效果如图4-82所示。

图4-82

01 新建一个尺寸为1000px×1000px的画板，然后将本书学习资源文件夹中的“素材文件>CH04>素材01.jpg”文件置入画板中，接着在控制栏中单击“约束宽度和高度比例”按钮，并设置“宽”为1000px，如图4-83所示。再将该素材图像拖曳至画板中间，并按快捷键Ctrl+2将其锁定，如图4-84所示。

宽: 1000 px 高: 666.6667

图4-83

图4-84

02 执行“窗口>图层”菜单命令打开“图层”面板，然后单击“创建新图层”按钮新建一个图层，接着使用“铅笔工具”绘制出帽子的外轮廓，如图4-85所示。使用“直接选择工具”和“平滑工具”调整路径并对绘制的路径进行微调和平滑处理，如图4-86所示。

图4-85

图4-86

03 使用“美工刀工具”沿帽身和帽檐结合处的边缘线进行分割，使其分割为两部分，如图4-87所示。接着使用“美工刀工具”分割出帽身和帽檐的阴影区域，如图4-88所示。

图4-87

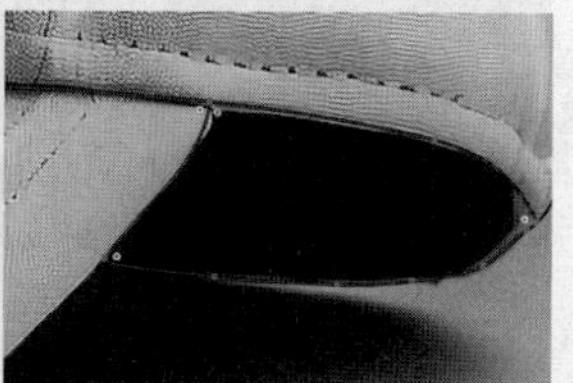

图4-88

技巧与提示

在使用“美工刀工具”分割路径后，需要使用“直接选择工具”、“平滑工具”、“添加锚点工具”和“删除锚点工具”调整路径。

04 对于分割出的帽身、帽檐和阴影区域，设置“描边”为“无”，帽身的“填色”为灰色（R:230，G:228，B:228），帽檐的“填色”为比帽身略深一些的灰色（R:221，G:219，B:219），阴影区域的“填色”为灰黑色（R:63，G:63，B:63），如图4-89所示。绘制完成后将这步的填色对象隐藏。

图4-89

05 使用“铅笔工具”绘制出帽身的分隔线，并设置“描边”为深灰色（R:96，G:96，B:96），“粗细”为3pt，如图4-90所示。接着使用“铅笔工具”在分隔线的两侧绘制两条路径，并设置“描边”为比分隔线浅一些的灰色（R:122，G:112，B:110），“粗细”为1pt，再在“描边”面板中勾选“虚线”选项，并设置“虚线”和“间隙”均为2pt，如图4-91所示。

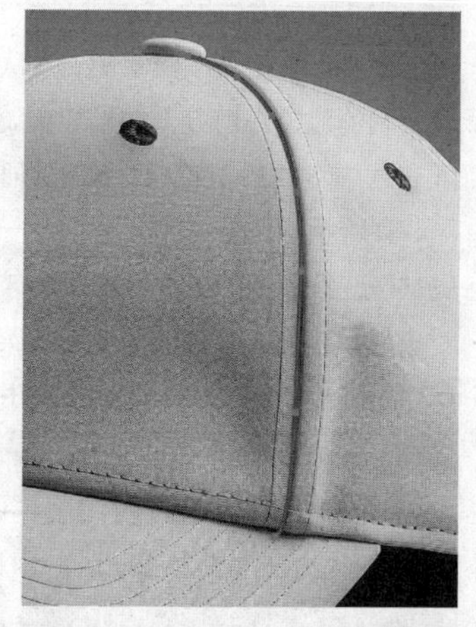

图4-90

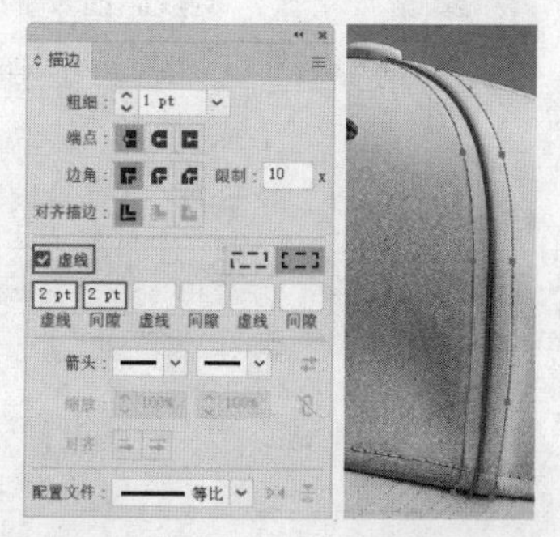

图4-91

06 用同样的方法绘制出帽身和帽檐上其他的装饰线，隐藏“图层1”并显示步骤04所绘制的对象，如图4-92所示。

图4-92

07 选择帽身上的装饰线，执行“对象>编组”菜单命令进行编组。选择帽身，按快捷键Ctrl+C复制，按快捷键Ctrl+F贴在前方。在“图层”面板中将复制出的帽身图层放置在装饰线组的上一层，接着选中它们，如图4-93所示，执行“对象>剪切蒙版>建立”菜单命令，创建剪切蒙版，如图4-94所示。

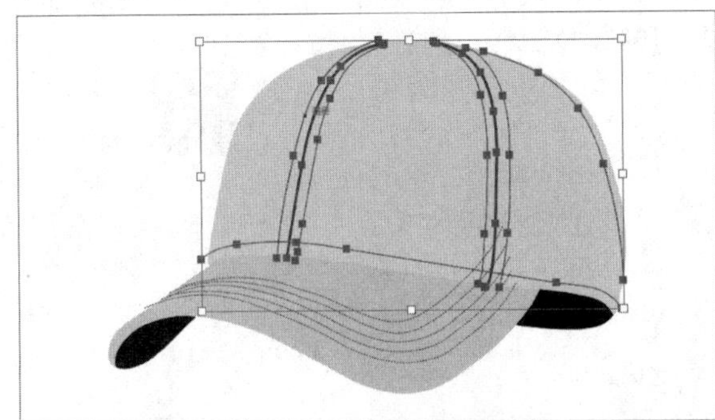

图4-93

图4-94

08 用同样的方法将帽檐上的装饰线进行编组，并剪切进帽檐中，如图4-95所示。使用“椭圆工具”画出帽子顶部的纽扣和帽身上的装饰椭圆形，颜色可以使用已有灰色或自行调整，如图4-96所示。

图4-95

图4-96

技巧与提示

案例中的配色仅供参考，读者可自行选择不同的颜色进行搭配。

09 使用“椭圆工具”在所有对象的后方画出帽子的投影，颜色可以选择深一些的灰色（R:45，G:45，B:45），如图4-97所示。

图4-97

10 选择底部椭圆，执行“效果>模糊>高斯模糊”菜单命令，在弹出的“高斯模糊”对话框中设置“半径”为8像素，单击“确定”按钮，如图4-98所示。在控制栏中设置投影的“不透明度”为90%。使用“直接选择工具”微调帽子的细节。使用“美工刀工具”分割出帽檐的厚度，设置填色为比帽檐略深一些的灰色，最终效果如图4-99所示。

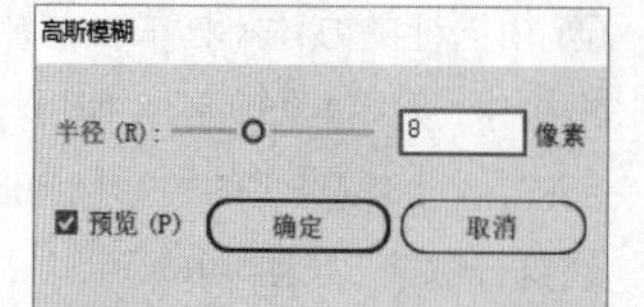

图4-98

图4-99

课堂练习

绘制卡通头像

素材文件	素材文件>CH04>素材02.jpg
实例文件	实例文件>CH04>绘制卡通头像.ai
视频名称	绘制卡通头像.mp4
学习目标	掌握画笔类工具的使用方法，以及管理对象的方法

练习使用画笔类工具绘制卡通头像，效果如图4-100所示。

图4-100

4.3 对齐与分布对象

对齐与分布在设计中经常会用到。使用对齐与分布可以制作出更有规律性的版面，如可以让多个对象顶对齐、底对齐、左对齐、右对齐、居中对齐等，还可以让多个对象按照一定的间距进行均匀分布。

4.3.1 对象的对齐

执行“窗口>对齐”菜单命令打开“对齐”面板，其中对齐对象的方式有6种，如图4-101所示。

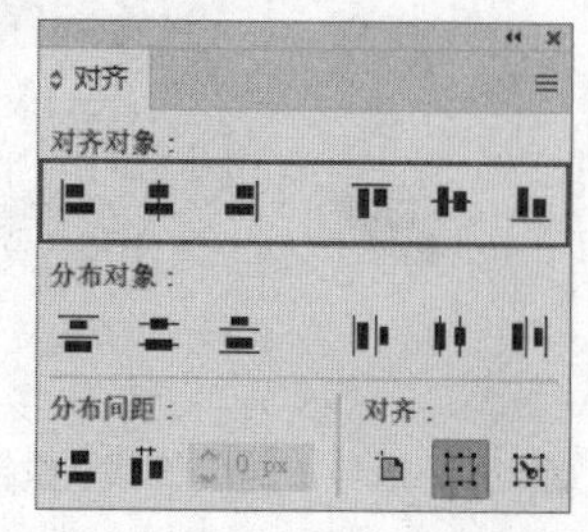

图4-101

选择要对齐的对象后，在进行对齐操作之前，需要设置对齐的参考对象。单击“对齐画板”按钮，所选对象将以画板为基准进行对齐，不同的对齐效果如图4-102所示。

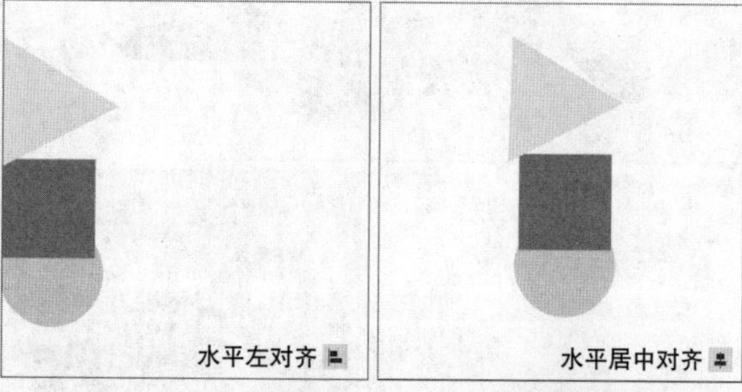

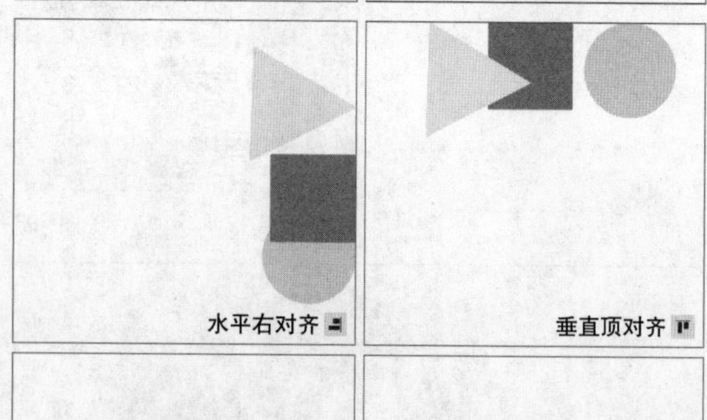

图4-102

单击“对齐所选对象”按钮，所有对象将以所选对象的边界为基准进行对齐，不同的对齐效果如图4-103所示。

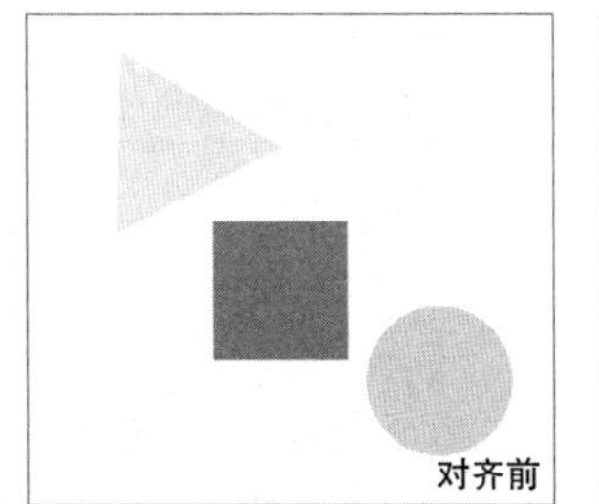

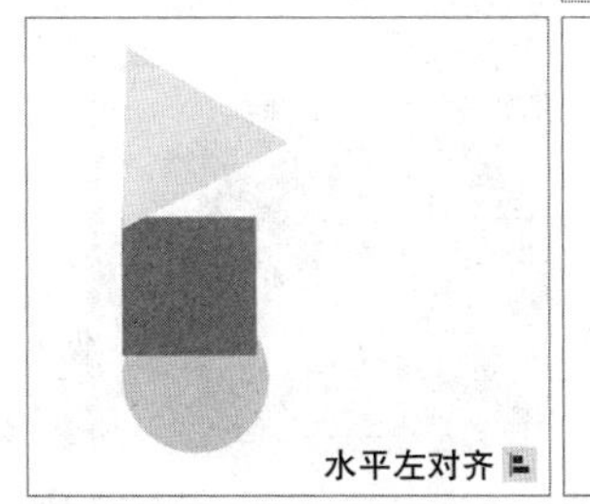

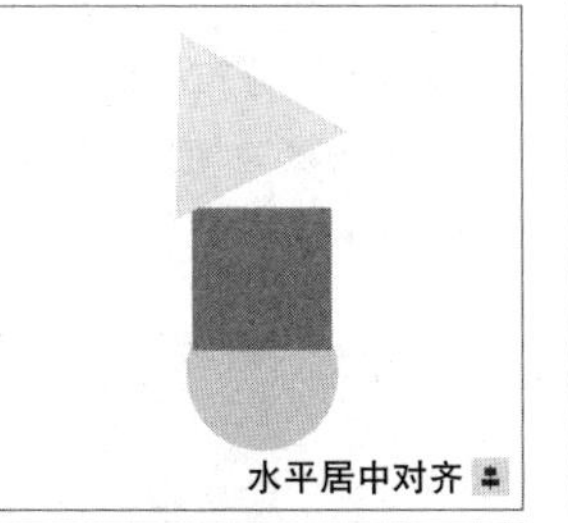

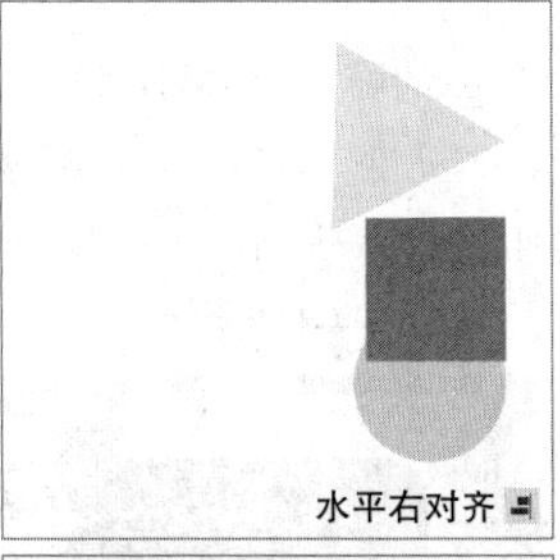

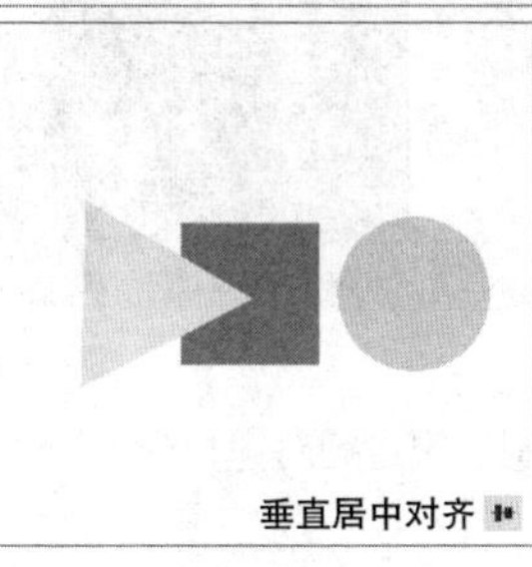

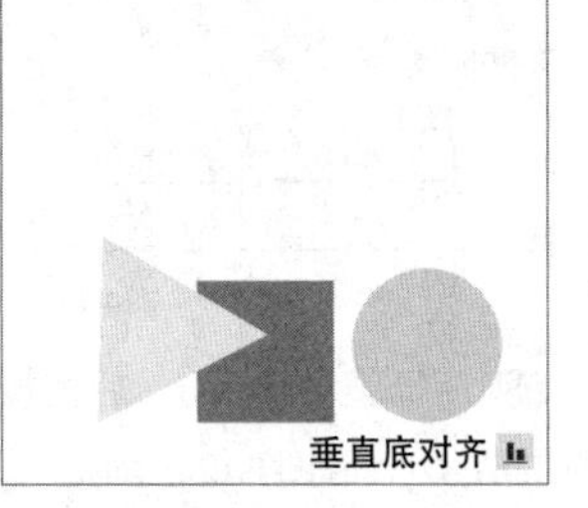

图4-103

单击“对齐关键对象”按钮，系统会随机地将所选对象中的一个对象设为关键对象，单击其余对象可进行更改。在设置好关键对象后进行对齐操作，所有对象将以关键对象的边界为基准进行对齐。例如，设置三角形为关键对象，如图4-104所示，水平居中对齐的效果如图4-105所示。

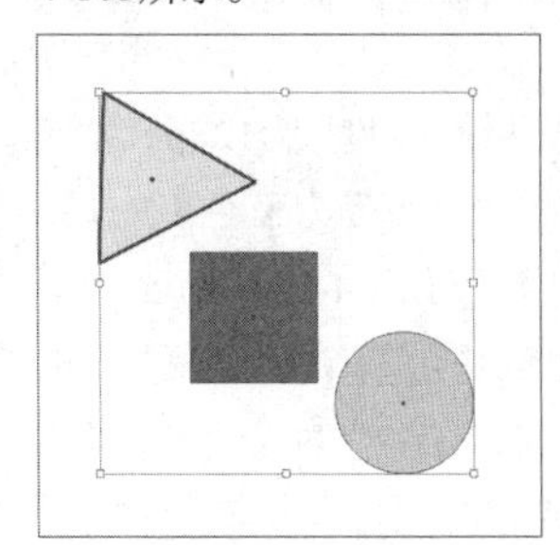

图4-104

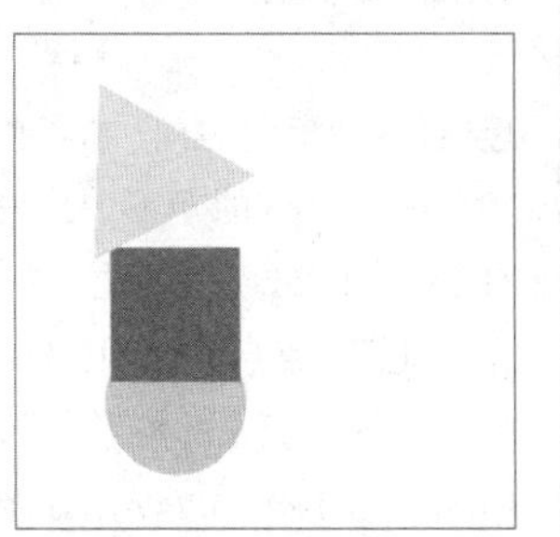

图4-105

技巧与提示

当设置“对齐”为“对齐所选对象”时，如图4-106所示，再次单击某个对象，也可以将其设置为关键对象，如图4-107所示。

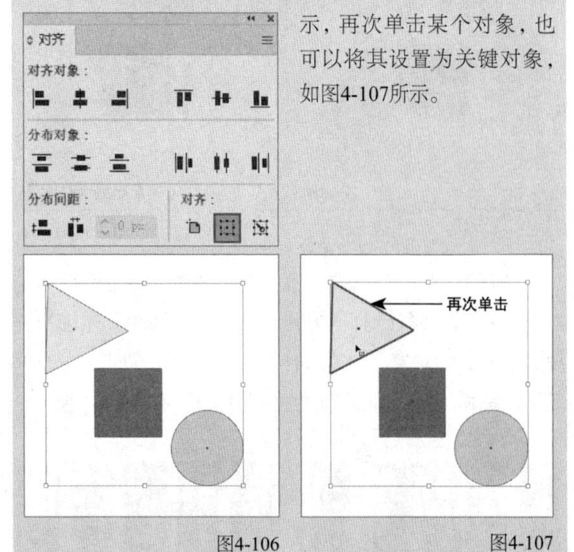

图4-106　　图4-107

4.3.2 对象的分布

在“对齐”面板中，分布对象的方式有6种，分布间距的方式有两种，如图4-108所示。

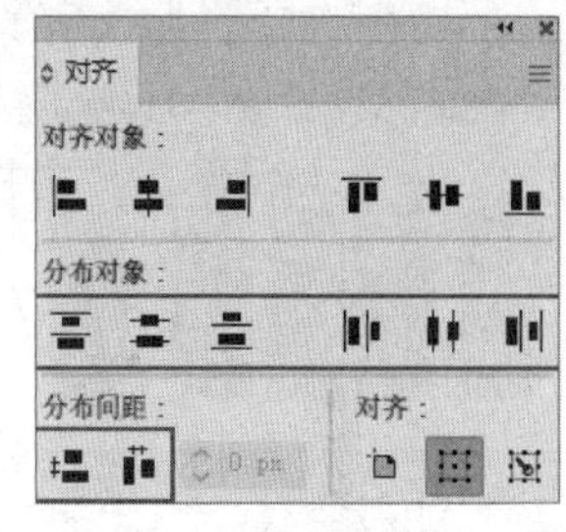

图4-108

选择3个及以上需要分布的对象，然后单击对应按钮，即可按选择的方式进行分布。需要注意的是，“垂直顶分布”、“垂底顶分布”、“水平左分布”和“水平右分布”是基于对象顶部、底部、左侧或右侧边缘进行分布的，将对象进行垂直顶分布后的效果如图4-109所示；“垂直居中分布”和“水平居中分布”是基于对象中心进行分布的，将对象进行“水平居中分布”后的效果如图4-110所示。

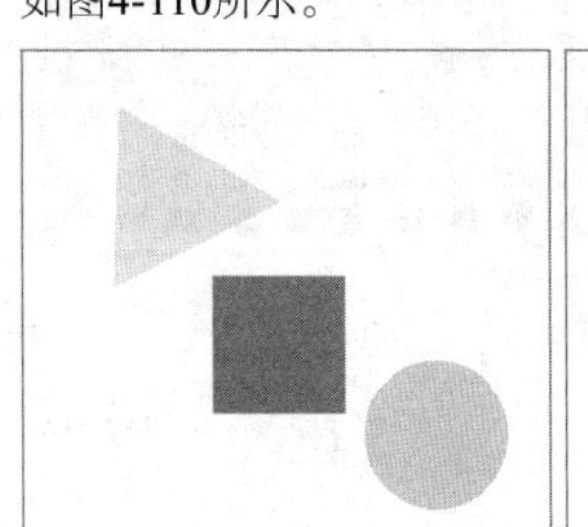

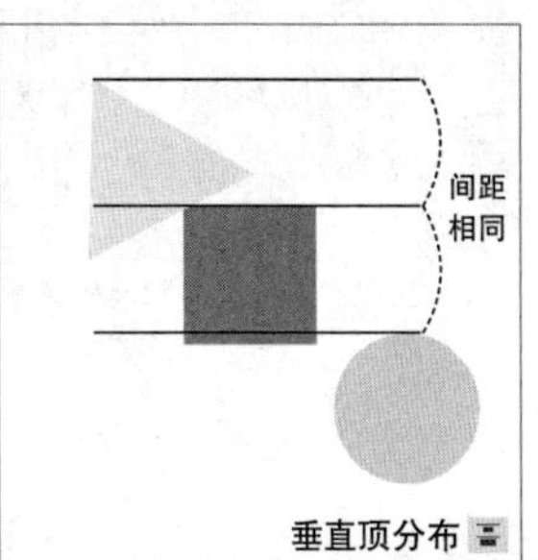

图4-109

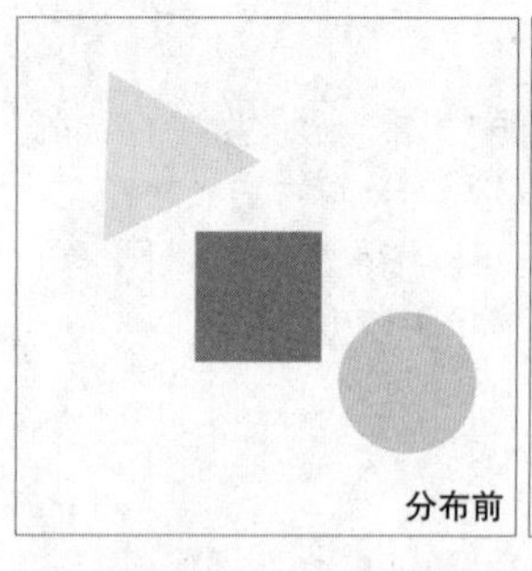

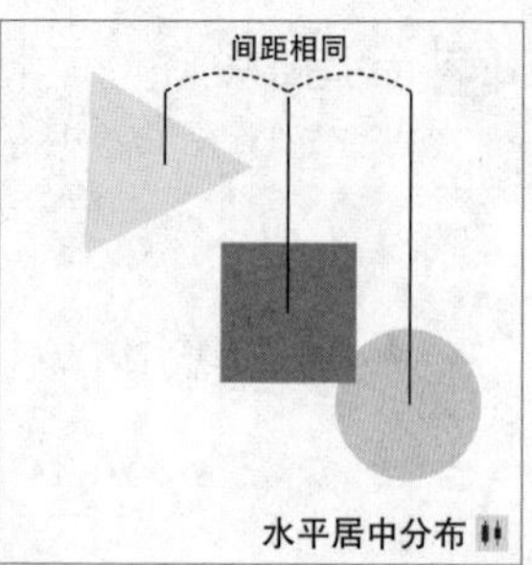

图4-110

选择3个及以上需要设置分布间距的对象，然后单击对应按钮，即可按选择的方式调整分布的间距。先选择需要调整间距的对象，如图4-111所示，然后单击“水平分布间距”按钮，对象之间的间距将变得相同，如图4-112所示。

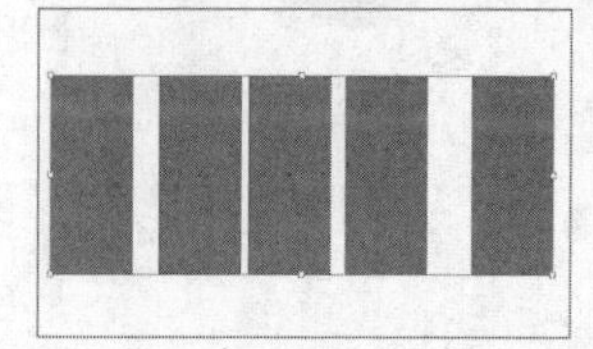

图4-111

图4-112

如果指定间距，需要设置一个关键对象为参考，如图4-113所示。例如，设置间距为10px，单击“水平分布间距”按钮，效果如图4-114所示。

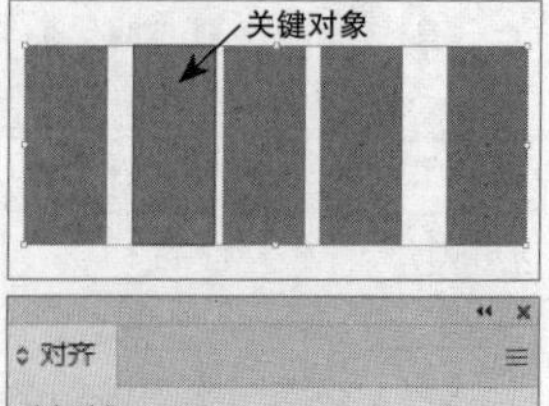

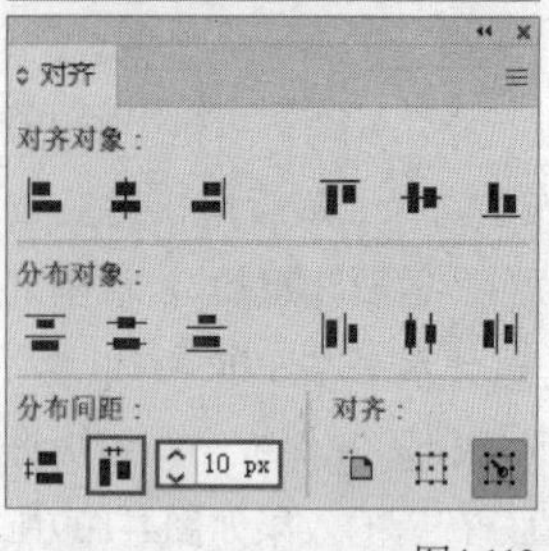

图4-113

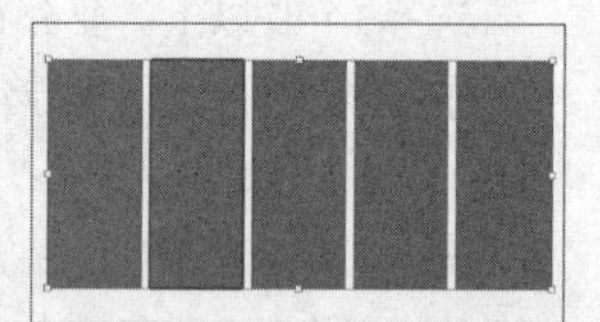

图4-114

技巧与提示

选择需要对齐或分布的对象，在控制栏中也可以进行对齐或分布操作，如图4-115所示。单击“对齐所选对象”按钮，在下拉菜单中可以选择对齐或分布的参考对象。

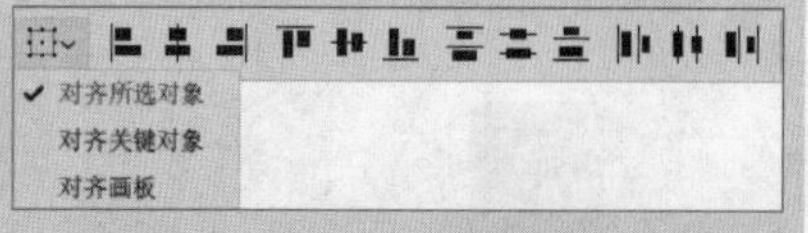

图4-115

课堂案例

制作相机图标

素材文件	无
实例文件	实例文件>CH04>制作相机图标.ai
视频名称	制作相机图标.mp4
学习目标	掌握对象对齐和分布的方法

本案例将使用形状类工具制作相机图标，然后通过对齐和分布操作使图标的排列更为规范，效果如图4-116所示。

图4-116

01 新建一个尺寸为512px×512px的画板，然后使用“矩形工具”绘制一个“宽度”和“高度”为512px，“圆角半径”为60px的圆角矩形，如图4-117所示。接着设置“填色”为黑色，“描边”为“无”，如图4-118所示。

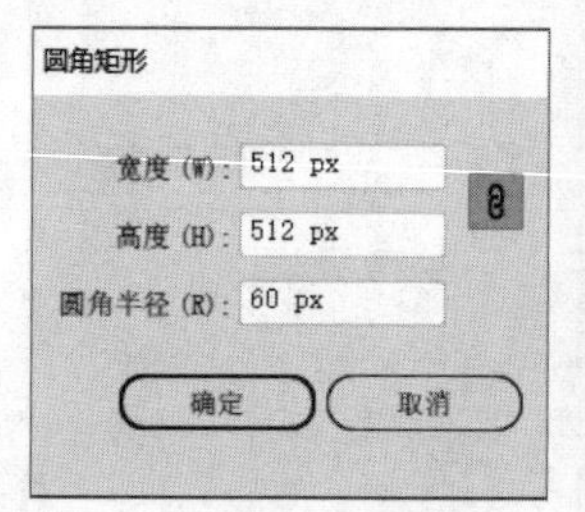

图4-117

图4-118

02 选择圆角矩形，然后在控制栏中进行对齐和分布操作，如图4-119和图4-120所示。

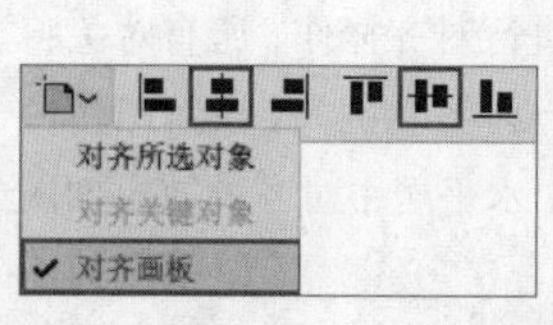

图4-119

图4-120

03 使用“矩形工具”绘制一个“宽度”为128px、“高度”为512px的矩形，并设置“填色”为蓝色（R:18，G:146，B:252），“描边”为“无”，如图4-121所示。选择蓝色矩形，然后按住Alt+Shift键并向右拖曳，使复制出的矩形紧挨着原来的矩形，并设置“填色”为浅一些的蓝色（R:49，G:168，B:247），如图4-122所示。

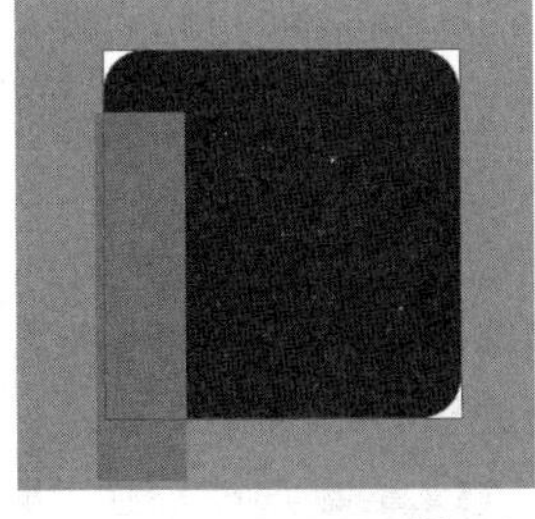

图4-121

图4-122

04 再复制出两个矩形，并修改其“填色”为更浅的蓝色，如图4-123所示。按快捷键Ctrl+G将这4个矩形进行编组，然后使其垂直水平居中于画板，如图4-124所示。

图4-123

图4-124

05 将圆角矩形置于顶层，然后选择圆角矩形和编组的4个矩形，按快捷键Ctrl+7将编组的4个矩形剪切进圆角矩形中，如图4-125所示。

06 使用“椭圆工具”绘制4个尺寸分别为346px×346px、290px×290px、168px×168px和104px×104px的圆形，并使它们垂直水平居中于画板，如图4-126所示。

07 使用“椭圆工具”绘制两个尺寸为36px×36px和18px×18px的白色圆形，然后将它们放到镜头处作为反光，最终效果如图4-127所示。

图4-125

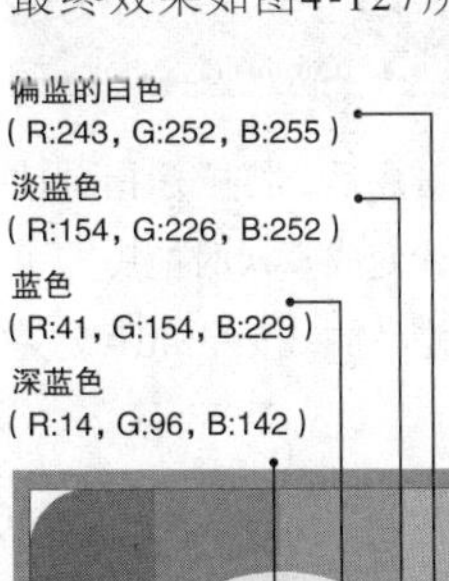

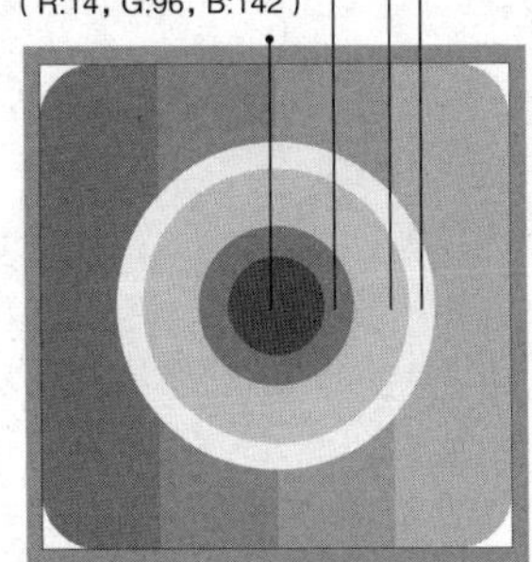

图4-126

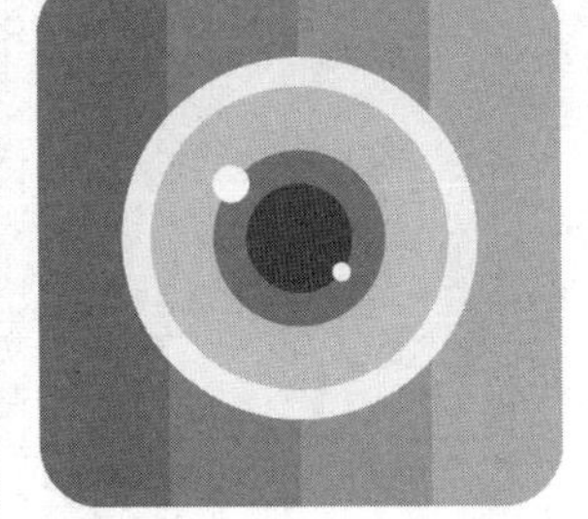

图4-127

4.4 变换对象

在进行设计时，可能需要根据需求对对象进行移动、缩放和旋转等变换操作。选择对象后，可以通过拖曳定界框的方式进行变换，可以在“变换”面板中进行变换，还可以通过菜单命令进行变换。

本节重点内容

名称	作用
比例缩放工具	围绕固定点调整对象大小
自由变换工具	旋转、缩放和倾斜对象
旋转工具	围绕固定点旋转对象
倾斜工具	向任意方向倾斜对象
镜像工具	按照对称轴翻转对象

4.4.1 “变换”面板

在“变换”面板中可以进行移动、缩放、旋转和倾斜等精确的变换操作。执行“窗口>变换”菜单命令，打开“变换”面板，如图4-128所示。

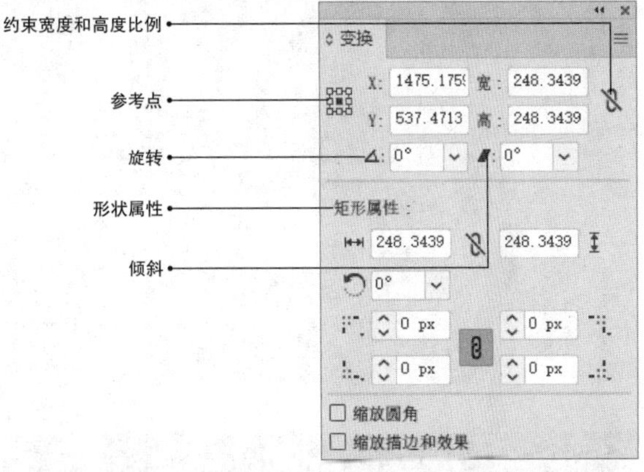

图4-128

重要参数介绍

◇ **参考点：**用于设置变换的中心点。

◇ **X/Y：**用于设置对象的位置。

◇ **宽/高：**用于设置对象的尺寸。

◇ **约束宽度和高度比例：**用于设置是否进行等比缩放。

◇ **旋转：**用于设置对象的旋转角度。负值时为顺时针旋转，正值时为逆时针旋转。

◇ **倾斜：**使对象沿水平轴倾斜。

◇ **形状属性：**选中用形状工具绘制出的矩形、圆角矩形、椭圆和多边形等形状后，在“变换”面板中会显示与该形状对应的形状属性。不同形状的形状属性是有区别的。

◇ **缩放圆角：**勾线该选项，会按原有对象的缩放比例缩放圆角半径。

◇ **缩放描边和效果：**勾线该选项，会按原有对象的缩放比例缩放描边和效果。

技巧与提示

选中对象后，执行“对象>变换”子菜单中的命令，也可以进行“移动”“旋转”“镜像”“缩放”和“倾斜”等操作，如图4-129所示。如果要同时变换多个参数，可在选中对象后执行“对象>变换>分别变换”菜单命令，在打开的“分别变换”对话框中设置变换参数，如图4-130所示。

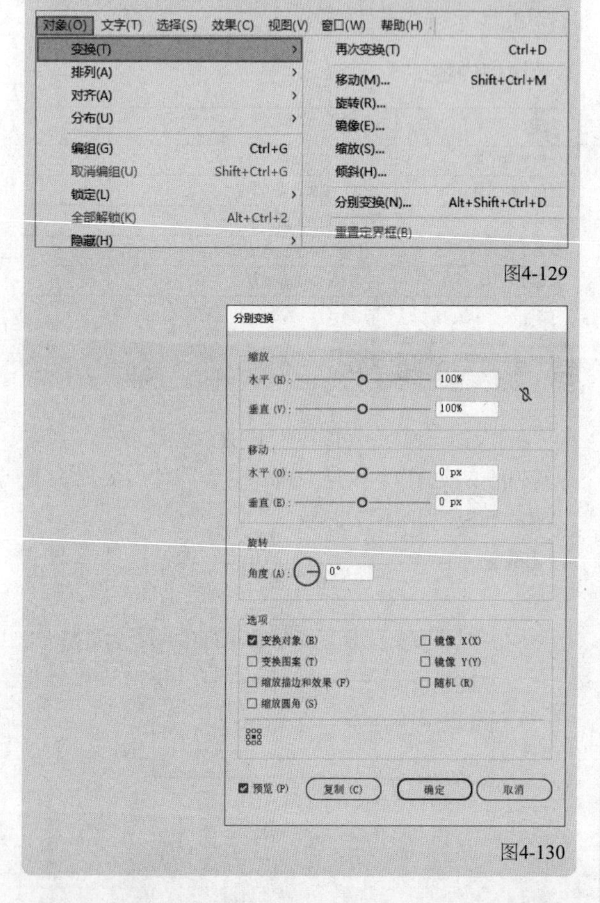

图4-129

图4-130

4.4.2 缩放对象

使用“选择工具”选中目标对象后，将鼠标指针放置在变换框的控制点上，待鼠标指针变成↗状时拖曳即可进行缩放，如图4-131所示。在此过程中，按住Shift键并拖曳可以进行等比例缩放，按住Alt键并拖曳可以由对象中心向内外进行缩放。

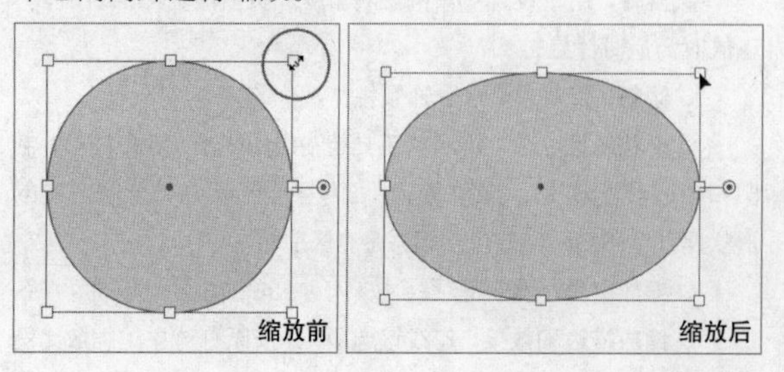

图4-131

使用“比例缩放工具”（快捷键为S）可任意缩放对象。先选择目标对象，然后单击确定固定点的位置，如图4-132所示。之后拖曳鼠标即可基于固定点进行缩放，如图4-133所示。在此过程中，按住Shift键并在垂直方向上拖曳可仅对对象高度进行缩放，按住Shift键并在水平方向上拖曳可仅对对象的宽度进行缩放，按住Shift键并在45°倍数方向上拖曳可等比例缩放对象。

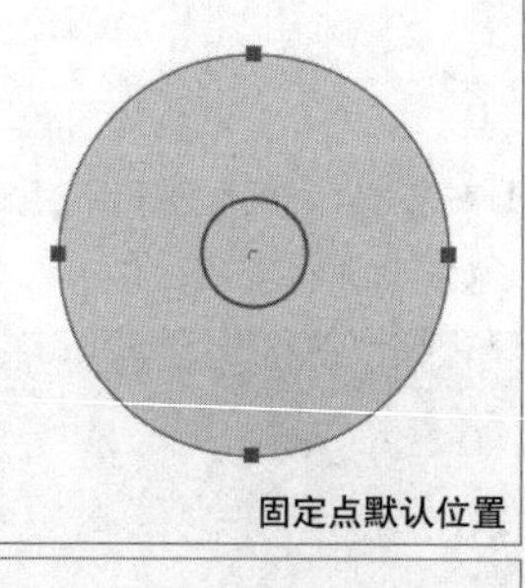

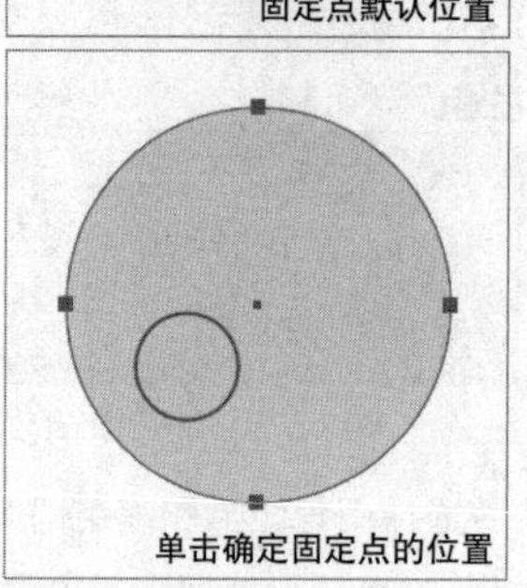

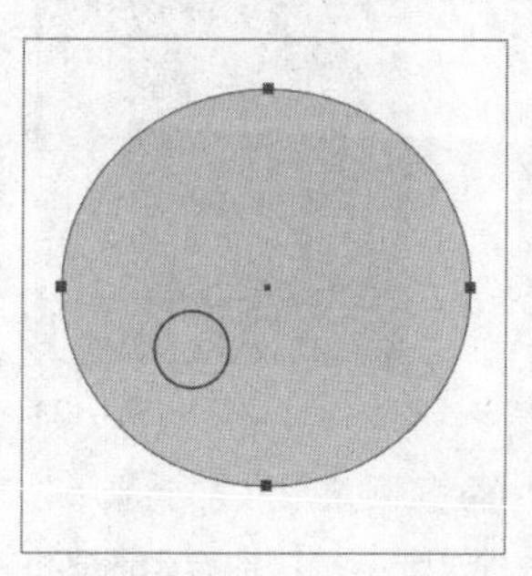

图4-132

图4-133

使用“自由变换工具”（快捷键为E）可以旋转、缩放、倾斜和扭曲对象。选中目标对象后，将鼠标指针放置在变换框的控制点上，待鼠标指针变成↖状时拖曳即可进行缩放。使用该工具缩放对象和使用“选择工具”的操作方法是相同的，只不过，使用“自由变换工具”还可以直接倾斜和扭曲对象。

4.4.3 旋转对象

使用“选择工具”选中目标对象后，将鼠标指针放置在变换框的控制点上，待鼠标指针变成↷状时拖曳即可旋转对象，如图4-134所示。在此过程中，按住Shift键并拖曳可以45°为基数进行旋转。

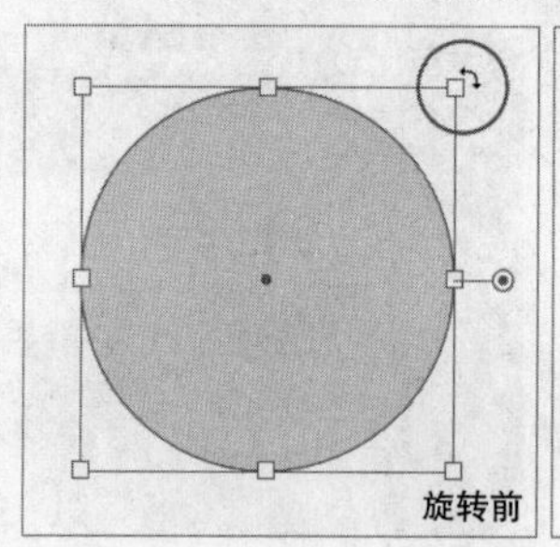

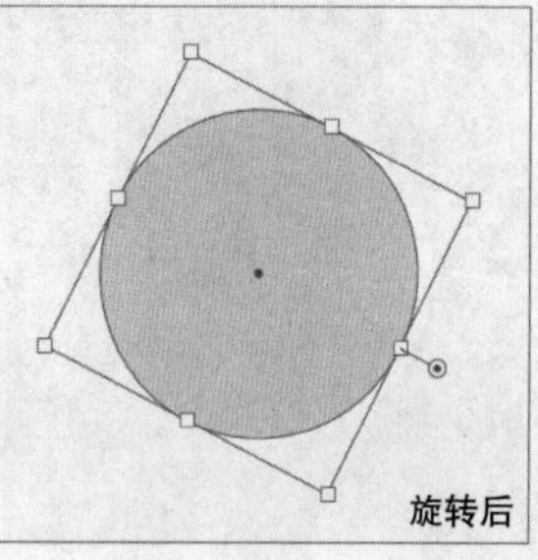

图4-134

使用“旋转工具” （快捷键为R）可任意旋转对象。先选择目标对象，然后单击确定固定点的位置，如图4-135所示。之后拖曳鼠标即可基于固定点进行旋转，如图4-136所示。在此过程中，按住Shift键并拖曳可以45° 角为基数进行旋转。

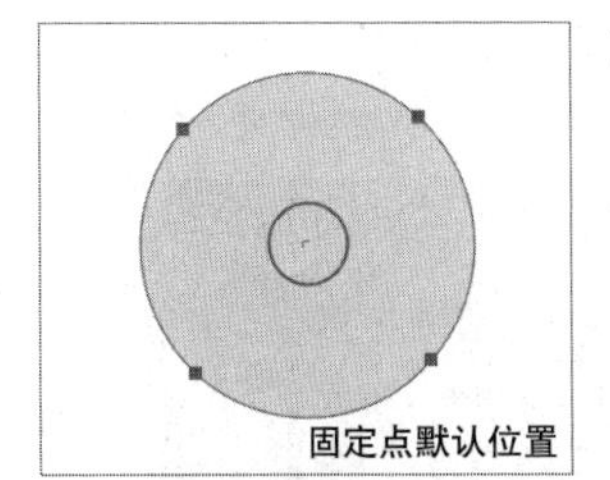

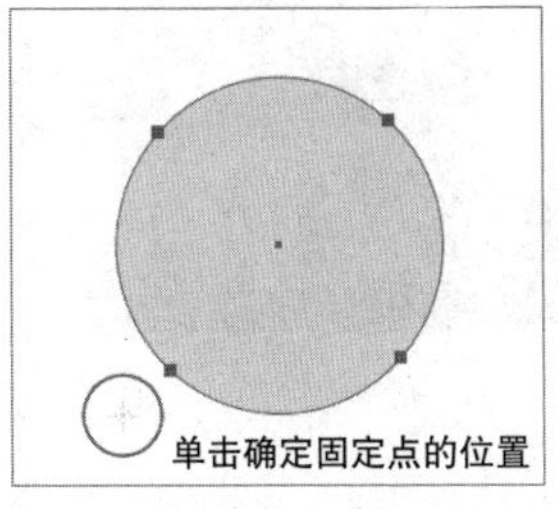

图4-135

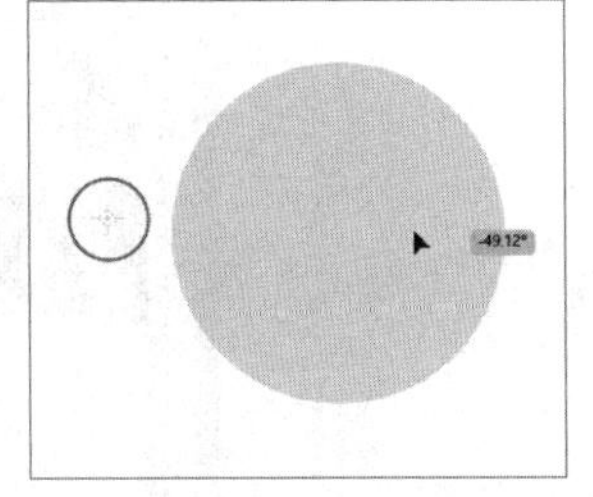

图4-136

使用“自由变换工具” 也可旋转对象，其操作方法与使用“选择工具” 是相同的。

4.4.4 倾斜对象

使用“倾斜工具” 可以将所选对象沿水平方向或垂直方向倾斜。先选中目标对象，然后拖曳鼠标可以倾斜对象，如图4-137所示。单击调整固定点的位置，然后拖曳鼠标即可基于固定点进行倾斜，如图4-138所示。

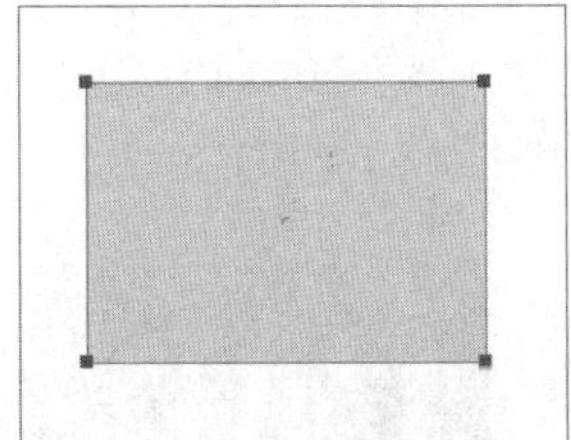

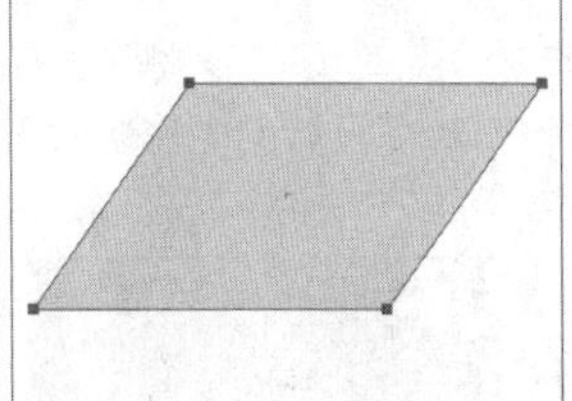

图4-137

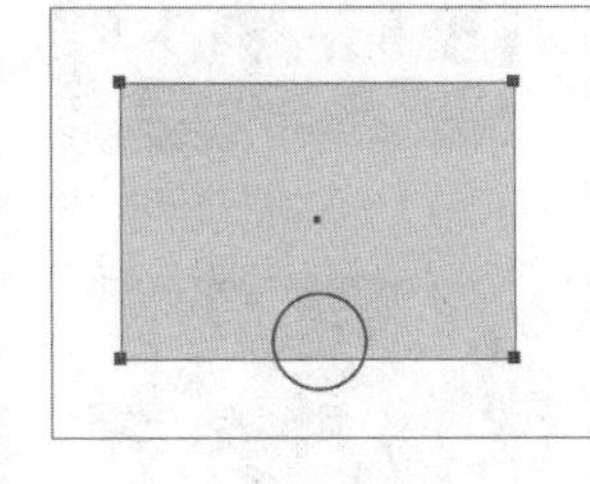

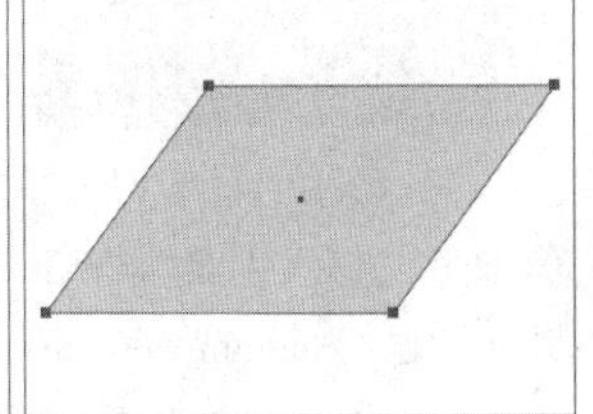

图4-138

使用“自由变换工具” 也可以倾斜对象。选中目标对象后，将鼠标指针放置在变换框的控制点上，待鼠标指针变成 或 状时拖曳即可进行倾斜。在此过程中，按住Shift键并拖曳可以保持对象的高度或宽度不变。

4.4.5 镜像对象

使用“镜像工具” （快捷键为O）能够按照自定义的对称轴来翻转对象。假设需要将四边形以图4-139所示的黑线为对称轴来进行镜像变换，可以先选中目标对象，然后选择“镜像工具” ，接着在黑线（注意，实际操作时黑线是不存在的，图中仅为了指示对称轴的位置）上依次单击两次，如图4-140所示。在此过程中，如果想在进行镜像的同时复制对象，可以在确定对称轴上的第二个点时按住Alt键。

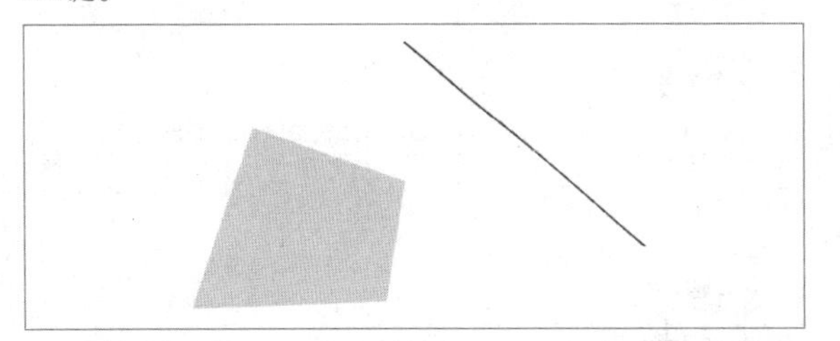

图4-139

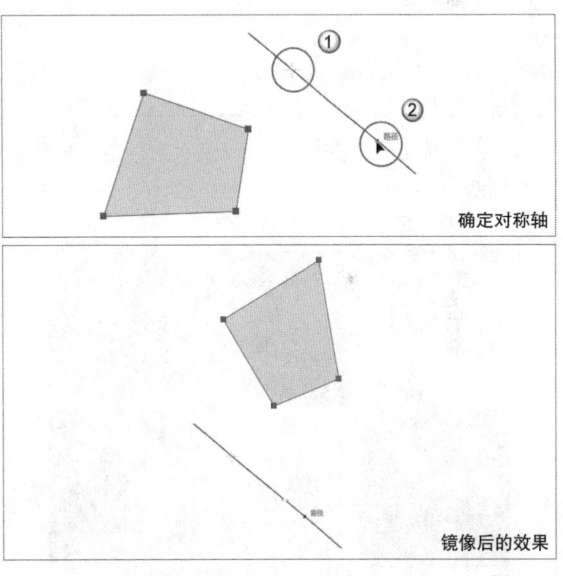

图4-140

此外，选中目标对象，执行“对象>变换>镜像”菜单命令，在弹出的“镜像”对话框中设置相关参数也可完成镜像变换，如图4-141所示。“镜像”对话框的使用频率非常高，在其中可以设置翻转的方向。在确认操作时，单击“复制”按钮可以复制原有对象并镜像，单击“确定”按钮将只进行镜像操作。

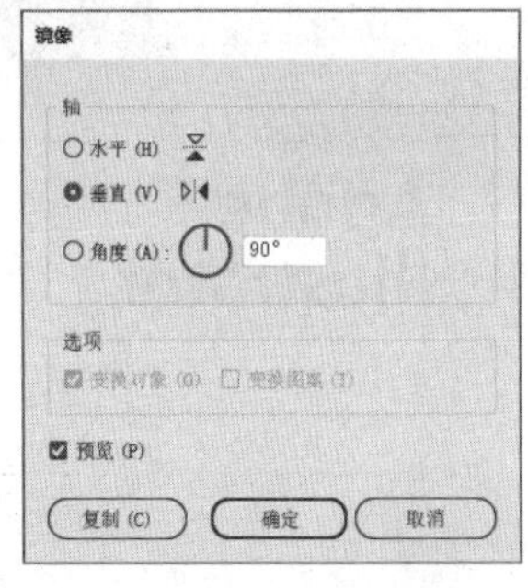

图4-141

知识点：对象的再次变换

在当完成一次缩放、旋转、倾斜或镜像变换操作后，单击鼠标右键并执行“变换>再次变换”菜单命令（快捷键为Ctrl+D），可重复上一步的变换操作。例如，第一次将矩形旋转30°，按快捷键Ctrl+D会将矩形再次旋转30°，如图4-142所示。再次变换的操作非常实用，需要大量重复操作时可以节约时间。

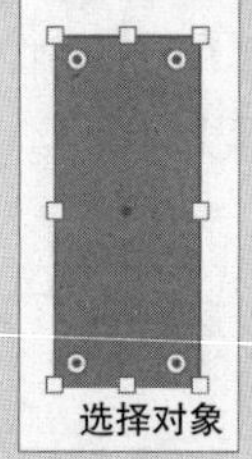

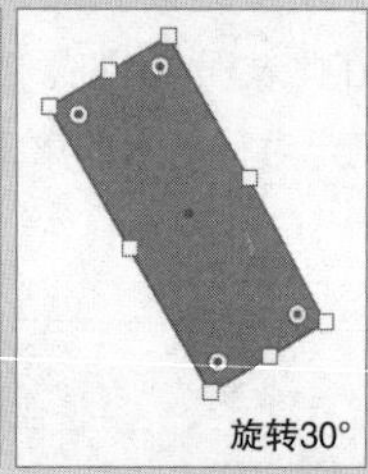

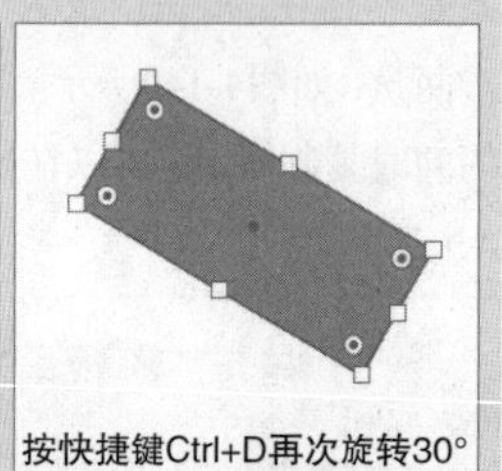

图4-142

课堂案例

制作几何海报

素材文件　无

实例文件　实例文件>CH04>制作几何海报.ai

视频名称　制作几何海报.mp4

学习目标　掌握变换对象的方法

本案例将使用形状类工具和变换对象制作几何海报，效果如图4-143所示。

图4-143

01 按快捷键Ctrl+N打开“新建文档”对话框，选择“打印”选项卡中的“A4”选项，设置“出血”为3mm，单击“创建”按钮。使用“矩形工具”绘制9个尺寸为60mm×60mm的正方形，并排列成九宫格的样式，颜色可以任意设置，能区分出正方形的边界即可，如图4-144所示。

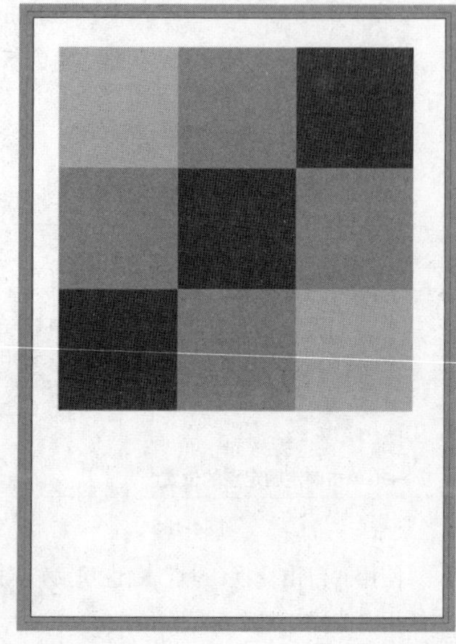

图4-144

技巧与提示

本案例将先制作并排列好各个几何图形，后面会重新调整它们的颜色，所以在制作过程中可以设置任意颜色，只要颜色的搭配便于区分几何图形的边界即可。

02 选择第1个正方形（编号顺序为自左至右、自上至下），按快捷键Ctrl+C复制，按快捷键Ctrl+F贴在前面，使用“删除锚点工具”删除其右上角的锚点，如图4-145所示。将删除锚点后的图形调整为其他颜色，如图4-146所示。

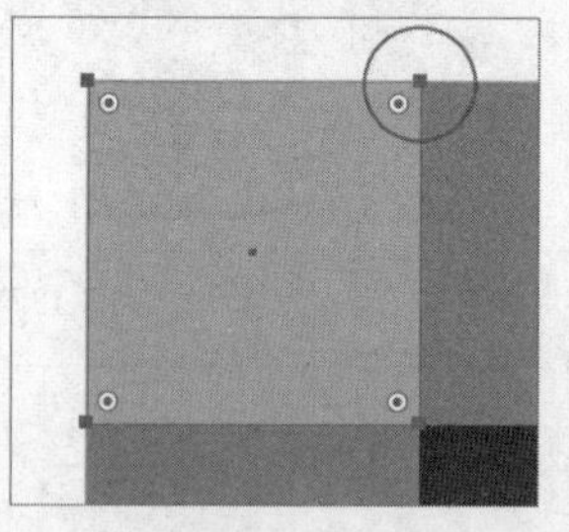

图4-145

图4-146

03 使用“椭圆工具”绘制一个尺寸为60mm×60mm的圆形，并将其排列在第3个正方形中，如图4-147所示。

图4-147

04 复制出一个圆形，然后在"变换"面板中，设置饼图的起始角度为0°，终止角度为180°，如图4-148所示。复制出一个半圆形，然后使用"锚点工具"单击半圆形的锚点，使平滑点变为角点，如图4-149所示。再复制出两个三角形，然后将这3个三角形进行旋转，并将三角形和半圆形依次排列到第6个和第8个正方形中，如图4-150所示。

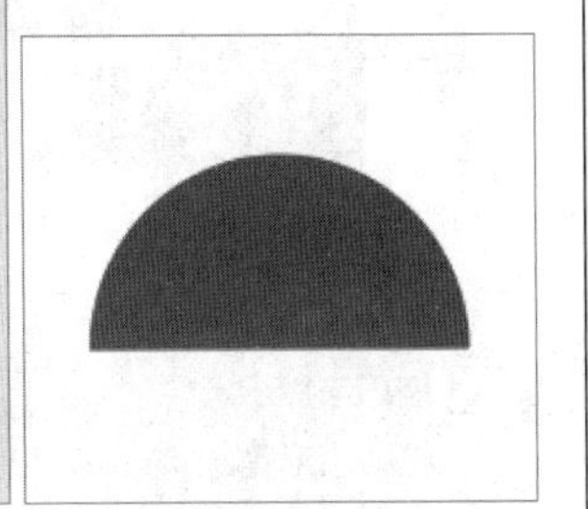

图4-148

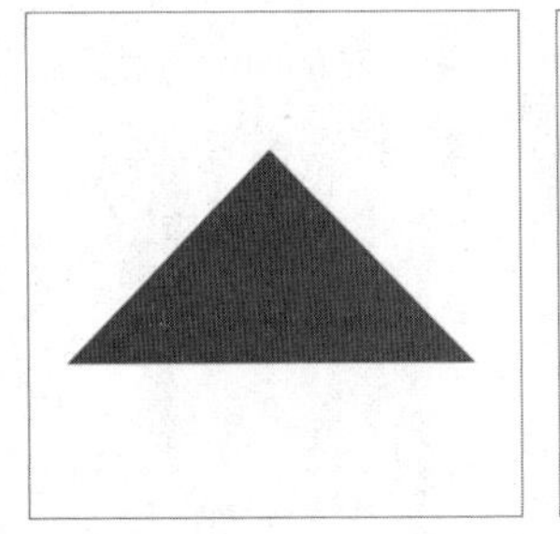

图4-149

图4-150

技巧与提示

本案例中几何图形形状和排列的方式都是较为随意的，读者可以自行设计。

05 使用"矩形工具""椭圆工具"再绘制一些矩形和圆形，并将其排列到其余正方形中，如图4-151所示。

图4-151

06 设计一种颜色搭配，参考如图4-152所示。将这些颜色填充到几何图形中，然后将这些几何图形进行编组，并使其水平居中对齐画板，如图4-153所示。

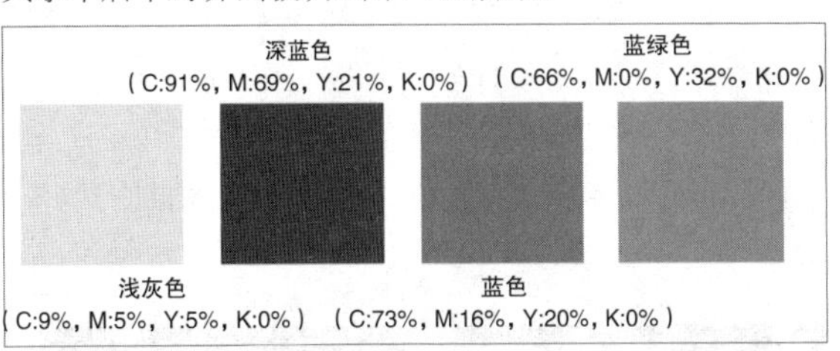

图4-152

图4-153

07 使用"文字工具"在图形下方加入文案，最终效果如图4-154所示。

图4-154

4.5 本章小结

本章主要讲解了选择对象、管理图层与对象、对齐与分布对象，以及变换对象的方法。在进行作品设计时，对象的管理与编辑是十分重要的。通过本章的学习，读者应该全面掌握管理对象与编辑对象的方法，并且根据需求进行操作。

4.6 课后习题

根据本章的内容，本节共安排了两个课后习题供读者练习，以带领读者对本章的知识进行综合运用。

课后习题：制作植物影子

素材文件	素材文件>CH04>素材03.ai
实例文件	实例文件>CH04>制作植物影子.ai
视频名称	制作植物影子.mp4
学习目标	掌握管理对象和倾斜对象的方法

对“倾斜工具”的使用方法进行练习，效果如图4-155所示。

图4-155

课后习题：制作辅助图形

素材文件	无
实例文件	实例文件>CH04>制作辅助图形.ai
视频名称	制作辅助图形.mp4
学习目标	掌握变换对象的方法

对变换对象的方法进行练习，效果如图4-156所示。

图4-156

技巧与提示

辅助图形是VI（Visual Identity，视觉识别）系统中不可或缺的一部分，也称为辅助图案，多采用圆形、线条、矩形、三角形等基本几何图形，根据设计主题需求进行多种排列和组合。合理使用辅助图形能有效地提升企业形象的诉求力，帮助企业更好地进行品牌传播和形象塑造。

第 5 章

色彩与填充

本章主要介绍选取颜色、填充颜色与图案的方法，以及使用透明度与混合模式的方法。合理使用这些方法，可以设计出丰富多彩的作品。

课堂学习目标

◇ 掌握选取颜色的方法
◇ 掌握填充颜色和图案的方法
◇ 掌握使用不透明度蒙版的方法
◇ 掌握使用混合模式的方法

5.1 选取颜色

在使用形状类、画笔类和文字类等工具时，都需要选取颜色。在Illustrator中，有多种选取颜色的方法。此外，“颜色参考”面板还可以根据选择的基准色提供多种配色方案。

本节重点内容

名称	作用
“颜色”面板/“色板”面板	选取颜色
“颜色参考”面板	提供多种配色方案
吸管工具	在对象之间复制并应用外观属性

5.1.1 拾色器

双击工具栏底部的“填色”色块□或“描边”色块■，打开“拾色器”对话框，在色域中单击或在颜色模型（HSB、RGB和CMYK）的文本框中输入数值，即可选取颜色，如图5-1所示。在选取颜色后，单击“确定”按钮或者按Enter键即可将其设为“填色”或“描边”的颜色。

超出色域警告
当前拾取颜色
超出Web颜色警告
色域
颜色滑块
颜色值

图5-1

重要参数介绍

◇ **当前拾取颜色/色域：**在“色域”中拖曳鼠标，可以改变当前拾取的颜色。

◇ **颜色滑块：**拖曳颜色滑块，可以调整颜色范围。

◇ **颜色值：**显示当前颜色的色值。在某个颜色模型中输入数值，可以精确定位颜色。“#”右侧的文本框显示的是颜色代码，主要用于设置网页色彩。

◇ **超出色域警告⚠：**不同颜色模型的色域是不同的，CMYK颜色模型中的颜色总数比其他颜色模型少很多。当所选颜色超出CMYK色域时，就会出现该警告。单击该图标或者其下方的小色块，可以将颜色替换为CMYK色域中与其相近的颜色。

◇ **超出Web颜色警告：**在出现该警告时，表示当前颜色无法准确地在网页中显示。单击该图标或者其下方的小色块，可以将颜色替换为与其相近的Web安全色。

◇ **颜色色板：**单击该按钮，会显示“颜色色板”，单击即可选取颜色，如图5-2所示。

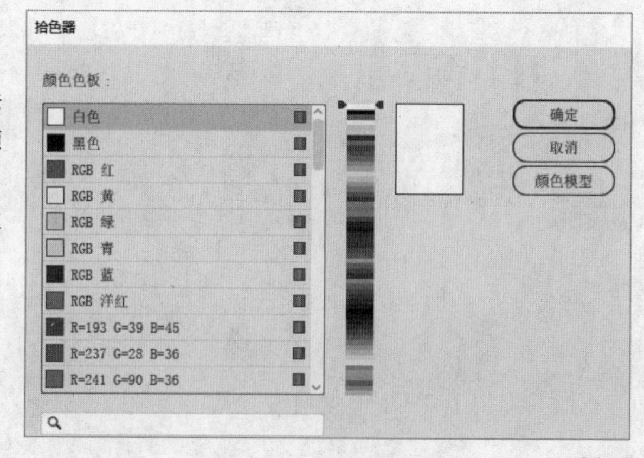

图5-2

知识点：颜色模型

在Illustrator中，共有3种颜色模型，分别是HSB、RGB和CMYK。对于某一种颜色，"拾色器"面板中会通过不同的颜色模型进行表达，图5-3所示为颜色模型的组成参数及其取值范围。

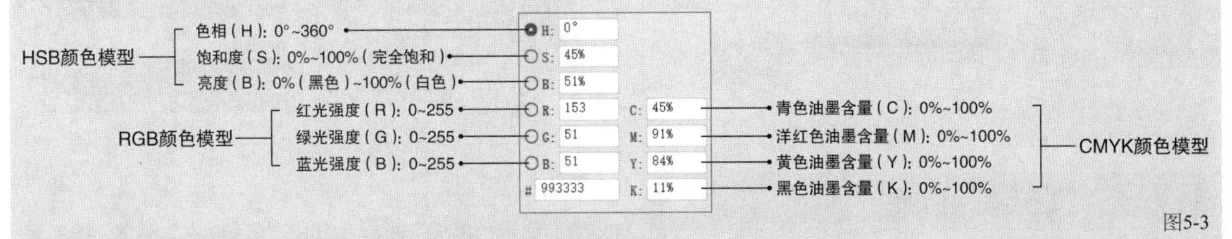

图5-3

打开"拾色器"对话框，选择HSB颜色模型的"H"选项，在竖直的渐变条中单击或者拖曳其旁边的滑块，可以改变色彩范围，如图5-4所示；选择"S"选项并拖曳滑块，可以调整当前颜色的饱和度，如图5-5所示；选择"B"选项并拖曳滑块，可以调整当前颜色的亮度，如图5-6所示。

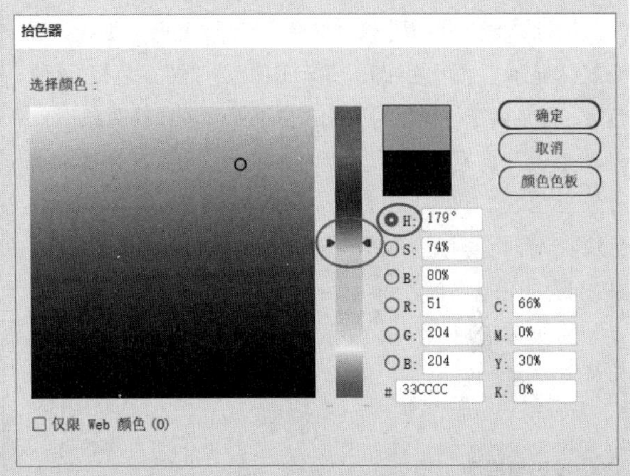

图5-4

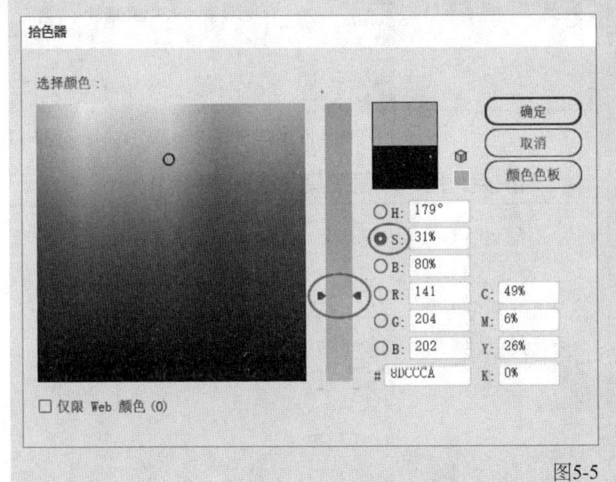

图5-5

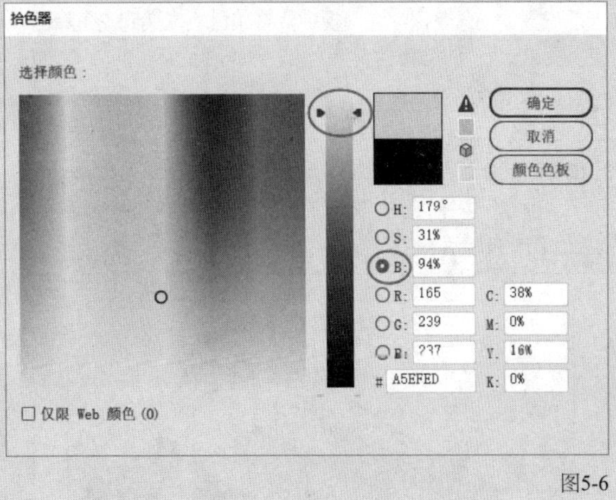

图5-6

5.1.2 "颜色"面板

执行"窗口>颜色"菜单命令（快捷键为F6），打开"颜色"面板，单击"填色"色块□或"描边"色块■，即可对其进行编辑。在文本框中输入数值，拖曳滑块，或者在色谱上单击，可以改变颜色，如图5-7所示。

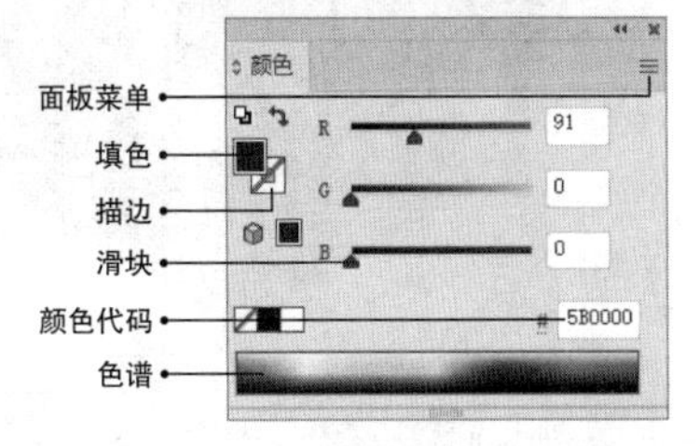

图5-7

单击面板右上角的☰按钮，可以在打开的面板菜单中选择不同的颜色模型，如图5-8所示。

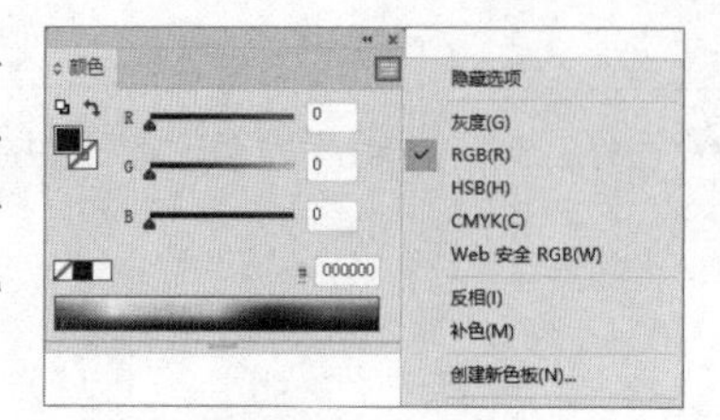

图5-8

5.1.3 “色板”面板

执行“窗口>色板”菜单命令，打开“色板”面板，面板默认显示了“颜色色板”“渐变色板”“图案色板”3种色板，以及两个“颜色组”，如图5-9所示。选择对象后单击某个色块即可为对象上色，“填色”色块在前时会为对象内部上色，“描边”色块在前时会为对象描边上色。

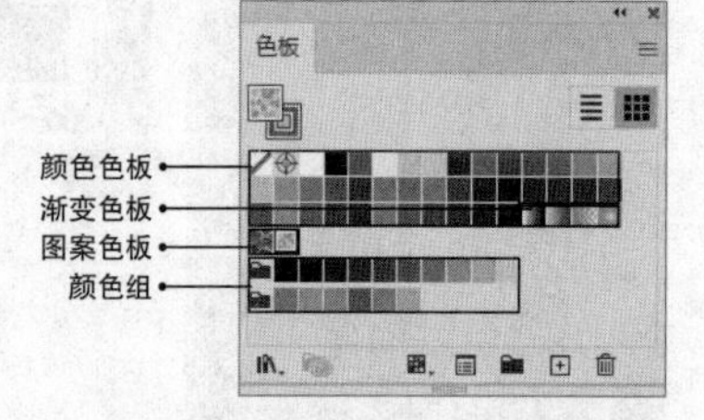

图5-9

技巧与提示

单击“色板”面板底部的“新建色板”按钮⊞，可以将当前设置的前景色保存在面板中。将颜色块拖曳到“删除色板”按钮🗑上，即可将其删除。

如果想保存图稿中的配色方案，可以先选中需要的图稿，如图5-10所示，然后单击“新建颜色组”按钮，在弹出的“新建颜色组”对话框中选择“选定的图稿”选项，再单击“确定”按钮，选中图稿中的所有颜色将存为一个颜色组，如图5-11所示。

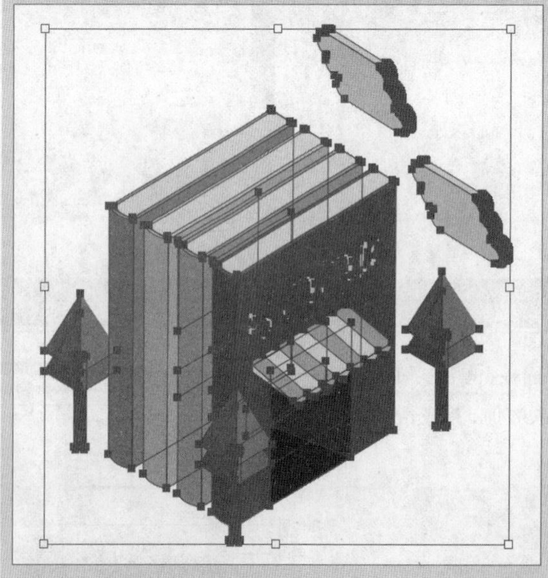
图5-10

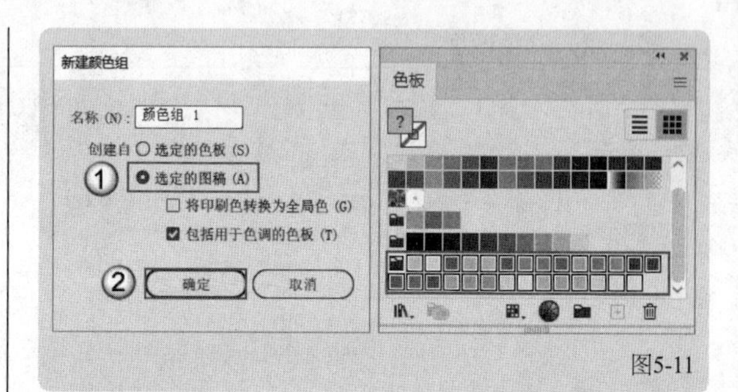

图5-11

单击“色板”面板底部的“‘色板库’菜单”按钮，可以在弹出的菜单中选择并打开相应的色板。例如，执行“渐变>水”菜单命令，如图5-12所示，即可打开“水”色板，在其中可以选择渐变颜色，如图5-13所示。

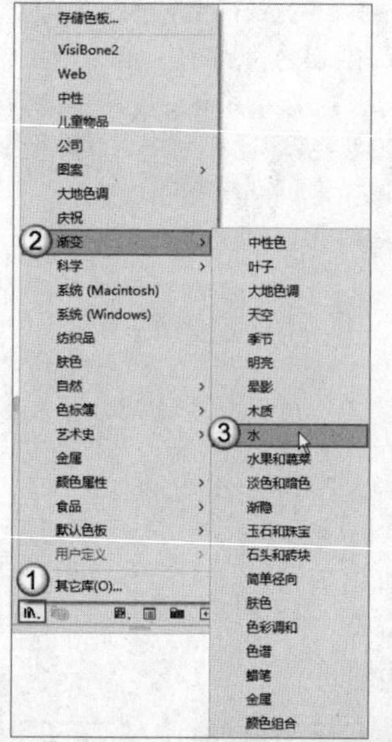

图5-12

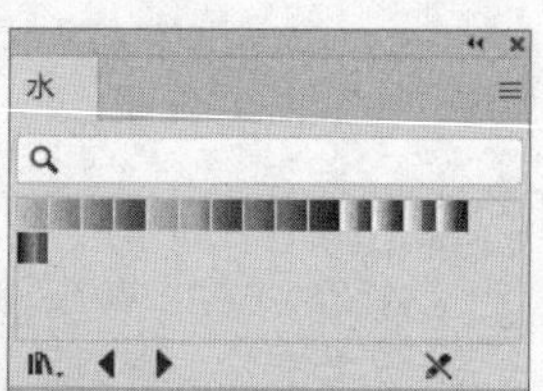

图5-13

知识点：用“吸管工具”选取颜色

如果需要借鉴位图图像中的颜色，可以用“吸管工具”✐（快捷键为I）进行取样，然后保存到“色板”面板中，创建自己的颜色方案。选择“吸管工具”✐，在位图图像中单击所需的颜色，拾取的颜色被设置为“填色”，如图5-14所示。

图5-14

以上操作是针对位图图像的，如果是矢量图的话，使用“吸管工具”✐可以复制多种外观属性，如填色、描边、透明度、字符和段落等。

图5-15所示为有两个不同外观属性的图形，如果想使矩形也有圆形的填充和描边样式，可以先选择矩形，然后使用“吸管工具”单击圆形，如图5-16所示。如果仅想对渐变或图案中的纯色进行取样，那么可以在选中目标对象之后，按住Shift键并使用“吸管工具”单击渐变或图案中的颜色，如图5-17所示。

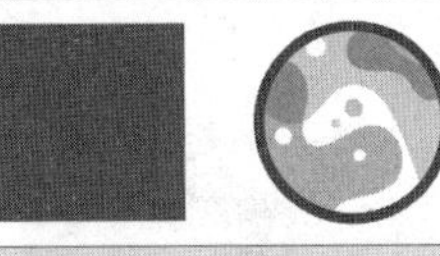

图5-15

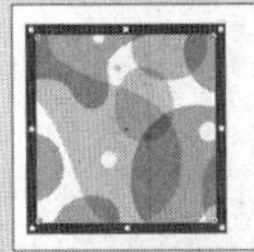

图5-16

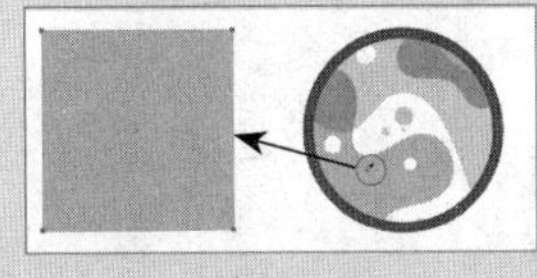

图5-17

双击“吸管工具”打开“吸管选项”对话框，在其中可以设置“栅格取样大小”，还可以取消勾选不需要吸取或应用的属性，如图5-18所示。

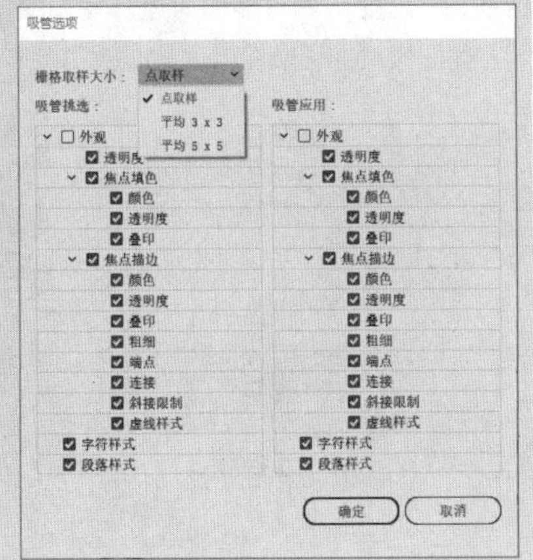

图5-18

课堂案例

绘制低多边形风格插画

素材文件	素材文件>CH05>素材01.jpg
实例文件	实例文件>CH05>绘制低多边形风格插画.ai
视频名称	绘制低多边形风格插画.mp4
学习目标	掌握使用“色板”面板填充颜色的方法

本案例将使用“钢笔工具”绘制低多边形风格插画，并建立专属色板进行填色，效果如图5-19所示。

图5-19

技巧与提示

低多边形（Low Poly）是一种复古未来派风格设计，在计算机图形学中被广泛应用。通过减少多边形面的数量，用较少的细节表现出物体或场景的形状和结构。既具有过去的手工艺品的感觉，又具有未来抽象化的表达。

01 新建一个尺寸为1000px×1000px的画板，然后将本书学习资源文件夹中的“素材文件>CH05>素材01.jpg”文件置入画板中，接着调整图像到合适的大小与位置，如图5-20所示。

图5-20

02 单击控制栏中“图像描摹”按钮右侧的按钮，选择“低保真度照片”选项，生成的描摹效果如5-21所示。单击“扩展”按钮将描摹结果转换为路径，如图5-22所示。

图5-21

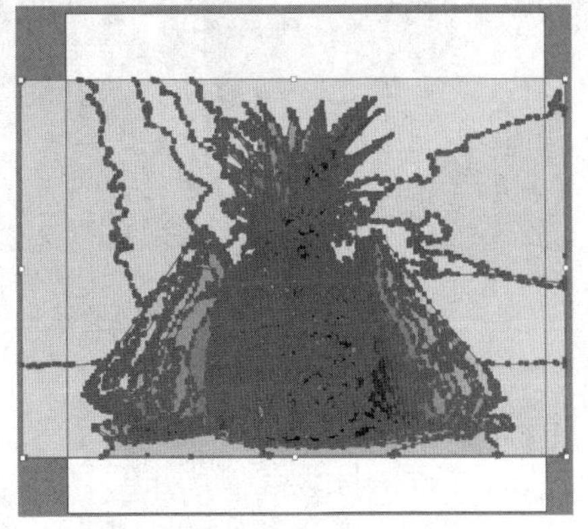

图5-22

03 单击“色板”面板底部的“新建颜色组”按钮，在弹出的“新建颜色组”对话框中设置“名称”为“菠萝”，选择“选定的图稿”选项，单击“确定”按钮，如图5-23所示。这样就可以将选中的所有颜色存为一个颜色组，如图5-24所示。

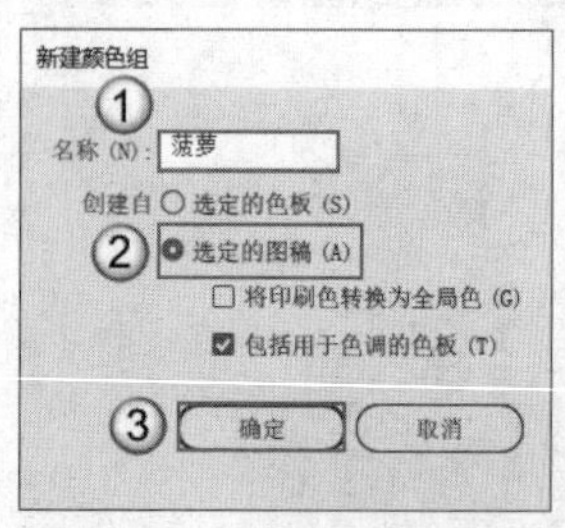

图5-23

图5-24

04 按快捷键Ctrl+2将图形锁定，然后新建一个图层，并使用“钢笔工具”根据素材的明暗关系绘制一个三角形，如图5-25所示。绘制完成后在“色板”面板中选择一个与底色相近的颜色进行填充，如图5-26所示。

图5-25

图5-26

技巧与提示

除了可以使用“色板”填充颜色，还可以使用“吸管工具”在素材图形中拾取颜色为所绘制图形上色。

05 继续用“钢笔工具”绘制多个相邻三角形，确保相邻三角形相应的顶点与顶点重合、边与边重合，各个三角形的大小不要相差太多。注意，使用“钢笔工具”绘制相邻三角形时，单击起点不要位于已绘制三角形的顶点上，否则会将其删除。可以在绘制好一个三角形后就在“色板”面板中选择一个与底色相近的颜色进行填充，如图5-27和图5-28所示。

图5-27

图5-28

06 绘制叶子时注意整体形状的概括，不需要绘制得特别精细，可以使用三角形和四边形共同绘制，如图5-29所示。关闭素材图形所在图层，如图5-30所示。

图5-29

图5-30

07 使用“选择工具”选择叶子部分，向下拖曳控制框上边框中间的锚点，使叶子部分扁一些，如图5-31所示。

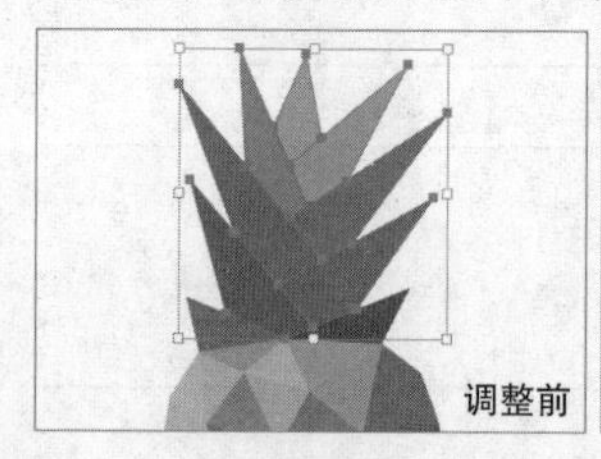

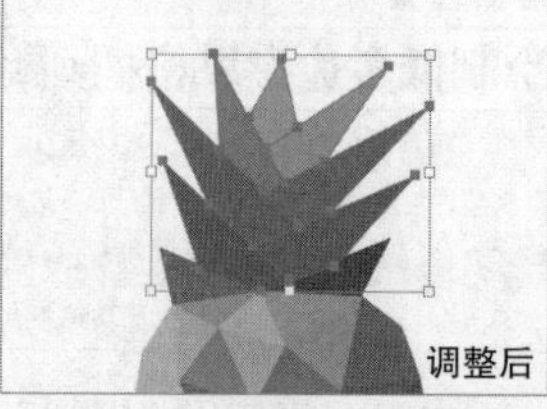

图5-31

08 使用“直接选择工具”调整叶子色块的连接处，使其紧密相接，最后微调一下菠萝底部的细节，最终效果如图5-32所示。

图5-32

5.1.4 “颜色参考”面板

“颜色参考”面板能够根据选择的基准色提供多种配色方案，执行“窗口>颜色参考”菜单命令（快捷键为Shift+F3）即可打开该面板，如图5-33所示。

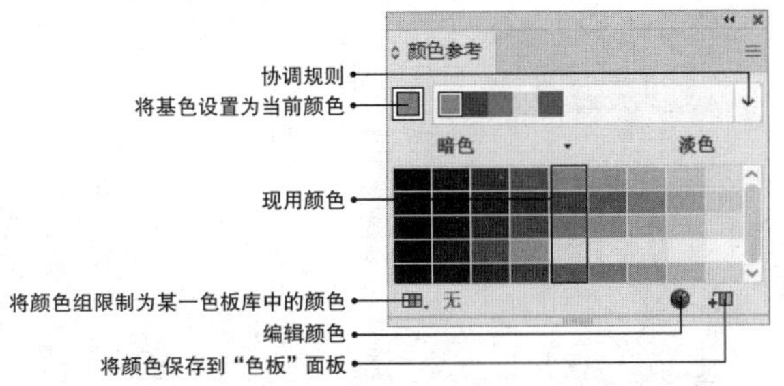

图5-33

重要参数介绍

◇ **将基色设置为当前颜色■：** 在“色板”面板中选择一种颜色，软件就会将其自动设置为“颜色参考”面板中的基色。

◇ **协调规则：** 单击⌄按钮，可以在下拉列表中选择一种色彩搭配的方式，如图5-34所示。

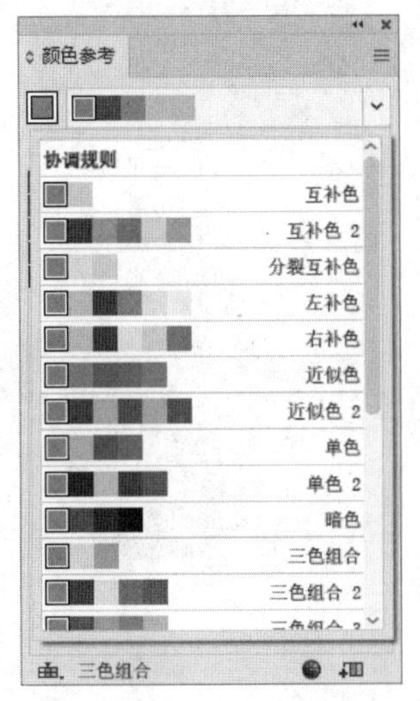

图5-34

◇ **编辑颜色●：** 单击该按钮，可以在打开的“编辑颜色”对话框中编辑颜色组，如图5-35所示。

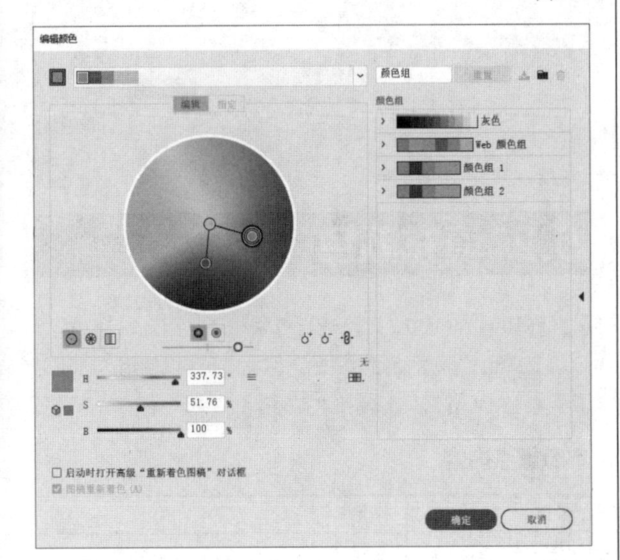

图5-35

◇ **将颜色保存到“色板”面板⊞：** 将现用颜色组添加到“色板”面板中。

执行“颜色参考”面板菜单中的“颜色参考选项”命令，打开“颜色参考选项”对话框，通过设置“步骤”和“变量数”可以改变面板中色板的数量和颜色的变化范围，如图5-36所示。

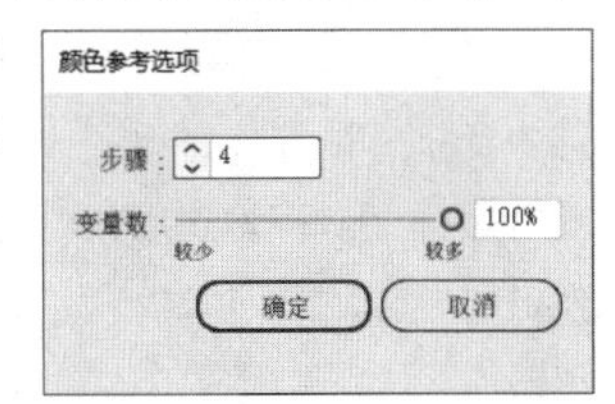

图5-36

知识点：三原色与互补色

三原色指色彩中不能再分解的3种基本颜色，通常分为光学三原色和颜料三原色。

光学三原色指的是红光、绿光和蓝光，将其混合可以生成多种颜色。其中，青色由蓝色和绿色混合而成，黄色由红色和绿色混合而成，洋红色由红色和蓝色混合而成，如图5-37所示。

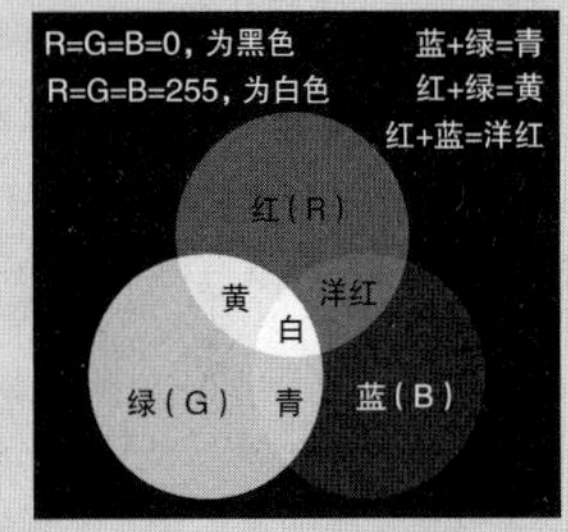

图5-37

颜料三原色指的是青色、洋红色和黄色。其中，红色由洋红色和黄色混合而成，绿色由青色和黄色混合而成，蓝色由青色和洋红色混合而成，如图5-38所示。在印刷时，如果要将文字或线框等元素印为黑色，那么通常会设置C=M=Y=0，K=100。如果不想让画面出现大面积的“死黑”，可以设置C=M=Y=0，K=80~90。

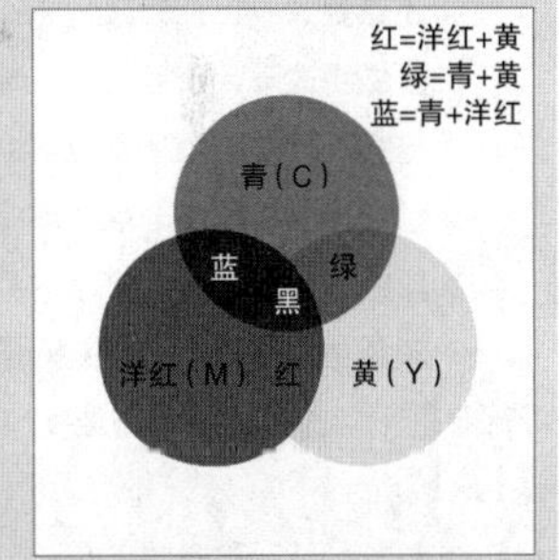

图5-38

为了便于研究，科学家将可见光谱制成了一个环，即色轮。在光学中，如果两种色光以适当的比例混合可以产生白光，那么就称其为互补色；在色轮中，处于对角线位置的颜色就是互补色，如图5-39所示。由此可以看出，光学三原色对应的互补色为颜料三原色。

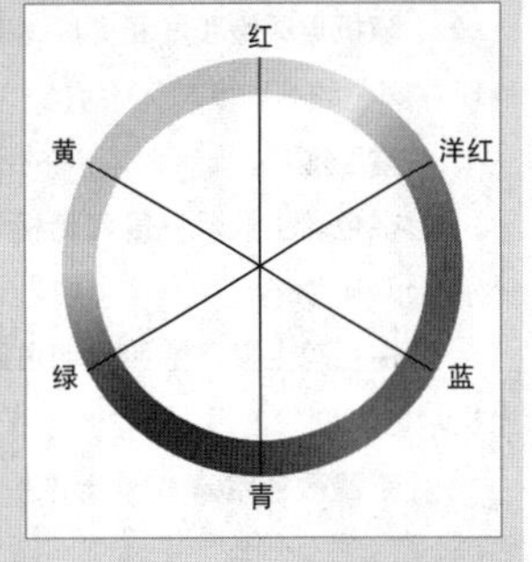

图5-39

5.1.5 重新着色图稿

“重新着色图稿”能够大规模地更改图稿中的颜色。选中目标图稿，在控制栏中单击“重新着色图稿”按钮或者执行“编辑>编辑颜色>重新着色图稿”菜单命令，在弹出的“重新着色图稿”对话框中调整颜色组即可对图稿进行重新着色，如图5-40所示。

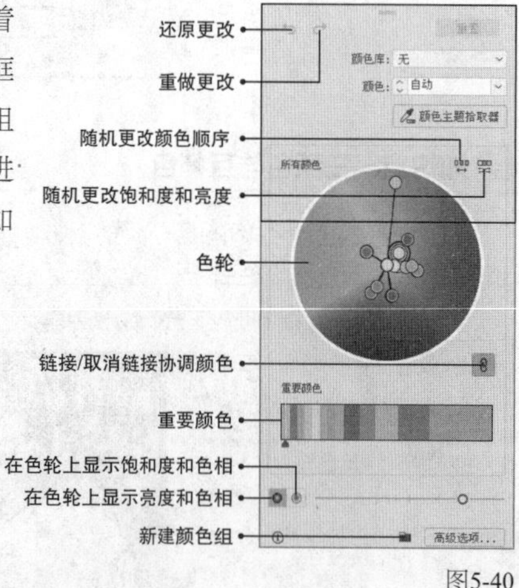

图5-40

技巧与提示

“重新着色图稿”只能针对矢量图改色，不能针对嵌入Illustrator的位图改色。如果要调整位图的颜色，可以使用Photoshop编辑图像。

重要参数介绍

◇ **还原更改**：撤销最近一次对图稿颜色的调整。

◇ **重做更改**：恢复被“还原”的这一步操作。

◇ **重置** 重置：恢复为初始的色彩设置。

◇ **颜色库**：从预设的颜色库中选取颜色主题来给图稿上色。

◇ **颜色**：控制图稿中显示的颜色数量。

◇ **颜色主题拾取器** 颜色主题拾取器：能够将其他图稿的主要颜色重新着色于当前图稿。单击或拖曳可以在一个或多个图稿中选择一个区域。

◇ **色轮**：显示和调整颜色，在其中可以通过移动手柄或双击以打开“拾色器”对话框来更改颜色。

◇ **随机更改颜色顺序**：单击该按钮，可以随机更改图稿现有颜色的顺序。

◇ **随机更改饱和度和亮度**：单击该按钮，可以随机更改图稿现有颜色的饱和度和亮度。

◇ **重要颜色**：显示图稿中的所有重要颜色。

◇ **在色轮上显示亮度和色相**：单击该按钮，可以在色轮上显示亮度和色相。

◇ **在色轮上显示饱和度和色相**：单击该按钮，可以在色轮上显示饱和度和色相。

◇ **新建颜色组**：单击该按钮，可以存储所有颜色或重要颜色。

◇ **高级选项** 高级选项...：单击该按钮，可以在打开的高级“重新着色图稿”对话框中进行更为精确的调色，如图5-41所示。单击“编辑”选项卡，可以在其中编辑当前颜色，如图5-42所示。

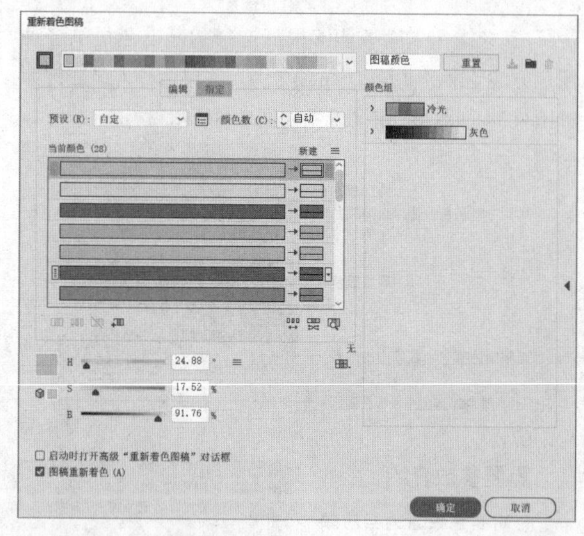

图5-41

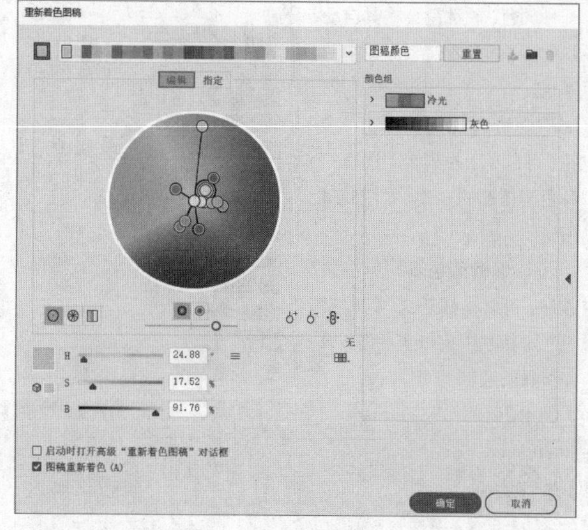

图5-42

5.2 填充颜色

在Illustrator中，无论是开放路径还是闭合路径，都可以填充颜色。除了使用“填色”色块，还可以使用“渐变工具”、“网格工具”和“实时上色工具”填充颜色。

本节重点内容

名称	作用
渐变工具	绘制渐变
网格工具	创建更为复杂的渐变效果
实时上色工具	为图稿上色
实时上色选择工具	对实时上色组的上色区域进行选择

5.2.1 渐变工具

渐变是指将两种或多种颜色逐渐混合在一起，形成平滑过渡的效果。使用“渐变工具” 和“渐变”面板可以绘制与编辑渐变。

1.渐变的添加

为对象添加渐变的方式有两种。一是选中对象后，单击“填色和描边”按钮下方的按钮，即可为所选对象填充渐变或者应用渐变描边。“填色”色块在前，则为对象填充渐变，如图5-43所示。在默认情况下，渐变为“黑→白”的线性渐变。二是选中对象后，在“渐变”面板中，单击按钮，即可为所选对象填充渐变，如图5-44所示。

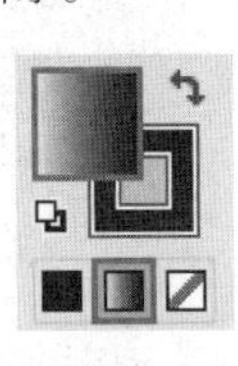

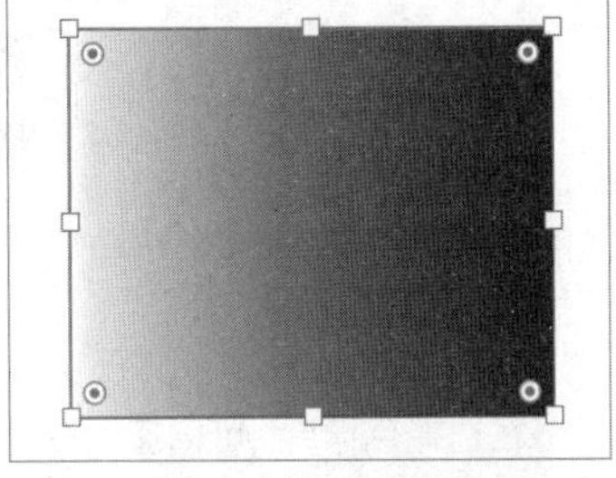

图5-43

图5-44

2. “渐变”面板

在为对象添加渐变后，或者执行“窗口>渐变”菜单命令后，会打开“渐变”面板，如图5-45所示，在其中可以设置渐变的类型、渐变的角度和颜色等。

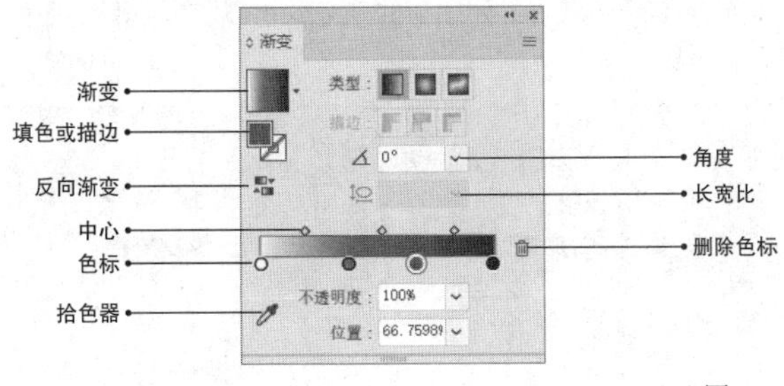

图5-45

重要参数介绍

◇ **渐变：** 单击可以启用渐变。启用后会显示现在正在使用的，或者上次使用过的渐变效果。

◇ **类型：** 共有3种类型，从左到右依次为“线性渐变”（以直线从起点渐变到终点）、“径向渐变”（以圆形图案从起点渐变到终点）、“任意形状渐变”（可按需求绘制任意形状渐变）。单击对应按钮，即可创建该样式的渐变，如图5-46所示。

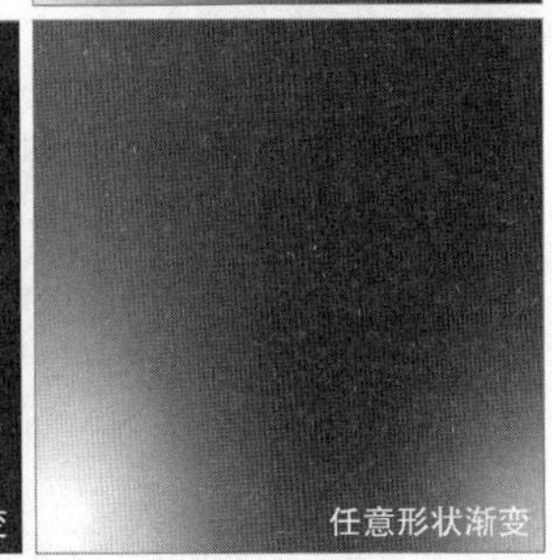

图5-46

◇ **描边：** 为对象添加渐变描边后，可以选择“在描边中应用渐变”、“沿描边应用渐变”和“跨描边应用渐变”3种渐变描边效果，如图5-47所示。一般情况下描边越粗，描边的渐变效果越明显。描边的渐变可以单独使用，也可以和填色的渐变结合使用。

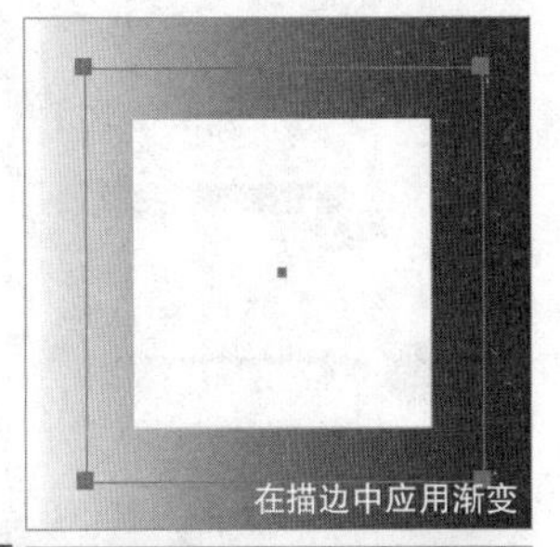

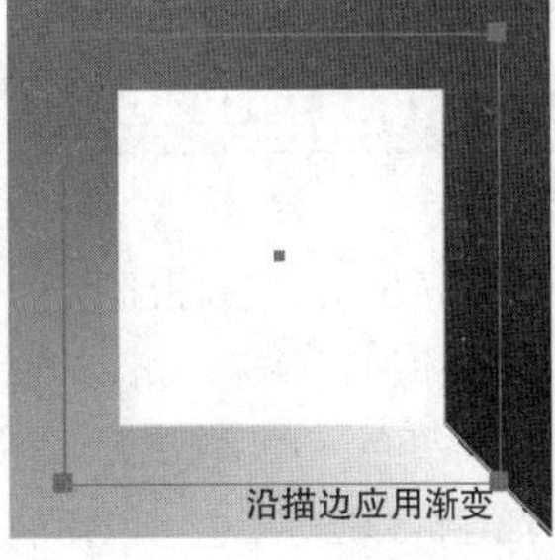

图5-47

◇ **反向渐变：** 单击该按钮，可以翻转渐变，如图5-48所示。

图5-48

◇ **角度**：用于设置描边的角度。

◇ **长宽比**：针对“径向渐变”中圆形的长宽比而设，可以通过调整长宽比产生椭圆形的“径向渐变”，默认“长宽比”为100%。

◇ **色标**：用于设置渐变的颜色。

技巧与提示

色标的颜色、数量、位置和不透明度都会影响渐变的颜色。在默认情况下，渐变颜色条左右两端各有一个色标，分别代表渐变的起始色和终点色，在渐变颜色条上单击可以创建多个色标。

◇ **中点**：用于设置色标中心的位置。

◇ **拾色器**：选择某个色标后，可单击该按钮选取当前画面中的颜色作为该色标的颜色。

◇ **不透明度**：选择某个色标后，可以设置该色标的“不透明度”。

在“渐变”面板中设置“类型”为“线性渐变”，双击色标即可打开色板，在其中可以设置色标的颜色，如图5-49所示。拖曳色标或者在“位置”文本框中输入数值，可以改变渐变颜色的混合位置，如图5-50所示。

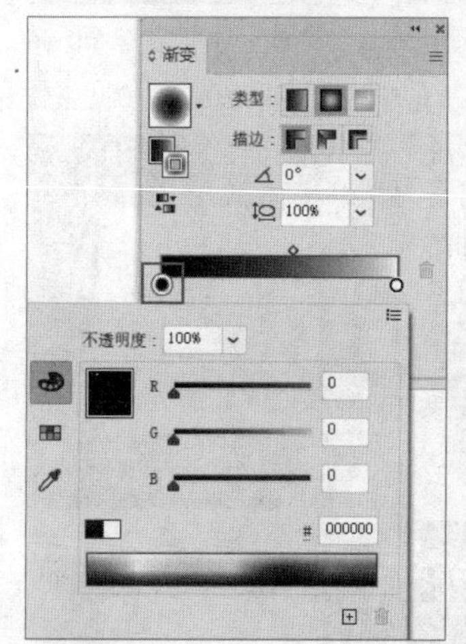

图5-49

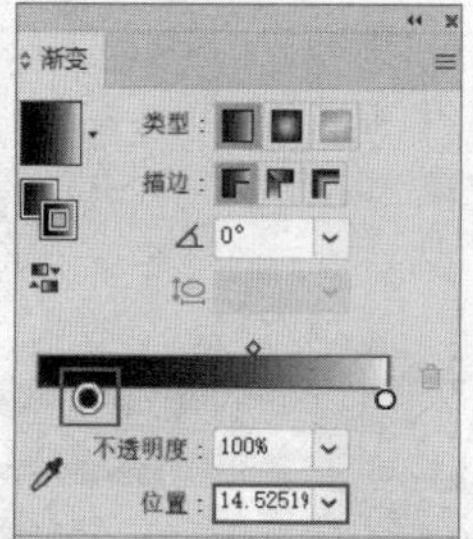

图5-50

将鼠标指针放在渐变颜色条下方，当鼠标指针变为状时单击，如图5-51所示，可以添加新色标，如图5-52所示。在“色板”面板中选择一种颜色，然后拖曳到“渐变”面板中的渐变颜色条上，如图5-53所示，也可以添加色标，如图5-54所示。

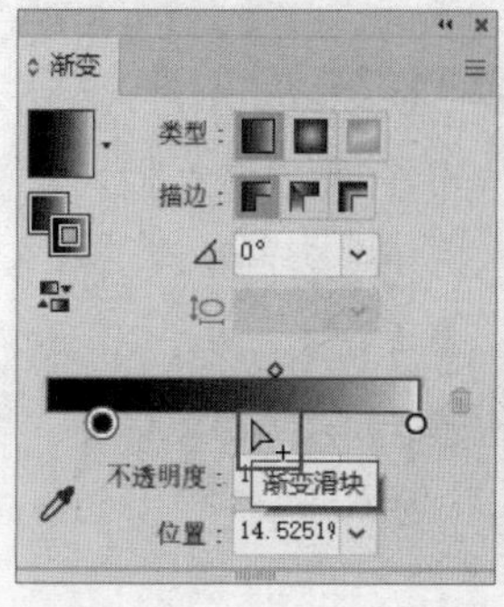

图5-51

图5-52

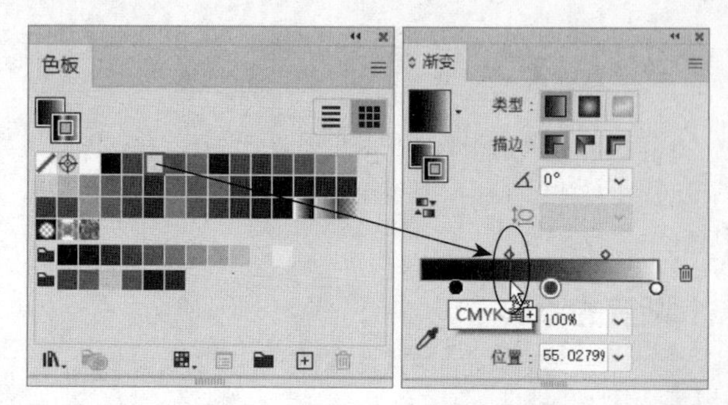

图5-53

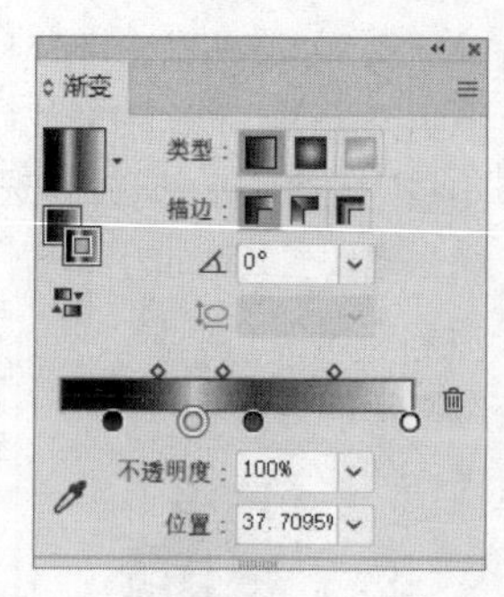

图5-54

在选择色标后，可以通过在“不透明度”文本框中输入数值改变渐变颜色的不透明度，如图5-55所示。每两个色标之间都会存在一个中心点，拖曳即可改变其位置，以产生不同的渐变效果，如图5-56所示。

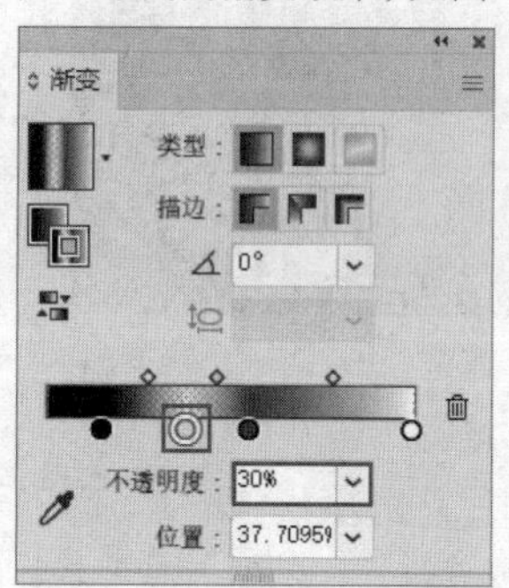

图5-55

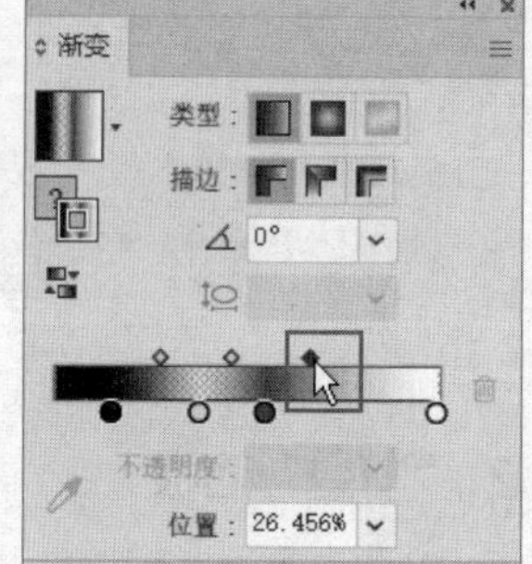

图5-56

选择一个色标，单击“删除色标”按钮或者将其拖曳至渐变颜色条外，如图5-57所示，可以将其删除，如图5-58所示。

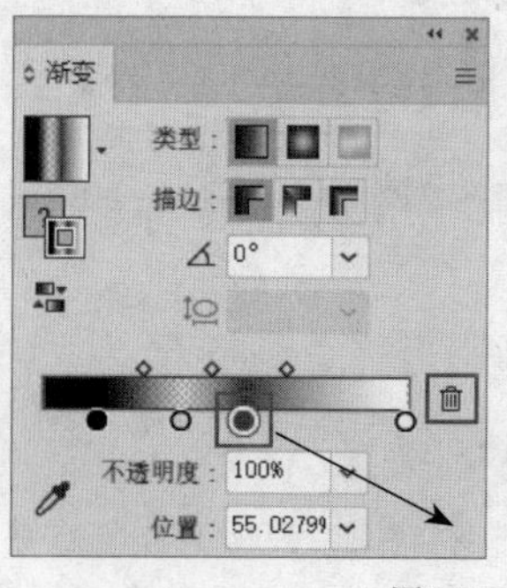

图5-57

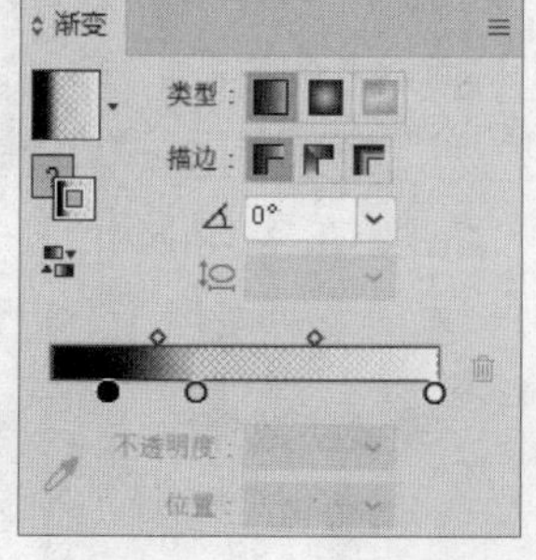

图5-58

3.渐变批注者

在为对象添加渐变后，选择“渐变工具”■（快捷键为G），在对象上会出现渐变批注者，如图5-59所示。使用渐变批注者可以调整渐变的颜色和方向等。

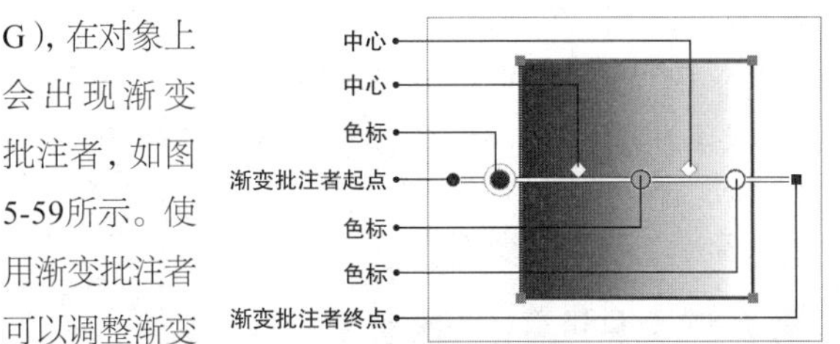

图5-59

> **技巧与提示**
>
> 使用“渐变工具”■在对象上拖曳，会按拖曳方向生成新的渐变批注者，如图5-60所示。
>
> 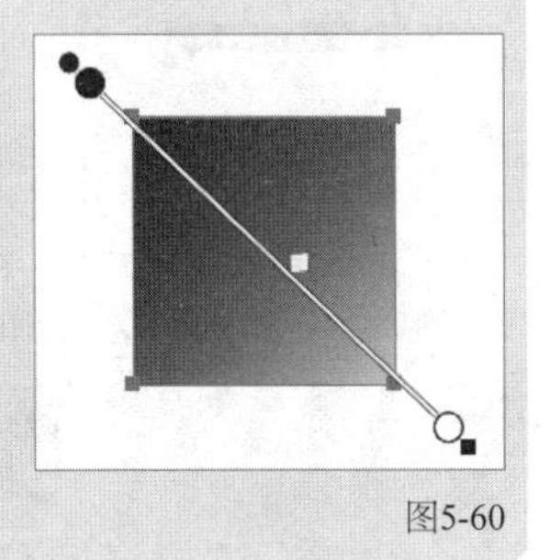
>
> 图5-60

重要参数介绍

◇ **渐变批注者起点**：渐变批注者一端的黑色实心小圆形，拖曳可以自由移动渐变批注者的位置，如图5-61所示。

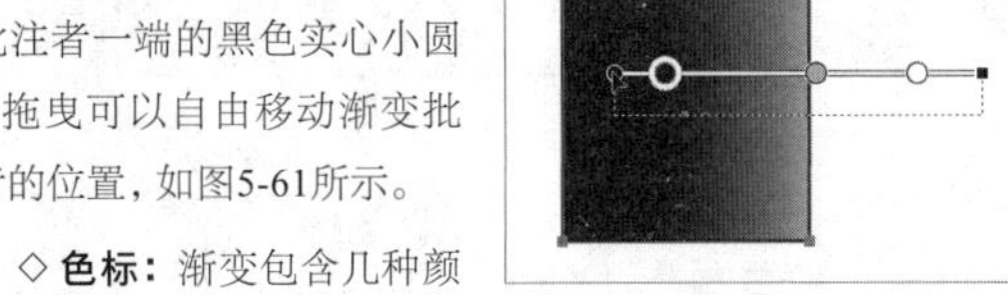

图5-61

◇ **色标**：渐变包含几种颜色，就存在几个色标，拖曳即可调整色标的位置。

◇ **中点**：色标与色标之间的中点，可通过拖曳在批注者上自由移动，控制颜色的过渡。

> **技巧与提示**
>
> 渐变批注者上色标和中点的调整，以及色标的添加和删除的方法，与在“渐变”面板中是一样的。

◇ **渐变批注者终点**：渐变批注者一端的黑色实心小正方形，拖曳可以调整渐变的范围，如图5-62所示。将鼠标指针放在渐变批注者终点附近，当变为↻状时，拖曳鼠标可以旋转渐变批注者，如图5-63所示。

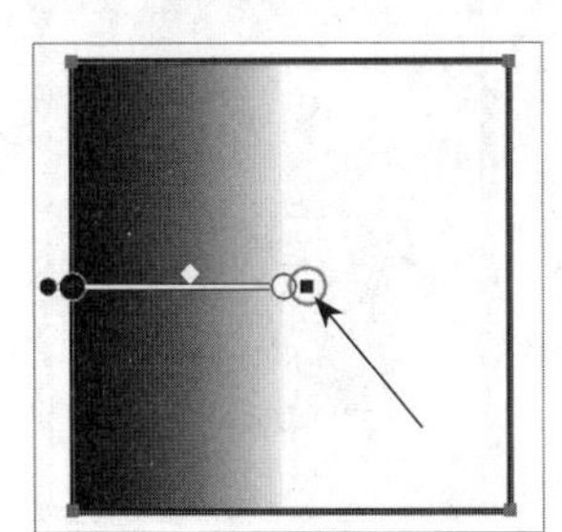

图5-62

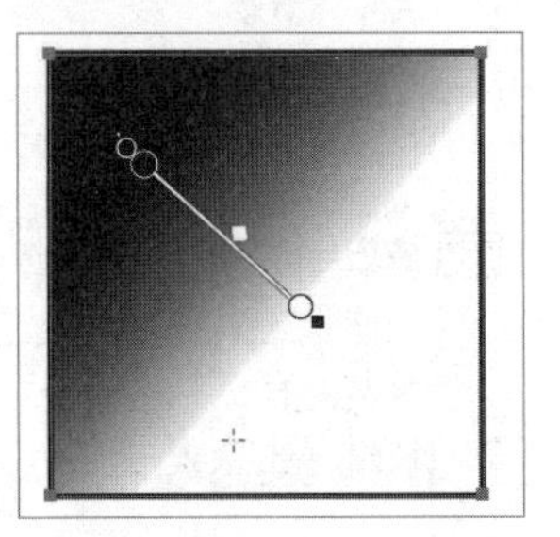

图5-63

在“渐变”面板中设置“类型”为“径向渐变”，同样会出现渐变批注者，如图5-64所示。具体的调整方法与“线性渐变”的渐变批注者是一样的。

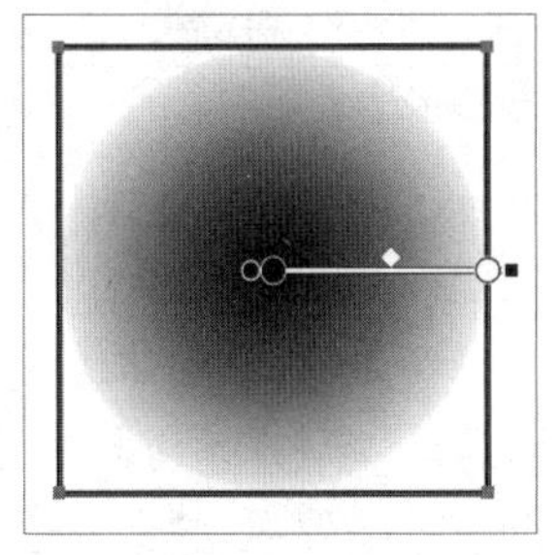

图5-64

设置“类型”为“任意形状渐变”，“渐变”面板如图5-65所示，渐变效果如图5-66所示。

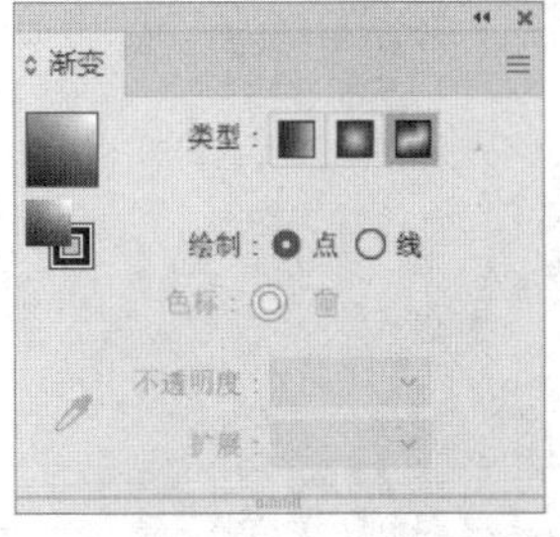

图5-65

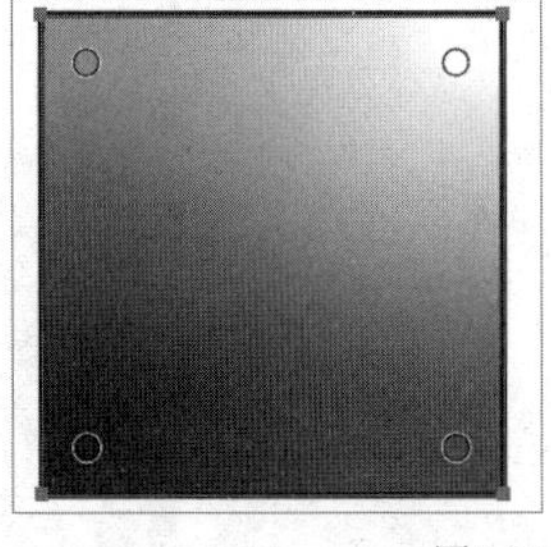

图5-66

此时，渐变上只有4个色标，双击即可调整色标的颜色，如图5-67所示。拖曳可以调整色标的位置，如图5-68所示。

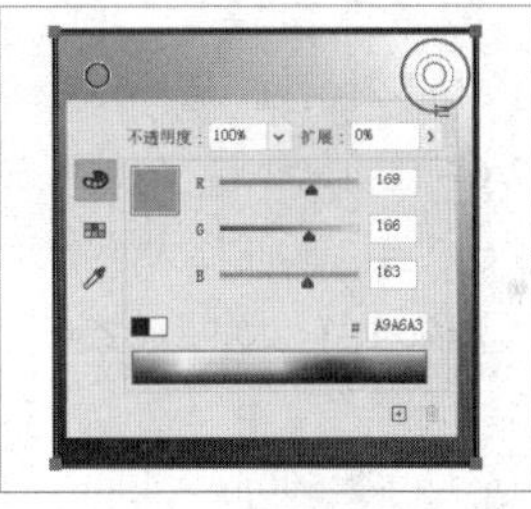

图5-67

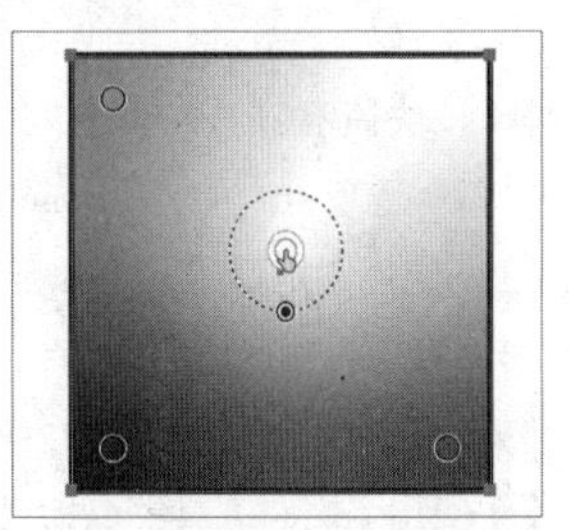

图5-68

> **技巧与提示**
>
> 选择一个色标，单击“删除色标”按钮或者将其拖曳至渐变批注者外，即可将其删除。

在“渐变”面板中设置“绘制”为“点”，在对象上单击即可添加色标，调整色标的颜色可以绘制任意效果的渐变，如图5-69所示。设置“绘制”为“线”，在对象上单击即可绘制任意形状的渐变，如图5-70所示。

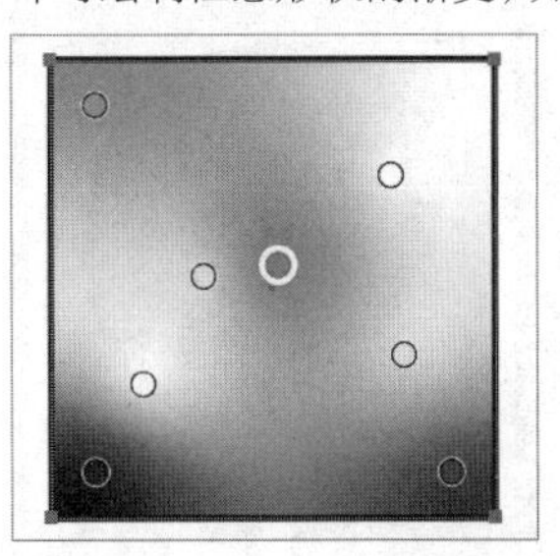

图5-69

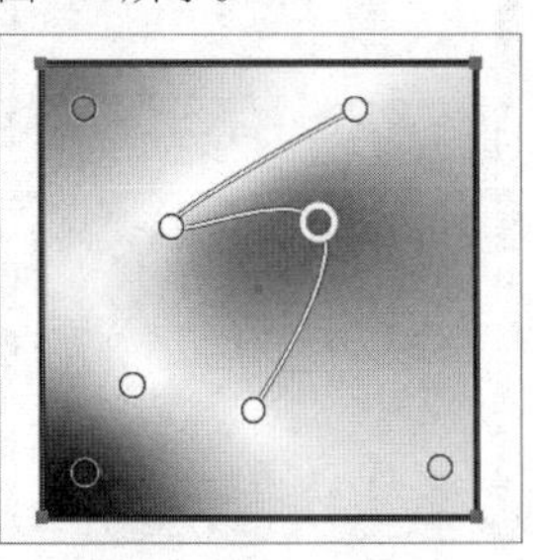

图5-70

课堂案例

制作渐变手机壁纸

素材文件　无

实例文件　实例文件>CH05>制作渐变手机壁纸.ai

视频名称　制作渐变手机壁纸.mp4

学习目标　掌握“渐变工具”的使用方法

本案例将使用“渐变工具”制作渐变手机壁纸，效果如图5-71所示。

图5-71

01 按快捷键Ctrl+N打开“新建文档”对话框，选择“移动设备”选项卡中的“iPhone 8/7/6”选项，单击“创建”按钮。使用“矩形工具”绘制一个与画板同样大小的矩形，然后设置“填色”为白色（R:254，G:253，B:255），“描边”为“无”，如图5-72所示。

02 使用“椭圆工具”绘制一个尺寸为590px×590px的圆形，并使其水平居中对齐画板，然后单击“填色和描边”按钮下方的按钮为圆形添加渐变，设置“描边”为“无”，如图5-73所示。

图5-72

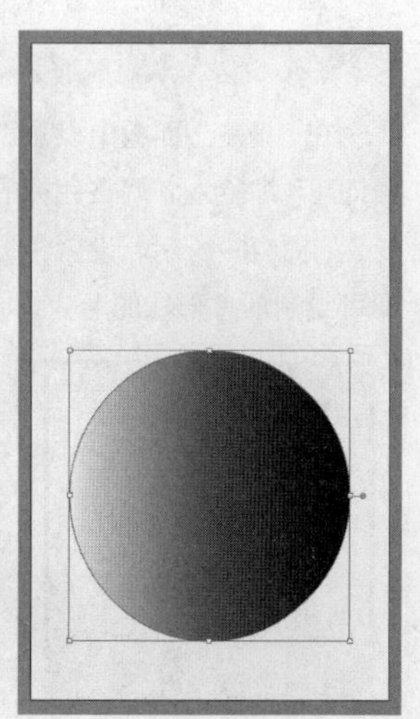

图5-73

03 在“渐变”面板中设置角度为90°，双击第1个色标并将其设置为紫色（R:176，G:119，B:255），如图5-74所示。在渐变颜色条下方单击，添加新色标并将其设置为橙色（R:255，G:154，B:37），如图5-75所示。双击第3个色标并将其设置为黄色（R:255，G:255，B:0），如图5-76所示。添加渐变后的效果如图5-77所示。

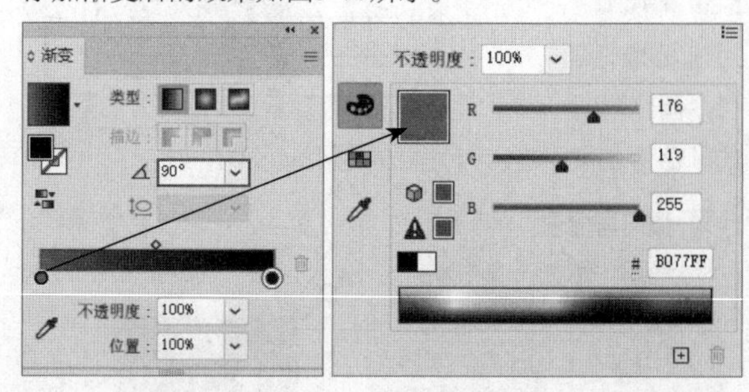

图5-74

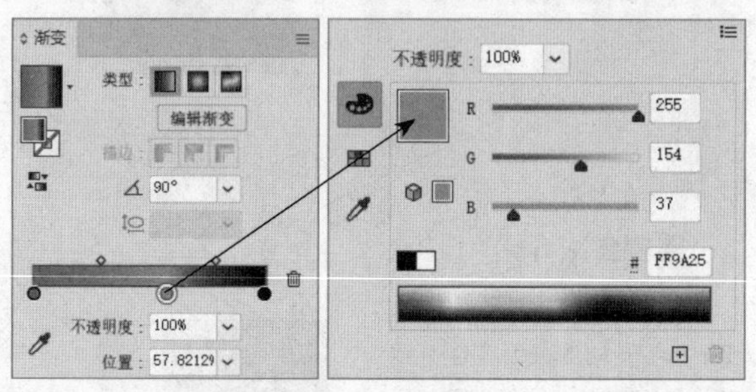

图5-75

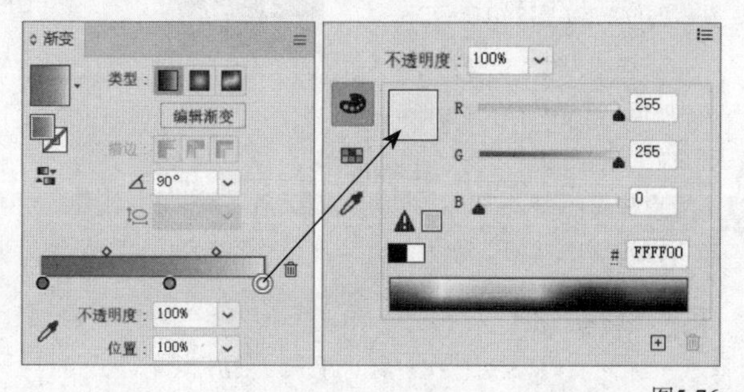

图5-76

技巧与提示

色标的位置在一定程度上会影响渐变的效果，但不一定要很精确，只要大致相同即可。

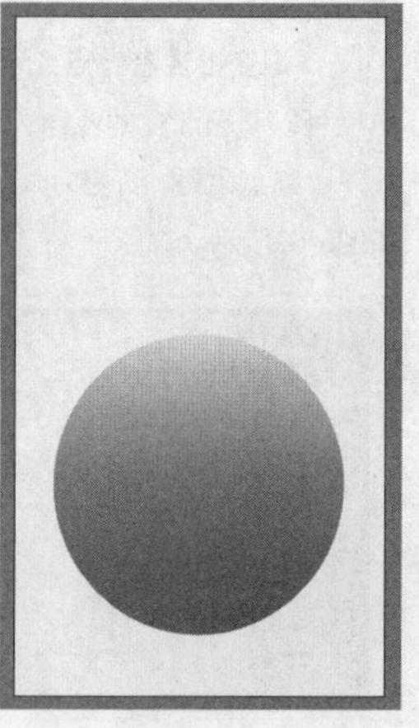

图5-77

04 选中圆形，然后执行“效果>风格化>外发光”菜单命令，打开“外发光”对话框，设置“模式”为“正常”，发光颜色为浅紫色（R:193，G:97，B:255），“不透明度”为50%，“模糊”为15px，单击“确定”按钮，如图5-78所示，效果如图5-79所示。

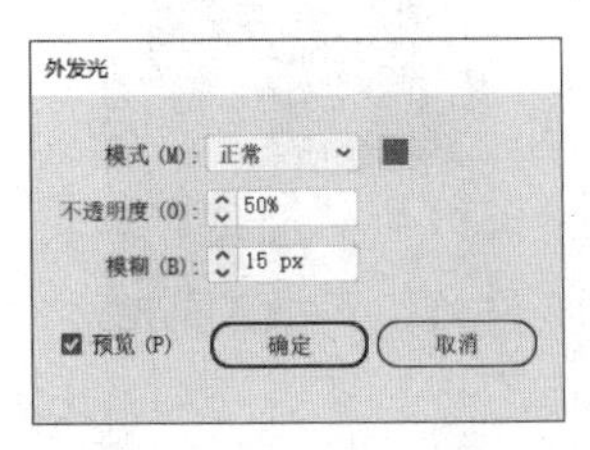

图5-78

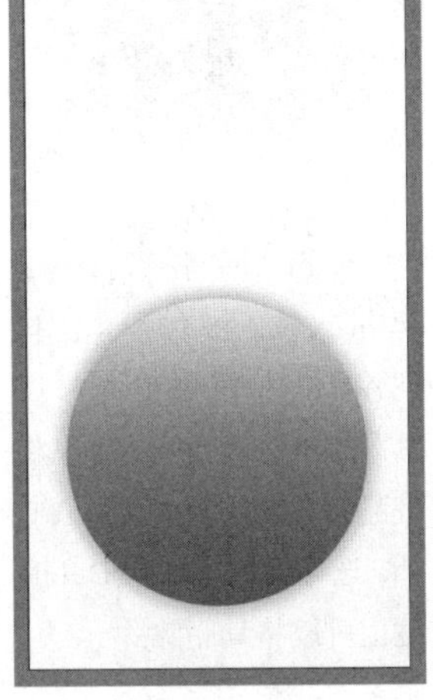

图5-79

05 使用“钢笔工具”在画板底部绘制一个图5-80所示的形状（填色随意），然后使用“渐变工具”绘制一个约45°倾斜的渐变批注者，接着双击色标设置渐变的颜色为“蓝→紫”，并设置紫色色标的“不透明度”为0%，具体的颜色色值如图5-81所示。此时这个形状的颜色偏重，选择“选择工具”，在控制栏中设置“不透明度”为45%，如图5-82所示。

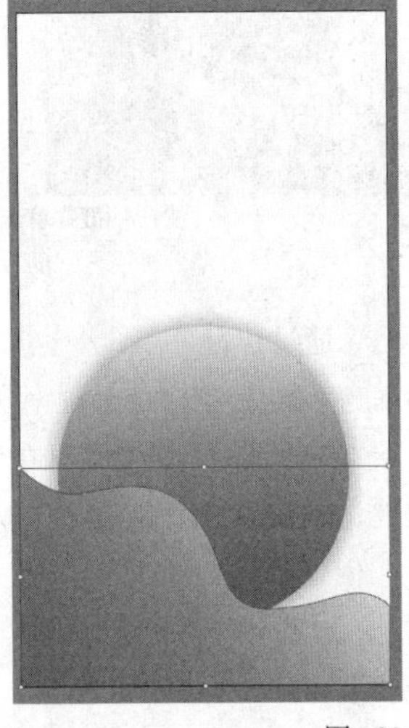

图5-80

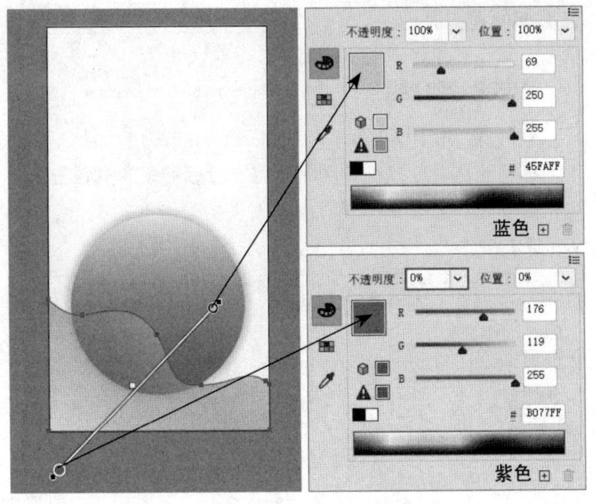

图5-81

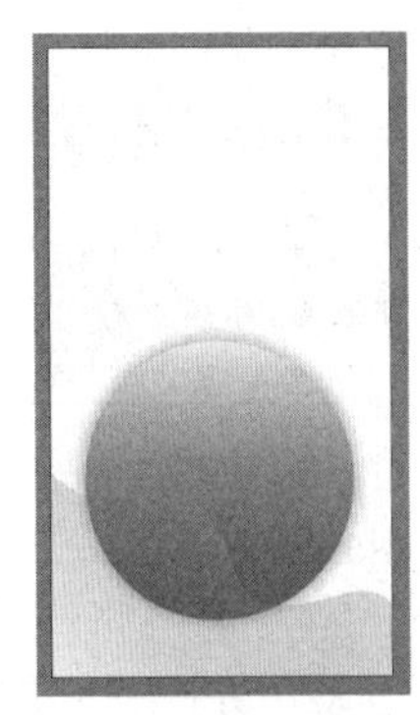

图5-82

06 使用“钢笔工具”在画板底部和顶部分别绘制一个图5-83所示的形状（填色随意），将上一步绘制的形状置于顶层，然后使用“吸管工具”为新绘制的形状填充渐变色。使用“渐变工具”调整渐变的方向，如图5-84所示，效果如图5-85所示。

07 使用“文字工具”在画板中加入文字信息，最终效果如图5-86所示。

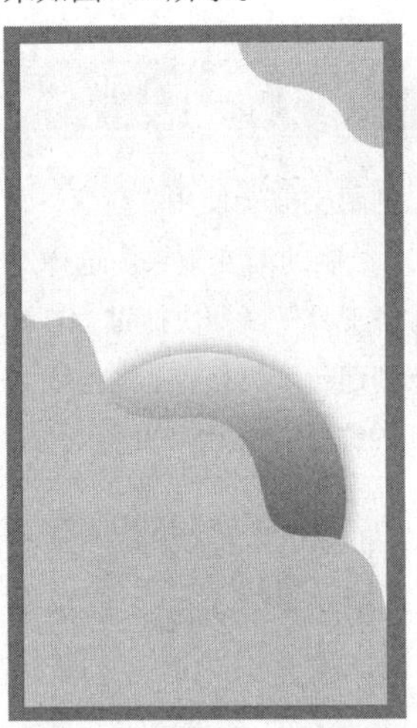

图5-83

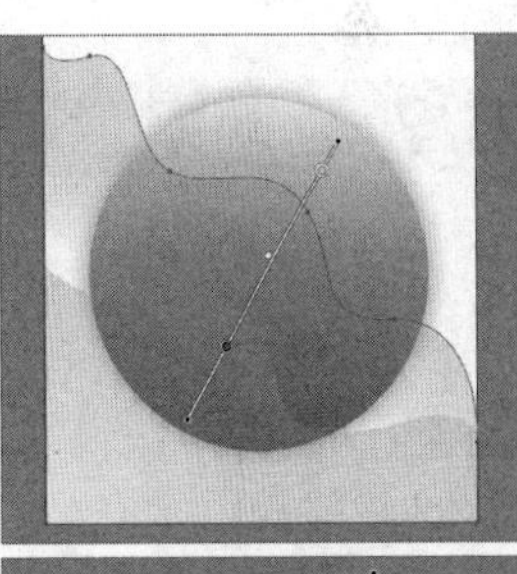

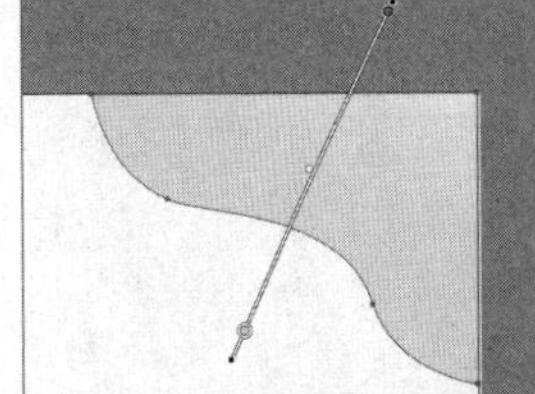

图5-84

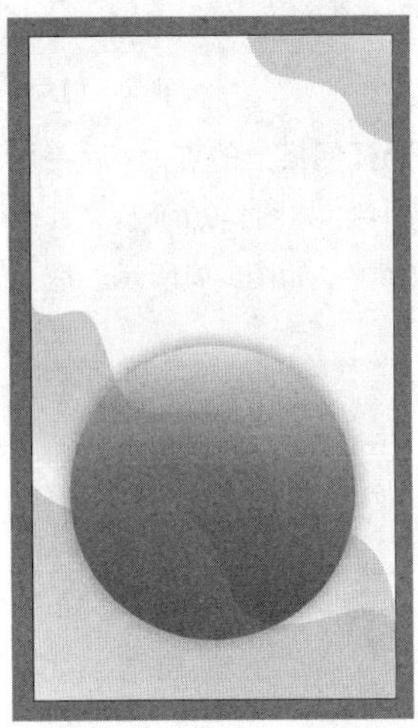

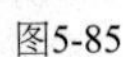

图5-85

图5-86

课堂练习

制作渐变几何背景

素材文件　无

实例文件　实例文件>CH05>制作渐变几何背景.ai

视频名称　制作渐变几何背景.mp4

学习目标　掌握“渐变工具”的使用方法

练习使用“渐变工具”制作渐变几何背景，效果如图5-87所示。

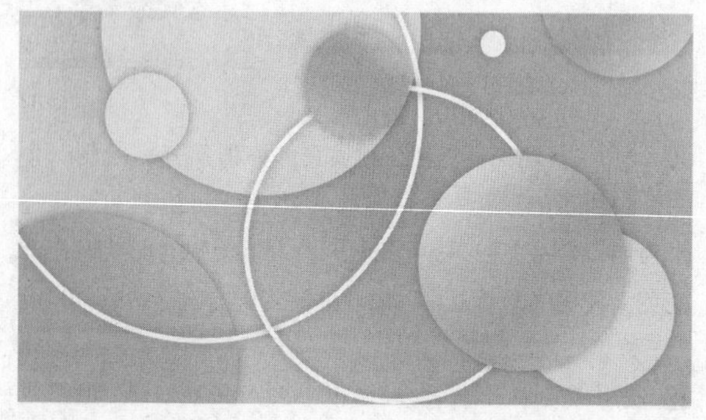

图5-87

5.2.2 网格工具

使用“网格工具”可以创建类似于使用“渐变”面板的“任意形状渐变”的“点”绘制的渐变效果。选择对象，如图5-88所示，选择“网格工具”（快捷键为U），在对象内部单击，会在单击点创建一个网格点，网格线会和对象的边界线相连并生成新的锚点，如图5-89所示。

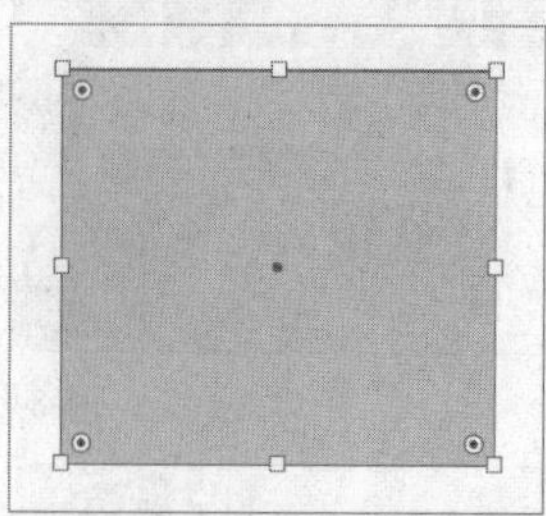

图5-88

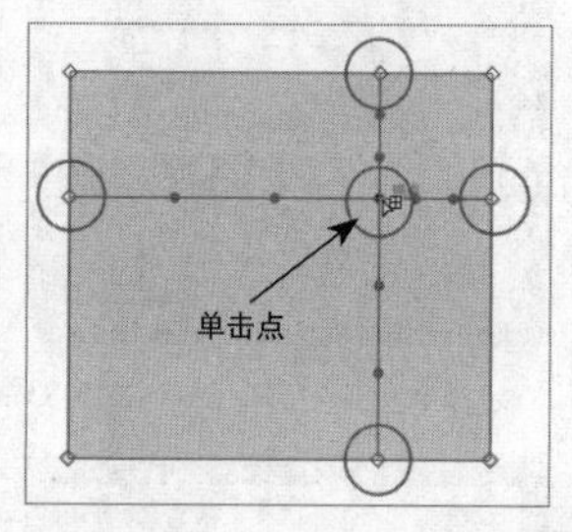

图5-89

使用“直接选择工具”选择网格上的点，然后使用“填色”色块等可以修改其颜色，如图5-90所示。其他锚点也可以用同样的方式修改颜色，如图5-91所示。拖曳手柄还可以调整方向线，使颜色的边界发生变化，如图5-92所示。

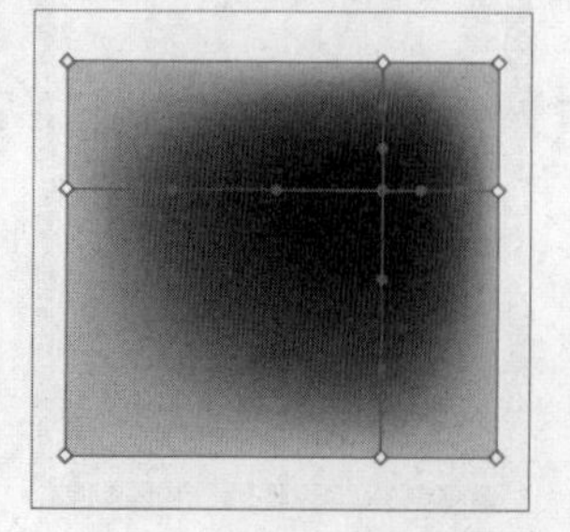

图5-90

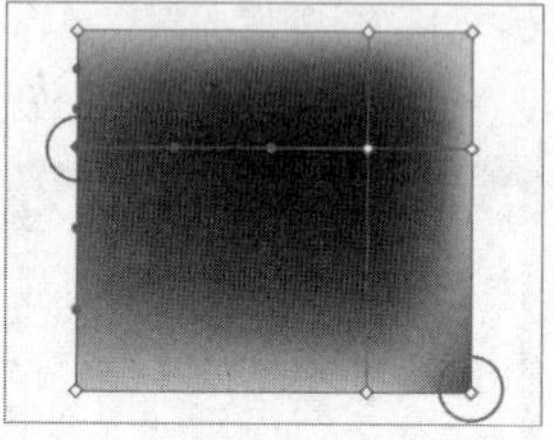

图5-91

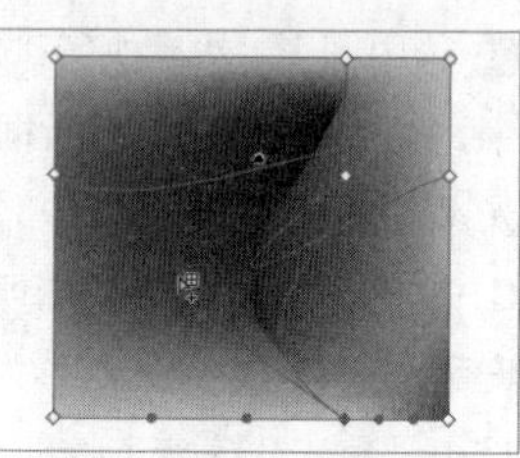

图5-92

使用“网格工具”在对象中单击还可以继续添加网格点，如图5-93所示。按住Alt键并使用“网格工具”单击网格点，可以将其删除，如图5-94所示。此外，选中网格点并按Delete键也可以将其删除。

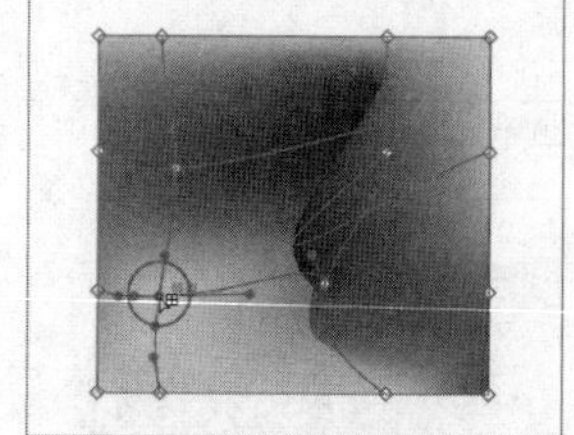

图5-93

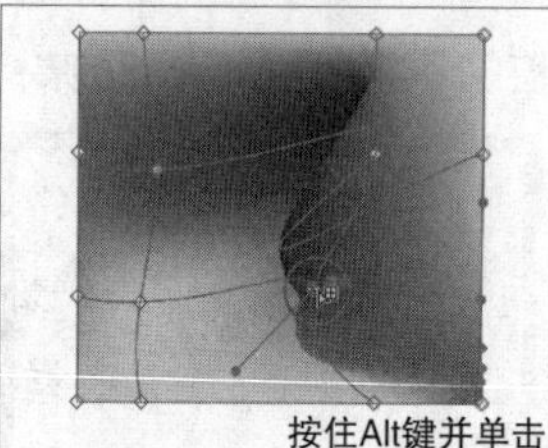

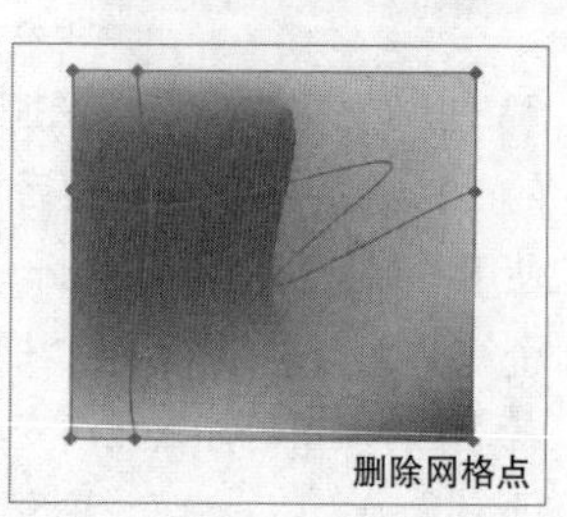

图5-94

通过执行菜单命令也可以创建网格对象。选中目标对象，执行“对象>创建渐变网格”菜单命令，在弹出的“创建渐变网格”对话框中设置相关选项后即可完成创建，如图5-95所示。这种方式创建的网格是比较规则的，如果不需要精确地拆分各个区域，那么使用“网格工具”创建网格对象将会更加便捷。

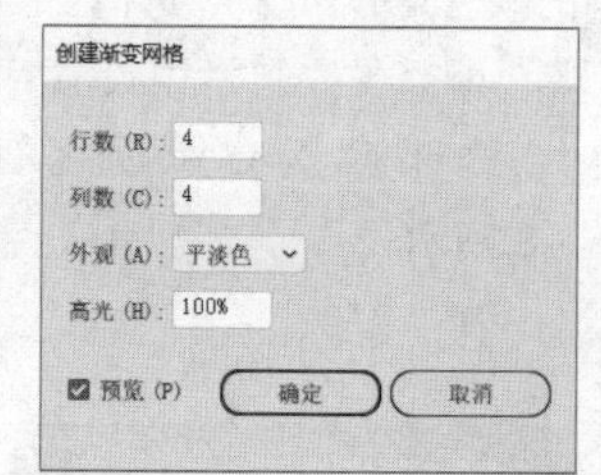

图5-95

重要参数介绍

◇ **外观**：用于设置高光的创建区域。设置为“平淡色”，将不创建高光；设置为“至中心”，将在目标对象的中心创建高光；设置为“至边缘”，将在目标对象的边缘创建高光，如图5-96所示。

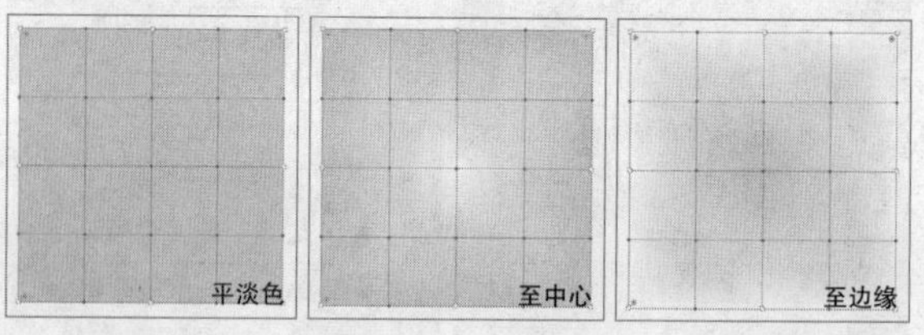

图5-96

◇ **高光**：用于设置高光的强度。

课堂案例

制作年会展板

素材文件	素材文件>CH05>素材02.ai
实例文件	实例文件>CH05>制作年会展板.ai
视频名称	制作年会展板.mp4
学习目标	掌握“网格工具”的使用方法

本案例将使用“网格工具”制作流体渐变风格的年会展板，效果如图5-97所示。

图5-97

01 新建一个尺寸为150cm×75cm，“颜色模式”为“RGB颜色”，“光栅效果”为“中(150ppi)”的画板。然后使用“矩形工具”绘制一个与画板同样大小的矩形，再为矩形添加渐变，并设置“描边”为“无”，如图5-98所示。

图5-98

02 选择矩形，使用“渐变工具”绘制一个“洋红→紫→蓝”的渐变，如图5-99所示。读者也可以自行搭配颜色。

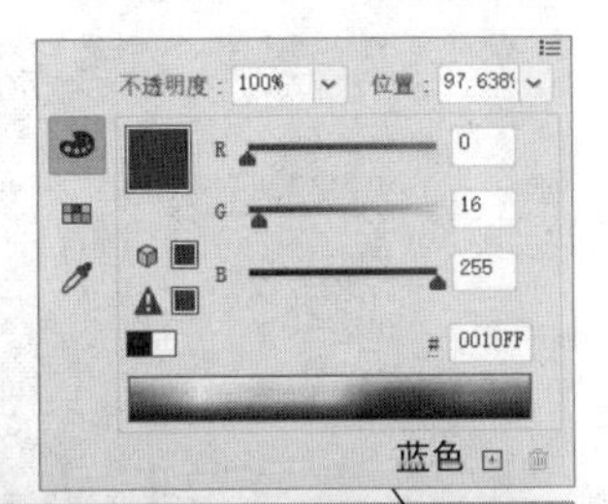

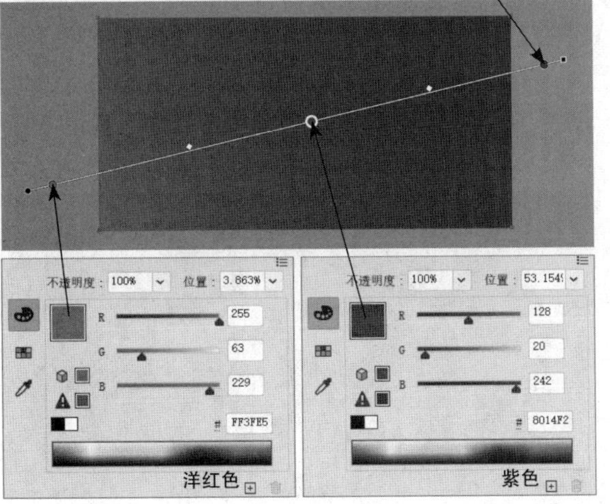

图5-99

03 使用“曲率工具”绘制一个平滑的形状，如图5-100所示。然后使用“平滑工具”在路径上拖曳，使其变得平滑一些，如图5-101所示。

图5-100

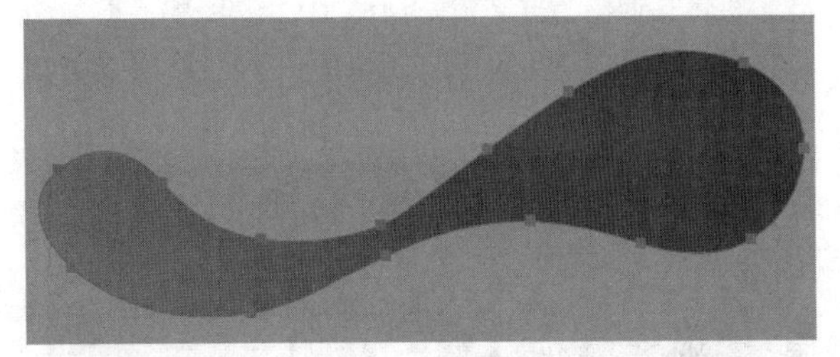

图5-101

04 执行“对象>创建渐变网格”菜单命令，打开“创建渐变网格”对话框，然后设置“行数”为4，“列数”为5，如图5-102所示。

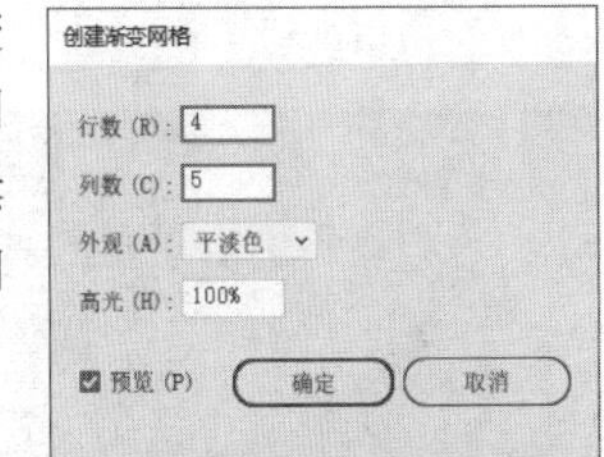

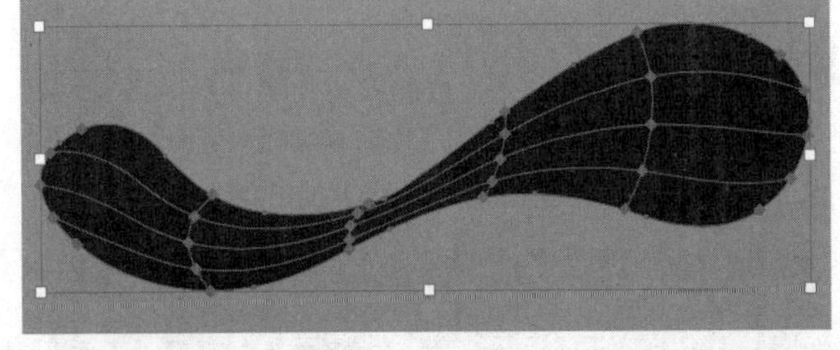

图5-102

05 使用“直接选择工具”选择上边缘的一个锚点，设置“填色”为粉色（R:255，G:123，B:199），如图5-103所示。再使用“直接选择工具”选择多个锚点，也设置“填色”为粉色（R:255，G:123，B:199），如图5-104所示。

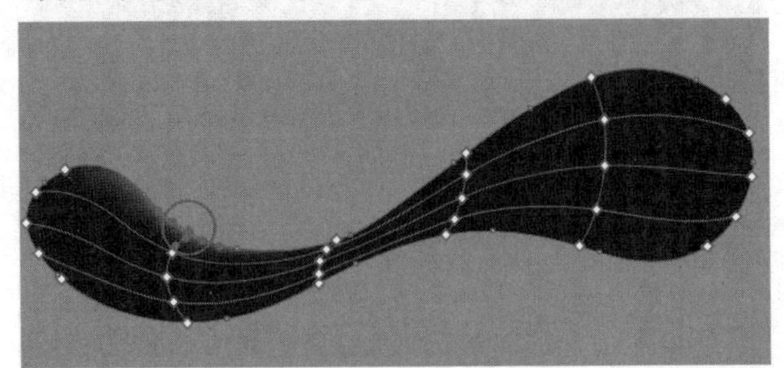

图5-103

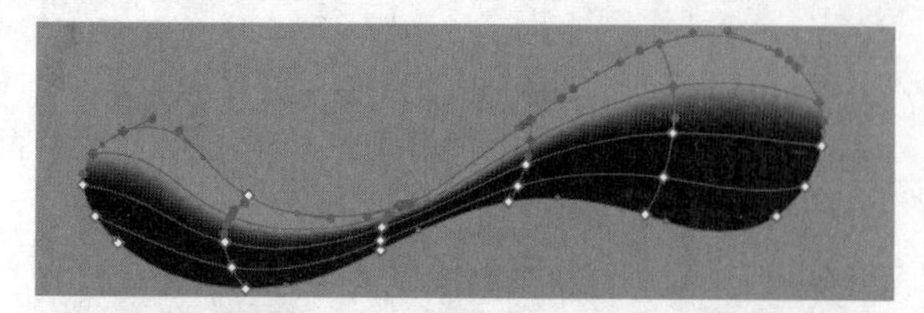

图5-104

技巧与提示

锚点的选择与颜色的设置不需要十分精确，读者可以任意设置。

06 继续使用“直接选择工具”选择图形中间部分的锚点，并将其调整为紫色（R:146，G:24，B:211），如图5-105所示。接着选择图形下边缘的一个锚点，并将其调整为蓝色（R:69，G:69，B:255），如图5-106所示。

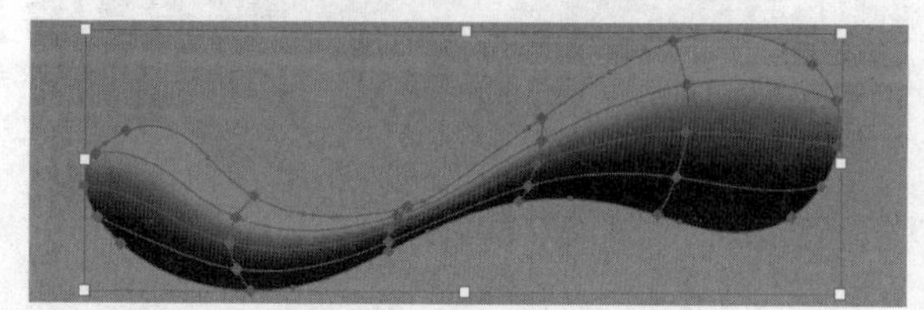

图5-105

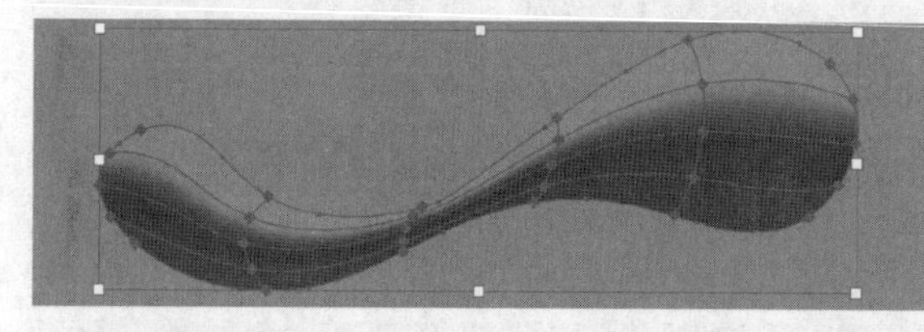

图5-106

07 使用“直接选择工具”调整锚点的位置以及部分锚点的颜色，使渐变的过渡更自然，如图5-107所示。调整这个形状的大小并将其拖曳到画板中，如图5-108所示。

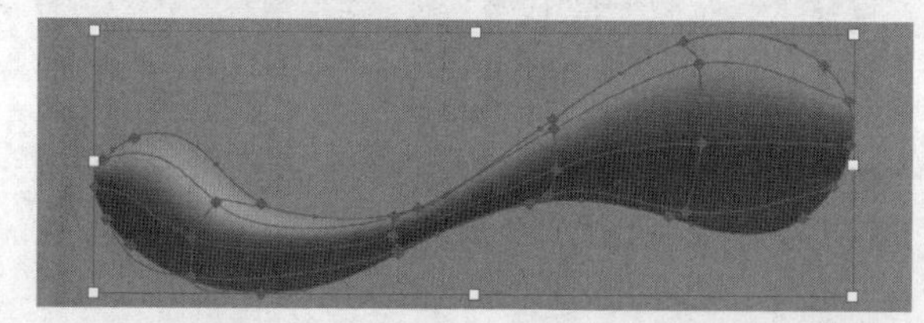

图5-107

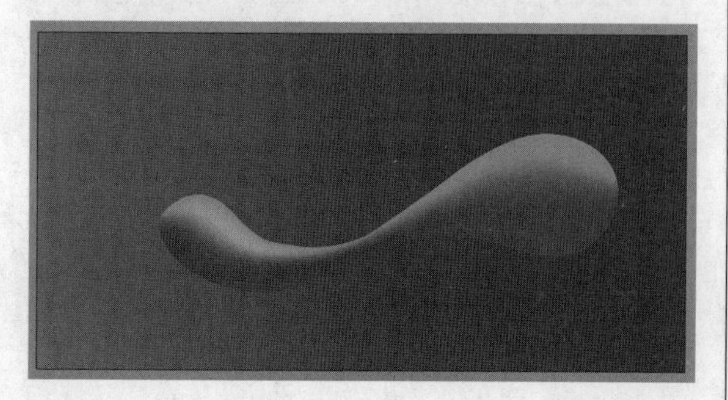

图5-108

08 通过复制和自由变换制作出其他的图形，如图5-109所示。用同样的方法再制作出一个渐变圆形，如图5-110所示。

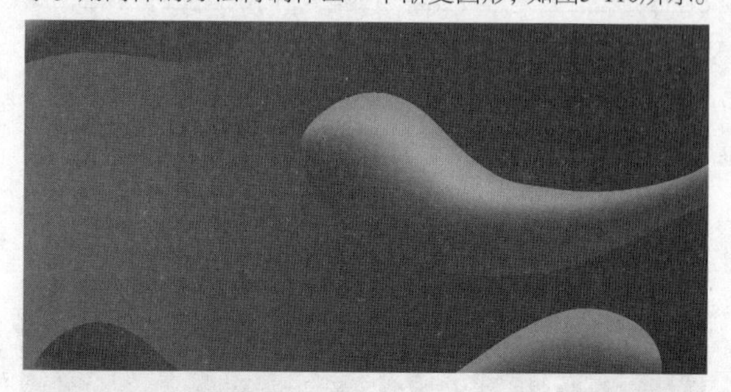

图5-109

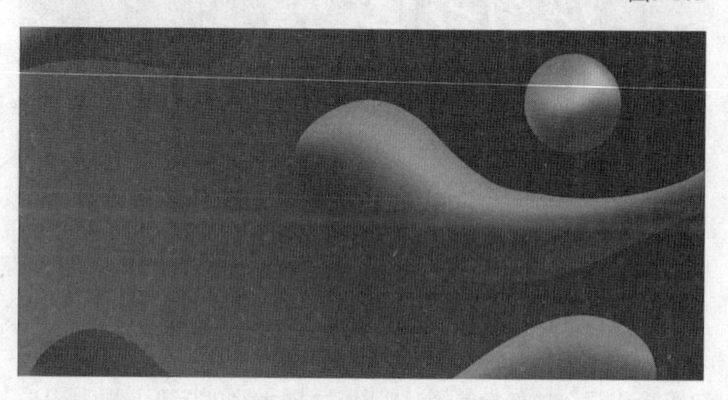

图5-110

09 选择圆形，然后执行“效果>模糊>高斯模糊”菜单命令，打开“高斯模糊”对话框，设置“半径”为50像素，如图5-111所示。

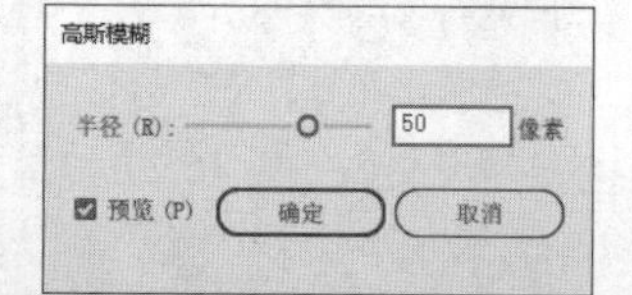

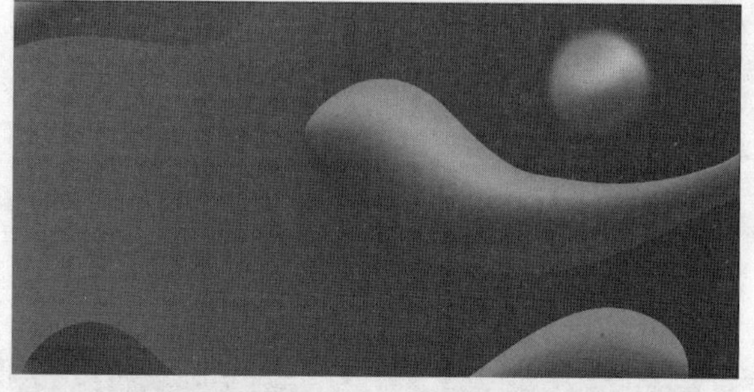

图5-111

10 将顶部和底部的3个形状也进行高斯模糊处理，完成后的参考效果如图5-112所示。

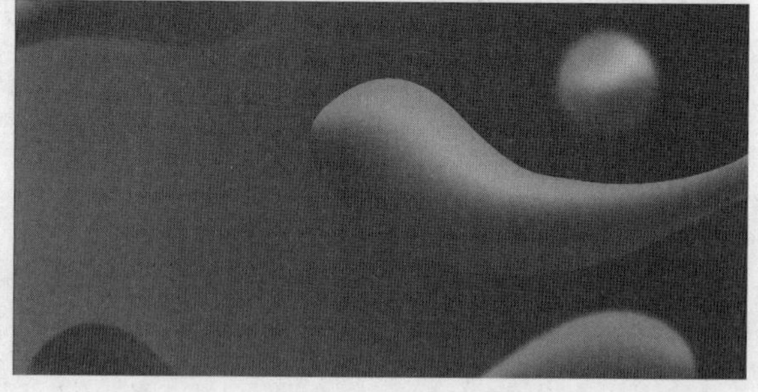

图5-112

11 将本书学习资源文件夹中的“素材文件>CH05>素材02.ai”文件置入画板中，并将其调整到合适的大小与位置，如图5-113所示。使用“文字工具” T 在画板中加入相应的文案，最终效果如图5-114所示。

图5-113

图5-114

5.2.3 实时上色工具

实时上色与常规的上色方式不同，常规上色针对的是单个对象，实时上色则是将所有路径看作一个平面内的线条，与对象的堆叠顺序无关。在使用“实时上色工具”上色时，能够对路径围成的每一个区域进行上色。

选择需要上色的对象组，如图5-115所示，使用“实时上色工具”（快捷键为K）在对象组的某个区域单击，建立“实时上色”组，如图5-116所示。接着分别在“色板”面板中选择纯色、渐变或图案，再单击对象组内每一个区域进行上色，如图5-117所示。拖曳鼠标，可以快速对相邻的多个区域进行上色，如图5-118所示。

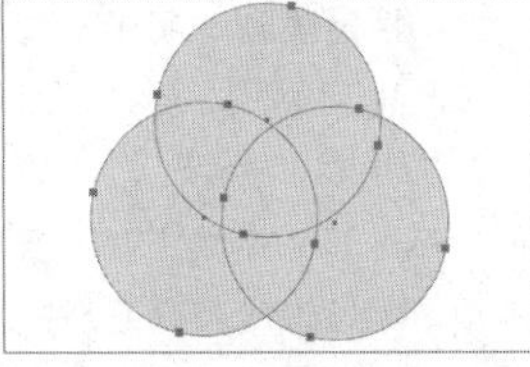

图5-115

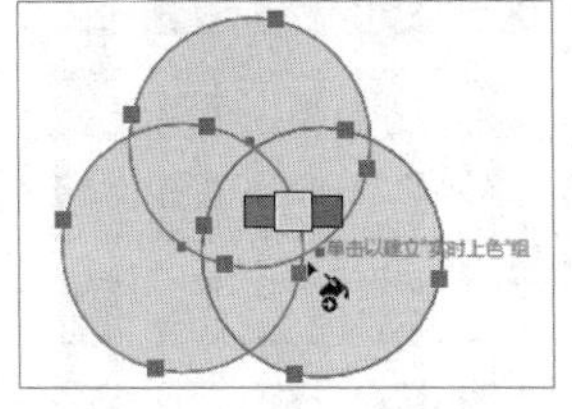

图5-116

图5-117

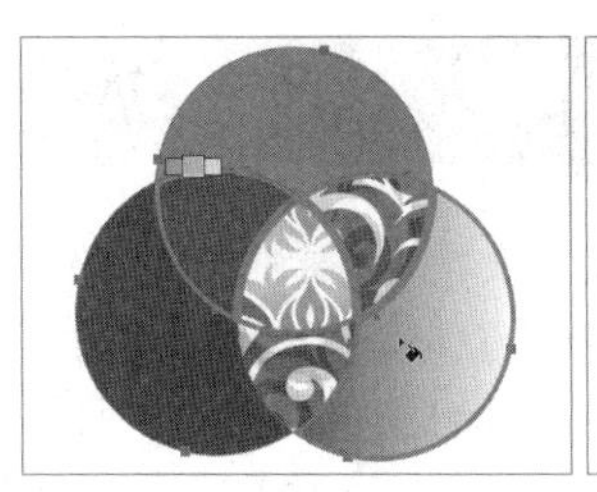

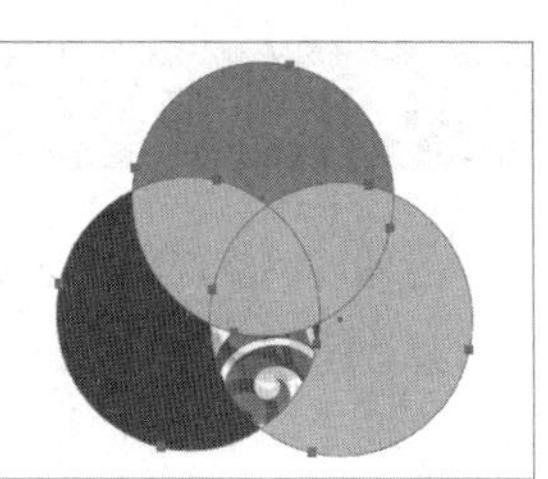

图5-118

技巧与提示

可以预先将需要应用的颜色添加到“色板”面板中，这样能够快速选择想要的颜色。在上色的过程中，分别按←键和→键可以依次切换色板中的颜色。

使用“实时上色选择工具”（快捷键为Shift+L）在图形上单击或框选，可对实时上色组的上色区域进行选择，选择后可以调整该区域的颜色，如图5-119所示。按住Shift键并单击或框选目标上色区域，可以进行加选或减选操作。

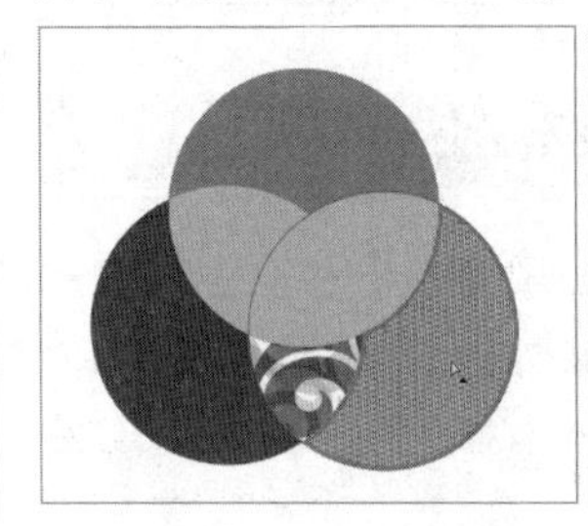

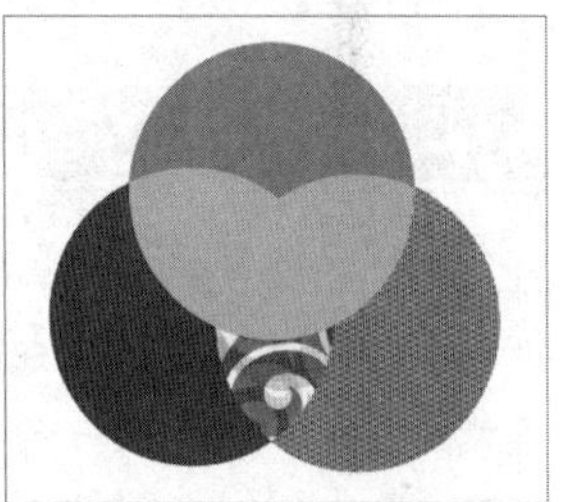

图5-119

双击“实时上色”组，即可对组中的对象进行单独调整，如缩放和移动等，重叠部分的填色也会随着对象的移动而变化，如图5-120所示。

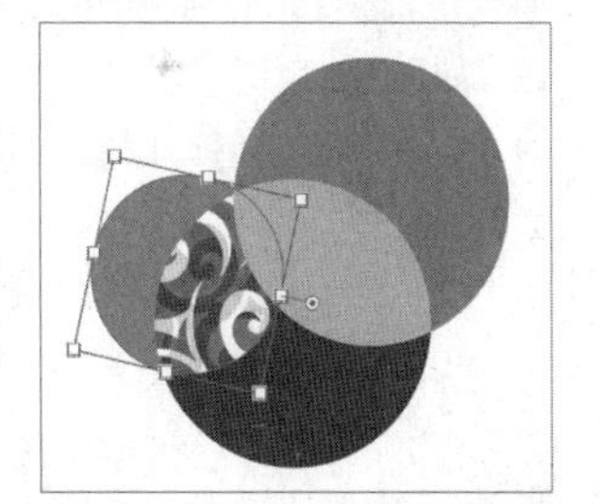

图5-120

选择“实时上色”组，执行“对象>实时上色>释放”菜单命令，可以释放全部上色，如图5-121所示。选择“实时上色”组，在控制栏中单击“扩展”按钮或者执行“对象>实时上色>扩展”菜单命令，可以将“实时上色”组转化为一个与原有外观一致的图形编组，如图5-122所示。

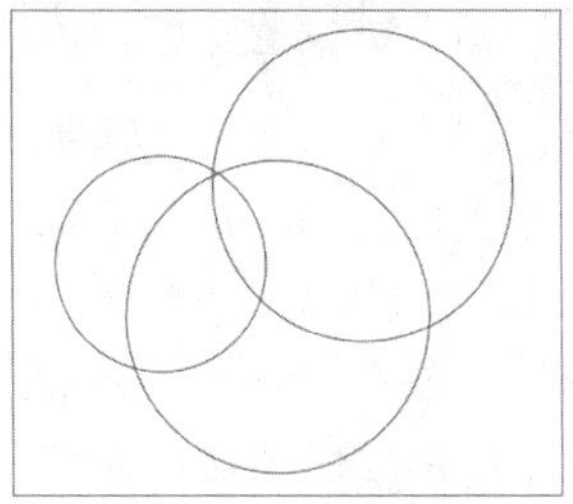

图5-121

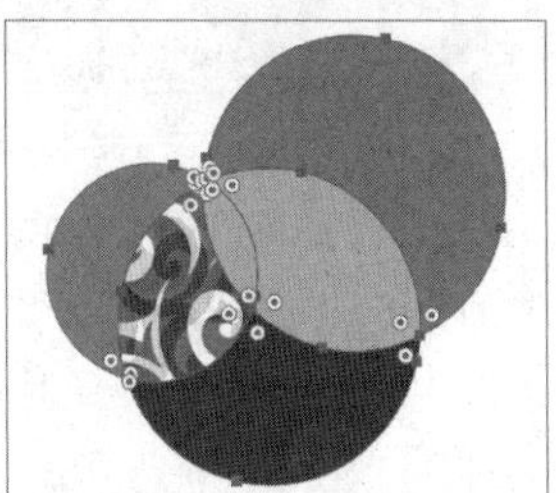

图5-122

5.3 填充图案

为图形填充图案可以增加设计的多样性和创意性。通过自定义图案和“重复”命令可以将特定的图稿作为重复元素按一定的规律进行排列。此外，还可以使用符号类工具绘制出随机排列的图案。

本节重点内容

名称	作用
符号喷枪工具	创建符号组
符号移位器工具	移动符号组中的符号实例
符号紧缩器工具	缩小或者扩大符号组中符号实例之间的距离
符号缩放器工具	缩放符号组中的符号实例
符号旋转器工具	旋转符号组中的符号实例
符号着色器工具	改变符号组中的符号实例的颜色
符号滤色器工具	改变符号组中的符号实例的不透明度
符号样式器工具	将图形样式应用给符号组中的符号实例

5.3.1 自定义图案

将需要多次使用的图稿定义为图案，然后在“色板”面板中选择这个图案来填充新创建的对象，可以达到填充连续图案的目的。绘制一个带有描边的矩形，如图5-123所示，将其拖曳到“色板”面板中，即可完成图案的创建，如图5-124所示。绘制对象后，即可应用该图案，如图5-125所示。

图5-123

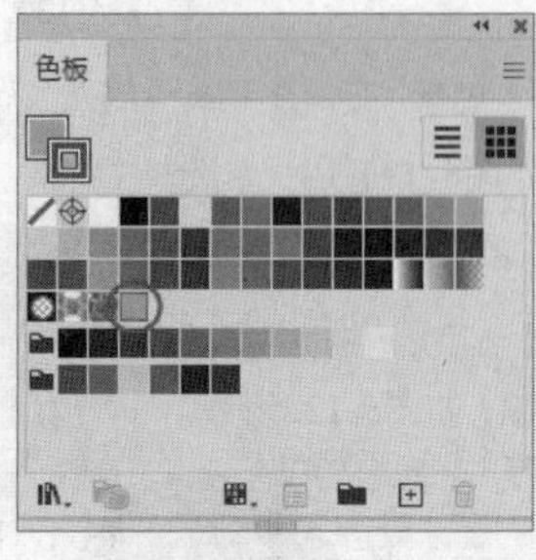

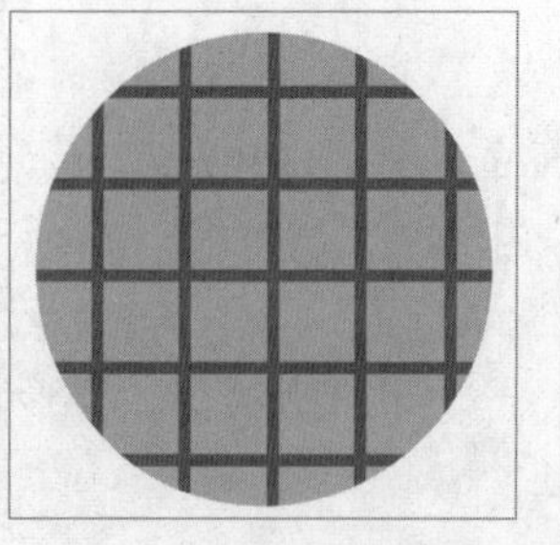

图5-124　　图5-125

此外，还可以通过菜单命令自定义图案。选中前面绘制的矩形，执行“对象>图案>建立”菜单命令，会弹出提示框，如图5-126所示，此时单击“确定”按钮即可。这时会打开“图案选项”面板，同时文档窗口中会显示图案视觉效果，如图5-127所示，在面板中可以对图案进行编辑。完成设置后，单击文档窗口左上方的“完成”按钮即可完成设置，双击画板任意空白处也可退出图案编辑模式。

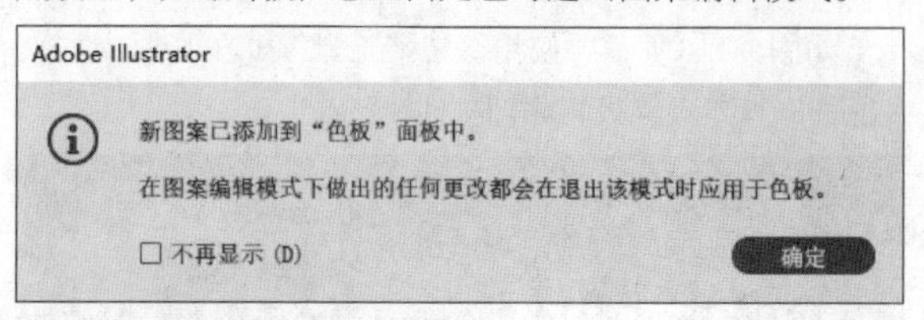

图5-126

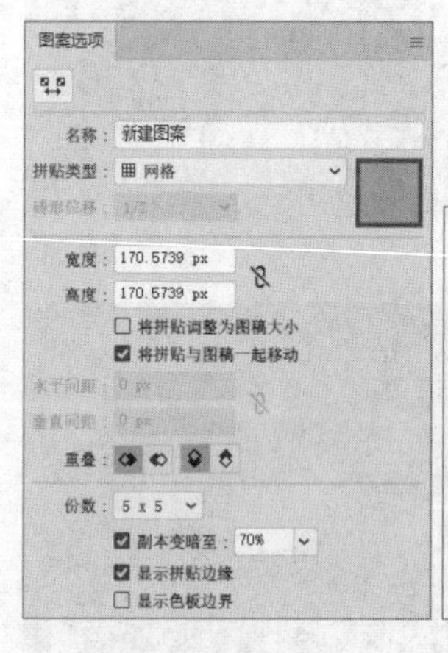

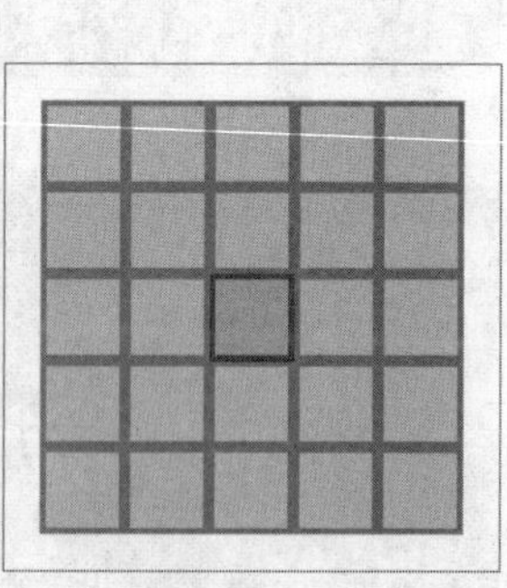

图5-127

重要参数介绍

◇ **图案拼贴工具**：用于调整图案拼贴的大小，如图5-128所示。

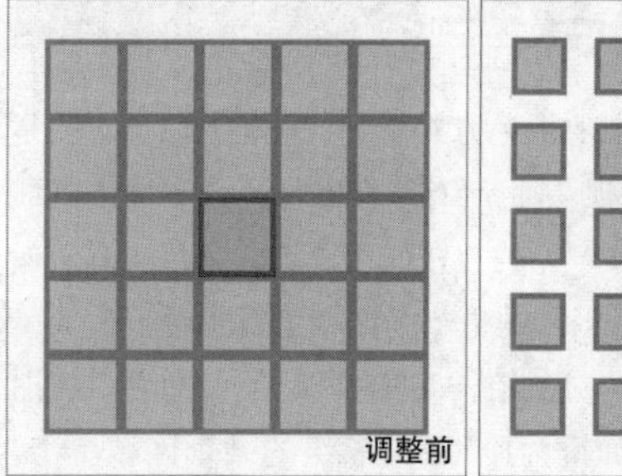

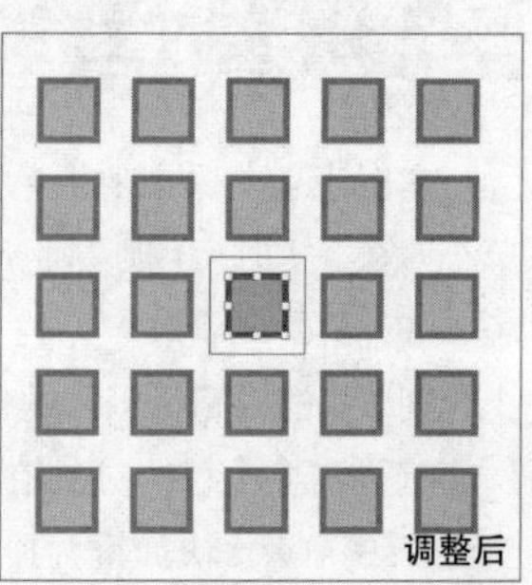

图5-128

◇ **拼贴类型**：用于设置图案的排列方式，包含“网格”“砖形（按行）”“砖形（按列）”“十六进制（按列）”“十六进制（按行）”5种，如图5-129所示。不同的排列方式如图5-130所示。

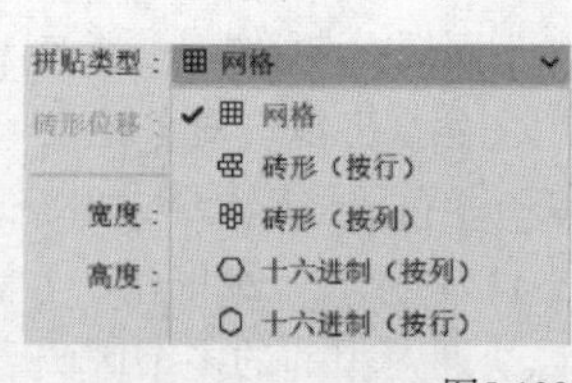

图5-129

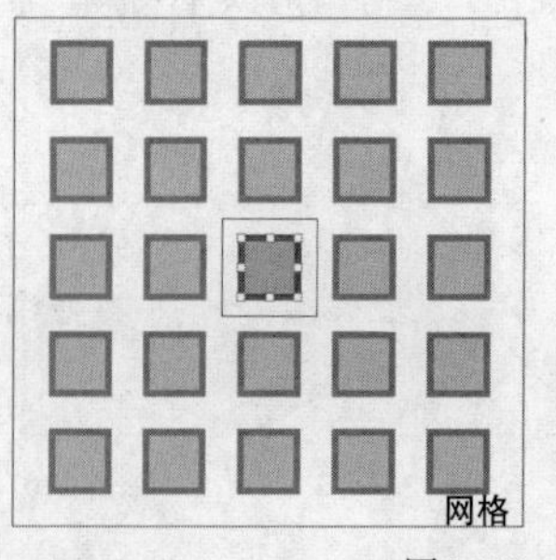

图5-130

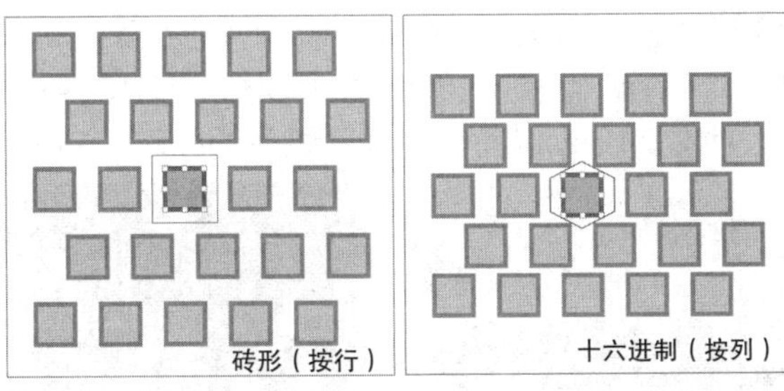

图5-130（续）

技巧与提示

当设置“拼贴类型”为“砖形”时，通过设置“砖形位移”可以调整基础单元平铺复制时错开的位置。该值默认为1/2，设置“砖形位移”为2/5，“砖形（按行）”的效果如图5-131所示。

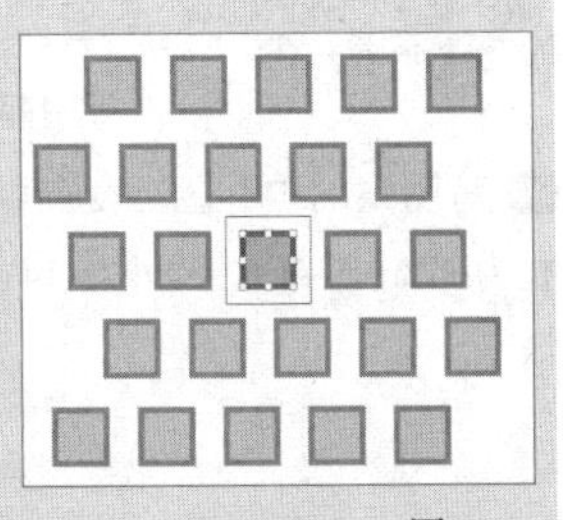

图5-131

◇ **宽度/高度：** 用于设置图案的大小。

◇ **将拼贴调整为图稿大小：** 勾选该选项，使图案拼贴的大小和图稿的大小一致。

◇ **将拼贴与图稿一起移动：** 勾选该选项，使用“选择工具”移动图稿时，图案拼贴也会随之一起移动。

◇ **重叠：** 用于设置图案拼贴重叠时哪个拼贴位于上层。

◇ **份数：** 用于设置显示的图案视觉效果里包含的单元总个数。

课堂案例

制作包装纸图案

素材文件	无
实例文件	实例文件>CH05>制作包装纸图案.ai
视频名称	制作包装纸图案.mp4
学习目标	掌握填充图案的方法

本案例将自定义图案，并用其进行填充，效果如图5-132所示。

图5-132

01 新建一个尺寸为1000px×1000px的画板，然后使用“矩形工具”绘制一个200px×200px的正方形，并设置“填色”为“无”，“描边”为黑色，如图5-133所示。

02 复制出一个正方形并将其旋转45°，如图5-134所示。使用“直接选择工具”选中正方形顶部锚点，如图5-135所示，然后按Delete键将其删除，如图5-136所示。

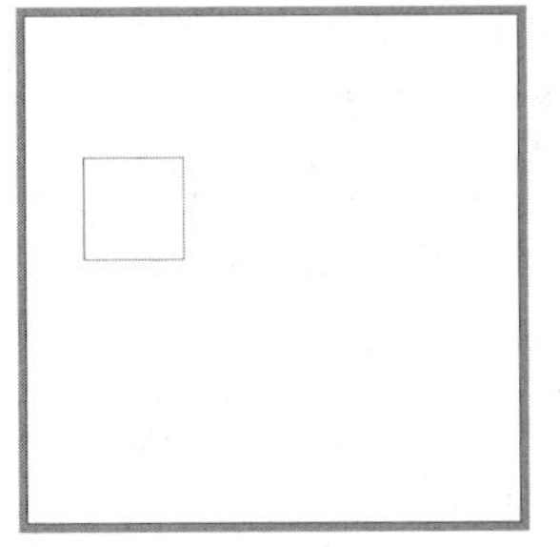

图5-133

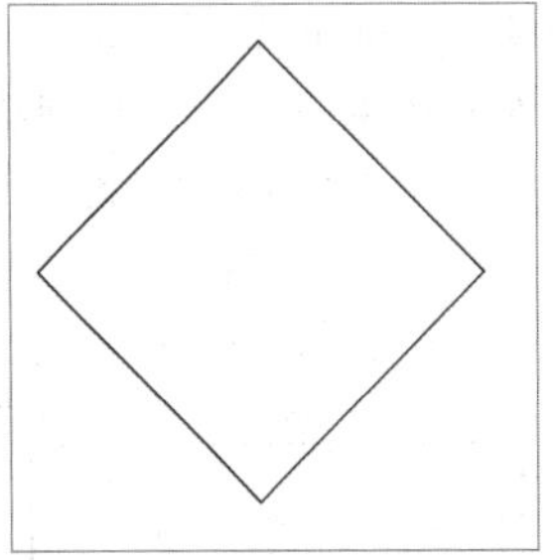

图5-134

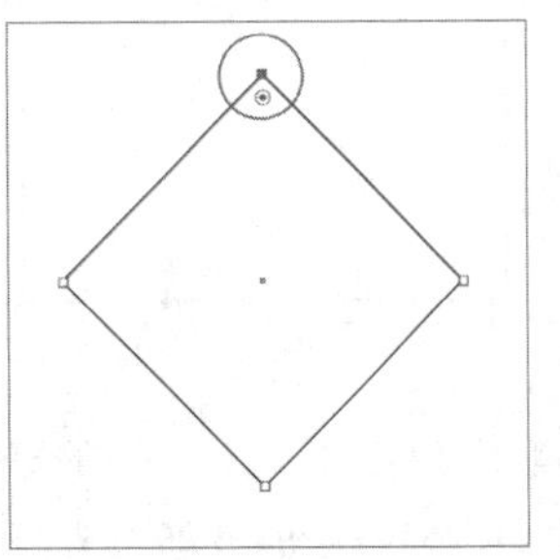

图5-135

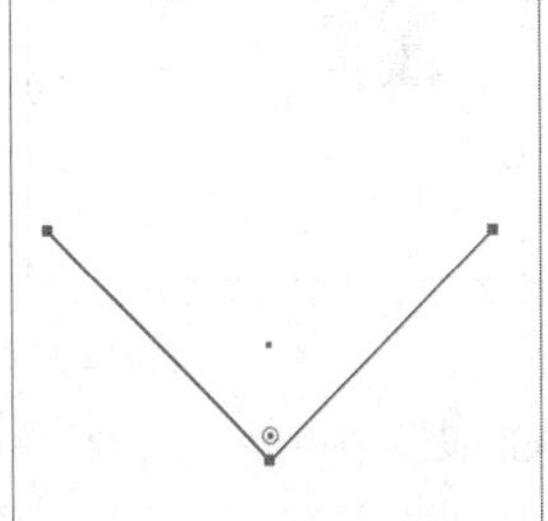

图5-136

03 在“描边”面板中设置“粗细”为268pt，“端点”为圆头端点，如图5-137所示。执行“对象>扩展”菜单命令，将这个路径转换为形状，如图5-138所示。

图5-137

图5-138

04 使用“星形工具”绘制一个六角形，然后拖曳圆角控制点，使其变为花瓣样式，如图5-139所示。

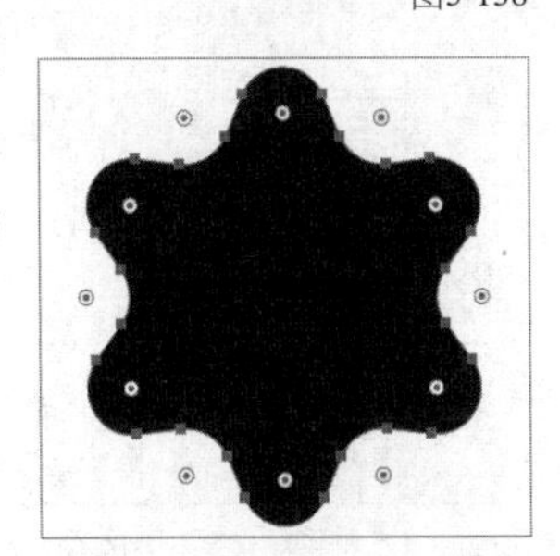

图5-139

05 将心形和花瓣形缩小并拖曳至步骤01绘制的矩形中，如图5-140所示。设置心形的“填色”为淡黄色（R:255，G:255，B:204），“描边”为“无”；然后设置花瓣的“填色”为“无”，“描边”为淡黄色（R:255，G:255，B:204），“粗细”为2pt，如图5-141所示。

图5-140

图5-141

06 使用“矩形工具”绘制一个与画板同样大小的矩形，然后设置“填色”为红色（R:255，G:29，B:29），并将其锁定。复制心形和花瓣并调整它们的大小、位置和角度，如图5-142所示。

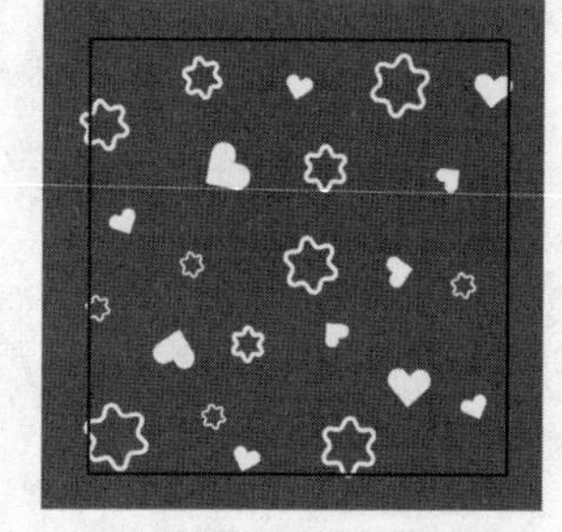

图5-142

07 将正方形删除，然后选中所有心形和花瓣，执行“对象>图案>建立”菜单命令，在“图案选项”对话框中设置“拼贴类型”为“网格”，调整“宽度”和“高度”（这两个参数的数值会随着形状摆放的距离而变化，视觉上保持形状的间距差不多即可），如图5-143所示，效果如图5-144所示。调整后单击文档窗口左上方的“完成”按钮完成设置。

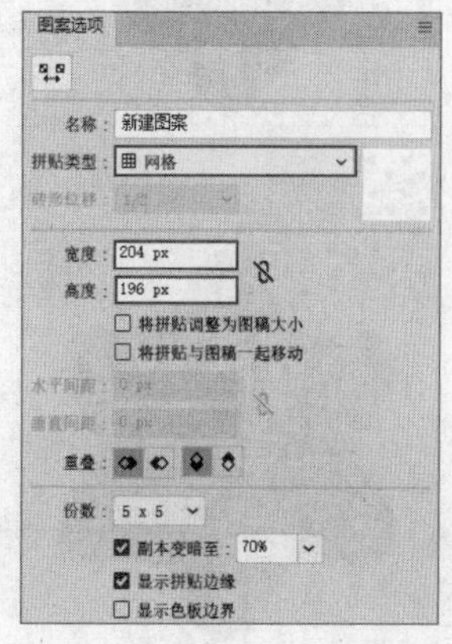

图5-143

图5-144

08 使用“矩形工具”绘制一个与画板同样大小的矩形，然后设置“填色”为刚创建完成的图案，如图5-145所示，并设置“描边”为“无”，效果如图5-146所示。

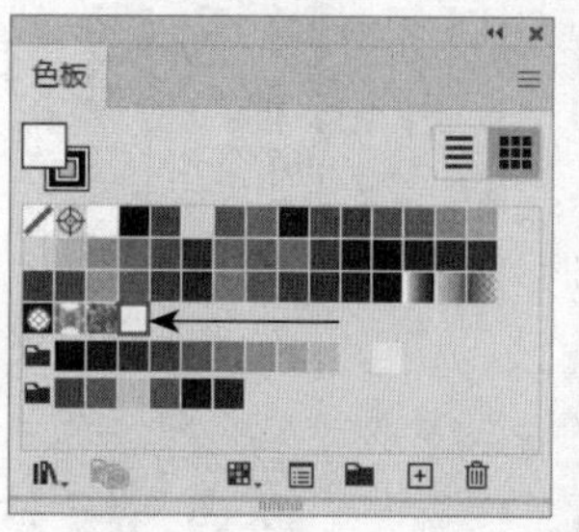

图5-145

图5-146

09 将图案的“不透明度”调整为60%，最终效果如图5-147所示。

图5-147

5.3.2 重复对象

“重复”命令可以将当前选择的图形或对象进行复制，并按照指定的数量和距离进行排列。这个命令可以应用于任何形状、线条、文字等对象，非常方便快捷。重复对象总共有“径向”“网格”“镜像”3种类型，执行“对象>重复”子菜单中的命令即可完成重复对象的创建，如图5-148所示。

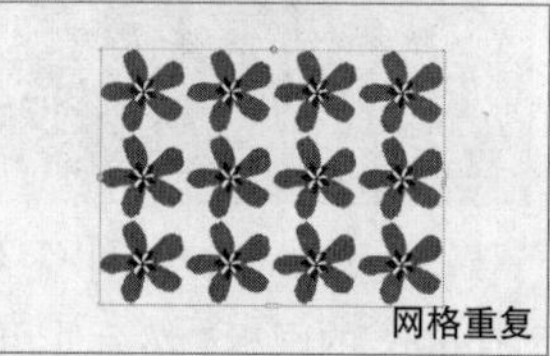

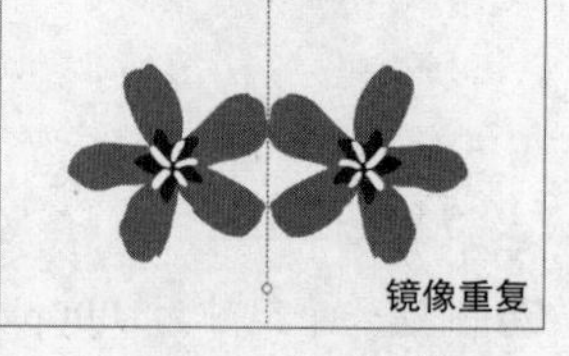

图5-148

技巧与提示

重复对象是按照特定的几何形式为某对象创建副本得到的对象。在重复对象中，只要对原始对象做出了更改，那么所有的副本也会实时进行更改。

选中重复对象，执行“对象>重复>选项”菜单命令，打开“重复选项”对话框中，在其中可以对“径向”“网格”“镜像”这3种类型的重复对象进行精准的调整，如图5-149所示。此外，也可以通过控制框调整重复对象。

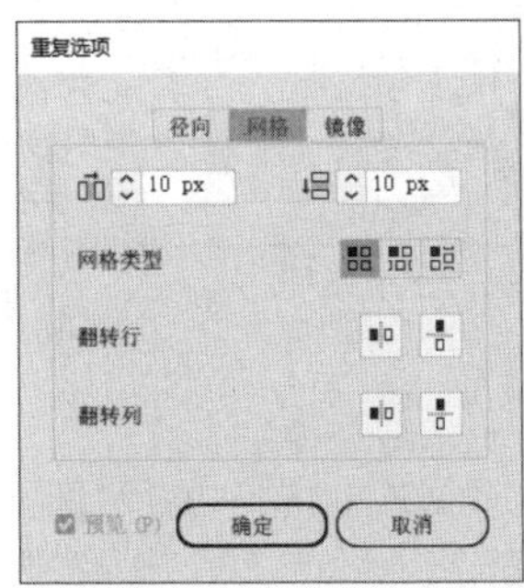

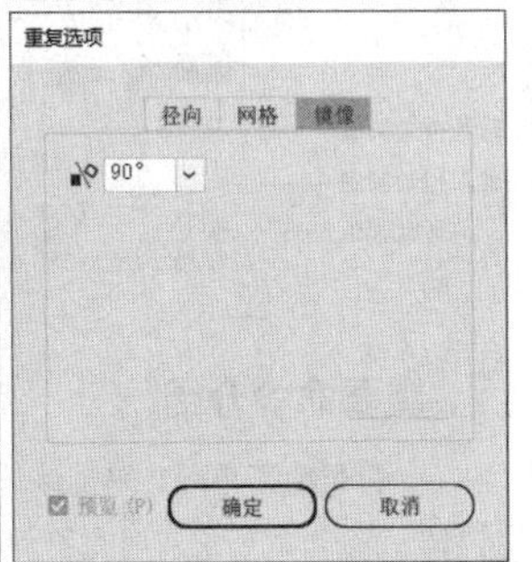

图5-149

1.径向重复

创建径向重复对象后，会出现控制框，如图5-150所示。通过拖曳控制框或控制点可以调整重复对象中实例的数量、旋转半径和旋转角度。

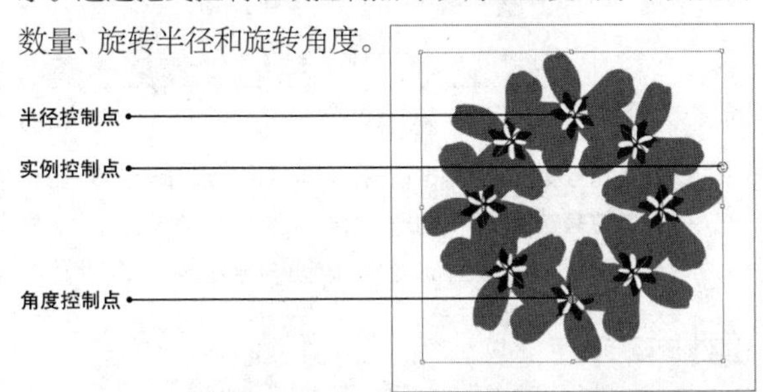

图5-150

在默认情况下，创建径向重复对象后会有8个实例。向上拖曳实例控制点可以增加实例数，向下拖曳实例控制点则可以减少实例数，如图5-151所示，拖曳控制点时鼠标指针旁会实时显示实例数量。

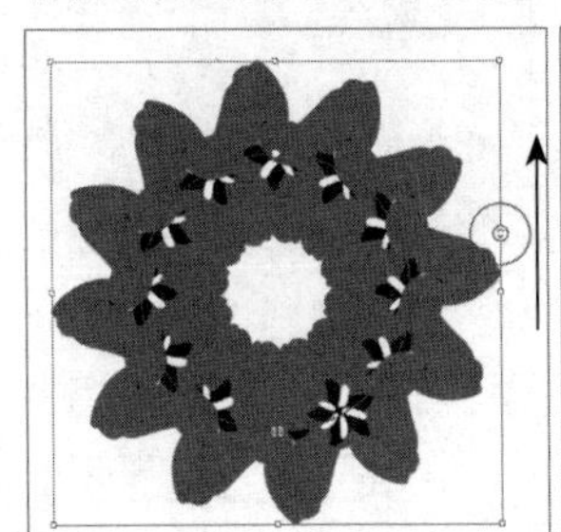
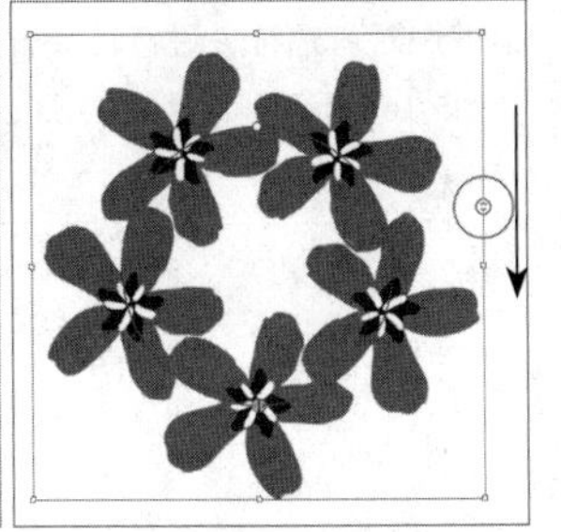

图5-151

向外拖曳半径控制点可以增大半径，向内拖曳半径控制点可以减小半径，如图5-152所示。

图5-152

拖曳角度控制点可以控制旋转的角度范围，如图5-153所示。此时，圆形控制框一部分显示为实线，一部分显示为虚线，显示为虚线的角度范围将不再排列实例。

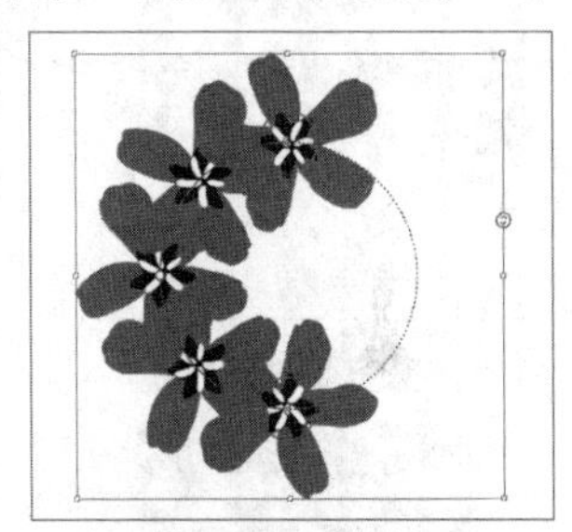

图5-153

2.网格重复

创建网格重复对象后，会出现控制框，如图5-154所示。通过拖曳控制框或控制点可以调整重复对象中实例的列数、行数、水平间距、垂直间距。

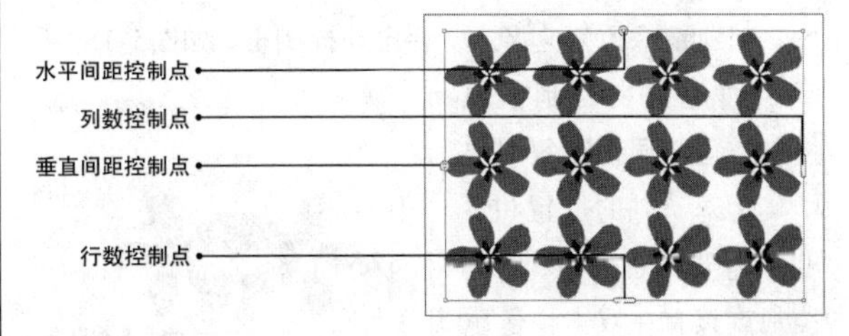

图5-154

沿矩形控制框左右拖曳水平间距控制点，可以减小或增大实例的水平间距，如图5-155所示。沿矩形控制框垂直上下拖曳垂直间距控制点，可以减小或增大实例垂直间距，如图5-156所示。

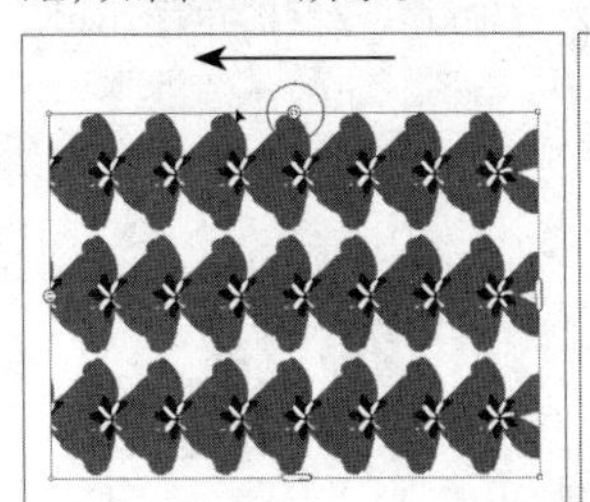
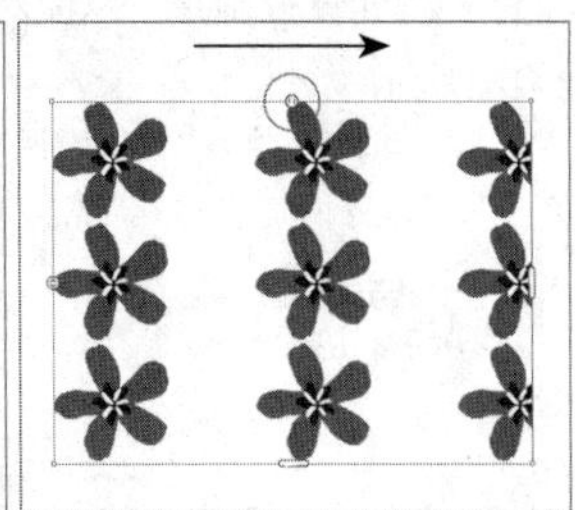

图5-155

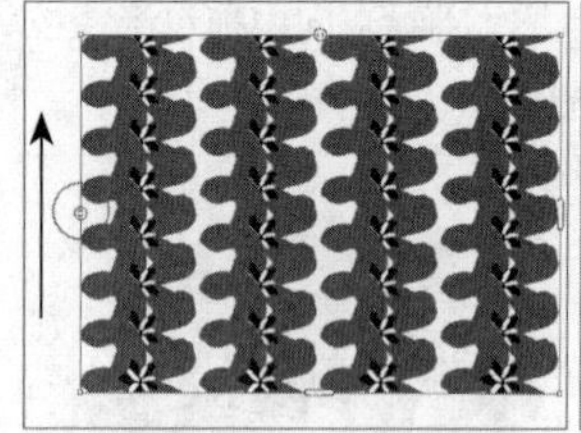
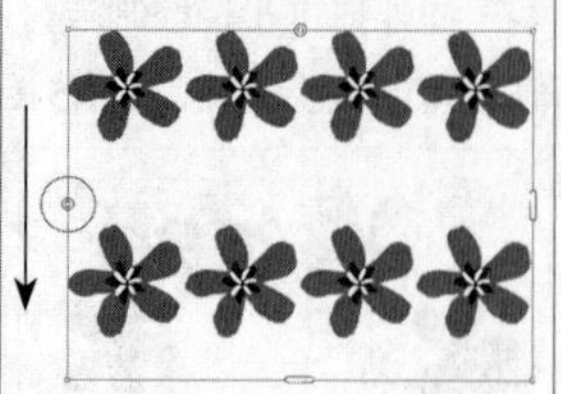

图5-156

调整列数和行数的方法和调整间距的方法相似，在水平方向上拖曳列数控制点即可增加或减少列数，如图5-157所示；在垂直方向上拖曳行数控制点即可增加或减少行数，如图5-158所示。

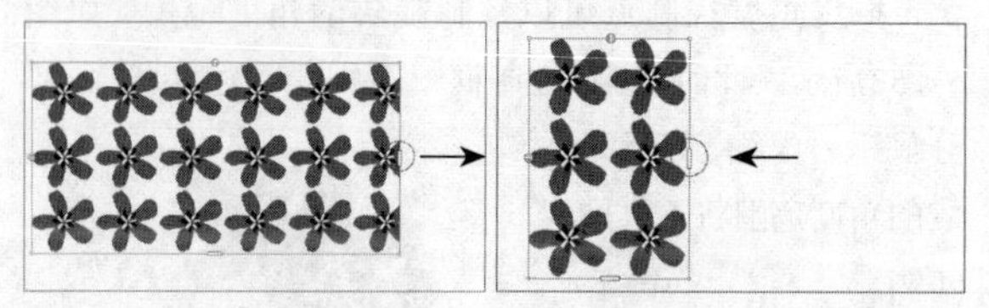

图5-157

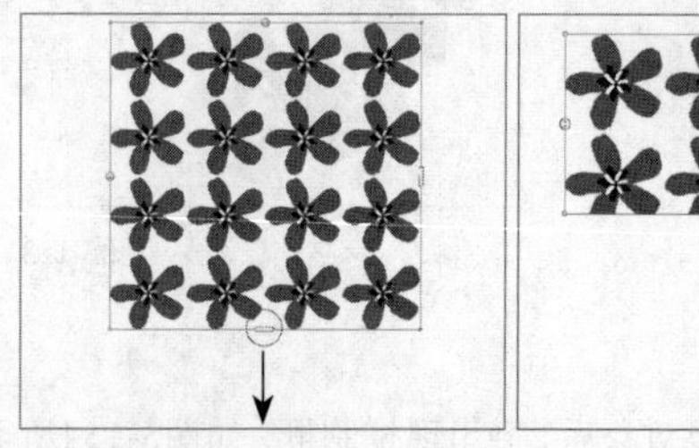
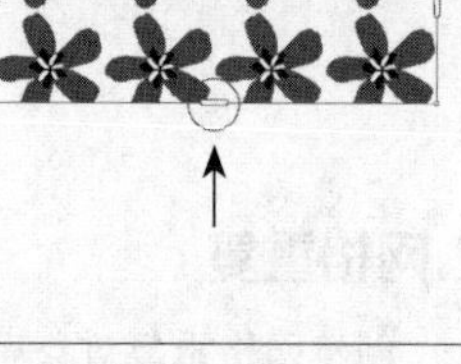

图5-158

3.镜像重复

创建镜像重复对象后，会出现控制框，如图5-159所示。通过拖曳控制框或控制点可以调整重复对象中实例对称轴的位置和角度。需要注意的是，这些控制点只有在双击镜像重复对象进入隔离模式后才会显示。

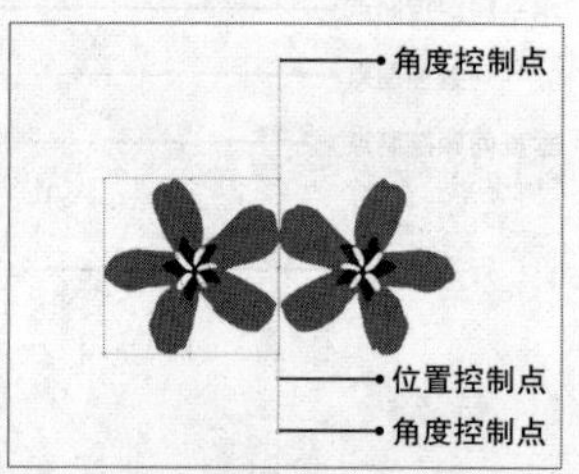

图5-159

沿水平方向左右拖曳位置控制点可以增大或减小对称轴和原始对象之间的距离，如图5-160所示。

拖曳角度控制点可以使对称轴旋转一定的角度，如图5-161所示。

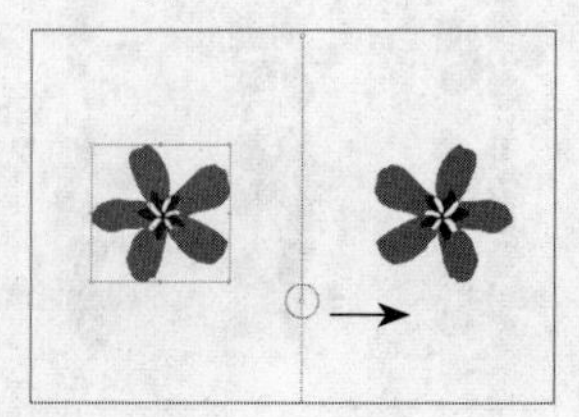

图5-160

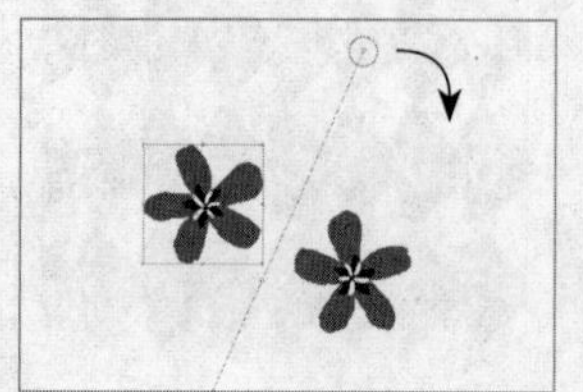

图5-161

5.3.3 符号

使用符号类工具也可以复用图稿，其灵活性更强，因为可以将符号绘制在画板中的任意位置。

1. “符号”面板

执行“窗口>符号”菜单命令打开“符号”面板，其中包含几种预设符号，并且可以新建、复制、删除和编辑符号等，如图5-162所示。

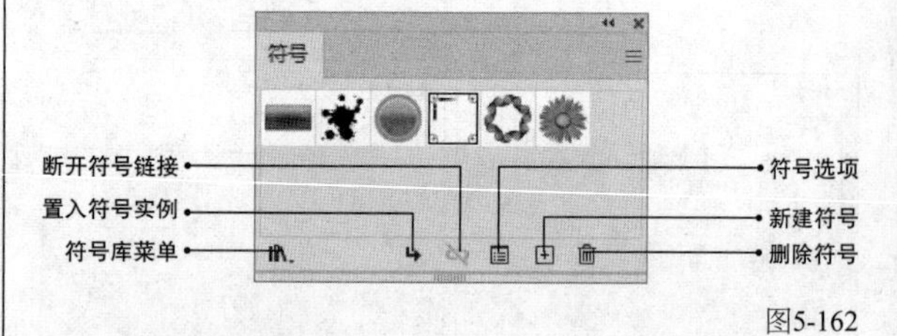

图5-162

重要命令介绍

◇ **符号库菜单**：单击该按钮，在弹出的菜单中执行“保存符号”命令可对所选符号进行保存，选择其他命令可以显示软件自带符号。例如，执行“复古”命令，即可打开“复古”符号面板，如图5-163所示。

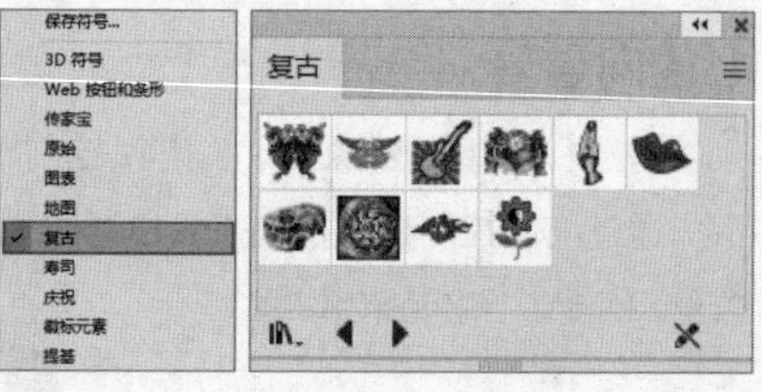

图5-163

◇ **置入符号实例**：单击该按钮，可以将所选符号置入画板。

◇ **断开符号链接**：单击该按钮，可以将符号实例扩展。此外，执行“对象>扩展”菜单命令也可断开符号链接。

> **技巧与提示**
>
> 如果在置入符号后对其进行了编辑，那么将会实时更新符号的样式。因此，在编辑符号时，可以根据实际需要将一些符号实例和符号断开链接，这样这些符号实例就不会随着符号进行实时更新了。

◇ **符号选项**：单击该按钮，可在弹出的“符号选项”对话框中对所选符号进行设置，如图5-164所示。

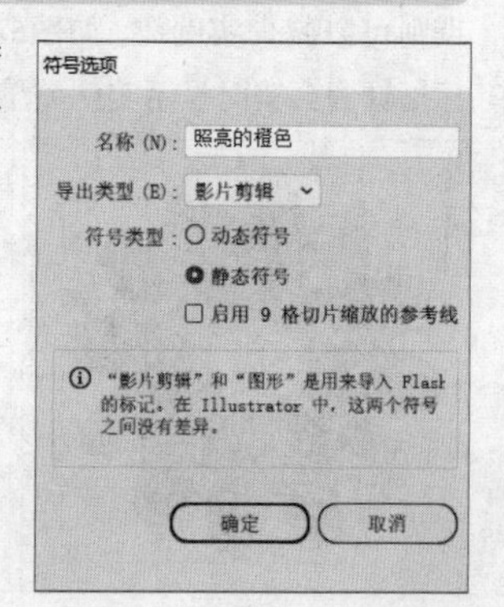

图5-164

◇ **新建符号**：选择需要创建为符号的图稿，然后单击该按钮或者将该图稿拖曳到“符号”面板中，在弹出的“符号选项”对话框中进行设置即可完成符号的创建。

◇ **删除符号**：单击该按钮，可删除所选符号。

在“符号”面板中选择“非洲菊”符号，如图5-165所示，然后使用“符号喷枪工具”（快捷键为Shift+S）在画板上单击，即可喷绘一个符号，如图5-166所示。按住鼠标不松开，符号就会自动叠加，时间越久符号越多，如图5-167所示。

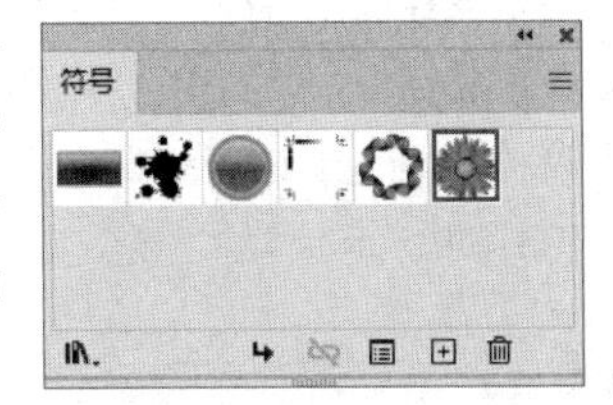

图5-165

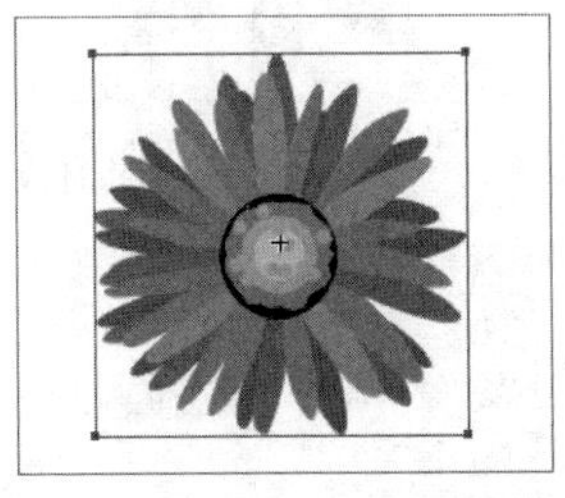

图5-166

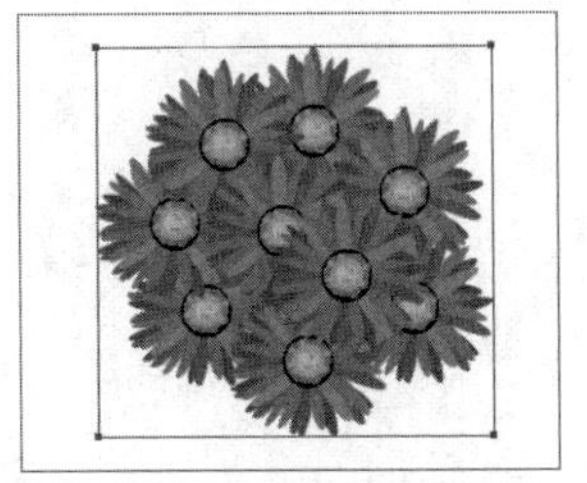

图5-167

在画板中拖曳鼠标，符号会随着拖曳轨迹不断产生，如图5-168所示。使用多个符号在画板中绘制会形成符号组，如图5-169所示。

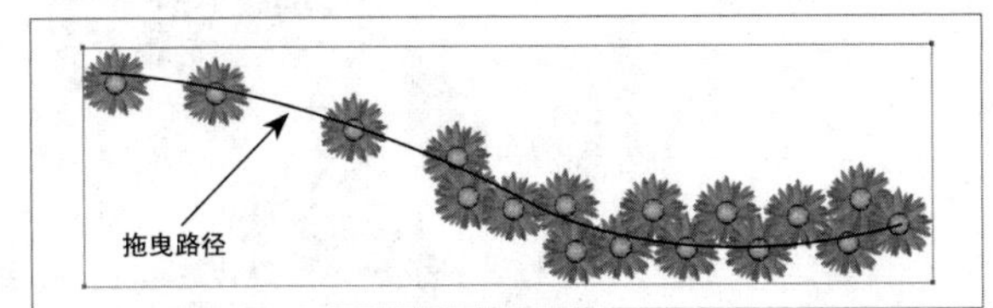

图5-168

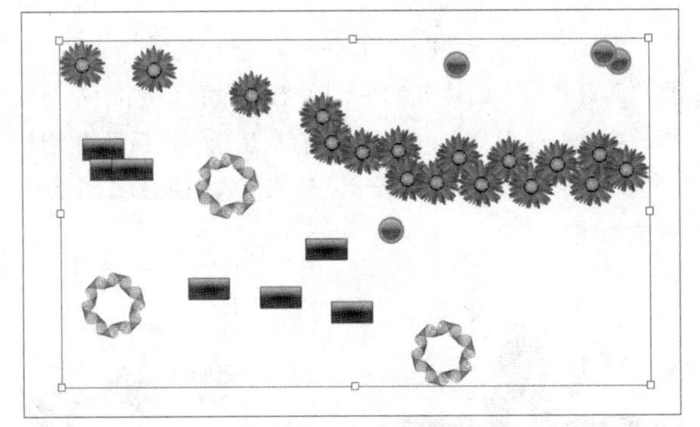

图5-169

技巧与提示

如果要删除符号组中的某一个符号，按住Alt键并使用“符号喷枪工具”单击或在需要删除的符号上拖曳即可。当组中包含多种类型的符号时，需要在“符号”面板中选择对应符号，才能将其删除。

2.编辑符号组

符号喷枪工具组中包含多个用于编辑符号组的工具，使用这些工具可以对符号组中的符号进行移动、缩放、旋转和着色等操作。

“符号移位器工具”可以移动符号，以及调整组内符号的前后顺序，如图5-170所示。使用该工具拖曳符号即可调整符号的位置，按住Shift键并单击符号可以将其移至顶层，按住Alt+Shift键并单击符号可以将其移至底层。

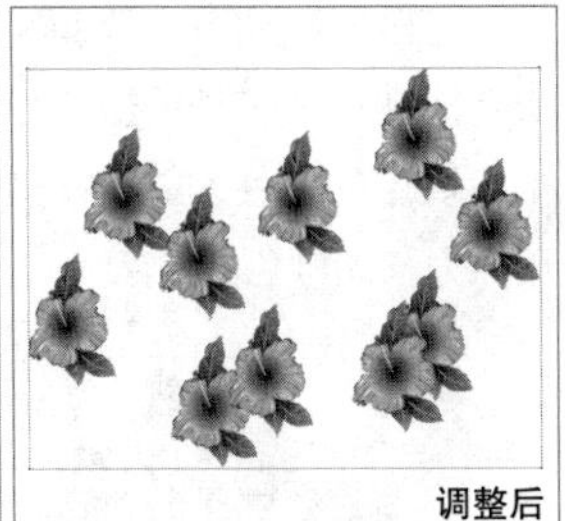

图5-170

“符号紧缩器工具”可以缩小符号之间的距离，如图5-171所示。使用该工具拖曳符号即可减小符号之间的距离，按住Alt键并拖曳符号可以增大符号之间的距离。

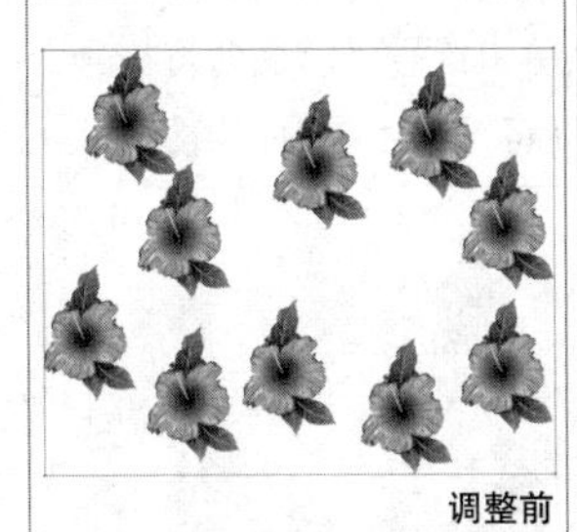

图5-171

“符号缩放器工具”可以放大或缩小符号，如图5-172所示。使用该工具单击符号可以将其放大，拖曳符号可以将其持续放大；按住Alt键并单击符号可以将其缩小，按住Alt键并拖曳符号可以将其持续缩小。

图5-172

“符号旋转器工具”可以旋转符号，如图5-173所示。使用该工具拖曳符号即可旋转符号。

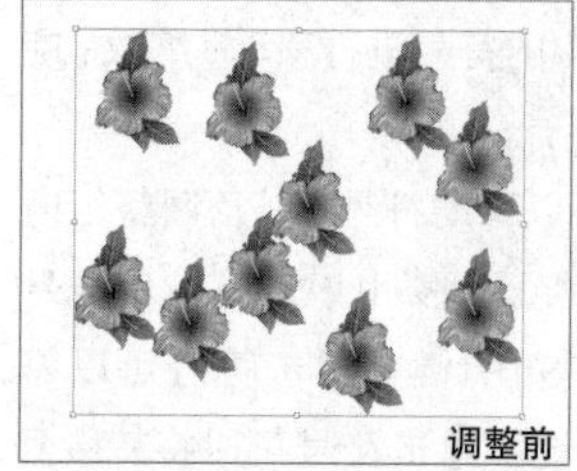

图5-173

“符号着色器工具”可以调整符号颜色，如图5-174所示。使用该工具单击符号可以将符号的颜色逐渐变成当前填色的颜色，按住Alt键并单击可将符号的颜色逐渐还原为初始颜色。

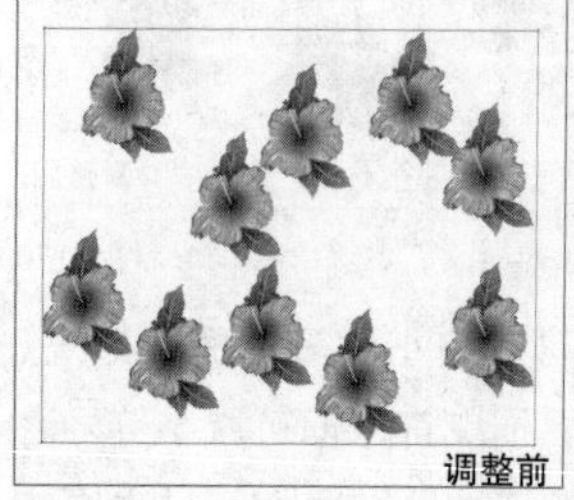

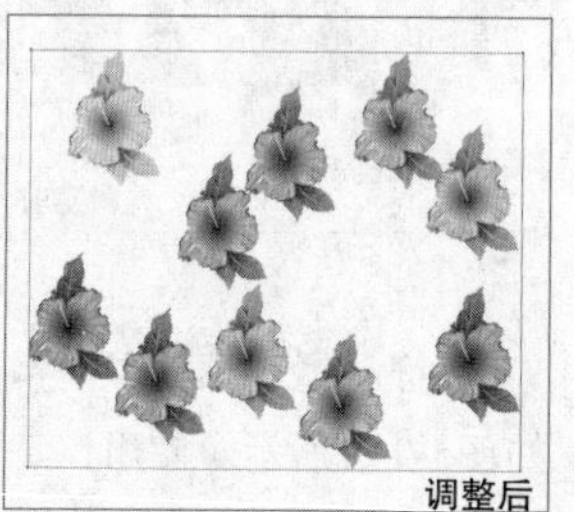

图5-174

“符号滤色器工具”可以调整符号的“不透明度”，如图5-175所示。使用该工具单击符号可以逐渐将符号变透明，按住Alt键并单击可逐渐将符号还原为初始状态。

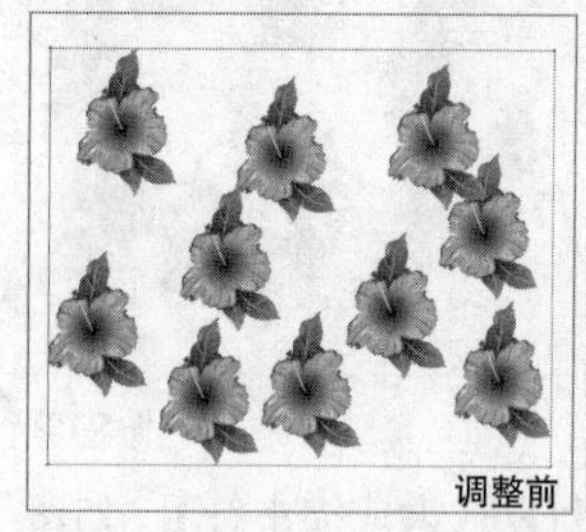

图5-175

“符号样式器工具”可以将图层样式应用于符号，如图5-176所示。在“图形样式”面板中选择一种图形样式，然后使用该工具单击符号可以逐渐将图形样式应用到符号上，按住Alt键并单击可逐渐将符号还原为初始状态。

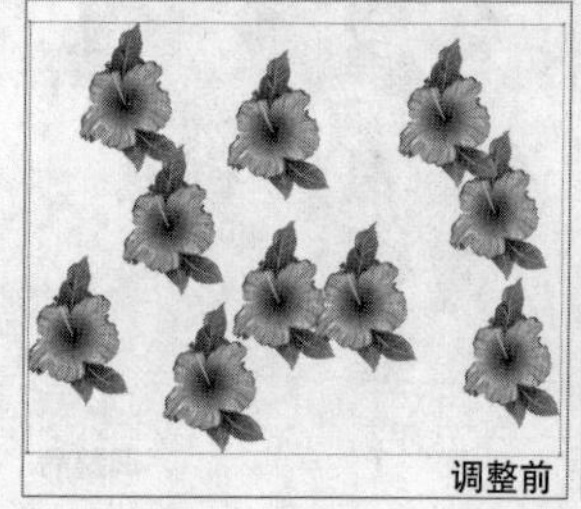

图5-176

3.自定义符号

任何对象都可以成为符号。选择目标对象，如图5-177所示，然后单击“新建符号”按钮或者将目标对象拖曳到“符号”面板中，打开“符号选项”对话框，设置“符号类型”为“动态符号”，单击“确定”按钮即可将该对象存储于“符号”面板中，如图5-178所示。之后选择该符号，即可使用“符号喷枪工具”进行绘制，如图5-179所示。

图5-177

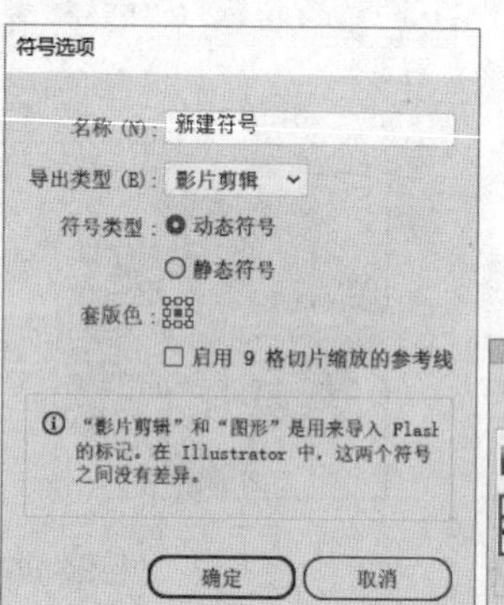

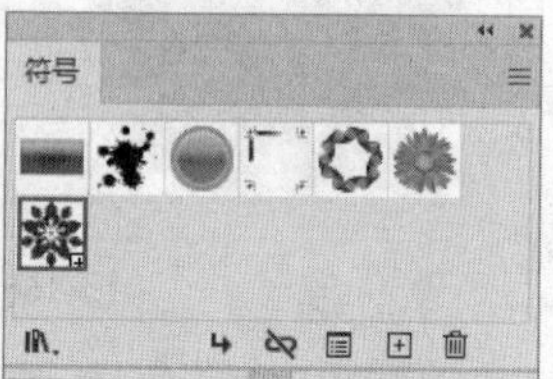

图5-178

图5-179

对比“符号选项”对话框中的“符号类型”设置，选择“动态符号”的好处就是，后期随时可以双击“符号”面板中的符号对其进行编辑，保存后运用了该符号的实例会自动同步，如图5-180所示。静态符号则不具备同步修改的功能。

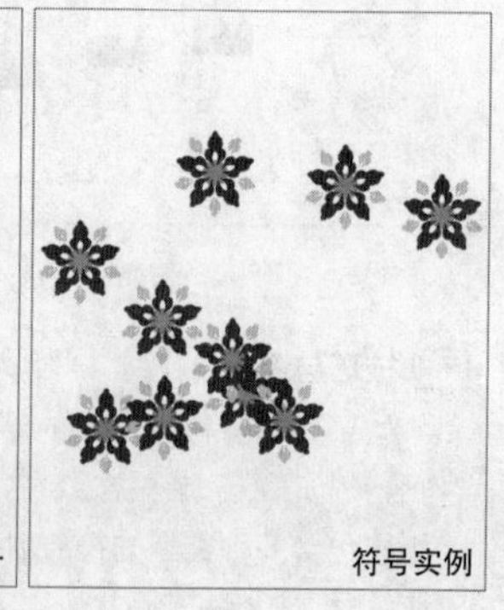

图5-180

5.4 透明度与混合模式

通过调整对象的“不透明度”使其产生透明感，可以使其底层的图稿变得可见。此外，使用不透明蒙版可以创建并生成不同的透明效果。设置不同的混合模式可以通过计算使对象重叠部分色彩呈现不同的效果。透明度与混合模式的使用，可以实现更加丰富多样的设计效果。

5.4.1 不透明度

当对象相互重叠时，修改上层对象的“不透明度”可以使下层对象显示出来。执行“窗口>透明度”菜单命令打开“透明度”面板，设置上层对象的“不透明度”为56%，如图5-181所示。

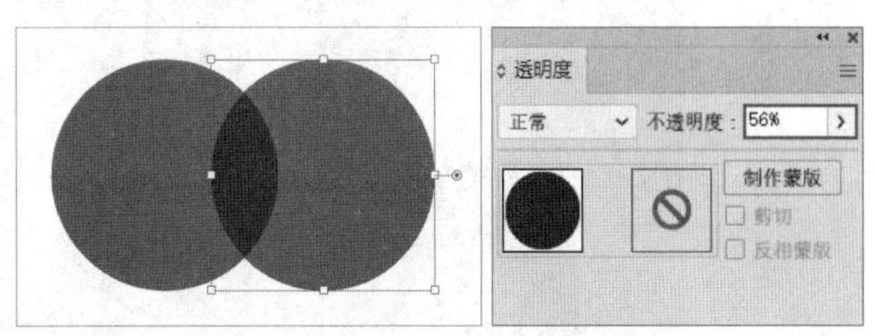

图5-181

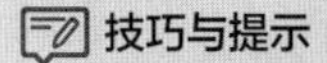
技巧与提示

除了可以使用“透明度”面板调整对象的“不透明度”，还可以通过控制栏或“外观”面板调整对象的“不透明度”，如图5-182和图5-183所示。它们的操作方式相差不大，都需要先选中目标对象，然后在控制栏或相应面板中的“不透明度”文本框中输入数值即可。

图5-182

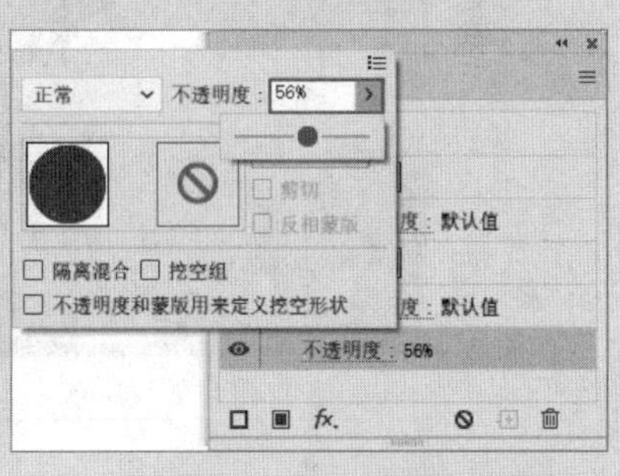

图5-183

5.4.2 不透明度蒙版

通过“透明度”面板可以建立不透明度蒙版来对控制对象局部的“不透明度”，不透明度蒙版的遮挡原理与Photoshop中的图层蒙版是很相似的，都是通过黑、白、灰控制内容的显示或隐藏。蒙版中的纯黑色区域会完全遮挡其下层对象；纯白色区域会将其下层对象完全显示出来；灰色区域可使其下层对象呈现透明效果，灰色越深，遮挡效果越强。

如果想创建不透明度蒙版，那么可以将蒙版对象放置在被蒙版对象的上一层，如图5-184所示，然后同时选中这些对象，单击“透明度”面板中的“制作蒙版”按钮，如图5-185所示。

图5-184

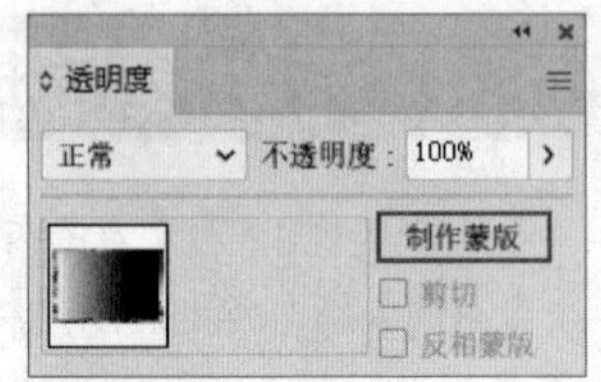

图5-185

技巧与提示

"黑透、白不透、灰半透"的口令，可以帮助读者更好地记住不透明度蒙版的原理。如果蒙版对象是彩色的，那么在创建不透明度蒙版时，将使用这些颜色的同等灰度来控制被蒙版对象的透明程度。

在创建了不透明度蒙版之后，在"透明度"面板中可以对其进行调整，如图5-186所示。

蒙版缩略图
混合模式
指示不透明度蒙版链接到图稿
被蒙版对象缩略图
透明度
正常
不透明度：100%
释放
剪切
反相蒙版

图5-186

重要参数介绍

◇ **被蒙版对象缩略图：** 创建不透明度蒙版后，可使用相关工具对不透明度蒙版的大小进行调整。

◇ **指示不透明度蒙版链接到图稿**：在默认状况下，被蒙版对象与蒙版处于链接状态，当对被蒙版对象进行移动或变换时，蒙版会随之改变。单击该按钮，可以取消它们之间的链接。

◇ **蒙版缩略图：** 单击该缩略图，可以调整不透明度蒙版的大小或"不透明度"等参数。按住Alt键并单击可以直接对蒙版对象进行编辑。

◇ **释放：** 单击该按钮，可以将不透明度蒙版释放。

◇ **剪切：** 取消勾选该选项，可以控制不透明度蒙版仅调整目标对象的不透明度，而不会对目标对象进行剪切。

◇ **反相蒙版：** 勾选该选项，可以将不透明度蒙版进行反相。

5.4.3 混合模式

混合模式能够使对象之间产生混合效果，“透明度”面板中的“混合模式”默认为“正常”，即对象彼此间的颜色互不影响。“正常”模式之外共有15种混合模式，这些混合模式可以分为加深模式组、减淡模式组、对比模式组、比较模式组和色彩模式组，如图5-187所示，处于同一组的混合模式的差别主要体现在混合的幅度上。

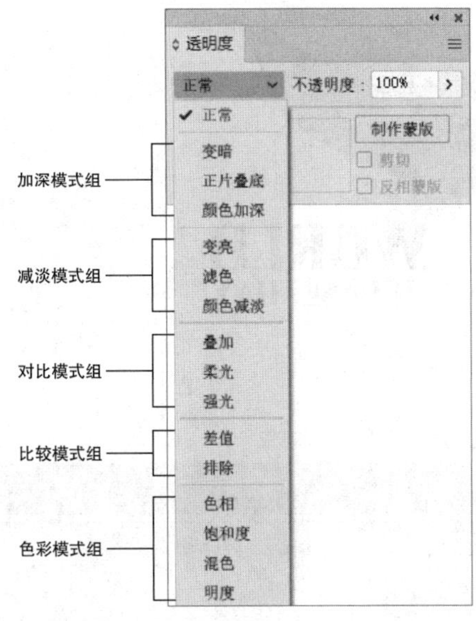

图5-187

加深模式组中的模式可以使颜色变暗。减淡模式组与加深模式组中的模式产生的混合效果是相反的，这些模式可以使颜色变亮。对比模式组中的模式可以增强颜色的反差，在混合时，50%灰色（R:128，G:128，B:128）会完全消失，亮度值高于50%灰色的像素会提亮下层的像素，亮度值低于50%灰色的像素会使下层像素变暗。比较模式组中的模式会比较当前对象与其下层对象，将相同的区域变为黑色，不同的区域变为灰色或彩色。色彩模式组中的模式会将色彩分为色相、饱和度和亮度3种成分，然后将其中的一种或两种应用在混合后的颜色上。

知识点：混合模式的原理

混合模式是通过改变当前对象与其下层对象的关系而产生的混合效果，共存在3种颜色。下层对象的颜色称为基础色，上层对象的颜色称为混合色，它们混合的结果称为结果色，如图5-188所示。

图5-188

同一种混合模式的效果可能会随着对象“不透明度”的改变而产生变化。例如，将上层对象的混合模式设置为“滤色”，调整下层对象的“不透明度”会产生不同的结果，如图5-189所示。

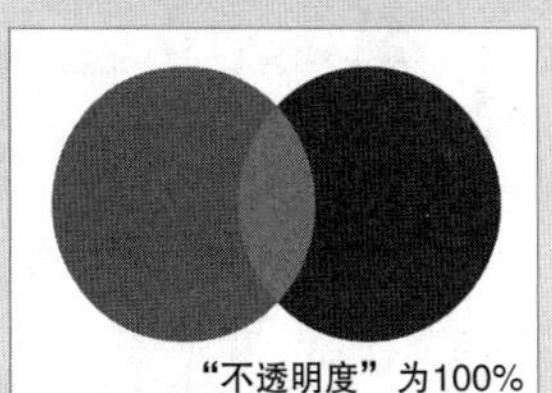

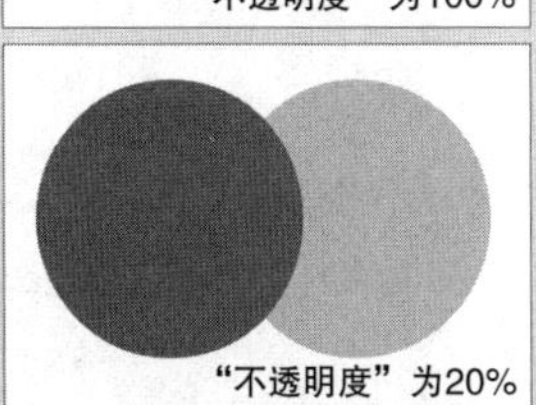

图5-189

5.5 本章小结

本章主要讲解了选取颜色，填充颜色、渐变和图案的方法，以及透明度和混合模式的使用方法。通过本章的学习，读者应该全面掌握填充图稿的方法，以及相应工具的作用。

5.6 课后习题

根据本章的内容，本节共安排了3个课后习题供读者练习，以带领读者对本章的知识进行综合运用。

课后习题：制作双色文字

素材文件　无
实例文件　实例文件>CH05>制作双色文字.ai
视频名称　制作双色文字.mp4
学习目标　掌握使用“实时上色工具”填色的方法

对使用“实时上色工具” 填色的方法进行练习，效果如图5-190所示。

图5-190

课后习题：绘制低多边形风格标志

素材文件	素材文件>CH05>素材03.jpg
实例文件	实例文件>CH05>绘制低多边形风格标志.ai
视频名称	绘制低多边形风格标志.mp4
学习目标	掌握填充颜色的方法

对填充颜色的方法进行练习，效果如图5-191所示。

图5-191

课后习题：绘制一组渐变图标

素材文件	无
实例文件	实例文件>CH05>绘制一组渐变图标.ai
视频名称	绘制一组渐变图标.mp4
学习目标	掌握为对象添加渐变的方法

对为对象添加渐变的方法进行练习，效果如图5-192所示。

定位图标　喜欢图标　分类图标　收藏图标

图5-192

第 6 章

混合与扭曲

本章主要介绍混合对象的方法，以及使用工具和命令扭曲对象的多种操作方法。通过混合对象和扭曲对象，可以创作出更加复杂和独特的视觉效果。

课堂学习目标

◇ 掌握混合对象的方法
◇ 掌握使用扭曲工具的方法
◇ 掌握使用“扭曲和变换”命令的方法

ILLUSTRATOR 2024

6.1 混合对象

混合对象能够使两个或两个以上的对象产生自然平滑的色彩和形状的过渡变化，产生绚丽多彩的视觉效果。

本节重点内容

名称	作用
混合工具	建立混合对象
混合>建立	建立混合对象
混合>释放	释放混合对象
混合>扩展	扩展混合对象

6.1.1 建立混合对象

混合对象的建立方法非常简单。选择“混合工具”（快捷键为W），在某一对象上单击后，接着单击另一个对象即可将这两个对象进行混合，同时会自动创建一条线作为对象的混合轴，如图6-1所示。这种方式具有较大的灵活性。除此之外，还可以通过在选中目标对象后执行“对象>混合>建立”菜单命令（快捷键为Alt+Ctrl+B）建立混合对象。

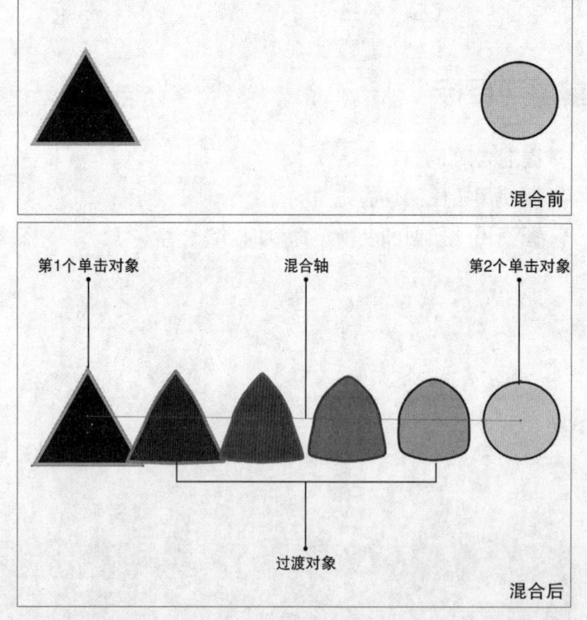

图6-1

技巧与提示

当使用“混合工具”混合对象时，单击的位置会影响混合的效果，因此过渡对象很有可能发生扭转的现象，如图6-2所示。为了避免这种情况的发生，单击时需尽量避开锚点并注意鼠标指针的变化。相形而言，执行菜单命令创建混合对象会稳妥些。

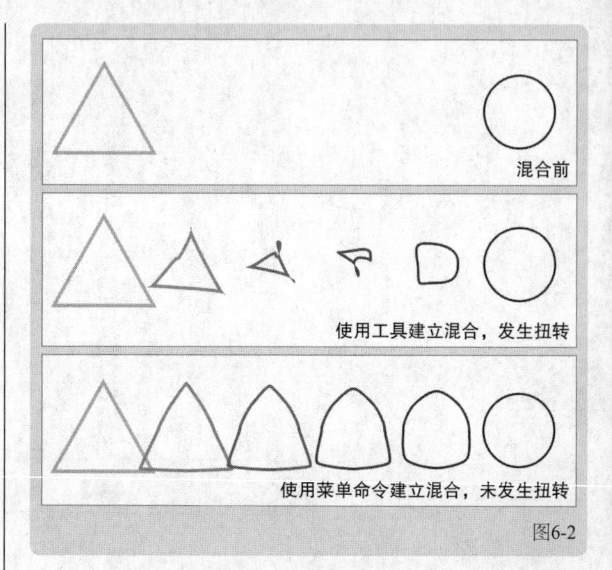

图6-2

如果想将混合对象还原为原有对象，可以选中混合对象并执行“对象>混合>释放”菜单命令（快捷键为Alt+Shift+Ctrl+B）完成释放，释放对象后混合轴会被保留，如图6-3所示。

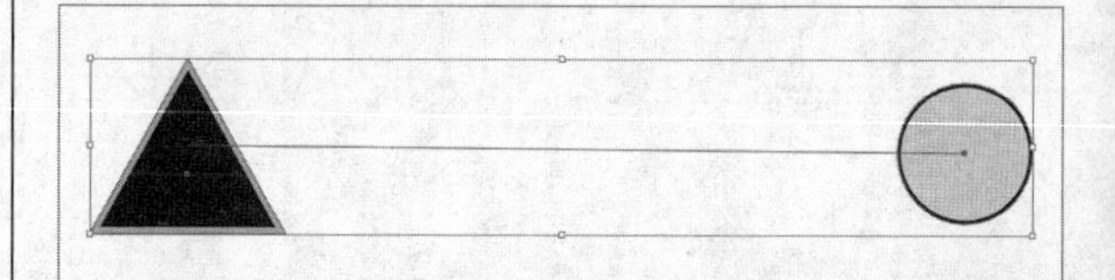

图6-3

选中混合对象并执行“对象>混合>扩展”菜单命令，可以将混合对象进行扩展，转化为与当前外观一致的路径编组，如图6-4所示。

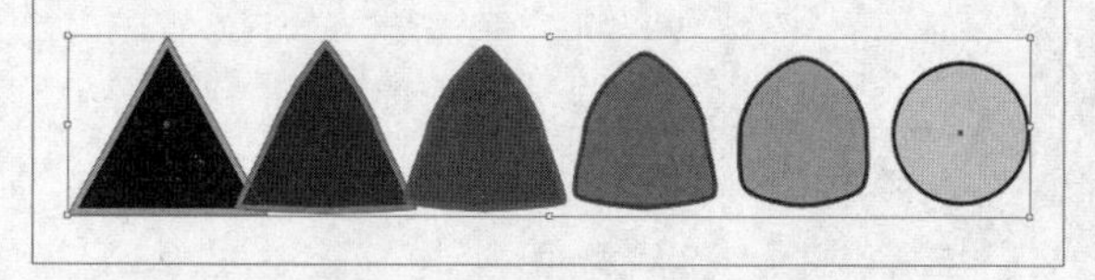

图6-4

6.1.2 编辑混合对象

如果对混合的效果不满意，可以通过“混合选项”和混合轴来编辑混合对象。双击“混合工具”或者执行“对象>混合>混合选项”菜单命令，打开“混合选项”对话框，在其中可以通过设置相应的选项改变混合的效果，如图6-5所示。

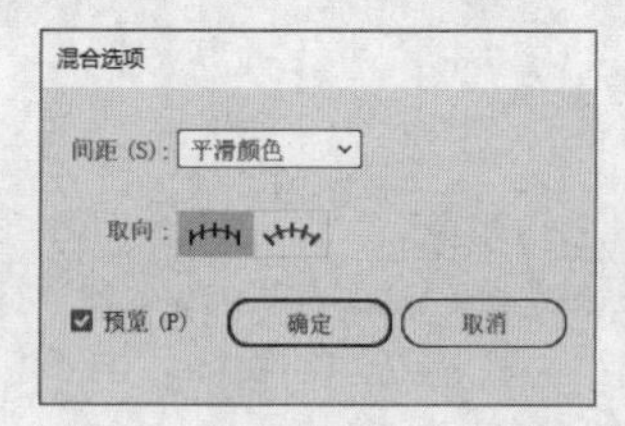

图6-5

重要参数介绍

◇ **间距：** 用于设置过渡的方式及过渡对象的数量。当设置“间距”为“平滑颜色”时，会自动指定过渡对象的数量；当设置“间距”为“指定的步数”时，可在其右侧的文本框中输入数值，以指定过渡对象的数量，数值设置得越大，过渡对象就越多，如图6-6所示；当设置“间距”为“指定的距离”时，可在其右侧的文本框中输入数值，以指定过渡对象之间的距离，数值设置得越大，过渡对象就越少，如图6-7所示。

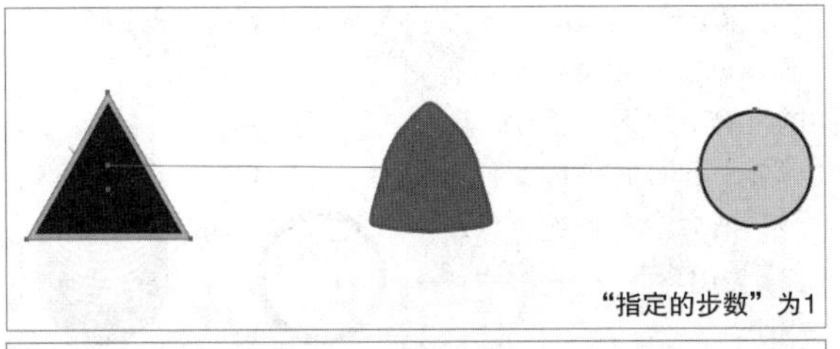

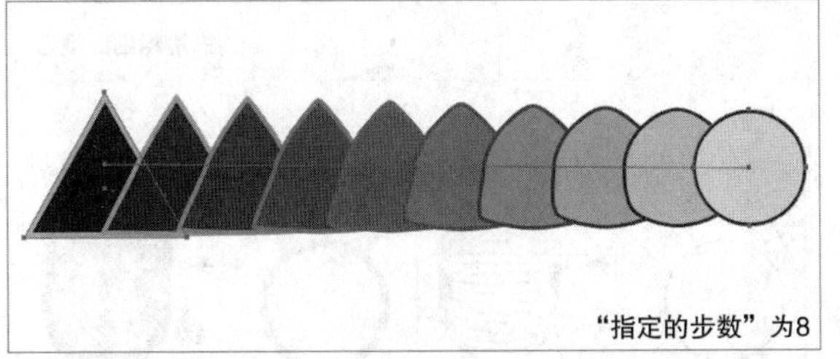

图6-6

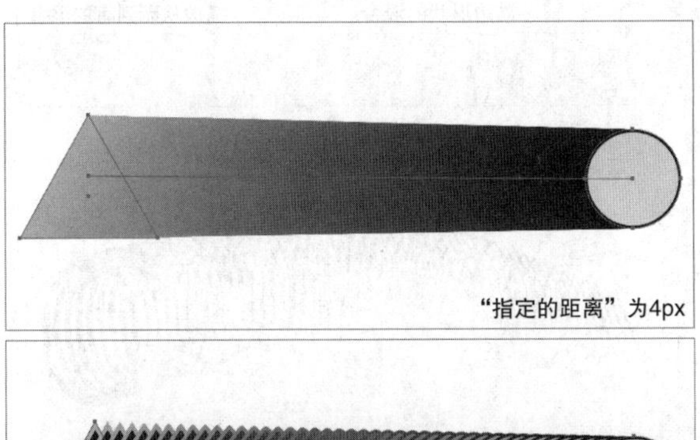

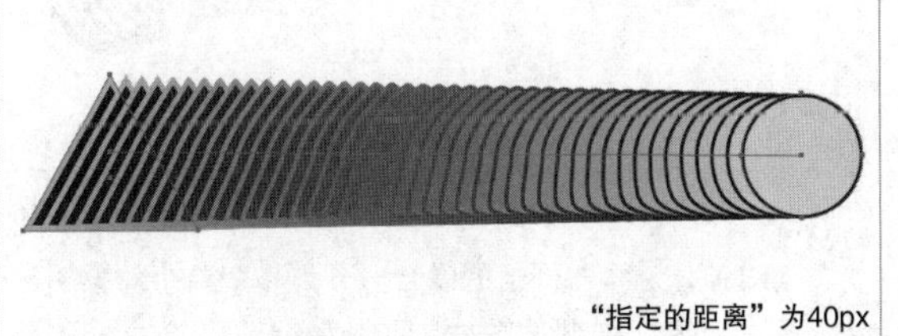

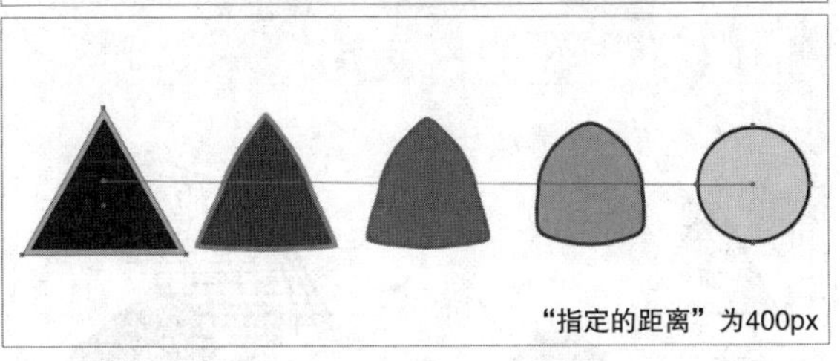

图6-7

◇ **取向：** 用于设置过渡对象的方向。当设置“取向”为“对齐页面”时，过渡对象将垂直于水平方向；当设置“取向”为“对齐路径”时，过渡对象将垂直于混合轴。

如果想调整混合轴，可以使用“直接选择工具”调整锚点的位置，如图6-8所示，还可以通过“添加锚点工具”、“删除锚点工具”和“锚点工具”等工具编辑路径，以改变混合的效果，如图6-9所示。

图6-8

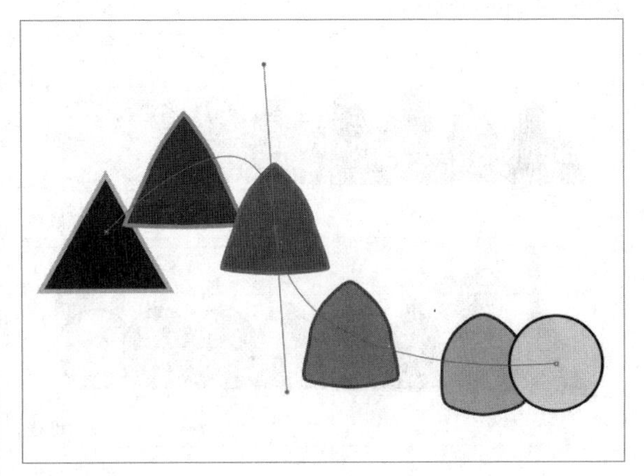

图6-9

此外，执行“对象>混合>替换混合轴”菜单命令，可以将一条绘制好的路径替换为当前混合对象的混合轴，替换混合轴后过渡对象将重新沿该路径进行排列，如图6-10所示。

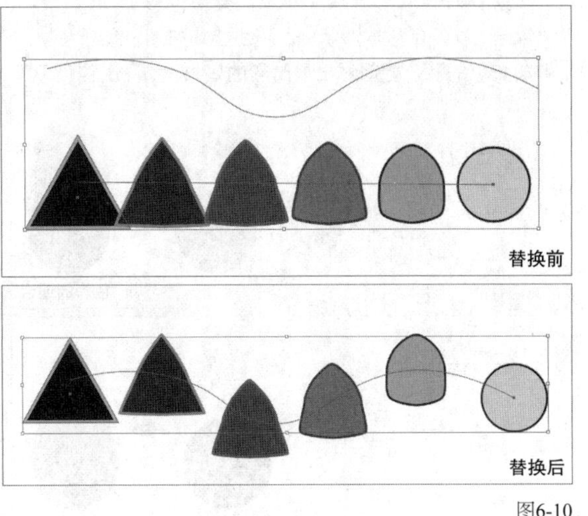

图6-10

选中混合对象并执行“对象>混合>反向混合轴”菜单命令，即可将混合对象沿混合轴反向排列，如图6-11所示。

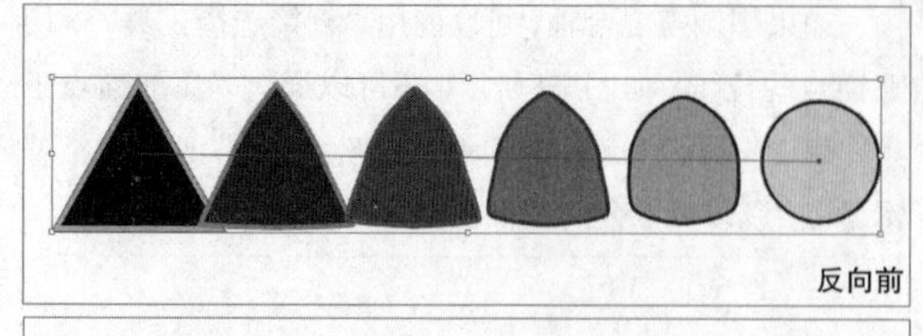

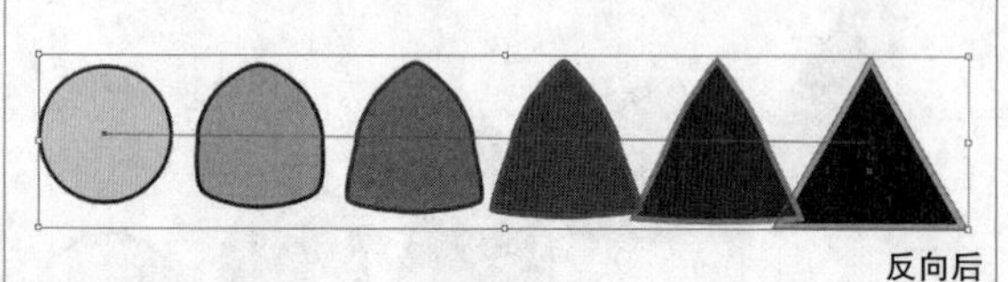

图6-11

当混合效果有重叠区域时，可以通过选中混合对象并执行“对象>混合>反向堆叠”菜单命令改变图形的堆叠顺序，如图6-12所示。

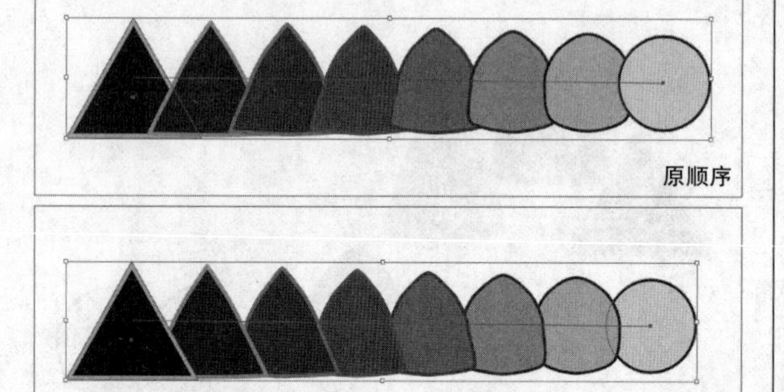

图6-12

知识点：混合对象的搭配

在混合对象时，可以进行色彩与形状的混合、描边的混合和个体与群组的混合等。下面介绍一下较为常见的搭配。

第1种：色彩与形状的混合。分为色彩的混合、形状的混合，以及色彩与形状的共同混合，如图6-13所示。使用渐变色的混合能创作出很出彩的效果，如图6-14所示。

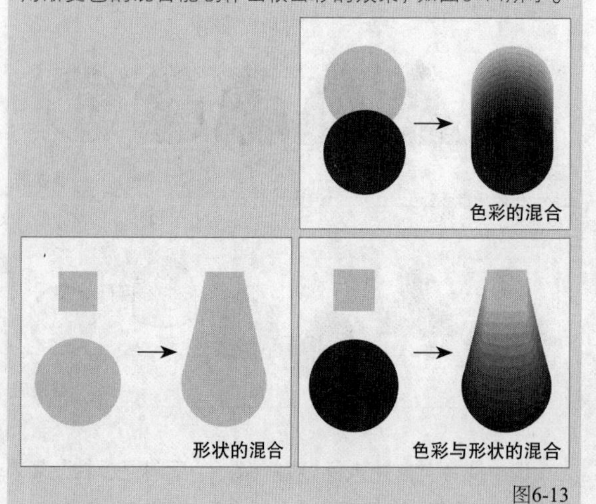

图6-13

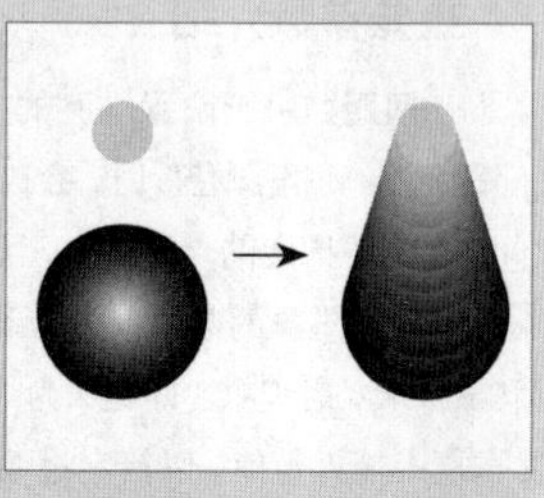

图6-14

第2种：描边的混合。分为描边粗细的混合、形状的混合，以及描边从无到有的混合，如图6-15所示。此外，不同的描边颜色与形状的组合混合能生成极为炫酷的效果，如图6-16所示。

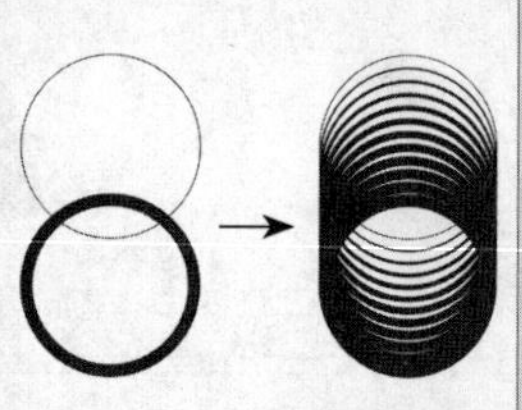

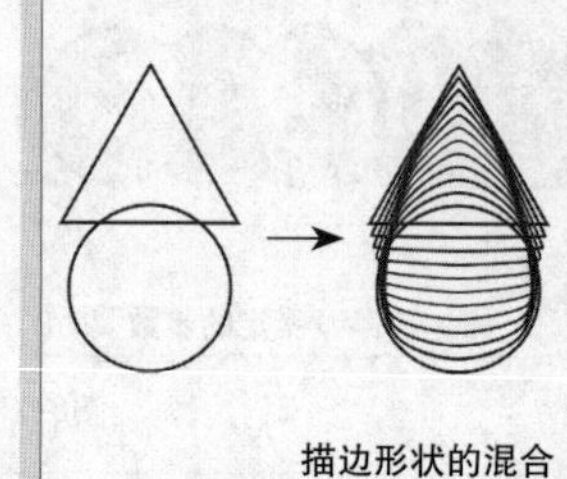

描边从无到有的混合

图6-15

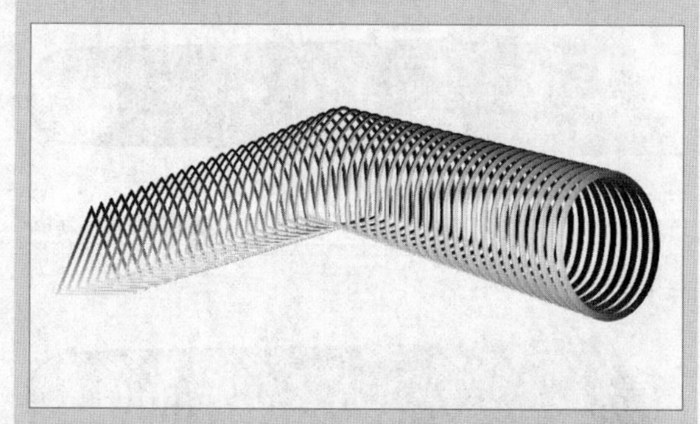

图6-16

第3种：个体与群组的混合。分为多个单个对象的混合、单个对象与群组对象的混合，以及群组对象之间的整体混合，如图6-17所示。

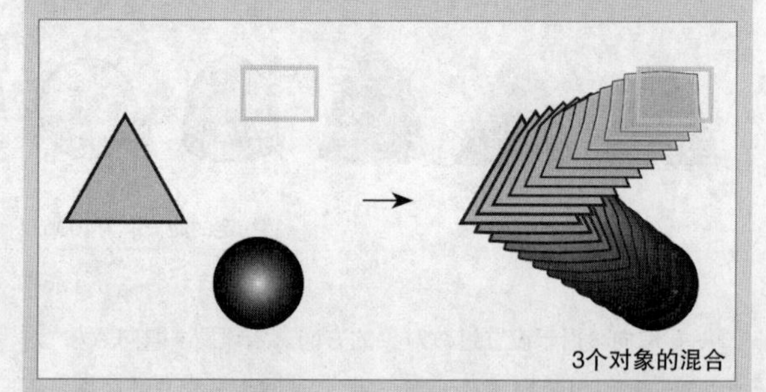

图6-17

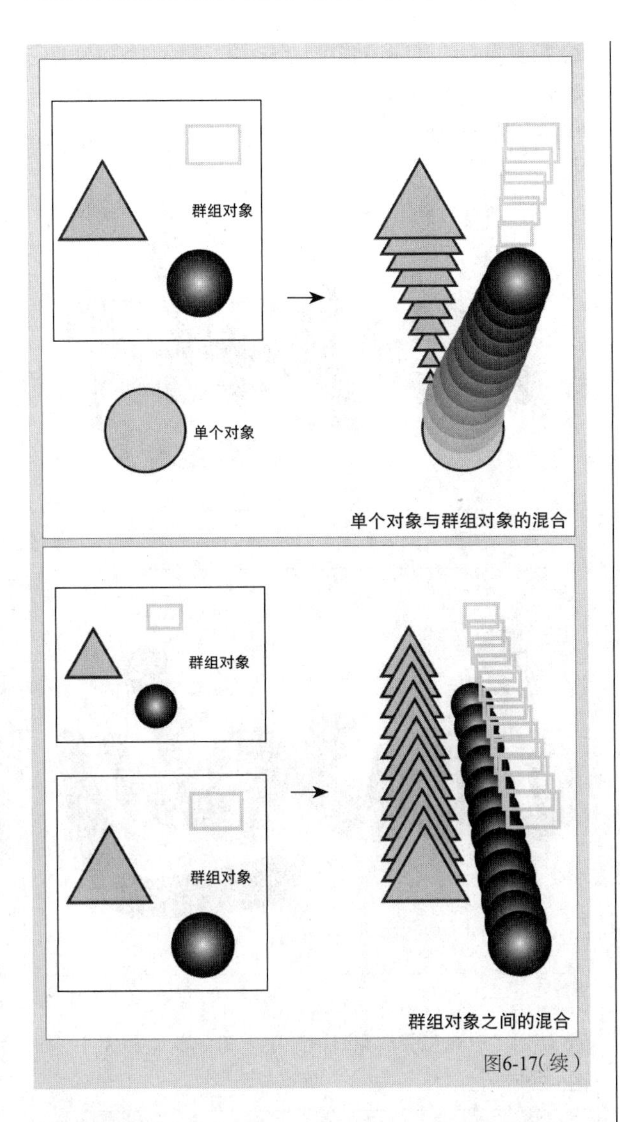

图6-17（续）

课堂案例

制作渐变立体字

素材文件 无
实例文件 实例文件>CH06>制作渐变立体字.ai
视频名称 制作渐变立体字.mp4
学习目标 掌握混合对象的使用方法

本案例将使用混合对象制作渐变立体字，效果如图6-18所示。

图6-18

01 新建一个尺寸为1000px×500px的画板，然后使用“铅笔工具”绘制英文“lovely”的路径，如图6-19所示。接着用“平滑工具”和“直接选择工具”对绘制好的路径进行调整，如图6-20所示。

图6-19

图6-20

02 使用“椭圆工具”绘制两个尺寸分别为30px×30px和70px×70px的圆形，同时将它们填充为“粉→紫”的线性渐变，并设置“描边”为“无”，参考色值如图6-21所示。接着将它们置于图6-22所示的位置。

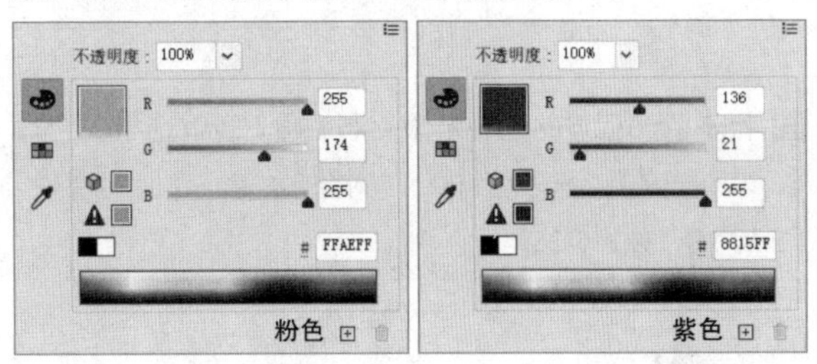

图6-21

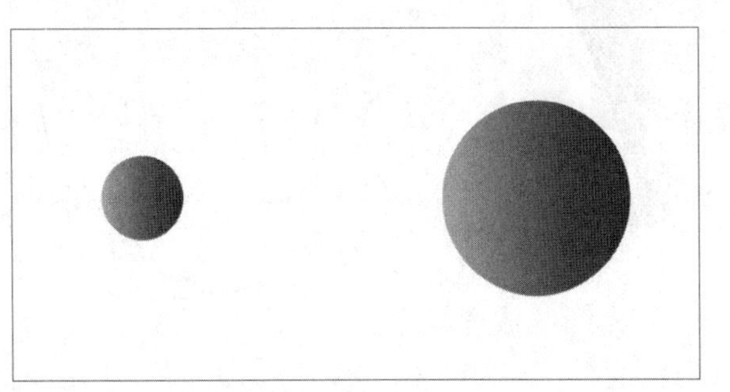

图6-22

03 使用“混合工具”先单击小圆形再单击大圆形，如图6-23所示。双击“混合工具”，在弹出的“混合选项”对话框中设置“间距”为“指定的步数”，并设置步数为1000，单击“确定”按钮，如图6-24所示，效果如图6-25所示。

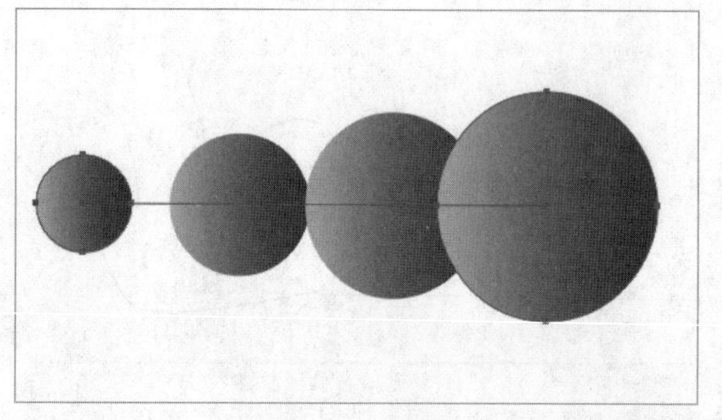

图6-23

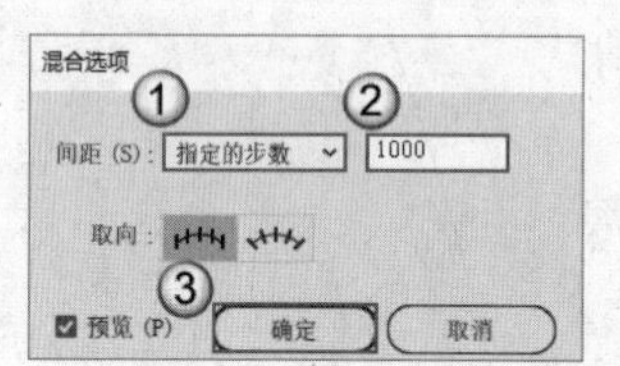

图6-24

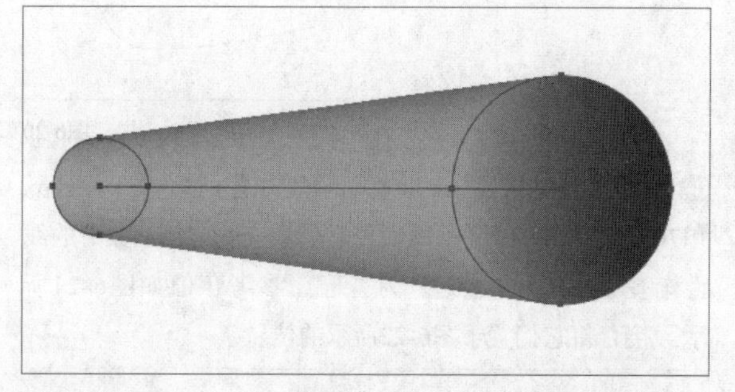

图6-25

04 将步骤03创建的混合对象复制一份，同时选中混合对象和字母l的路径，然后执行“对象>混合>替换混合轴”菜单命令，如图6-26所示。

图6-26

05 用步骤04的方法，将其他字母的混合轴也替换为渐变效果，如图6-27所示。分别选择最后3个字母ely，并执行“对象>混合>反向混合轴”菜单命令，如图6-28所示。

图6-27

图6-28

06 使用“选择工具”调整一下字母的间距和大小，如图6-29所示。

图6-29

07 使用“矩形工具”绘制一个与画板同样大小的矩形，并将其置于底层，然后设置“填色”为“淡粉→淡紫”的线性渐变，并设置“描边”为“无”，参考色值如图6-30所示，渐变方向如图6-31所示。设置背景颜色的“不透明度”为60%，最终效果如图6-32所示。

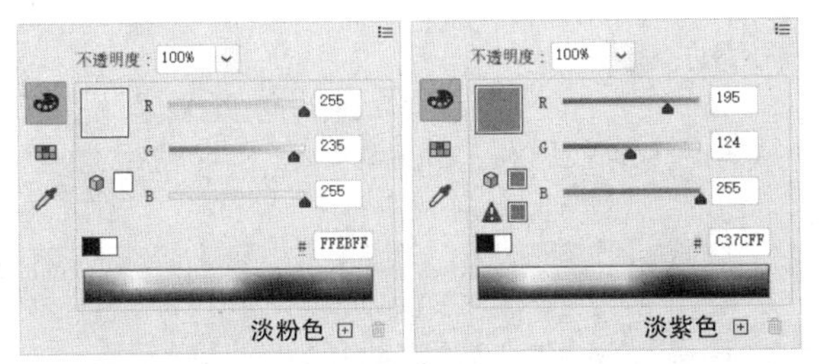

图6-30

图6-31

图6-32

6.2 扭曲

Illustrator中提供了多种扭曲对象的方法，其中包括使用多个可以扭曲对象的工具，使用不同的工具会产生不同的扭曲效果。

本节重点内容

名称	作用
变形工具	使对象产生变形
旋转扭曲工具	使对象产生旋转扭曲
缩拢工具	使对象向内收缩
膨胀工具	使对象向外扩展
扇贝工具	使对象向内收缩的同时呈现锐利的边缘
晶格化工具	使对象向外扩展的同时呈现锐利的边缘
皱褶工具	使对象的边缘呈现高低起伏的皱褶
操控变形工具	通过创建操控点扭曲对象

6.2.1 液化扭曲

Illustrator中有7个液化工具，使用这些工具可以使对象产生不同的扭曲效果，工具使用起来有较大的灵活性。

"变形工具"可使对象产生变形。选择"变形工具"（快捷键为Shift+R），然后在对象上拖曳即可使其变形，如图6-33所示。

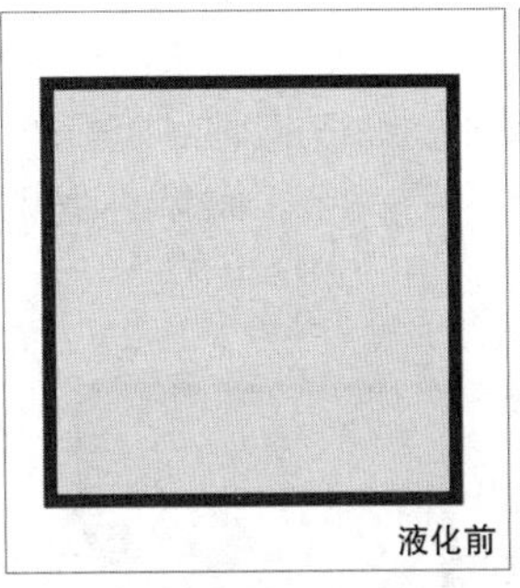

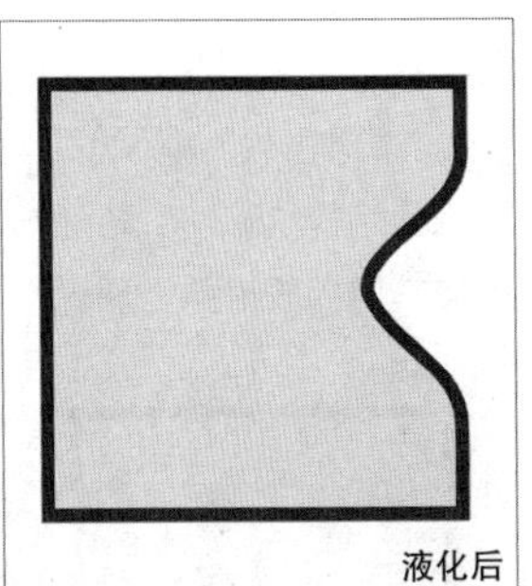

图6-33

"旋转扭曲工具"可使对象产生旋转扭曲。选择"旋转扭曲工具"，然后在对象上拖曳或长按即可使其旋转扭曲，如图6-34所示。

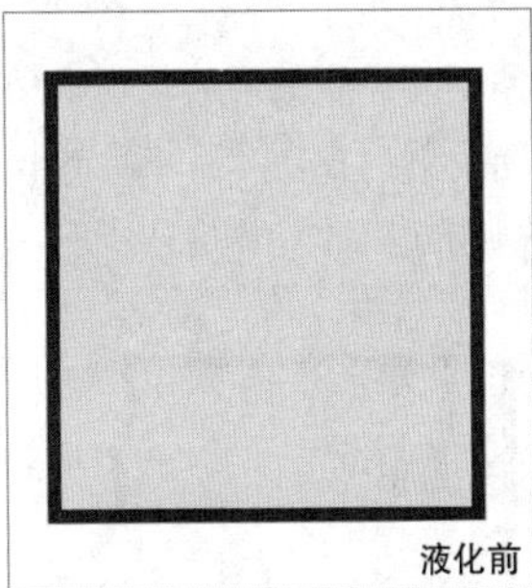

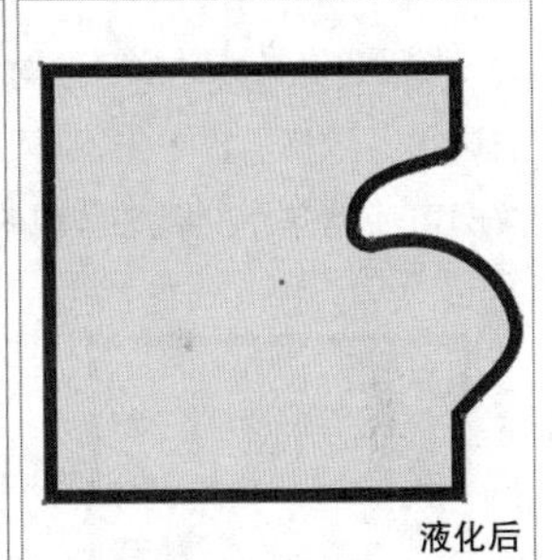

图6-34

"缩拢工具"可使对象向内收缩。选择"缩拢工具"，然后在对象上拖曳或长按即可使其缩拢，如图6-35所示。

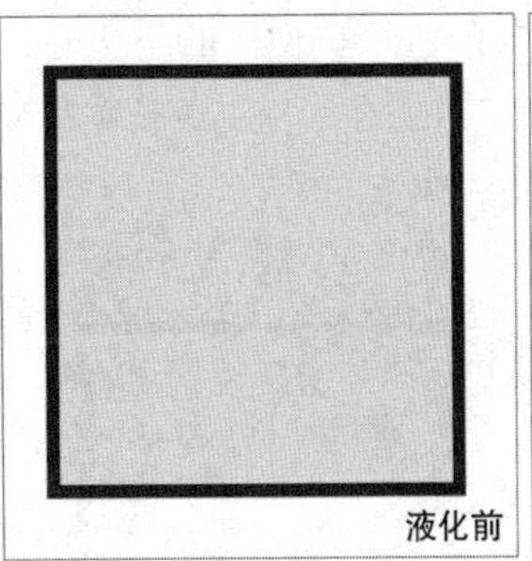

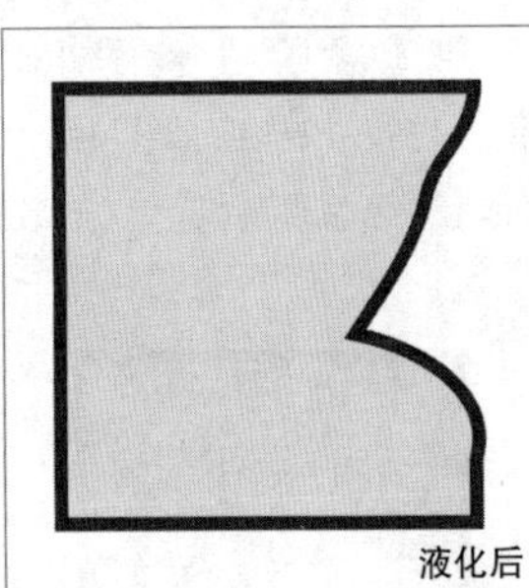

图6-35

"膨胀工具"可使对象向外扩展。选择"膨胀工具"，然后在对象上拖曳或长按即可使其膨胀，如图6-36所示。

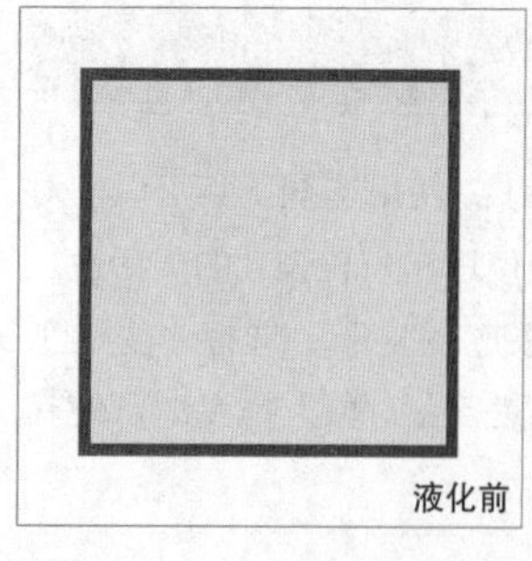

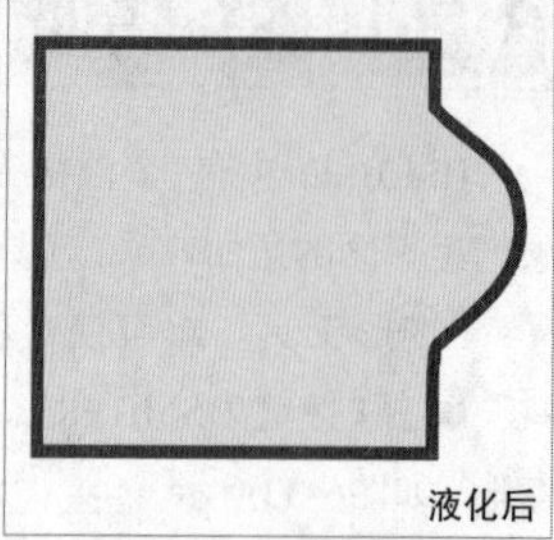

图6-36

“扇贝工具”可使对象向内收缩的同时呈现锐利的边缘。选择“扇贝工具”，然后在对象上拖曳或长按即可使其向内收缩并呈现锐利的边缘，如图6-37所示。

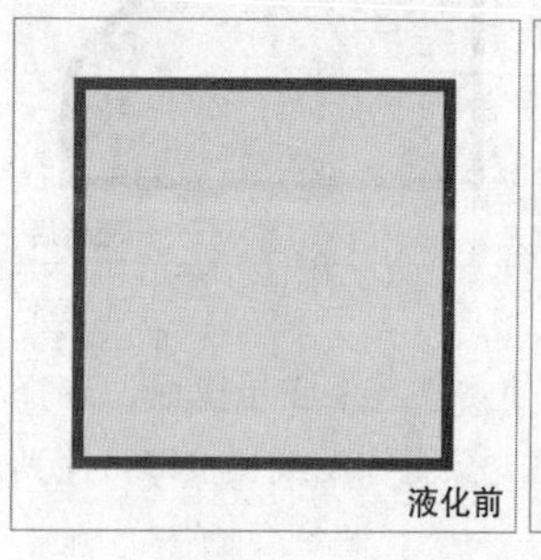

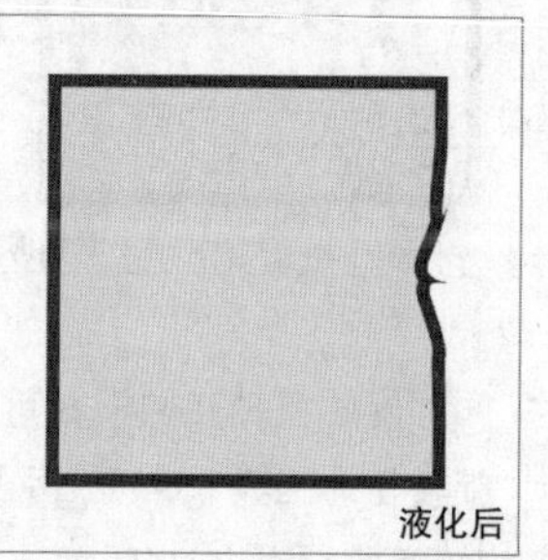

图6-37

“晶格化工具”可使对象向外扩展的同时呈现锐利的边缘。选择“晶格化工具”，然后在对象上拖曳或长按即可使其向外扩展并呈现锐利的边缘，如图6-38所示。

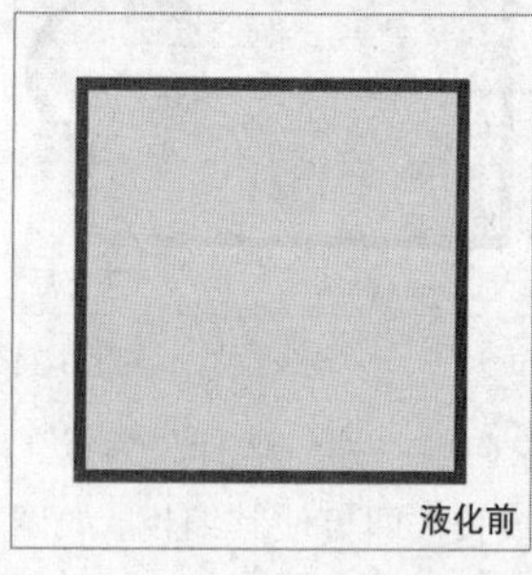

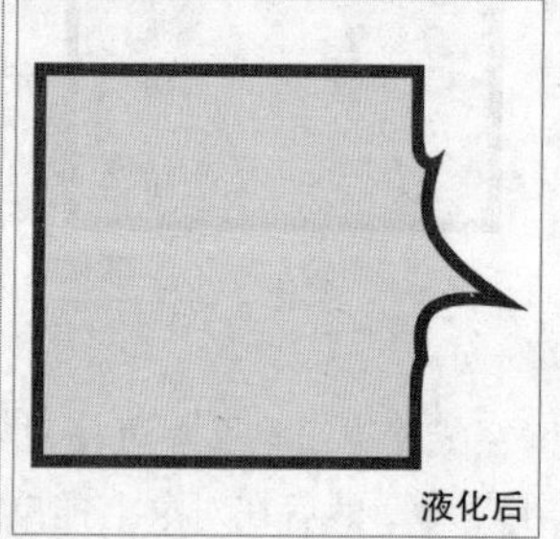

图6-38

“皱褶工具”可使对象的边缘呈现高低起伏的皱褶。选择“皱褶工具”，然后在对象上拖曳或长按即可使其边缘呈现高低起伏的皱褶，如图6-39所示。

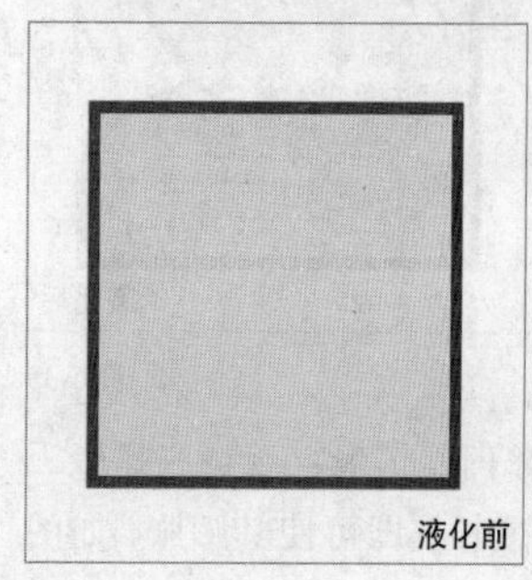

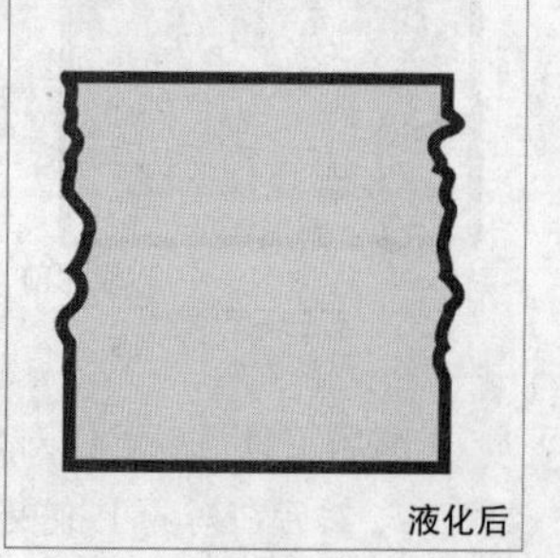

图6-39

技巧与提示

双击任意一个液化工具都可以在弹出的对话框中设置该液化工具的工具选项，如图6-40所示。其中，所有工具的“全局画笔选项”参数都是相同的，但是各个工具的扭曲属性会有所区别，读者可以多去尝试设置不同参数时的扭曲效果。

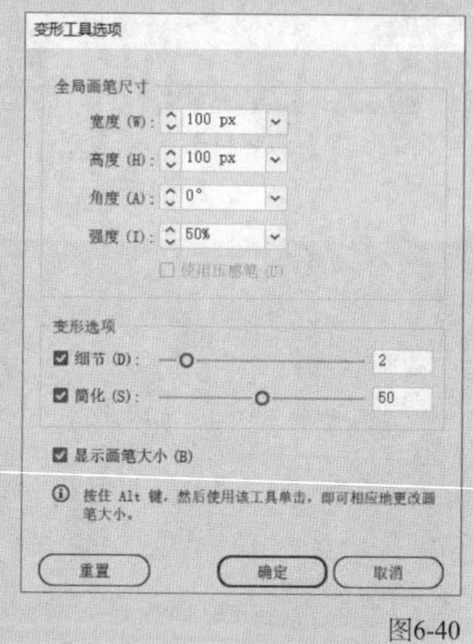

图6-40

6.2.2 操控变形扭曲

选中对象后并选择“操控变形工具”，对象上会布满网格，如图6-41所示。相较于其他扭曲工具，该工具提供的是三角形结构网格，其网格线多，可控性更强。借助网格可以扭曲对象特定的区域，并保持其他位置不变。

图6-41

在对象的关键点上添加“图钉”，可以在保持对象整体不变的情况下调整对象的局部区域。例如，拉长羊的尾巴、羊角并调整其四肢的位置等，如图6-42所示。在操作过程中，如果想删除“图钉”，可以在选中后按Delete键。

图6-42

6.2.3 封套扭曲

使用“封套扭曲”命令可以按照一定规则对选中对象进行扭曲，建立的扭曲对象被称为封套对象。将对象置于特定的封套中并对封套进行变形，对象的外观也会随之改变。执行“对象>封套扭曲”子菜单中的命令可建立不同的封套对象，如图6-43所示。创建完成后，还可以使用相关工具编辑封套对象。

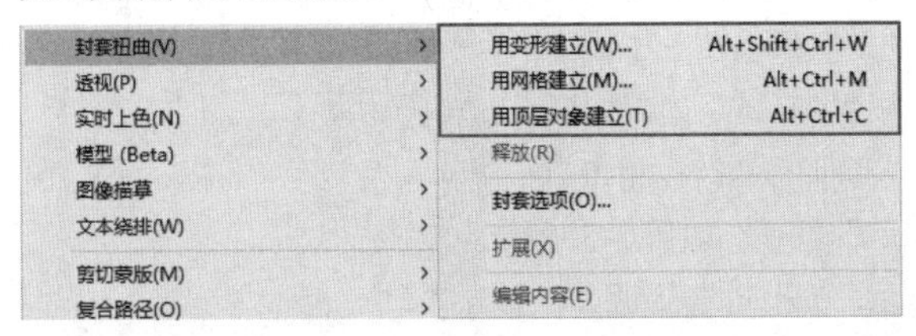

图6-43

1.用变形建立

先选中目标对象，然后执行“对象>封套扭曲>用变形建立”菜单命令（快捷键为Alt+Shift+Ctrl+W），在弹出的“变形选项”对话框中可以设置相关参数，在文档窗口中可以预览扭曲效果，如图6-44和图6-45所示。

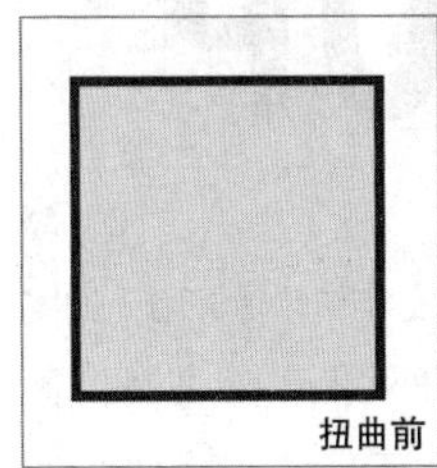

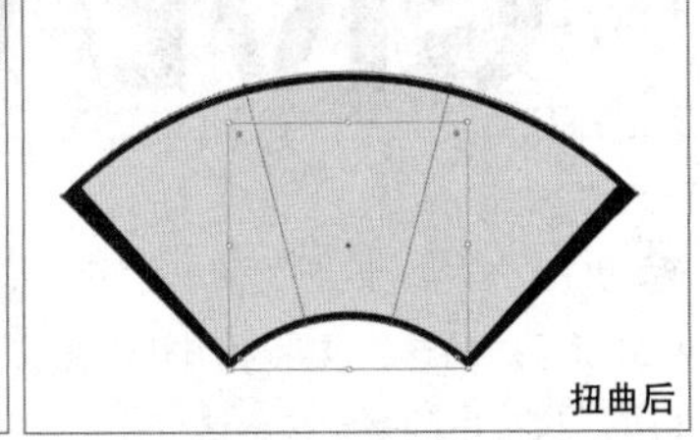

图6-44

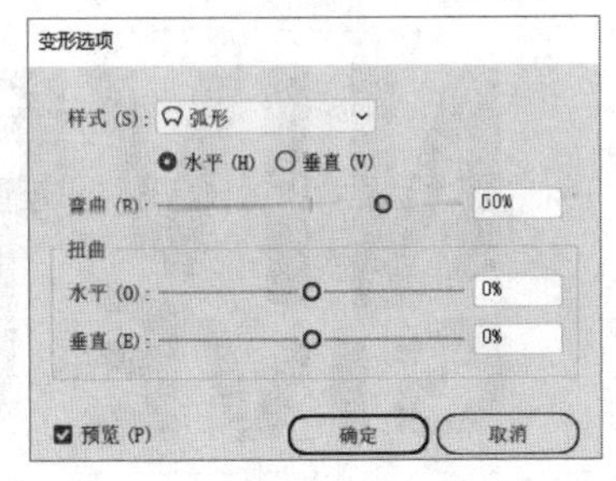

图6-45

重要参数介绍

◇ **样式：** 用于设置变形的效果，有“弧形”“拱形”“旗形”“鱼眼”等变形效果。

◇ **水平/垂直：** 用于设置对象扭曲的方向是水平的还是垂直的。

◇ **弯曲：** 用于设置对象的弯曲程度。

◇ **水平（扭曲）：** 用于设置对象水平方向的扭曲变形程度。

◇ **垂直（扭曲）：** 用于设置对象垂直方向的扭曲变形程度。

建立完成后，可以使用“直接选择工具”调整封套的锚点，如图6-46所示。如果想对封套进行重置，可以在选中对象后，执行“对象>封套扭曲>用变形重置（或用网格重置）”菜单命令。

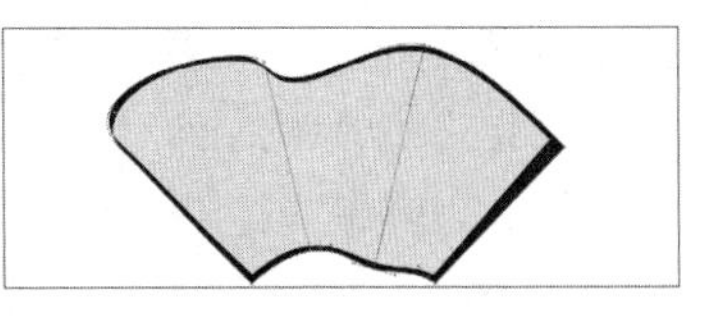

图6-46

2.用网格建立

先选中目标对象，然后执行“对象>封套扭曲>用网格建立”菜单命令（快捷键为Alt+Ctrl+M），在弹出的“变形选项”对话框中可以设置相关参数，在文档窗口中可以预览扭曲效果，如图6-47和图6-48所示。

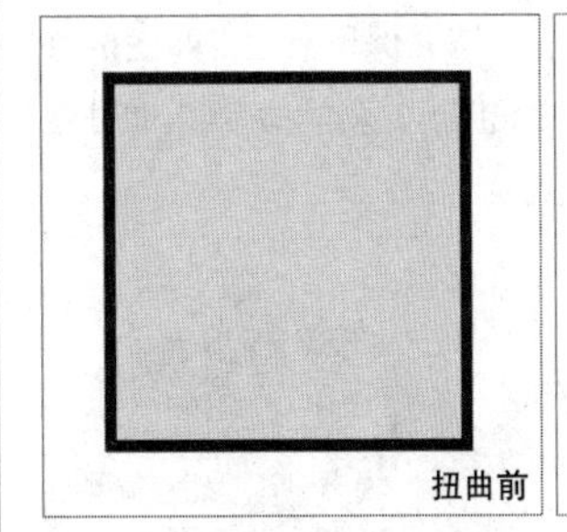

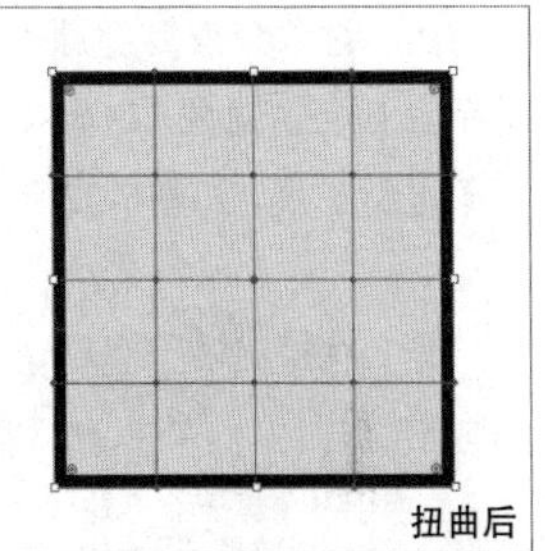

图6-47

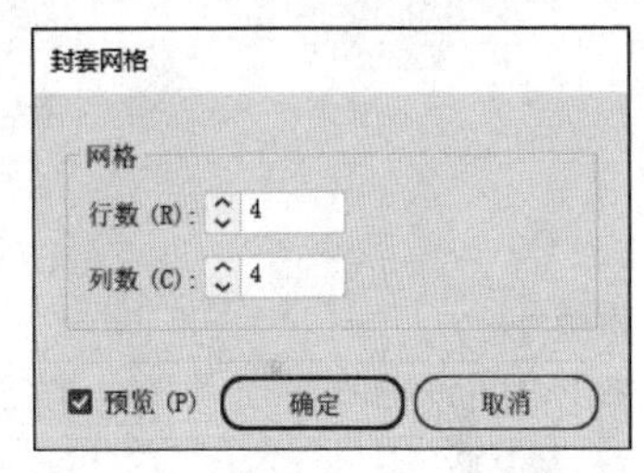

图6-48

3.用顶层对象建立

“用顶层对象建立”命令可以将底层对象调整为顶层对象的外形形态。执行该命令前，需要同时选中目标对象（底层）和形状对象（顶层），然后执行“对象>封套扭曲>用顶层对象建立”菜单命令（快捷键为Alt+Ctrl+C），如图6-49所示。

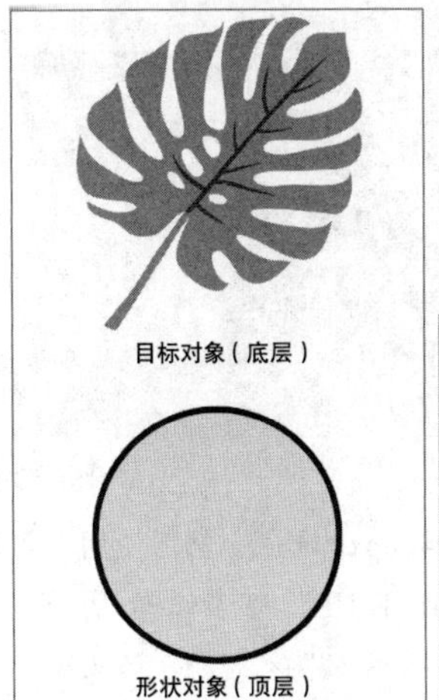

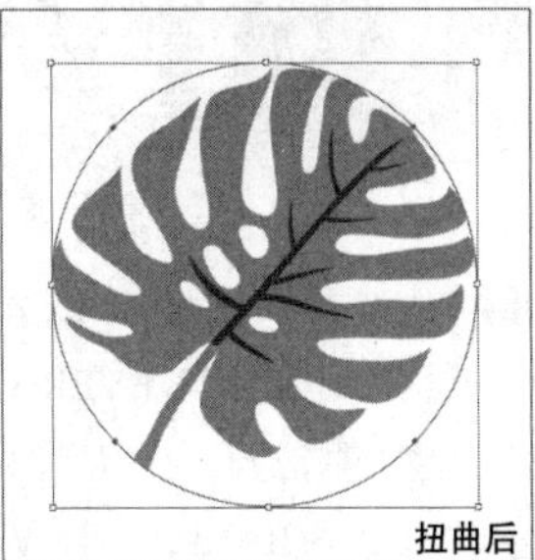

图6-49

在默认情况下，可以直接编辑封套部分。如果要对被扭曲的对象进行编辑，可以先选中封套扭曲的对象，然后在控制栏中单击“编辑内容”按钮或者执行“对象>封套扭曲>编辑内容”菜单命令，如图6-50所示。

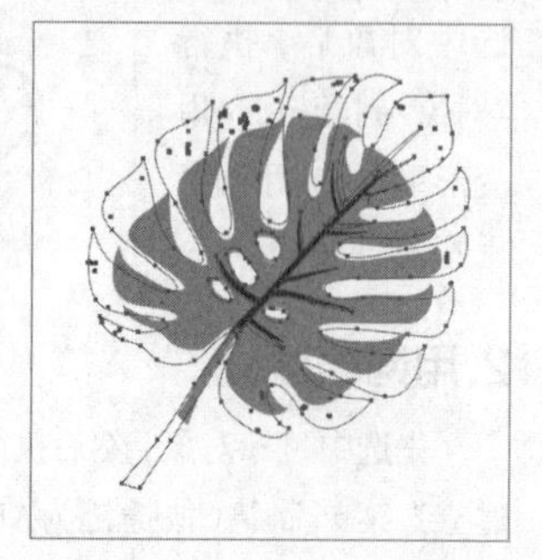

图6-50

执行“对象>封套扭曲>释放”菜单命令可以释放封套对象，对象会恢复到原本的形态并保留封套，如图6-51所示。执行“对象>封套扭曲>扩展”菜单命令可对封套对象进行扩展，如图6-52所示。

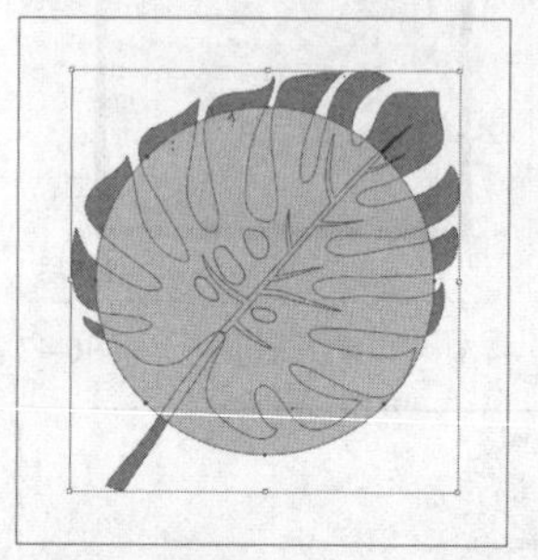

图6-51

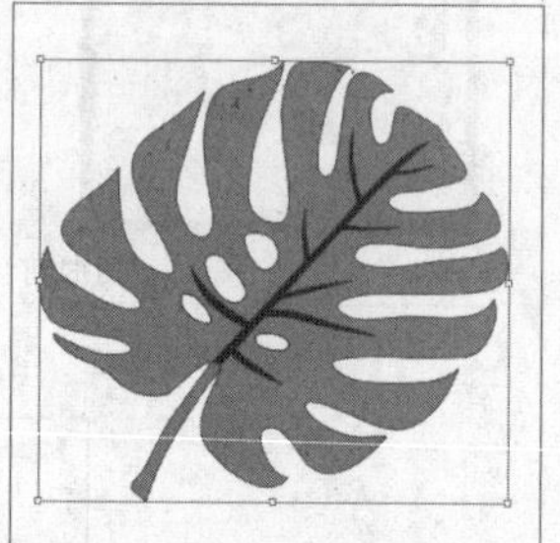

图6-52

课堂案例

制作3D立体字

素材文件	无
实例文件	实例文件>CH06>制作3D立体字.ai
视频名称	制作3D立体字.mp4
学习目标	掌握封套扭曲的使用方法

本案例将使用封套扭曲制作3D立体字，效果如图6-53所示。

图6-53

01 新建一个尺寸为600px×400px的画板，然后使用“文字工具”T输入“NEVER GIVE UP”，接着设置“填色”为黑色，“描边”为“无”，字体系列为“思源黑体 CN”，字体样式为Bold，“NEVER”的字体大小为120pt，“GIVE UP”的字体大小为100pt，如图6-54所示。

图6-54

02 执行“对象>封套扭曲>用变形建立”菜单命令，在弹出的“变形选项”对话框中设置“样式”为“波形”，“弯曲”为52%，单击“确定”按钮，如图6-55所示，效果如图6-56所示。

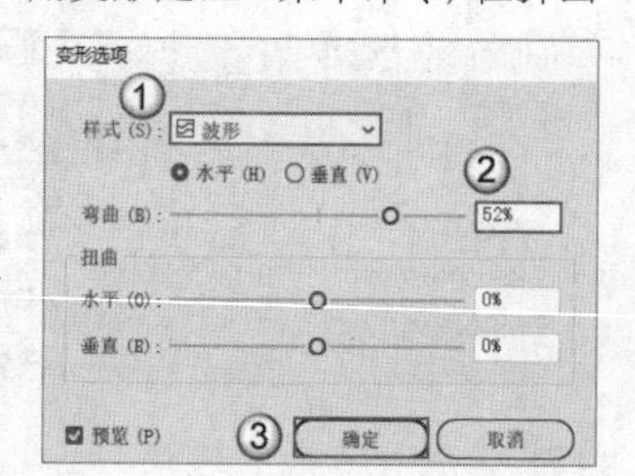

图6-55

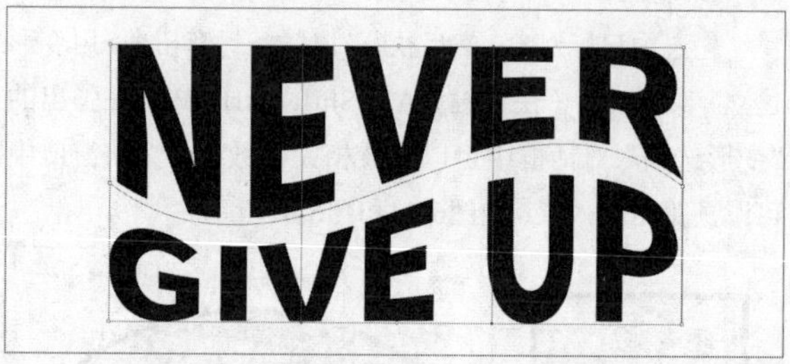

图6-56

03 执行“对象>扩展”菜单命令，将文字转换为形状，如图6-57所示。将这组文字复制并贴在前面两份。在“图层”面板中，将顶层的文字组隐藏，选中底层的文字组，按Alt+Shift键在画板中将其围绕中心等比缩小，如图6-58所示。

图6-57

图6-58

04 在“图层”面板中，将上层文字的“填色”调整为蓝色（R:31，G:180，B:255），并选中它与底层的小文字，然后执行“对象>混合>建立”菜单命令，如图6-59所示。双击“混合工具”，在弹出的“混合选项”对话框中设置“间距”为“指定的步数”，并设置步数为500，单击“确定”按钮，如图6-60所示。

图6-59

图6-60

05 文字底部还有空隙，在“图层”面板中选中混合对象中最小的文字组，按住Alt+Shift键在画板中将其缩小，如图6-61所示。

图6-61

06 在“图层”面板中显示步骤04中隐藏的文字组，并将其选中，设置“填色”调整为浅蓝色（R:166，G:238，B:255），如图6-62所示。

07 使用“矩形工具”绘制一个与画板同样大小的矩形，并将其置于底层，然后设置矩形的“填色”为黄色（R:255，G:220，B:74），如图6-63所示。

08 复制最前方的浅蓝色文字并贴在前面，设置粘贴出来的文字的“填色”为“无”，“描边”为白色，并略微向右上方移动，使其产生错位感，最终效果如图6-64所示。

图6-62

图6-63

图6-64

课堂练习

制作创意字体

素材文件	素材文件>CH06>素材01.png
实例文件	实例文件>CH06>制作创意字体.ai
视频名称	制作创意字体.mp4
学习目标	掌握封套扭曲的使用方法

练习使用封套扭曲制作创意字体，效果如图6-65所示。

图6-65

6.3 “扭曲和变换”命令

执行“效果>扭曲和变换”子菜单中的命令可以扭曲和变换对象。执行命令后，可以通过调整相关参数达到需要的效果。相较于使用工具扭曲对象，使用这些命令会有更强的可控性。

本节重点内容

名称	作用
变换	缩放、移动、旋转、翻转和复制对象
扭拧	随机地向内或向外扭曲对象
扭转	旋转扭曲对象
收缩和膨胀	通过改变路径的弯曲程度收缩或膨胀对象
波纹效果	使对象的边缘呈现大小相同的锯齿或波纹
粗糙化	使对象的边缘呈现大小不同的锯齿
自由扭曲	自由扭曲对象

6.3.1 变换

“变换”效果可以缩放、移动、旋转、翻转和复制对象，与“4.1.1‘变换’面板”中介绍过的“对象>变换>分别变换”命令相似，不同的是“变换”效果可以通过设置“副本”的数量对当前对象进行复制。先选中对象，然后执行“效果>扭曲和变换>变换”菜单命令，在弹出的“变换效果”对话框中可以设置对象的缩放比例、移动距离、旋转角度和生成的副本数量等，如图6-66所示。例如，设置“角度”为15°，“副本”为3，效果如图6-67所示。

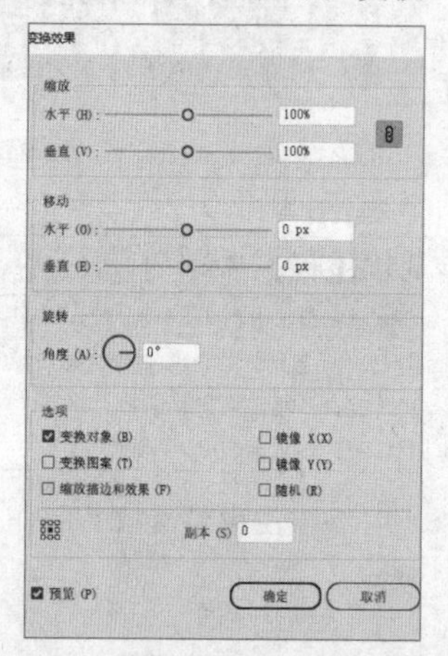

图6-66

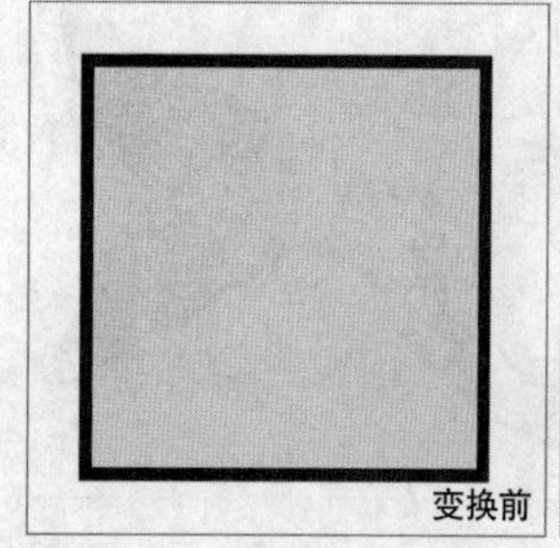

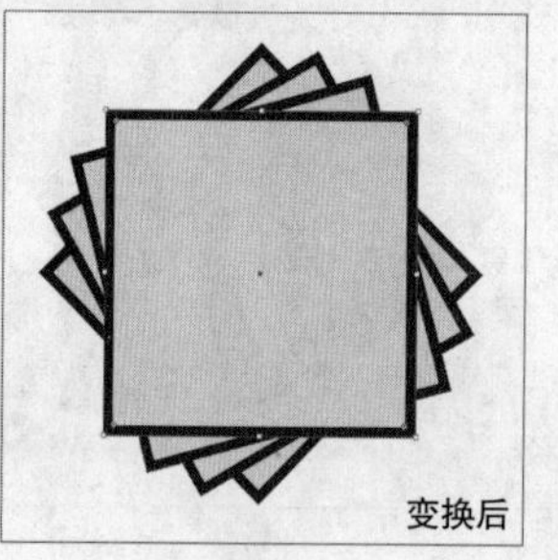

图6-67

知识点：撤销效果

选择对象并执行“对象>扩展外观”菜单命令，可以将扭曲和变换后的对象转换为可编辑的路径。如果没有扩展外观，可以撤销应用的效果。

选择对象，在“外观”面板中单击效果前面的◉图标，可将效果隐藏，再次单击可以重新显示，效果参数会保留在“外观”面板中，如图6-68所示。

如果要删除此效果，可在选择效果后单击右下角的“删除所选项目”按钮🗑。

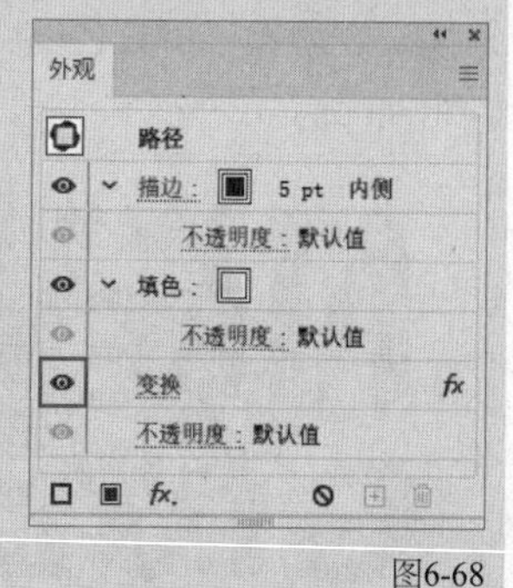

图6-68

课堂案例

制作扭曲心形效果

素材文件	无
实例文件	实例文件>CH06>制作扭曲心形效果.ai
视频名称	制作扭曲心形效果.mp4
学习目标	“变换”效果的应用

本案例将制作扭曲心形效果，效果如图6-69所示。

图6-69

01 新建一个尺寸为1000px × 1000px的画板，然后使用“矩形工具”▭绘制一个200px × 200px的正方形，并设置“填色”为“无”，“描边”为黑色，然后将其旋转45°，如图6-70所示。

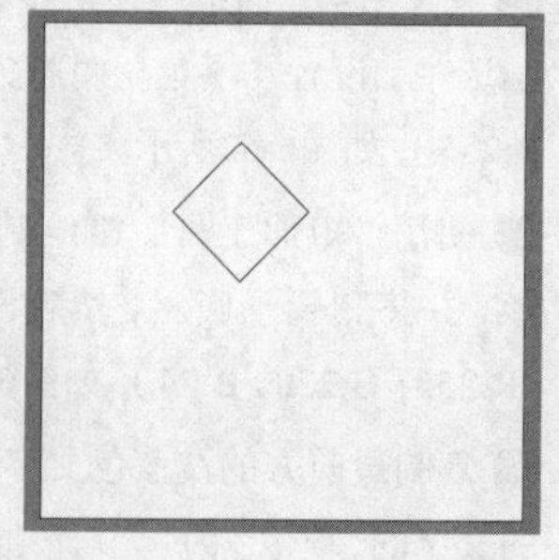

图6-70

02 使用“直接选择工具”选中正方形顶部锚点并将其删除，如图6-71所示。在“描边”面板中设置“粗细”为268pt，“端点”为圆头端点，如图6-72所示。

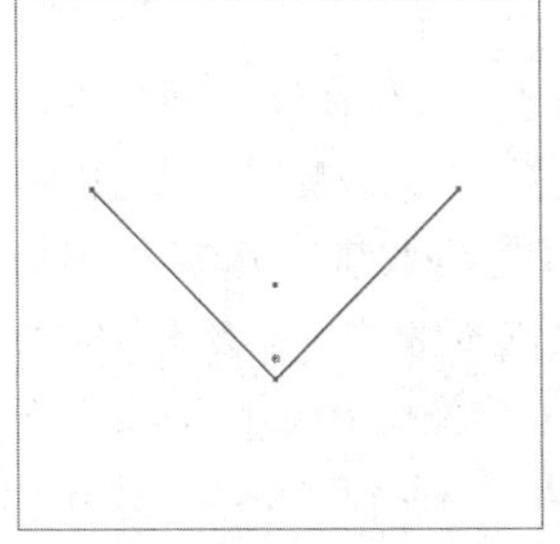

图6-71 图6-72

03 执行“对象>扩展”菜单命令，将这个路径转换为形状，如图6-73所示。按快捷键Ctrl+C复制心形，然后按快捷键Ctrl+F贴在前面，接着按住Alt+Shift键并拖曳心形，使其围绕中心等比缩小，如图6-74所示。

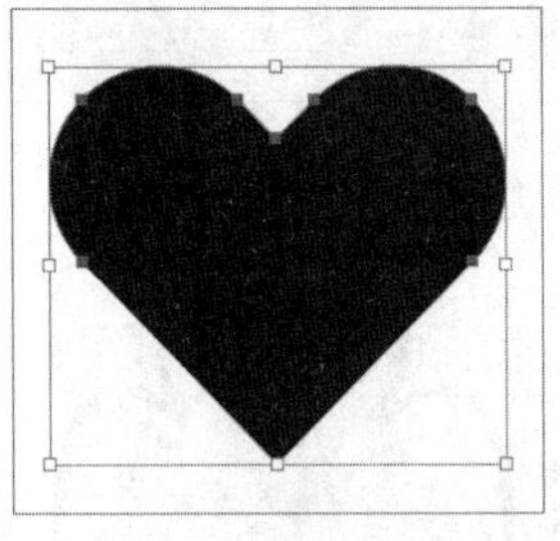

图6-73 图6-74

04 选中两个心形，然后执行“对象>混合>建立”菜单命令建立混合对象，接着执行“效果>路径查找器>差集”菜单命令，如图6-75所示。

图6-75

05 选中调整后的图形，双击“混合工具”，在“混合选项”对话框中设置“间距”为“指定的步数”，步数为15，如图6-76所示。确认操作后，效果如图6-77所示。

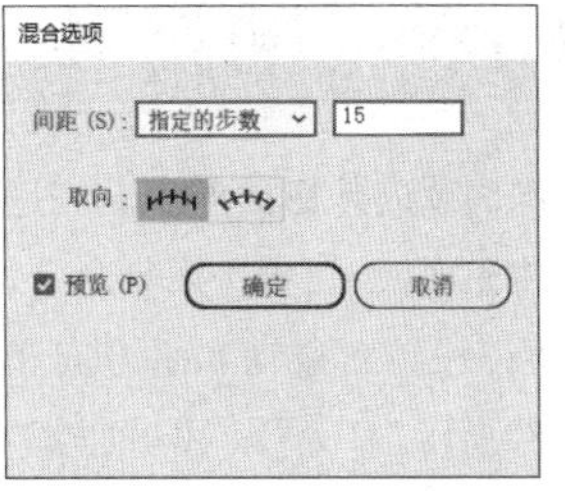

图6-76 图6-77

06 选择“选择工具”，双击小心形进入隔离模式，然后执行“效果>扭曲和变换>变换”菜单命令，在弹出的“变换效果”对话框中设置“移动”选项中的“水平”为83px，“垂直”为－22px，“角度”为40°，如图6-78所示。确认操作后，效果如图6-79所示。

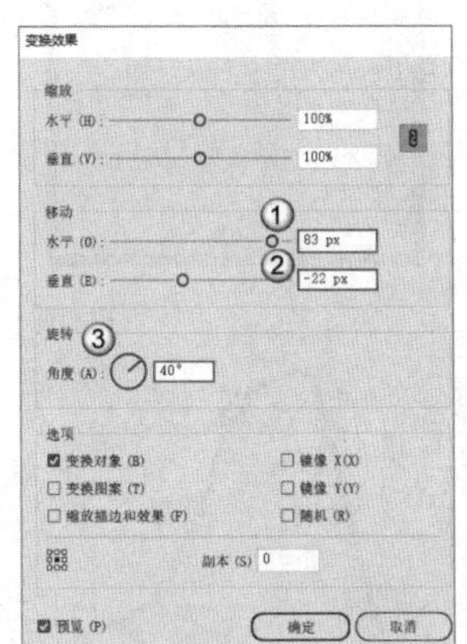

图6-78 图6-79

07 在“外观”面板中设置“填色”为红色，如图6-80所示。逆时针轻微旋转对象，如图6-81所示。

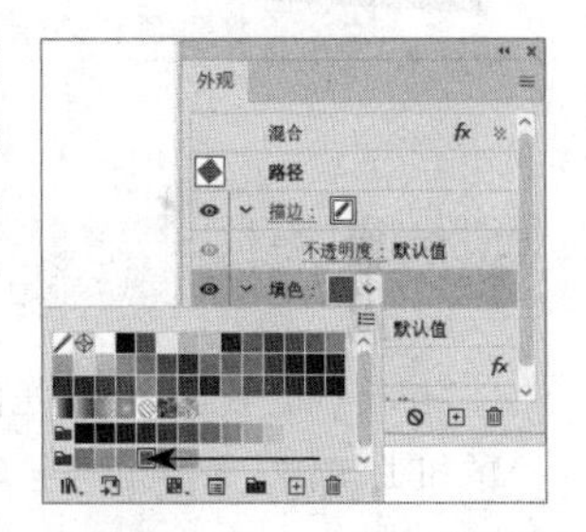

图6-80

图6-81

6.3.2 扭拧

“扭拧”效果可以随机地向内或向外扭曲对象。先选中对象，然后执行“效果>扭曲和变换>扭拧”菜单命令，在弹出的“扭拧”对话框中可以设置对象在水平方向和垂直方向的扭拧程度，如图6-82所示。“水平”和“垂直”的数值越大，扭拧的效果越明显，如图6-83所示。

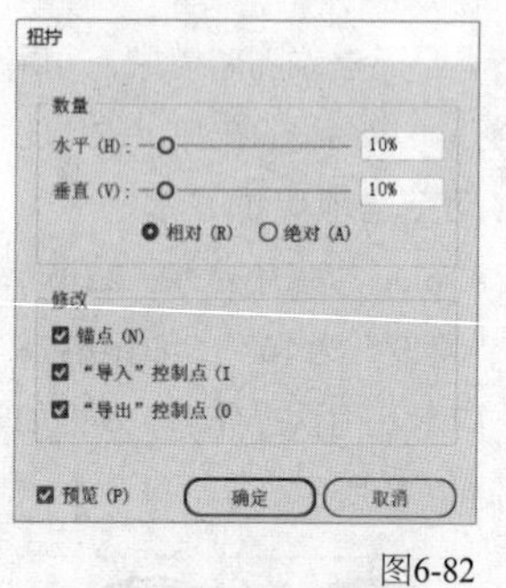

图6-82

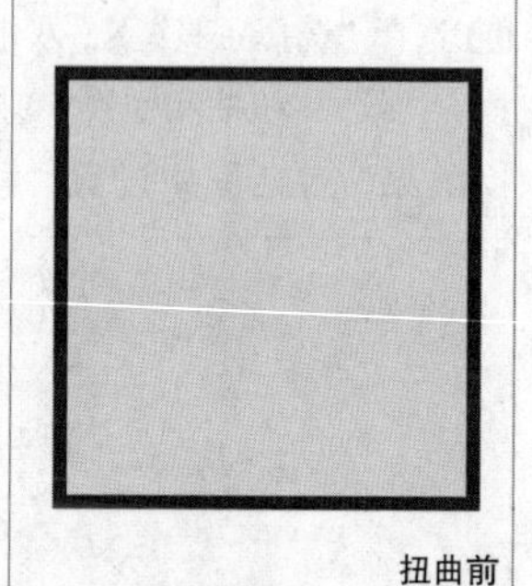

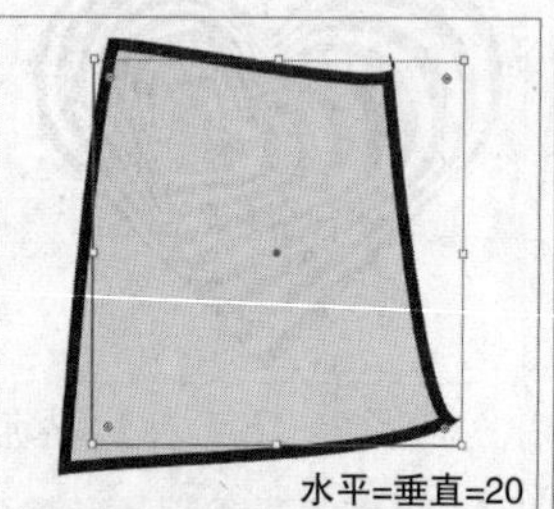

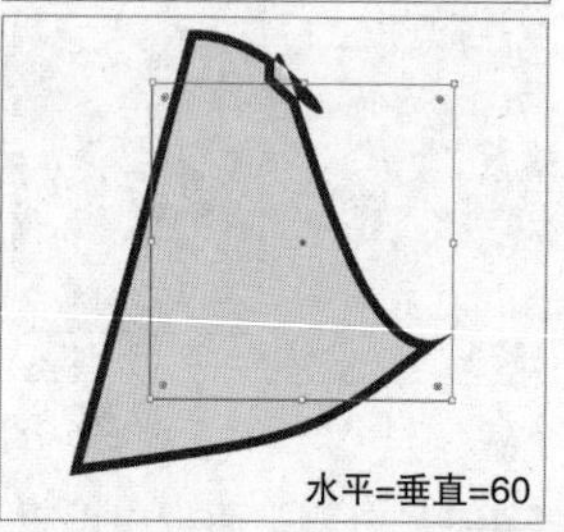

图6-83

6.3.3 扭转

“扭转”效果可以旋转扭曲对象，适用于扭转角度较小的扭曲操作。如果需要扭转较大的角度，使用“旋转扭曲工具”得到的效果会更好。先选中对象，然后执行“效果>扭曲和变换>扭转”菜单命令，在弹出的“扭转”对话框中可以设置对象的扭转角度，如图6-84所示。不同的扭转角度会得到不同的效果，如图6-85所示。

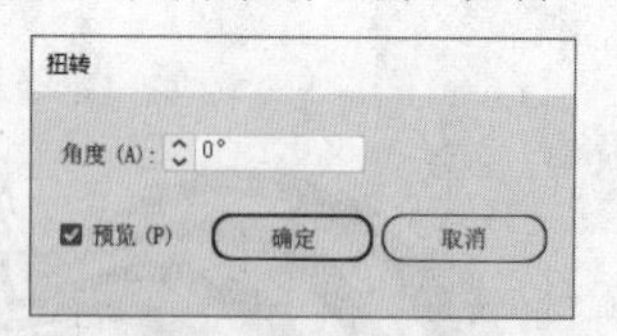

图6-84

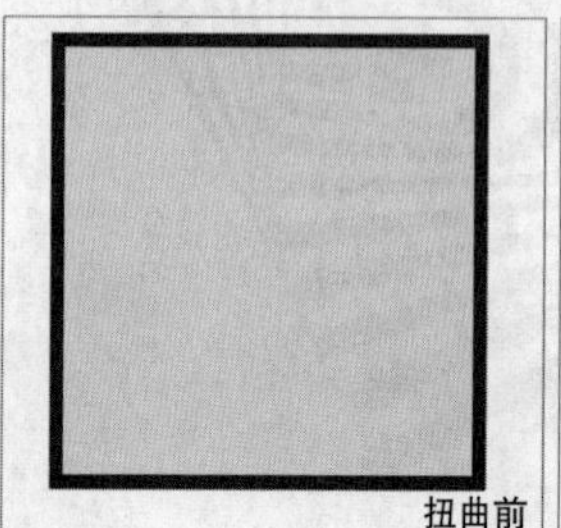

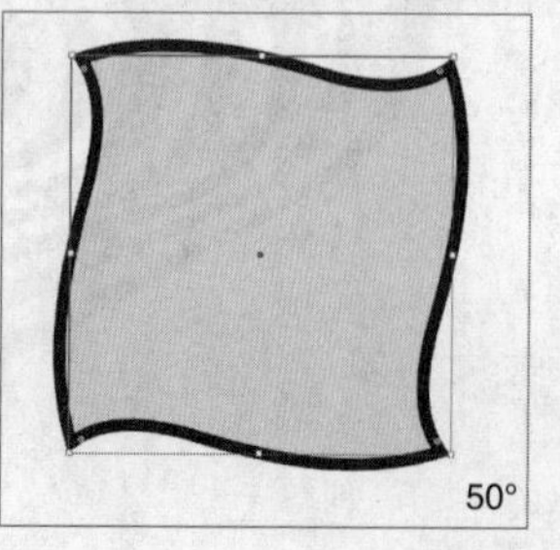

图6-85

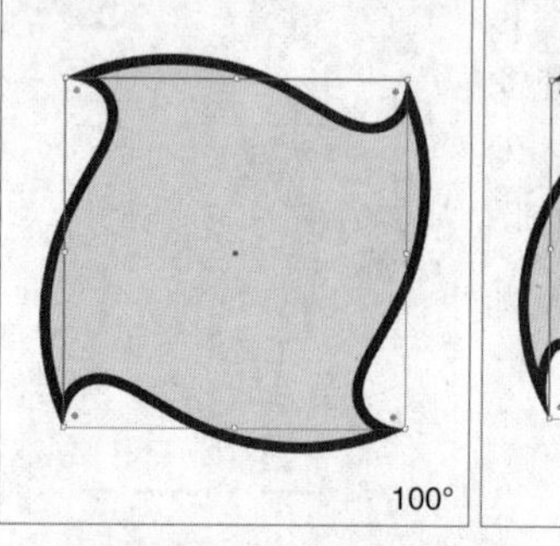

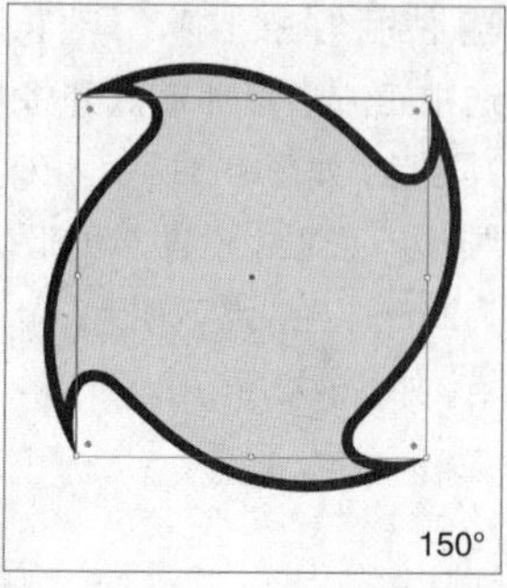

图6-85（续）

6.3.4 收缩和膨胀

“收缩和膨胀”效果能够改变路径的弯曲程度，将以对象中心为基点对所选对象进行收缩或膨胀。先选中对象，然后执行“效果>扭曲和变换>收缩和膨胀”菜单命令，在弹出的“收缩和膨胀”对话框中可以设置收缩或膨胀的幅度，如图6-86所示。当拖曳滑块到“膨胀”一侧时，对象的锚点将向内移动，路径将向外弯曲，数值越大，膨胀效果越明显，如图6-87所示。当拖曳滑块到“收缩”一侧时，对象的锚点将向外移动，路径将向内收缩，数值越大，收缩效果越明显，如图6-88所示。

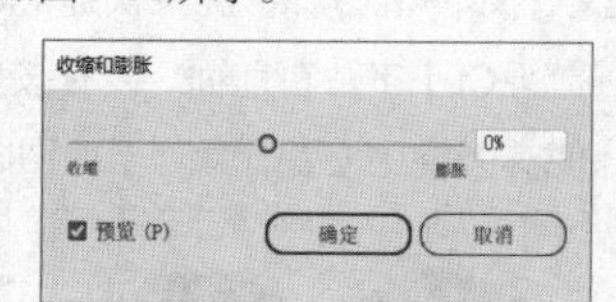

图6-86

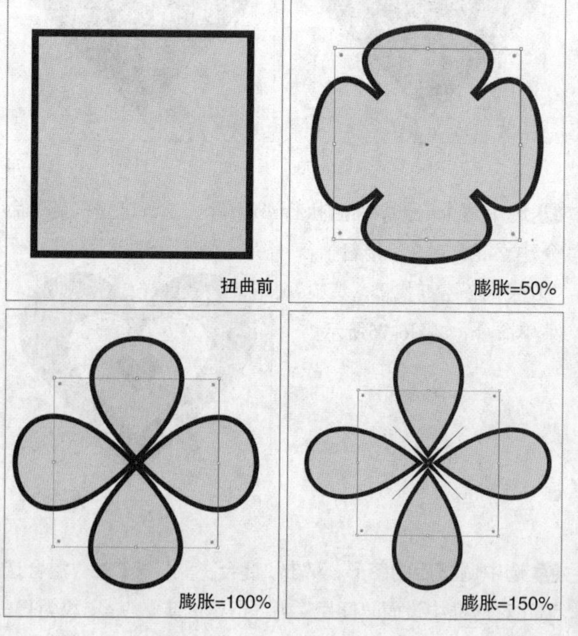

图6-87

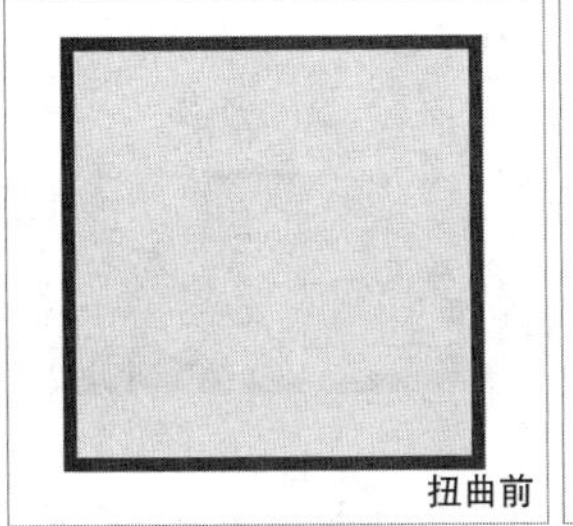

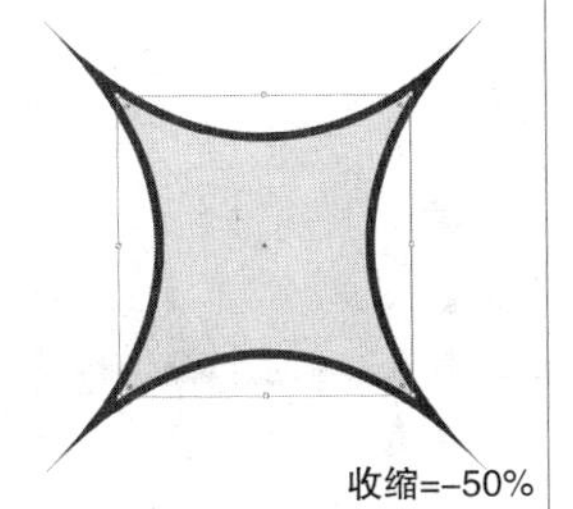

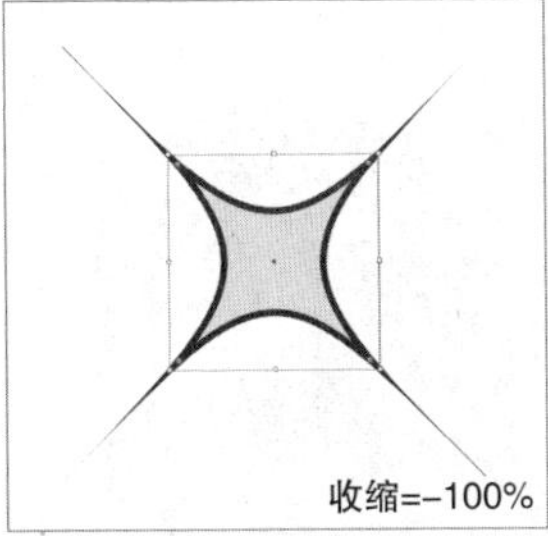

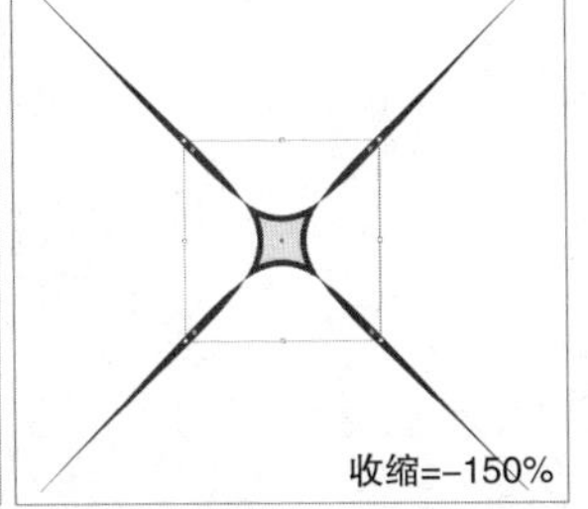

图6-88

6.3.5 波纹效果

“波纹效果”效果可以使对象的边缘呈现大小相同的锯齿或波纹。先选中对象，然后执行“效果>扭曲和变换>波纹效果”菜单命令，在弹出的“波纹效果”对话框中可以设置锯齿的起伏程度和数量，以及锯齿的类型是平滑的还是尖锐的，如图6-89所示。设置“点”为“平滑”，可以得到平滑的波纹效果；设置“点”为“尖锐”，可以得到尖锐的锯齿效果，如图6-90所示。

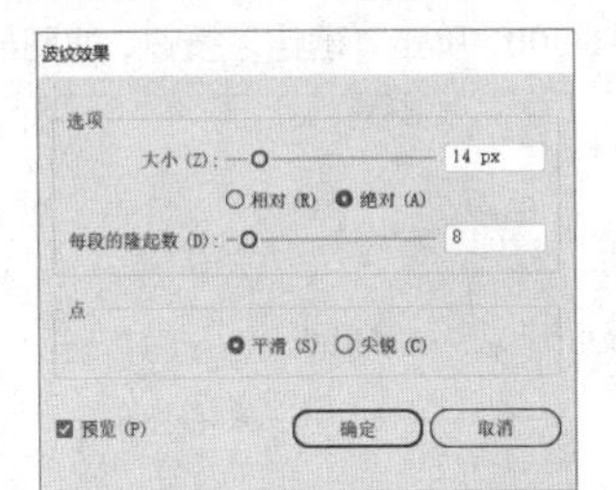

图6-89

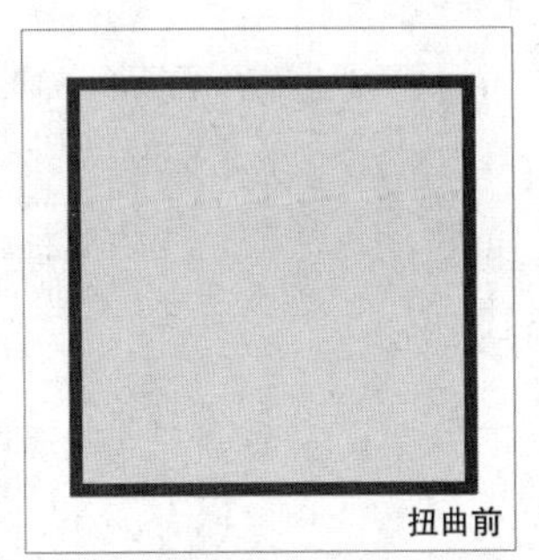

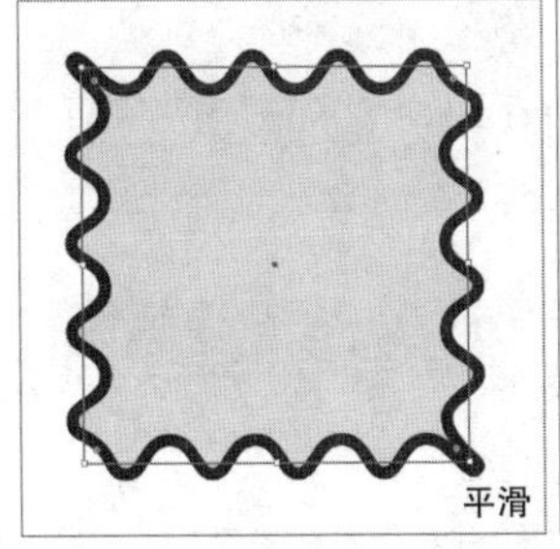

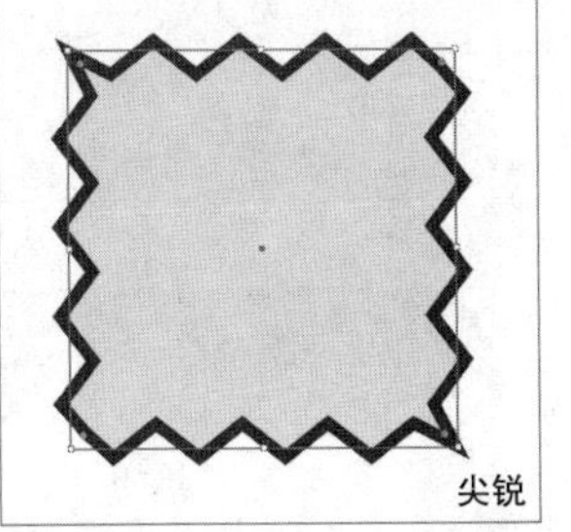

图6-90

6.3.6 粗糙化

“粗糙化”效果可以使对象的边缘呈现大小不同的锯齿。先选中对象，然后执行“效果>扭曲和变换>粗糙化”菜单命令，在弹出的“粗糙化”对话框中可以设置锯齿的起伏程度和复杂程度，以及锯齿的类型是平滑的还是尖锐的，如图6-91所示。设置“点”为“平滑”，可以得到平滑的锯齿效果；设置“点”为“尖锐”，可以得到尖锐的锯齿效果，如图6-92所示。

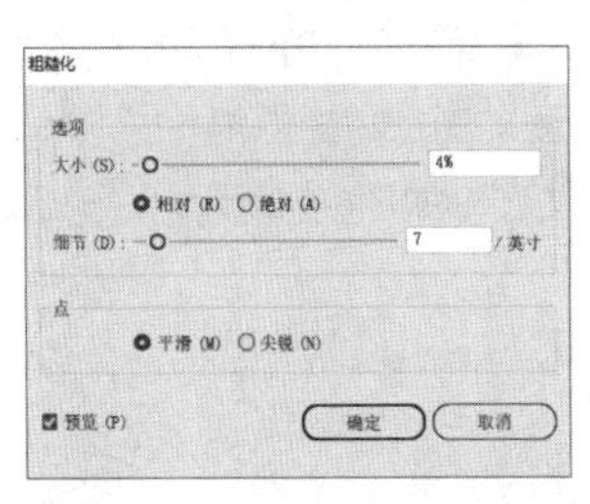

图6-91

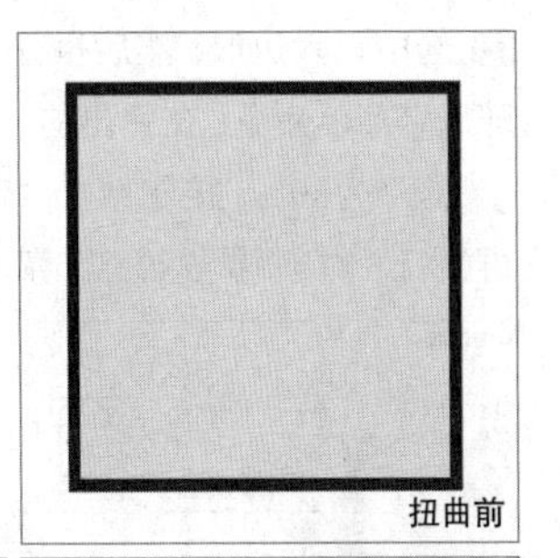

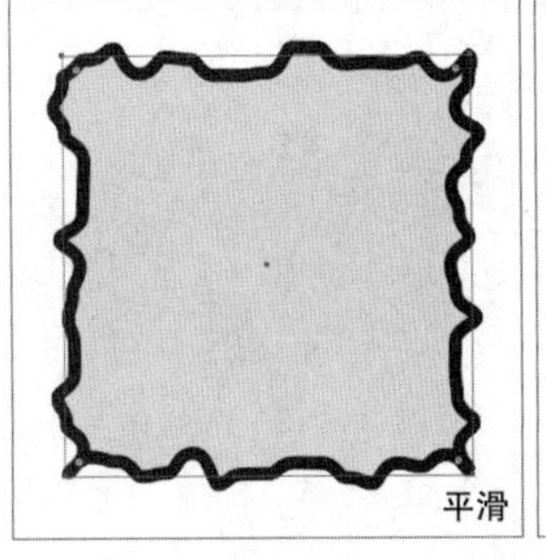

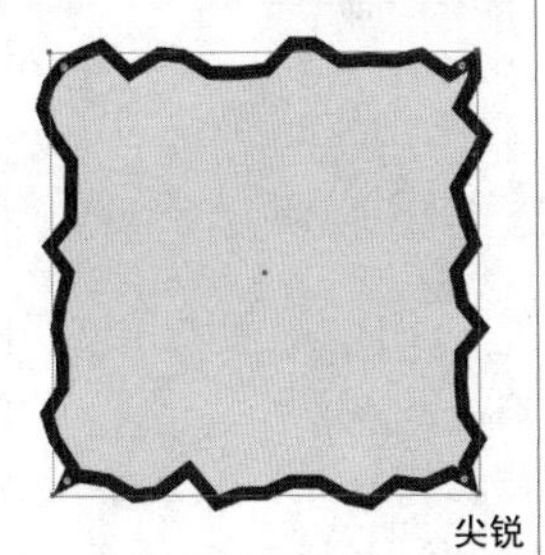

图6-92

课堂案例

制作毛绒花朵

素材文件	无
实例文件	实例文件>CH06>制作毛绒花朵.ai
视频名称	制作毛绒花朵.mp4
学习目标	“变换”效果的应用

本案例将制作毛绒花朵，效果如图6-93所示。

图6-93

01 新建一个尺寸为1000px×1000px的画板，然后使用“多边形工具”绘制一个“半径”为50px的正六边形，并设置“填色”为“无”，如图6-94所示。

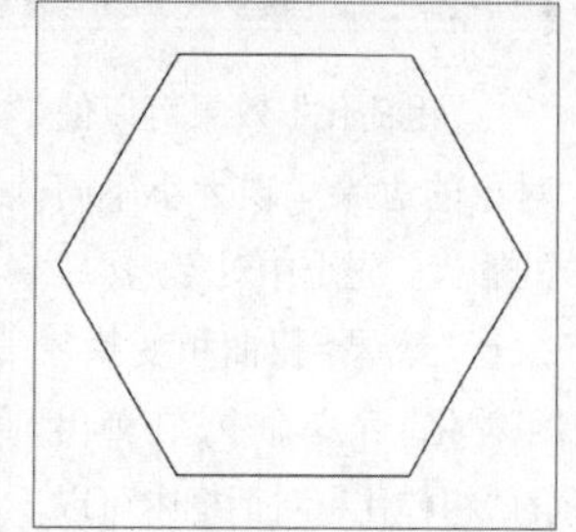

图6-94

02 选中正六边形，然后执行“效果>扭曲和变换>收缩和膨胀”菜单命令，在弹出的“收缩和膨胀”对话框中设置“膨胀”为80%，接着单击“确定”按钮，如图6-95所示。再执行“对象>扩展外观”菜单命令，如图6-96所示。

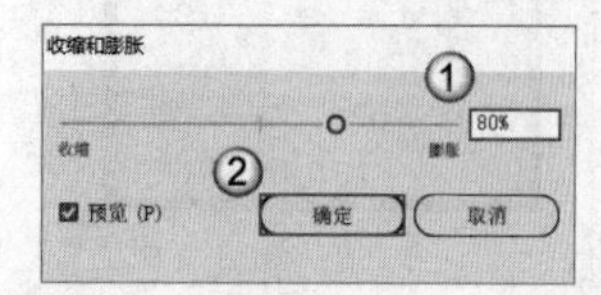

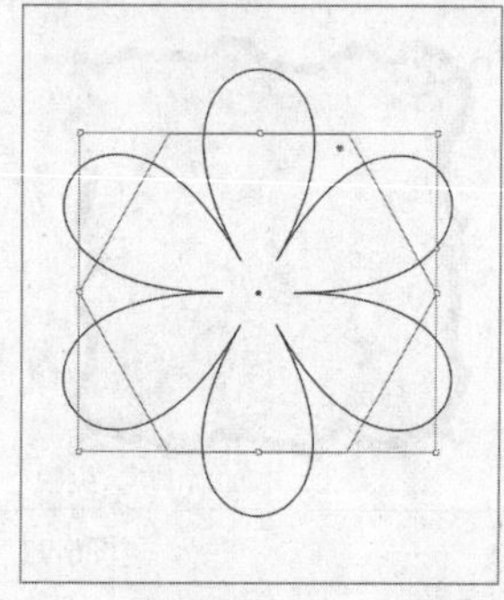

图6-95

图6-96

03 使用“直接选择工具”选中图6-97所示的锚点，然后单击控制栏中的“在所选锚点处剪切路径”按钮使路径断开，如图6-98所示。

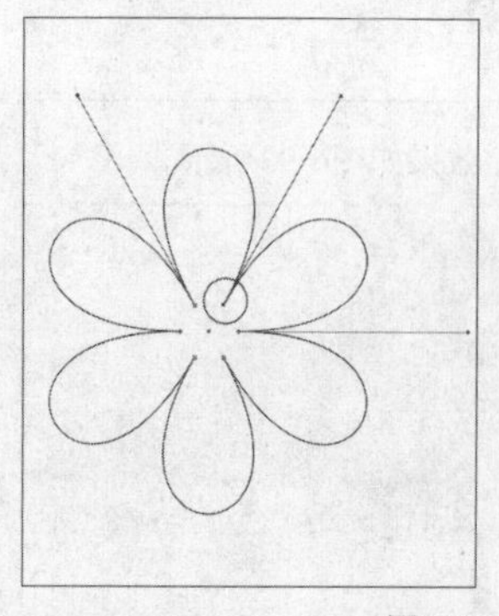

图6-97

图6-98

04 使用“椭圆工具”绘制一个尺寸为60px×60px的圆形，然后将其填充为“黄→青”，“角度”为90°的线性渐变，并设置“描边”为“无”，参考色值如图6-99所示，效果如图6-100所示。

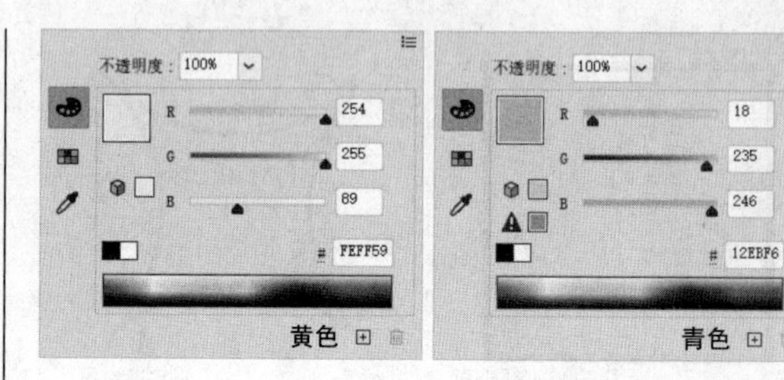

图6-99

图6-100

05 复制一个圆形，并将其拖曳至图6-101所示的位置，然后将它们选中并执行“对象>混合>建立”菜单命令，如图6-102所示。双击“混合工具”，在弹出的“混合选项”对话框中设置“间距”为“指定的步数”，并设置步数为300，单击“确定”按钮，如图6-103所示。

图6-101

图6-102

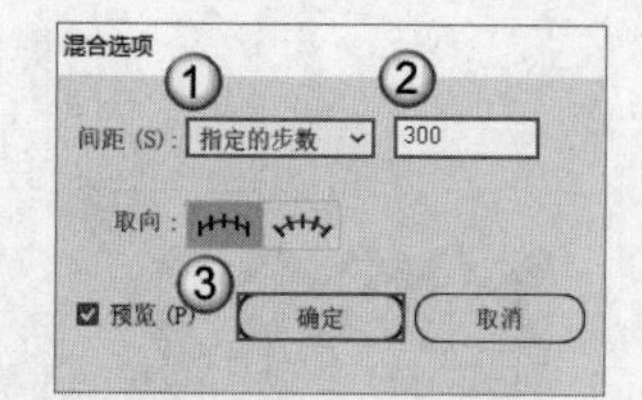

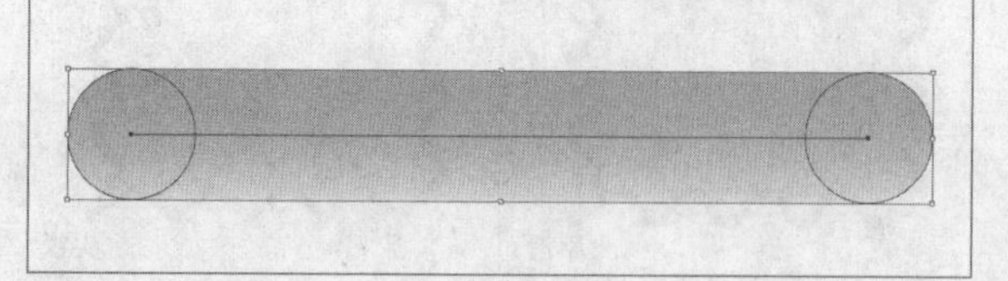

图6-103

06 同时选中混合对象和花朵的路径，然后执行“对象>混合>替换混合轴”菜单命令，如图6-104所示。

图6-104

07 执行“效果>扭曲和变换>粗糙化”菜单命令，在弹出的“粗糙化”对话框中设置“大小”为30%，“细节”为100/英寸，“点”为“尖锐”，单击“确定”按钮，如图6-105所示，效果如图6-106所示。

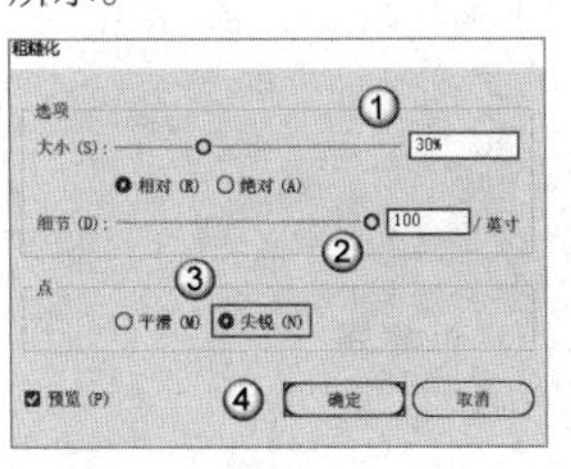

图6-105　图6-106

08 选中对象，然后执行“效果>扭曲和变换>收缩和膨胀”菜单命令，在弹出的“收缩和膨胀”对话框中设置“收缩”为-28%，如图6-107所示。

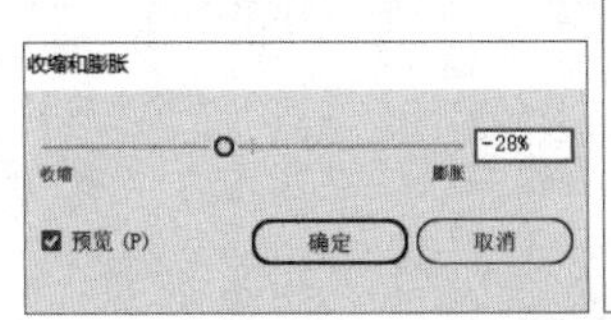

图6-107

09 用同样的方法制作出花朵的枝叶和花蕊，并添加一个淡黄色（颜色色值不需要很精确）的背景，最终效果如图6-108所示。

图6-108

6.3.7 自由扭曲

“自由扭曲”效果能够通过虚拟控制框自由扭曲对象。先选中对象，然后执行“效果>扭曲和变换>自由扭曲”菜单命令，在弹出的“自由扭曲”对话框中可以通过拖曳控制点自由扭曲对象，如图6-109所示。扭曲前后的效果如图6-110所示。

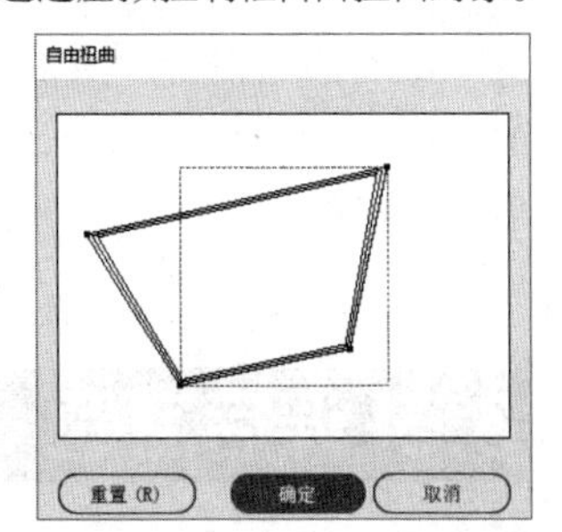

图6-109

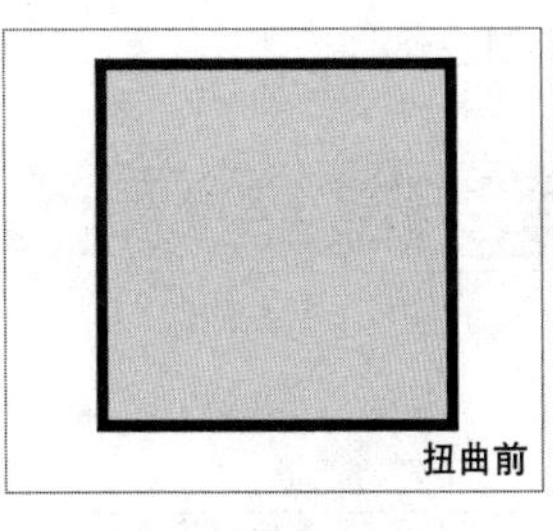

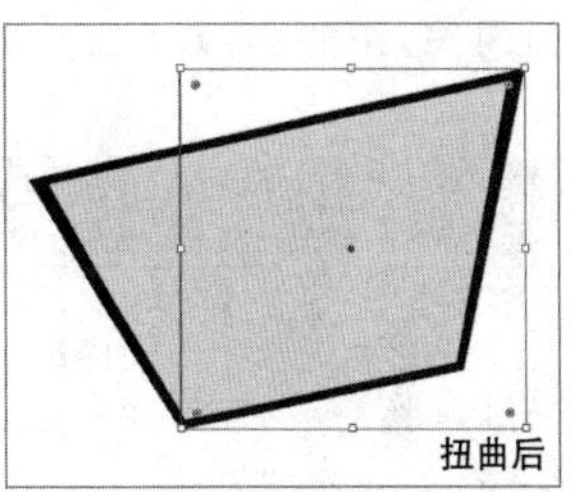

图6-110

技巧与提示

除了使用“自由扭曲”命令可以扭曲对象，还可以通过使用“自由变换工具”来扭曲对象。先选择“自由变换工具”，然后在弹出的子工具栏中单击“自由扭曲”按钮，接着拖曳锚点即可对该对象进行自由扭曲，如图6-111所示。

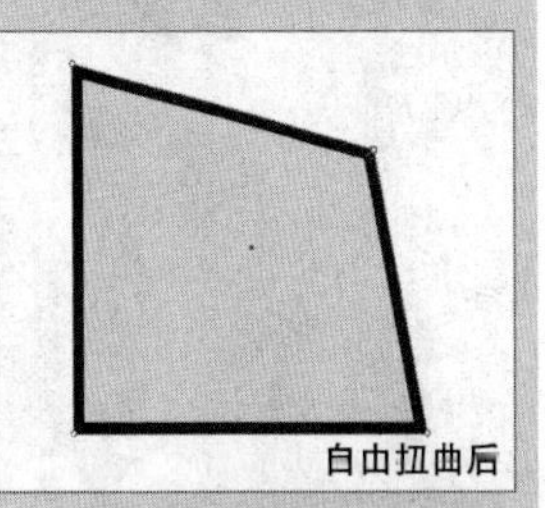

图6-111

在弹出的子工具栏中单击“透视扭曲”按钮，接着拖曳锚点即可对该对象进行透视扭曲，如图6-112所示。

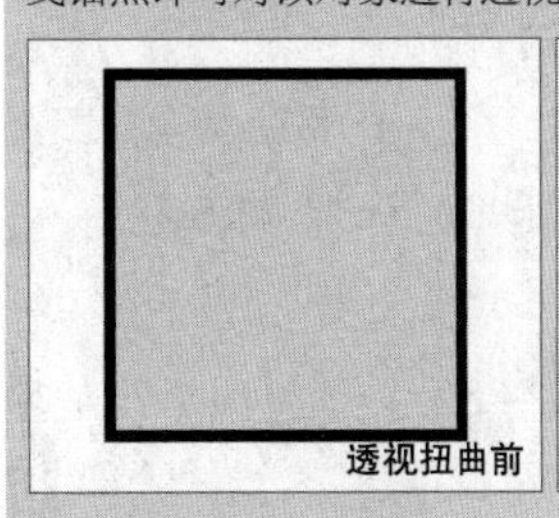

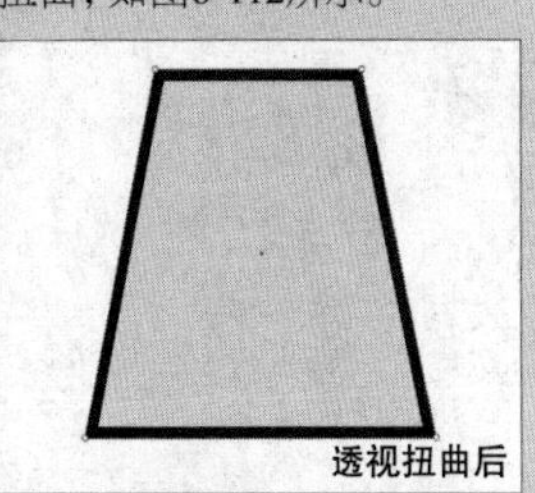

图6-112

6.4 本章小结

本章主要讲解了混合对象和扭曲对象的多种方法。通过本章的学习，读者应该重点掌握混合对象与扭曲对象的应用。混合与扭曲的实用性较高，因其可通过艺术化变形呈现较强的冲击力。

6.5 课后习题

根据本章的内容，本节共安排了两个课后习题供读者练习，以带领读者对本章的知识进行综合运用。

课后习题：制作炫彩线条字

素材文件　无
实例文件　实例文件>CH06>制作炫彩线条字.ai
视频名称　制作炫彩线条字.mp4
学习目标　掌握混合对象的方法

对混合对象的方法进行练习，效果如图6-113所示。

图6-113

课后习题：制作点状螺旋图

素材文件　无
实例文件　实例文件>CH06>制作点状螺旋图.ai
视频名称　制作点状螺旋图.mp4
学习目标　掌握混合对象的方法

对混合对象的方法进行练习，效果如图6-114所示。

图6-114

第7章

文字与排版

本章主要介绍文字的创建方法、字符与段落格式的设置方法，以及编辑字符和段落的方法。在设计作品时，可以通过多种字体效果的制作提升设计的品质。

课堂学习目标

◇ 掌握创建文字的方法
◇ 掌握设置文字属性的方法
◇ 掌握编辑文字与段落的方法

7.1 文字类工具

文字在各类设计作品中是必不可少的。以点为起点，可以创建点文字；以矩形范围框为边界，可以创建段落文字；以多种形状为边界，可以创建区域文字；在路径上输入文字，可以创建路径文字。在创建文字后，还可以对其进行缩放和变形等操作。

本节重点内容

名称	作用
文字工具/直排文字工具	创建点文字和段落文字
区域文字工具/直排区域文字工具	创建区域文字
路径文字工具/直排路径文字工具	创建路径文字
修饰文字工具	对某个字符进行移动、缩放和旋转等操作

7.1.1 创建点文字

点文字指一个水平或垂直的文字行，会随着文字的输入而不断增加长度，并且不会换行。使用“文字工具”T和“直排文字工具”IT可以创建点文字。选择“文字工具”T（快捷键为T），然后在需要创建文字处单击，画板中会出现一行文字，文字为全选状态，如图7-1所示。此时，接着输入所需的文字即可，如图7-2所示。

滚滚长江东逝水

图7-1

朝辞白帝彩云间，千里江陵一日还。两

图7-2

技巧与提示

在创建文字时，自动出现的文字被称为“占位符”，便于我们观察输入后的文字效果。如果不想使用“占位符”，可以执行“编辑>首选项>文字”菜单命令，在弹出的对话框中取消勾选“用占位符文本填充新文字对象”选项。

在输入文字时或输入完成后，单击需要换行的位置，光标会显示在该处，如图7-3所示，按Enter键可以手动换行，如图7-4所示。如果输入的文字有误，可以在其后单击，按Backspace将其删除。如果输入文字时需要调整其位置，可以按住Ctrl键临时切换为“选择工具”并拖曳。在输入完成后，按住Ctrl键在空白处单击即可完成操作。

朝辞白帝彩云间，千里江陵一日还。两

图7-3

朝辞白帝彩云间，千里江陵一日还。
两岸猿声啼不住，轻舟已过万重山。

图7-4

使用“选择工具”拖曳点文字的文本框时会使文字变形，如图7-5所示。旋转点文字的文本框时，文字也会随着旋转，如图7-6所示。

朝辞白帝彩云间，千里江陵一日还。
两岸猿声啼不住，轻舟已过万重山。

图7-5

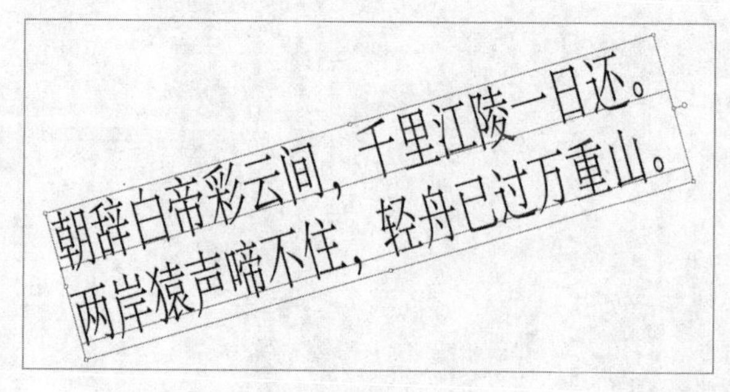

图7-6

使用“直排文字工具”IT创建点文字的方法与使用“文字工具”T是一样的，如图7-7所示。

在光标位于文本中时，选中部分或全部文本时，或者选中文本框时，执行“文字>文字方向”子菜单中的命令可以将文字方向在水平和垂直之间进行转换。

需要注意的是，直排文字的阅读顺序是从右往左的。

滚滚长江东逝水

图7-7

知识点：修改文字的属性

在创建文字后，可以随时修改文字的属性。使用“选择工具”选中文本框，或者使用“文字工具”T单击文字，然后按快捷键Ctrl+A选取全部文字，如图7-8所示，此时，在控制栏中可以修改全部文字的字体、字体大小和颜色等属性，如图7-9所示。

朝辞白帝彩云间，千里江陵一日还。
两岸猿声啼不住，轻舟已过万重山。

图7-8

朝辞白帝彩云间，千里江陵一日还。
两岸猿声啼不住，轻舟已过万重山。

图7-9

使用“文字工具” T 单击文本，将出现一个闪烁的光标，拖曳鼠标，即可选取部分文本，如图7-10所示，此时，在控制栏中可以修改选中文本的字体、字体大小和颜色等属性，如图7-11所示。选中文本后，也可以在“填色”中调整文本的颜色。

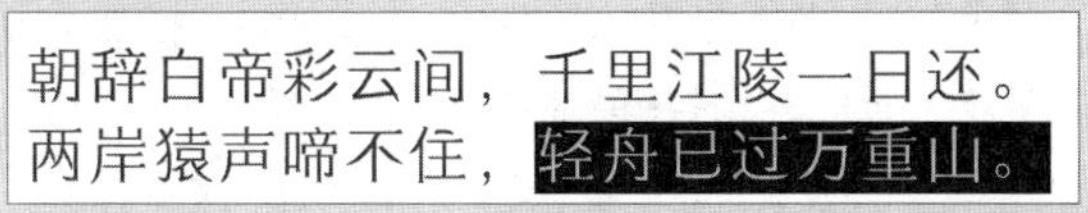

朝辞白帝彩云间，千里江陵一日还。
两岸猿声啼不住，轻舟已过万重山。

图7-10

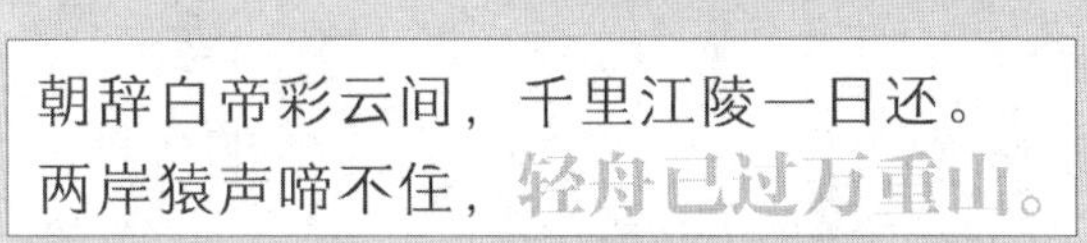

朝辞白帝彩云间，千里江陵一日还。
两岸猿声啼不住，轻舟已过万重山。

图7-11

7.1.2 创建段落文字

段落文字指在绘制的文本框内输入的文字，不仅可以根据文本框自动换行，还可以调整文本框的大小。使用“文字工具” T 在画板中拖曳出一个文本框，如图7-12所示，接着输入所需的文字即可，如图7-13所示。

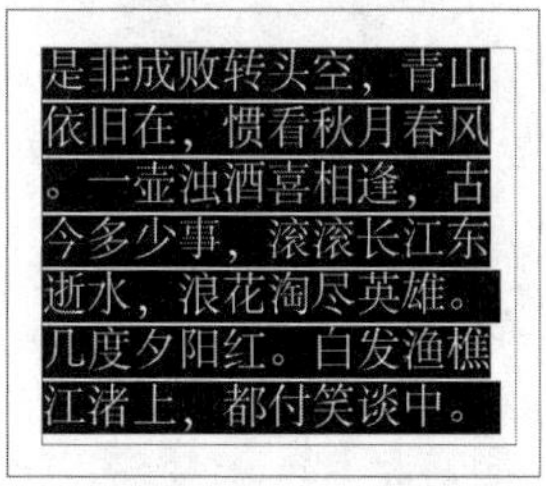

是非成败转头空，青山依旧在，惯看秋月春风。一壶浊酒喜相逢，古今多少事，滚滚长江东逝水，浪花淘尽英雄。几度夕阳红。白发渔樵江渚上，都付笑谈中。

图7-12

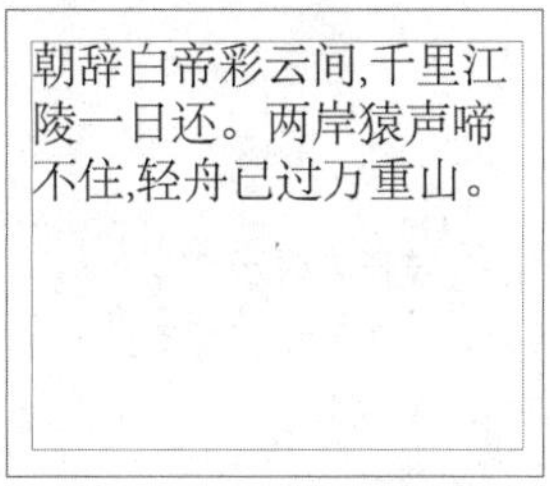

朝辞白帝彩云间,千里江陵一日还。两岸猿声啼不住,轻舟已过万重山。

图7-13

使用“选择工具”拖曳文本框，可以调整文字的显示区域，如图7-14所示。此外，还可以使用“选择工具”旋转文本框，但是不会影响文本框内文字的大小和方向，如图7-15所示。使用“直接选择工具”拖曳文本框上的锚点或路径段等，可以对文本框进行变形，如图7-16所示。

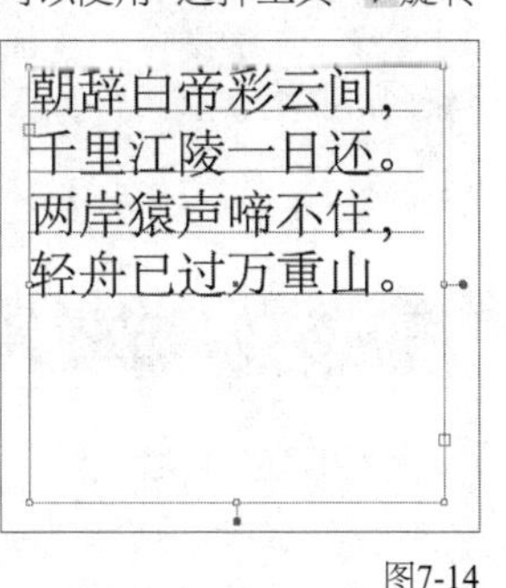

图7-14

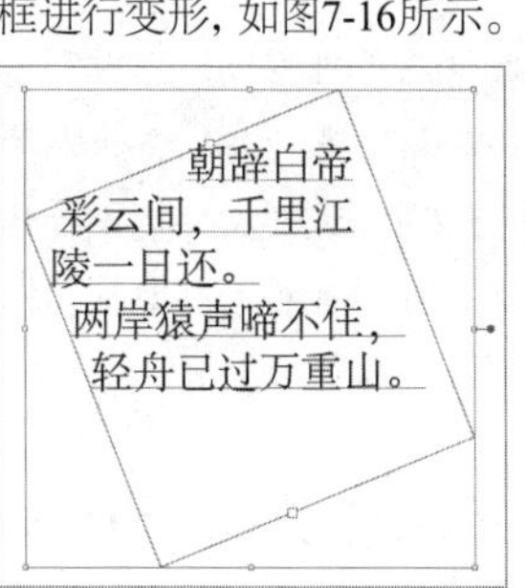

图7-15

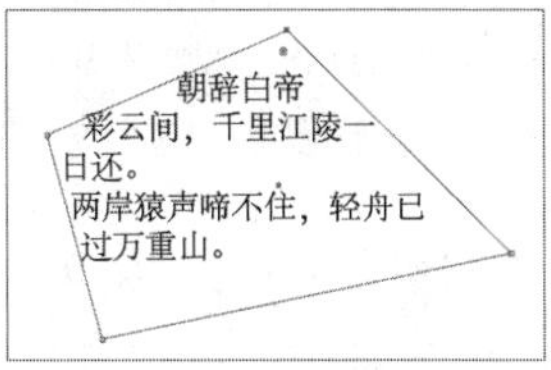

朝辞白帝彩云间，千里江陵一日还。两岸猿声啼不住，轻舟已过万重山。

图7-16

使用“直排文字工具” IT 创建段落文字的方法与使用“文字工具” T 是一样的。

技巧与提示

点文字适用于文字量较少时，如标题等；段落文字适用于文字量较多时，如正文等。

7.1.3 创建区域文字

使用“区域文字工具”可以在规则形状（如圆形、矩形和星形等）与不规则形状中创建文字，如图7-17所示。先选中需要创建文字的形状，然后使用“区域文字工具”在路径上单击即可创建。

“直排区域文字工具”的使用方法与“区域文字工具”是一样的，如图7-18所示。

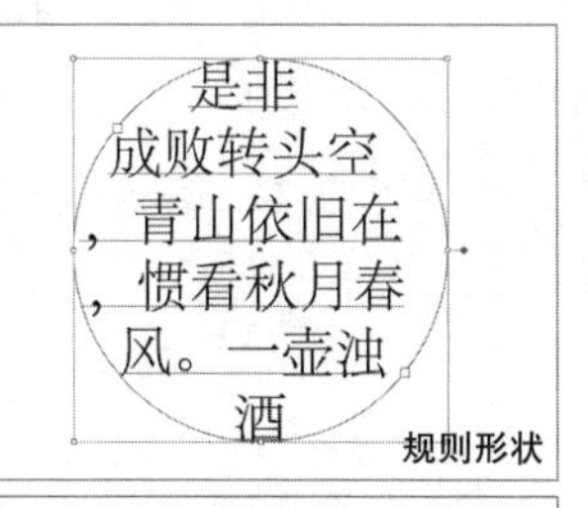

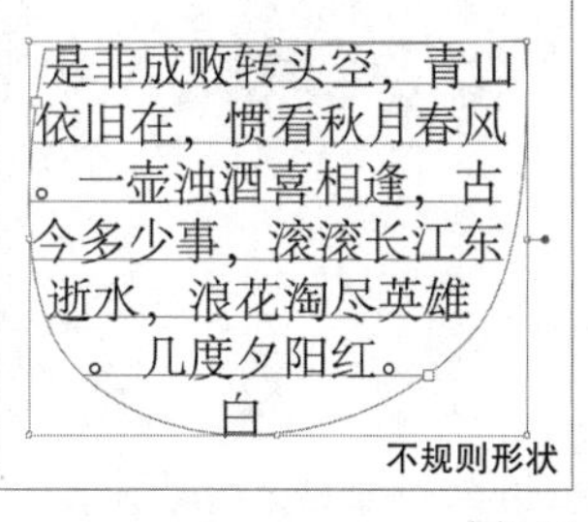

图7-17

图7-18

技巧与提示

段落文字也是区域文字的一种，只不过段落文字的形状区域是矩形的。

7.1.4 创建路径文字

路径文字指在路径上创建的文字，文字会沿着路径排列。当改变路径形状时，文字的排列方式也会随之发生改变。先使用“钢笔工具”绘制一个路径，如图7-19所示，然后选择“路径文字工具”，将鼠标指针置于路径上的合适位置，当鼠标指针变为状时单击路径可以沿路径创建文字，如图7-20所示。单击的位置为文字的起点。使用“直排路径文字工具”单击路径，也可以创建路径文字，如图7-21所示。

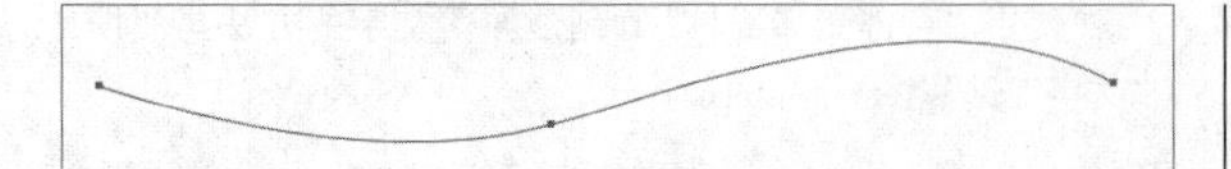

图7-19

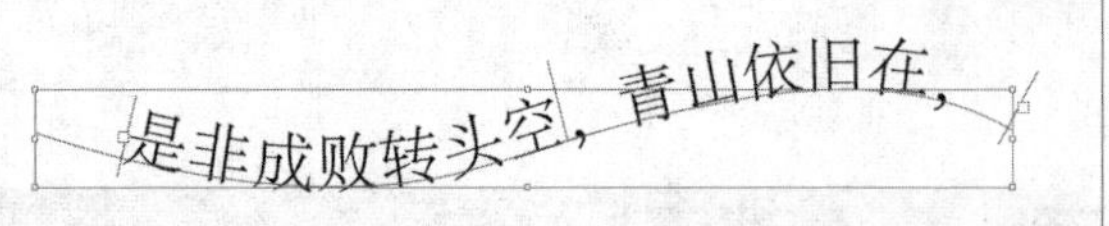

图7-20

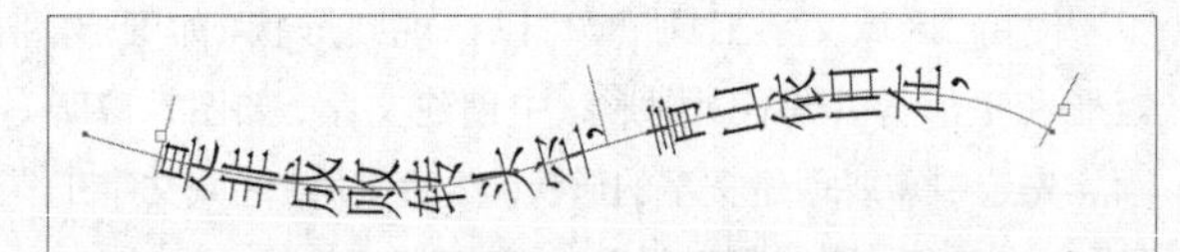

图7-21

技巧与提示

使用“直接选择工具”▷可以调整锚点或方向线以修改路径的形状，文字会沿着调整后的路径进行排列，如图7-22所示。

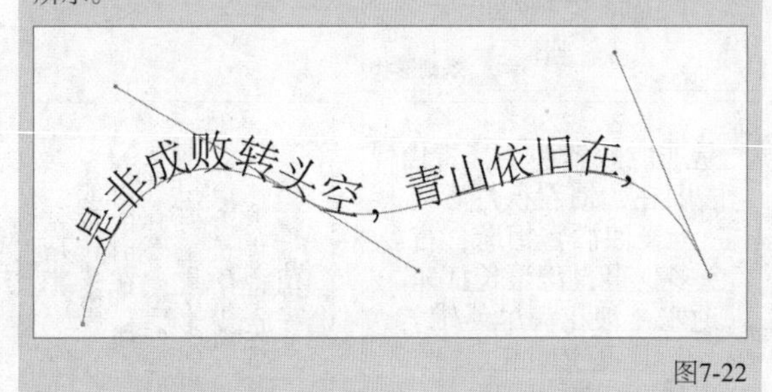

图7-22

当创建路径文字后，使用“选择工具”▶选择文字，会出现用于调整路径文字的标记，如图7-23所示。

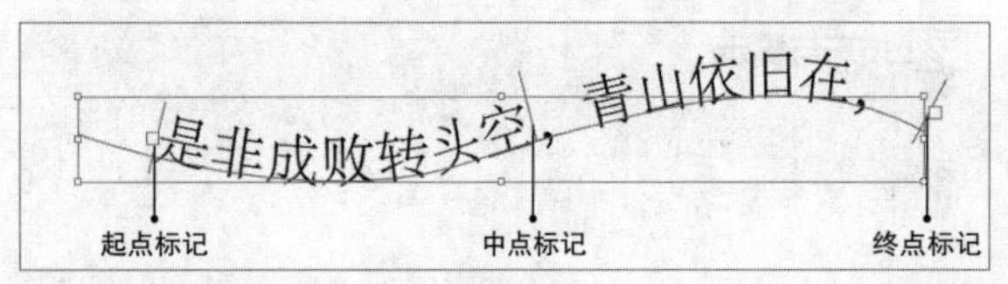

图7-23

将鼠标指针置于起点标记上，当其变为▶状时沿路径走向拖曳起点标记，可以调整路径起点的位置，如图7-24所示。将鼠标指针置于中点标记上，当其变为▶状时沿路径走向拖曳中点标记，可以沿路径移动文字，如图7-25所示；向路径另一侧拖曳中点标记，可以改变文字的朝向，如图7-26所示。将鼠标指针置于终点标记上，当其变为▶状时沿路径走向拖曳终点标记，可以调整路径终点的位置，如图7-27所示。

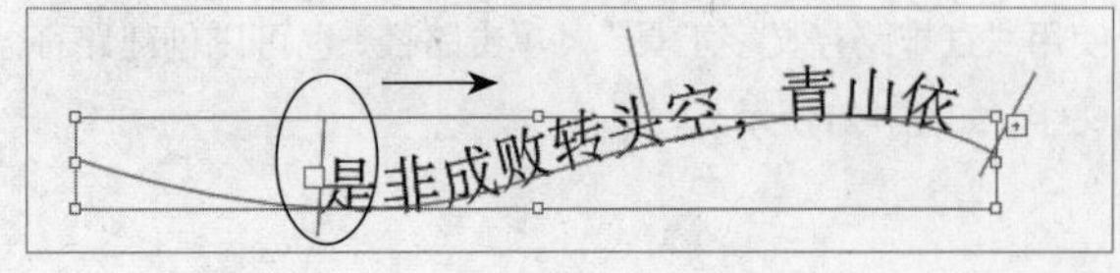

图7-24

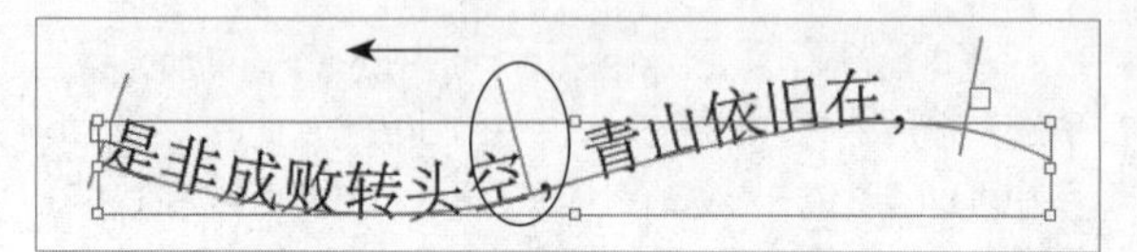

图7-25

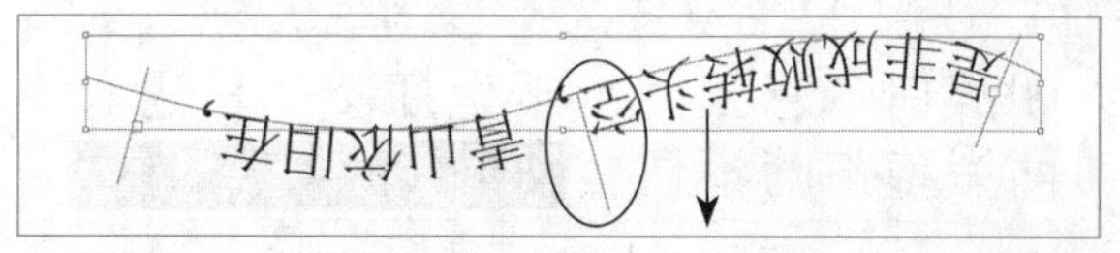

图7-26

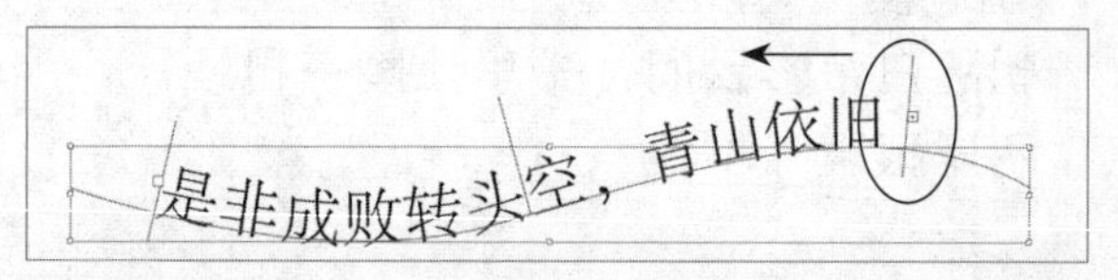

图7-27

当路径为封闭时，将沿路径一周创建路径文字，如图7-28所示。文字起点、终点及朝向的调整方法与开放路径是一样的。

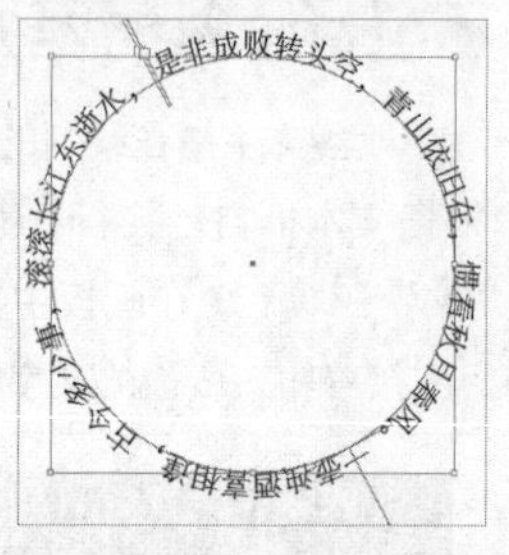

图7-28

技巧与提示

在使用文字类工具创建文字后，如果没有输入文字，会出现空文本路径。正常视图下空文本是不可见的，如果要清除空文本路径，可以执行“对象>路径>清理”菜单命令，在弹出的“清理”对话框中勾选“空文本路径”选项并单击“确定”按钮，如图7-29所示。

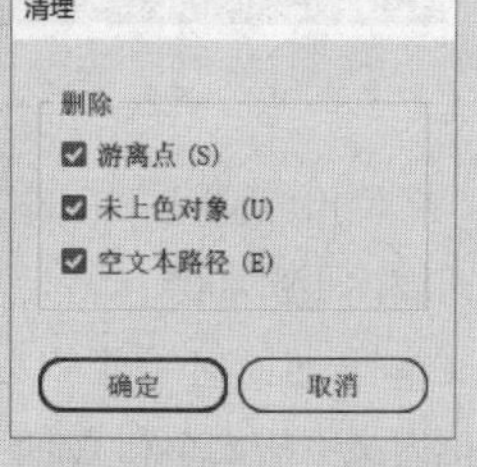

图7-29

7.1.5 修饰文字

使用“修饰文字工具”可以单独移动、缩放和旋转某一个字符。选择“修饰文字工具”（快捷键为Shift+T），然后单击需要修饰的文字，这时文字周围会出现一个变换框，如图7-30所示。拖曳控制框或控制点可以移动、缩放和旋转这个文字，如图7-31所示。

滚滚长江东逝水

图7-30

滚滚长江东逝水

图7-31

7.2 文字格式与样式

在创建文字后，可以在“字符”面板与“段落”面板中设置文字颜色、大小、字体和对齐方式等属性，还可以将设置的参数保存到“字符样式”面板与“段落样式”面板中。

7.2.1 设置字符格式

在“字符”面板中可以设置文字的字体系列、字体大小、字距和行距等属性。执行“窗口>文字>字符”菜单命令（快捷键为Ctrl+T），打开“字符”面板，如图7-32所示。

字符
Adobe 宋体 Std L
上标
下标
设置字体系列
设置字体样式
设置字体高度参考
设置字体大小
设置行距
垂直缩放
水平缩放
设置两个字符间的字距微调
设置所选字符的字距调整
比例间距
插入空格（左）
插入空格（右）
设置基线偏移
字符旋转
全部大写字母
删除线
语言
设置消除锯齿方法
小型大写字母
下划线
字形边界
基线
全角字框
锚点
全角字框，居中
角度参考线
对齐字形

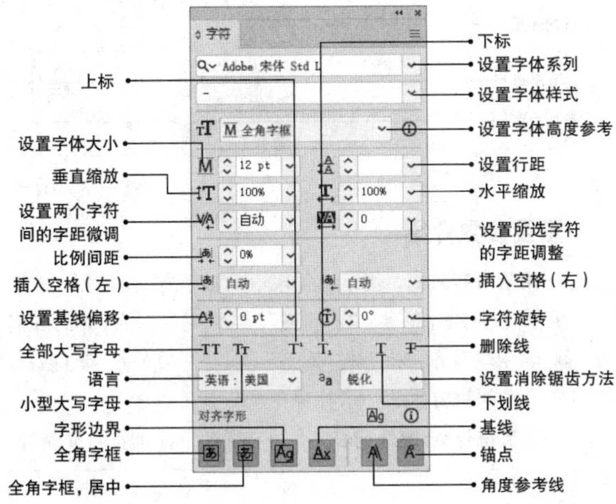

图7-32

重要参数介绍

◇ **设置字体系列：** 在文本框中输入需要的已有字体，或者单击按钮，在打开的下拉列表中选择一种字体。

◇ **设置字体样式：** 如果设置的字体包含变体，可以在该选项的下拉列表中设置字体样式。常见的有Regular（常规的）、Italic（斜体）、Bold（粗体）和Bold Italic（粗斜体）等，如图7-33所示。

Ai
Regular
Ai
Italic
Ai
Bold
Ai
Bold Italic

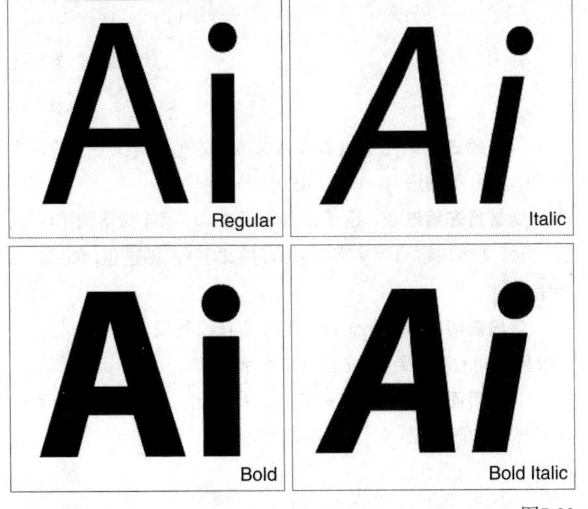

图7-33

◇ **设置字体高度参考：** 用于设置字符大小的参考标准线。需要注意的是，在“字符”面板菜单中勾选“显示字体高度选项”才会显示该选项。

◇ **设置字体大小：** 在文本框中输入需要的字号，或者单击按钮，在打开的下拉列表中选择一种预设字号。

◇ **设置行距：** 行距是指上一行文字基线与下一行文字基线之间的距离。在一般情况下，行距的值至少要大于字体的大小值，过小会让两行文字重叠，过大会让两行文字之间没有呼应。设置字体大小为12pt，不同行距的效果如图7-34所示。

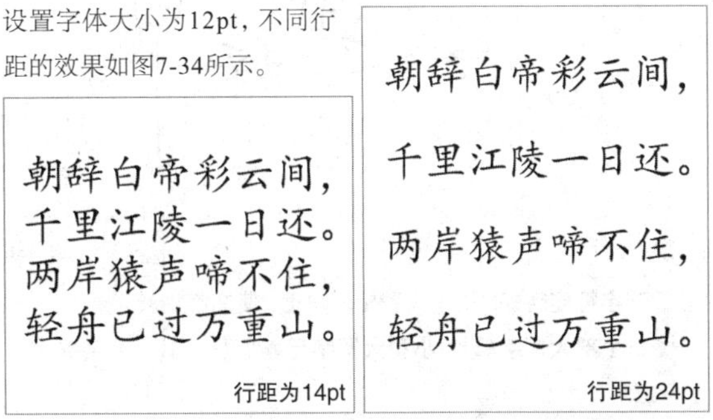

朝辞白帝彩云间，
千里江陵一日还。
两岸猿声啼不住，
轻舟已过万重山。
行距为14pt
朝辞白帝彩云间，
千里江陵一日还。
两岸猿声啼不住，
轻舟已过万重山。
行距为24pt

图7-34

> **技巧与提示**
>
> 在选取多行文字后，按住Alt键并连续按↑键，可以减小行距；按住Alt键并连续按↓键，可以增大行距。

◇ **垂直缩放/水平缩放：** 用于设置字符的高度和宽度。

◇ **设置两个字符间的字距微调：** 用于设置两个字符之间的间距。在两个字符间单击设置插入点，出现闪烁的光标后设置数值可以增大或减小间距，如图7-35所示。

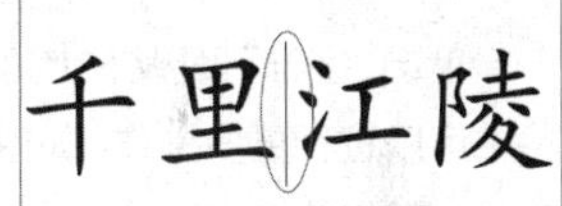

千里江陵
设置插入点
千里江陵
字距微调为 -200
千里江陵
字距微调为200

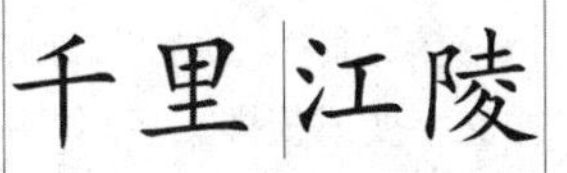

图7-35

◇ **设置所选字符的字距调整：** 用于设置所选文本字符之间的距离，如图7-36所示。如果选择的是文本框，那么将对所有文字的字距进行调整，如图7-37所示。

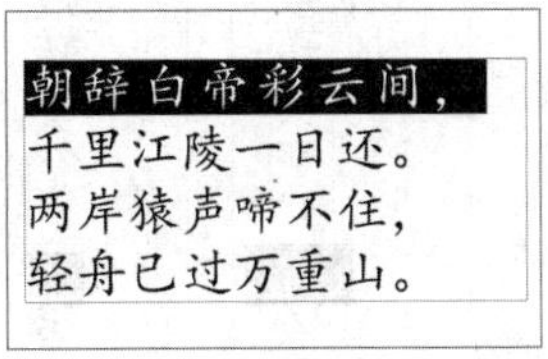

朝辞白帝彩云间，
千里江陵一日还。
两岸猿声啼不住，
轻舟已过万重山。

图7-36

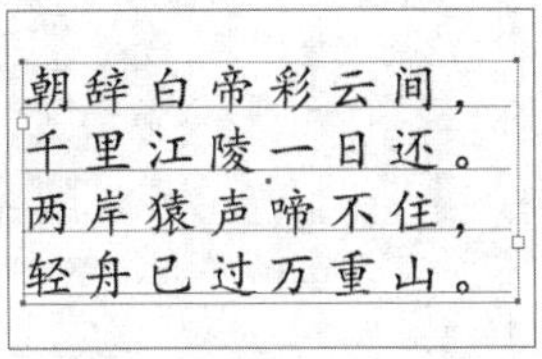

朝辞白帝彩云间，
千里江陵一日还。
两岸猿声啼不住，
轻舟已过万重山。

图7-37

> **技巧与提示**
>
> 在选取多行文字后，按住Alt键并连续按←键，可以减小字距；按住Alt键并连续按→键，可以增大字距。

◇ **比例间距**：使用百分比的形式调整字符之间的距离，设置该值为50%时字符的间距变为原来的一半。

◇ **插入空格（左）/插入空格（右）**：在字符的左侧或右侧插入空格。

◇ **设置基线偏移**：用于设置文字与基线之间的距离，可以升高或降低所选文字，如图7-38所示。

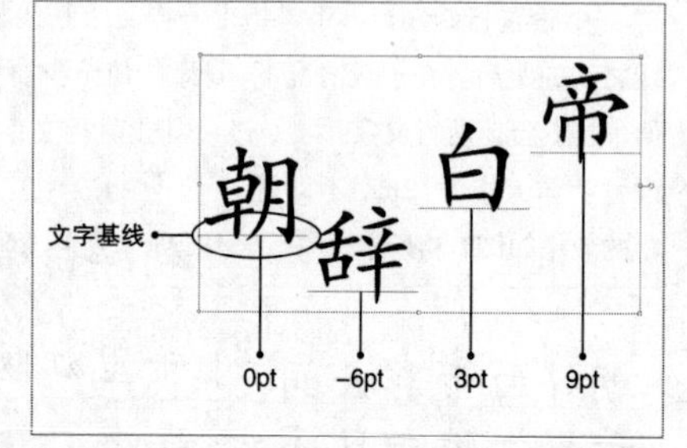

图7-38

◇ **字符旋转**：用于设置旋转角度，使文字旋转。

◇ **全部大写字母/小型大写字母**：为文本应用全部大写字母或小型大写字母。

◇ **上标/下标**：将字符创建为上标或下标。

◇ **下划线/删除线**：为文本添加下划线或删除线。

◇ **语言**：用于设置文本连字符和拼写的语言类型，一般情况不用去设置。

◇ **设置消除锯齿方法**：选择为文字消除锯齿的方法。

◇ **对齐字形**：用于设置对齐字符时所参考的字符标准线。需要同时打开"视图>对齐字形"和"视图>智能参考线"才能使用该功能。

单击"字符"面板右上角的按钮，在打开的面板菜单中可以进行更多操作，如图7-39所示。默认情况下该面板仅显示部分选项，执行"显示选项"命令，即可显示全部的选项。此外，需要注意一下"直排内横排"命令和"分行缩排"命令。执行"直排内横排"命令，可将所选的直排文字变成横排文字，如图7-40所示。执行"分行缩排"命令，可将所选文字缩小一定的百分比并进行分行排列，如图7-41所示。

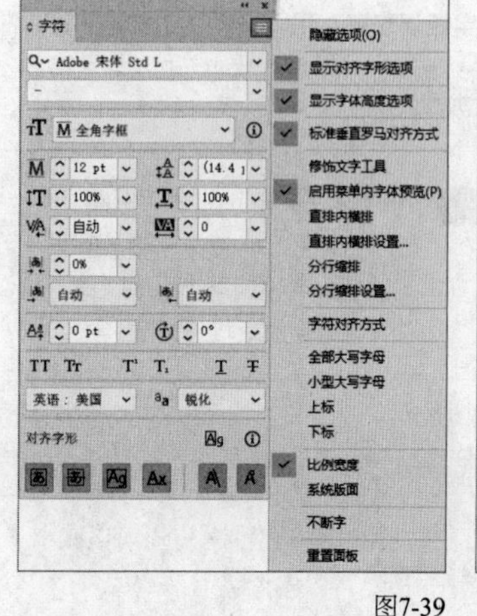

图7-39

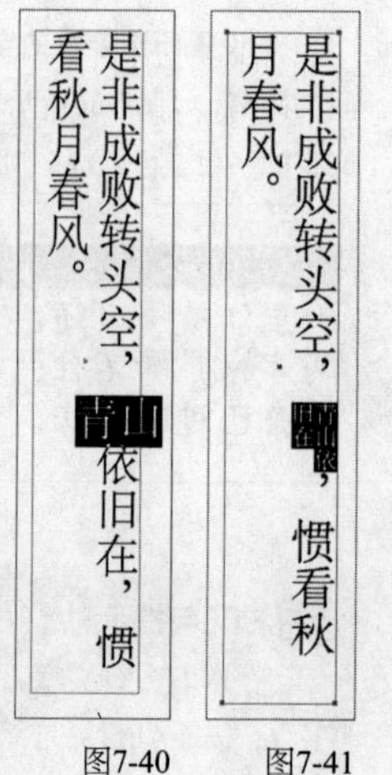

图7-40 图7-41

7.2.2 设置段落格式

选择需要编辑的段落，在"段落"面板可调整段落的对齐方式、缩进、段前和段后间距等属性。执行"窗口>文字>段落"菜单命令（快捷键为Alt+Ctrl+T），打开"段落"面板，如图7-42所示。

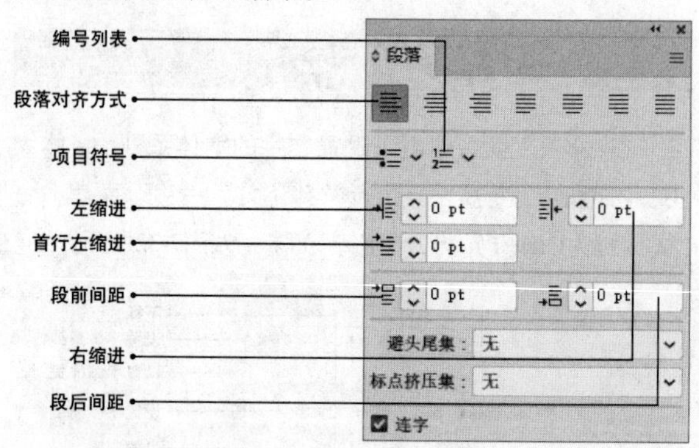

图7-42

重要参数介绍

◇ **段落对齐方式**：用于设置段落的对齐方式，包括"左对齐"、"居中对齐"、"右对齐"、"两端对齐，末行左对齐"、"两端对齐，末行居中对齐"、"两端对齐，末行右对齐"、"全部两端对齐"7种对齐方式。

◇ **项目符号/编号列表**：可在段落前添加符号或编号，如图7-43所示。

- 项目一
- 项目二
- 项目三

I. 项目一
II. 项目二
III. 项目三

图7-43

◇ **左缩进**：用于设置段落文本向右（横排文字）或向下（直排文字）的缩进量，如图7-44所示。

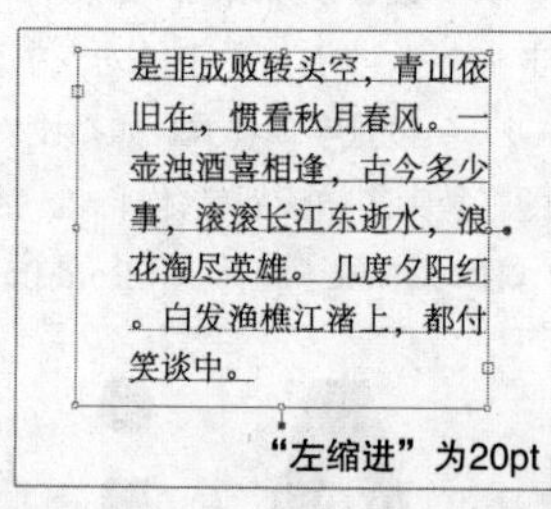

图7-44

◇ **右缩进**：用于设置段落文本向左（横排文字）或向上（直排文字）的缩进量，如图7-45所示。

◇ **首行左缩进**：用于设置段落文本中每个段落的第1行向右（横排文字）或第1列文字向下（直排文字）的缩进量，如图7-46所示。

◇ **段前间距**：用于设置光标所在段落或所选段落与前一个段落之间的间隔距离，如图7-47所示。

◇ **段后间距**：用于设置光标所在段落或所选段落与后一个段落之间的间隔距离，如图7-48所示。

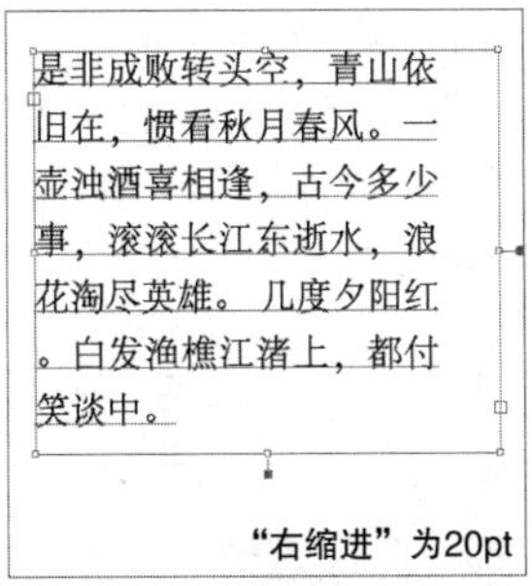

是非成败转头空，青山依旧在，惯看秋月春风。一壶浊酒喜相逢，古今多少事，滚滚长江东逝水，浪花淘尽英雄。几度夕阳红。白发渔樵江渚上，都付笑谈中。
"右缩进"为20pt

图7-45

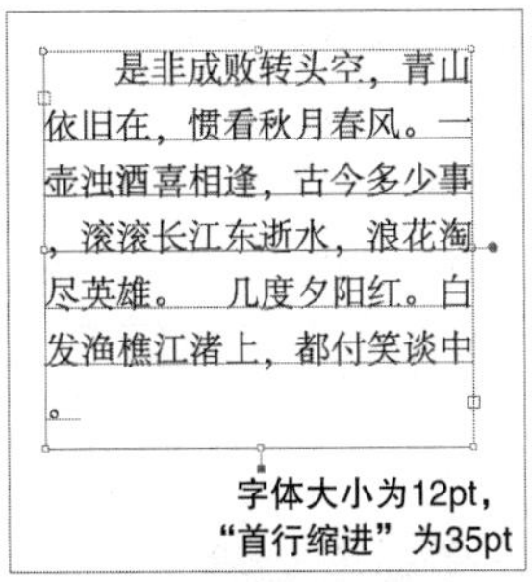

是非成败转头空，青山依旧在，惯看秋月春风。一壶浊酒喜相逢，古今多少事，滚滚长江东逝水，浪花淘尽英雄。几度夕阳红。白发渔樵江渚上，都付笑谈中。
字体大小为12pt，
"首行缩进"为35pt

图7-46

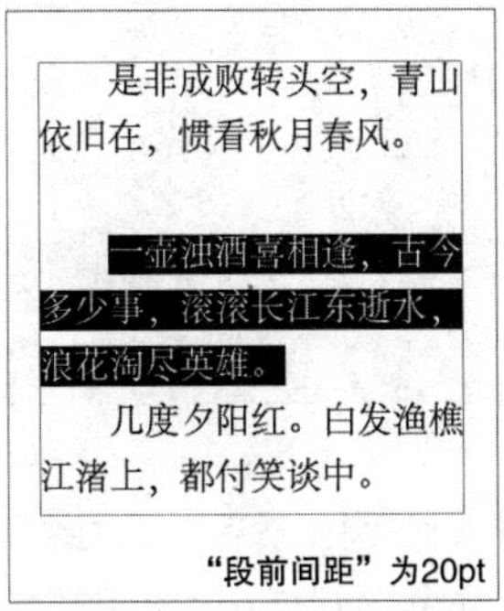

是非成败转头空，青山依旧在，惯看秋月春风。
一壶浊酒喜相逢，古今多少事，滚滚长江东逝水，浪花淘尽英雄。
几度夕阳红。白发渔樵江渚上，都付笑谈中。
"段前间距"为20pt

图7-47

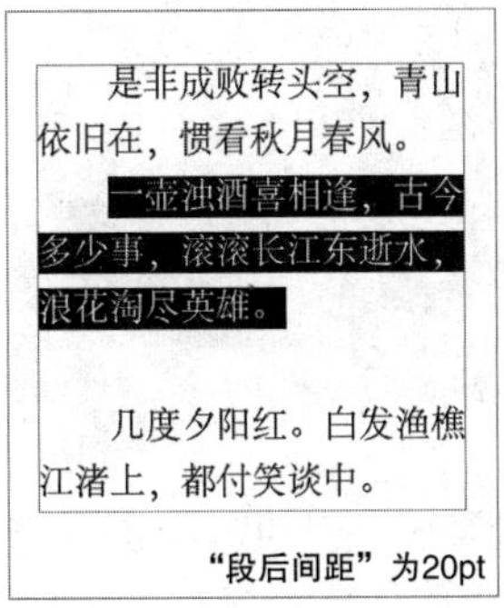

是非成败转头空，青山依旧在，惯看秋月春风。
一壶浊酒喜相逢，古今多少事，滚滚长江东逝水，浪花淘尽英雄。
几度夕阳红。白发渔樵江渚上，都付笑谈中。
"段后间距"为20pt

图7-48

◇ **避头尾集：**不能出现在一行的开头或结尾的字符（多为标点符号）被称为避头尾字符，包含"宽松"和"严格"两个选项。一般选择"严格"选项即可，如图7-49所示。

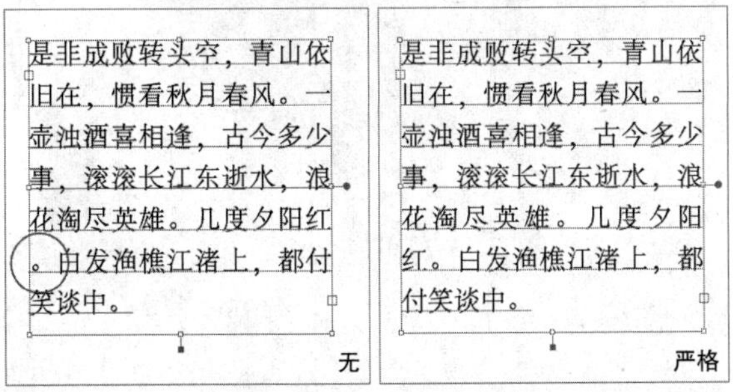

是非成败转头空，青山依旧在，惯看秋月春风。一壶浊酒喜相逢，古今多少事，滚滚长江东逝水，浪花淘尽英雄。几度夕阳红。白发渔樵江渚上，都付笑谈中。
无
是非成败转头空，青山依旧在，惯看秋月春风。一壶浊酒喜相逢，古今多少事，滚滚长江东逝水，浪花淘尽英雄。几度夕阳红。白发渔樵江渚上，都付笑谈中。
严格

图7-49

技巧与提示

在排版时，一般都需要设置"避头尾集"，常选择"严格"选项。此外，一个字符是不能单独成行的，如图7-50所示。可以通过调整字间距将文字调整至上一行，或者将本行调整为两个字及以上，如图7-51所示。

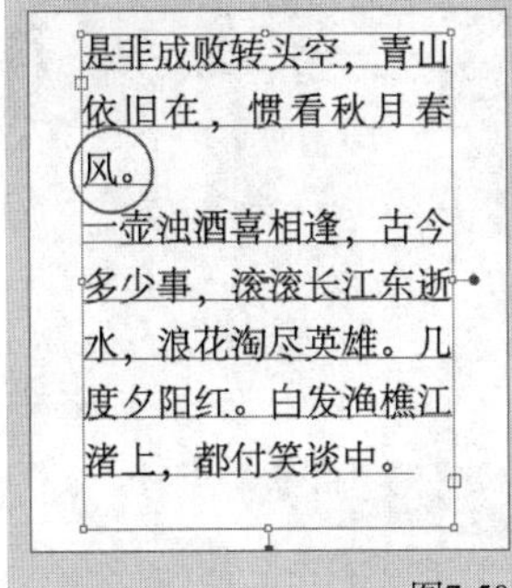

是非成败转头空，青山依旧在，惯看秋月春风。
一壶浊酒喜相逢，古今多少事，滚滚长江东逝水，浪花淘尽英雄。几度夕阳红。白发渔樵江渚上，都付笑谈中。

图7-50

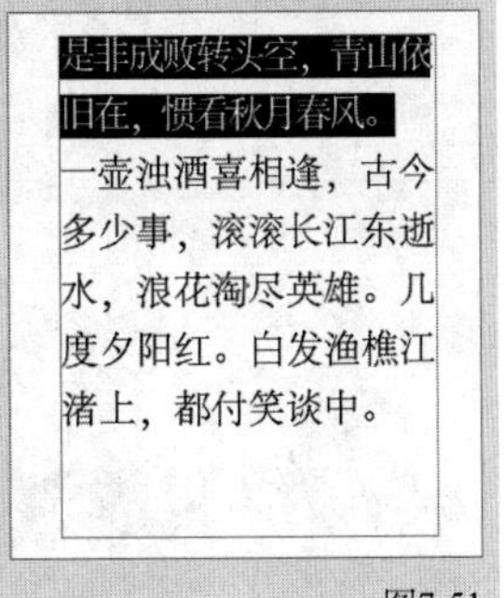

是非成败转头空，青山依旧在，惯看秋月春风。
一壶浊酒喜相逢，古今多少事，滚滚长江东逝水，浪花淘尽英雄。几度夕阳红。白发渔樵江渚上，都付笑谈中。

图7-51

◇ **标点挤压集：**主要是对文本中的标点与相邻字符的间距进行挤压，以确保文本排版的美观性和易读性。

◇ **连字：**勾选该选项，如果段落文本框的宽度不够，英文单词将自动换行，并在单词之间用连字符连接起来。

技巧与提示

除了可以使用"字符"面板和"段落"面板设置文字或段落的格式，还可以选中文本框或者选中任意文字，在控制栏中进行相关设置，如图7-52所示。此外，在上下文任务栏中也可以调整文字的部分属性，如图7-53所示。

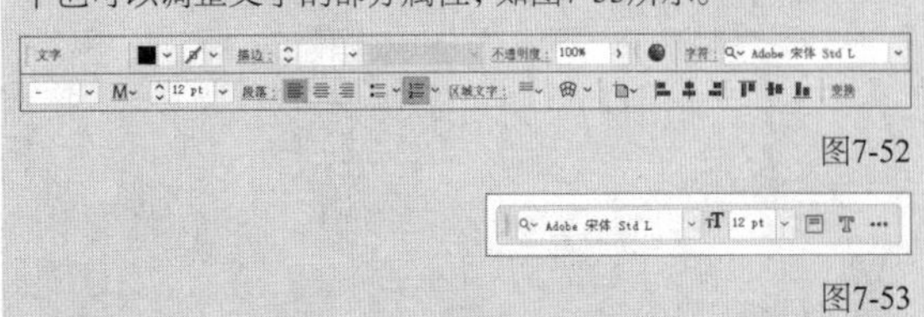

图7-52

图7-53

知识点：字符样式与段落样式的使用

使用字符样式和段落样式可以存储文字的大小、间距和对齐方式等属性，便于管理和应用文本格式。在进行文字排版时，通过应用字符样式或段落样式可以迅速地更改字符格式或段落格式，从而提高设计效率和质量。字符样式和段落样式的使用方法是一样的，这里以字符样式为例进行介绍。

执行"窗口>文字>字符样式"菜单命令，打开"字符样式"面板，如图7-54所示。单击"创建新样式"按钮⊞，然后在弹出的"新建字符样式"对话框中设置文字的多种属性，如图7-55所示。此外，也可以选择已设置好样式的文字，然后单击"创建新样式"按钮⊞将所选文字的样式进行存储。

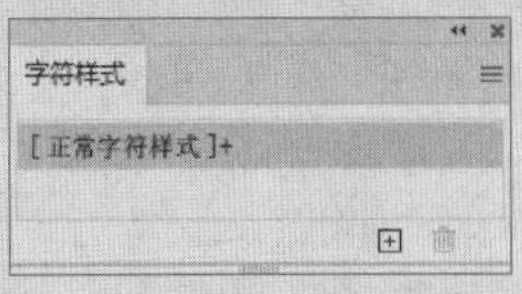

字符样式
[正常字符样式]+

图7-54

新建字符样式
样式名称(N)：字符样式1
常规
基本字符格式
高级字符格式
字符颜色
OpenType 功能
直排内横排
分行缩排
样式设置：[正常字符样式]+
预览(P)
确定
取消

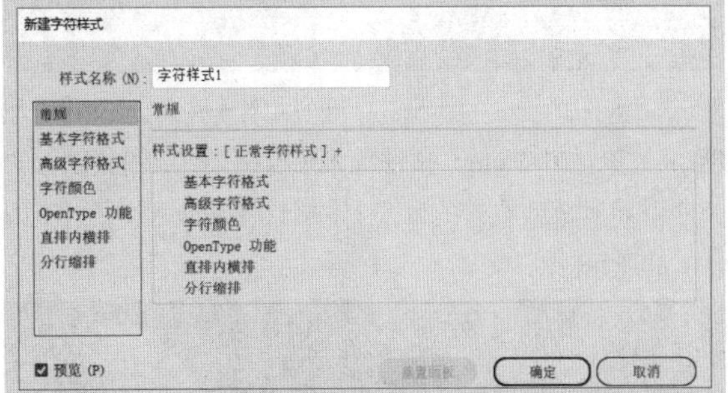

图7-55

在设置完成后，先选择文字，如图7-56所示，然后在"字符样式"面板中单击所需样式，此时所选文字即会应用相应的字符样式，如图7-57所示。

滚滚长江东逝水

图7-56

字符样式
[正常字符样式]
字符样式 1

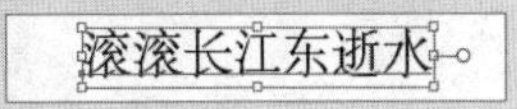

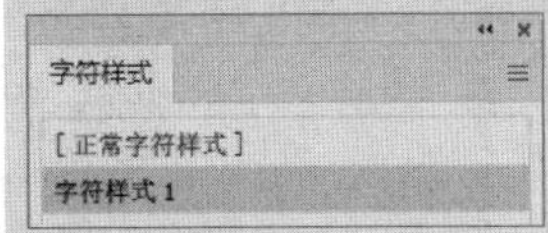

滚滚长江东逝水

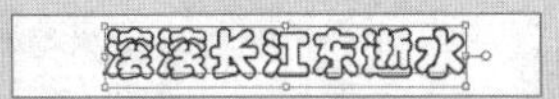

图7-57

课堂案例

制作春夏新风尚Banner

素材文件	素材文件>CH07>素材01-1.jpg、素材01-2.png、素材01-3.png
实例文件	实例文件>CH07>制作春夏新风尚Banner.ai
视频名称	制作春夏新风尚Banner.mp4
学习目标	掌握文字类工具的使用方法

本案例将使用文字类工具制作春夏新风尚Banner，效果如图7-58所示。

图7-58

01 新建一个尺寸为1920px×900px，"颜色模式"为"RGB颜色"，"光栅效果"为"屏幕（72ppi）"的画板，然后将本书学习资源文件夹中的"素材文件>CH07>素材01-1.jpg"文件置入画板中，接着调整图像的大小与位置并将其嵌入文件中，如图7-59所示。

图7-59

02 将"素材01-2.png"文件置入画板中，然后调整图像的大小并将其放到右方的台子上，接着将其嵌入文件中，如图7-60所示。

图7-60

03 使用"椭圆工具"绘制一个椭圆形，并将其置于风扇的底部，然后设置椭圆形的"填色"为灰色（R:130，G:130，B:130），如图7-61所示。执行"效果>模糊>高斯模糊"菜单命令，然后设置"半径"为15像素，如图7-62所示。

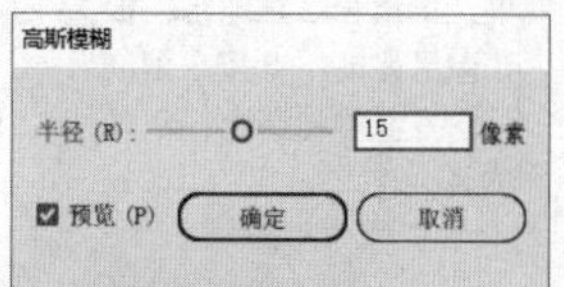

图7-61

图7-62

04 将"素材01-3.png"文件置入画板中，然后将其放到左方的台子上，接着将其嵌入文件中，如图7-63所示。再将风扇的阴影复制一份，放大一些并将其置于礼盒的底部，如图7-64所示。

图7-63

图7-64

05 使用“文字工具” T 创建点文字“春夏新风尚”，然后设置“填色”为白色，“描边”为“无”，字体系列为“方正汉真广标简体”，字体大小为152pt，字距为100，如图7-65所示。

图7-65

技巧与提示

字体的版权是设计师必须注意的问题之一。字体开发商设计了很多字体，大多可以从网络上下载，但是很多字体都是需要购买版权才可以商用的。案例中使用的字体仅为参考，读者也可以使用其他字体进行制作。

06 按住Ctrl键单击文本框，按快捷键Ctrl+C复制，然后按快捷键Ctrl+B贴在后方，接着稍微将复制的文字向右下方移动一些，并设置“填色”为灰绿色（R:60，G:76，B:65），如图7-66所示。

图7-66

07 使用“文字工具” T 创建点文字“全店五折 好礼抢不停”，然后设置“填色”为白色，“描边”为“无”，字体系列为“方正兰亭圆简体”，字体大小为160pt，字距为20，如图7-67所示。

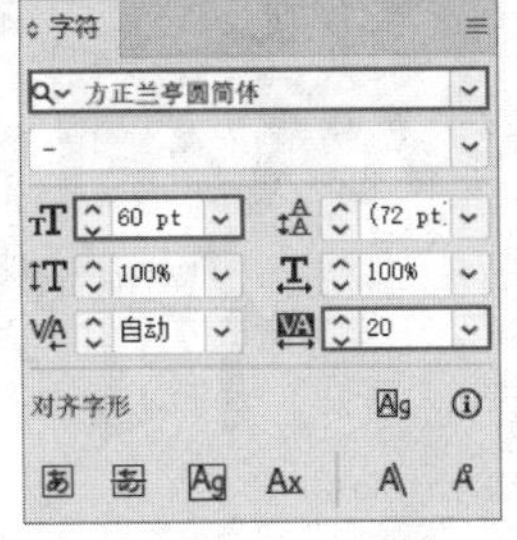

图7-67

图7-67（续）

08 使用“圆角矩形工具”在文本的下方绘制一个尺寸为400px×120px，圆角半径为60px的白色圆角矩形，如图7-68所示。

图7-68

09 使用“文字工具” T 创建点文字“立即抢购 >”，然后设置“填色”为绿色（R:138，G:181，B:109），“描边”为“无”，字体系列为“方正兰亭中粗黑_GBK”，字体大小为62pt，字距为40，接着将其放到圆角矩形的中心，如图7-69所示。最终效果如图7-70所示。

图7-69

图7-70

7.3 编辑文字与段落

为了便于制作更多的文字效果，需要编辑文字与段落，下面介绍一下创建文字轮廓、转换文字类型，以及排版的相关技巧。

本节重点内容

名称	作用
文字创建轮廓	将文字转换为可编辑路径
文字>串联文本	创建或释放串联文本
文字>文本绕排	创建或释放文本绕排

7.3.1 创建文字轮廓

执行“文字>创建轮廓”菜单命令（快捷键为Ctrl+Alt+O），可以将文字对象转换为可编辑的路径，如图7-71所示。

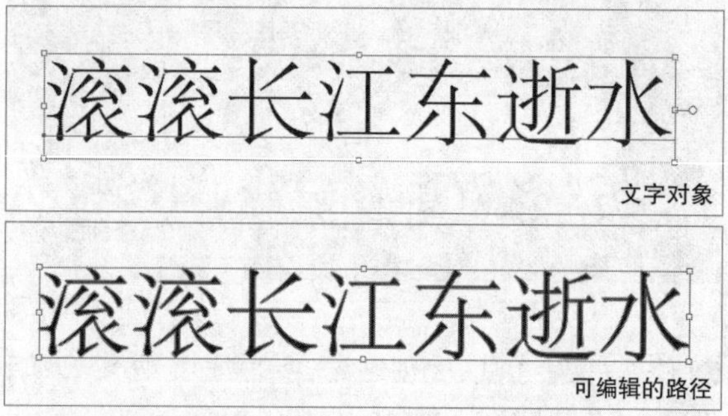

滚滚长江东逝水

文字对象

滚滚长江东逝水

可编辑的路径

图7-71

技巧与提示

在上下文任务栏中，单击“为文本添加轮廓”按钮 可以快速将文字对象转换为可编辑的路径。

将文字转换为可编辑的路径后就无法修改字体系列、字体大小等属性了，但是可以使用相关工具调整路径和锚点，如图7-72所示。这种方法常用于制作艺术字。此外，创建文字轮廓还可以解决字体缺失的问题。

图7-72

课堂案例

制作笔画共用效果

素材文件　无

实例文件　实例文件>CH07>制作笔画共用效果.ai

视频名称　制作笔画共用效果.mp4

学习目标　掌握创建文字轮廓的方法

本案例将通过创建文字轮廓制作笔画共用效果，效果如图7-73所示。

图7-73

01 新建一个尺寸为1000px × 1000px的画板，然后使用“文字工具” T 创建点文字“没有梦想何必远方”，然后设置“填色”为黑色，“描边”为“无”，字体系列为“汉仪书魂体简”，字体大小为90pt，如图7-74所示。

没有梦想何必远方

图7-74

02 执行“文字>创建轮廓”菜单命令，可以将文字对象转换为可编辑的路径，如图7-75所示。

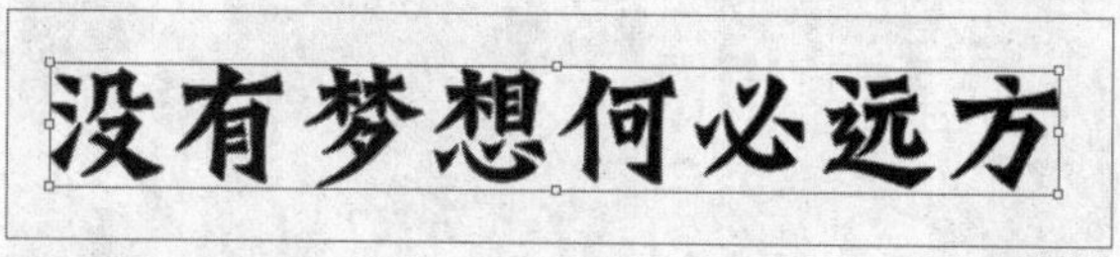

没有梦想何必远方

图7-75

03 将文字取消编组，调整文字的大小并将它们按照图7-76所示的位置进行摆放。

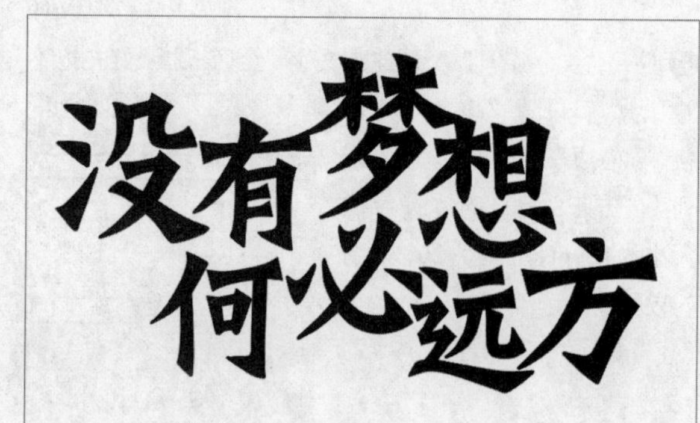

图7-76

04 使用“直接选择工具”调整“没有梦想”4个字的笔画，使其连接处更为流畅，如图7-77所示。

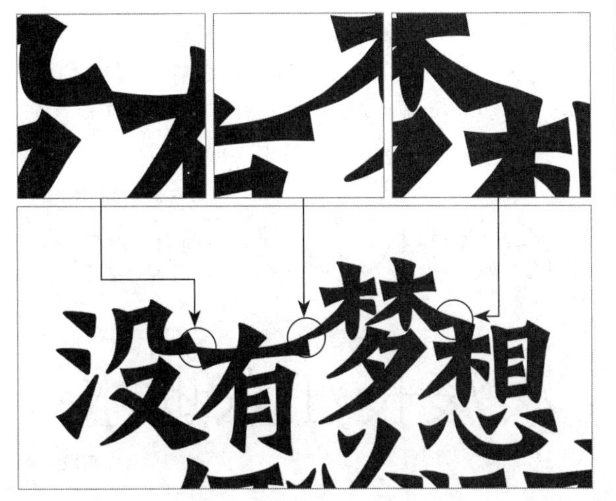

图7-77

05 将图7-78所示的3个点笔画仅保留一个，并调整笔画的位置，使“必”“远”“想”这3个字共用一个点笔画，如图7-79所示。

图7-78

图7-79

06 将图7-80所示的两个点笔画仅保留一个，并调整笔画的位置，使“想”“方”这两个字共用一个点笔画，如图7-81所示。

图7-80

图7-81

07 使用“橡皮擦工具”擦除“方”字的横笔画，如图7-82所示，然后使用“直接选择工具”调整“远”字的横笔画，使“远”“方”这两个字共用一个横笔画，如图7-83所示。

图7-82

图7-83

08 调整“何”字的大小，并将“有”和“何”笔画按照图7-84所示的效果相连。微调其他的笔画，效果如图7-85所示。

图7-84

图7-85

09 全选文字并将其编组，然后按快捷键Ctrl+C复制文字，接着按快捷键Ctrl+B贴在后方，再稍微将复制出的文字向右下方移动一些。将前方文字调整为浅一些的颜色，后方文字调整为深一些的颜色（读者可任意搭配），最终效果如图7-86所示。

图7-86

课堂练习

制作杂志封面

素材文件	素材文件>CH07>素材02.jpg
实例文件	实例文件>CH07>制作杂志封面.ai
视频名称	制作杂志封面.mp4
学习目标	掌握创建文字轮廓的方法

练习使用文字类工具制作杂志封面，效果如图7-87所示。

FASHION
追求卓越品质，展现优雅品味
BE
THE
QUEEN

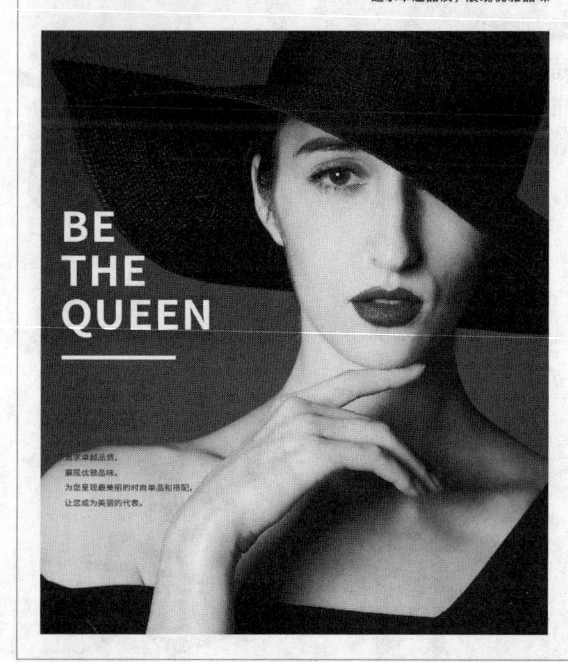

图7-87

技巧与提示

杂志封面制作完成后，可以使用封面的样机展示成品效果图，如图7-88所示。一般常用的样机为PSD格式，可以用Photoshop进行编辑。

FASHION
BE
THE
QUEEN

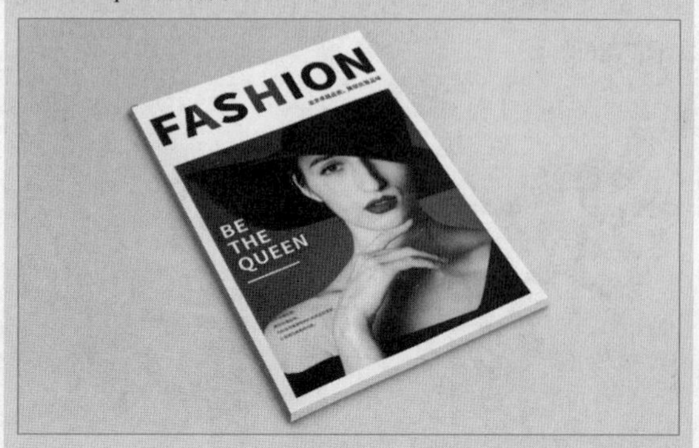

图7-88

7.3.2 转换文字类型

点文字和区域文字是可以相互转换的。使用"选择工具"▶选中点文字对象，然后双击文本框上的文本类型转换点，或者执行"文字>转换为区域文字"菜单命令，可将点文字转换为区域文字，如图7-89所示。

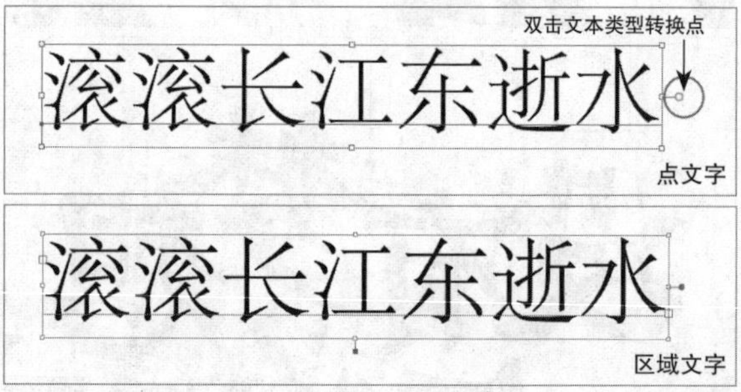
双击文本类型转换点
滚滚长江东逝水
点文字
滚滚长江东逝水
区域文字

图7-89

选中区域文字对象，双击文本框上的文本类型转换点，或者执行"文字>转换为点状文字"菜单命令，可将区域文字转换为点文字，如图7-90所示。

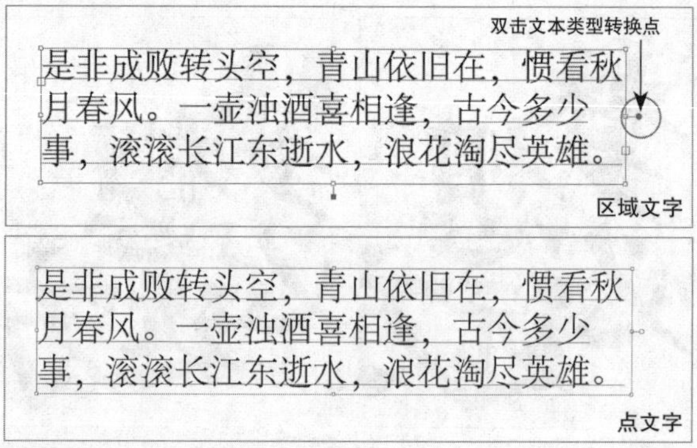
双击文本类型转换点
是非成败转头空，青山依旧在，惯看秋月春风。一壶浊酒喜相逢，古今多少事，滚滚长江东逝水，浪花淘尽英雄。
区域文字
是非成败转头空，青山依旧在，惯看秋月春风。一壶浊酒喜相逢，古今多少事，滚滚长江东逝水，浪花淘尽英雄。
点文字

图7-90

技巧与提示

单击上下文任务栏中的"点型"按钮或"区域型"按钮可以快速地转换文字类型。

7.3.3 串接文本

在Illustrator中，串接文本是指将多个文本框串接在一起。如果第1个文本框中的文字过多导致无法显示完全，那么串接文本后，多余的文字会自动显示在第2个文本框中。

1.创建串接文本

在区域文本的文本框上有两个用于串接文本的点，分别是串接文本的输入点和输出点，如图7-91所示。使用"选择工具"▶单击第1个文本框的输出点，鼠标指针变为状时在空白处单击，会生成第2个文本框，如图7-92所示。此时，将第1个文本框调小一些，文字会显示在第2个文本框中，如图7-93所示。

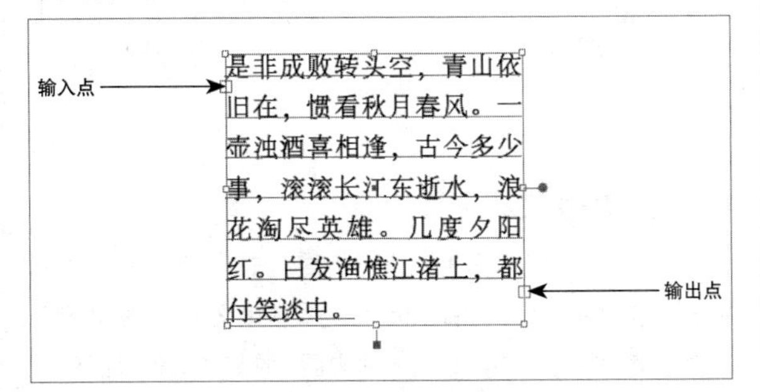

图7-91

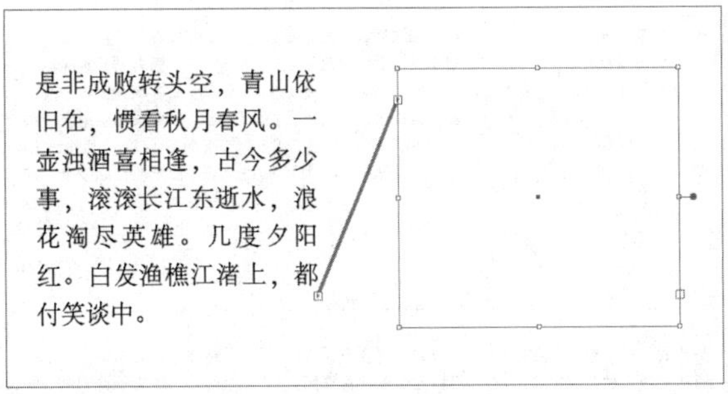

图7-92

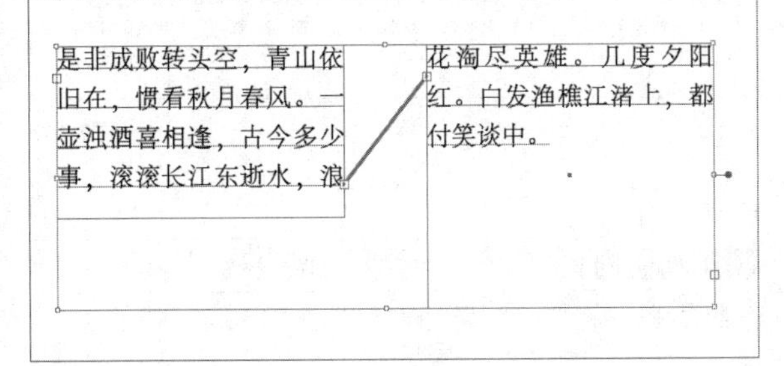

图7-93

当已有两个未串接的文本框时，单击第1个文本框的输出点，然后将鼠标指针置于第2个文本框的文字上，当其变为状时单击，会串接两个文本框，如图7-94所示。当有多个未串接的文本框时，将其全部选中，如图7-95所示，然后执行“文字>串接文本>创建”菜单命令，可串接文本框，如图7-96所示。

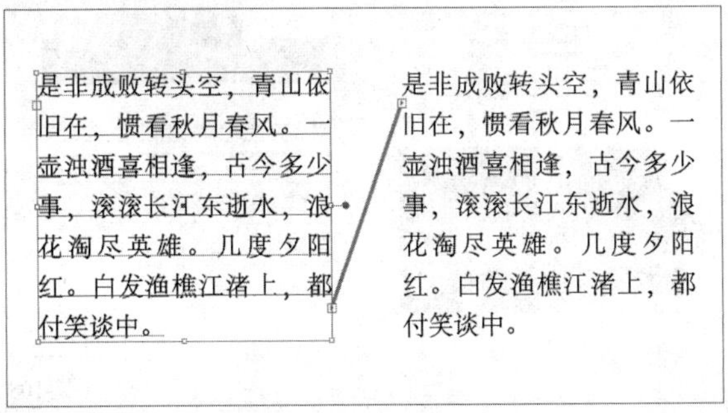

图7-94

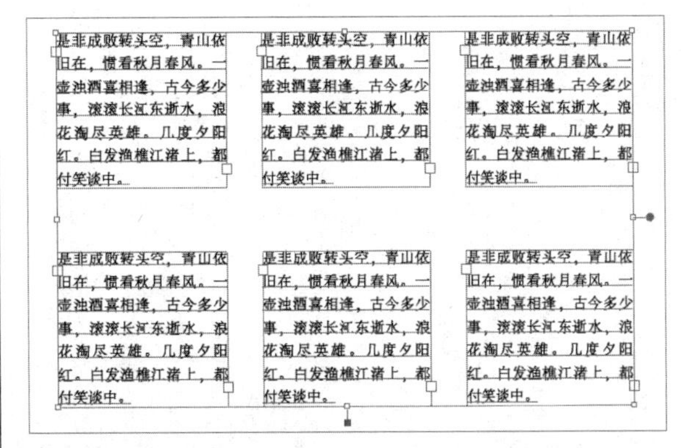

图7-95

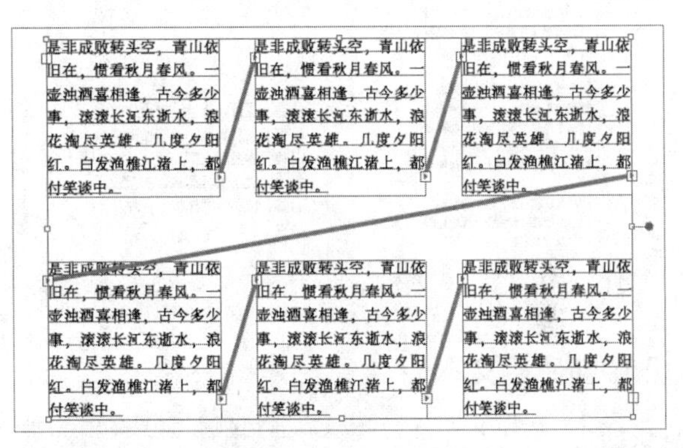

图7-96

知识点：文本溢流

文本溢流是指文本内容超过了文本框所能容纳的范围，导致文本溢出了文本框。当文本框上的输出点中有一个红色的“+”时，表示出现了文本溢流的情况，如图7-97所示。此时单击输出点，鼠标指针变为状时在空白处单击或拖曳，松开鼠标左键后可看到溢流文本，而这两个文本框之间也自动进行了串接，如图7-98所示。

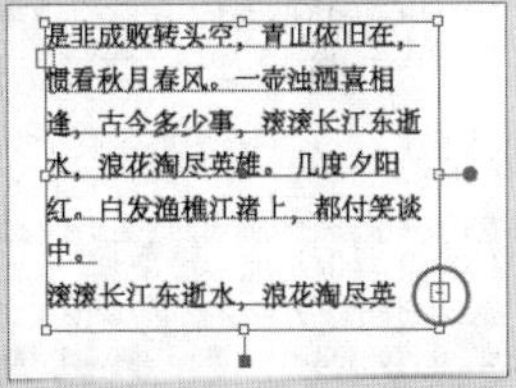

图7-97

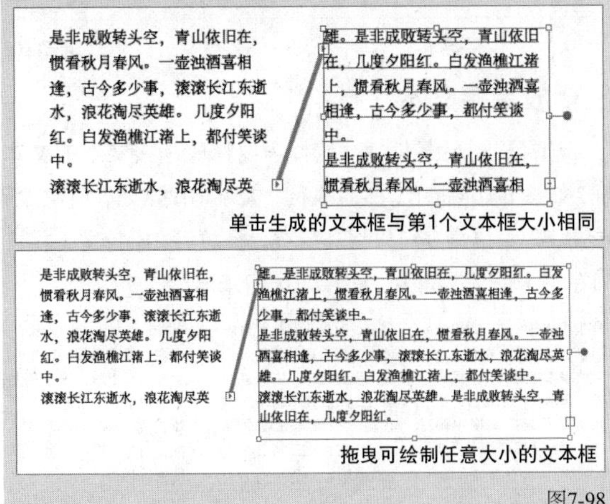

单击生成的文本框与第1个文本框大小相同

拖曳可绘制任意大小的文本框

图7-98

除了使用串接文本可以解决文本溢流的问题，还可以双击文本框调整点，如图7-99所示，使其高度快速调整到刚好能放下文本内容，如图7-100所示。此时如果删除部分文字，文本框的高度会随之改变，如图7-101所示。当区域文字中的文本不能填满文本框时，双击文本框调整点也可将文本框高度快速调整到刚好能放下文本内容。

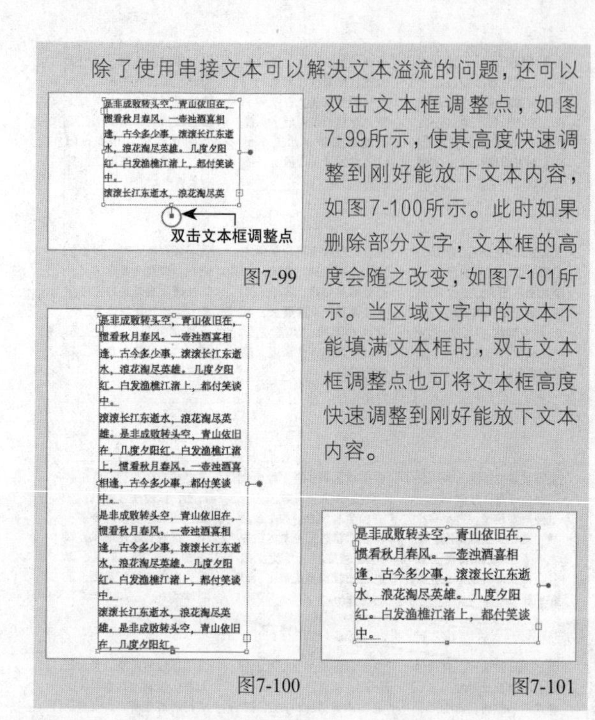

图7-99

图7-100

图7-101

2.中断串接文本

选择“选择工具”，单击文本框上的输入点或输出点，当鼠标指针变为状时单击，如图7-102所示，即可中断串接文本。中断后，原有文本将排列在上一个文本框中，如图7-103所示。

是非成败转头空，青山依旧在，惯看秋月春风。一壶浊酒喜相逢，古今多少事，滚滚长江东逝水，浪花淘尽英雄。几度夕阳红。白发渔樵江渚上，都付笑谈中。	是非成败转头空，青山依旧在，惯看秋月春风。一壶浊酒喜相逢，古今多少事，滚滚长江东逝水，浪花淘尽英雄。几度夕阳红。白发渔樵江渚上，都付笑谈中。	是非成败转头空，青山依旧在，惯看秋月春风。一壶浊酒喜相逢，古今多少事，滚滚长江东逝水，浪花淘尽英雄。几度夕阳红。白发渔樵江渚上，都付笑谈中。

图7-102

是非成败转头空，青山依旧在，惯看秋月春风。一壶浊酒喜相逢，古今多少事，滚滚长江东逝水，浪花淘尽英雄。几度夕阳红。白发渔樵江渚上，都付笑谈中。	是非成败转头空，青山依旧在，惯看秋月春风。一壶浊酒喜相逢，古今多少事，滚滚长江东逝水，浪花淘尽英雄。几度夕阳红。白发渔樵江渚上，都付笑谈中。	

图7-103

3.释放串接文本

选择“选择工具”，选择需要释放串接文本的文本框，如图7-104所示，然后执行“文字>串接文本>释放所选文字”菜单命令可以将其释放。释放后，原有文本将排列在下一个文本框中，如图7-105所示。

是非成败转头空，青山依旧在，惯看秋月春风。一壶浊酒喜相逢，古今多少事，滚滚长江东逝水，浪花淘尽英雄。几度夕阳红。白发渔樵江渚上，都付笑谈中。	是非成败转头空，青山依旧在，惯看秋月春风。一壶浊酒喜相逢，古今多少事，滚滚长江东逝水，浪花淘尽英雄。几度夕阳红。白发渔樵江渚上，都付笑谈中。	是非成败转头空，青山依旧在，惯看秋月春风。一壶浊酒喜相逢，古今多少事，滚滚长江东逝水，浪花淘尽英雄。几度夕阳红。白发渔樵江渚上，都付笑谈中。

图7-104

是非成败转头空，青山依旧在，惯看秋月春风。一壶浊酒喜相逢，古今多少事，滚滚长江东逝水，浪花淘尽英雄。几度夕阳红。白发渔樵江渚上，都付笑谈中。	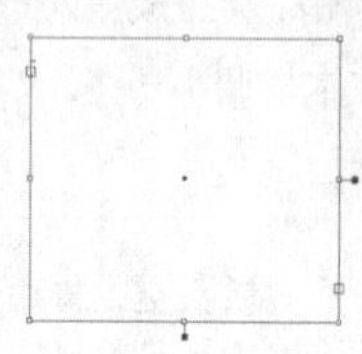	是非成败转头空，青山依旧在，惯看秋月春风。一壶浊酒喜相逢，古今多少事，滚滚长江东逝水，浪花淘尽英雄。几度夕阳红。白发渔樵江渚上，都付笑谈中。

图7-105

4.移去串接文本

选择“选择工具”，选择需要移去串接文本的文本框，如图7-106所示，然后执行“文字>串接文本>移去串接文字”菜单命令可以将其移去。移去后，原有文本将保留在原位置并成为独立的文本框，不再进行串接，如图7-107所示。

是非成败转头空，青山依旧在，惯看秋月春风。一壶浊酒喜相逢，古今多少事，滚滚长江东逝水，浪花淘尽英雄。几度夕阳红。白发渔樵江渚上，都付笑谈中。	是非成败转头空，青山依旧在，惯看秋月春风。一壶浊酒喜相逢，古今多少事，滚滚长江东逝水，浪花淘尽英雄。几度夕阳红。白发渔樵江渚上，都付笑谈中。	是非成败转头空，青山依旧在，惯看秋月春风。一壶浊酒喜相逢，古今多少事，滚滚长江东逝水，浪花淘尽英雄。几度夕阳红。白发渔樵江渚上，都付笑谈中。

图7-106

是非成败转头空，青山依旧在，惯看秋月春风。一壶浊酒喜相逢，古今多少事，滚滚长江东逝水，浪花淘尽英雄。几度夕阳红。白发渔樵江渚上，都付笑谈中。	是非成败转头空，青山依旧在，惯看秋月春风。一壶浊酒喜相逢，古今多少事，滚滚长江东逝水，浪花淘尽英雄。几度夕阳红。白发渔樵江渚上，都付笑谈中。	是非成败转头空，青山依旧在，惯看秋月春风。一壶浊酒喜相逢，古今多少事，滚滚长江东逝水，浪花淘尽英雄。几度夕阳红。白发渔樵江渚上，都付笑谈中。

图7-107

课堂案例

制作画册内页

素材文件	素材文件>CH07>素材03-1.jpg～素材03-3.jpg
实例文件	实例文件>CH07>制作画册内页.ai
视频名称	制作画册内页.mp4
学习目标	掌握文字类工具的使用方法

本案例将使用文字类工具制作画册内页，效果如图7-108所示。

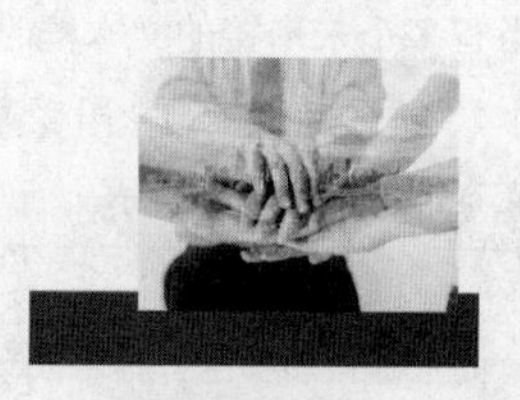

图7-108

01 新建一个尺寸为420mm×285mm，“颜色模式”为“CMYK颜色”，“光栅效果”为“高(300ppi)”，“出血”为3mm的画板，然后按快捷键Ctrl+R打开标尺并拖曳出垂直参考线，接着执行“窗口>变换”菜单命令(快捷键为Shift+F8)，在打开的“变换”面板中设置X坐标为210mm，如图7-109所示。这样这条参考线就平分了页面，如图7-110所示。

图7-109

图7-110

02 用同样的方法创建出4条垂直参考线和两条水平参考线。垂直参考线的X坐标为20mm、190mm、230mm、400mm，水平参考线的Y坐标为20mm和265mm，如图7-111所示。

图7-111

技巧与提示

通过精确的数值创建参考线，可以使页面的边距一目了然，之后排版可以参考页面边距，并使图像或文字与之对齐，使页面更加整齐。执行“视图>参考线>锁定参考线”菜单命令(快捷键为Alt+Ctrl+;)将参考线锁定，这样可以避免后期制作时不小心改变参考线的位置。

03 用“矩形工具”绘制出装饰色块与图像(黑色色块)的大概位置，并设置装饰色块的“填色”为蓝色(C:85%，M:40%，Y:0%，K:0%)，如图7-112所示。

图7-112

04 将学习资源文件夹中“素材文件>CH10>素材03-1.jpg～素材03-3.jpg”文件拖曳至画板中，接着调整图像的大小与位置并将其嵌入文件中，如图7-113所示。将这3张图像置于底层，并将它们以上一步绘制的黑色矩形作为蒙版形状分别创建剪切蒙版，如图7-114所示。

图7-113

图7-114

05 使用“文字工具” T 分别创建中文标题和英文标题，然后设置中文标题的“填色”为蓝色（C:85%，M:40%，Y:0%，K:0%），英文标题的“填色”为浅灰色（C:0%，M:0%，Y:0%，K:60%），接着打开“字符”面板并设置文字的字体系列和字体大小等参数，如图7-115所示。

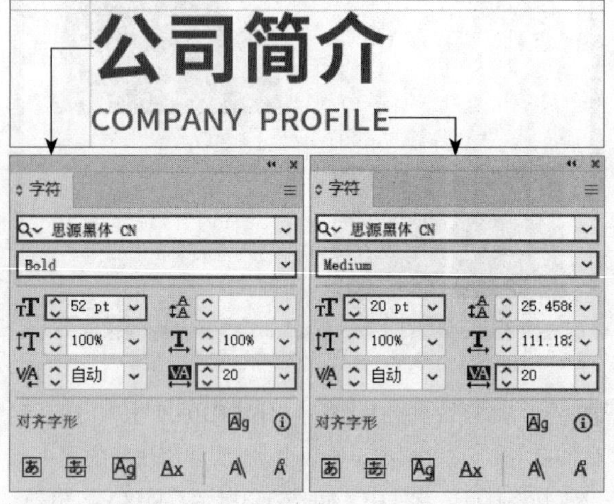

图7-115

06 使用“文字工具” T 拖曳出一个文本框并输入正文，然后设置“填色”为浅灰色（C:0%，M:0%，Y:0%，K:80%），字体系列和字体大小等参数如图7-116所示。打开“段落”面板，设置段落对齐方式为“两端对齐，末行左对齐”，“避头尾集”为“严格”，如图7-117所示。

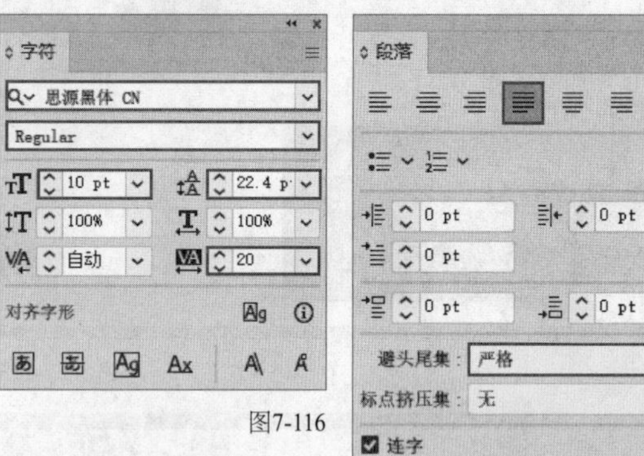

图7-116

图7-117

07 复制出一个文本框，并拖曳到页面的右侧，然后调整文本框的大小，使其底部的边缘与参考线重叠，如图7-118所示。单击第1个文本框的输出点，将鼠标指针置于第2个文本框的文字上，当其变为 状时单击，链接这两个文本框，如图7-119所示。

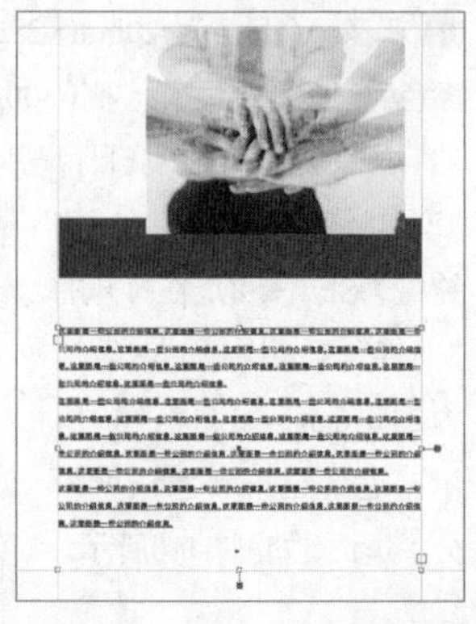

图7-118

图7-119

08 选择界面右侧的文本框，然后双击“文字工具” T，在弹出的“区域文字选项”对话框中，设置“列”的“数量”为3，“间距”为6.5mm，如图7-120所示，确认操作后即可将文字分为3栏，如图7-121所示。

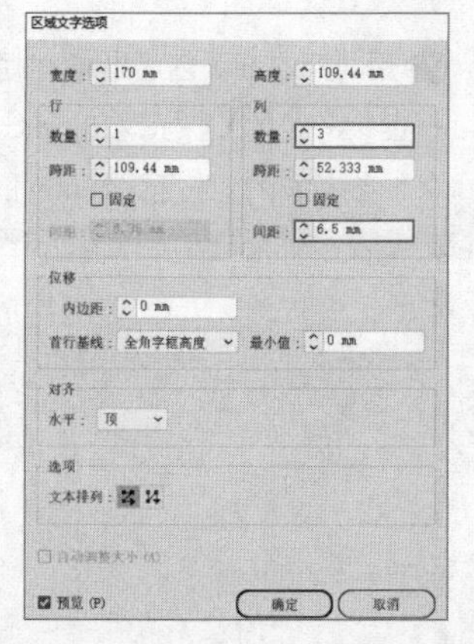

图7-120

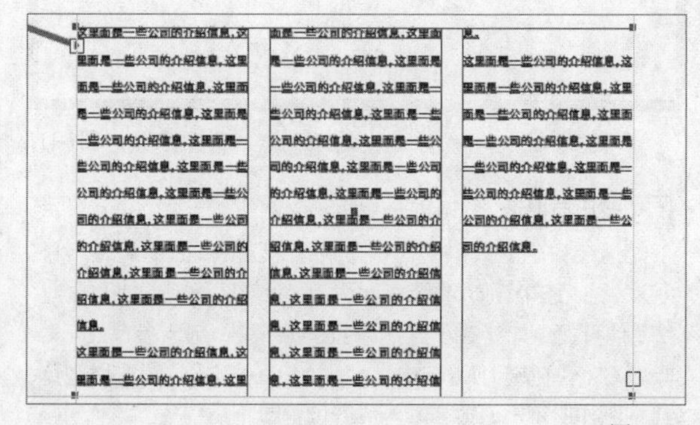

图7-121

09 选中这3栏文字，然后通过缩小字间距解决单字成行的问题，如图7-122所示。最终效果如图7-123所示。

图7-122

公司简介

COMPANY PROFILE

图7-123

技巧与提示

画册内页制作完成后，可以使用相关的样机展示成品效果图，如图7-124所示。

图7-124

7.3.4 文本绕排

通过文本绕排可以将文本围绕着某一对象进行排列，使文本和图形互不遮挡。创建文本绕排时文字和形状对象必须在一个图层中，且文本在后方，如图7-125所示，选中形状对象，然后执行“对象>文本绕排>建立”菜单命令即可完成创建，此时被遮挡的文字位置发生了改变，如图7-126所示。在创建完成后，可以使用“选择工具” 移动或缩放形状对象，绕排的文字会自动调整，如图7-127所示。若要取消绕排，选中形状对象后执行“对象>文本绕排>释放”菜单命令即可。

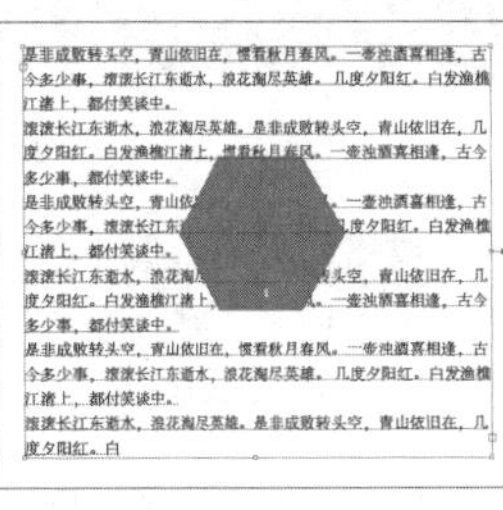

图7-125

图7-126

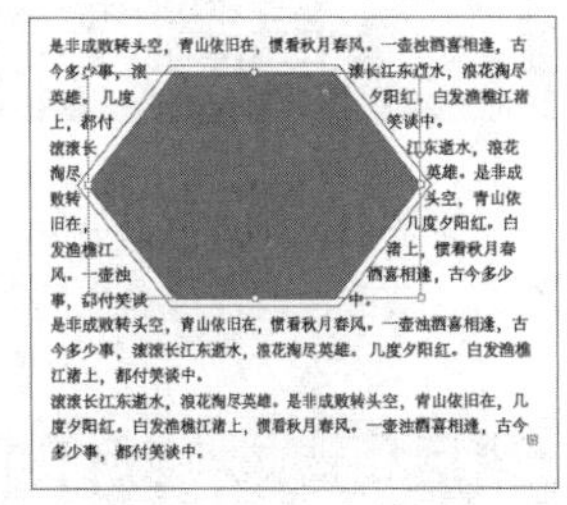

图7-127

技巧与提示

如果有多个需要创建文本绕排的对象，可以按住Shift键加选它们，再进行创建。

执行“对象>文本绕排>文本绕排选项”菜单命令，打开“文本绕排选项”对话框，如图7-128所示。设置“位移”可以调整文字和对象之间的距离，如图7-129所示。勾选“反向绕排”选项可以将文字置于对象内部，如图7-130所示。需要注意的是，进行反向绕排时需要设置对象的“填色”为“无”，否则内部文字不可见。

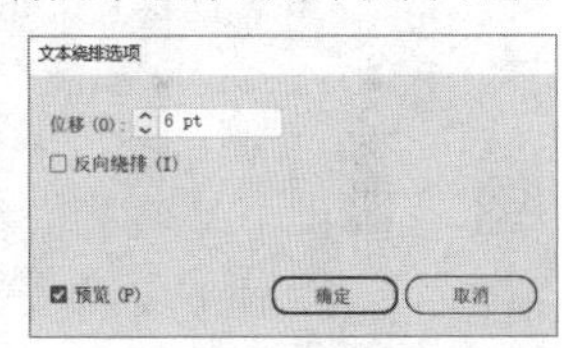

图7-128

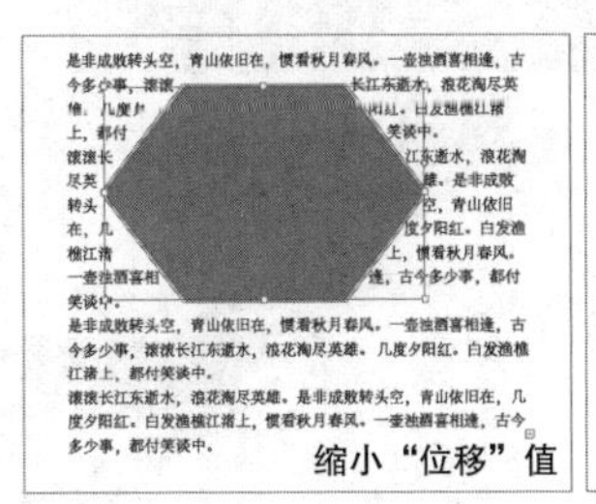

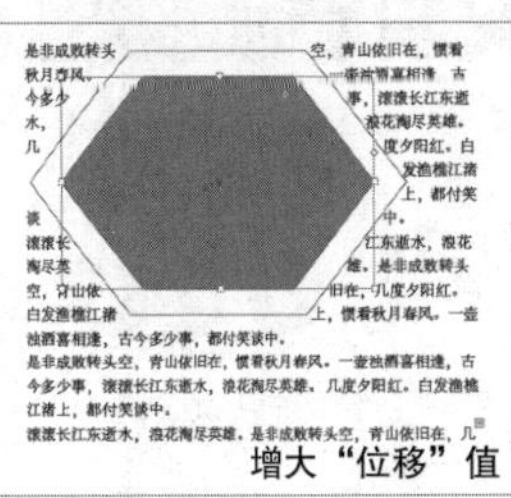

图7-129

图7-130

7.4 本章小结

本章主要讲解了文字类工具的使用方法，以及编辑文字与段落的方法。对于多种设计方向而言，文字的使用都是至关重要的，因此需要熟练地掌握文字的创建与编辑方法，并且能广泛地应用文字。

7.5 课后习题

根据本章的内容，本节共安排了两个课后习题供读者练习，以带领读者对本章的知识进行综合运用。

课后习题：制作名片

素材文件	素材文件>CH07>素材04.ai
实例文件	实例文件>CH07>制作名片.ai
视频名称	制作名片.mp4
学习目标	掌握文字类工具的使用方法

对文字类工具的使用方法进行练习，效果如图7-131所示。

图7-131

技巧与提示

制作名片时常用的尺寸为90mm×54mm、90mm×50mm和90mm×45mm，出血一般设置为2mm即可。

课后习题：“邀请函”字体设计

素材文件	无
实例文件	实例文件>CH07>“邀请函”字体设计.ai
视频名称	“邀请函”字体设计.mp4
学习目标	掌握创建文字轮廓的方法

对创建文字轮廓的方法进行练习，效果如图7-132所示。

图7-132

ILLUSTRATOR 2022

第8章

效果的运用

本章主要介绍添加效果与编辑效果的方法，用以制作凸出、绕转和膨胀等3D效果，以及内发光、外发光和投影等风格化效果。

课堂学习目标

◇ 掌握添加效果与编辑效果的方法
◇ 掌握3D效果的应用
◇ 掌握风格化效果的应用

8.1 添加与编辑效果

“效果”是一种外观属性，可以对某个对象、组或图层应用，添加效果后不会破坏原始对象，可以对效果进行修改、停用或删除等操作。在“效果”菜单中有很多效果组，每个效果组中又包含多种效果，如图8-1所示。

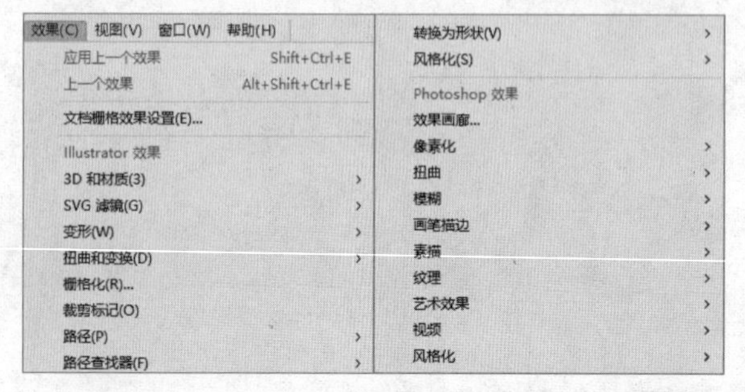

图8-1

技巧与提示

Illustrator将效果分成了Illustrator效果和Photoshop效果两大类。Illustrator效果可以使所选对象产生外形上的变化，而Photoshop效果更多是使对象产生一些视觉效果上的改变，可用于制作复杂的肌理效果。本书主要针对Illustrator效果进行讲解，感兴趣的读者可以自行尝试使用Photoshop效果。

8.1.1 添加效果

除了“效果”菜单，还可以通过“外观”面板添加效果。执行“窗口>外观”命令（快捷键为Shift + F6），打开的“外观”面板中显示了所选对象的“描边”和“填色”等属性，如图8-2所示。

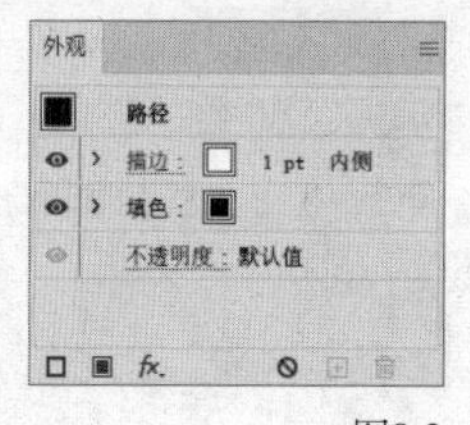

图8-2

单击“外观”面板底部的“添加新效果”按钮fx.，可在下拉菜单中选择一个效果，如图8-3所示，会弹出相应的对话框或面板，在其中设置相关参数，即可添加该效果，并会显示在“外观”面板中。例如，添加一个“膨胀”效果，该效果就会显示在“外观”面板中，如图8-4所示。

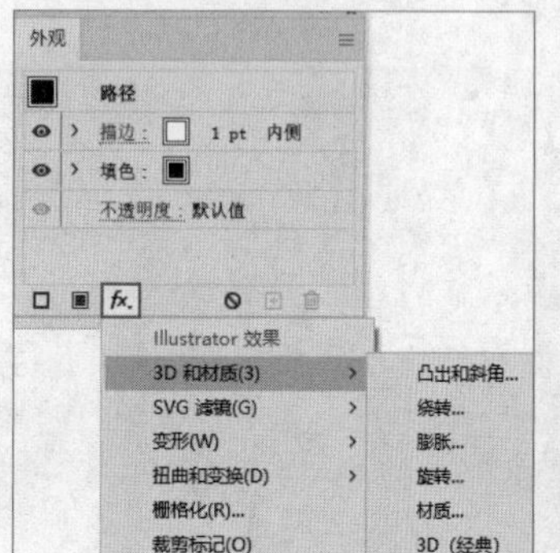

图8-3

图8-4

知识点：使用“图形样式”面板添加效果

执行“窗口>图形样式”菜单命令，打开“图形样式”面板，在该面板中有多种预设的样式，如图8-5所示。

图8-5

选择一个对象，如图8-6所示，然后单击“图形样式”面板中的一个样式，即可将该样式应用到选中的对象上，并且新效果会替换之前的效果，如图8-7所示。

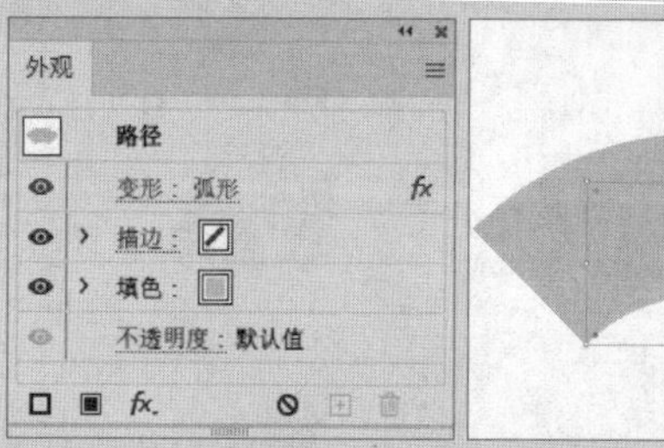

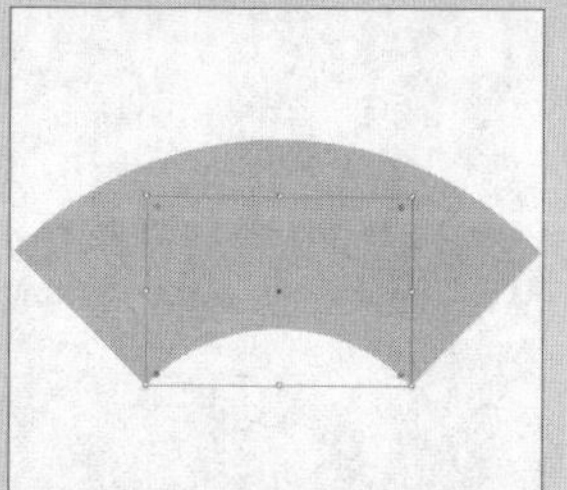

图8-6

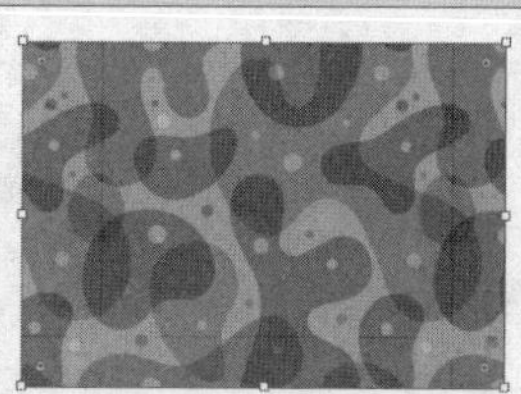

图8-7

单击面板底部的“图形样式库”按钮，在弹出的菜单中选择预设的效果，可以在打开的相应面板中选择特定的图形样式，如图8-8所示。

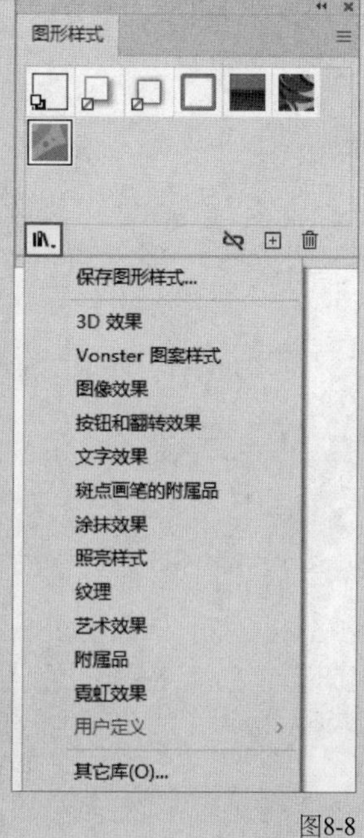

图8-8

8.1.2 编辑效果

在为对象添加效果后，可以随时根据需要对其进行编辑，不仅可以修改其参数，还可以添加、减少和调整效果顺序等。

◇ **修改效果：** 选中需要修改效果的对象，然后在“外观”面板单击效果名称或者双击效果名称右侧的空白区域，如图8-9所示，即可打开效果的参数设置对话框，在其中调整效果的参数即可。例如，单击“内发光”效果名称，会弹出“内发光”对话框，如图8-10所示。

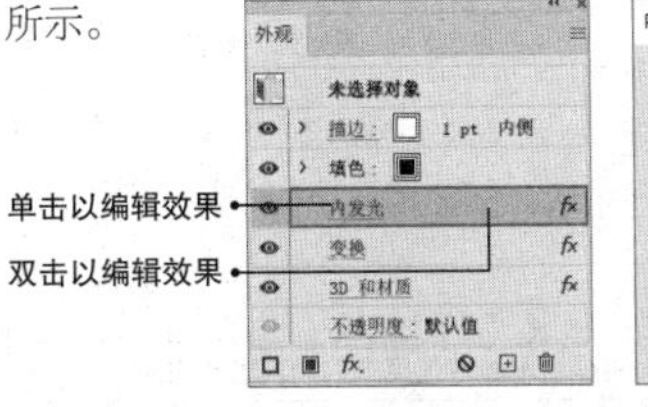

图8-9

图8-10

◇ **显示/隐藏效果：** 单击效果左侧的◉图标可将效果隐藏，但效果参数会保留在“外观”面板中，再次单击可以重新显示，如图8-11所示。

图8-11

◇ **删除效果：** 在“外观”面板中选择需要删除的效果，然后单击“删除所选项目”按钮🗑即可删除该效果，如图8-12所示。

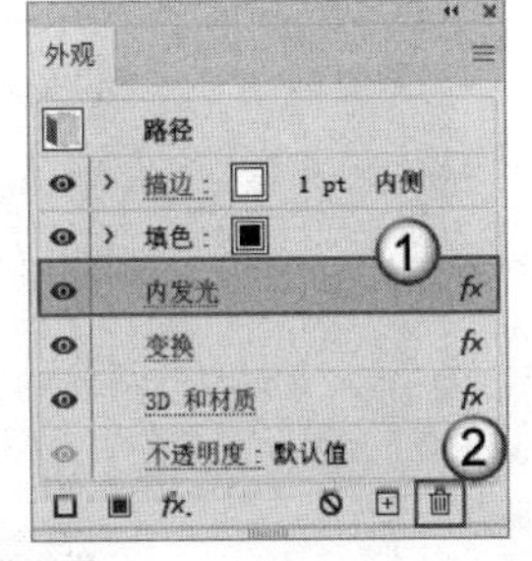

图8-12

◇ **复制/移动效果：** 按住Alt键并拖曳一个效果至合适的位置，即可复制该效果，如图8-13所示。如果没有按住Alt键进行拖曳，可以调整效果的顺序，如图8-14所示。

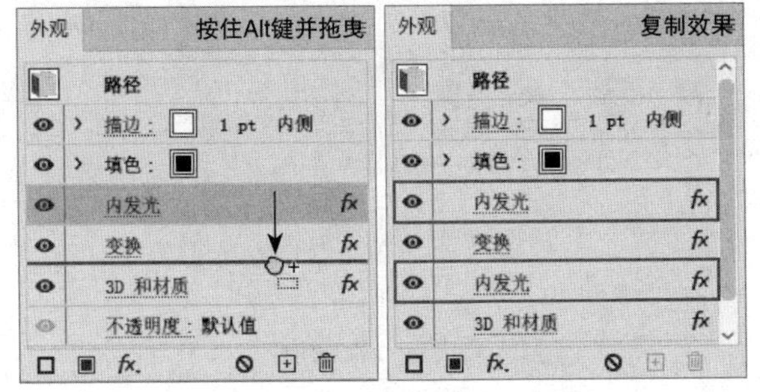

图8-13

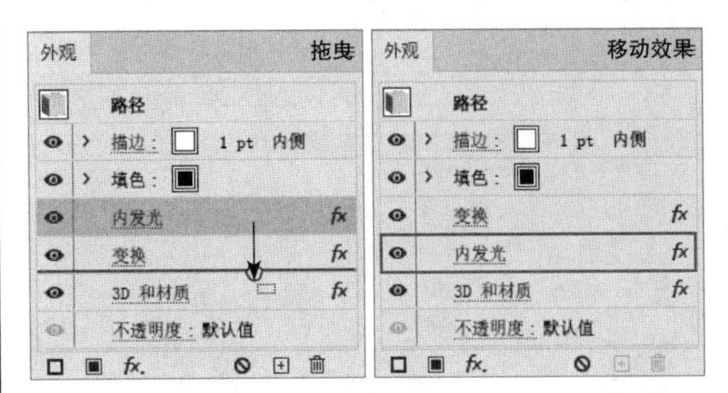

图8-14

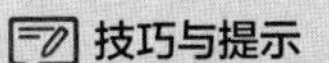

效果的堆叠顺序会影响对象的显示效果，如图8-15和图8-16所示。

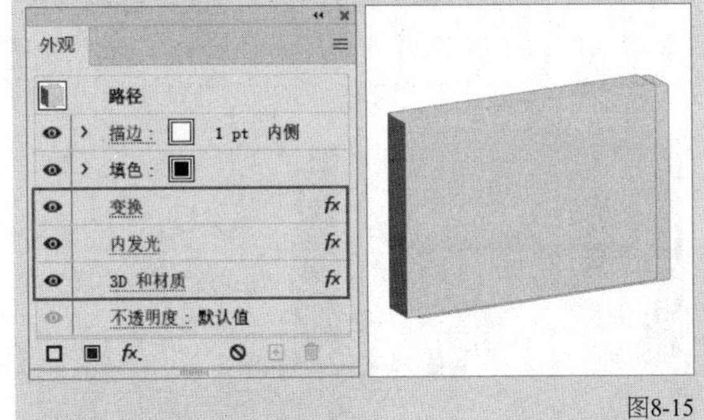

图8-15

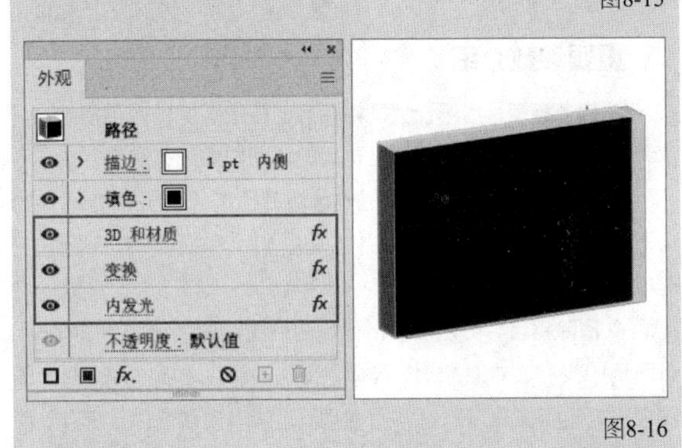

图8-16

◇ **自定义图层样式：** 如果要保存设置好的效果，可以单击“图形样式”面板底部的“新建图形样式”按钮⊞，将设置好的效果保存为预设，如图8-17所示。

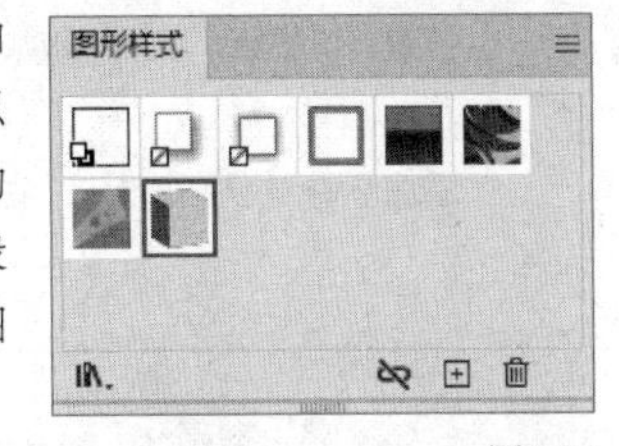

图8-17

8.1.3 栅格化矢量对象

执行“对象>栅格化”菜单命令或者“效果>栅格化”菜单命令，在弹出的“栅格化”对话框中设置相关参数后单击“确定”按钮，如图8-18所示，即可将矢量对象转换为位图图像，如图8-19所示。

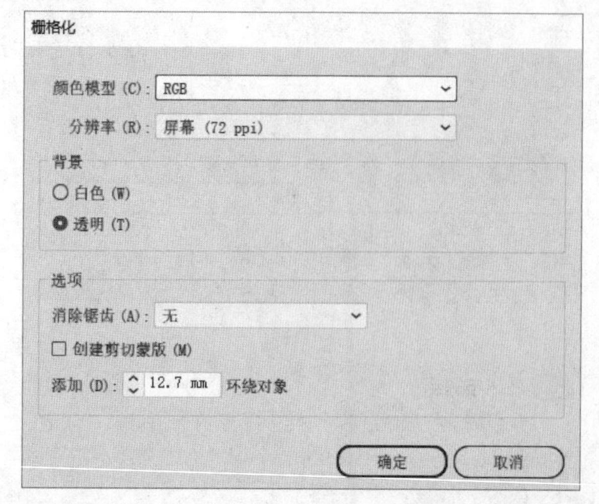

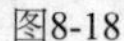

图8-18

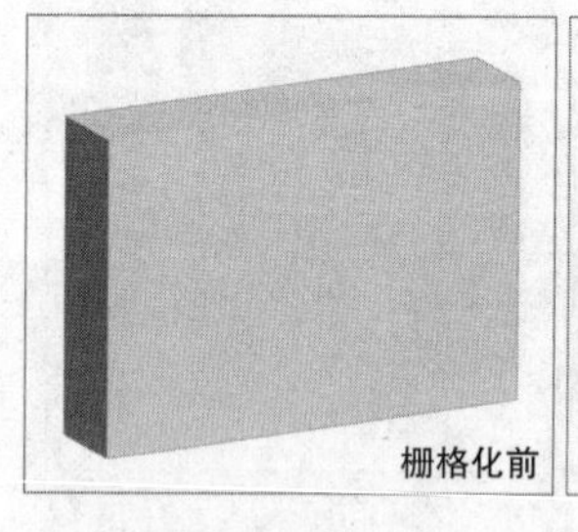

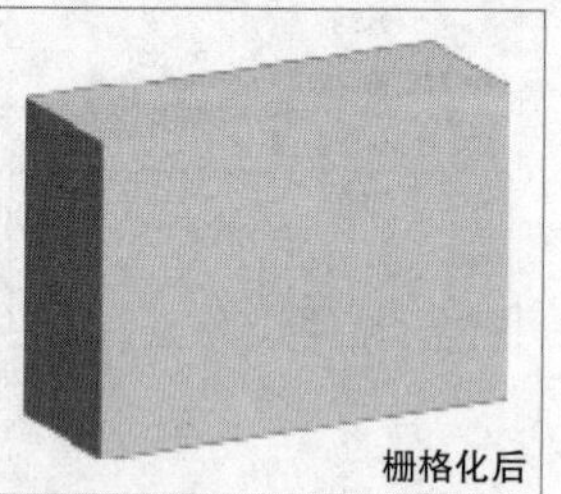

图8-19

重要参数介绍

◇ **颜色模型：** 用于设置栅格化后的位图图像的颜色模式。

◇ **分辨率：** 用于设置栅格化后的位图图像的分辨率。

◇ **背景：** 用于设置对象透明区域后栅格化的显示方式。当选择“白色”选项后，将使用白色填充透明区域；当选择“透明”选项后，透明区域将保持透明。

◇ **消除锯齿：** 可以使栅格化后的位图图像的边缘更加平滑。当图稿中没有文本对象时，选择“优化图稿”选项，消除锯齿的效果更好；当图稿中有文本对象时，选择“优化文字”选项，消除锯齿的效果更好。

◇ **创建剪切蒙版：** 勾选该选项，会使栅格化后的位图图像的背景为透明。

◇ **添加环绕对象：** 在栅格化后的位图图像的周围添加像素信息。

技巧与提示

执行“对象>栅格化”菜单命令对矢量对象进行栅格化的操作是不可逆的，而执行“效果>栅格化”菜单命令对矢量对象进行栅格化的操作是可逆的，可在“外观”面板中取消“栅格化”操作，如图8-20所示。

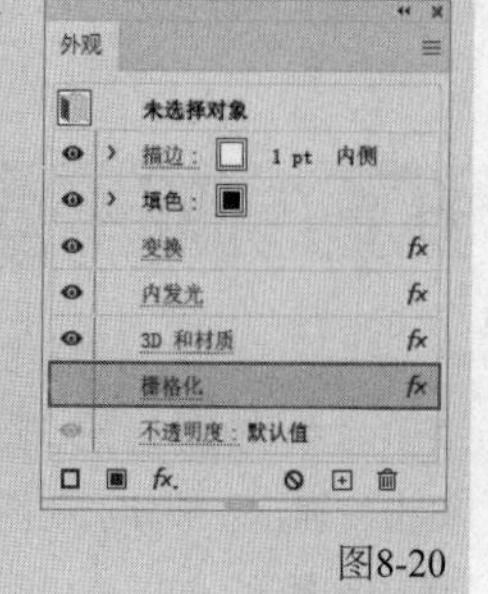

图8-20

8.2 3D和材质

在Illustrator中，有“凸出和斜角”“绕转”“膨胀”“旋转”“材质”“3D（经典）”等3D效果，如图8-21所示。使用3D效果，可以将平面图形转换为具有深度和立体感的3D对象。

3D 和材质(3) >
SVG 滤镜(G) >
变形(W) >
扭曲和变换(D) >
栅格化(R)...
裁剪标记(O)

凸出和斜角...
绕转...
膨胀...
旋转...
材质...
3D（经典） >

图8-21

本节重点内容

名称	作用
凸出和斜角	通过向路径增加线性深度来创建3D立体效果
绕转	通过旋转路径来创建3D立体效果
膨胀	通过向路径增加凸起厚度来创建3D立体效果
旋转	创建扁平的3D对象

8.2.1 凸出和斜角

选择一个对象，然后执行“效果>3D和材质>凸出和斜角”菜单命令，可以通过向路径增加线性深度来创建3D立体效果，如图8-22所示。此时，会打开“3D和材质”面板，如图8-23所示。

图8-22

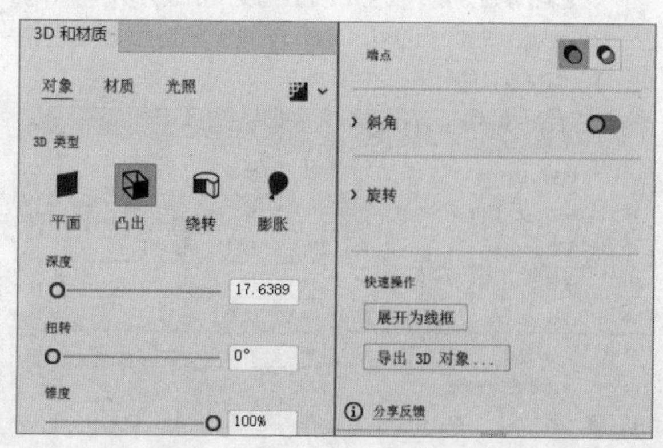

图8-23

重要参数介绍

◇ **使用光线追踪进行渲染**：单击该按钮，即可进行渲染。单击按钮右侧的按钮，可以打开渲染的相关设置，如图8-24所示。

图8-24

◇ **3D类型**：用于设置3D效果的类型。

◇ **深度**：用于设置3D对象凸出的厚度。分别设置“深度”为20mm和50mm，效果如图8-25所示。

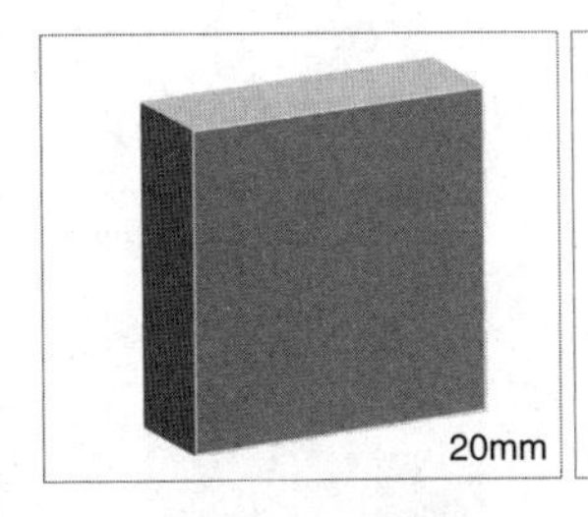

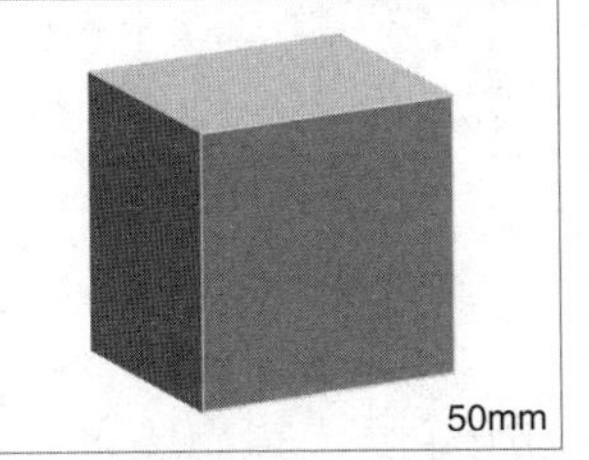

图8-25

◇ **扭转**：用于设置扭转角的起始值。分别设置“扭转”为0°、50°和100°，效果如图8-26所示。

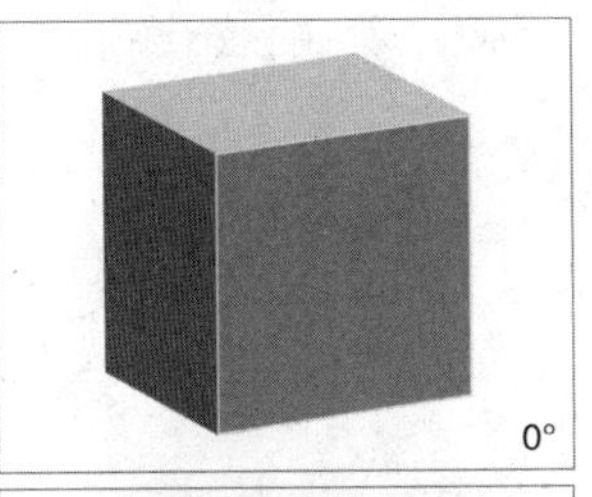

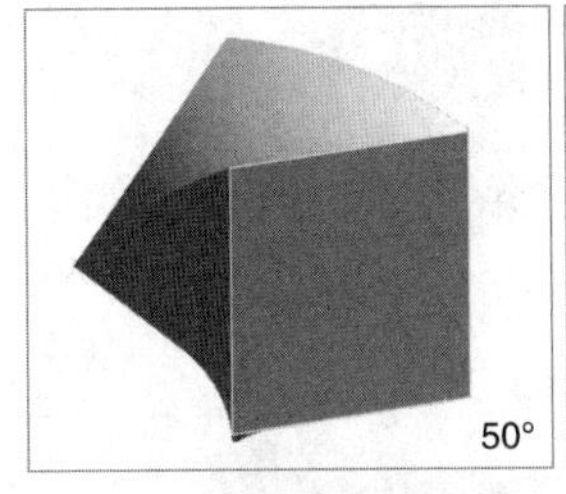

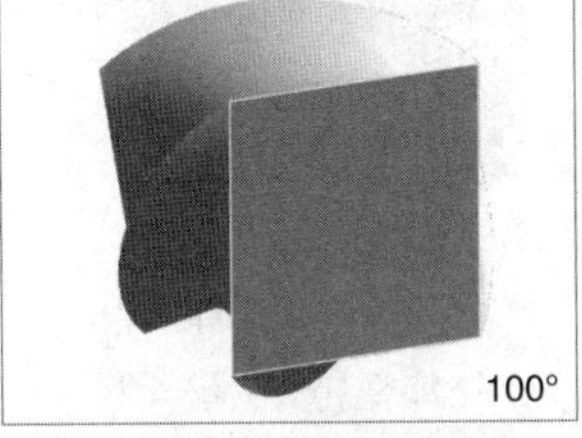

图8-26

◇ **锥度**：用于设置锥度开始值。分别设置“锥度”为20%、60%和100%，效果如图8-27所示。

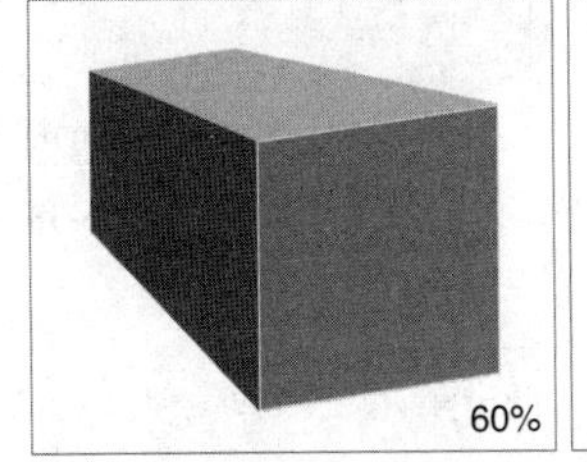

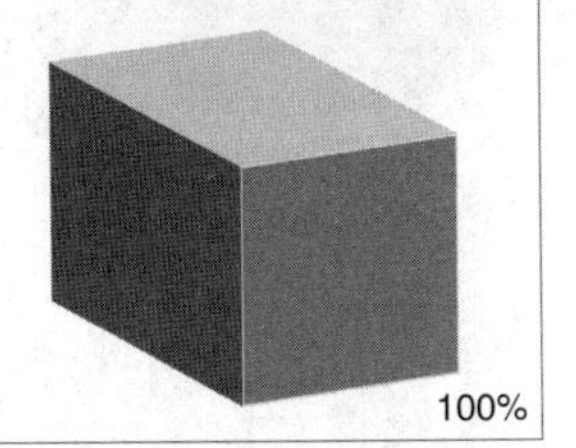

图8-27

◇ **端点**：用于设置3D对象是实心的（开启端点）还是空心的（关闭端点），效果如图8-28所示。

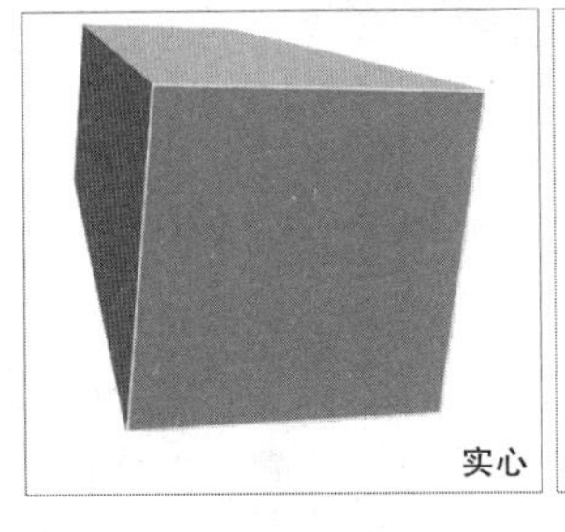

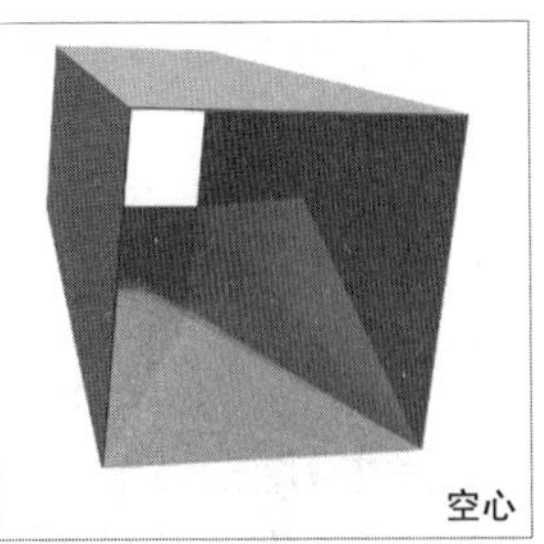

图8-28

◇ **斜角**：“斜角”按钮具有“将斜角添加到凸出”和“从凸出删除斜角”两种状态，单击该按钮可以切换状态。在处于后种状态时，可以添加斜角效果，在选项组中可以设置“宽度”“高度”“重复”等参数，如图8-29所示。选择不同的“斜角形状”会有不同的效果，如图8-30所示。

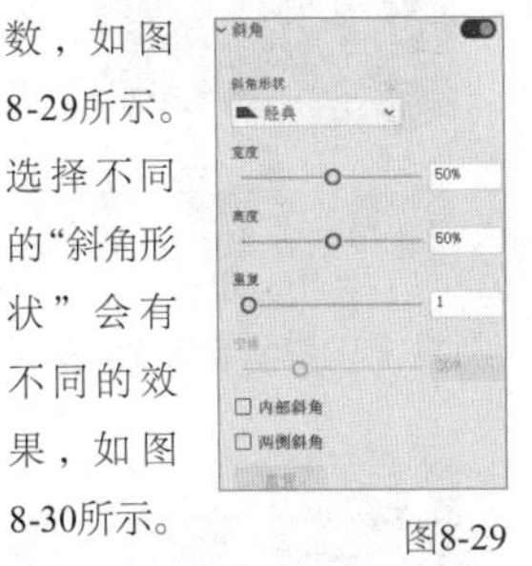

图8-29

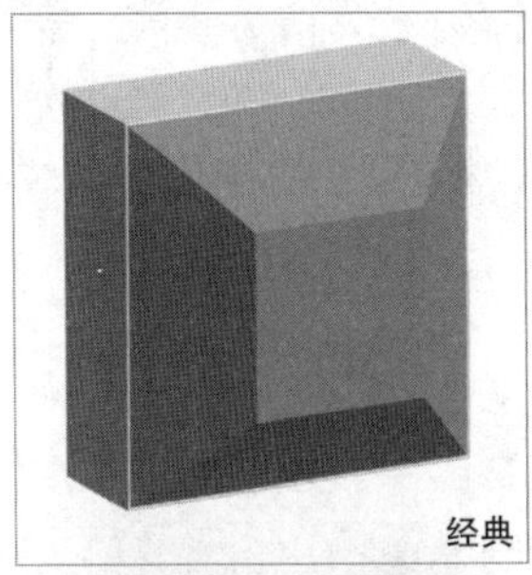

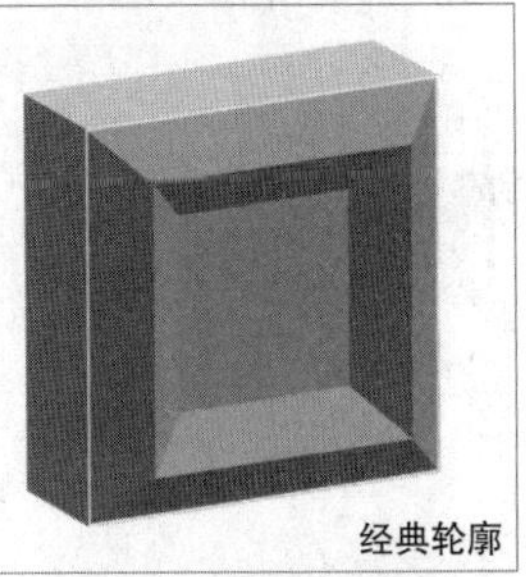

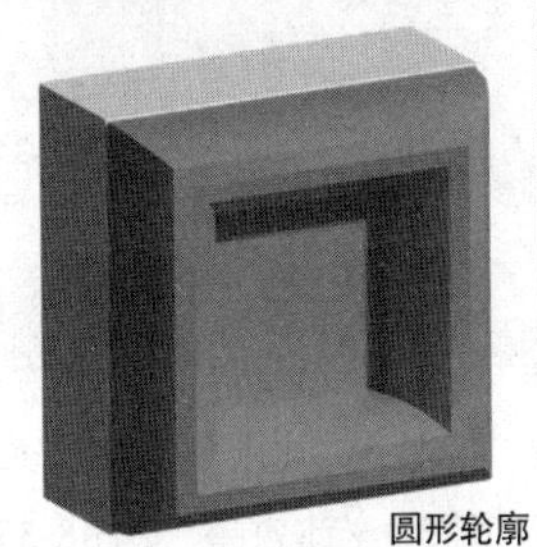

图8-30

◇ **旋转：**在“旋转”选项组中可以设置3D对象在X轴、Y轴和Z轴上的旋转角度，以及3D对象的透视角度，如图8-31所示。

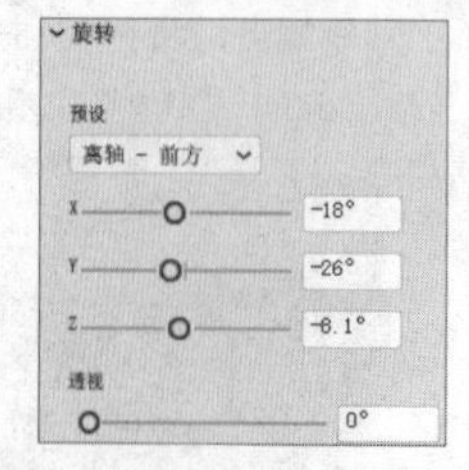

图8-31

技巧与提示

在对应轴向的文本框中或“透视”文本框中输入数值可以精确地控制3D对象的旋转角度或者透视角度；通过拖曳3D对象中心的圆形控件，如图8-32所示，可以自由旋转或者沿着X轴、Y轴和Z轴旋转3D对象。

图8-32

◇ **展开为线框：**单击该按钮，可以将3D对象转化为矢量线稿，效果如图8-33所示。

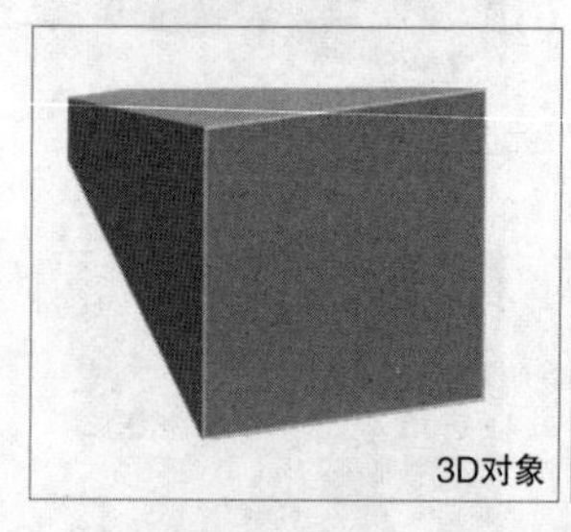

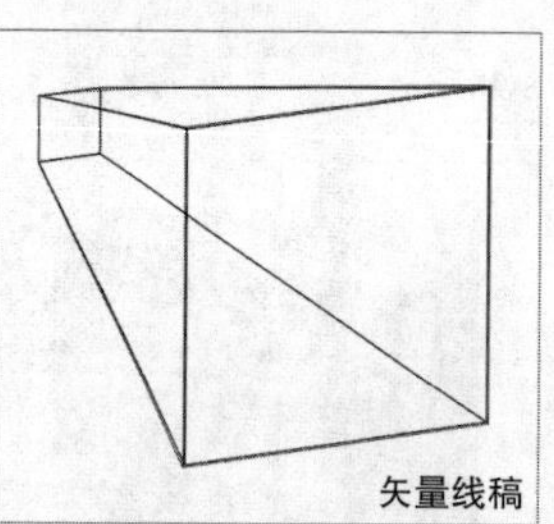

图8-33

◇ **导出3D对象：**单击该按钮，可以打开“资源导出”面板，将模型导出为图像或者模型文件，如图8-34所示。

图8-34

8.2.2 绕转

选择一个对象，然后执行“效果>3D和材质>旋转”菜单命令，可以通过旋转路径来创建3D立体效果，如图8-35所示。此时，会打开“3D和材质”面板，如图8-36所示。

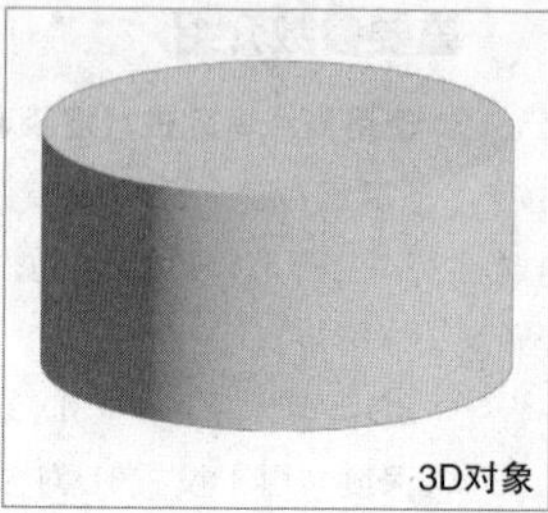

图8-35

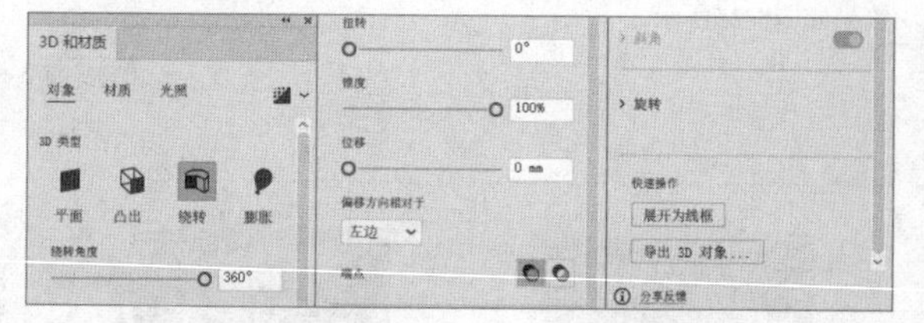

图8-36

重要参数介绍

◇ **绕转角度：**用于设置3D对象的绕转角度。分别设置“绕转角度”为90°、180°和360°，效果如图8-37所示。

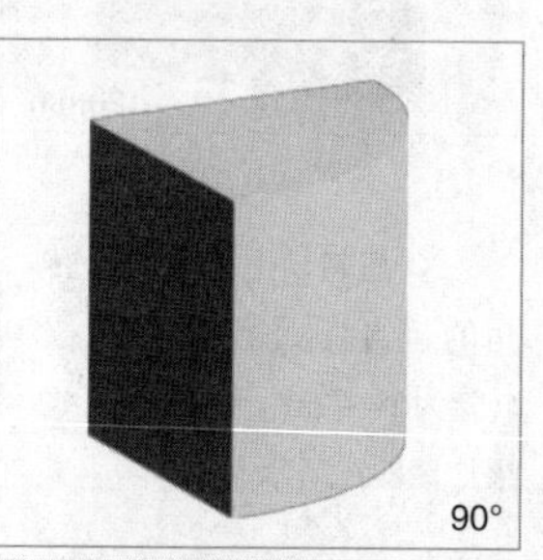

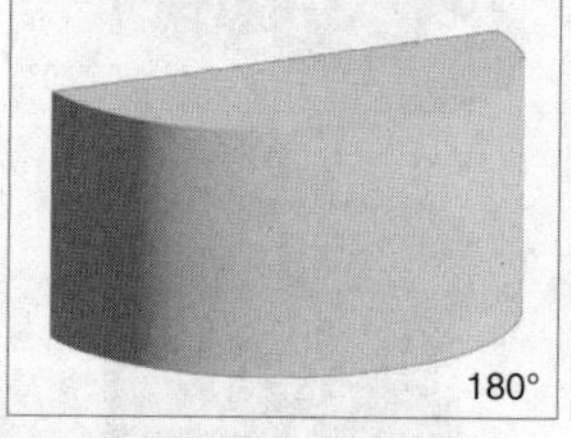

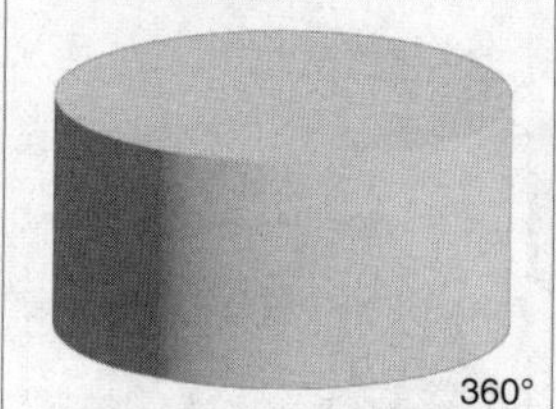

图8-37

◇ **位移：**用于设置对象与绕转轴之间的距离。分别设置“位移”为0mm、50mm和100mm，效果如图8-38所示。

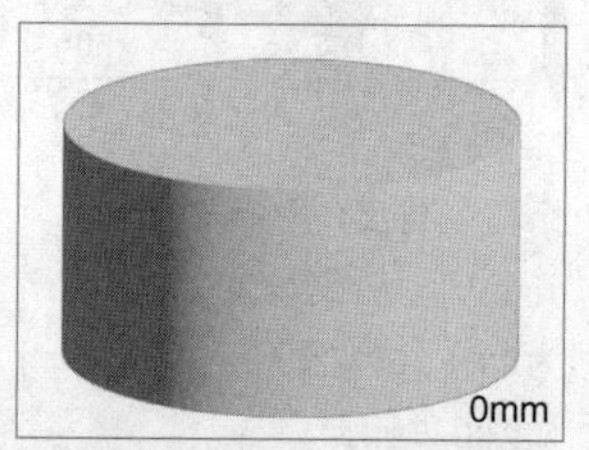

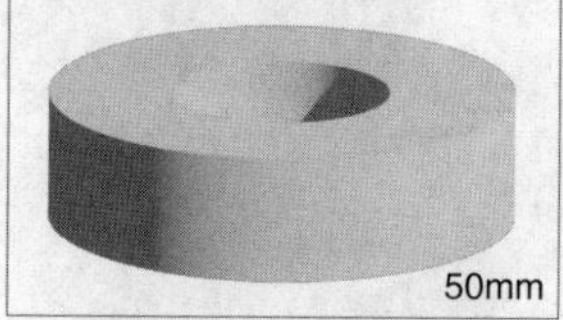

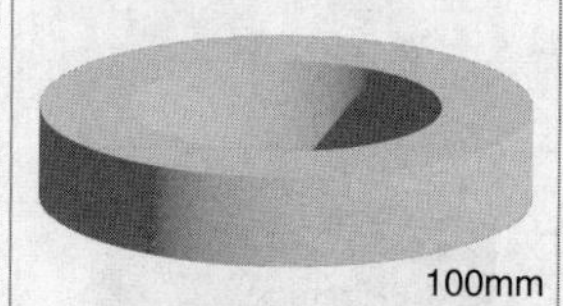

图8-38

技巧与提示

其余参数的用法，基本与“凸出和斜角”效果一致，这里不再赘述了。

8.2.3 膨胀

选择一个对象，然后执行“效果>3D和材质>膨胀”菜单命令，可以通过向路径增加凸起厚度来创建3D立体效果，如图8-39所示。此时，会打开“3D和材质”面板，如图8-40所示。

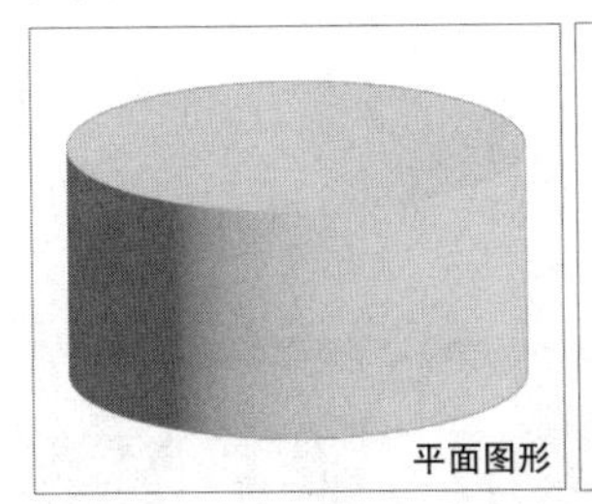

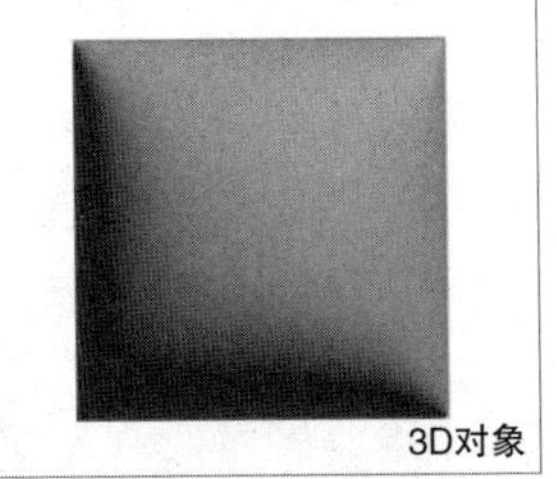

图8-39

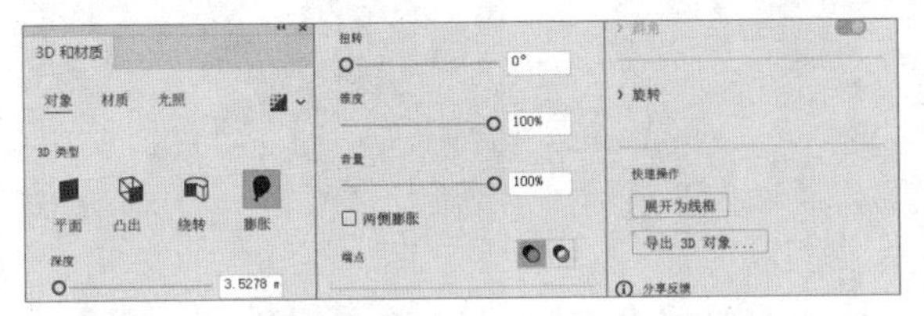

图8-40

重要参数介绍

◇ **音量：**用于设置3D对象的膨胀程度。分别设置“音量”为10%、50%和100%，效果如图8-41所示。

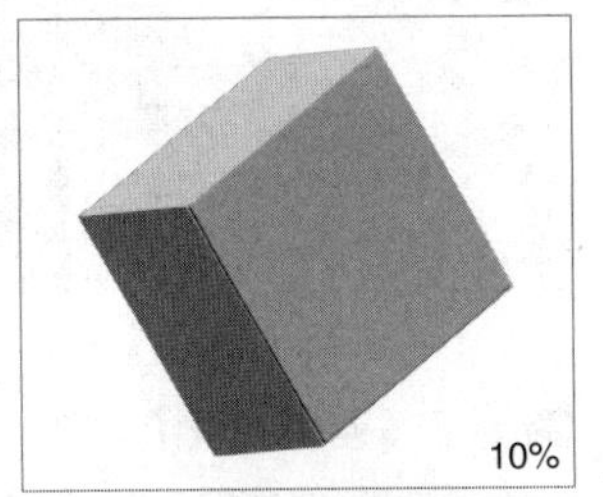

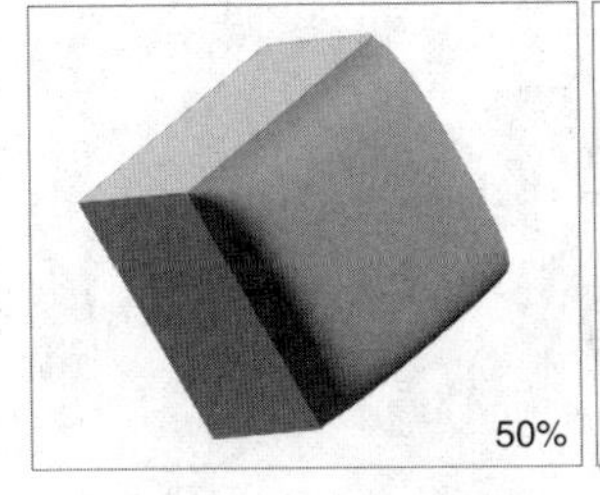

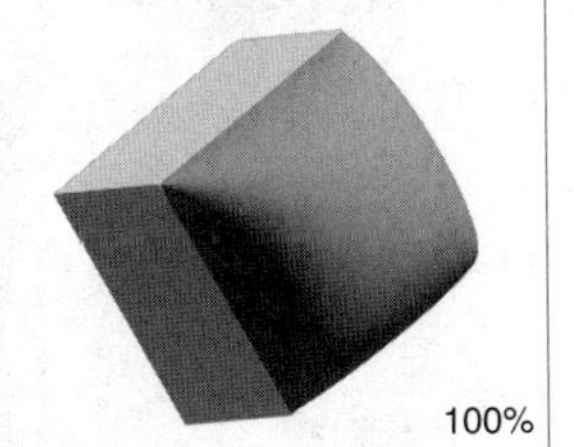

图8-41

◇ **两侧膨胀：**勾选该选项，可以为对象两端添加膨胀效果，如图8-42所示。

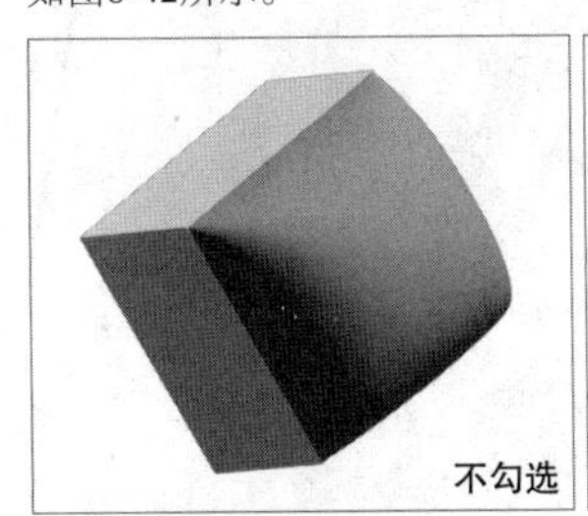

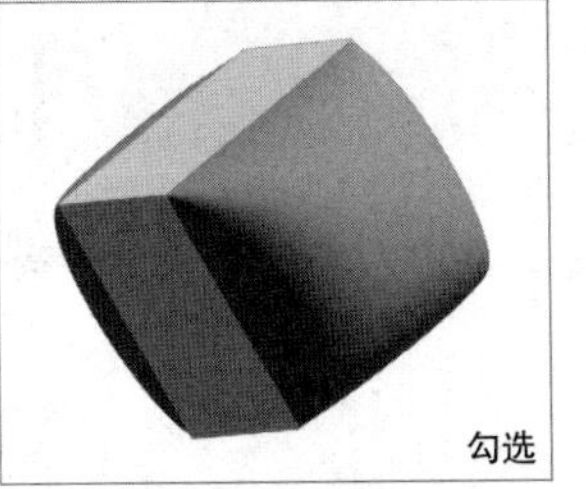

图8-42

课堂案例

制作膨胀风手机壁纸

素材文件	素材文件>CH08>素材01.jpg
实例文件	实例文件>CH08>制作膨胀风手机壁纸.ai
视频名称	制作膨胀风手机壁纸.mp4
学习目标	掌握“膨胀”效果的使用方法

本案例将使用“膨胀”效果制作膨胀风手机壁纸，效果如图8-43所示。

图8-43

01 按快捷键Ctrl+N打开“新建文档”对话框，选择“移动设备”选项卡中的“iPhone 8/7/6”选项，单击“创建”按钮。将本书学习资源文件夹中的“素材文件>CH08>素材01.jpg”文件拖曳到画板中，并调整到适合画板大小，如图8-44所示。

图8-44

02 单击控制栏中“图像描摹”按钮右侧的按钮，选择“高保真度照片”选项，进行图像描摹。放大描摹结果可以看到边缘不是很平滑，如图8-45所示。单击控制栏中的“图像描摹面板”按钮，设置“颜色”为70，此时描摹结果的边缘就变得平滑了，如图8-46所示。

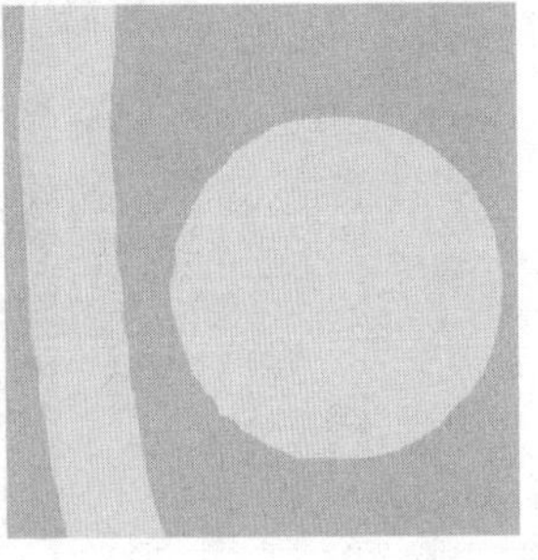

图8-45

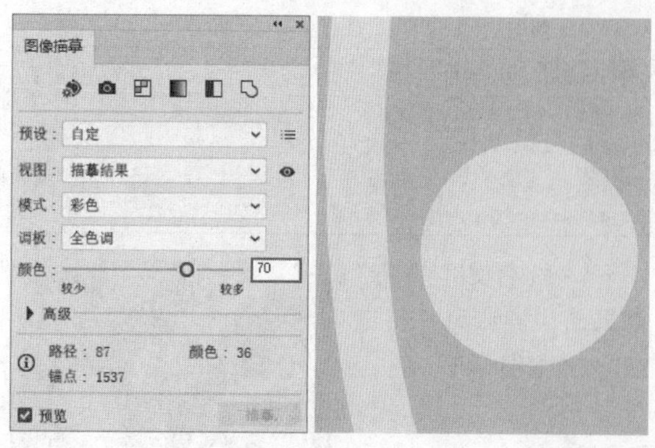

图8-46

03 单击“扩展”按钮将描摹结果转换为路径，如图8-47所示。执行“效果>3D和材质>膨胀”菜单命令，保持默认设置即可，如图8-48所示。

图8-47

图8-48

04 选择“光照”选项卡，设置“颜色”的“强度”为80%，“环境光”的“强度”为55%，如图8-49所示。

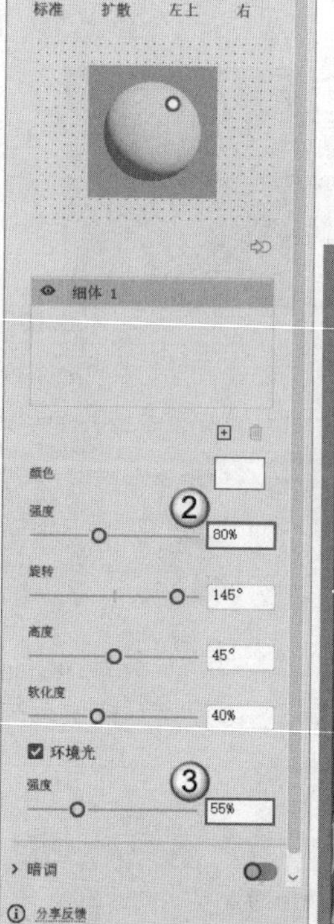

图8-49

05 单击“使用光线追踪进行渲染”按钮进行渲染，最终效果如图8-50所示。

图8-50

课堂练习

制作膨胀风字体效果

素材文件 无

实例文件 实例文件>CH08>制作膨胀风字体效果.ai

视频名称 制作膨胀风字体效果.mp4

学习目标 掌握“膨胀”效果的使用方法

练习使用“膨胀”效果制作膨胀风字体效果，效果如图8-51所示。

图8-51

8.2.4 旋转

选择一个对象，然后执行“效果>3D和材质>旋转”菜单命令，可以创建扁平的3D对象，如图8-52所示。此时，会打开“3D和材质”面板，如图8-53所示。在其中主要可以设置3D对象的旋转角度，具体的设置方法与“凸出和斜角”效果相同。

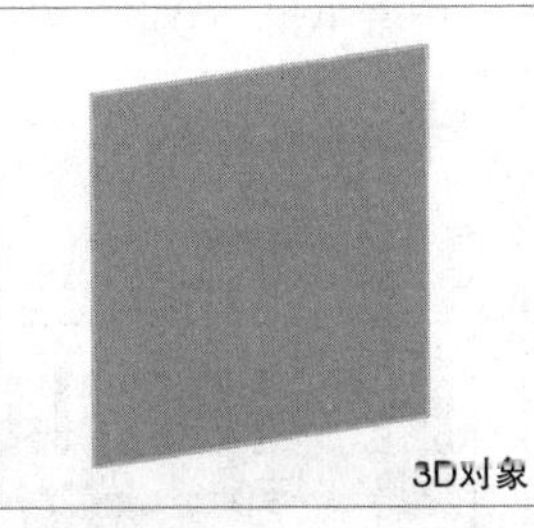

图8-52

图8-53

知识点：3D（经典）

“3D(经典)”效果是低版本Illustrator中使用的3D效果，使用该效果创建的3D效果会偏于图形化，而使用“3D和材质”创建的3D效果会更加真实。执行“效果>3D和材质>3D(经典)”中的“凸出和斜角(经典)”“绕转(经典)”“旋转(经典)”菜单命令，能够打开相应的设置面板，如图8-54~图8-56所示。具体的设置方法与“3D和材质”效果中的“凸出和斜角”“绕转”“旋转”是相同的。

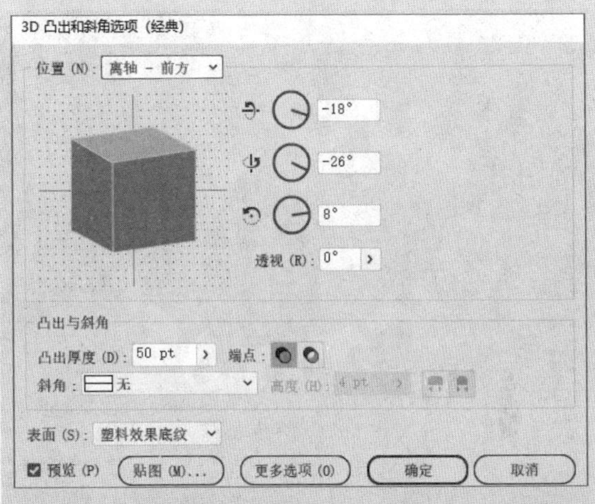

图8-54

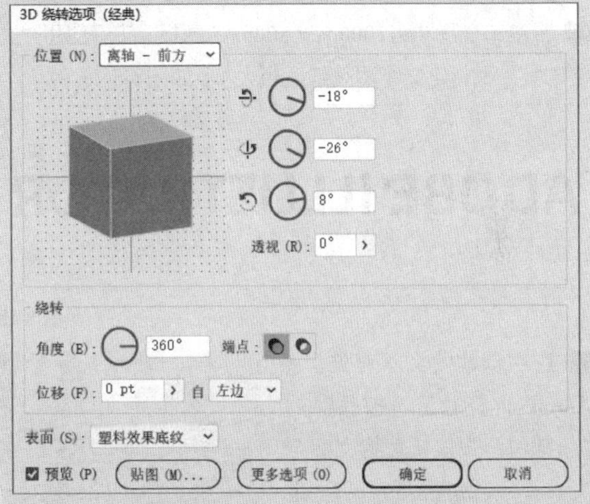

图8-55

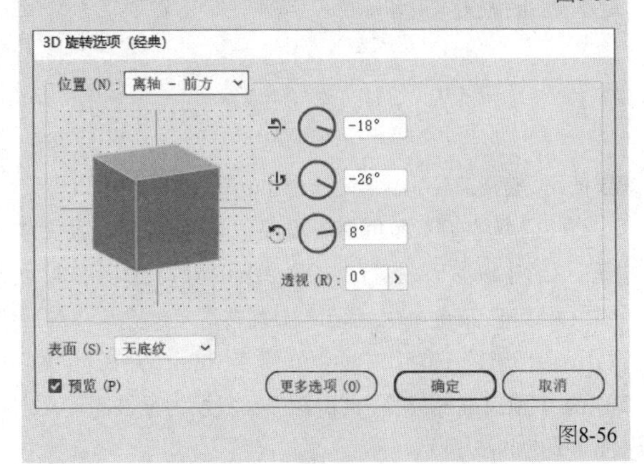

图8-56

课堂案例

制作环绕文字效果

素材文件　无

实例文件　实例文件>CH08>制作环绕文字效果.ai

视频名称　制作环绕文字效果.mp4

学习目标　掌握立体文字的制作方法

本案例将使用“绕转”效果制作环绕文字效果，效果如图8-57所示。

图8-57

01 新建一个尺寸为1000px×800px的画板，然后使用“文字工具” T.创建文字调整到适当大小，如图8-58所示。

ADOBE ILLUSTRATOR

图8-58

02 选中创建的文本对象，然后单击“符号”面板底部的“新建符号”按钮将文字定义为符号，如图8-59所示。定义完成后删除文本对象即可。

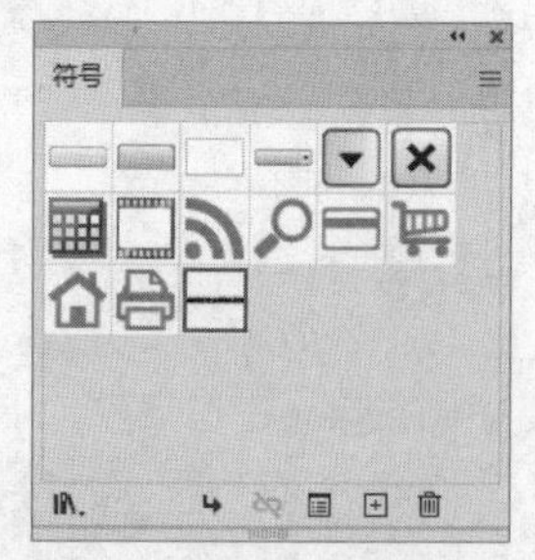

图8-59

03 使用“椭圆工具”绘制一个100px×100px的圆形，设置“填色”为灰色(颜色值不需要很精确)，“描边”为“无”。选中该图形，执行“效果>3D和材质>3D(经典)>绕转(经典)”菜单命令，弹出“3D绕转选项(经典)”对话框，设置“绕转”选项组中的“位移”为100pt，并在“位置”选项组中拖曳旋转模型，此时圆形已转换为三维图形，如图8-60和图8-61所示。

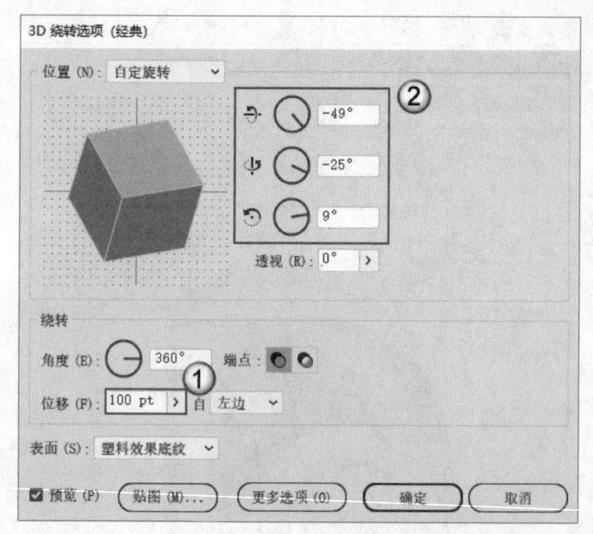

图8-60

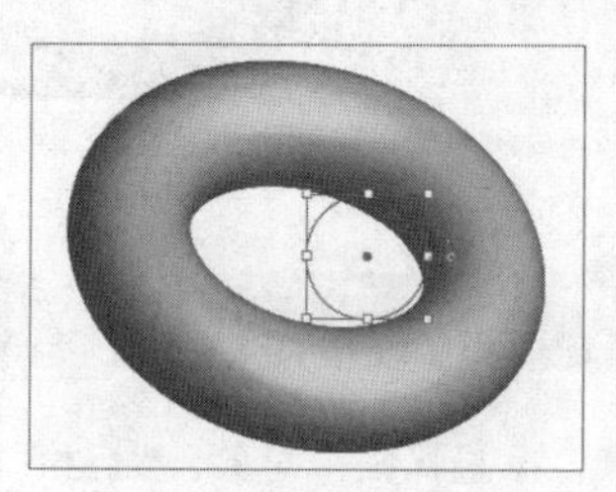

图8-61

04 单击对话框底部的“贴图”按钮，在弹出的“贴图”对话框中将步骤02中创建的符号添加到当前表面，并适当地进行变换，然后勾选“贴图具有明暗调(较慢)”选项和“三维模型不可见”选项，接着单击“确定”按钮，如图8-62和图8-63所示。

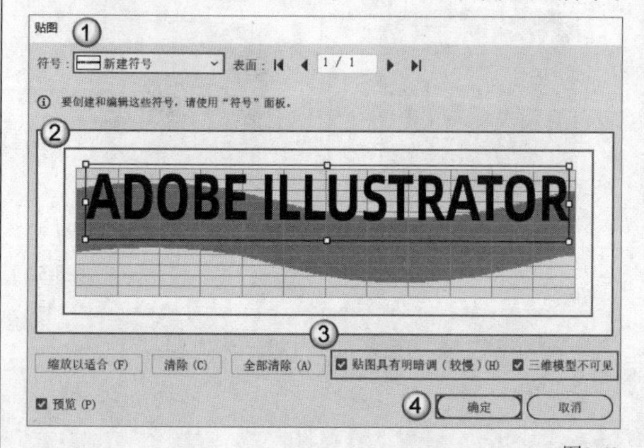

图8-62

图8-63

05 使用“矩形工具”绘制一个与画板同样大小的矩形，并设置“填充”为“深灰→浅灰”的径向渐变（颜色色值无须很精确），然后将其置于底层。双击“符号”面板中的自定义的符号，将文字调整为白色，最终效果如图8-64所示。

图8-64

8.2.5 材质与光照

创建3D对象之后，在“3D和材质”面板“材质”和“光照”选项卡中可以为3D对象添加材质和光照效果。

选择“材质”选项卡，在“Adobe Substance材质”选项中可以选择一种材质为对象添加效果，如图8-65所示，并且可以在“属性”选项中设置该材质的相关参数，如图8-66所示。

图8-65

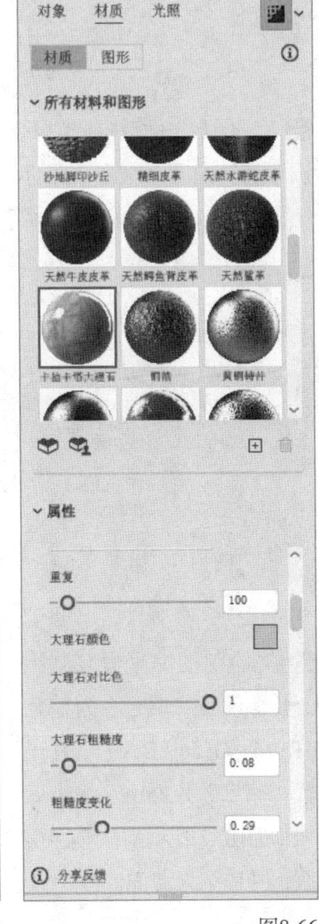

图8-66

单击“图形”按钮，可以选择一种符号，将其贴到3D对象上，如图8-67和图8-68所示。

选择“光照”选项卡，在其中可以调整3D对象的光照效果，如图8-69所示。

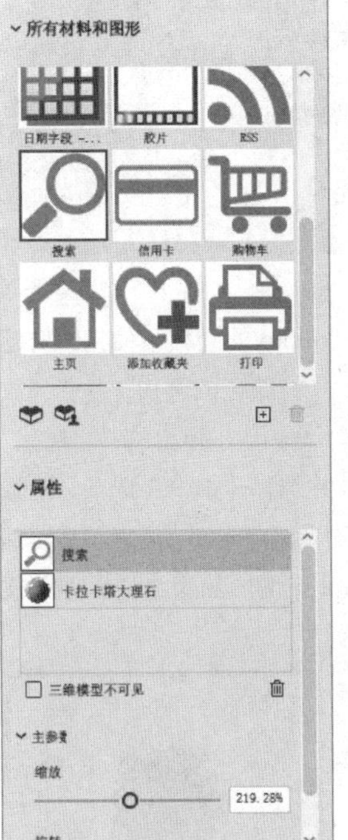

图8-67

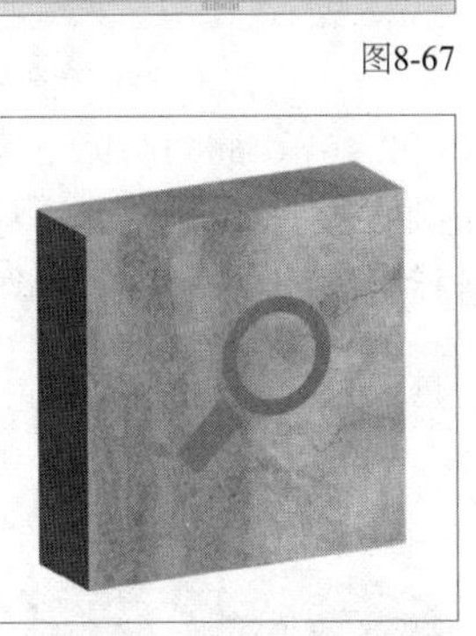

图8-68

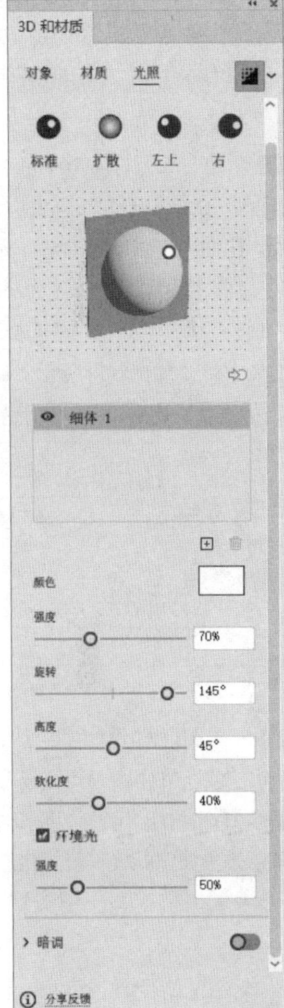

图8-69

课堂案例

绘制立体插画

素材文件	无
实例文件	实例文件>CH08>绘制立体插画.ai
视频名称	绘制立体插画.mp4
学习目标	掌握立体效果的制作方法

本案例将使用3D相关功能绘制立体插画，效果如图8-70所示。

图8-70

01 新建一个尺寸为1000px×800px的画板。使用“椭圆工具”绘制一个任意大小，任意颜色的圆形。执行“效果>扭曲和变换>粗糙化”菜单命令，在弹出的“粗糙化”对话框中设置“大小”为5%并选择“相对”选项，设置“细节”为“4/英寸”并选择“尖锐”选项，最后单击“确定”按钮，如图8-71所示。此时，圆形的边缘会出现不规则的锯齿，效果如图8-72所示。

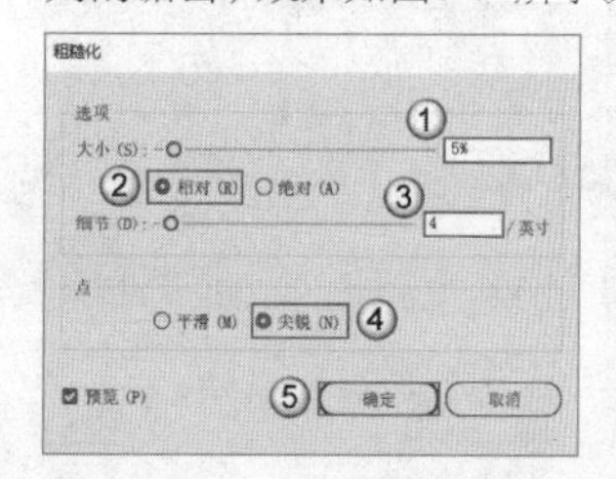

图8-71　图8-72

02 设置图形的“填色”为棕色（R:96，G:56，B:19）。执行“效果>3D和材质>凸出和斜角”菜单命令，此时会打开“3D和材质”面板，按照图8-73所示设置“旋转”选项组，效果如图8-74所示。将形状复制出一份。

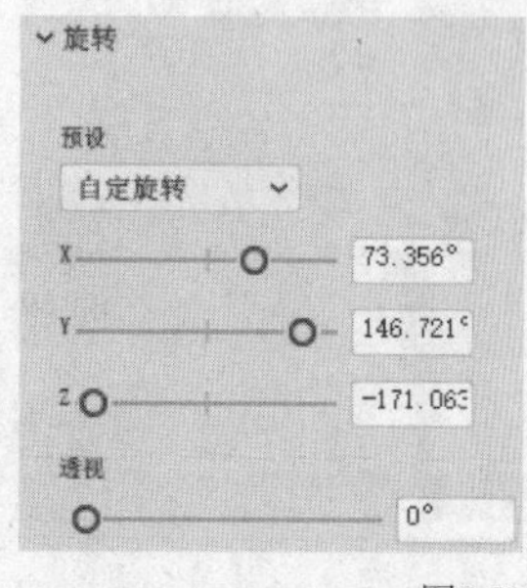

图8-73　图8-74

03 在“3D和材质”面板中设置“深度”为0px，“锥度”为100%。单击“斜角”按钮，接着设置“斜角形状”为“经典”，其余参数的设置如图8-75所示。将此形状作为悬浮小岛，效果如图8-76所示。

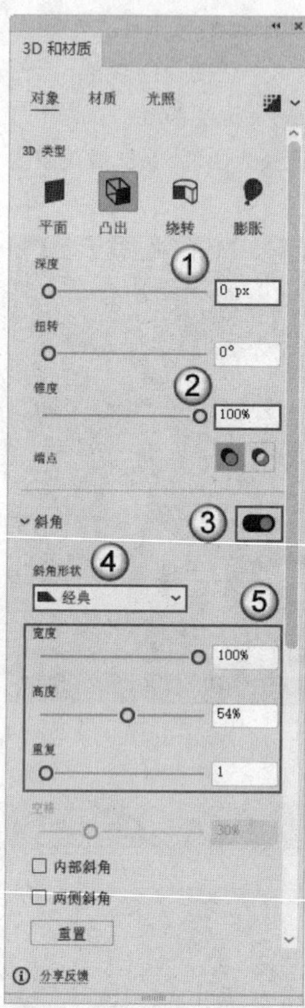

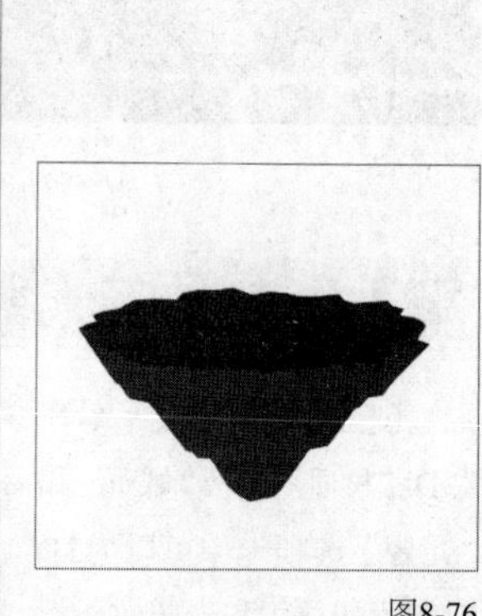

图8-75　图8-76

04 在“图层”面板中选中下方形状，在“3D和材质”面板中设置旋转角度，如图8-77所示。将形状放大一些并置于悬浮小岛的上方，然后设置“填色”为蓝色（R:0，G:219，B:255），将其作为海平面，如图8-78所示。

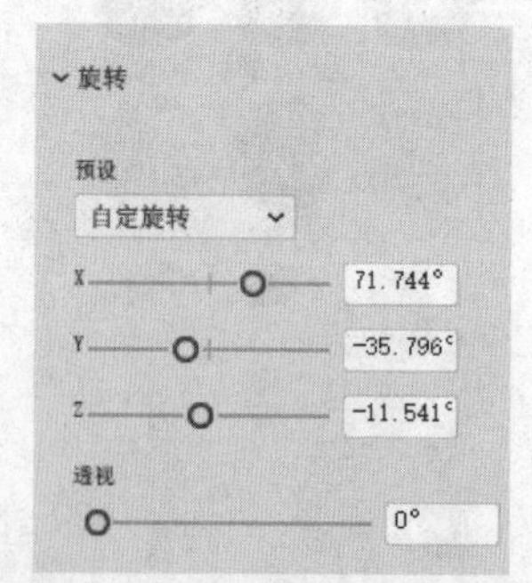

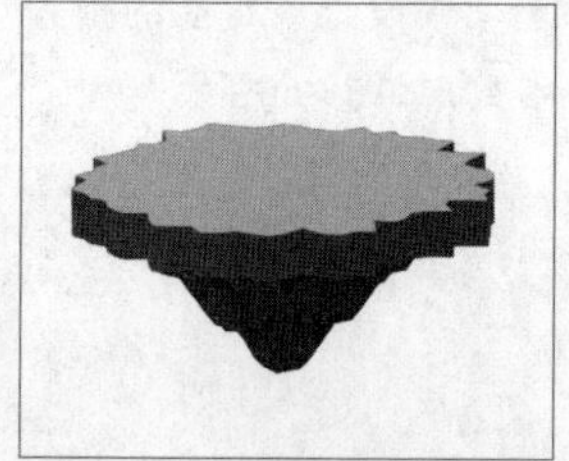

图8-77　图8-78

05 将绘制的海平面复制出一份，设置“填色”为棕色（R:96，G:56，B:19），并设置“深度”为25px，缩小后按照图8-79所示的位置摆放，将其作为岛面。

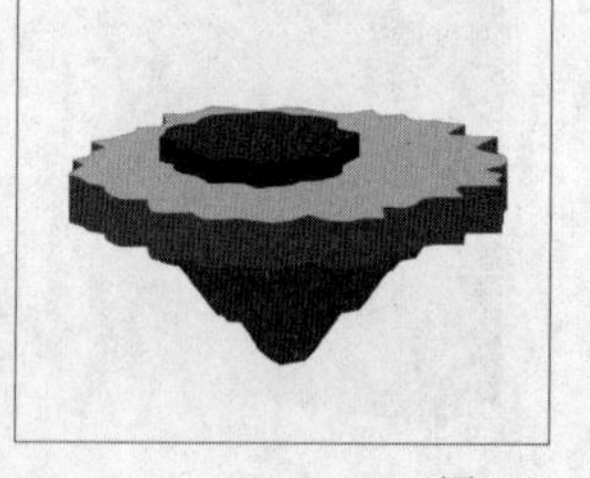

图8-79

06 使用“多边形工具” 绘制一个白色的正六边形，执行“效果>3D和材质>凸出和斜角”菜单命令，在“3D和材质”面板中设置“深度”为28px，按照图8-80所示设置“旋转”选项组，效果如图8-81所示。

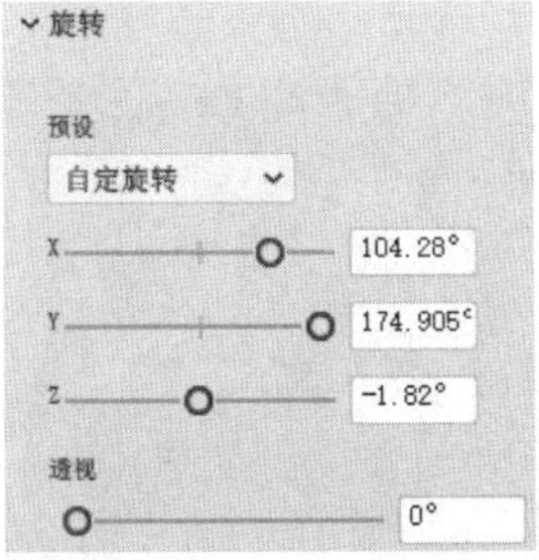

旋转
预设
自定旋转
X 104.28°
Y 174.905°
Z -1.82°
透视 0°

图8-80

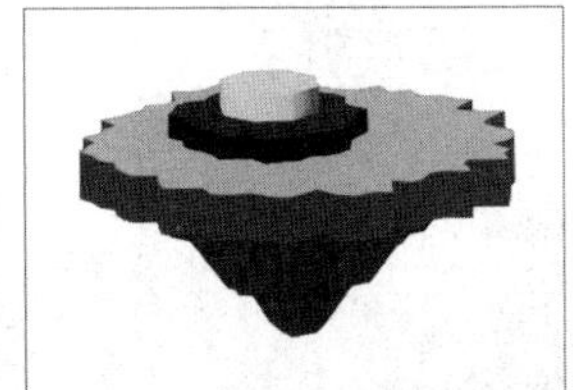

图8-81

07 将步骤06绘制的形状复制出一份，然后设置“深度”为290px，并将形状缩小一些，接着将其置于图8-82所示的位置，将其作为柱子。

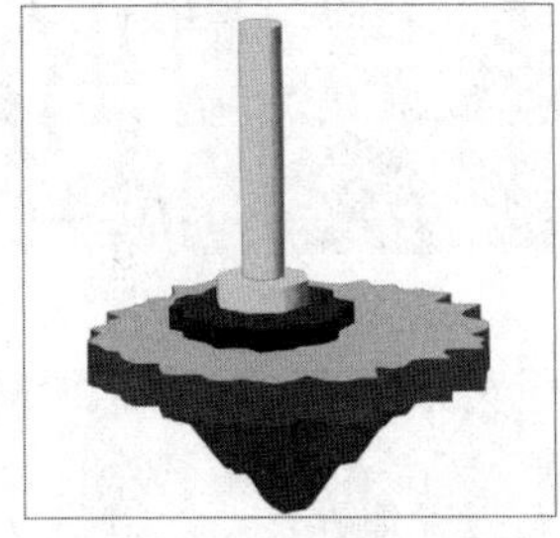

图8-82

08 将步骤06绘制的形状再复制出一份，然后按照图8-83所示的参数进行设置，缩小一些并按照图8-84所示的位置进行摆放。

图8-83

图8-84

09 绘制一个蓝色（R:0, G:219, B:255）的矩形，如图8-85所示，然后在“3D和材质”面板选择“材质”选项卡，接着单击“图形”按钮，再将蓝色图形拖曳到面板中，如图8-86所示。

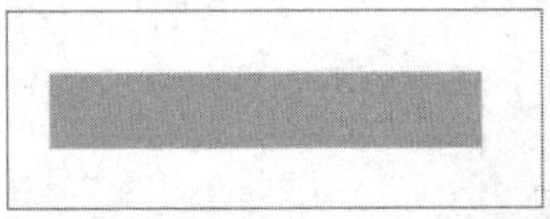

图8-85

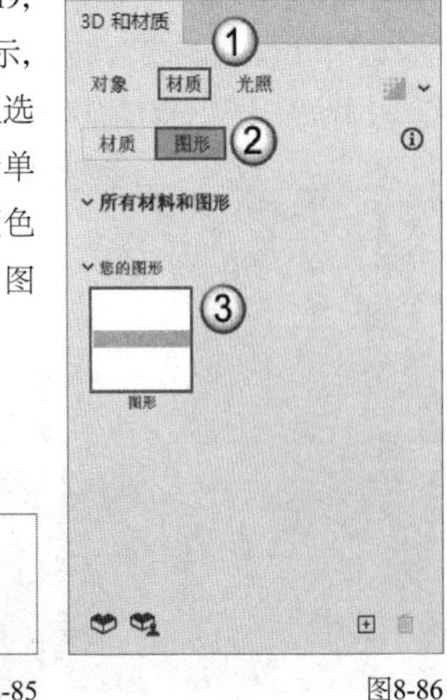

图8-86

10 选中绘制好的柱子，单击“3D和材质”面板中定义好的蓝色色条为其贴图，如图8-87所示。再单击一次，可以再贴入一个蓝色色条，拖曳蓝色色条即可向上移动，如图8-88所示。

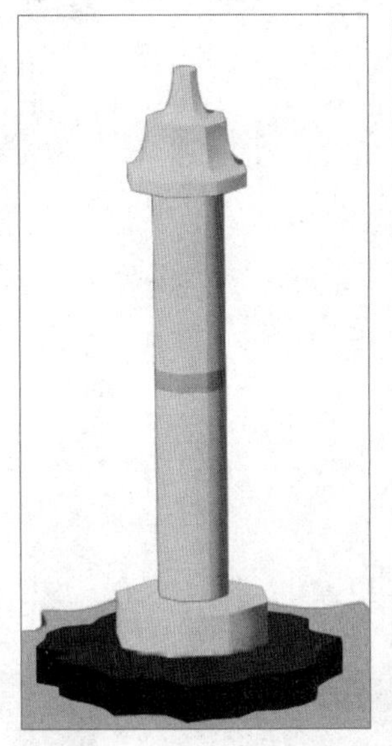

图8-87

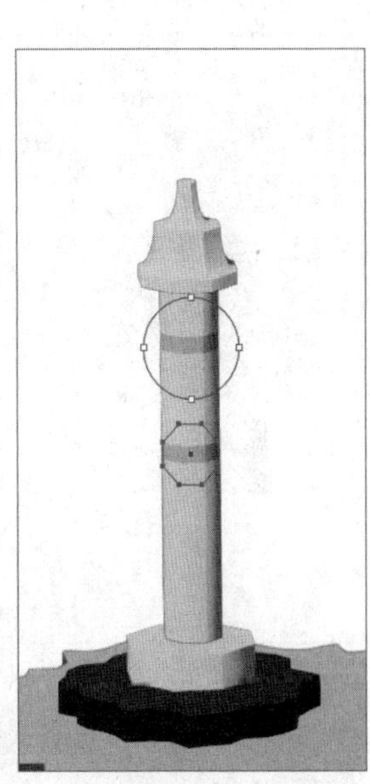

图8-88

11 用同样的方法，再贴入一个蓝色色条，并调整它们的位置，如图8-89所示。

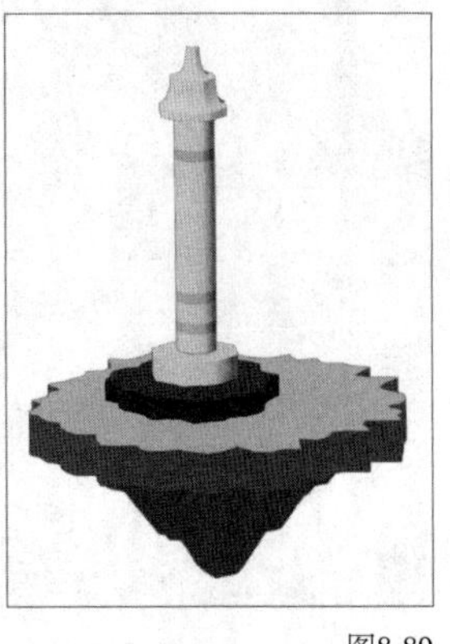

图8-89

⑫ 使用“矩形工具” 绘制一个与画板同样大小的矩形，并将其置于底层，然后设置矩形的填色为“蓝→浅蓝”的径向渐变（颜色值不需要很精确），将其作为背景，如图8-90所示。

图8-90

⑬ 将悬浮小岛复制出一份并填充为白色，然后按照图8-91所示的参数进行调整。缩小后即可作为白云摆放到画面中，如图8-92所示。

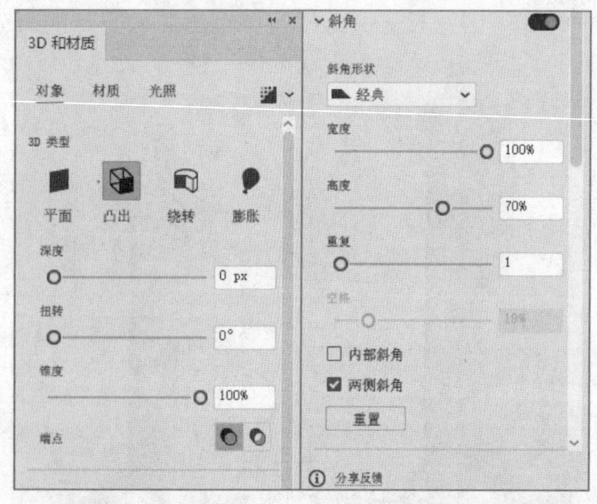

图8-91

图8-92

⑭ 多复制出几朵白云并适当缩放，然后将它们摆放到天空中，效果如图8-93所示。分别选择对象并单击“使用光线追踪进行渲染”按钮，将绘制的立体形状进行渲染，如图8-94所示。

图8-93

图8-94

⑮ 降低背景的“不透明度”（70%左右），将悬浮小岛放大一些，调整一下云朵的位置和细节，接着将建筑略微缩短一下，最终效果如图8-95所示。

图8-95

8.3 风格化

执行“效果>风格化”子菜单中的命令，可以为对象添加发光、投影、涂抹和羽化等效果，如图8-96所示。

图8-96

本节重点内容

名称	作用
内发光	在对象的中心或边缘创建发光效果
投影	为对象添加投影效果，使其产生立体感
外发光	在对象的边缘向外创建发光效果
涂抹	为对象填充类似手绘线条的效果
羽化	将对象的边缘进行柔和处理

8.3.1 内发光

“内发光”效果可以在对象的中心或边缘创建发光效果，如图8-97所示。选中对象，执行“效果>风格化>内发光”菜单命令，在弹出的“内发光”对话框中可以通过设置相关参数来改变发光效果，如图8-98所示。

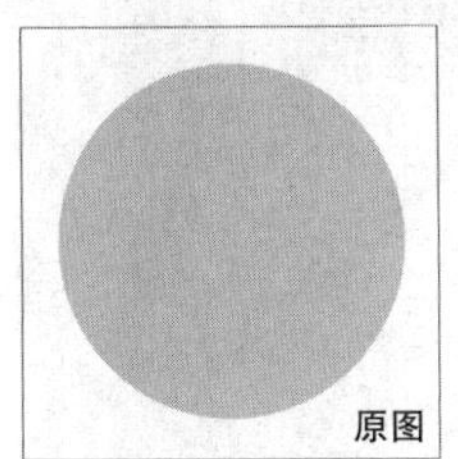

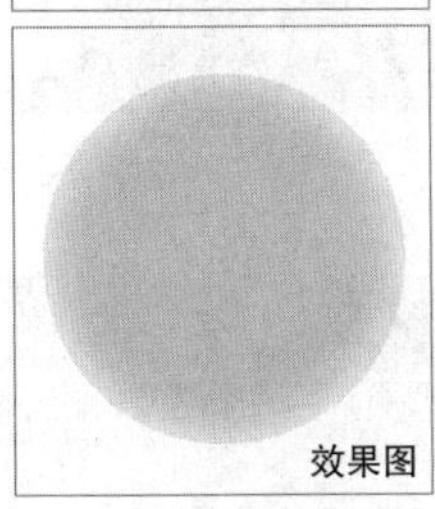

图8-97

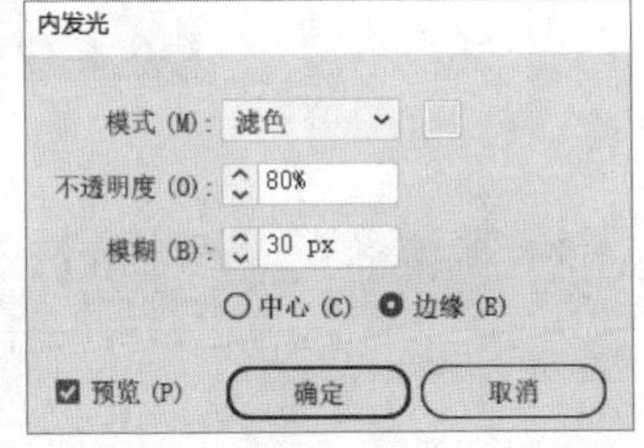

图8-98

重要参数介绍

◇ **模式：** 用于设置内发光的混合模式。

◇ **不透明度：** 用于设置内发光的不透明度。

◇ **模糊：** 用于设置内发光的模糊范围。

◇ **中心：** 选择该选项，内发光将从中心发出。

◇ **边缘：** 选择该选项，内发光将从边缘发出。

8.3.2 外发光

“外发光”效果可以在对象的边缘向外创建发光效果，如图8-99所示。选中对象，执行“效果>风格化>外发光”菜单命令，在弹出的“外发光”对话框中可以通过设置相关参数来改变发光效果。“外发光”与“内发光”对话框中的选项基本相同，如图8-100所示。

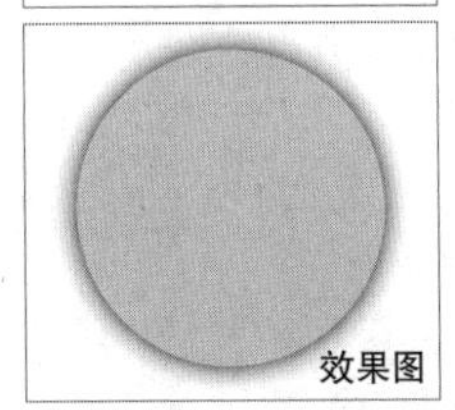

图8-99

外发光
模式 (M)： 滤色
不透明度 (O)： 75%
模糊 (B)： 5 px
预览 (P) 确定 取消

图8-100

8.3.3 投影

“投影”效果可以为对象添加投影效果，使其产生立体感，如图8-101所示。选中对象，执行“效果>风格化>投影”菜单命令，在弹出的“投影”对话框中可以通过设置相关参数来改变投影效果，如图8-102所示。

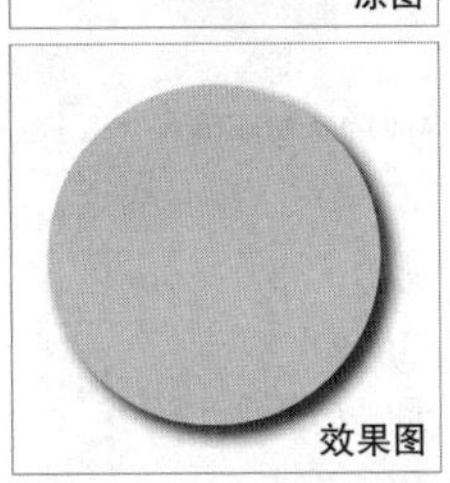

图8-101

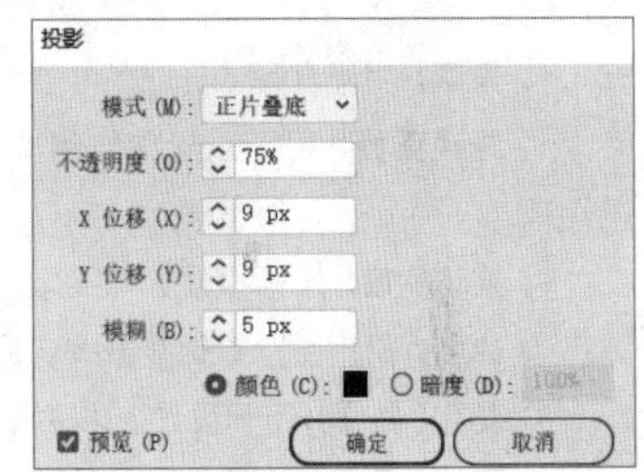

图8-102

重要参数介绍

◇ **模式：** 用于设置投影的混合模式。

◇ **不透明度：** 用于设置投影的不透明度。

◇ **X位移/Y位移：** 用于设置投影在横向和纵向上的偏移距离。

◇ **模糊：** 用于设置投影的模糊范围。

◇ **颜色：** 用于设置投影的颜色。

◇ **暗度：** 使用对象的颜色作为投影的颜色，同时还能够调节颜色的明度，可使投影的效果更加柔和，如图8-103所示。

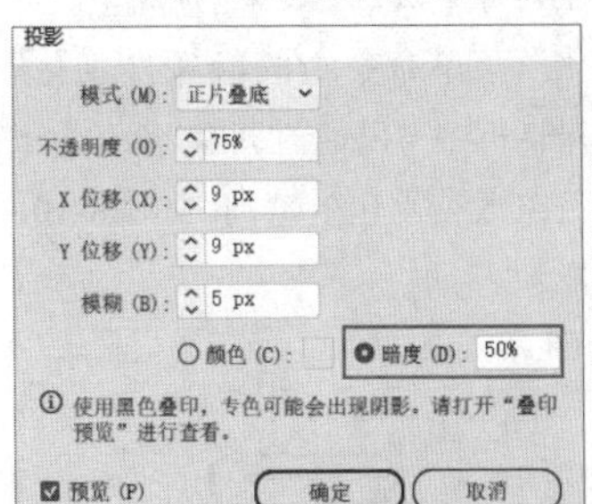

图8-103

8.3.4 涂抹

“涂抹”效果可以为对象填充类似手绘线条的效果，如图8-104所示。在需要表现手绘风格时，可以考虑使用该效果。选中对象，执行“效果>风格化>涂抹”菜单命令，在弹出的“涂抹选项”对话框中可以通过设置相关参数来改变涂抹效果，如图8-105所示。

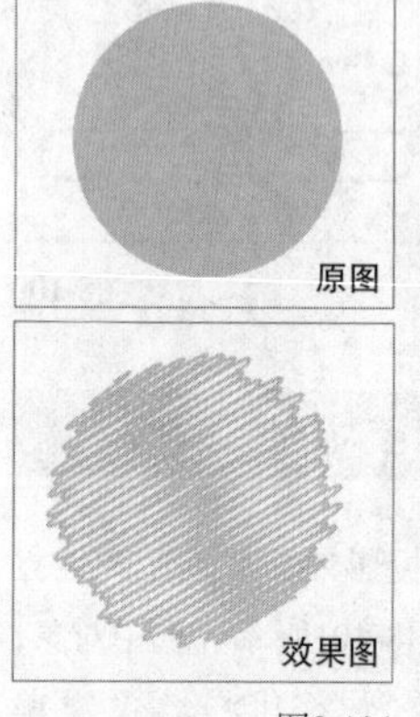

图8-104

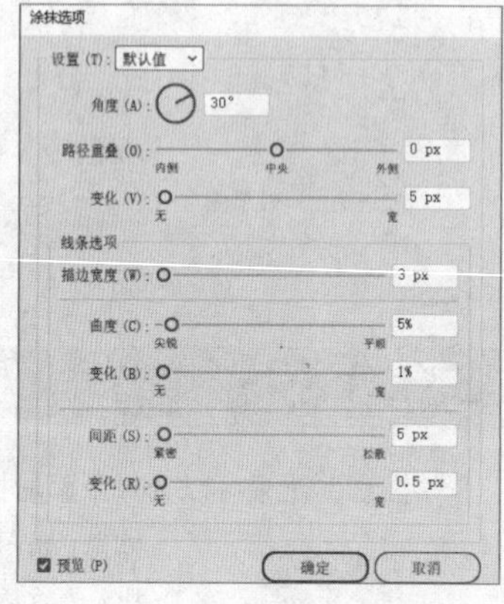

图8-105

重要参数介绍

◇ **设置：**在下拉列表中可以选择一种预设的涂抹效果，如图8-106所示。

◇ **角度：**用于设置涂抹线条的方向。

◇ **路径重叠：**用于设置向外侧扩展或向内侧收缩的距离。

◇ **描边宽度：**用于设置涂抹线条的宽度。

◇ **曲度：**用于设置涂抹线条的弯曲程度。

◇ **变化(曲度)：**用于设置涂抹曲线之间的相对曲度。

◇ **间距：**用于设置涂抹线条的疏密程度。

◇ **变化(间距)：**用于设置涂抹线条之间的疏密差异。

自定
✓ 自定
默认值
涂鸦
密集
松散
波纹
锐利
素描
缠结
泼溅
紧密
蜿蜒

图8-106

8.3.5 羽化

“羽化”效果能将对象的边缘变得十分柔和，产生一种渐隐效果，如图8-107所示。选中对象，执行“效果>风格化>羽化”菜单命令，在弹出的“羽化”对话框中可以通过调整“羽化”半径来改变羽化的范围，如图8-108所示。

图8-107

羽化
半径 (R)：34 px
预览 (P)　确定　取消

图8-108

8.4 本章小结

本章主要讲解了3D效果、风格化效果的特点和使用方法。通过本章的学习，读者应该熟练掌握添加与编辑效果的方法，并对各种效果有一个整体的认识，以便可以快速地制作出多种艺术效果。

8.5 课后习题

根据本章的内容，本节共安排了两个课后习题供读者练习，以带领读者对本章的知识进行综合运用。

课后习题：制作手环效果

素材文件	无
实例文件	实例文件>CH08>制作手环效果.ai
视频名称	制作手环效果.mp4
学习目标	掌握立体效果的制作方法

对3D功能的使用方法进行练习，效果如图8-109所示。

图8-109

课后习题：制作剪纸效果

素材文件	无
实例文件	实例文件>CH08>制作剪纸效果.ai
视频名称	制作剪纸效果.mp4
学习目标	掌握“投影”效果的使用方法

对“投影”的添加方法进行练习，效果如图8-110所示。

图8-110

第9章

AI辅助设计

本章主要介绍Adobe Firefly和文心一格的主要功能，以及使用AI辅助设计的方法。巧妙地使用AI，可为画师和设计师提供更多的灵感，辅助他们制作出充满创意的作品。

课堂学习目标

◇ 了解Adobe Firefly的主要功能
◇ 了解文心一格的主要功能
◇ 掌握使用AI辅助设计的方法

9.1 Adobe Firefly

Adobe Firefly是Adobe公司推出的一款基于人工智能的图像生成工具，通过独立的网页进行呈现，用户可以通过firefly.adobe.com进行访问。使用Firefly，设计师和创意工作者能够快速地创建各种精美的、高质量的图像，并且不需要进行复杂的手动操作。

9.1.1 AIGC技术与Firefly

AIGC是Artificial Intelligence Generated Content（人工智能生成内容）的缩写，该技术的核心是大数据分析和人工智能技术，能够通过对大量数据的学习和分析来自动生成各种形式的内容，如文章、图像、音频和视频等。Adobe Firefly是AIGC在图像生成领域的应用之一，将把由AIGC驱动的“创意元素”直接带入工作流中，提高创作者的生产力和创作表达。

进入Adobe Firefly的网页并登录Adobe的账号，这样就可以开始使用Firefly了。默认的位置是首页，单击对应的模块即可进入相应的页面中，如图9-1所示。随着Firefly的更新迭代，读者在打开网页时显示的内容可能会有差别。目前，Firefly网页开放的有文字生成图像、创意填充、文字效果和创意重新着色4个功能。文字生成模板和文字生成矢量图形可以在其他网页或软件中使用。此外，创建3D并生成图像、草图生成图像和个性化结果3个功能还在探索中，如图9-2所示。

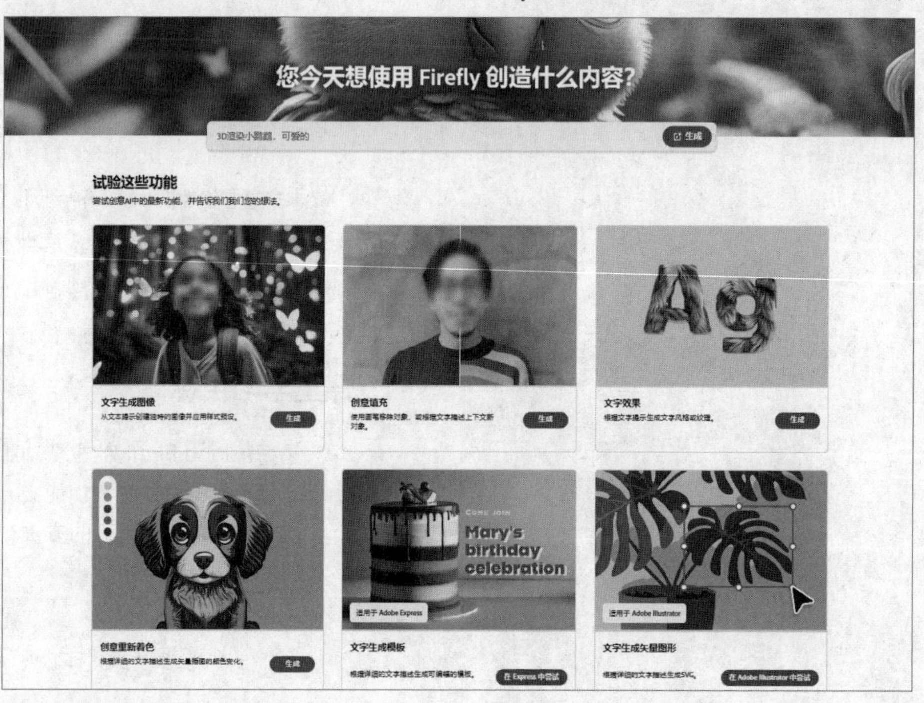

图9-1

图9-2

9.1.2 文字生成图像

使用Firefly的文字生成图像功能可以通过提示词生成图像。进入该功能的操作页面，其中的图像都是用提示词生成的，如图9-3所示。将鼠标指针放到图像上，会出现生成该图像的提示词，如图9-4所示。单击图像会进入生成该图像的操作页面，其中包括生成这张图像的提示词与相关参数，如图9-5所示。这些内容可供我们参考和学习。

图9-3

图9-4

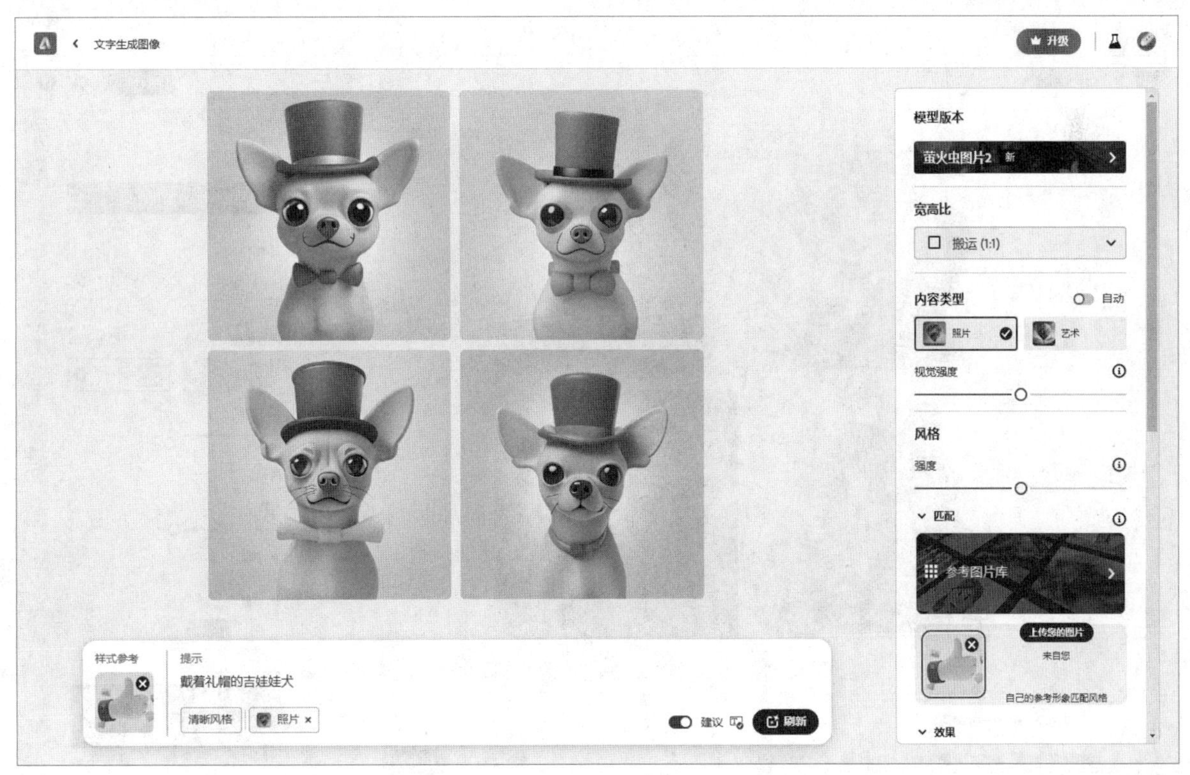

图9-5

如果想自己进行创作，可以在页面底部的输入框中输入提示词。例如，输入提示词“一只可爱的小猫和一朵小雏菊”，即可按生成小猫的参数生成类似的效果，如图9-6所示。当然，也可以去掉原有风格的标签，生成其他风格的图像，如图9-7所示。此外，还可以调整生成图像的宽高比、风格、样式、色彩和灯光等。

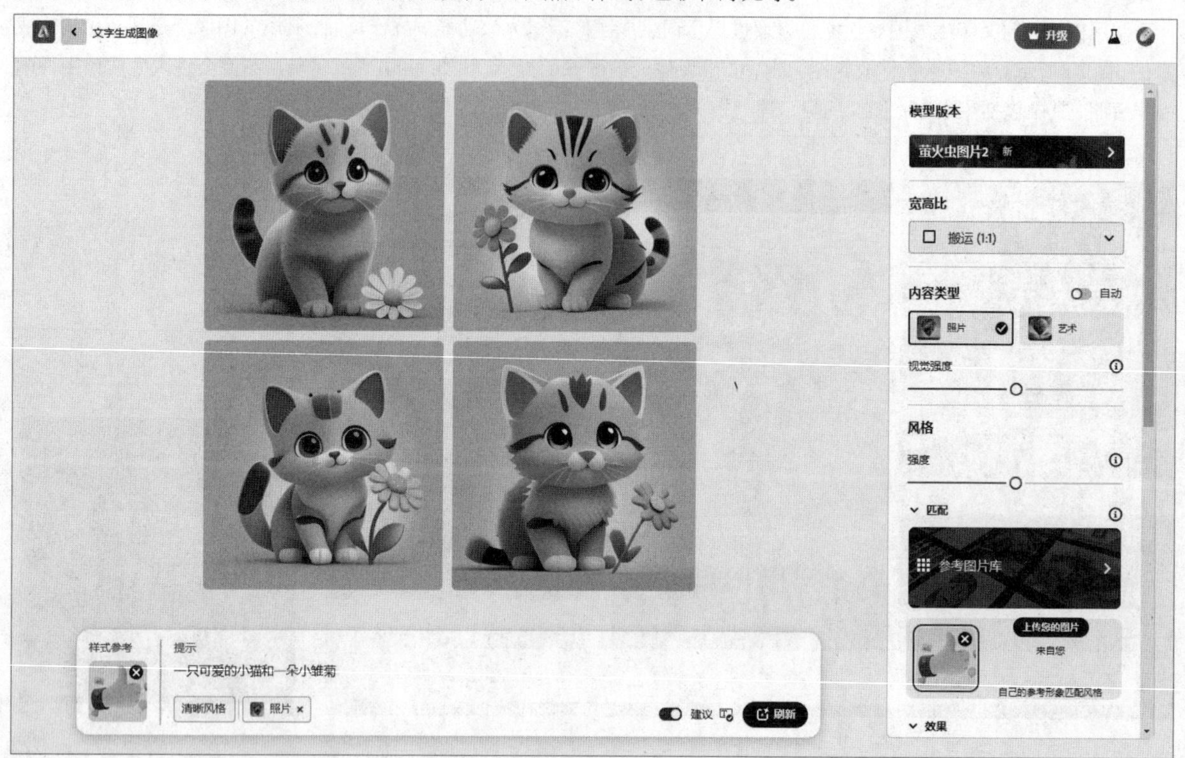

图9-6

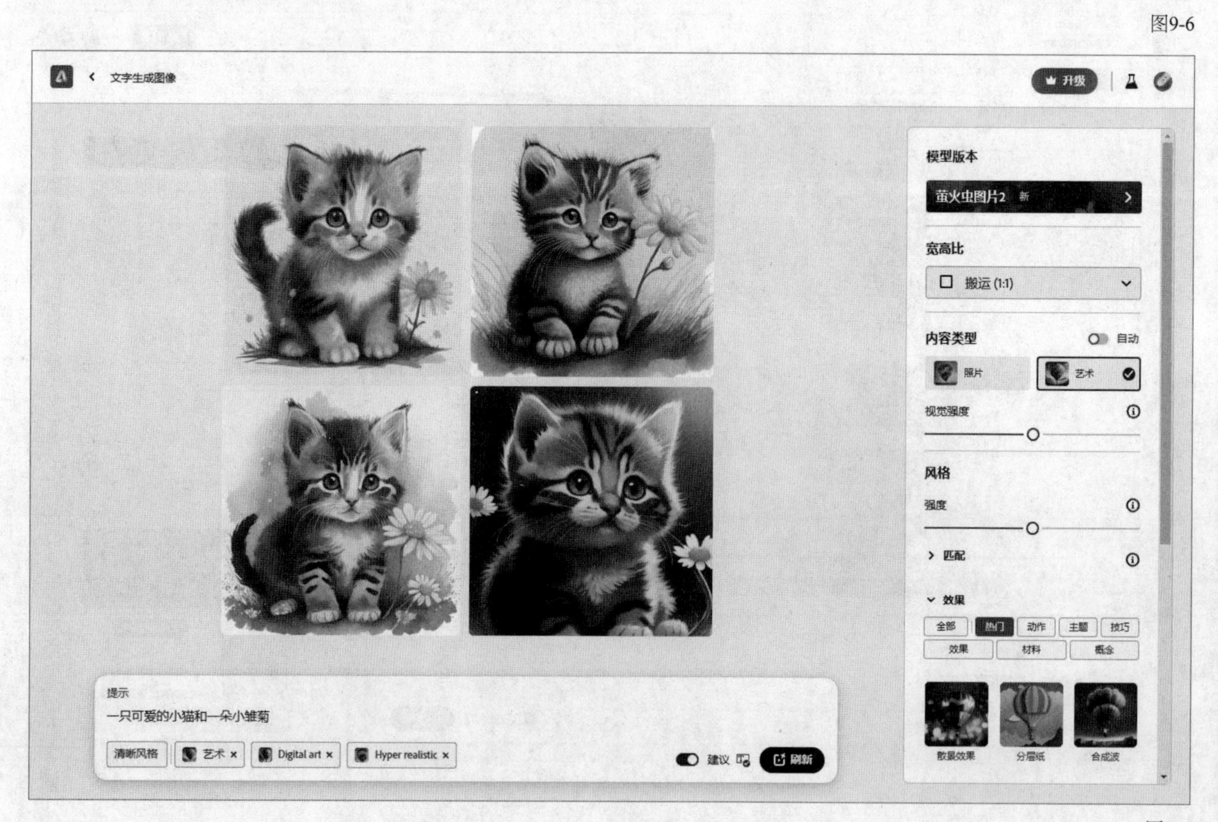

图9-7

9.1.3 创意填充

创意填充功能可以使用画笔删除对象，或者根据提示词的描述生成新的图像，新的图像将叠加原始图像生成新图像，而不是用传统形式提取现有图像的各个部分进行生成的。进入该功能的操作页面，如图9-8所示，可以将需要修改的本地图像拖曳到页面中，也可以单击演示图像进入修改图像的页面，如图9-9所示。

图9-8

图9-9

在页面中可以加入、去除或更换图像中的内容。例如，将灯塔涂抹掉，如图9-10所示，然后输入提示词“一座充满了现代科技的楼房”，即可根据提示词生成新的图像，如图9-11所示。

图9-10

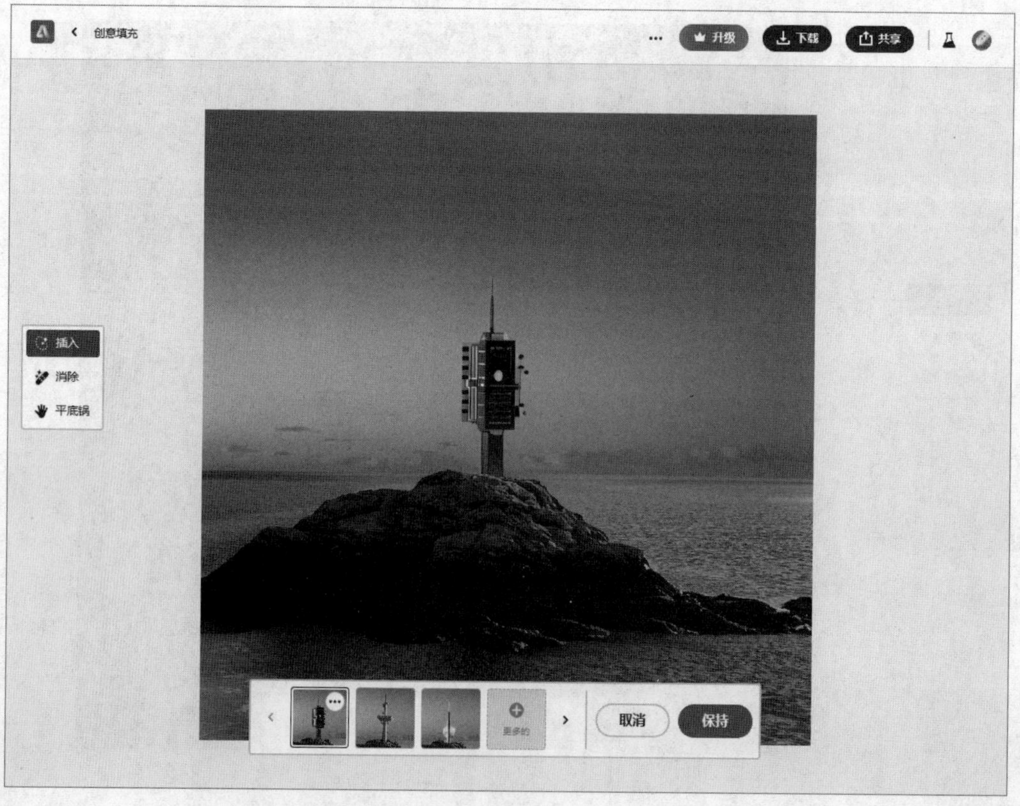

图9-11

9.1.4 文字效果

Firefly可以为输入的文字按照提示词添加特殊的样式，也可以根据页面中自带的样式选择自己想要的风格和主题。进入该功能的操作页面，如图9-12所示，在页面底部的输入框中输入文本和提示词。例如，输入“文本”为Firefly，“提示”为“梦幻、五彩斑斓的效果”，生成的文字效果如图9-13所示，输入框上方有4种效果可供选择，此外在页面的右侧还可以修改匹配形状、字体，以及字体和背景的颜色。

图9-12

图9-13

技巧与提示

Firefly支持生成中文字体效果，但目前只能使用比较基础的字体，如黑体，如图9-14所示。对于过细的笔画，生成的效果可能会欠佳，元素容易被撕裂，或者飞出字体范围以外，如图9-15所示。

图9-14

图9-15

9.1.5 创意重新着色

创意重新着色功能可以根据文本描述将矢量图稿重新着色，此外还可以用页面中提供的参考颜色进行搭配，以便快速地生成多种配色效果。进入该功能的操作页面，如图9-16所示，可以将需要修改的本地图像拖曳到页面中，也可以单击演示图像进入修改图像的页面，如图9-17所示。页面的右侧提供了多种配色方案，此外还可以通过输入提示词来生成自己想要的着色效果。

图9-16

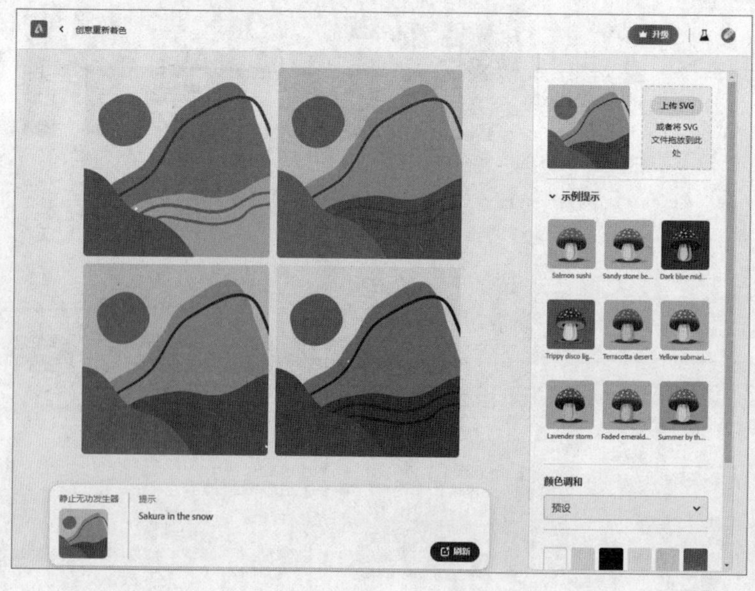

图9-17

9.2 文心一格

文心一格是百度依托飞桨、文心大模型的技术创新推出的AI作画产品，只需输入文字描述（提示词），就能根据输入的内容快速地生成各种风格的精美画作，由此给画师、设计师等创作者提供灵感，辅助设计与艺术创作。进入文心一格的网页（yige.baidu.com）并登录账号，就可以开始使用文心一格了。随着文心一格的更新迭代，读者在打开网页时显示的内容可能会有差别。默认的位置是首页，单击“AI创作”或右下角的◙按钮即可进入操作页面，如图9-18所示。下面简要介绍其文生图、图生图、海报、艺术字4个功能。

图9-18

9.2.1 文生图

进入“AI创作”中，页面显示如图9-19所示。在页面左侧上方的文本框中可以输入描述的提示词，然后在其下方可以设置图像的风格、比例等，生成的图像会出现在页面的右侧。例如，输入提示词“树屋，在云端，细节丰富”，然后单击“立即生成”按钮，页面如图9-20所示。

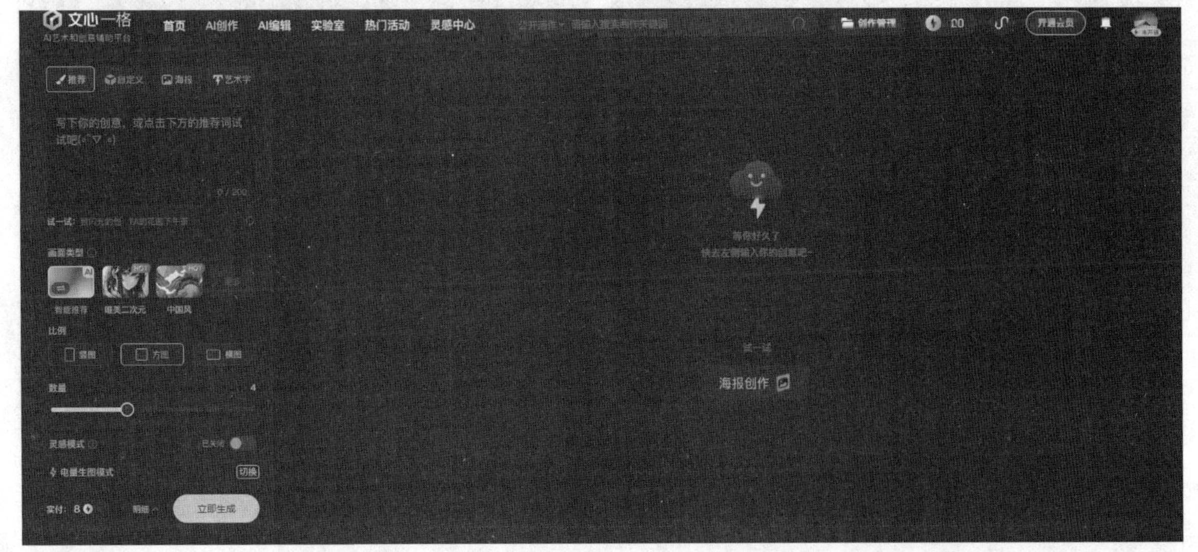

图9-19

图9-20

在页面左侧可以设置绘画的风格，单击“更多”按钮会显示全部风格，如图9-21所示。在不改变提示词的情况下，选择“中国风”选项，单击“立即生成”按钮，生成的效果如图9-22所示；选择“超现实主义”选项，单击“立即生成”按钮，生成的效果如图9-23所示。读者在使用时可以进行多种风格的尝试，以便得到自己想要的效果。

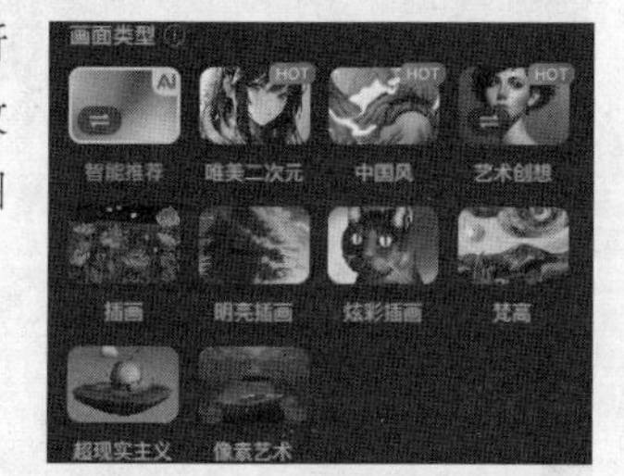

图9-21

图9-22

图9-23

知识点：提示词的优化

除了选择合适的绘画风格，还可以通过优化提示词来获得更好的绘画效果。一般可以将提示词的描述方式概括为“画面主体+细节词+风格修饰词”。下面提供一些常用的提示词。

图像类型：古风、二次元、写实照片、油画、水彩画、油墨画、水墨画、黑白雕版画、雕塑、3D模型、手绘草图、炭笔画、极简线条画、浮世绘、电影质感、机械感。

图像构图：中心构图、水平线构图、辐射纵深、渐次式韵律、三分构图法、框架构图、引导线构图、视点构图、散点式构图、超广角、黄金分割构图、错视构图、抽象构图。

艺术流派：现实主义、印象派、野兽派、新艺术、表现主义、立体主义、抽象主义、至上主义、超现实主义、行动画派、波普艺术、极简主义。

插画风格：扁平风格、渐变风格、矢量插画、2.5D风格插画、涂鸦白描风格、森系风格、治愈系风格、水彩风格、暗黑风格、绘本风格、噪点肌理风格、MBE风格、轻拟物风格、等距视角风格。

个性风格：赛博朋克、概念艺术、蒸汽波艺术、LowPoly（低多边形）、像素风格、极光风格、宫崎骏风格、吉卜力风格、幻象之城风格、苔藓微景观、新浪潮风格。

人像增强：精致面容、五官精致、毛发细节、少年感、蓝眼睛、超细腻、比例正确、妆容华丽、厚涂风格、虹膜增强。

摄影图像：舞台灯光、环境光照、体积照明、电影效果、氛围光、丁达尔效应、暗色调、动态模糊、长曝光、颗粒图像、浅景深、微距摄影、逆光、抽象微距镜头、仰拍、软焦点。

图像细节：纹理清晰、层次感、物理细节、高反差、光圈晕染、轮廓光、立体感、空间感、锐化、色阶、低饱和度、CG渲染、局部特写。

大家还可以通过创作者分享的优秀画作积累提示词。在首页中，将鼠标指针放到画面上，会显示相关的提示词，如图9-24所示。

图9-24

此外，还可以设置绘画的比例，包含“竖图”“方图”“横图”3种比例，如图9-25所示。默认生成的效果为“方图”。在不改变提示词的情况下并保持默认的画面类型，“竖图”“横图”比例生成的效果如图9-26所示。

图9-25

图9-26

在“比例”的下方还可以调整生成图像的数量，默认为4，如图9-27所示。目前，最多可以调整为一次生成9张图像。

图9-27

技巧与提示

生成不同数量的图像会消耗不同的电量。目前，生成一张图像会消耗2电量，默认生成4张图像就会消耗8电量，以此类推。电量是文心一格为创作者提供的类似“金币”的东西，用于支付、兑换文心一格的图像生成服务和其他增值服务等。通过签到或充值等方式可以获取电量。

课堂案例

制作美食Banner

素材文件　无
实例文件　实例文件>CH09>制作美食Banner.ai
视频名称　制作美食Banner.mp4
学习目标　掌握使用AI辅助设计Banner的方法

本案例将使用文心一格生成创意图像并用其制作Banner，效果如图9-28所示。

创意图像

制作效果

图9-28

01 进入文心一格的官网（yige.baidu.com）并登录账号。单击"AI创作"或右下角的按钮即可进入操作页面，如图9-29所示。

图9-29

02 在左侧的文本框中输入提示词"美食，俯拍，烧烤，高清，细节丰富"，然后设置"比例"为"方图"，"数量"为1，生成后的效果如图9-30所示。如果对生成的效果不满意，可以改变提示词后重新生成，得到满意的效果后下载图像。

图9-30

技巧与提示

使用AI生成图像时有很大的随机性，即使是相同的提示词生成的效果也可能会有很大差距。读者可以多次调整提示词以生成更好的效果并进行创作，也可以使用本案例生成的图像继续操作。该图像位于本案例实例文件所在的文件夹中。

在生成图像后，单击图像右侧的“下载”按钮即可下载图像，如图9-31所示。此外，在图像的右侧还有喜欢、分享、放入收藏夹、公开画作、添加标签和删除等操作的按钮。

图9-31

03 在Illustrator中新建一个尺寸为1920px×900px，“颜色模式”为“RGB颜色”，“光栅效果”为“屏幕（72ppi）”的画板，然后将下载后的文件置入画板中，如图9-32所示。

图9-32

04 使用“椭圆工具”绘制一个和盘口一样大小的椭圆，绘制时可降低椭圆的“不透明度”，便于对齐边缘，如图9-33所示。按快捷键Ctrl+7创建剪切蒙版，如图9-34所示。

图9-33

图9-34

05 使用“矩形工具”绘制一个与画板同样大小的矩形，将其置于底层，设置矩形的“填色”为红色（R:206，G:5，B:5），接着将图像放大并置于画面的左下角，如图9-35所示。

图9-35

06 使用“文字工具”创建黑色的点文字“牛”，设置字体系列为“方正胖娃简体”，字体大小为400pt，接着绘制一个圆形，如图9-36所示。同时选中圆形与“牛”字，执行“对象>封套扭曲>用顶层对象建立”菜单命令，如图9-37所示。

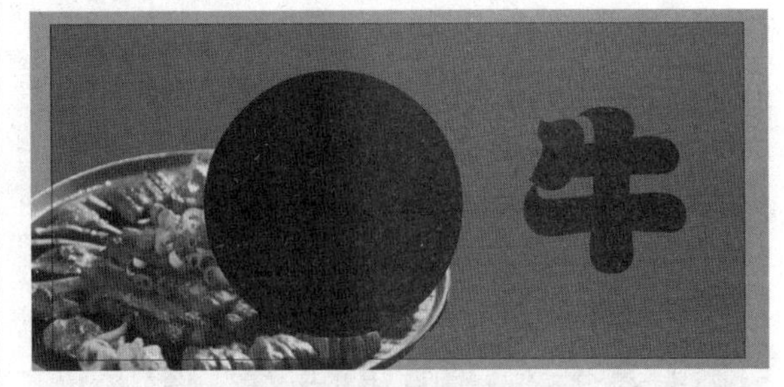

图9-36

图9-37

07 将“牛”字的颜色调整为黑棕色（R:30，G:2，B:5）并放大一些，然后将其放到图像的后方，如图9-38所示。

图9-38

08 在画面中加入装饰图形和文字，并适当调整图像的位置，最终效果如图9-39所示。

图9-39

9.2.2 图生图

切换到“自定义”选项卡，可以通过上传一张参考图来生成图像。在其中不仅可以选择绘画风格与绘画尺寸，还可以添加与“画面风格”“修饰词”“艺术家”“不希望出现的内容”相关的提示词，如图9-40所示。

上传一张五彩斑斓的图像，然后输入提示词“树屋，在云端，细节丰富”，如图9-41所示，生成的效果如图9-42所示。

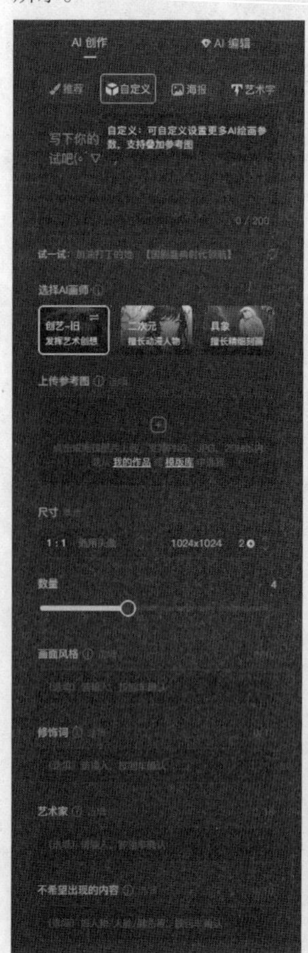

图9-40

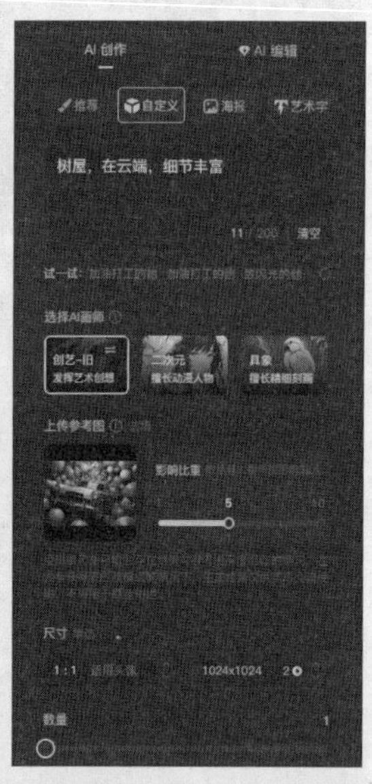

图9-41

图9-42

9.2.3 海报

切换到“海报”选项卡，在其中可以设置海报的“排版布局”，还可以分别输入“海报主体”“海报背景”的提示词，如图9-43所示。

“排版布局”选择“横版16∶9”中的“底部布局”，在“海报主体”文本框中输入提示词“荷花，水彩，清新唯美”，在“海报背景”文本框中输入提示词“池塘，虚化”，如图9-44所示，生成的效果如图9-45所示。在下载图像后，可以使用Photoshop或Illustrator等软件对其进行编辑、排版，如图9-46所示。

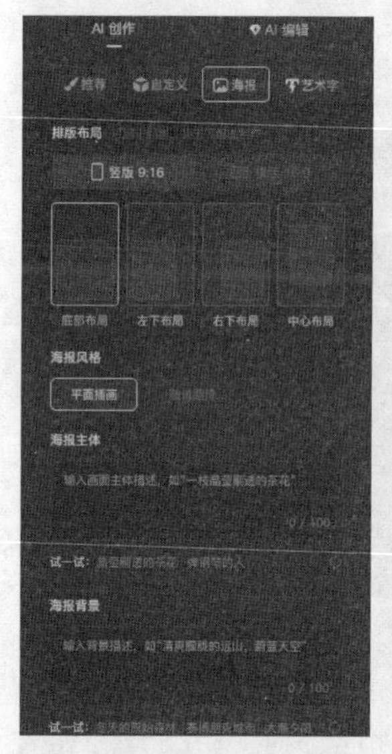

图9-43

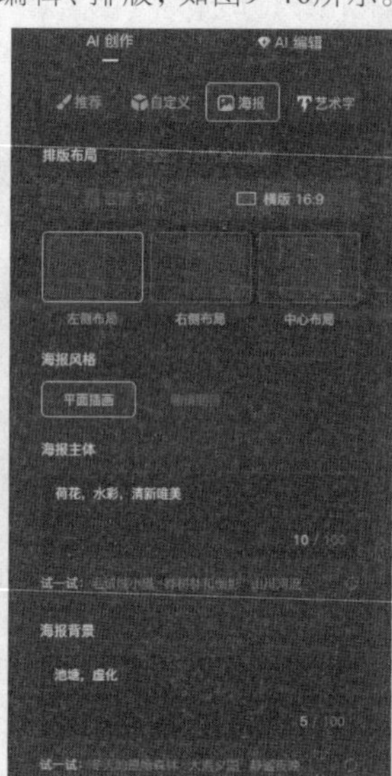

图9-44

图9-45

图9-46

课堂案例

制作抽象艺术海报

素材文件 无
实例文件 实例文件>CH09>制作抽象艺术海报.ai
视频名称 制作抽象艺术海报.mp4
学习目标 掌握使用AI辅助设计海报的方法

本案例将使用文心一格生成海报图像并用其制作抽象艺术海报，效果如图9-47所示。

图9-47

01 进入文心一格的官网（yige.baidu.com）并登录账号。单击“海报创作”即可进入操作页面，如图9-48所示。

图9-48

02 “排版布局”选择“竖版9:16”中的“左下布局”，在“海报主体”文本框中输入提示词“时空艺术，错位，抽象”，在“海报背景”文本框中输入提示词“抽象”，设置“数量”为1，如图9-49所示。生成满意的效果后下载图像。

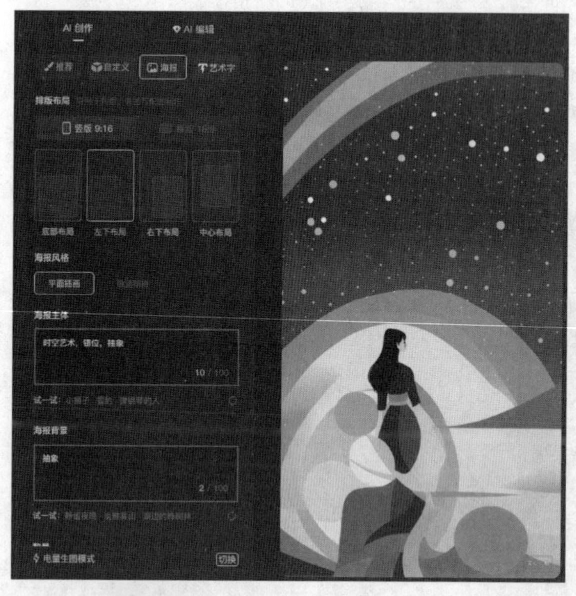

图9-49

技巧与提示

读者可以使用自己生成的效果进行创作，也可以使用本案例生成的图像继续操作，该图像位于本案例实例文件所在的文件夹中。

03 打开Illustrator，按快捷键Ctrl+N打开“新建文档”对话框，选择“打印”选项卡中的“A4”选项，并设置“出血”为3mm，接着单击“创建”按钮。将下载的图像拖曳到画板中，如图9-50所示。

图9-50

04 单击控制栏中“图像描摹”按钮右侧的按钮，选择“高保真度照片”选项，进行图像描摹。放大描摹结果可以看到边缘不是很平滑，如图9-51所示。单击控制栏中的“图像描摹面板”按钮，设置“颜色”为16，如图9-52所示。

图9-51

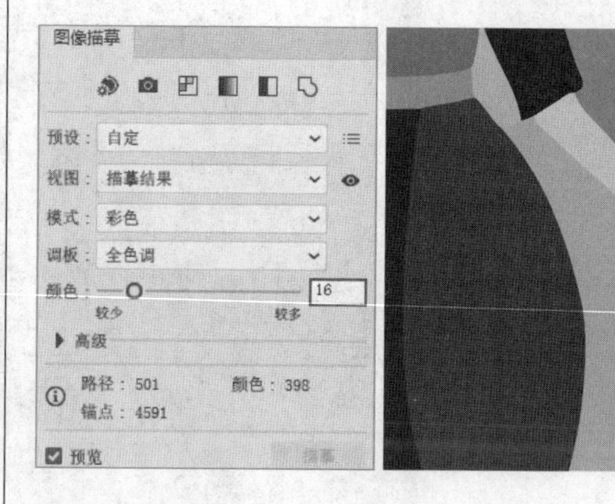

图9-52

05 单击“扩展”按钮将描摹结果转换为路径，如图9-53所示，然后取消图像编组，并删除图像的大部分的背景以及人物面部多余的元素，缩小后放到画板的右下角，如图9-54所示。

图9-53

图9-54

06 使用“矩形工具”绘制一个与画板同样大小的矩形，并将其置于底层，然后设置矩形的“填色”为浅黄色（R:255，G:248，B:238），如图9-55所示。选取并复制粘贴图9-56所示的图形元素，编组，等比放大，降低不透明度为35%，调整到人物的后方，如图9-57所示。

图9-55

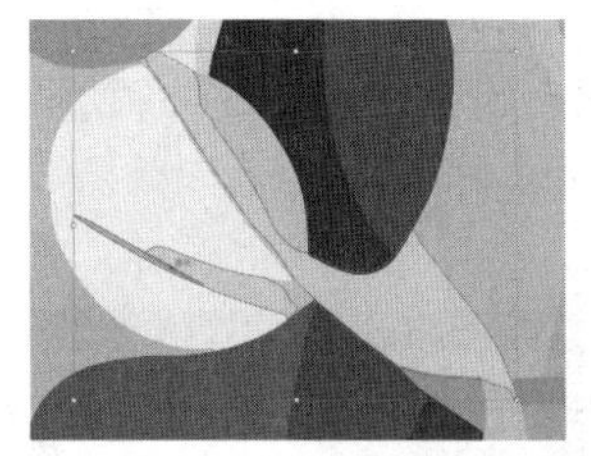

图9-56

图9-57

07 选取画面中的圆形，复制出多份，并随机地分布在主体周围，接着调整圆形的颜色（颜色值不需要很精确）和大小，如图9-58所示。

图9-58

技巧与提示

在调整圆形颜色时，可以使用画面中已有的颜色。此外，在文心一格的首页中进入“创作管理”可以查询到已绘制的图像，单击放大后可以看到图像中的配色，如图9-59所示。单击色块即可复制色值，如图9-60所示。

图9-59

图9-60

08 使用“文字工具” T 在画面中加入文案，最终效果如图9-61所示。

图9-61

课堂练习

制作新年海报

素材文件	无
实例文件	实例文件>CH09>制作新年海报.ai
视频名称	制作新年海报.mp4
学习目标	掌握使用AI辅助设计海报的方法

练习使用文心一格生成海报图像并用其制作新年海报，生成海报图像使用的提示词为“金色龙腾飞在空中，主体特写”，“海报”背景的提示词为“喜庆，红色，渐变颜色”，效果如图9-62所示。

图9-62

9.2.4 艺术字

切换到“艺术字”选项卡中，在其中输入需要设计的汉字，然后设置字体布局和比例，就可以根据提示词生成艺术字效果，如图9-63所示。

在页面左侧顶部输入框中输入汉字“冬”，然后选择“默认”布局，接着在“字体创意”输入框中输入提示词“冬天，冰雕，冰灯，雪”，如图9-64所示，生成的效果如图9-65所示。

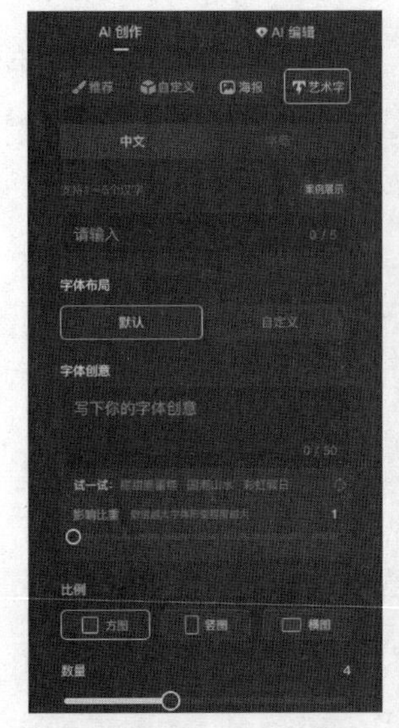

图9-63

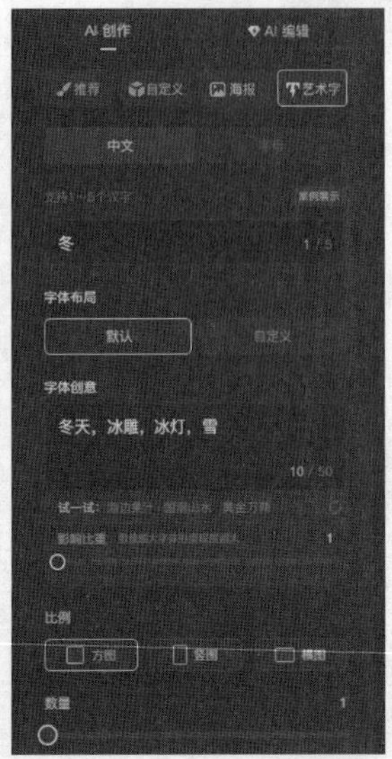

图9-64

图9-65

9.3 本章小结

本章主要讲解了Adobe Firefly和文心一格的使用方法，使用此类AI作图工具能够快速、高效地创作出精美的图像。读者需要了解AI并学会应用AI，以提高创造力和效率。

9.4 课后习题

根据本章的内容，本节共安排了两个课后习题供读者练习，以带领读者对本章的知识进行综合运用。

课后习题：制作日签海报

素材文件	无
实例文件	实例文件>CH09>制作日签海报.ai
视频名称	制作日签海报.mp4
学习目标	掌握使用AI辅助设计海报的方法

对文心一格的使用方法进行练习，生成创意图像使用的提示词是“艺术，绘画，缤纷，生活的调色板”，效果如图9-66所示。

图9-66

课后习题：制作艺术展海报

素材文件	无
实例文件	实例文件>CH09>制作艺术展海报.ai
视频名称	制作艺术展海报.mp4
学习目标	掌握使用AI辅助设计海报的方法

对文心一格的使用方法进行练习，生成创意图像使用的提示词是“时空艺术，错位，幻想，抽象，赛博朋克，超现实主义”，效果如图9-67所示。

图9-67

第 10 章

综合案例

本章共有7个案例。将通过讲解字体设计、Logo设计、海报设计、包装设计、电商设计、UI设计和插画设计相关的案例，将之前介绍的内容进行综合运用。

课堂学习目标

◇ 字体设计
◇ Logo设计
◇ 海报设计
◇ 包装设计
◇ 电商设计
◇ UI设计
◇ 插画设计

10.1 字体设计：制作书法字体

素材文件　素材文件>CH10>素材01-1.png、素材01-2.jpg

实例文件　实例文件>CH10>字体设计：制作书法字体.ai

视频名称　字体设计：制作书法字体.mp4

学习目标　掌握使用笔画拼接法制作书法字体

“笔画拼接法”是很便捷的一种设计字体的方法，对初学者来说很好用。本案例将使用已有的书法笔触进行拼接，制作书法字体，效果如图10-1所示。

图10-1

01 新建一个尺寸为1000px×1000px的画板，然后将本书学习资源文件夹中的“素材文件>CH10>素材01-1.png”文件置入画板中，如图10-2所示。单击“图像描摹”面板中的“高色”按钮，在切换到该选项卡之后，设置“模式”为“黑白”，同时将“阈值”的数值调大（该数值越大，保留的细节越多，数值为255时会变成全黑，这里将其设置为185比较合适），如图10-3所示。

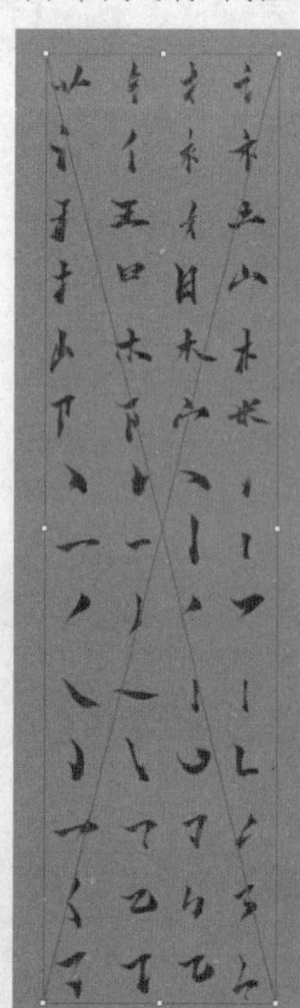
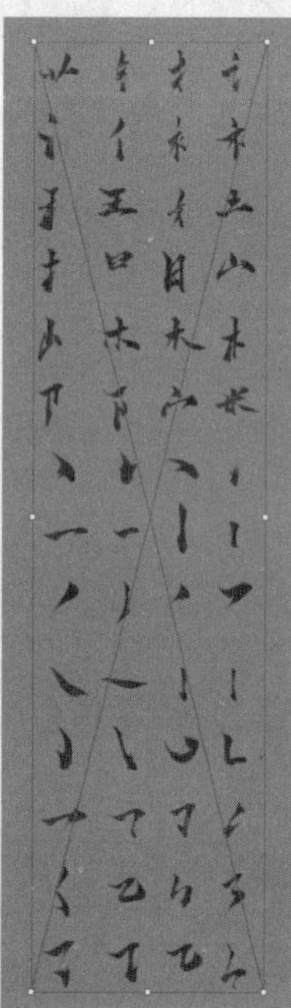

图10-2

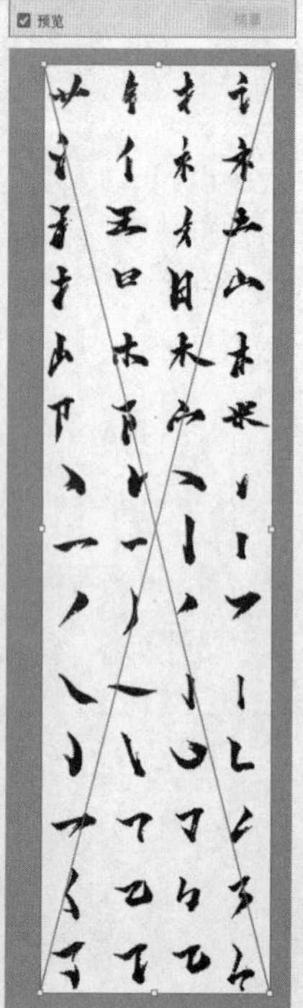

图10-3

02 单击控制栏中的“扩展”按钮，将描摹结果转换为路径。取消编组并删除白色背景，放大后可以看到部分笔画或部首上还有白底，如“日”部首，如图10-4所示。将其选中，单击“路径查找器”面板中的“减去顶层”按钮，可以做出镂空效果，如图10-5所示。

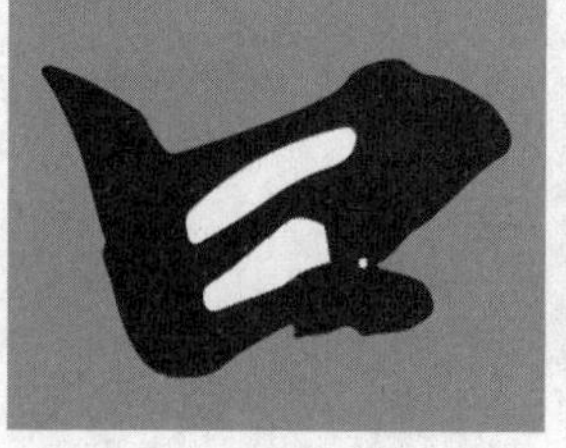

图10-4

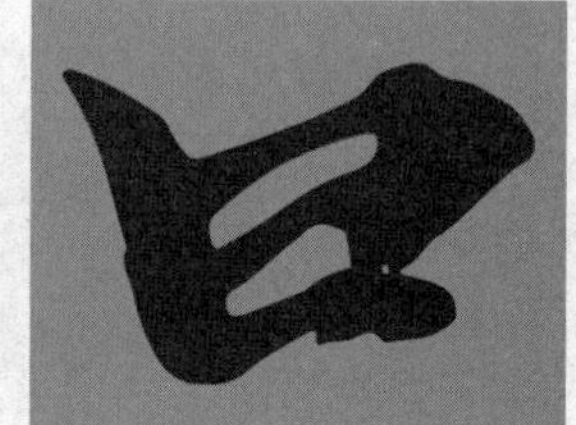

图10-5

03 使用“文字工具”T创建点文字“侠客”，放大文字（400pt左右）并降低文字的“不透明度”（20%左右），设置完成后锁定这两个字，如图10-6所示。

图10-6

技巧与提示

本案例使用的字体是“汉仪行楷简”，读者可以选择任意一种喜欢的字体进行设计。

04 将本案例需要的笔画或部首挑选出来，用步骤02中的方法做出镂空效果，如图10-7所示。其中，“客”字中的“口”可以用“日”部首先替代，之后擦除多余的部分即可。

图10-7

05 使用“选择工具”将需要的笔画拖曳到“侠”字上，并调整其大小，如图10-8所示。需要注意的是，有些笔画在拼接时需要调整其角度或长度等。

图10-8

06 观察拼接后的“侠”字，可以看到图10-9所示的这些位置都不是很协调，接下来可以使用“直接选择工具”、“钢笔工具”和“橡皮擦工具”等工具调整笔画，调整后的效果如图10-10所示。

图10-9

图10-10

07 用同样的方法拼接“客”字，如图10-11所示。调整后的效果如图10-12所示。

图10-11

图10-12

08 再新建一个尺寸为1920px × 900px，“颜色模式”为“RGB颜色”，“光栅效果”为“屏幕（72ppi）”的画板，然后将“素材01-2.jpg”置入画板中并调整到合适的大小，如图10-13所示。将制作好的“侠客”二字复制到当前画板中，然后调整文字的大小与位置，如图10-14所示。

图10-13

图10-14

09 按快捷键Ctrl+C复制文字，然后按快捷键Ctrl+B将文字粘在后面，接着向右下方移动一些距离，再将文字的颜色调整为白色，最终效果如图10-15所示。

图10-15

10.2 Logo设计：制作宠物品牌Logo

素材文件	无
实例文件	实例文件>CH10>Logo设计：制作宠物品牌Logo.ai
视频名称	Logo设计：制作宠物品牌Logo.mp4
学习目标	掌握使用AI辅助设计Logo的方法

在设计Logo时，可以从AI中获取灵感。本案例将从文心一格获取灵感设计一个品牌的Logo，效果如图10-16所示。

图10-16

01 “咿咿喵”是一个专注于制作宠物相关物品的公司。考虑到客户群体为养宠物的消费者，所以想将Logo设计成扁平、可爱、亲民的感觉，并使用猫的元素。进入文心一格的官网（yige.baidu.com）并登录账号。单击“AI创作”或右下角的按钮即可进入操作页面，在左侧的文本框中输入提示词“用几何形状画猫”，生成的效果如图10-17所示。

图10-17

02 观察生成的图像，此时的猫的明暗细节过多，较为复杂。将提示词改为“用几何形状画猫，扁平，矢量”，生成的效果如图10-18所示。

图10-18

03 从生成的效果可以看到，猫的身上没有了几何形状，因此，将提示词改为“几何形状组成的猫，扁平，矢量”，生成的效果如图10-19所示。

图10-19

04 观察生成的图像，此时的猫的刻画明暗细节过多，较为复杂。将提示词改为“几何形状组成的猫，单色，平面，扁平，矢量，无光影”，生成的效果如图10-20所示。

图10-20

05 此时的效果就比较好了，再将提示词改为“几何形状组成的猫，橘色，平面，扁平，矢量，无光影”，生成的效果如图10-21所示。

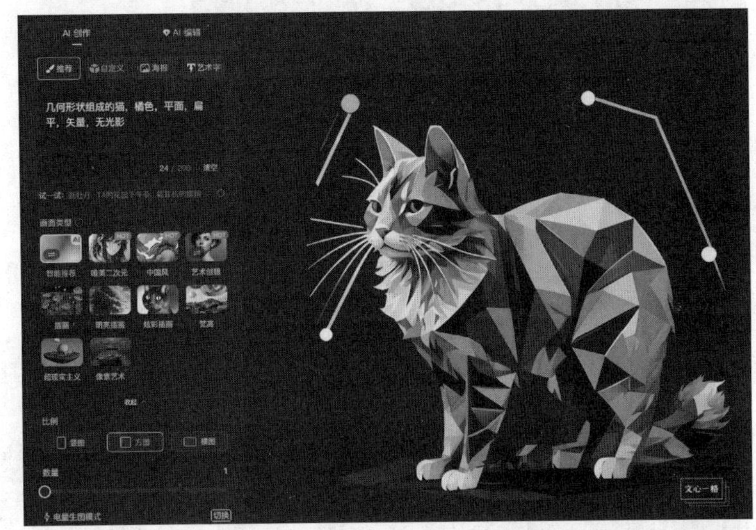

图10-21

06 此时猫的体态还没有确定，可以在原有提示词的基础上加入不同姿势的形容词进行生成，如图10-22~图10-24所示。

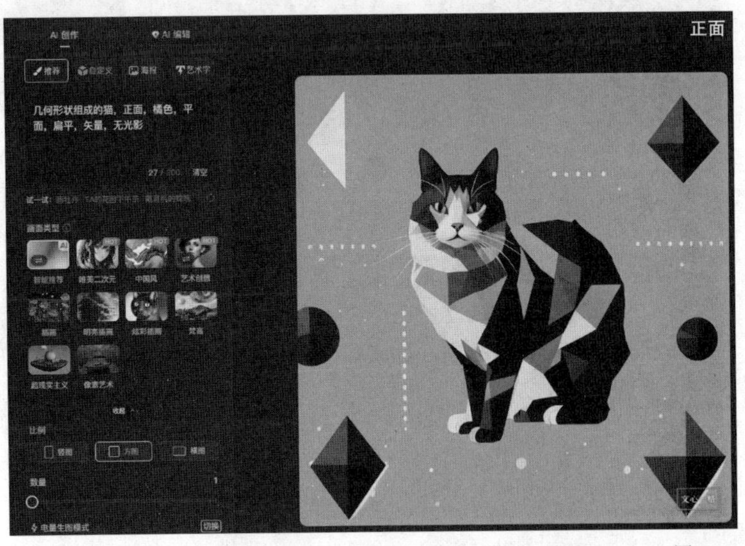

图10-22

图10-23

图10-24

技巧与提示

此外，还可以尝试一下不同风格和不同尺寸生成的效果。其中，较好的效果如图10-25~图10-30所示。读者可以多次更换提示词和风格来生成参考图。

图10-25

"画面类型"为"艺术创想"

图10-26

图10-27

图10-28

图10-29

图10-30

07 考虑到品牌特点，将使用图10-31所示的猫来设计Logo。先将图像下载到本地，然后打开Illustrator并新建一个尺寸为1000px × 1000px的画板，接着将图像置入画板中并将其锁定。

图10-31

08 使用"钢笔工具"按照猫的形态进行绘制并适当简化，如图10-32所示。将背景解锁并删除，如图10-33所示。

图10-32

图10-33

09 使用"文字工具"T创建点文字"YIYIMIAO"，并设置字体系列为"方正胖娃简体"，如图10-34所示。执行"对象>扩展"菜单命令将文字扩展为轮廓，取消编组并将这些字母排列到猫的身上，如图10-35所示。

图10-34

图10-35

10 删除猫身上字母后面的色块，然后同时选中猫脸和眼睛的外轮廓，单击“路径查找器”面板中的“减去顶层”按钮，这样就做出了镂空效果，如图10-36所示。用同样的方法处理虹膜和瞳孔，如图10-37所示。

图10-36

图10-37

11 调整一下Logo的颜色（读者可以自行设计），如图10-38所示，然后使用“平滑工具”处理一下猫爪的路径，使整体更为平滑，接着在下方加上品牌名称，最终效果如图10-39所示。

图10-38

图10-39

10.3 海报设计：制作促销海报

素材文件	无
实例文件	实例文件>CH10>海报设计：制作促销海报.ai
视频名称	海报设计：制作促销海报.mp4
学习目标	掌握海报的制作方法

海报不仅可以帮助传递信息，还可以通过艺术形式引起人们的共鸣和关注。本案例将使用文字类工具、渐变网格和“膨胀”效果等制作促销海报，效果如图10-40所示。

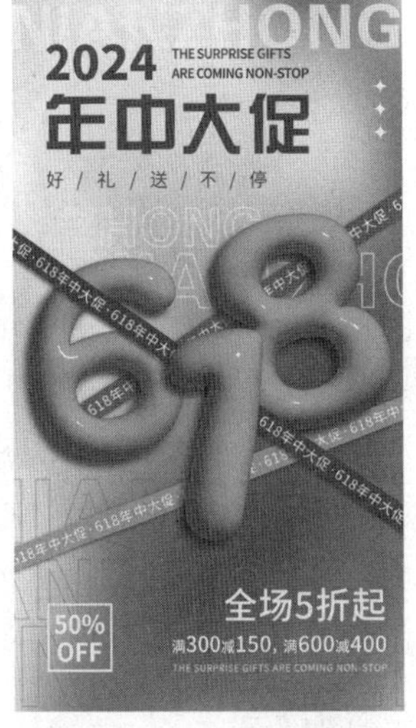

图10-40

01 新建一个尺寸为1080px×1920px，“颜色模式”为“RGB颜色”，“光栅效果”为“屏幕（72ppi）”的画板。使用“矩形工具”绘制一个与画板同样大小的矩形，执行“对象>创建渐变网格”菜单命令，在弹出的“创建渐变网格”对话框中设置“行数”为4，“列数”为4，如图10-41所示。

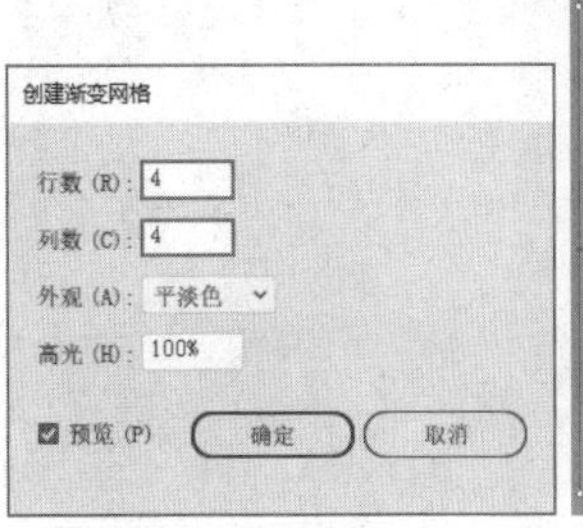

图10-41

02 使用“直接选择工具”选择右下角的锚点，设置“填色”为紫色（R:172，G:118，B:214），如图10-42所示。接着使用“直接选择工具”选择多个锚点，设置“填色”为浅蓝色（R:216，G:249，B:254），如图10-43所示。

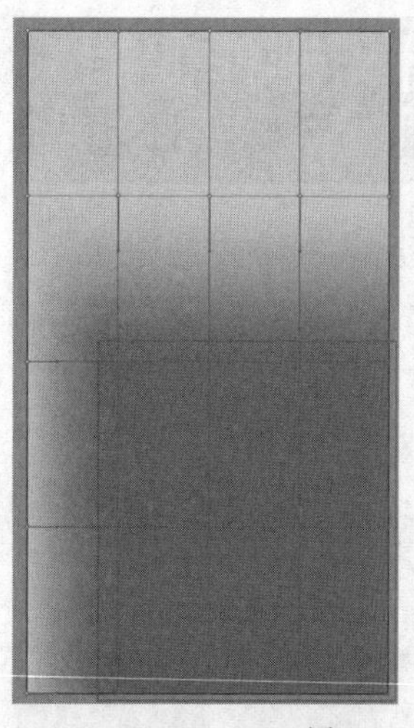

图10-42

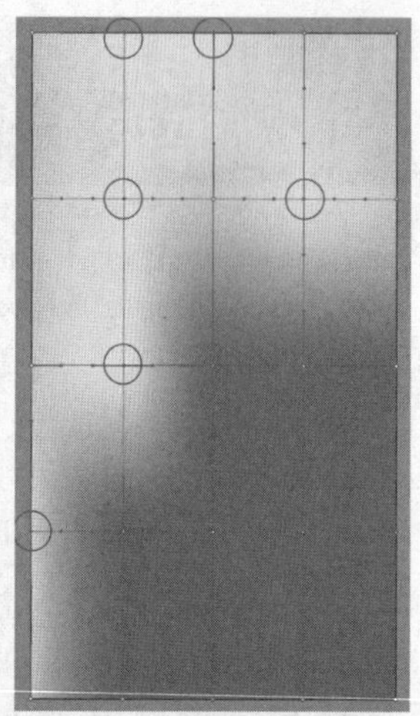

图10-43

技巧与提示

这一步用于制作有渐变效果的背景，锚点的选择与颜色的设置不需要十分精确，读者可以进行任意搭配。

03 选择剩余的锚点，可以将颜色设置为粉色、浅紫色和蓝色等，使整体的颜色搭配协调一些，如图10-44所示。

04 使用“直接选择工具”拖曳锚点和路径，使渐变的效果变化多一些，如图10-45所示。调整时可再加重或减轻部分锚点的颜色，整体过渡柔和即可，如图10-46所示。

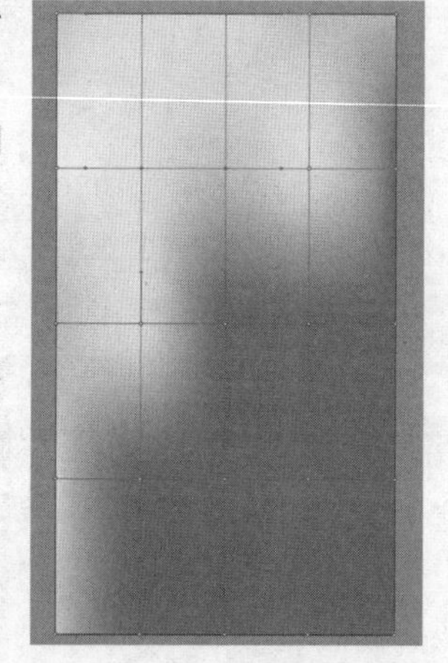

图10-44

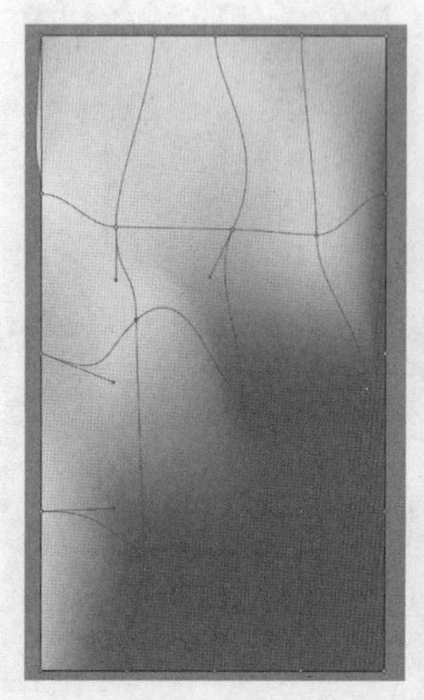

图10-45

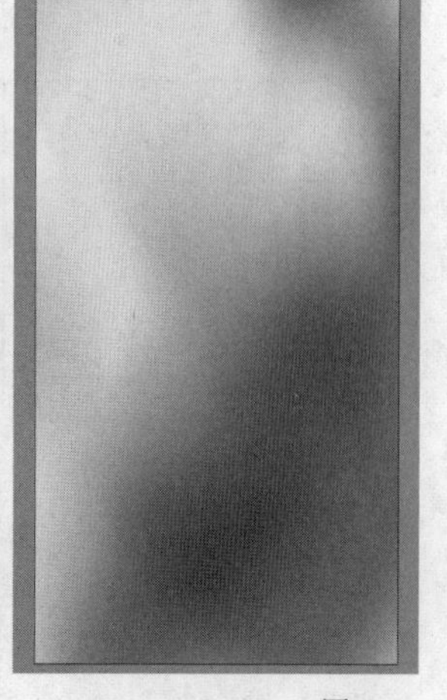

图10-46

05 使用“文字工具”T创建点文字“618”，然后设置字体系列为“方正兰亭特黑_GBK”，字体的大小和颜色可以任意设置，如图10-47所示。选中文字，执行“对象>扩展”菜单命令，如图10-48所示。

图10-47

图10-48

06 使用“直接选择工具”调整文字，使其整体变得圆润一些，并设置“填色”为粉色（R:255，G:146，B:252），然后取消文字的编组，如图10-49所示。

图10-49

07 同时选中3个数字，然后执行“效果>3D和材质>膨胀”菜单命令，接着设置“深度”为0px，如图10-50所示。选择“材质”选项卡，设置“粗糙度”为0，“金属质感”为0.12，如图10-51所示。选择“光照”选项卡，设置“软化度”为45%，“环境光”的“强度”为65%，如图10-52所示。单击“使用光线追踪进行渲染”按钮进行渲染，得到的效果如图10-53所示。

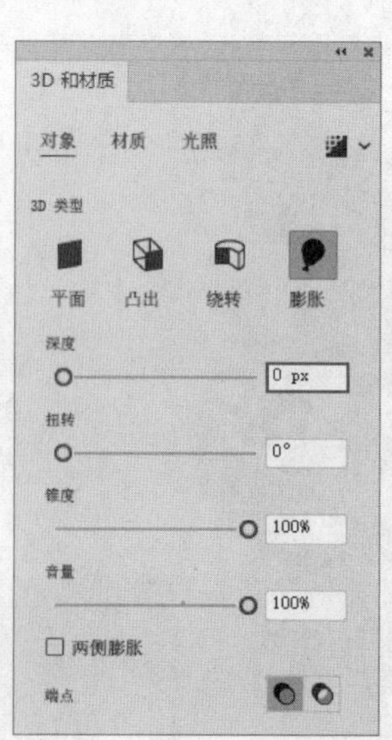

图10-50

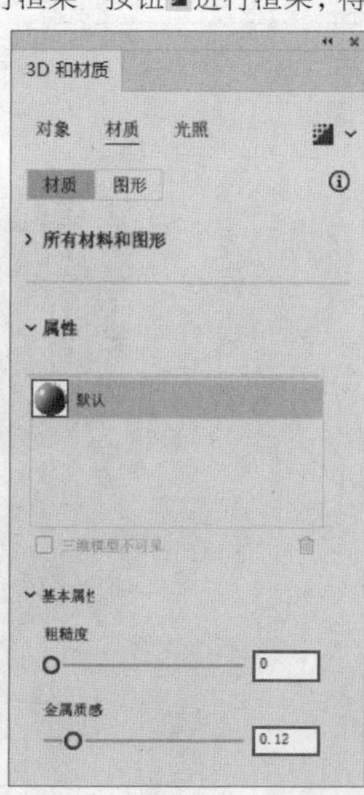

图10-51

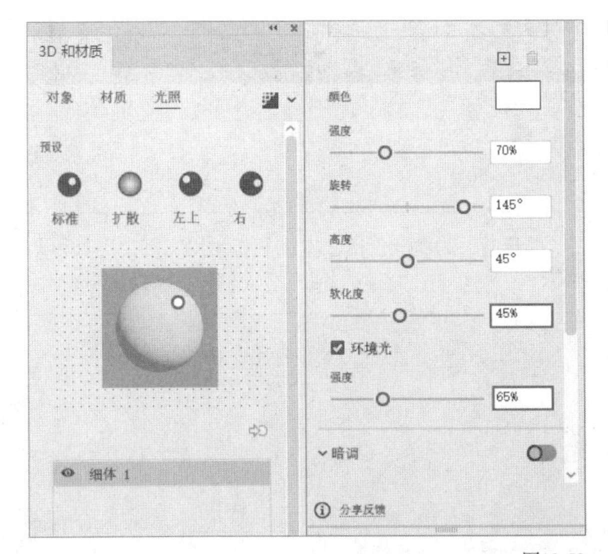

图10-52

图10-53

08 同时选中3个数字，然后执行“对象>扩展外观”菜单命令，将扩展后的数字倾斜并排布在画板中央，如图10-54所示。执行“效果>风格化>投影”菜单命令，设置“不透明度”为75%，“X位移”为－18px，“Y位移”为18px，“模糊”为10px，“颜色”为深紫色（R:74，G:14，B:114），如图10-55所示。

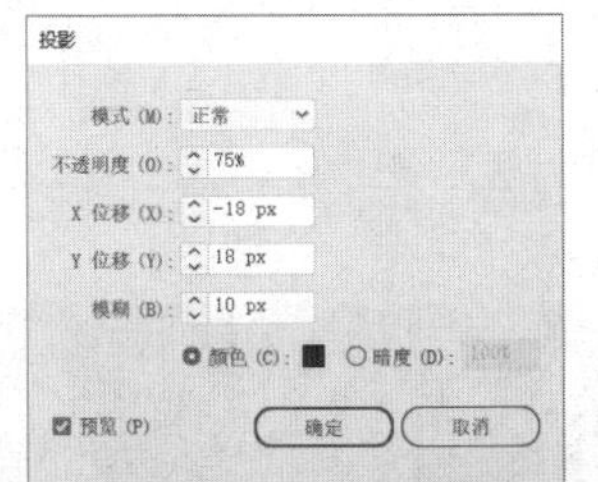

图10-54

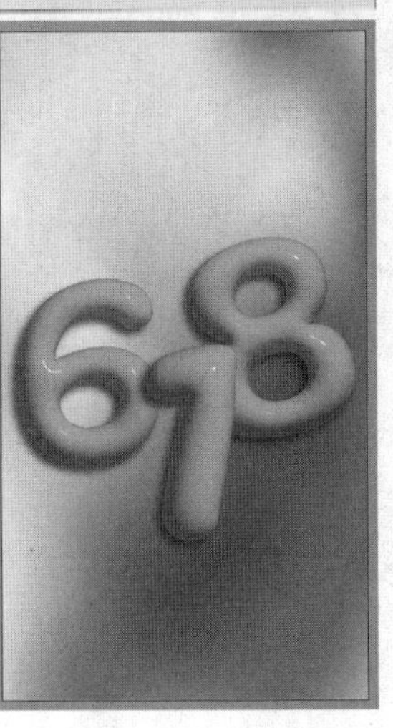

图10-55

09 绘制一个长条矩形并输入文字，矩形和文字的颜色可以任意设置，如图10-56所示。将其调整到合适的大小，然后复制出两份并做成缎带效果穿插在文字中，如图10-57所示。

618年中大促·618年中大促·618年中大促·618年中大促·618年中大促·618年中大促

图10-56

图10-57

10 同时选中3条缎带为它们添加投影效果。执行“效果>风格化>投影”菜单命令，设置“不透明度”为55%，“X位移”为－5px，“Y位移”为5px，“模糊”为5px，“颜色”为深紫色（R:74，G:14，B:114），如图10-58所示。

11 在画面中加入文案与装饰图形，最终效果如图10-59所示。

图10-58

图10-59

10.4 包装设计：制作海鲜礼盒包装

素材文件 素材文件>CH10>素材02-1.png~素材02-5.png、素材02-6.ai

实例文件 实例文件>CH10>包装设计：制作海鲜礼盒包装.ai、包装设计：制作海鲜礼盒包装刀版图.ai

视频名称 包装设计：制作海鲜礼盒包装.mp4

学习目标 掌握包装的制作方法

商品包装除了可以在流通过程中保护商品，还可以美化商品，提升商品的商业价值。本案例将运用文字类工具和形状类工具等制作海鲜礼盒包装，效果如图10-60所示。

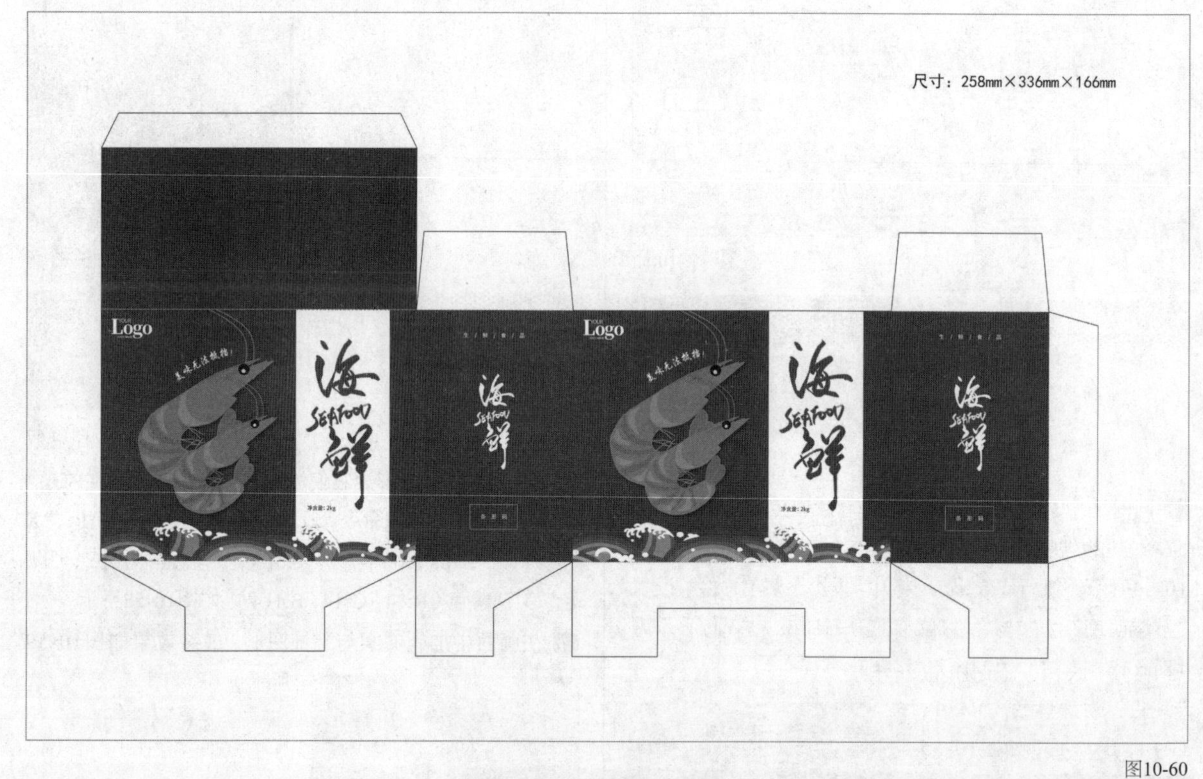

图10-60

01 新建一个尺寸为336mm×258mm，“颜色模式”为“CMYK颜色”，“光栅效果”为“高（300ppi）”的画板。使用“矩形工具”绘制一个与画板同样大小的矩形，设置“填色”为深蓝色（C:95%，M:80%，Y:0%，K:0%）。将本书学习资源文件夹中的“素材文件>CH10>素材02-1.png”文件置入画板中，并适当缩小，如图10-61所示。

图10-61

02 使用“矩形工具”绘制一个尺寸为100mm × 258mm的白色矩形，并将其置于画板右侧，如图10-62所示。将“素材02-2.png”文件置入画板中，放到白色矩形的中间偏上的位置，如图10-63所示。

图10-62

图10-63

03 将“素材02-3.png”文件置入画板中并适当放大，复制出一份后再放大一些，然后将它们置于画板的左侧，如图10-64所示。同时选中这两张图像，执行“效果>风格化>投影”菜单命令，在弹出的对话框中设置“不透明度”为45%，其他参数保持默认即可，如图10-65所示。

图10-64

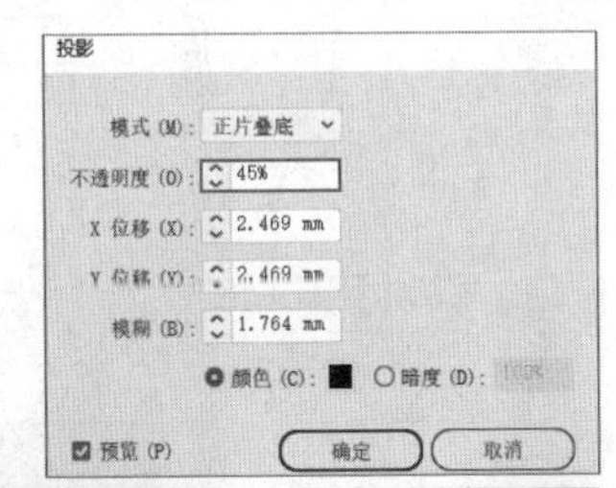

图10-65

04 将“素材02-4.png”文件置入画板中，适当放大并置于画板的底部，如图10-66所示。

图10-66

05 使用“钢笔工具”在虾头的上方绘制一个路径，如图10-67所示，然后使用“路径文字工具”单击路径创建路径文字，如图10-68所示。

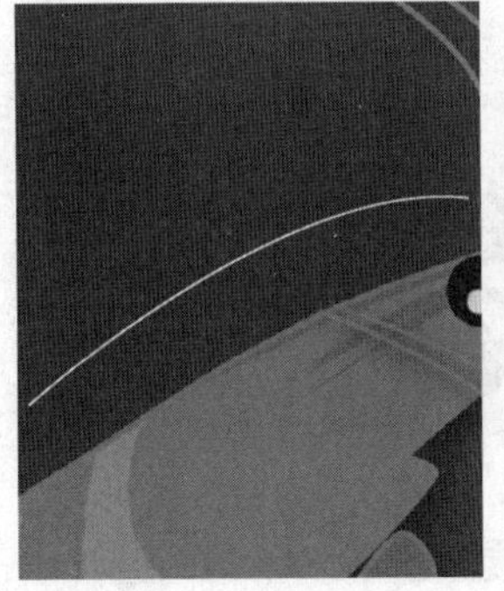

图10-67

图10-68

06 在画面中加入Logo并输入相应的文字信息，如图10-69所示。选中所有对象并进行编组。使用“矩形工具”绘制一个与画板同样大小的矩形并置于顶层，接着选中所有对象并执行“对象>剪切蒙版>建立”菜单命令建立剪切蒙版，如图10-70所示。

图10-69

图10-70

07 选择“画板工具”，单击控制栏中的“新建画板”按钮新建一个画板，并设置画板的尺寸为166mm×258mm，如图10-71所示。使用“矩形工具”绘制一个与画板同样大小的矩形，设置“填色”为深蓝色（C:95%，M:80%，Y:0%，K:0%），然后复制“素材02-1.png”并将其粘贴到“画板2”中，如图10-72所示。

图10-71

图10-72

08 将“素材02-5.png”文件拖曳至画板中并放到合适的位置，注意预留出条形码的位置并输入相应的文字信息。选中“画板2”中的所有对象并进行编组，然后使用“矩形工具”绘制一个与画板同样大小的矩形并置于顶层，接着选中所有对象并执行“对象>剪切蒙版>建立”菜单命令建立剪切蒙版，如图10-73所示。

图10-73

09 打开“素材02-6.ai”文件，这是本案例中商品包装的刀版图，如图10-74所示。新建图层并将其置于刀版所在图层的下方，如图10-75所示。

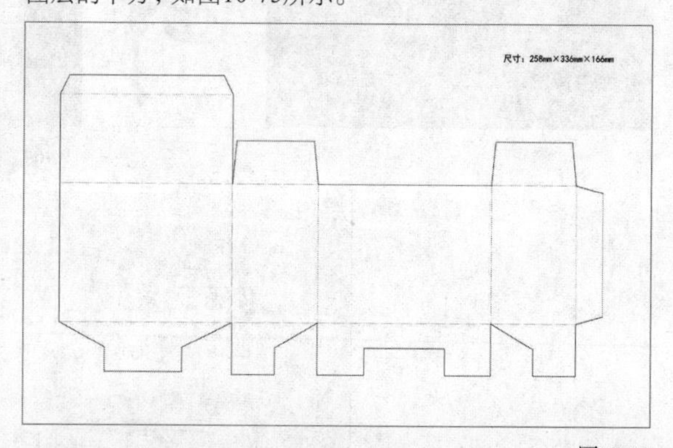

图10-74

技巧与提示

刀版图又称包装结构展开图，在包装设计中用来标示裁切和折叠等工艺，用于制作刀模。其中，实线表示裁切部位，虚线表示折叠部位。因为不同厚度的纸盒折叠会有偏差，尺寸不准确会影响成品效果，所以一般需要提供刀版图。

图10-75

⑩ 将之前编组好的包装正面与侧面拖曳至刀版图中，并置于“图层2”中，如图10-76所示。

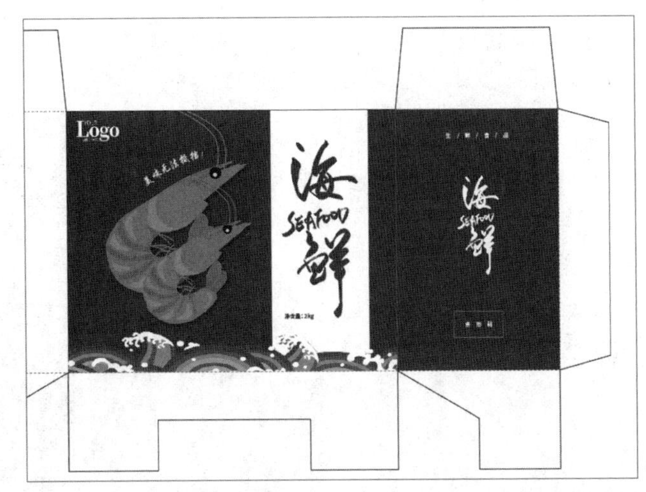

图10-76

⑪ 复制出一份包装正面和侧面图层，并拖曳至包装盒的背面和另一个侧面，如图10-77所示。使用“矩形工具”绘制一个与盒盖同样大小的矩形并设置“填色”为深蓝色（C:95%, M:80%, Y:0%, K:0%），最终效果如图10-78所示。

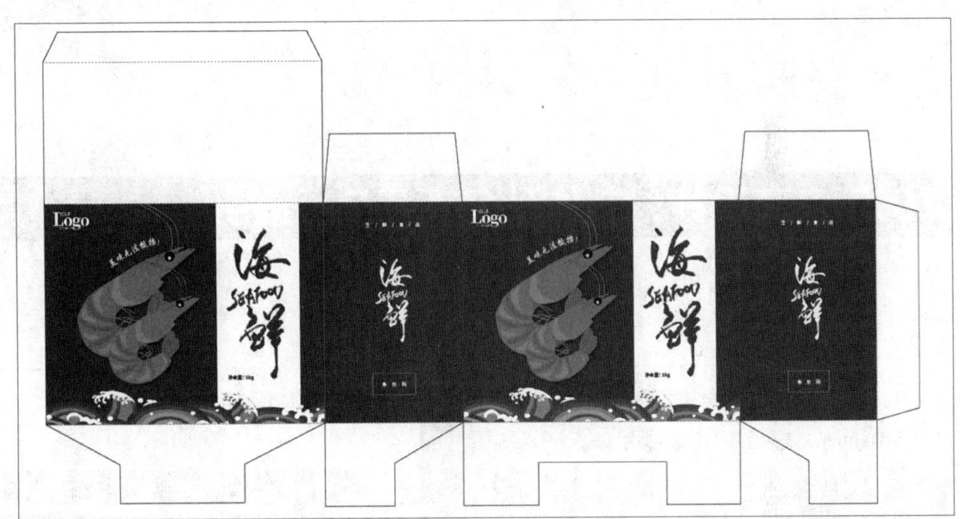

图10-77

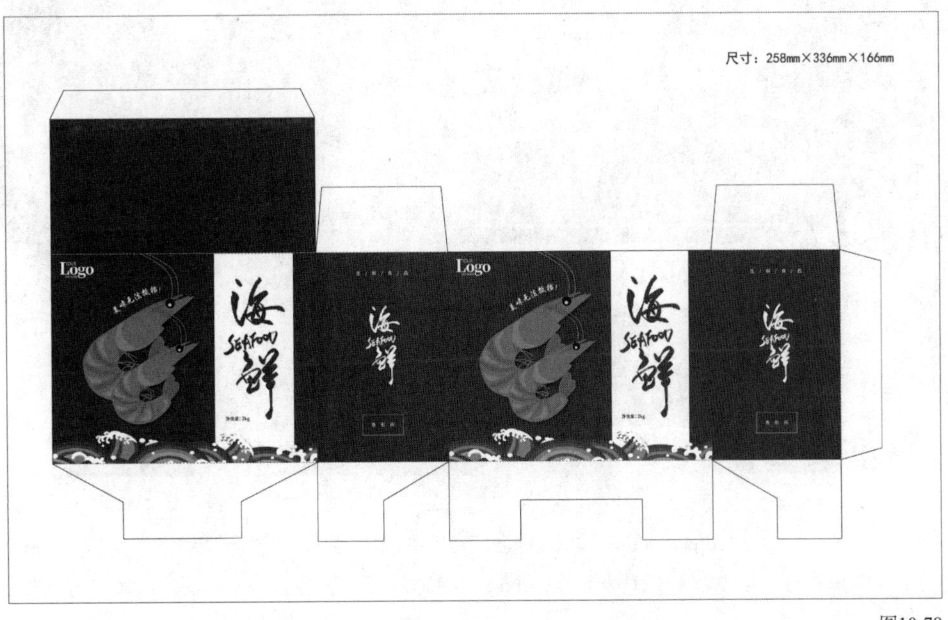

图10-78

技巧与提示

在实际制作时，可以根据需求设计将包装盒的侧面和背面等设计成其他样式。制作好刀版图后需检查文字信息是否有误，检查完后可以按1：1打印处理，以确保折叠后是正确的。除此之外，还可以使用相关的样机展示成品效果图，如图10-79所示。

图10-79

10.5 电商设计：制作秋冬新品Banner

素材文件	素材文件>CH10>素材03.png
实例文件	实例文件>CH10>电商设计：制作秋冬新品Banner.ai
视频名称	电商设计：制作秋冬新品Banner.mp4
学习目标	掌握Banner的制作方法

Banner是互联网广告中的一种基本形式，在电商中十分常见。本案例将使用文字类工具、渐变网格和混合等制作秋冬新品Banner，效果如图10-80所示。

图10-80

01 新建一个尺寸为1920px×900px，“颜色模式”为“RGB颜色”，“光栅效果”为“屏幕（72ppi）”的画板。将本书学习资源文件夹中的“素材文件>CH10>素材03.png”文件置入画板中，接着调整图像的大小与位置并将其嵌入文件中，如图10-81所示。

图10-81

02 使用“矩形工具” 绘制一个与画板同样大小的矩形，然后执行“对象>创建渐变网格”菜单命令，在弹出的“创建渐变网格”对话框中设置“行数”为4，“列数”为4，如图10-82所示。

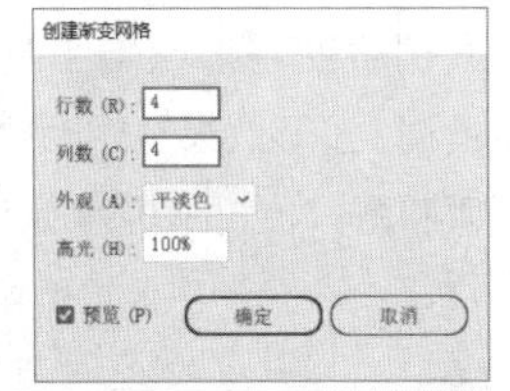

图10-82

03 使用“直接选择工具” 选择图10-83所示的锚点并设置“填色”为橙色（R:255，G:104，B:44），然后选择图10-84所示的锚点并设置“填色”为黄色（R:255，G:221，B:80），接着选择未填色的锚点并设置“填色”为红色（R:255，G:53，B:26），如图10-85所示。

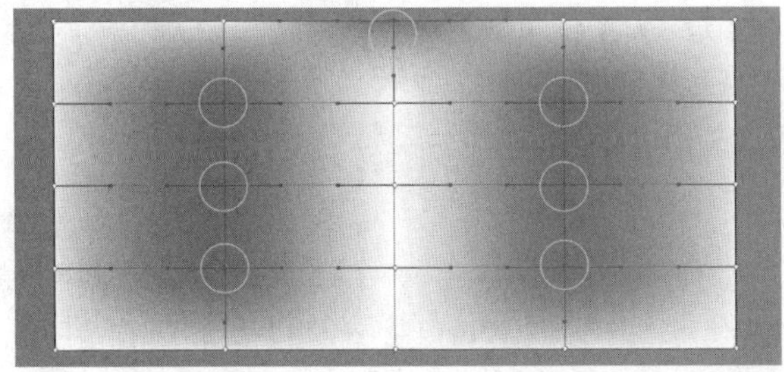

图10-83

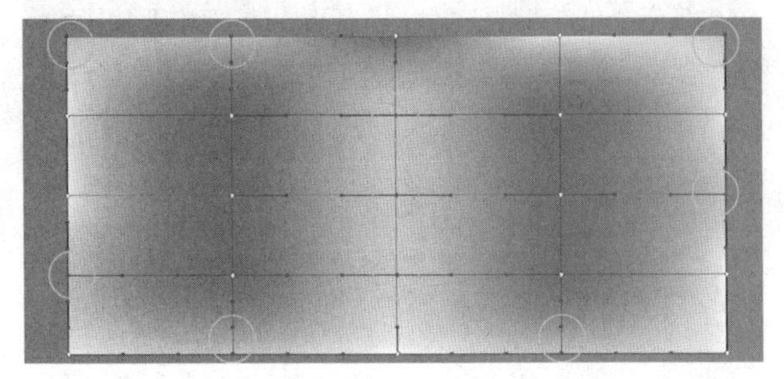

图10-84

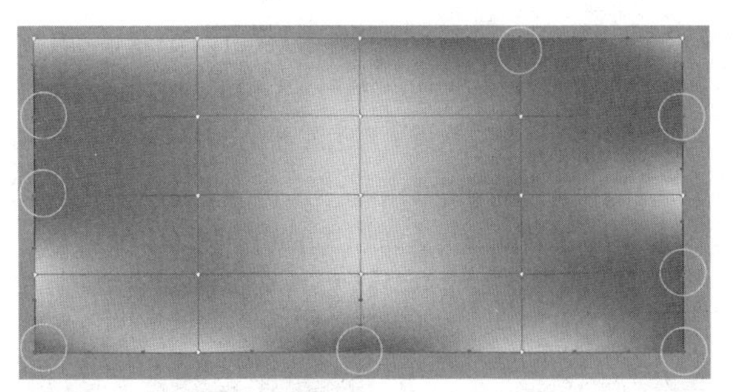

图10-85

04 使用“直接选择工具” 拖曳锚点和路径，使渐变的效果变化多一些，如图10-86所示。调整后将渐变背景置于底层并锁定，如图10-87所示。

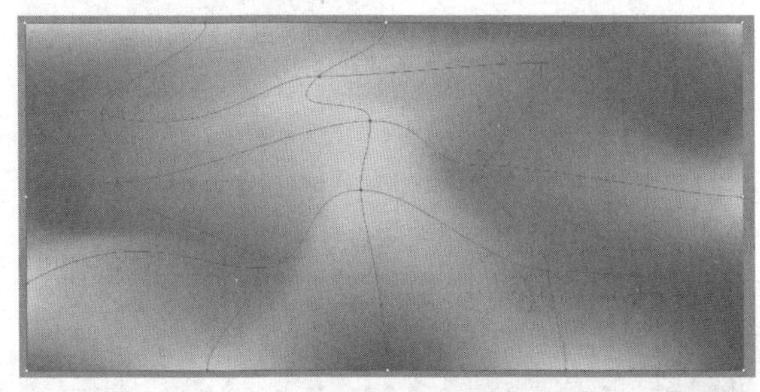

图10-86

图10-87

05 使用“钢笔工具” 绘制两条路径，如图10-88所示。选中这两条路径，执行“对象>混合>建立”菜单命令建立混合对象，然后双击“混合工具” ，在打开的“混合选项”对话框中设置“间距”为“指定的步数”，并设置步数为50，如图10-89所示。

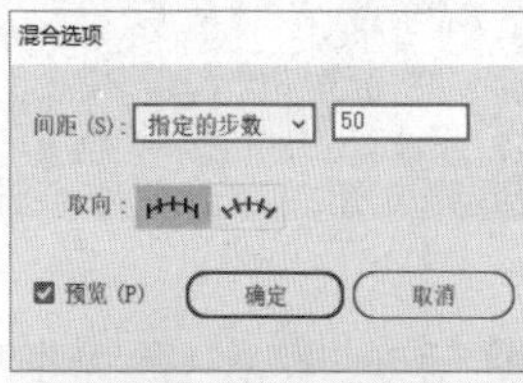

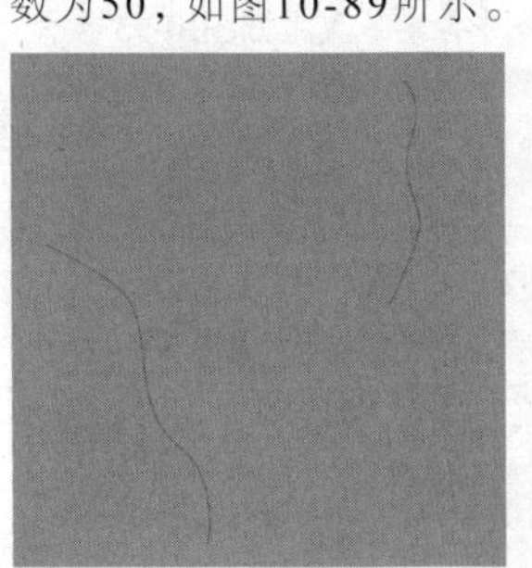

图10-88

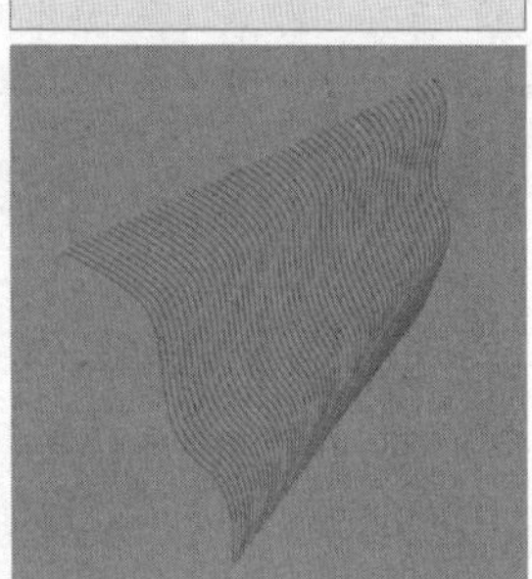

图10-89

06 选中混合对象，执行“对象>扩展”菜单命令，接着将这些线条的“描边”设置为“橙→黄”的渐变色（色值不需要很精确，可以吸取背景的颜色），注意调整黄色的“不透明度”为0%，如图10-90所示。将这些线条置于人物的后方，并设置“不透明度”为50%，如图10-91所示。

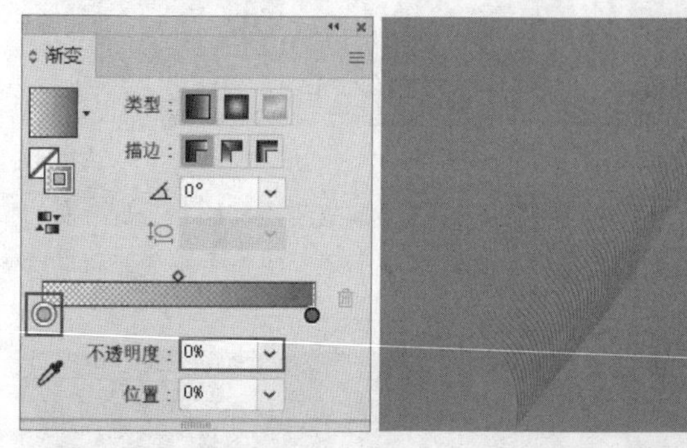

图10-90

图10-91

07 使用“矩形工具”绘制一个“填色”为“无”，“粗细”为16pt的白色矩形框，尺寸比画板的尺寸小一圈即可，然后将其置于人物的后方并垂直居中对齐于画板，如图10-92所示。

图10-92

08 在画面中加入文案与装饰图形，最终效果如图10-93所示。

图10-93

10.6 UI设计：制作毛玻璃质感图标

素材文件	无
实例文件	实例文件>CH10>UI设计：制作毛玻璃质感图标.ai
视频名称	UI设计：制作毛玻璃质感图标.mp4
学习目标	掌握毛玻璃质感图标的制作方法

在UI设计中，图标是一种重要的视觉元素，用于传达特定的信息或功能。本案例将使用形状类工具和模糊、投影效果制作毛玻璃质感图标，如图10-94所示。

图10-94

01 新建一个尺寸为1000px×1000px的画板，然后使用“矩形工具”绘制一个与画板同样大小的矩形，并设置“填色”为浅灰色（R:224，G:224，B:224），接着将矩形锁定，如图10-95所示。

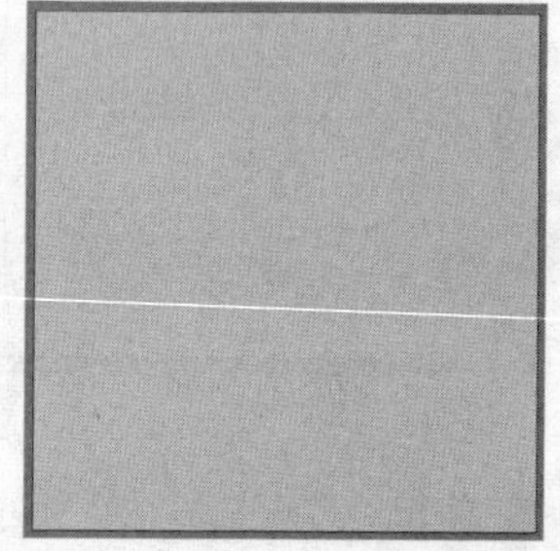

图10-95

02 使用“椭圆工具”绘制一个尺寸为360px×360px的白色圆形（“描边”为“无”），然后绘制一个尺寸为260px×260px的白色圆形（“描边”为“无”），注意保持圆形底部在同一水平线上，如图10-96所示。

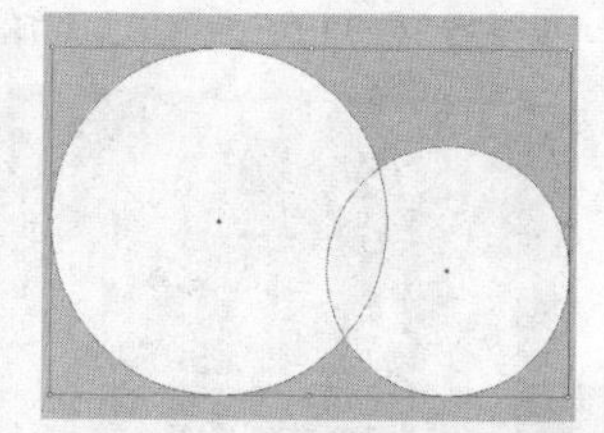

图10-96

03 使用“矩形工具”绘制一个白色矩形（“描边”为“无”）填补两个圆形下方的空隙，选中这3个图形，如图10-97所示。单击“路径查找器”面板中的“联集”按钮将路径合并，如图10-98所示。这样云朵的形状就绘制完成了。

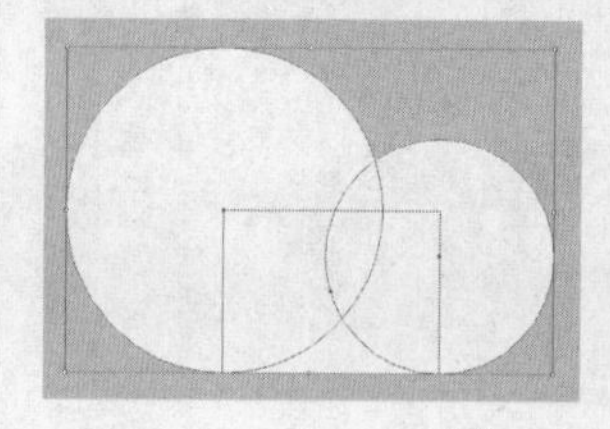

图10-97

图10-98

04 使用“椭圆工具”绘制一个尺寸为360px × 360px的圆形并置于云朵后方，如图10-99所示。设置后方圆形的“填色”为“橙→黄”的渐变色（色值不需要很精确），将其作为太阳，如图10-100所示。

图10-99

图10-100

05 将绘制好的云朵和太阳组合复制出两份，将云朵复制出一份，如图10-101所示。选中复制出的第1组云朵和太阳组合（上方的），然后单击鼠标右键，在弹出的菜单中执行“建立剪切蒙版”命令，如图10-102所示，效果如图10-103所示。

图10-101

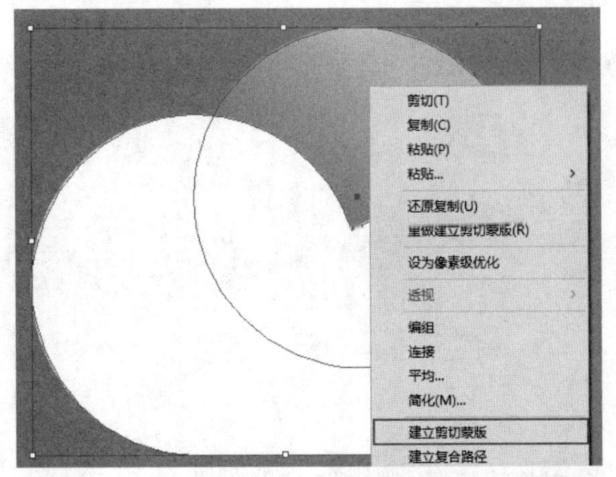

图10-102

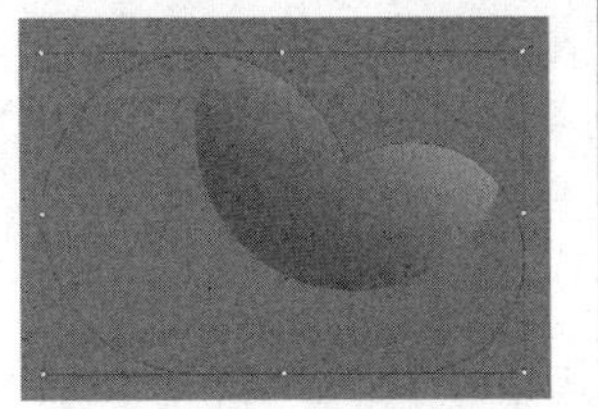

图10-103

06 执行“效果>模糊>高斯模糊”菜单命令，设置“半径”为30像素，如图10-104所示。

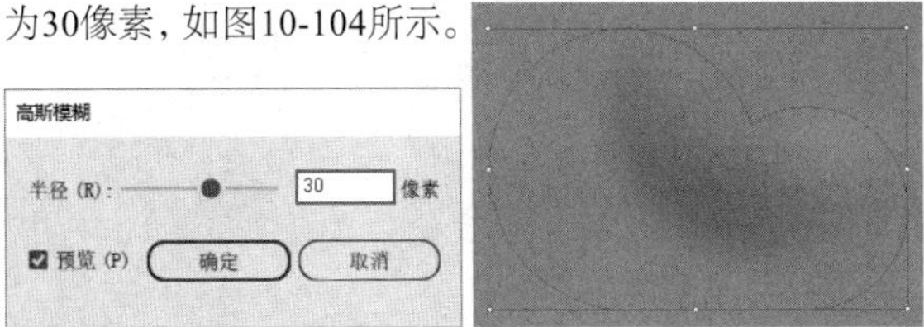

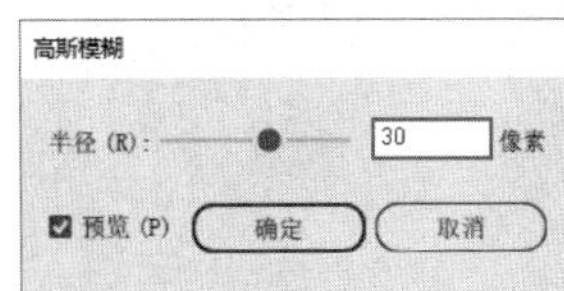

图10-104

07 同时选中模糊的效果与复制出来的云朵，如图10-105所示，使它们水平居中对齐，如图10-106所示。

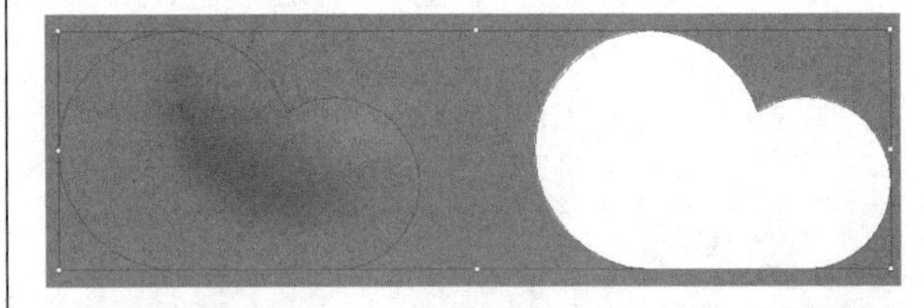

图10-105

图10-106

08 单击鼠标右键，在弹出的菜单中执行“建立剪切蒙版”命令，如图10-107所示。把制作好的模糊效果拖曳至初始图形中的云朵前方并与其重叠，如图10-108所示。

图10-107

图10-108

09 选中复制出的第2组云朵和太阳组合，单击鼠标右键，在弹出的菜单中执行“建立剪切蒙版”命令，接着执行“效果>风格化>投影”菜单命令，在弹出的对话框设置“模式”为“正常”，“不透明度”为90%，“X位移”为8px，“Y位移”为0px，“模糊”为8px，“颜色”为深橙色（R:224, G:103, B:20），如图10-109所示。

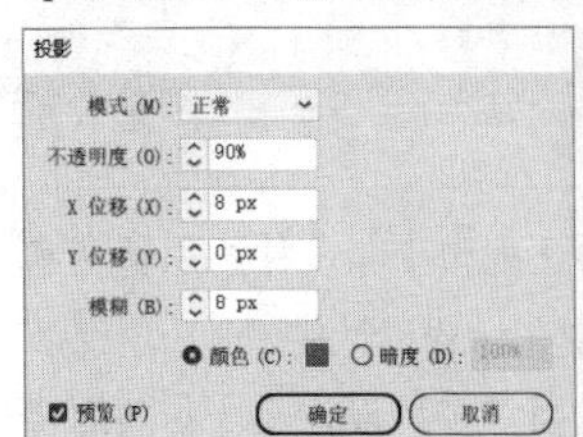

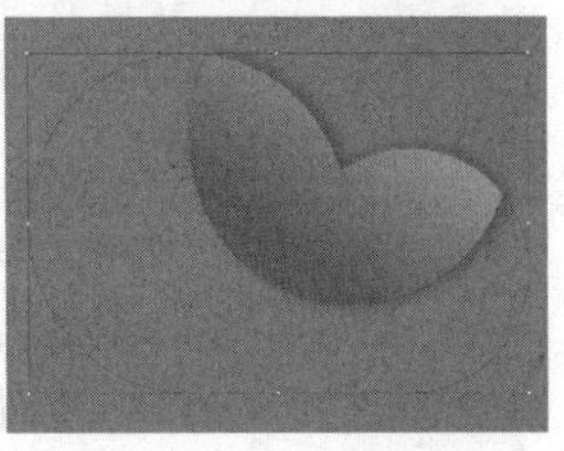

图10-109

10 将制作好的投影放到云朵的后方，并使其轮廓与云朵重合，如图10-110所示。

图10-110

11 选择白色的云朵，执行“效果>风格化>投影”菜单命令，设置“模式”为“正片叠底”，“不透明度”为30%，“X位移”为8px，“Y位移”为8px，“模糊”为8px，“颜色”为深棕色（R:86，G:42，B:13），如图10-111所示。

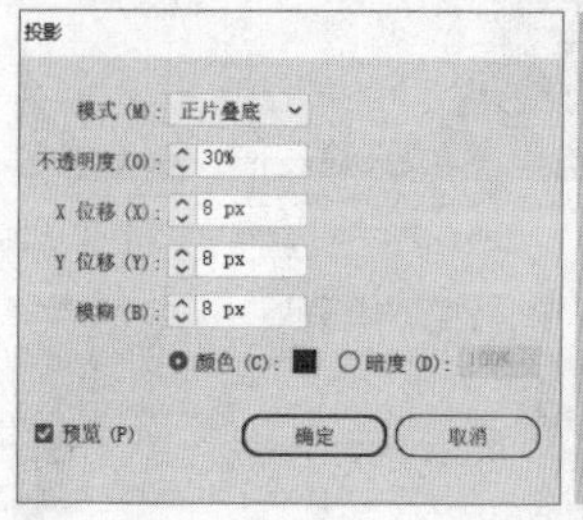

图10-111

12 将云朵的“填色”调整为偏橙的白色（R:255，G:252，B:250），将背景调整为浅一些的灰色（R:247，G:247，B:247），最终效果如图10-112所示。

图10-112

10.7 插画设计：绘制2.5D插画

素材文件	无
实例文件	实例文件>CH10>插画设计：绘制2.5D插画.ai
视频名称	插画设计：绘制2.5D插画.mp4
学习目标	掌握2.5D插画的绘制方法

2.5D插画是一种结合3D透视和平面设计的独特艺术风格，这种插画风格最早出现在游戏设计中，现在广泛应用于海报、Banner和App启动页等多种设计上。本案例将运用3D功能绘制2.5D插画，效果如图10-113所示。

图10-113

01 新建一个尺寸为1000px×1000px的画板，然后使用“矩形工具”绘制一个任意大小和颜色的矩形，如图10-114所示。接着执行“效果>3D和材质>3D（经典）>凸出和斜角（经典）”菜单命令，设置“位置”为“等角-上方”，“凸出厚度”为25pt，如图10-115所示。

图10-114

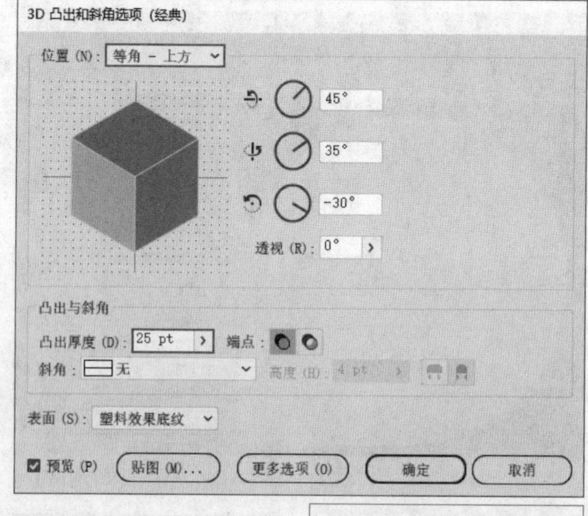

图10-115

02 复制出一个上一步所绘制的立方体并修改为其他颜色（便于区分不同的立方体），然后单击“外观”面板中的“3D凸出和斜角（经典）”效果，如图10-116所示。在打开的“3D凸出和斜角选项（经典）”对话框中修改“凸出厚度”为220pt，如图10-117所示，单击“确定”按钮。将矩形略微压扁一些并置于图10-118所示的位置。

03 再复制出一个立方体，然后设置“填色”为“无”，“描边”为15pt，“描边”颜色与底部形状颜色不同即可，“凸出厚度”为50pt，接着将矩形略微放大一些并置于图10-119所示的位置。

图10-116

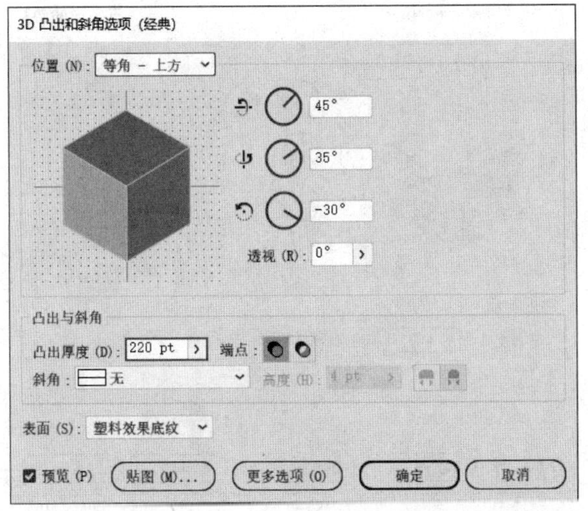

图10-117

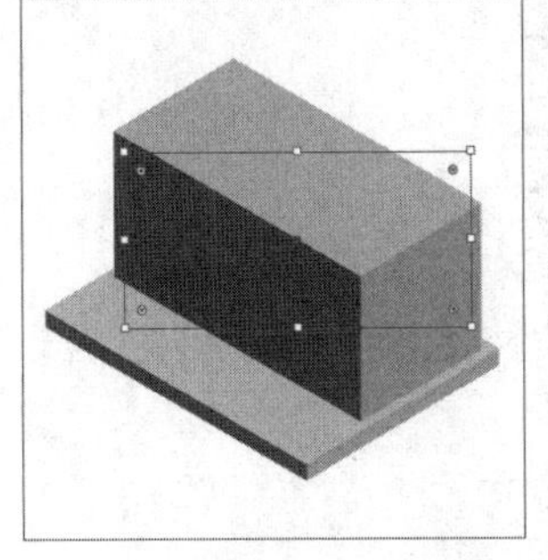

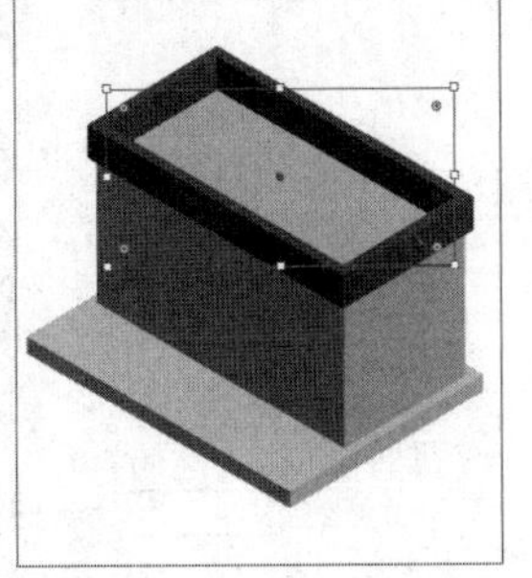

图10-118　图10-119

04 同时选中这3个形状，执行“对象>扩展外观”菜单命令，如图10-120所示。此时便可调整任意一个面的颜色，调整后的效果如图10-121所示。

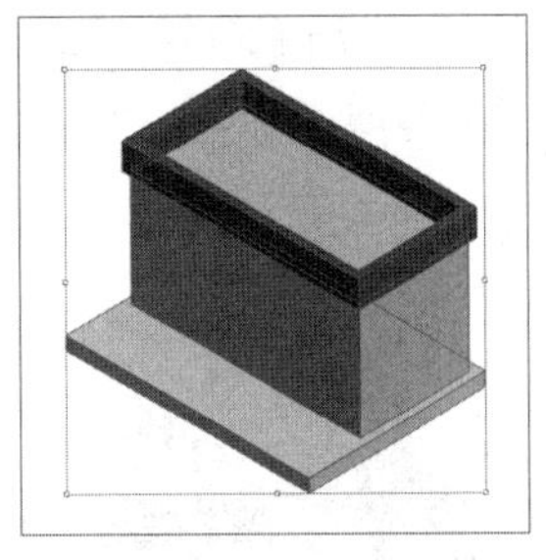

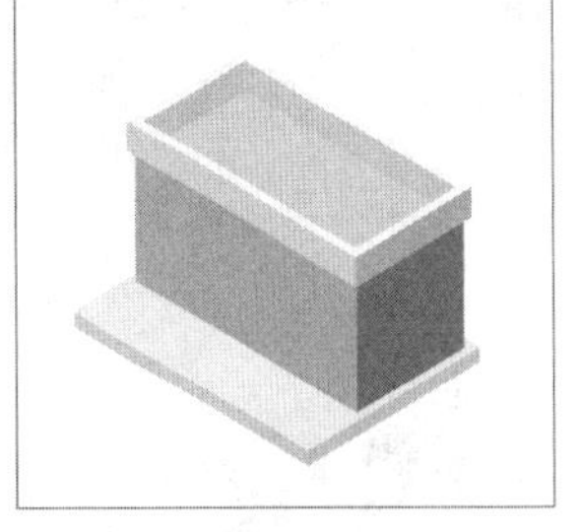

图10-120　图10-121

技巧与提示

本案例中的插画配色较为复杂，读者可以参考本案例的实例文件进行配色，也可以任意搭配。下面的步骤中就不再讲解调色的相关操作了，仅展示最终调色效果。

05 用同样的方法绘制广告牌和支架，如图10-122所示。广告牌的“凸出厚度”为90pt，支架的“凸出厚度”为40pt。

06 使用“文字工具” T 创建文字，设置字体系列为“方正胖娃简体”，如图10-123所示。接着执行“效果>3D和材质>3D（经典）>凸出和斜角（经典）”菜单命令，在弹出的对话框中设置“位置”为“等角-左方”，“凸出厚度”为4pt，“表面”为“无底纹”，如图10-124所示。

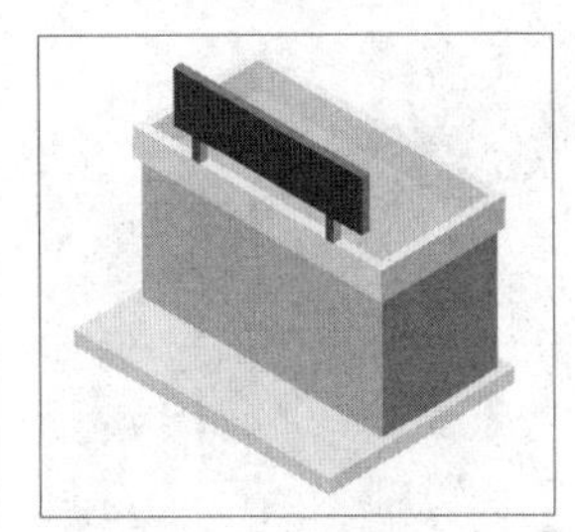

ICE CREAM

图10-122　图10-123

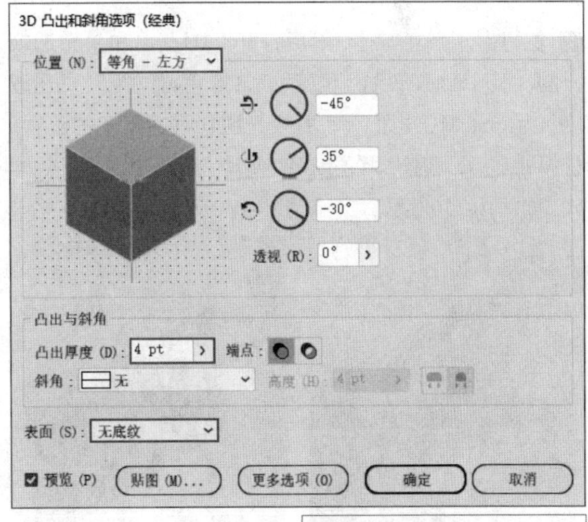

图10-124

07 调整文字大小并将其置于图10-125所示的位置。将广告牌的这部分形状扩展外观，调色后的效果如图10-126所示。

图10-125

图10-126

08 复制出一个立方体，然后设置"填色"为"无"，"描边"为1pt，打开"3D凸出和斜角选项（经典）"对话框，设置"位置"为"等角-左方"，"凸出厚度"为10pt，调整矩形大小并置于图10-127所示的位置。将窗框扩展外观，删除多余形状并使用"钢笔工具"进行绘制两个四边形以做出凹陷效果，如图10-128所示。

图10-127

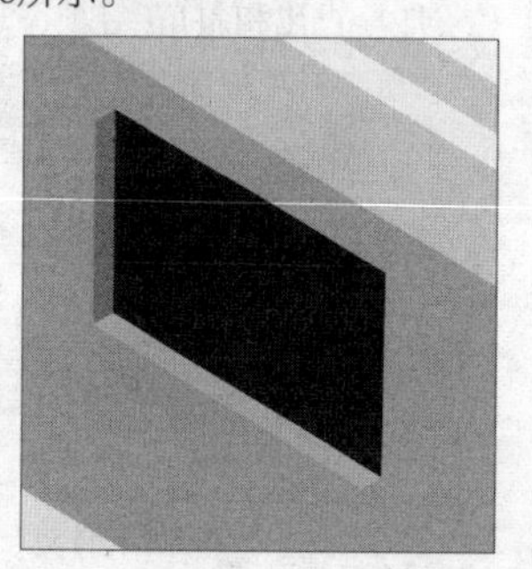

图10-128

09 复制出一个立方体，然后打开"3D凸出和斜角选项（经典）"对话框，设置"位置"为"等角-上方"，"凸出厚度"为6pt，调整矩形大小并置于图10-129所示的位置。扩展外观后，调整形状的细节，使其呈现为窗口台子的样式，如图10-130所示。

图10-129

图10-130

10 用制作窗口的方法制作出来门，如图10-131所示，然后用"钢笔工具"绘制出门上的高光，如图10-132所示。

图10-131

图10-132

11 分别绘制一个三角形和一个半圆形，如图10-133所示，然后分别执行"效果>3D和材质>3D（经典）>凸出和斜角（经典）"菜单命令，在弹出对话框中的参数设置，如图10-134所示。拼接后的效果如图10-135所示。

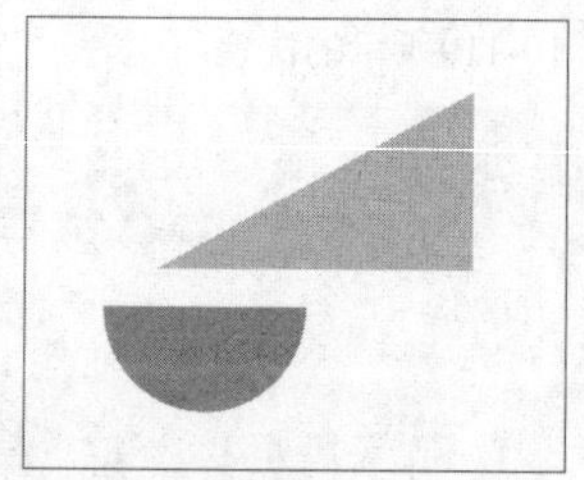

图10-133

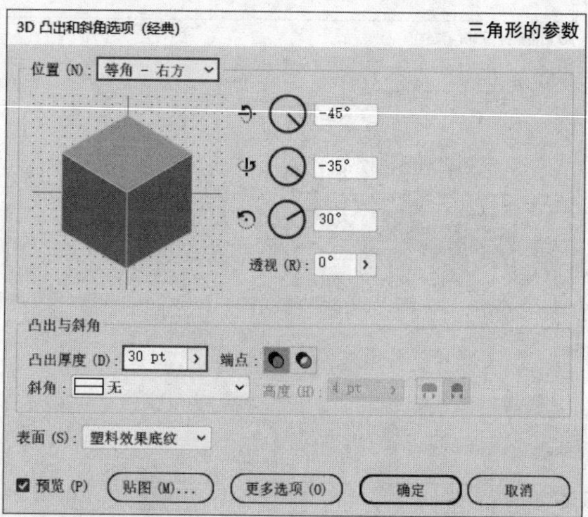

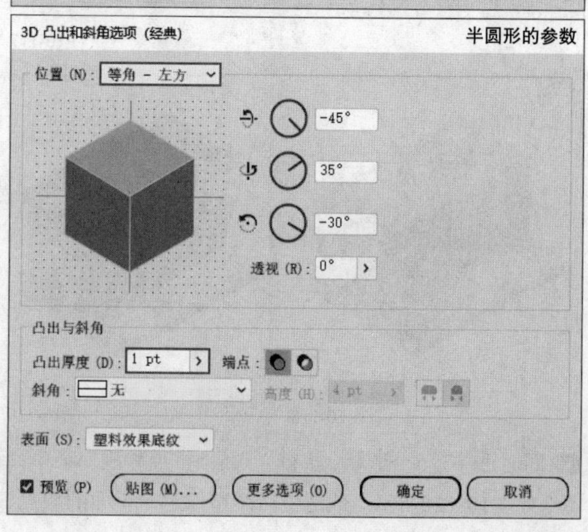

图10-134

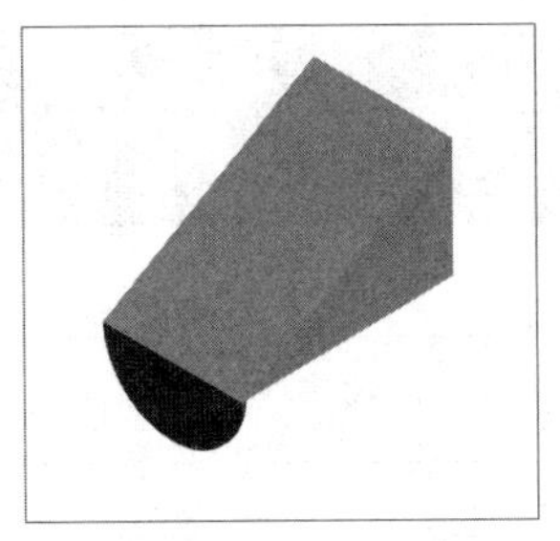

图10-135

⑫ 将上一步绘制的形状置于图10-136所示的位置并扩展外观。编组并调整颜色后，多复制出几份，使其排成雨棚的样式，如图10-137所示。

图10-136

图10-137

⑬ 绘制一个正立方体并扩展外观，如图10-138所示，然后删除顶面并使用“删除锚点工具”删除其余两个面上方的顶点，如图10-139所示。

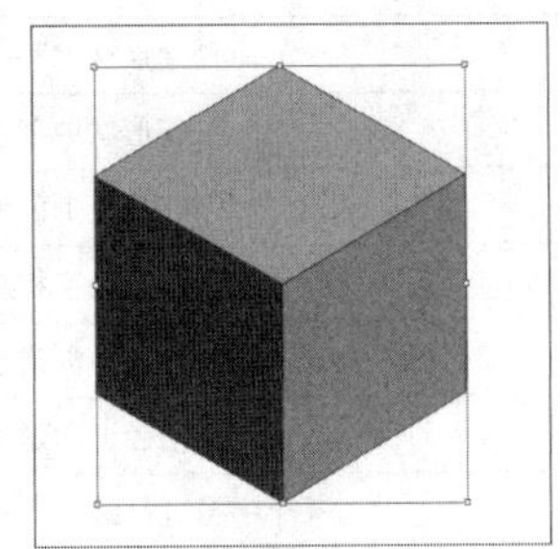

图10-138

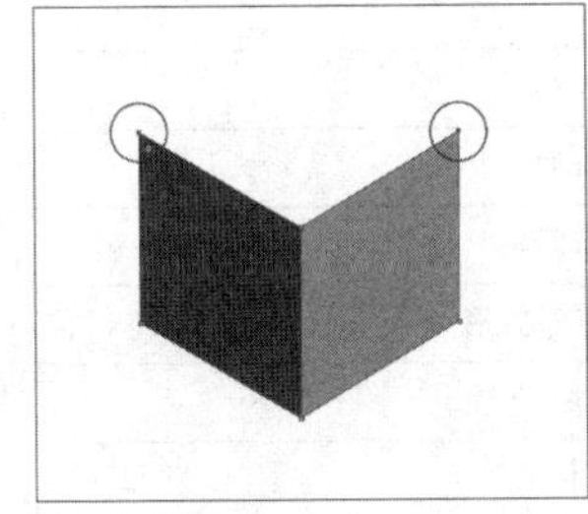

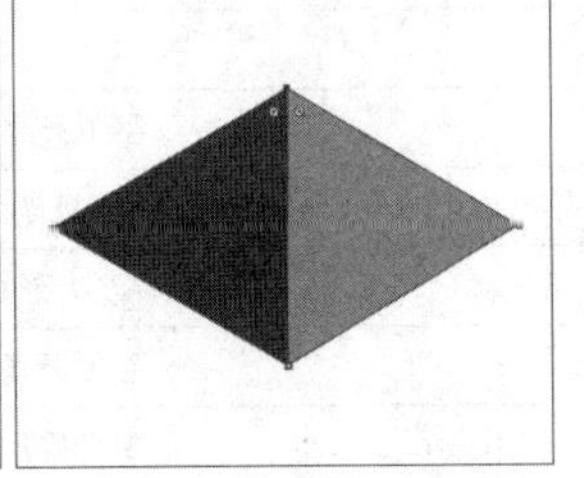

图10-139

⑭ 同时选中上方的两个顶点，如图10-140所示，然后按住Shift键并按几次↑键，使其呈现树冠的样式，如图10-141所示。再制作一个立方体作为树干，将树干和树冠进行组合，调整颜色后如图10-142所示。

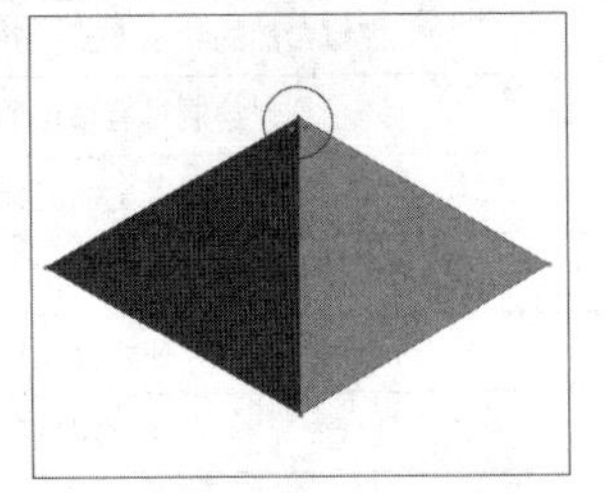

图10-140

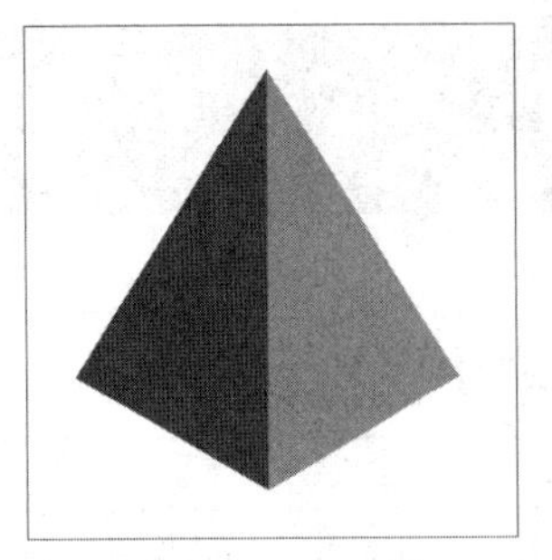

图10-141

图10-142

⑮ 制作几个立方体分别作为地面和砖块，然后和房子进行组合，并多复制几棵树放在地面上，如图10-143所示。绘制投影，最终效果如图10-144所示。

图10-143

图10-144

附录

Illustrator工具与快捷键索引

工具	快捷键	主要功能
选择工具	V	选择整个对象
直接选择工具	A	选择并调整锚点或路径段以改变路径的外形
编组选择工具	/	在组中选择对象或组
魔棒工具	Y	选择外观属性相似的对象
套索工具	Q	通过手绘形状来选择点、路径段和对象
钢笔工具	P	绘制任意形状的直线或曲线
添加锚点工具	+	在路径中添加锚点
删除锚点工具	–	删除路径中的锚点
锚点工具	Shift+C	转换锚点的类型
曲率工具	Shift+~	根据绘制锚点的位置自动生成平滑的曲线
文字工具	T	创建点文字和段落文字
区域文字工具	/	在形状中创建文字
路径文字工具	/	在路径上创建文字
直排文字工具	/	创建直排点文字和直排段落文字
直排区域文字工具	/	在形状中创建直排文字
直排路径文字工具	/	在路径上创建直排文字
修饰文字工具	Shift+T	对某个字符进行缩放、旋转和移动等操作
直线段工具	\	绘制直线段
弧形工具	/	绘制弧线
螺旋线工具	/	绘制螺旋线
矩形网格工具	/	绘制矩形网格
极坐标网格工具	/	绘制极坐标网格
矩形工具	M	绘制长方形和正方形
圆角矩形工具	/	绘制圆角矩形
椭圆工具	L	绘制椭圆形和圆形
多边形工具	/	绘制多边形
星形工具	/	绘制星形
光晕工具	/	绘制光晕效果
画笔工具	B	模拟自然的绘画方式，并含有多种笔触效果
斑点画笔工具	Shift+B	绘制具有填色的闭合路径
Shaper工具	Shift+N	绘制形状，并将形状合并或减去
铅笔工具	N	模拟自然的绘画方式，主要用于绘制轮廓和线条
平滑工具	/	使路径变得平滑
路径橡皮擦工具	/	擦除路径
连接工具	/	连接开放路径

续表

工具	快捷键	主要功能
橡皮擦工具	Shift+E	擦除图稿
剪刀工具	C	分割路径
美工刀工具	/	分割图稿
旋转工具	R	围绕固定点旋转对象
镜像工具	O	按照对称轴翻转对象
比例缩放工具	S	围绕固定点调整对象大小
倾斜工具	/	向任意方向倾斜对象
宽度工具	Shift+W	沿描边的路径更改描边粗细
变形工具	Shift+R	使对象产生变形
旋转扭曲工具	/	使对象产生旋转扭曲
缩拢工具	/	使对象向内收缩
膨胀工具	/	使对象向外扩展
扇贝工具	/	使对象向内收缩的同时呈现锐利的边缘
晶格化工具	/	使对象向外扩展的同时呈现锐利的边缘
皱褶工具	/	使对象的边缘呈现高低起伏的皱褶
自由变换工具	E	旋转、缩放、倾斜和扭曲对象
操控变形工具	/	通过创建操控点扭曲对象
形状生成器工具	Shift+M	合并或减去形状
实时上色工具	K	为图稿上色
实时上色选择工具	Shift+L	对实时上色组的上色区域进行选择
网格工具	U	创建更为复杂的渐变效果
渐变工具	G	绘制渐变
吸管工具	I	在对象之间复制并应用外观属性
混合工具	W	建立混合对象
符号喷枪工具	Shift+S	创建符号组
符号移位器工具	/	移动符号组中的符号实例
符号紧缩器工具	/	缩小或者扩大符号组中符号实例之间的距离
符号缩放器工具	/	缩放符号组中的符号实例
符号旋转器工具	/	旋转符号组中的符号实例
符号着色器工具	/	改变符号组中的符号实例的颜色
符号滤色器工具	/	改变符号组中的符号实例的不透明度
符号样式器工具	/	将图形样式应用给符号组中的符号实例
画板工具	Shift+O	在画布上创建并调整画板
抓手工具	H	在画布和画板上平移
旋转视图工具	Shift+H	旋转画布及画布上所有画板
缩放工具	Z	在画布和画板上缩放
互换填色和描边	Shift+X	交换填色和描边的颜色
默认填色和描边	D	恢复默认的白色填色和黑色描边
正常绘图	Shift+D	先绘制的对象在下，后绘制的对象在上
背面绘图	Shift+D	先绘制的对象在上，后绘制的对象在下
内部绘图	Shift+D	新绘制的对象仅出现在已选择对象的内部

Illustrator命令与快捷键索引

“文件”菜单

命令	快捷键
新建	Ctrl+N
从模板新建	Shift+Ctrl+N
打开	Ctrl+O
在Bridge中浏览	Alt+Ctrl+O
关闭	Ctrl+W
关闭全部	Alt+Ctrl+W
存储	Ctrl+S
存储为	Shift+Ctrl+S
存储副本	Alt+Ctrl+S
恢复	F12
置入	Shift+Ctrl+P
导出>导出为多种屏幕所用格式	Alt+Ctrl+E
导出>存储为Web所用格式（旧版）	Alt+Shift+Ctrl+S
打包	Alt+Shift+Ctrl+P
文档设置	Alt+Ctrl+P
文件信息	Alt+Shift+Ctrl+I
打印	Ctrl+P
退出	Ctrl+Q

“编辑”菜单

命令	快捷键
还原	Ctrl+Z
重做	Shift+Ctrl+Z
剪切	Ctrl+X
复制	Ctrl+C
粘贴	Ctrl+V
贴在前面	Ctrl+F
贴在后面	Ctrl+B
就地粘贴	Shift+Ctrl+V
在所有画板上粘贴	Alt+Shift+Ctrl+V
粘贴时不包含格式	Alt+Ctrl+V
拼写检查>拼写检查	Ctrl+I
颜色设置	Shift+Ctrl+K
键盘快捷键	Alt+Shift+Ctrl+K
首选项>常规	Ctrl+K

“对象”菜单

命令	快捷键
变换>再次变换	Ctrl+D
变换>移动	Shift+Ctrl+M
变换>分别变换	Alt+Shift+Ctrl+D
排列>置于顶层	Shift+Ctrl+]
排列>前移一层	Ctrl+]
排列>后移一层	Ctrl+[
排列>置于底层	Shift+Ctrl+[
编组	Ctrl+G
取消编组	Shift+Ctrl+G
锁定>所选对象	Ctrl+2
全部解锁	Alt+Ctrl+2
隐藏>所选对象	Ctrl+3
显示全部	Alt+Ctrl+3
路径>连接	Ctrl+J
路径>平均	Alt+Ctrl+J
图案>编辑图案	Shift+Ctrl+F8
混合>建立	Alt+Ctrl+B
混合>释放	Alt+Shift+Ctrl+B
封套扭曲>用变形建立	Alt+Shift+Ctrl+W
封套扭曲>用网格建立	Alt+Ctrl+M
封套扭曲>用顶层对象建立	Alt+Ctrl+C
实时上色>建立	Alt+Ctrl+X
剪切蒙版>建立	Ctrl+7
剪切蒙版>释放	Alt+Ctrl+7
复合路径>建立	Ctrl+8
复合路径>释放	Alt+Shift+Ctrl+8

“文字”菜单

命令	快捷键
创建轮廓	Shift+Ctrl+O
显示隐藏字符	Alt+Ctrl+I

“选择”菜单

命令	快捷键
全部	Ctrl+A
现用画板上的全部对象	Alt+Ctrl+A
取消选择	Shift+Ctrl+A
重新选择	Ctrl+6
上方的下一个对象	Alt+Ctrl+]
下方的下一个对象	Alt+Ctrl+[

“效果”菜单

命令	快捷键
应用上一个效果	Shift+Ctrl+E
上一个效果	Alt+Shift+Ctrl+E

“视图”菜单

命令	快捷键
轮廓	Ctrl+Y
叠印预览	Alt+Shift+Ctrl+Y
像素预览	Alt+Ctrl+Y
放大	Ctrl++
缩小	Ctrl+-
画板适合窗口大小	Ctrl+0
全部适合窗口大小	Alt+Ctrl+0
重置旋转视图	Shift+Ctrl+1
隐藏定界框	Shift+Ctrl+B
显示透明度网格	Shift+Ctrl+D
实际大小	Ctrl+1
隐藏渐变批注者	Alt+Ctrl+G
隐藏边缘	Ctrl+H
智能参考线	Ctrl+U
透视网格>显示网格	Shift+Ctrl+I
隐藏画板	Shift+Ctrl+H
隐藏模板	Shift+Ctrl+W
标尺>显示标尺	Ctrl+R
标尺>更改为画板标尺	Alt+Ctrl+R
隐藏文本串接	Shift+Ctrl+Y
参考线>隐藏参考线	Ctrl+;
参考线>锁定参考线	Alt+Ctrl+;
参考线>建立参考线	Ctrl+5
参考线>释放参考线	Alt+Ctrl+5
显示网格	Ctrl+"
对齐网格	Shift+Ctrl+"
对齐点	Alt+Ctrl+"

“窗口”菜单

命令	快捷键
信息	Ctrl+F8
变换	Shift+F8
图层	F7
图形样式	Shift+F5
外观	Shift+F6
对齐	Shift+F7
描边	Ctrl+F10
文字>OpenType	Alt+Shift+Ctrl+T
文字>制表符	Shift+Ctrl+T
文字>字符	Ctrl+T
文字>段落	Alt+Ctrl+T
渐变	Ctrl+F9
特性	Ctrl+F11
画笔	F5
符号	Shift+Ctrl+F11
路径查找器	Shift+Ctrl+F9
透明度	Shift+Ctrl+F10
颜色	F6
颜色参考	Shift+F3